DIE VIER KANONISCHEN

EVANGELIEN

NACH IHREM

ÄLTESTEN BEKANNTEN TEXTE

ÜBERSETZUNG UND ERLÄUTERUNG

DER SYRISCHEN

IM SINAIKLOSTER GEFUNDENEN PALIMPSESTHANDSCHRIFT

VON

ADALBERT MERX

ZWEITER TEIL, ERSTE HÄLFTE, ERLÄUTERUNG

MATTHAEUS

BERLIN

VERLAG VON GEORG REIMER

1902

DAS EVANGELIUM

MATTHAEUS

NACH

DER SYRISCHEN IM SINAIKLOSTER GEFUNDENEN PALIMPSESTHANDSCHRIFT

ERLÄUTERT

VON

ADALBERT MERX

BERLIN
VERLAG VON GEORG REIMER
1902

ZUR ERINNERUNG

AN

R. L. BENSLY M. A.

LORD ALMONER'S PROFESSOR DES ARABISCHEN
UND FELLOW VON GONVILLE UND CAIUS COLLEGE IN CAMBRIDGE

DEN GENOSSEN DER JUGENDLICHEN STUDIEN UND DEN FREUND
BIS IN DAS ALTER

NACH SEINER HEIMKEHR VOM SINAI

GESTORBEN AM 23. APRIL 1893

Vorbemerkungen.

I.

Der erste Teil dieser Arbeit schliesst mit der Ankündigung, dass er eine Ergänzung erhalten müsse, in welcher darzulegen sei, was ich auf meiner Wanderung durch die Texte gesehen und was sich mir als ältester Text ergeben hat. Dieser liegt im Sinaisyrer vielfach rein vor, aber durchaus nicht immer; er repräsentiert einen relativ aber nicht absolut reinen und sehr alten Text, dem indessen vielfach besonders durch die Altlateiner noch aufgeholfen wird, deren Wert schon Bentley erkannt hat, wenn er in einem Briefe an Wetstein sagt: Hujus modi Latinos veterrimos vel Graecis ipsis praetulerim. Wetstenii Nov. Test. I, 154. Der Zweck dieser Untersuchungen ist, die erreichbar älteste Form der Evangelien zu erlangen, damit wir durch sie ein Christusbild gewinnen, in dem die später vorgenommenen Übermalungen getilgt und die Originalzüge wieder hergestellt sind. Diese Kritik ist nicht ein Selbstzweck, sie dient vielmehr der Religion Ješu', und ist lediglich ein Mittel, das niemand ungestraft vernachlässigt, der über die Ursprünge des Christentums sich unterrichten will. Denn welchen Zweck hätte alle Evangelienkritik, wenn nicht den der Person Ješu' nahe zu kommen? Die Kritik steht im Dienste der historischen Christologie, und diese selbst ist das Mittel, durch welches die gährenden Massen der kritisch-historischen Gedanken allein zur Läuterung und Ruhe gebracht werden können.

Ich habe es wesentlich mit Textfeststellungen zu thun gehabt, ohne diese giebt es keine zuverlässige Quelle für das Christusbild, auf weitere Untersuchungen über die Komposition der Evangelien bin ich nicht eingegangen, ich will Grund legen, nicht Hypothesen machen. Nach so langer Beschäftigung mit den Evangelien darf ich aber hier in der Vorrede wohl aussprechen, welchen Eindruck ich von dem Verhältnisse der vier Evangelien zu einander empfangen habe, was innerhalb des Werkes zu thun durch seine Gesamtanlage ausgeschlossen war.

Echt palästinische und zeitgenössische Luft atmet man nur im Matthäus; er erhält am besten die Lokalfarben, während Markus, oecumenisch poliert, diese fallen lässt und eine christliche Gesellschaft als Leser denkt, um die sich Matthäus nicht bekümmert. Damit ist aber nicht gesagt, dass der Typus, nach welchem die Darstellung des Markus gebildet ist, jünger sein müsste, im Gegenteil, sein Aufzug ist wohl relativ ursprünglich, aber diese Abschätzung ist nicht sofort auf die Details der Darstellung und der Reproduktion der Worte Jesu zu übertragen. Andererseits hat auch Matthäus ortsfremde und verfärbte Zusätze erhalten, was sich sofort in der Kindheitsgeschichte zeigt, denn Matth 1, 18—2, 23 ist ein völlig heterogenes Stück, das im primären Matthäus, wegen des „in jenen Tagen" 3, 1 nicht gestanden hat, sondern dem in Markus bewahrten Urtypus in unpassender und widerspruchsvoller Weise vorgeordnet ist. Es stehen nebeneinander der Urtypus mit der Berufung auf das prophetische Wort ohne das Geschlechtsregister im Markus und die Erweiterung durch das Geschlechtsregister im Matthäus, das den doppelten Zweck hat, die leibliche Abstammung von David und die Chronologie zu geben. Denn die Juden rechneten nach Geschlechtern, und das „in jenen Tagen" bezieht sich in Wahrheit auf 1, 17 und besagt, dass Johannes der Täufer in der dreimal vierzehnten, d. i. in der zweiundvierzigsten Generation nach Abraham, auftrat, wofür Lukas vierundfünfzig Generationen bietet.[1] Diese Geschlechtsregister sind nach Röm 1, 3 früh unternommene, nachträgliche gelehrte Arbeiten von Forschern über Ješu', nicht Urstücke des Evangeliums, die in ihren Ergebnissen nicht übereinkommen, ja sich gegenseitig ausschliessen, sodass man seit Alters auf deren Ausgleichung bedacht gewesen ist. Eusebius H. E. 1, 7. Ješu' selbst legte auf die davidische Abkunft gar keinen Wert, er redet nie davon, er beruft sich nie darauf und benutzt sie nicht zur Begründung seiner ausserordentlichen Bestimmung. In Matth 22, 41 liegt eine Verspottung der Pharisäer in Bezug auf ihre Messiaslehre vor, mit der sie vor Ješu' in exegetisches Gedränge geraten, und die nicht den Zweck hat, auf Ješu' leibliche Abkunft von David hinzuweisen, eher das Gegenteil. Aus derselben Schule, welche die Geschlechtsregister geschaffen hat, wird auch der im Matthäus übliche prophetische Beweis für Ješu' Messianität stammen, der mit der Formel arbeitet: Auf dass erfüllet werde. Das ist theologische Arbeit, von der Markus nichts weiss. Mrc 14, 49 ist anders, 15, 28 unecht.

Obwohl nun im Matthäus die zeitgenössische palästinische Lokalfarbe am besten erhalten ist, so folgt daraus doch keineswegs, dass dies Evangelium eine judaistische Richtung repräsentiere. Die Ur-

[1] Es ist in der Bearbeitung des Lukas von mir auf Grund der Handschriften nachgewiesen, dass das Geschlechtsregister des Lukas im Originale zweiundsiebenzig Glieder hatte, wie Irenäus noch richtig las und angiebt. Unsere heutigen alterierten Texte haben Gott eingerechnet fünfundsiebenzig Glieder.

form, die der Sinaisyrer herzustellen gestattet, ist im Gegenteil antijüdisch, das zeigt in der Leidensgeschichte die durchgeführte Entlastung des Pilatus neben der Belastung der jüdischen Obrigkeiten, und die Lesart λαὸς für ὄχλος (vgl. P 402), ebenso wie die Erzählung vom kanaanäischen Weibe P. 248. Nicht minder folgt es aus der dem Matthäus eignen, nicht auf hebräischem Boden erwachsenen Geburtsgeschichte, denn die Erzeugung eines Menschen durch die Verbindung des göttlichen Geistes mit einem menschlichen Weibe ist so unjüdisch als möglich. Es ist eine nichtjüdische und unrichtige Umdeutung des jüdischen Textes Luk 1, 35, in dem die ältere jüdische Geburtsgeschichte des Messias als Sohn Davids erhalten ist, die ihrerseits durch Streichung von μοὶ in Vs. 34 freilich auch schon gelitten hat, wie zu dieser Stelle in dem folgenden Teile nachgewiesen ist. Wie unjüdisch diese Umdeutung ist, zeigt sich darin, dass sie der eigentliche Stein des Anstosses für alles echte Semitentum gegen das Christentum geworden ist, der sich in dem lapidaren Worte des Islam: „Allah hat nicht gezeugt und ist nicht gezeugt", krystallisiert hat. Für den hellenischen Geist mit seinen vielen Göttersöhnen war solche Deutung annehmbar, für den Juden nicht. Die jüdische Urform der Geburtsgeschichte ist in Lukas erhalten, und sie ist ausgebildet, als die Erscheinung Ješu' unter die jüdische Kategorie des Messias befasst wurde.

So liegt im Matthäus echt palästinische Darstellung mit universalistischen Gedanken verbunden vor. Die Magier repräsentieren die Welt, die sich vor Ješu' beugt, Ägypten, der Typus des Kosmos, der allen späteren Allegorikern geläufig ist, bewahrt den Ješu'knaben in der Zeit der Verfolgung und entzieht ihn der jüdischen Vernichtung, und Ješu' letztes Wort ist nicht: Gründet ein jüdisches Weltreich, — sondern: Gehet in alle Welt und lehret. Damit sind im Matthäus selbst, den man als das Evangelium der Widersprüche bezeichnet hat, zwei Grundzüge aufgezeigt, einerseits die historische Treue der Lokalfarbe im Leben Ješu', und andererseits die Erkenntnis, dass Ješu' Werk über das Judentum hinausgreifend völlig universalistisch war. Die Frage entsteht, ob nicht hiermit das Wesen Ješu' in seiner tiefsten Tiefe richtig erfasst ist, und ich bejahe diese Frage. Ješu' war nicht der Judenmessias, er war ein Welterlöser. Niedner hat das schon 1852 in seiner Kirchengeschichte P. 87 scharf hervorgehoben, wenn er von einem „Aufeinandertreffen zweier Messiasbegriffe" redet. Aber der Begriff des Welterlösers geht nicht in einem Messiasbegriffe auf, und es ist eine Verkümmerung seines Wesens, wenn man Ješu' überhaupt unter die Kategorie des jüdischen Messias zu fassen versucht hat, wie das in der Kindheitsgeschichte des Lukas geschieht. Es ist in Wahrheit historisch völlig ausgeschlossen, dass sich Ješu' sollte für den Judenmessias erklärt haben. Übrigens verbietet er selbst denen, die ihn dafür hielten, das auszusprechen. Sein Bewusstsein reichte viel weiter, und er spricht in Matthäus 21, 42 dem jüdischen Volk das Weltreich ab. Soll es aber kein Weltreich erlangen, so kann es auch keinen Messiaskönig gebrauchen, und Ješu' kann sich nicht dafür erklären. Darin besteht die prinzipielle Identität der Matthäuslehre mit der des Johannes, nach welcher Ješu' die in der Menschheit erschienene göttliche Urvernunft für alle Welt genannt wird. Der Unterschied der Darstellungen aber trifft die Lokalfarbe, im Matthäus ist sie gewahrt, im Johannes durch die Stellung Ješu' unter den prinzipiellen Gegensatz von Wahrheit und Juden, Licht und Finsternis ihres spezifischen Wesens entkleidet. Wo Matthäus das Lokale und Accidentielle wirken lässt, da setzt Johannes das Universale und Ewige als wirkende Kraft ein, die Wahrheit des Matthäus ist die Wahrheit des naturalistischen Schilderers, die Wahrheit des Johannes die des die Gründe der Dinge schauenden Denkers.

Es handelt sich für uns nicht darum zu erweisen, dass Ješu' ein Prophet war, denn er war mehr, oder dass er der Messias war, was er nur mit einem täuschenden Wortgebrauche Joh 10, 24 hätte sagen können, sondern darum, dass wir sein Wesen ohne diese Kategorien fassen, und begreifen, dass diese jüdischen Kategorien nur eine Stütze sind, an der die älteste jüdisch-christliche Theologie oder Christologie selbst im Johannes sich hält, weil sie keine besseren Mittel besass.

Ich spreche diese Gedanken hier andeutungsweise aus, von denen ich glaube, dass sie die Linie bezeichnen, in der sich die Christologie zunächst zu bewegen haben wird. Denn in meinem Kommentar handle ich davon nicht. Er soll nur dem Zwecke dienen, die ältesten Formen mit annähernder Reinheit zu gewinnen. Mein Buch ist kein Kommentar nach der alten Weise, sondern eine Ergänzung zu den früheren Behandlungen des Stoffs, in welcher einzelne Töne angeschlagen sind, aber keine Biographie, kein Charakterbild Ješu' versucht wird, wofür es nur eine Vorarbeit sein soll.

II.

Meine Arbeit ruht auf dem Lachmannschen Prinzipe[1] des Verhöres der ältesten nach geographischer Lage möglichst weit von einander abliegenden Zeugen, wie dies die Altlateiner und die Altsyrer sind, die an den entgegengesetzten Enden der christlichen Welt ge-

---

[1] Lachmann, I, VI: ante omnia antiquissimorum rationem habebimus, et inter hos talium qui a quam disiunctissimis processerint locis.

schrieben sind. Dies objektive Zeugenverhör ist die Grundlage, es vollzieht sich ohne Rücksicht auf die Interpretation, es liefert nur Thatsachen. Der Thatbestand der Überlieferung wird dann historisch genetisch geprüft und versucht die Reflexionen der alten Redaktoren und Editoren zu divinieren, durch welche sie sich haben bestimmen lassen, den Text so oder so auszugestalten, wie er von den verschiedenen Zeugen geboten wird, um alsdann vermittels einer Gegenreflexion aus dem überlieferten Stoffe die älteste Form mit möglichster Sicherheit auszulesen. Das führt dann zur Interpretation. Oft bin ich dabei auf scheinbare Kleinigkeiten eingegangen, um den Sprachgebrauch des Sinaisyrers scharf zu bestimmen, welche den Leser als überflüssig anmuten mögen[1], aber „in his libris si quippiam parvum aut leve putarimus, verendum est ne vel gravissima imprudenter neglegamus.“ Lachmann. Ein Beispiel bietet ὡς ὁ πατὴρ ὑμῶν oder ὧν ὁ πατὴρ ὑμῶν Mtth 5, 48.

Aber Lachmann verhörte nur lateinische und griechische Zeugen, die Orientalen schloss er aus, und da für die syrische Kirche die wirklich alten Zeugen damals noch nicht entdeckt waren, so war es in seiner Zeit kein Verlust, heute aber muss man über seinen Apparat hinausgehen, obwohl seine Textrevision ein Werk wunderbarsten Scharfsinns ist und bleiben wird, das leider den heutigen Meistern in Israel durchaus nicht so bekannt und vertraut ist, wie es sein sollte. So wirkt noch jetzt die Kritik der Graeen, über die er selbst spottet, in dem nachgeborenen Geschlechte. Sie bewachen den Weg zu den hesperischen Äpfeln und haben alle zusammen doch nur ein Auge und einen Zahn, mit dem sie sich gegenseitig aushelfen. Die Auffindung, zuerst des Curetonschen, dann die des Sinaisyrers, hat die ganze Grundlage der Kritik verändert.

Mit ihnen haben wir fünf übereinanderliegende Schichten des Evangelientextes in aramäischer Sprache, deren Vergleichung die fortschreitende Textbearbeitung erkennen lässt, welche in der griechischen Kirche vorgenommen und in die der Syrer glücklicher Weise nicht mit voller Konsequenz eingetragen ist. Die ältesten Syrer mit den ältesten Lateinern zusammen in ihrer vielfachen Übereinstimmung mit Cyprian, Irenäus und Justin dem Märtyrer verhelfen uns zu einem Evangelientexte, wie er im 2. Jahrhundert gelesen wurde. Das ist nicht in dem Sinne gemeint, dass nur ein einzelner Zeuge, wie der Sinaisyrer, unmittelbar und rein einen so alten Text liefert, sondern in dem Sinne, dass sich mit seiner und der anderen Hilfe ein so alter Text erschliessen d. h. gewinnen lässt.

Über die Chronologie dieser Syrer lässt sich nach Burkitts

---

[1] Z. B. die Untersuchungen über οἱ μαθηταὶ αὐτοῦ P. 142 und über ἤ. P. 195.

Untersuchungen[1] über die Citate des heiligen Ephraem † 373 jetzt behaupten, dass dieser die officielle syrische Vulgata, welche Pešîṭtha genannt wird, noch nicht benutzt hat. Sie ist also frühestens im letzten Viertel des vierten Jahrhunderts hergestellt, Burkitt versucht wahrscheinlich zu machen, dass sie um 412 von Rabbula hergestellt ist. Der Sinaisyrer und der Curetonsche Syrer ist älter, die Philoxeniana, 508 verfasst, ist 616 nochmals von Thomas von Ḥarkel revidiert (Harklensis). Der sogenannte jerusalemische Syrer ist nach Nöldeke (Deutsche morgl. Ztschft. XXII, P. 525) verfasst zwischen 300 und 600, während Burkitt ihn in die Zeit des Justinian und Heraclius versetzt und in 'Âbûd, eilf englische Meilen nordöstlich von Lydda, verfasst sein lässt. Seine überzeugende Begründung mag man im Journal of Theological Studies II P. 174—185 nachlesen. Wir verstehen unter dem jerusalemer Evangeliarium (Hrs) nur das Lectionarium, nicht die von Land Anecdota Syriaca IV, P. 114 edierten Fragmente der ganzen Evangelien, welche dem recipierten griechischen Texte weit näher stehen, wofür Matth 19, 16 = Land P. 122 ein Beispiel bietet.

Diese fünf übereinander liegenden Schichten von syrischen Übersetzungen der Evangelien gestatten die auf griechischer Seite an ihren Texten vorgenommenen und dann von den Syrern in ihre Texte eingetragenen Änderungen zu erkennen und bis zu einem gewissen Grade zeitlich festzulegen. Dass weiter von mir auch die anderen Orientalen hinzugenommen sind, gereicht der Prüfung nur zum Vorteil, jeder Zeuge, der sich anbietet, muss gehört werden. Unter diesen ist die armenische Übersetzung darum von Bedeutung, weil sie ursprünglich ebenfalls aus dem Syrischen übersetzt und dann um die Mitte des fünften Jahrhunderts nach dem Griechischen überarbeitet ist, aber vielfach bei genauerer Analyse noch die altsyrischen Lesarten bezeugt. Vgl. z. B. P. 302, wo sie den Sinaisyrer bestätigt, den alle Griechen verleugnen. Eine wirklich kritische Ausgabe, die mit den Hilfsmitteln unserer Zeit sich vielleicht herstellen lässt, liegt freilich noch nicht vor. Dass in Wahrheit die gedruckten Texte Lesarten nicht bieten, die als uralte in arm. Mss. erhalten sind, habe ich zu Joh 21, 15—17 gezeigt,[2] und ich kann das jetzt noch weiter erhärten, denn die alten armenischen Kommentatoren setzen gerade hier die Lesart voraus und besprechen sie, welche der heutige Text nicht enthält, und die der Sinaisyrer übereinstimmend mit den von mir angeführten armenischen Mss. bietet. Diese sagen dort: Weide meine Lämmer — Schafe — Böcke, wodurch erst Licht in die

---

[1] Burkitt, S Ephraim's Quotations from the Gospel in Texts and Studies by J. Armitage Robinson. Vol. VII. 2. Cambridge 1901. P. 28 ff.

[2] Protestantische Monatshefte 1898. P. 354.

Stelle kommt, und so las Narses Lampronensis † 1197 in der Expositio Missae, Venedig S. Lazzaro, 1847. P. 151—52, so Johannes Erzenkajensis, ein Schriftsteller des vierzehnten Jahrhunderts, im Kommentar zu Matth Cap. X, und so noch J. Bapt. Aucher † 1854 in S. Lazzaro, Venedig, in seinem ungedruckten Compendium der Theologie, Sermo de Pontifice, Vol. I, Artic. II, Conclusio, nach einer brieflichen Mitteilung des mir befreundeten P. Johann Aucher, des Grossneffen des eben angeführten gelehrten Mechitharisten. Merkwürdig steht dazu Aphraates (Wright P. 195), er hat nämlich nicht wie die Griechen nur zwei Ausdrücke πρόβατα und ἀρνία, sondern wie Syrsin und die Armenier drei in seinem Texte gelesen, aber sein Text beseitigte die Böcke (ܬܝ̈ܫܐ = խոյ) und ersetzte sie durch Herde (ܥܢܐ = խաշն), woneben sich nun Lämmer und Schafe sehr sonderbar ausnehmen. Diesen geänderten Text hat aus Aphraates dann die armenische Aphraatesübersetzung, die unter den Namen Jakobs von Nisibis geht, buchstäblich beibehalten.

Dass zu meinem Zeugenverhör auch der memphitische, d. h. nordägyptische Text, als natürlicher Zeuge für die Textform, die in Alexandrien herrschte, hat hinzugenommen werden können, ist ein grosses Verdienst der trefflichen Ausgabe von G(eorg) H(orner), da aus deren kritischem Apparate zugleich zu ersehen ist, in wie weitgehender Weise der Urtext nach späteren griechischen Lesarten revidiert und korrigiert ist, so dass oft genug die memph. Mss. sich teilen und mit verschiedenen Klassen des griechischen Textes gehen.

Dass und warum die äthiopische Übersetzung nur ausnahmsweise herangezogen ist, ist P. 8 begründet worden. Hingegen ist Ulfilas, obwohl ich ihn für revidiert nach lat. Texte ansehe, überall benutzt. Die Vergleichung dieser Zeugen und der griechischen Mss. haben mich gelehrt, dass ein sporadisches Hineinblicken und ein Anführen minimalster zerhackter Stückchen zu nichts führt, sie müssen im Zusammenhange gelesen werden, da die Überarbeitungen nach bestimmten Rücksichten über weite Gebiete sich erstrecken. Ein Beispiel aus Mrc 14, 30, 72, 68 haben aus Codex B Westcott-Hort § 323 angeführt, ein noch weiter reichendes ist von mir P. 403 über λαός und ὄχλος dargelegt worden. Darum kann die Art der Vergleichung, welche in den kritischen Apparaten unter dem Zwange der Umstände hat befolgt werden müssen, nicht länger genügen. Aus den Fleischstücken in einer Wurst kann man keine vergleichende Anatomie und Entwickelungsgeschichte ableiten.

Das gilt aber auch für die griechischen Handschriften selbst und für die sehr bunten Altlateiner, und darum habe ich mich der Mühe unterzogen, die unten aufgezählten Altlateiner, sowie die wichtigsten Mss. Bℵ Δ und (von Matth 25, 6 an) A in den faksimilierten Ausgaben[1] und D in Scrivener's Abdruck von Bezas Codex Cantabrigiensis (Cambridge 1864) wirklich zu lesen, wogegen ich C unbenutzt gelassen habe, nachdem ich die Handschrift selbst gesehen habe, de ich übrigens ebenso wie De Lagarde (Gesammelte Abhdlg. P. 94) nicht für schwer lesbar erachte. Die Lektüre der Handschriften hat mir die Überzeugung erweckt, zu der, wenn man sich durch die verhüllende Darstellung nicht täuschen lässt, auch die übrigen Forscher gekommen sind, dass keine einzige Handschrift ungeändert geblieben ist, auch ℵ und B nicht, da sie oft gegeneinander zeugen, und B sich sekundär erweist, P. 129. Obwohl beide einstimmige Korrekturen enthalten, wie das ὁ ῥηθεὶς διὰ Ἡσαίου Mtth 3, 3 und P. 256, so sind sie doch auch in verschiedener Weise redigiert, wofür P. 142 ff. und 153 sich Beispiele finden. Auf eigener Lektüre beruhen bei mir die Anführungen aus ℵBADΔ, die übrigen sind aus Lachmann, Tregelles und Tischendorf[8] entlehnt.

Unter diesen Umständen scheint mir die Diskussion über die Güte der einzelnen Handschriften, durch welche festgestellt werden soll, welcher von ihnen man sein besonderes Vertrauen schenken darf, wenn sichs um die Herstellung des Urtextes handelt, ziemlich aussichtslos, man kann keiner absolute Glaubwürdigkeit zuerkennen und muss eben darum von Fall zu Fall vergleichen und entscheiden. Dabei ist die Bedeutung einer Lesart für die kirchliche Disziplin und Dogmatik immer im Auge zu behalten, die Evangelien haben es als kirchliche Lehrschriften sich müssen gefallen lassen, nach kirchlichen Interessen modifiziert zu werden. Schwankungen, wie die von εἰκῇ Mtth 5, 22 (vgl. Teil I, P. 232) sind keine Abschreiberversehen, sondern Einsätze oder Streichungen auf Grund einer bestimmten Doctrin, sie sind tendentiöse Redaktion. Man lese in Senecas De ira die verschiedenen Definitionen des Zornes, die Fragen, ob der Zorn natürlich sei, ob nützlich, ob teilweise beizubehalten, und man hat den Boden, auf dem die Redaktoren standen, von denen die einen mit den Stoikern den Zorn gänzlich verwarfen, die anderen mit den Peripatetikern ihn bedingt zuliessen. Wir haben es mit bewusster Überarbeitung zu thun, die für ℵ und B auch zu Matth 7, 28 und an vielen Stellen meiner Arbeit nachgewiesen ist.

[1] Dies ist für B das photographische Faksimile, welches als Novum Testamentum e codice Vaticano 1209. Rom 1889 von Cozza hergestellt ist, und das den Codex, den ich selbst gesehen habe, sehr gut reproduziert, so dass man über die Rasuren und Hände wohl urteilen kann. Für ℵ ist es der vierte Band von Tischendorfs Bibliorum Codex Sinaiticus Petropolitanus, Petropoli 1862, für A das photographische Faksimile der Trustees des British Museum, London 1879, und für Δ das lithographische Faksimile, das Rettig als Antiquissimus . . . Codex Sangallensis graeco-latinus interlinearis Turici 1836 veröffentlicht hat.

III.

Nach alle diesem ist der Verfasser dieser Erläuterungen auf gar keine kritische Theorie eingeschworen, er lässt die Thatsachen, die er findet, auf sich einwirken, und wünscht sie anderen so vorzulegen, dass sie sich ihr Urteil selbständig bilden können. Die vorgelegten Thatsachen muss jedermann anerkennen, die daraus abgeleiteten Schlüsse, die in Wahrheit nichts anderes sind, als eine Bemühung, die vorliegenden Thatsachen genetisch zu begreifen und untereinander als Produkte eines Prozesses zu vermitteln, sind für niemand als ihn selbst bindend. Aber er hat das Recht und die Pflicht, auf diesem Gebiete, das vor ihm in dieser Weise nicht bearbeitet worden ist, seine Auffassung frei und rückhaltlos vorzutragen, und er wünscht, dass andere sich der gleichen Mühe, die Erscheinungen genetisch zu erfassen, unterziehen. Mögen dann auch im Einzelnen sich verschiedene Auffassungen bilden — das kann der Natur der Sache nach nicht anders sein — er ist überzeugt, dass das Wesentliche von allen anderen ebenso wird angesehen werden müssen, wie es sich ihm dargestellt hat, wo nicht, so liegt es am Auge. Leider ist ihm im Flusse der Arbeit hie und da eine polemische Bemerkung untergelaufen. Er wünschte jetzt, dass dies nicht geschehen wäre, um den objektivsten Charakter zu wahren, denn er schreibt niemand zu Liebe und niemand zu Leide.

Das blosse Häufen des kritischen Materials ist zur Zeit überflüssig, es liegt davon soviel vor, dass man es gar nicht bewältigen kann. Statt des Bienenfleisses der Sammler sollte jetzt das kritische Urteil eine Zeitlang das Wort haben. Ich weiss natürlich mindestens ebensogut wie andere, dass manches noch sorgsamer Detailarbeit bedarf, namentlich in der Gewinnung des ältesten Textes der orientalischen Übersetzungen. Aber alle diese Desiderata rechtfertigen die Mutlosigkeit derjenigen nicht, die sich auf lediglich mechanische Kritik beschränken und nicht zu der geschichtlich reflektierenden Textkritik fortzuschreiten wagen. Man kommt trotz aller Massensammlungen, die wie ein Narcoticum das kritische Gewissen betäuben, doch nicht um diese Aufgabe herum. Erst auf Grund geschichtlicher Durchleuchtung lässt sich das empirische Material wirklich verstehen und gruppieren. Den Beweis dafür, wie viel mit wenigem aber urteilsvoll kombiniertem Materiale erreichbar ist, liefert Lachmanns Text der Vulgata. Wenn man lange Strecken seines Textes mit der neuen Ausgabe von Wordsworth vergleicht, für welche ein unendlich viel reicheres Material benutzt ist, so ist die Differenz höchst geringfügig. Ob der eine quia und der andere quod schreibt, es wird niemals festgestellt werden, welche von beiden Lesarten Hieronymus selbst gesetzt hat. Es ist also mit viel geringfügigerem Material das Wesentliche erreicht worden, und die Stoffhäufung, die ich übrigens an sich durchaus nicht verwerfe, kann nicht als das A und O der kritischen Arbeit angesehen werden und darf gegenüber anderen Aufgaben zeitweilig zurücktreten.

Aus der hier vorläufig vorgetragenen Erkenntnis, die sich im Folgenden immer mehr als richtig erweisen wird, ergiebt sich die Methode der Untersuchung, welche in den Erläuterungen befolgt wird.

Es ist unser Ziel, den letzten erreichbaren Text der Evangelien zu finden und dafür haben wir nun die historisch hintereinander liegenden syrischen Zeugen, mit denen wir die Griechen zu konfrontieren vermögen. Das Schauspiel, das sich vor unseren Augen abspielt, ist fast ausnahmslos dies, dass, wo die Pesch vom Sinaisyrer abweicht, sie dem Griechischen angeähnelt ist, d. h. dass in den Sinaisyrer, welcher aus einer sehr alten Form des griechischen Textes stammt, bei der Herstellung der Pesch, welche sprachlich ganz auf ihm ruht, diejenigen griechischen Lesarten anfgenommen sind, welche zur Zeit der Herstellung der Pesch als die anerkannten galten. Dieser nach den inzwischen redigierten griechischen Texten reformierte Sinaisyrer ist die Pesch. Somit zeigen diese beiden Syrer im Spiegelbild die Veränderungen, welche mit dem Griechischen zwischen 180 und 400 vorgenommen sind, der Sinaisyrer giebt durchschnittlich die alte Textform, die Pesch die neue. Der curetonianische Syrer steht in der Mitte, er geht bald mit dem alten Texte, bald hat er den neuen mit der Pesch identischen, d. h. er steht bei Seite und ist keine von den thatsächlichen Zwischenstufen, über die hinweg der alte Text des Sinaisyrers in den neuen der Pesch hinübergeschoben ist.

Andererseits zeigt sich eine weitreichende Identität oder mindestens Verwandtschaft des im Sinaisyrer ausgedrückten und in seiner alten Form aufbewahrten griechischen Textes mit den Altlateinern, deren Zeit wir durch ihr Verhältnis zu Cyprian bestimmen können, dessen zahlreiche Citate uns lehren, dass der Sinaisyrer einem griechischen Texte folgt, der vor 230 liegt. Er ist dem verwandt, welchen Irenäus gelesen hat, und dem die altlateinische Übersetzung entstammt, die Cyprian benutzt hat, deren Gestalt uns in der Turiner Handschrift k mit einiger Reinheit bewahrt ist. Dieser Text ist in Wordsworth, Sanday und White's Old Latin Biblical Texts No. II, Oxford 1886, abgedruckt. Hiernach bestimmt sich das Alter des dem Sinaisyrer zu Grunde liegenden Textes vor 230, denn so alt muss ein lateinischer Text sein, den Cyprian benutzt. Bedenkt man aber, dass das Original dieses lateinischen Textes selbst wieder älter sein muss, als die Übersetzung, und dass die Übereinstimmung des Sinaisyrers mit der griechischen Vorlage des Irenäus, die um 182 vorhanden gewesen ist, das Alter der Vorlage des Sinaisyrers in die Zeit des Irenäus rückt, so kommt man zu dem Schlusse, dass die griechische Vorlage des Sinaisyrers eine Textform hatte, die dem ausgehenden zweiten Jahrhundert angehört und somit vor die Bildung der uns bekannten griechischen Textfamilien gehört.

Nach dieser Zeit, an die keine griechische Handschrift hinanreicht, ist der griechische Text überarbeitet. Die erste grosse Probe dafür bietet Ulfilas, der 381 starb, der also einen griechischen, vermutlich aus Konstantinopel stammenden, Text übersetzt hat, wie man ihn dort um 350 las. Sein Text gehört der Periode nach der grossen Redaktion des griechischen Textes an, die demgemäss im dritten Jahrhundert, wir wissen nicht wo, vollzogen ist. Dieser jüngeren überarbeiteten Textschicht gehört auch der Text an, nach dem um 450 die armenische Übersetzung redigiert ist, aber in dieser Redaktion sind wegen der in Armenien schon vorhandenen Kenntnis der Bibelworte nicht nur aramäische Namensformen, sondern gelegentlich auch Lesarten beibehalten worden, welche der älteren Rezension angehören, und welche dem syrischen Texte entstammen, welcher der ersten armenischen Übersetzung als Vorlage gedient hatte. Eigennamen wie Jordanan statt Jordan, Jonan statt Jona u. dergl. beweisen den syrischen Ursprung christlicher Bildung in Armenien, und Lesarten wie Matth 1, 18, Joh 21, 17 von mir in den protestantischen Monatsheften 1898, S. 354 mitgeteilt und besprochen, zeigen direkten Zusammenhang zwischen der armenischen Urübersetzung und dem altsyrischen Texte. Eine schwankende Textform zeigen die Übersetzungen, welche nach 200 bis gegen 400 gemacht sind, also die Kopten und die Pesch. Teilweise haben sie noch Lesarten der Urform, meistens aber sind sie schon im Sinne der griechischen Redaktion beeinflusst. Ihr Gewicht ist daher schwer, wenn sie gegen die griechische Redaktion zeugen, leicht, wenn sie mit ihr gehen, da die natürliche Tendenz ihrer Benutzer auf Ausgleichung mit den herrschenden griechischen Texten gerichtet sein musste.

Wie endlich Hieronymus vorgieng, indem er die Altlateiner von Fall zu Fall ohne pedantische Prinzipien polierte und dabei mit den seiner Zeit bei den Griechen gebräuchlichen Texten, oft auch dogmatisch beeinflusst, ausglich, das lese man nach in L. Zieglers Itala-Fragmenten Marburg 1876.

Eine Textkritik bloss auf die Vergleichung der Übersetzungen und Handschriften zu begründen, ist wegen der Natur des zu bearbeitenden Textes unmöglich. Diese heiligen Texte sollten das Leben regeln und mussten daher den geltenden Anschauungen conformiert werden. Die im Texte vorliegenden Varianten sind abgesehen von rein dialektischen und grammatischen Dingen, für die die Übersetzungen ohnehin nicht zu verwenden sind, keineswegs Schreibfehler und Nachlässigkeiten, mit denen man leicht fertig wird, wo sie vorliegen, sie sind vielmehr redaktionelle auf sachlichen Erwägungen ruhende Änderungen, die dogmatische, asketische, kirchenrechtliche Gründe haben und eben darum nicht ohne dogmatische, asketische und kirchenrechtliche Erwägungen betrachtet und beurteilt werden können. Handschriften, wie ℵBA sind Prachtausgaben, bei denen der Schreiber die Hand, die Gelehrten aber den Kopf geliehen haben. Diese dachten, rezensierten, emendierten nach dem Verständnisse ihrer Zeit, jener schrieb, was ihm vorgelegt wurde. Vgl. den Text von D Matth 26, 59, 60. Schon der Kostenpunkt schliesst Privatarbeit bei diesen Handschriften aus, solche Unternehmungen waren die Sache reicher Interessenten wie Pamphilus oder kirchlicher Centralstellen. Je einheitlicher in ihrer ganzen Art eine Handschrift sich zeigt, um so sicherer ist sie Produkt einer Überarbeitung, das Alte ist in den wildgewachsenen Handschriften erhalten und auszulesen.

Es muss nun zum Beweise der Richtigkeit dieser Lehre an einem Texte ein Beispiel geliefert werden, das habe ich an Matthäus gethan, für die übrigen Evangelien habe ich mich kürzer gehalten.

IV.

Die Ausdehnung in der Benutzung der Quellen hat ihre Grenze an der Kraft und Zeit eines einzelnen Menschen, Vollständigkeit ist unmöglich und verständige Auswahl das Anzustrebende, wenn man wirklich selbst sehen will. Ich habe von gedruckten Ausgaben benutzt: Wetstenius, Amsterdam 1751, Griesbach Synopsis, vierte Ausgabe, Halle 1822, Lachmann-Buttmann, Berlin 1842, Tregelles, London 1857—1870, Tischendorf, VIII, Leipzig 1869, Westcott-Hort, Cambridge und London 1890, 1896. Hierzu kommt Scriveners Plain Introduction to the criticism of the N. T. in der dritten und in der vierten Ausgabe. London 1894. Die von mir selbst verglichenen Väter sind: Didache ed. Schaaf, New York 1885 Justinus Martyr in Ottos dritter Ausgabe, Jena 1875 Irenäus ed. Harvey, Cambridge 1852, Cyprianus ed. Hartel, Wien 1868—71, Clemens Romanus Recognitiones ed. Gersdorf, Leipzig 1838, Clemens Romanus Homilien in den Clementina, ed. de Lagarde 1865, Trübner, Strassburg, nebst de Lagarde's Clem. Rom. Recognitiones syriace 1861, Trübner, Strassburg, Clemens Epistles to the Corinthians in Syriac ed. by R. L. Bensly, Cambridge 1899, Aphraates ed. Wright, London 1869, Eusebs Theophania ed. Lees, London 1842, sowie dessen englische Übersetzung, Cambridge 1843, Ephraem des Syrers armenischen Commentar zum Diatessaron nach der Originalausgabe, Venedig 1836, Vol. II, Didascalia syriace (ed. de Lagarde) 1854.

Origenes Matthäuskommentar habe ich nach der Ausgabe von Lommatzsch angeführt, die nach der Bändezahl der Ausgabe von Delarue gegebenen Citate sind den Apparaten von Lachmann, Tischendorf und Tregelles, wenn sie übereinstimmten, entlehnt und nicht neu verglichen. Hilarius Pictaviensis Commentarius in Matthaeum ist in der Ausgabe Verona 1730 fol. benutzt. Tertullian ist nicht benutzt, weil Rönsch's Biblia Tertulliani lehrt, dass man seine Anführungen für kritische Zwecke nicht leicht verwenden kann. Die jüngeren Väter sind unbenutzt geblieben, da der Zeitaufwand, welchen ihre Lektüre erfordert, mit dem möglichen Nutzen für meinen Zweck in keinem Verhältnisse steht. Andere können das leicht ergänzen.

Die memphitische, d. h. nordägyptische Übersetzung ist nach der Ausgabe der Londoner Bibelgesellschaft, London 1847 (besorgt von Tattam), weiter nach M. G. Schwartze, Berlin 1846, und vornehmlich nach der neuen Bearbeitung von G(eorge) H(orner), die unter dem Titel The Coptik Version of the New Testament, Oxford 1898, erschienen ist, angeführt, die sich indessen in der definitiv gegebenen Textform von einander kaum unterscheiden. Die Anführungen aus der oberägyptischen (sahidischen) Übersetzung sind aus Schwartze entlehnt. Ich habe es nicht als meines Amtes erachtet, die von H. Hyvernat in seiner Étude sur les versions coptes de la Bible (Extrait de la „Revue biblique“ Juill.-Oct. 1896—Janv. 1897), Paris, Librairie Victor Lecoffre, P. 28ff. aufgezählten Fragmente der Evangelien mir zu verschaffen, das ist eine eigene Arbeit und Aufgabe der koptischen Philologie.

Der armenische Bibeltext ist nach der Ausgabe von Zohrab, Venedig 1805, angeführt.

Die verschiedenen Syrer sind entnommen, 1. der Sinaisyrer der Originalausgabe von 1894 und den Ergänzungen von 1896, 2. der Curetonianus der Originalausgabe von 1858, 3. die Pesch den Drucken von Urmia 1846, Gutbier 1683, New-York 1886, 4. die Philoxeniana der Ausgabe von White, Oxford 1778, 5. die hierosolymitanische Übersetzung dem Drucke De Lagardes in der Bibliotheca syriaca, Göttingen 1892, und der neuen Ausgabe von Frau Smith-Lewis und M. D. Gibson, Cambridge 1899. Der arabische Tatian stammt aus dem Abdrucke Ciasca's, Rom 1888.

Dass alle diese Orientalen im Originale angeführt sind, soll nicht dazu dienen den Druck buntscheckig zu machen, sondern die Texte wirklich vor Augen zu stellen, damit Niemand sagen könne, meine Angaben seien entlehnt oder unsicher und falsch. Wer hier urteilen will, darf sich der Mühe nicht entziehen, sich den Gebrauch der nötigen Hilfsmittel zu ermöglichen, d. h. die Sprachen der Übersetzungen zu erlernen. Ich habe stets eine nach Bedürfnis deutsch, griechisch oder lateinisch gemachte Übersetzung beigefügt, um die Texte für die Vergleichung auf einen identischen Sprachboden zu reducieren. Endlich Ulfilas ist in der die neuen Lesungen Uppströms bietenden Ausgabe von M. Heine, 1875 benutzt.

Zu diesem Apparat kommen schliesslich die Altlateiner, die ich hier zusammenfasse, auch wenn sie Matthäus nicht mit betreffen, und zwar citiere ich: a = den Vercellensis Saec IV[1] und b = den Veronensis Saec V nach Blanchinus Evangeliarium Quadruplex Rom 1749 c = den Colbertinus Saec XI—XII nach Sabatier und nach Belsheim's Ausgabe, Christiania 1888, d = den Cantabrigiensis Bezae Saec VI nach Scriveners Abdruck, Cambridge 1864, e = Palatinus (Vindobonensis et Dublinensis) nach Belsheim Evangelium Palatinum Christianiae 1896, f = Brixianus Saec VI nach Blanchinus und Wordsworth und White Novum Test. latine, Oxonii 1889—98. ff^1 = Petropolitanus olim Corbejensis Saec X nach Sabatier und Blanchinus, so dass Verwechslungen mit f und ff^2 bei mir vorliegen mögen, ff^2 = Corbeiensis Saec VI nach Blanchinus und Belsheim, Christiania 1887, g^1 = Sangermanensis Saec VIII—IX nach Wordsworth Old Latin biblical texts I, Oxford 1883 — g^2 = Sangermanensis 2 nunc Parisinus Saec X aus Tischendorf entlehnt, h = Vaticanus olim Claromontanus ist von mir nicht nach Belsheims Evgl. sec. Matth Christianiae 1892 (Christiania Videnskabs-Selskabs Forhandlinger for 1892) angeführt, sondern aus Tischendorf[8] entlehnt, i = Vindobonensis, Saec V? VI?, Belsheim VII Ende, nach Belsheim 1885, k = Taurinensis, ehemals Bobbiensis Saec V nach Sanday in Wordsworth Old Latin Biblical Texts II, l = Rehdigeranus in Breslau Saec VII nach Hase's Ausgabe in den Breslauer Programmen 1865—66. Mit den Vorgängern habe ich falsch Rhedigeranus geschrieben. q = Monacensis Saec VI nach Whites Ausgabe in Wordsworth Old Latin bibl. Texts III, Oxford 1888. Dazu kommen noch aus dem zweiten Bande dieses Werkes:

a^2 = Fragmenta Curiensia Saec V, von Ranke Marburg 1872 ediert,
n = Fragmenta Sangallensia Saec V, mit a^2 zusammengehörige Stücke,
p = Sangallensis Saec VIII,
s = Mediolanensis Saec VI.
t = Bernensis ediert von Hagen, Saec VI.

[1] Ein Faksimile bietet daraus Zangemeister et Wattenbach Exempla Tab XX. Die von Gregory (Tischendorf[8], III, P. 1313) genannte Ausgabe Belsheims Codex Vercell., Christiania 1894 habe ich erst nachträglich gefunden.

Weiter ist r[2] (von T. K. Abbott Dublin 1884 ediert) nach Tischendorf[8] angeführt.

Endlich habe ich den Codex aureus Saec VI—VII ed. Belsheim Christiania 1878, und den Codex Fuldensis des Victor von Capua Saec VI nach E. Ranke's Ausgabe Codex Fuld. 1868 verglichen, die beide alte Lesarten erhalten haben, meist aber den Text des Hieronymus bieten, den ich aus Lachmann, Tregelles und Wordsworth entnommen habe. Genaueres über alle diese Handschriften vgl. bei Tischendorf-Gregory III P. 952 und bei Scrivener A plain Introduction[4] London 1894 II, 45.

Wenn bei der Masse von Anführungen trotz aller Mühe Versehen untergelaufen sein sollten, so wird ein verständiger Beurteiler das begreiflich finden und entschuldigen, da jedem das Material zur Berichtigung zur Verfügung steht. Nur wer selbst solche Arbeit nie gemacht hat, wird es für möglich halten, hier ohne Fehl zu sein. Solchen gestehe ich gern zu, dass sie es viel besser gemacht haben würden, als ich es gemacht habe, wenn sie nur gewollt hätten; das einzige was für mich spricht, ist, dass ich gewollt habe, sie aber nicht. Und wer hat sie gehindert? Mich selbst überkommt bei dem Blicke auf dies Verzeichnis meiner Hilfsmittel ein Gefühl tiefer Dankbarkeit gegen die Herausgeber aller dieser Werke. Welche Mühen mussten vorausgehen, ehe eine Textkritik, wie die hier versuchte, überhaupt nur angefangen werden konnte, die doch unentbehrlich ist, wenn man die reine Form der Evangelientexte haben will.

Die Natur dieser Texte zwang anders als in dem ersten Bande, zur Verminderung der Satzschwierigkeiten lateinische Typen zu wählen und das Format etwas zu vergrössern. Mich in diesen Vorbemerkungen mit anderen Bearbeitern der Texte auseinanderzusetzen, ist unnütz, da mein Buch selbst eben diese Auseinandersetzung ist. Blass' Matthäus kam mir erst am Schlusse des Druckes zur Hand. Der zweite Band von ungefähr gleicher Stärke wie dieser erste, wird die übrigen drei Evangelien geben, die kürzer behandelt werden konnten, nachdem hier Methode und Mittel der Arbeit gezeigt sind. Sein Druck ist begonnen, und ich hoffe ihn in Jahresfrist mit Hilfe der Offizin von W. Drugulin zu Ende zu führen, welche in diesem ersten Bande ihre Vorzüglichkeit dadurch bewiesen hat, dass der Satz trotz der grossen Mannigfaltigkeit der verwendeten Alphabete einen ruhigen und wohlthuenden Eindruck macht.

Heidelberg, 15. Dez. 1901.

A. Merx.

Nachträgliche Bemerkungen.

P. 7, 15 v. u. Herr Burkitt merkt an, dass ܐܘܠܕܬ bei Aphraates 465, 2 von unten einmal vom Weibe gebraucht ist. Meine Argumentation wird da Syrsin ܐܘܠܕ hat, dadurch nicht geändert, der Gebrauch bleibt anormal, obwohl auch Payne-Smith ein Beispiel bietet. Vom Weibe gebraucht bedeutet das Causativum Geburtshülfe leisten.

40, 12 v. u. Mit Irenäus haben de caelo auch Hil Chrom Aq Vigil Thaps Burkitt.

58, 5 Auch Aphraates hat 423 die Phrase ܒܐܘܪܚܬܐ ܘܒܫܒܝܠܗ ܕܟܐܢܘܬܐ gekannt. Burkitt.

59, 3 Zu IV, 18 wie er war ist im Expositor August 1897 bemerkt, dass Syrsin falsch gelesen ist und ܘܐܝܢ ܕܥܒܪ ܗܘܐ also παράγων mit Dabcfg[1] lautet. Burkitt.

64, 4 v. u. Hrs hat nicht in spiritu ipsorum, sein דדילהון entspricht dem ὅτι αὐτῶν der Griechen. Burk.

80, 24 Streiche die Worte: „und dann in Dg[2] auch Matth 24, 35", die durch ein Versehen in den Text geraten und falsch sind. Man vergleiche jetzt Blass zu Matth 5, 18; 24, 34, 35; Luk 21, 32, der Matth 5, 18 ἕως streicht, und dadurch einen ganz andern Sinn bekommt als die, welche ἕως ἄν lesen.

87 Note 1 Die Punkte über ܪ̈ sind von späterer Hand. Das Spatium zwischen ει und ει lässt nur für einen Buchstaben Raum und bei οιδας ist in Wahrheit kein Spatium beabsichtigt. So nach dem Faksimile Burkitt.

84, 23 Graetz dreht die Rollen um, R. Jehuda war nach ihm Hillelit, R. Eleazar Schammait.

87 Note 2 Der Syrcrt ist an der Stelle, wo die Perikope von der Ehebrecherin steht, nicht defekt, sondern in den Berliner Blättern, die Roediger publiziert und Wright wiederholt hat, vorhanden, und darin fehlt auch in ihm die Perikope von der Ehebrecherin, indem 7, 52 direkt mit 8, 12 zusammenhängt. Burkitt. Vgl. Roediger in den Monatsberichten der Berliner Akademie Juli 1872 P. 557 und Wright Fragments of the Curetonian Gospels, wovon nur 100 Abdrücke privatim verteilt sind.

In Bernsteins Ausgabe des Johannes in Harklensischer Übersetzung (Breslau 1853) nach Cod. Vaticanus 271 fehlt aber die Perikope.

92, 7 v. u. Tertullian de pudicitia 6: qui viderit ad concupiscentiam.

100, 24 Auch Joh 9, 34 ist ὅλος oder ὅλως durch ܡܘܡܐ in Syrsin ausgedrückt. Burk.

124, 20 Auch die Sinaifragmente der Thomasakten haben „und es komme" Burk. Dazu kommt noch Hrs.

188, 20 Das Anstoss erregende ܡܢܝܐ ist unsicherer Lesung.

250, 20 Statt οὐχὶ ἔξεστι λαβεῖν muss es heissen οὐχὶ δεῖ λαβεῖν, was den Sinn feiner nuanciert. Syrsin und Syrcrt haben ܘܠܐ, das zwar nicht mechanisch für δεῖ gesetzt wird, dem auch ܥܬܝܕ und anderen Wendungen entsprechen, das aber in diesem Falle nur δεῖ decken kann. Vgl. Luk 2, 49; 4, 43; 11, 42; 13, 16, 33 u. s. w. Dieser Satz wird von der andern Seite dadurch gewiss, dass ἔξεστι ausnahmslos durch ܫܠܝܛ ausgedrückt wird, welches hier gerade nicht steht. Vgl. Matth 12, 2, 10, 12; 14, 4; 19, 3; 20, 15; 27, 6 u. s. w. Über die Stelle Matth 22, 17 ist P 302 eingehend geredet, und gezeigt, dass dort das ܘܠܐ auch einem δεῖ entspricht. Die Parallelen haben Mrc 12, 14 Luk 20, 22 ἔξεστι und dem entspricht richtig ܫܠܝܛ in Syrsin Pesch und für Luk auch Syrcrt.

Matthäus.

Jetzt ist es klar, dass der Unterschied in den Abschriften vielfältig geworden ist, sei es auf Grund der Nachlässigkeit etlicher Schreiber, sei es auf Grund ihrer Verwegenheit, da die Textfeststellung des Geschriebenen mühsam ist, sei es auf Grund dessen, dass etliche bei der Textfeststellung, was ihnen gut schien, zusetzten oder wegliessen.

Origenes Kommentar zu Matthäus XV, 14.

Matth 1, 8—9. Asa erzeugte den Jošafaṭ, Jošafaṭ erzeugte den Joram, Joram erzeugte den 'Uzzia, 'Uzzia erzeugte den Jotam.[1] Da es von Bedeutung ist, den Leser sofort praktisch in das Verhältnis der drei syrischen Textformen einzuführen, so ist darauf hinzuweisen, dass der Sinaisyrer (Syrsin) diesen Teil des Stammbaumes übereinstimmend mit der Peschiṭtha (Pesch) und der Masse der Griechen in der angegebenen Weise bietet. Wenn nun hier in der Reihe der jüdischen Könige drei Namen fehlen 1 Chron 3, 11, so beseitigt der Curetonische Syrer (Syrcrt) den Anstoss, indem er mit Einschub der fehlenden Glieder die Genealogie so bietet: Jošafaṭ erzeugte den Joram, Joram erzeugte den Aḥazja, Aḥazja erzeugte den Joaš, Joaš erzeugte den Amoṣja, Amoṣja erzeugte den 'Uzzia, 'Uzzia erzeugte den Jotam. Damit ist der Widerspruch gegen das alte Testament, — über den sich die Ausleger bis jetzt erfolglos den Kopf zerbrochen haben, — freilich beseitigt, aber zugleich ein noch viel schlimmerer gegen Vs. 17 geschaffen. Eben dieser Vers lehrt mit seiner Rechnung, dass die Genealogie in dreimal vierzehn Gliedern verlaufen muss, aber die schulmeisterliche Redaktorengelehrsamkeit des Bearbeiters des griechischen Textes, den Syrcrt ausdrückt, lässt sich dadurch nicht irre machen, er bringt seine historischen Kenntnisse trotz Vs. 17 an. Ein weiteres Beispiel dieser pseudogelehrten Bearbeitung der Genealogie Ješu' liefert D Luk 3, 23 den er nach Matthäus verändert, und der lateinische d macht das mit. Die Form der syrcrtianischen

---

[1] Der stets am Anfange der Erörterungen gesperrt gedruckte Text ist der des Syrsin nach der Übersetzung des ersten Bandes. Dieser Text liegt allen Untersuchungen zu Grunde.

Genealogie verwendet dann Aphraates (The Homilies of Aphr. ed. Wright P. 467) in einem Traktate, der 345 v. Chr. verfasst ist. Tischendorf führt auch Epiphanius als Zeugen für den Einschub an.

Da wie der Augenschein lehrt, sowohl der Text des Syrcrt als der der Pesch. auf der Grundlage des Syrsin ruht, so ist dies ein Fingerzeig, dass die syrische Urübersetzung, welcher der Syrsin entstammt, und der er verhältnismässig nahe steht, ohne doch identisch mit ihr zu sein, Überarbeitungen erlitten hat, deren eine uns hier im Syrcrt vorliegt. Wir werden finden, dass solche Überarbeitungen gelegentlich in Syrsin nicht Eingang gefunden haben, was ja auch im vorliegenden Falle nicht geschehen ist, dass aber in anderen Fällen die Überarbeitungen recipiert sind, so dass sie nun in Syrsin, und in der Kirchenvulgata, das ist die Peschiṭtha, stehn. So kommt es, dass diese dann gelegentlich eine überarbeitete Textform zeigt, die entweder im Syrsin oder im Syrcrt, oft auch in beiden nicht vorliegt. Sie stimmt also bald mit einem von beiden, bald auch mit keinem, und dabei gehn Syrsin und Syrcrt unter sich nicht einig, denn vielfach stimmen sie zwar gegen die Pesch zusammen, oft aber stimmt der eine oder der andere mit ihr, während der dritte im Bunde abweicht, vielfach sind aber auch alle drei unter einander verschieden. Schon dies zeigt, dass der Syrcrt nicht etwa eine Station auf dem Wege bildet, auf dem aus der von Syrsin annähernd gebotnen syrischen Urübersetzung die Peschiṭtha gebildet ist, sondern dass er eine selbständige Seitenstellung einnimmt, da sein Text nicht das Glück gehabt hat offizieller Kirchentext zu werden. Das ganze Verhältnis lässt sich in diesem Schema vorstellig machen:

Syrische Urübersetzung x
aus einer griechischen Textform, die wegen vielfachen Zusammenstimmens mit Irenäus um 180 vorlag; in den Text fanden allmählig die am griechischen Texte vorgenommenen Überarbeitungen Eingang.

|
y
|
z
|

Peschiṭtha vor 350, weil von Ephraem gebraucht.	Syrsin, verschwindet im Gebrauche.	Syrcrt in der Zeit des Aphraates, also vor 330, gelesen.

Um auch gleich einen Fall von Übereinstimmung von Syrcrt und Pesch gegen Syrsin vorzulegen, verweise ich auf den Schluss des Markus. Hier hat Syrsin mit Bℵ und Urarmenier die Verse 9—20 nicht, sie finden sich aber in D Syrcur. Pesch und als Ergänzung im Armenier. Der Fall ist um so bedeutender, als Irenäus 3, 11, 6 (Harvey) diesen Schluss gekannt hat.[1] Diesem Irenäus ist sonst der Codex Bobbiensis (k) Saec V nahe stehend, aber grade dieser hat diesen Schluss nicht, sondern den andern kurzen, der griechisch in L und syrisch am Rande der Philoxeniana erhalten ist, und den man auf Aristion Eus. H. E. 3, 39 hat zurückführen wollen. So steht hier Syrsin mit Bℵ gegen Pesch, Syrcrt und Irenäus sowohl als gegen seinen sonstigen Freund k nebst L.

Fälle wo Pesch. allein den vereinigten Syrsin und Syrcrt gegenüber steht, sind häufig, z. B. hat sie Luk. 10, 1 mit ℵ und Irenäus 2, 32, 4 und Vulfila siebenzig Jünger, jene dagegen haben zweiundsiebenzig mit BD, ac, Arm. Vulg., so dass auch hier wieder der Syrsin sich von Irenäus trennt. Ist nun sein Text jünger als der des Irenäus oder umgekehrt?

Fälle wo alle drei Syrer untereinander verschieden sind, sind auch nicht selten z. B. Mtth 4, 24. Hier geht die textkritische Frage sofort in eine kompositionskritische Frage über. Zu den Fällen dreifacher Verschiedenheit gehört auch die sofort zu behandelnde Stelle Mtth 1, 16.

Mag der Leser diese Bemerkungen als eine erste Einführung in die Gegenstände und in die Methode der folgenden Erläuterungen ansehen, unser ganzer Weg liegt voll von Hindernissen und von gefährlichen Fussangeln.

Vs. 11. Josia erzeugte den Jochanja (Jechonja). Nur zum Beweise dafür, wie schwer die alten kirchlichen Gelehrten sich mit diesem Register, — ähnlich wie mit den Lebensjahren der Patriarchen in der Genesis — auseinander setzen konnten, weise ich auf 1 Chron 3, 17, wo die Abstammung so gegeben wird:

Jechonja

Šealtiel — Pedaja

Zerubbabel.

Danach wäre Zerubbabel zwar Enkel des Jechonja, aber nicht Sohn des Šealtiel sondern sein Neffe. Der übliche Ausweg durch Leviratsehe ist auch hier nicht zu schlecht erfunden worden (Hitzig zu Hag. 1, 1),

[1] Er zitiert hier: In fine autem Evangelii ait Marcus: Et quidem Dominus Jesus postquam locutus est eis, receptus est in coelos (sic!) et sedet ad dexteram Dei. Das ist Mrc 16, 19. Dabei ist in coelos = εἰς τοὺς οὐρανούς, wie Minusk. 13. 69. 124. 346 bieten, auffallend genug, denn diese vier Handschriften konstituieren die Ferrargruppe Tischendorf VIII. Vol. III p. 462. Den Plural hat auch c, also der lateinische Colbertinus Saec XII Tischend. P. 954, und der Monac. q.

während doch der Chroniktext selbst schwierig genug ist, und seine Bedenken hat, also eine Kritik erfordert.

Weiter ist Jechonja 2 K 24, 6 gar nicht der Sohn des Josia sondern sein Enkel. Die Geschlechtsfolge war Josia — Jojaqim (Eljaqim) — Jechonja, im Matth. ist also Jojaqim übersprungen, wie oben drei Könige übersprungen sind. Es sollte also lauten: Josia — Jojaqim — Jechonja — Šealtiel (oder Pedaja) — Zerubbabel. Nun fragt Georg der Bischof der Araber, warum die drei ersten Namen nicht so lauten und antwortet, Matthäus habe so geschrieben, der gegenwärtige Text sei nur ein Fehler des Schreibers (ܟܬܘܒܐ ܛܥܝܐ). Cureton Remains XI, Ryssel Georg's des Araberbischofs Gedichte u. Briefe, Lpzg. 1891. p. 139. Er kann für sich anführen, dass man David doppelt zählen muss, um für die Reihe vierzehn Namen zu bekommen, schiebt man dagegen Jojaqim vor Jechonja ein, so sind von Abraham bis David, von Salomo bis Jojaqim und von Jechonja bis Jesu wirklich je vierzehn Namen. Dann müsste der Text sein: Jošia erzeugte den Jojaqim, Jojaqim erzeugte den Jechonja und seine Brüder[1] in dem babylonischen Exile. Nach dem Exile aber erzeugte Jechonja den Šealtiel u. s. w. So liest denn in Wahrheit die Philoxeniana, aber sie hat die fraglichen Worte unter Asteriscus so: Josia vero genuit ⁎ Jojaqim, Jojaqim vero genuit ✓ Jechonjam. Ohne kritische Zeichen drückt das jerusalemische Evangeliarium (Syrhrs.) nebst den griechischen Manuskripten MU al plus 30 diesen Text aus. Man kommt auf den Gedanken, dies sei gegenüber der Einstimmigkeit aller grossen Handschriften und Übersetzungen gelehrte Bearbeitung, aber dem steht Irenäus 3, 29 entgegen, wo ausdrücklich gesagt ist, dass sowohl Jojaqim als Jechonja im Matthäus aufgezählt werde. Es heisst von Josef, dem Nährvater Jesu: Joseph enim Joacim et Jechonjae filius ostenditur, quemadmodum et Matthaeus generationem ejus exponit. Dazu nehme man in Betracht, dass ohne Jojaqim die vierzehn Generationen nicht herauskommen. Verhält sich das so, dann wären

[1] Von diesen Brüdern weiss unser jetziges Königsbuch Nichts. Das Geschlecht war das:

Josia∼Ḥamuṭal

Jehoahaz — Mattanjah, genannt Ṣedeqia.

Dazu kommt Jojaqim als Sohn Josia's, aber nicht von der Ḥamuṭal sondern einer anderen Gattin Zebida, und dessen Sohn Jechonja-Jojachin, der beseitigt und an dessen Stelle sein Oheim (דוד) Mattanja-Ṣedeqia als letzter König eingesetzt wurde. Das Register 1 Chr 3, 15 stimmt mit diesen Notizen aus 2 K 23—24 vollständig zusammen.

aber alle Texte ausser MU al 30, Syrhrs. Phil. verstümmelt. Was soll man da annehmen? Mag der Leser sich zu entscheiden versuchen, aber auch sich der Konsequenzen seiner Entscheidung nach beiden Seiten hin bewusst bleiben: Entweder Verstümmelung fast aller Texte, oder Unmöglichkeit die vierzehn herzustellen. Tertium non datur.

Unsere Aufgabe aber im Folgenden ist es, mit Hülfe des Syrsin unter gewissenhafter Benutzung der ältesten Geschichte des Textes und ihrer Zeugen, die Ubermalungen abzunehmen, die der Text der Evangelien erlitten hat, und so aus dem Bilde Jesu die Züge zu entfernen, die eine spätere Zeit hineingetragen, die Urzeit aber nicht gekannt hat.

Matth 1, 16. Ja'qob erzeugte den Josef, Josef, dem Mariam die Jungfrau verlobt war, erzeugte den Ješu', der Messias genannt wird. Wir stellen zunächst das Verhältnis der drei syrischen Texte zu einander an das Licht. Der Text lautet

in Syrsin: ܝܥܩܘܒ ܐܘܠܕ: ܠܝܘܣܦ ܝܘܣܦ ܕܡܟܝܪܐ ܗܘܬ ܠܗ ܡܪܝܡ
ܒܬܘܠܬܐ ܐܘܠܕ: ܠܝܫܘܥ ܕܡܬܩܪܐ ܡܫܝܚܐ.

in Syrcrt: ܝܥܩܘܒ ܐܘܠܕ: ܠܝܘܣܦ ܗܘ ܕܡܟܝܪܐ ܗܘܬ ܠܗ ܡܪܝܡ
ܒܬܘܠܬܐ ܗܝ ܕܝܠܕܬ ܠܝܫܘܥ ܡܫܝܚܐ

in Pesch: ܝܥܩܘܒ ܐܘܠܕ: ܠܝܘܣܦ ܓܒܪܗ ܕܡܪܝܡ ܕܡܢܗ ܐܬܝܠܕ:
ܝܫܘܥ ܕܡܬܩܪܐ ܡܫܝܚܐ

deutsch Syrsin: A Ja'qûb erzeugte den Josef, B Josef, welchem verlobt war Mariam die Jungfrau, C erzeugte den D Ješu', der genannt wird Messias.
Syrcrt: A Ja'qûb erzeugte den Josef, B den welchem verlobt war Mariam, die Jungfrau, C die welche geboren hat Ješu' D den Messias.
Pesch: A Ja'qûb erzeugte den Josef, B den Mann der Mariam, C von welcher geboren ist D Ješu', der genannt wird Messias.

A ist allen gemeinsam
B das Verlobtsein der Mariam haben Syrsin und Syrcrt.
aber Pesch hat den Mann der Mariam
C erzeugte, Syrsin
geboren hat, aktiv, Syrcrt
geboren worden ist, passiv, Pesch
D Ješu', der genannt wird Messias, Syrsin Pesch
Ješu', den Messias Syrcrt

Die Textform des Syrsin wird in B bezeugt von Syrcrt
" " " " " " D bezeugt von Pesch
" " " " " " C bestritten von Syrcrt und Pesch,
aber beide sind unter einander ungleich,
d. h. Syrsin ist bezeugt bald von Syrcrt bald von Pesch, und wo

sie ihn verwerfen, werden sie unter sich uneins. Wo liegt hier die älteste Form?

Nehmen wir zur Prüfung der Frage hinzu die altlateinischen Texte, und zwar zuerst den Codex Bobbiensis (k Tischendorfs), von welchem Sanday[1] erwiesen hat, dass sein Text dem des Cyprian, † 14. September 258, so nahe verwandt, dass beide einen gemeinsamen Archetypus haben. Der Text lautet:

16 et · iacob · genuit · iosef · cui de
sponsata · virgo.
maria genuit · hī^{n} X
omnes itaque generationes · ab (abraham).

Ferner die Münchener Handschrift Lat. 6224 (q Tischendorfs) und den Sangermanensis (g^{1}), welche haben

q^{16}: iacob autem ge
nuit ioseph · · ·
Cui. desponsata
maria genuit
ih̄m · qu^{iu}ocatur[2]
xp̄s · omnes
ergo generatio
nes u. s. w.

g^{1}: Iacob autem genuit
Ioseph cui disponsata
virgo maria· genuit
Ih̄m qui vocatur
Xp̄s·

mit denen der Vercellensis (a) stimmt, nur dass er virgo vor maria hat, wie g^{1}k, und dicitur statt vocatur in q und g^{1}. Noch mehr Glättung zeigt der Veronensis (b), der folgendes bietet:

Iacob autem
genuit Ioseph
cui de
sponsata erat
virgo maria
virgo autem
maria genuit
Iesum . . .
Ergo gene
rationes ab (Abr.)

Hier ist virgo maria wiederholt und ein besondrer Satz gebildet, der den zum Relativsatz mit erat ausgebildeten vorangehenden

---

[1] Old-Latin Biblical Texts No. II Portions of the Gospels according to St. Mark and St. Matthew by John Wordsworth, W. Sanday and H. J. White Oxford 1886. P. LXVII: The common archetype of k and Cyprian is, if not quite, yet very nearly the most primitive form [of the Latin Version] that we can trace . . . . . . For the present it must suffice . . . . to have identified its two parallel offshoots in the texts of k and Cyprian.

[2] Old Latin Biblical Texts No. III Oxford 1888.

Gliede: cui desponsata Maria folgt. Nimmt man dies mit Ausschluss des Veronensis (b), der die deutlichsten Spuren der Überarbeitung zeigt, zusammen, so ergeben sich zwei einander sehr nahe stehende Textformen, nämlich

	Syrsin		Iacob		genuit	Ioseph,	Ioseph,	cui
I.	Bobbiensis, k:	et	iacob	—	genuit	ioseph	±	cui
II.	Monacensis, q:	—	iacob	autem	genuit	ioseph	...	cui
	Sangermanensis, g[1]:	—	iacob	autem	genuit	ioseph	±	cui
	Vercellensis, a:	—	iacob	autem	genuit	ioseph	±	cui

desponsata (erat = b)	Maria	virgo
desponsata	virgo	maria
desponsata	—	maria
disponsata	virgo	maria
desponsata	virgo	maria.

	Syrsin	genuit Iesum,	qui	vocatur	Messias
I.	Bobbiensis, k:	genuit hī^{n}	—	—	X
II.	Monacensis, q:	genuit ihm	qui	vocatur	Xp̄s
	Sangerm., g[1]:	genuit Jhm̄	qui	vocatur	Xp̄s
	Vercellens., a:	genuit Jesum	qui	dicitur	christus.

Nun ist eins hier sofort klar: Nachdem neununddreissig Male das Wort genuit von der männlichen Funktion gebraucht ist, müsste es an der vierzigsten Stelle vom Weibe gesagt werden. Im lateinischen Sprachgebrauche ist dies nicht absolut unmöglich,[1] aber am Ende eines Geschlechtsregisters in männlicher Linie um so mehr unglaublich, als die angeführten Handschriften in Matth 1, 21 und 25 sämtlich das richtige Wort für die weibliche Funktion nämlich pariet ܬܐܠܕ und peperit ܝܠܕܬ haben. Dieselbe Bewandtnis hat es auch mit dem griechischen γεννάω, das eigentlich vom Vater gebraucht wird und seltener von der Mutter für τίκτω, während das syrische Äquivalent von γεννάω, ܐܘܠܕ ebenso wie das ihm entsprechende hebräische הוליד niemals vom Weibe gebraucht werden kann. Woher denn nun das genuit vom Weibe? Man würde hierauf keine Antwort geben können, wenn Syrsin nicht vorläge, der mit der zweiten Form (Vercell. Sangerm.) beinahe buchstäblich zusammenfällt, wenn das Wort ioseph, das die Lateiner einmal bieten, nach welchem aber der Monacensis mit seinen Punkten eine Absonderlichkeit[2] anzudeuten scheint, zweimal gesetzt wird so: Iacob

[1] Z. B. Hecuba Alexandrum genuit Cic.

[2] Die Handschrift interpungiert oft mit zwei Punkten .., sie hat drei Mtth 3, 14; 5, 16, 19, 24; 9, 34; 10, 1; 17, 21; 21, 39; 23, 22, welche einen starken Einschnitt zu bezeichnen scheinen. Endlich setzt sie vier Punkte 13, 52; 18, 35 um Abschlüsse zu markieren. In 27, 21 macht barabban : vollständig den Ein-

autem genuit Ioseph, Ioseph, cui desponsata virgo Maria, genuit Iesum, qui vocatur (oder dicitur) Christus. Griechisch würde Syrsin lauten: Ἰακὼβ δὲ ἐγέννησε τὸν Ἰωσήφ, Ἰωσὴφ (δὲ?), ᾧ ἐμνηστεύθη Μαριὰμ ἡ παρθένος, ἐγέννησε (ܐܘܠܕ mascul.) Ἰησοῦν τὸν λεγόμενον Χριστόν. *Dies ist die Vorlage des syrischen Sinaipalimpsestes* (Syrsin), und aus dieser Grundform erwachsen unter Berücksichtigung der Entwicklung der kirchlichen Christologie alle übrigen Formen von selbst. Nämlich nach Streichung des zweiten Ἰωσήφ mit Verwandlung des Verbum finitum in ein Participium:

I. Ἰακὼβ δὲ ἐγέννησε τὸν Ἰωσήφ, ᾧ μνηστευθεῖσα παρθένος Μαριὰμ ἐγέννησε Ἰησοῦν τὸν λεγόμενον Χριστόν[1] Vercell. Sangerm. und mit Übergehung des παρθένος d. h. jungfräulich Monac.

II. Durch Weglassung des τὸν λεγόμενον entsteht: Ιακὼβ δὲ ἐγέννησε τὸν Ἰωσήφ, ᾧ μνηστευθεῖσα Μαριὰμ ἡ παρθένος ἐγέννησε (ܝܠܕܬ fem. Syrcrt) Ἰησοῦν τὸν Χριστόν. Bobbiensis und mit Umstellung τὸν Χριστὸν (τὸν?) Ιησοῦν Bezae d, wo das ἐγέννησε durch *peperit!* ausgedrückt ist. Hier ist ἡ παρθένος schon Titel.

III. Die Form des Syrcrt. die griechisch wäre Ἰακὼβ ἐγέννησε τὸν Ἰωσήφ, ᾧ ἐμνηστεύθη Μαριὰμ ἡ παρθένος, ἣ ἐγέννησε τὸν Ἰησοῦν τὸν Χριστόν. So also der *Cureton'sche Syrer.*

IV. Endlich entsteht durch Beseitigung der Worte ᾧ ἐμνηστεύθη Μαριὰμ ἡ παρθένος, die durch τὸν ἄνδρα Μαρίας ersetzt werden, und durch passive Wendung des folgenden Satzes, die in der vatikanischen Handschrift B und im griechischen Sinaiticus א und der Masse der griechischen Handschriften vorliegt, die verbreitetste Textform: Ἰακὼβ δὲ ἐγέννησεν τὸν Ἰωσὴφ τὸν ἄνδρα Μαρίας, ἐξ ἧς ἐγεννήθη Ἰησοῦς ὁ λεγόμενος Χριστός, deren Schluss mit Form I geht. *Diese Form hat die Peschiṭtha,* die Philoxeniana, der Syr. Hierosolymitan., der glossierte Armenier, der Äthiope[2] *und die Vulgata des Hieronymus, d. h. die Jüngsten.*

---

druck eines modernen Ausrufungszeichens. — Wozu aber Mtth 1, 16 ein Einschnitt? Soll das Geschlechtsregister unterbrochen werden?

[1] Der griechische Minuskelcodex 346 (einer der vier der „Ferrar"-Gruppe) hat hier wirklich ᾧ μνηστευθεῖσα παρθένος Μαριὰμ ἐγέννησεν Ἰησοῦν τὸν λεγόμενον Χριστόν. Der zweite Codex der Ferrar-Gruppe 124 bietet aber den gewöhnlichen Text, während die beiden andern 13 und 69 lückenhaft sind. Auch 543 hat unsern Text. Westc. H. 1896 II Notes P. 140.

[2] Ich führe den Äthiopen nur ausnahmsweise an, er ist zur Zeit für kritische Zwecke unbrauchbar. Die Bibelübersetzung ist viel zu früh angesetzt, wenn man sie in das vierte Jahrhundert setzt. Dass die Bekehrung nicht von Hellenen, sondern von Syrern ausgegangen ist, hat schon Gildemeister (bei Gregori-Tischendorf 3, 895) gelehrt, und Guidi hegt die gleiche Ansicht. Zugleich hat Guidi aber auch gezeigt, dass es zwei sehr verschiedene Recensionen der Evangelien giebt, und in einer derselben stark verschiedene Handschriften, so dass kritischer Ge-

Abgesehen nun davon, dass hier das von der Mutter ungewöhnliche ἐγέννησε durch ἐξ ἧς ἐγεννήθη ersetzt wird, wobei vielleicht auch dogmatische Reflexion mitgewirkt hat, ist der Verlobte in den Mann verwandelt, und dies bedarf zunächst einer Erläuterung.

Die ganze Darstellung des Verhältnisses von Josef und Maria beruht, wie das nicht anders sein kann, auf den Anschauungen des hebräischen Eherechtes, und dies bietet zwar zahlreiche Analogien zum römischen Eherechte dar, aber in einem Punkte, und gerade in dem, auf welchen es hier ankommt, ist es grundverschieden. Das römische spätere Eherecht kennt eine Verlobung in unserem Sinne, als moralische Verpflichtung für die Zukunft, und es schreibt dieser Verlobung als solcher sogar rechtliche Folgen zu in analoger Weise wie das hebräische Recht, sofern sie z. B. Affinität begründet, die bei den Ehehindernissen berücksichtigt wird, aber die Verlobung ist durch eine einseitige Aufkündigung lösbar. „Da Freiheit einseitiger Auflösung der Ehe jetzt anerkannt war, so erschien es auch als contra bonos mores die Freiheit einseitiger Auflösung des Verlöbnisses irgend wie zu beschränken; daher wurde auch gegen die Klage aus dem Versprechen einer poena für den Fall, dass eine Partei die Ehe nicht eingehen wollte eine doli exceptio gegeben (quia inhonestum visum est vinculo poenae matrimonia obstringi sive futura sive jam contracta).“ Karlowa, Römische Rechtsgeschichte II, I P. 179.

Nach hebräischem Rechte ist das Verhältnis, das die „Verlobung“ begründet, also die אֵרוּסִים oder קִדּוּשִׁים, denn dies sind die Wörter, die man mit „Verlobung“ übersetzt, und die griechisch durch Derivate von μνηστεύω ausgedrückt werden Deutr 22, 23 ff., ein viel festeres. Nicht nur die thatsächliche „Verlobung,“ nein sogar schon die blosse Möglichkeit, dass eine Person sich einer andern verlobt geglaubt hat, oder hat verloben wollen, begründet eine Affinität, die zum Ehehindernisse in den verbotenen Verwandtschaftsgraden führt. In der Mischna Qiddušin 3, 10 heisst es: Sagt Jemand zu einem Weibe qiddaštich d. h. ich habe dich mir „verlobt,“ während sie sagt lo qiddaštani d. h. du hast mich dir nicht „verlobt,“ so darf er ihre Verwandten (in den verbotenen Graden) nicht heiraten, während sie die seinigen nehmen kann. Ebenso im umgekehrten Falle, wenn das Weib sagt, du hast mich dir verlobt, er es aber leugnet. Ähnlich 3, 11, wenn der Mann sagt, ich habe

brauch zur Zeit unmöglich ist. In unserm Falle z. B. hat der alte Äthiope wohl be'esîhā τὸν ἄνδρα αὐτῆς, der neue faḫārîhā = ihren Verlobten, wie ein gedruckter Araber. Vgl. Ignazio Guidi Le traduzioni degli Evangelii in Arabo e in Etiopico in Abhdlgn. der Lincei 1888 P. 35. Jetzt ist Hackspill in Bezold's Ztschft. für Assyriologie XI 117, 367 für Matth 1—10 zu benutzen.

mir deine Tochter „verlobt,“ das Weib aber antwortet, nicht meine Tochter, sondern mich selbst, so darf er die Blutsverwandten der Tochter nicht heiraten, während diese selbst seine Blutsverwandten nehmen darf, wogegen die Mutter seine Blutsverwandten nicht nehmen darf, wohl aber er die ihrigen.

Nach Ketubot 1, 2 wird eine „verlobte“ Jungfrau, deren Verlobter stirbt, eine Witwe. Nämlich: Eine in den Erusin d. i. Verlobungszeit zur Witwe gewordne, oder geschiedene, oder von der Schwagerehe losgelassene Jungfrau — so die verschiednen Klassen — wird hier als virgo illibata betrachtet, und darum ist ihr der volle Betrag der Heiratsverschreibung, die ihr bei zweiter „Verlobung“ der Mann zu geben hat, nämlich 200 Zuz zugebilligt, während eine „Witwe“ die nicht mehr Jungfrau ist, eine geringere Summe zugeschrieben bekommt. Ausserdem darf man gegen eine solche von der „Verlobung“ = Erusin verwitwete Jungfrau bei zweiter Ehe wegen nicht vorhandener Jungfräulichkeit gerichtliche Klage erheben.

Man findet אשת אב .. בין מן הארוסין בין מן הנשואין die Gattin des Vaters, sei es vom Tage der Erusin, sei es vom Tage der Nissuin an. Sanhedr. VII Mischna 4.

Bei Anschauungen von solcher Strenge ist eine formlose Auflösung des Verlöbnisses ganz unmöglich, weil auch das aufgelöste Verlöbnis Rechtsfolgen nach sich zieht, für deren Regelung der Besitz eines Dokumentes notwendig ist. Darum muss die Lösung durch eine schriftliche Urkunde erfolgen, die denselben Namen Geṭ (גֵּט) und substantiell denselben Inhalt hat wie die Urkunde, durch welche eine perfekte Ehe gelöst wird, kurz die ein Scheidebrief ist. Die Sprache nennt das Aufheben einer Verlobung mit demselben Worte wie die Entlassung einer Ehefrau „gareš,“ für uns „scheiden, verstossen,“ und Ketub. 3, 3 redet von der besondern Lage einer נערה שנתארסה ונתגרשה, d. h. eines Mädchens das „verlobt“ verstossen worden ist[1] und 5, 1 redet auch von einem Mädchen, deren „Verlobter“ stirbt als von einer Witwe. Der Rechtssatz lautet: Obwohl bestimmt ist, dass eine Jungfrau als Heiratsgut vom Manne zweihundert, eine Witwe aber nur hundert Zuz zu fordern hat, so kann doch der Mann, wenn er will, es vermehren und wäre es hundertfach. Ist die Frau verwitwet oder verstossen, gleichgültig ob von der „Verlobung“ oder von der „Heimführung“ (נְשׂוּאִין wörtlich

[1] Wir würden das die Aufhebung eines Verlöbnisses nennen. Die Frage ist in der Mischna, ob eine solche aufgegebene — ich weiss nicht, soll ich sagen Braut oder Gattin vor dem matrimonium consummatum? — Schadenersatz zu fordern hat oder nicht. R. Akiba billigt ihr Schadenersatz zu, R. Jose Haggalili spricht ihn ihr ab.

„Nehmung“), so hat sie den ganzen Betrag zu beanspruchen, welcher ihr im Heiratsvertrage (der Ketuba heisst) verschrieben ist. — Die nach unsern Begriffen nur „Verlobte“ erhält also das ihr vom Manne bei dem Eheabschluss zugesagte Geld.

Obwohl dieser Rechtssatz bestritten wird, so ist doch kein Zweifel, dass der Anspruch des Weibes auf ihr vom Manne zu forderndes Heiratsgut von der „Verlobung“ anfängt und dazu das „Nehmen“ נשואין, das unsrer Heimführung in das Haus des Gatten entspricht, nicht nötig ist.

Die Entlassung einer „Verlobten“ aus ihrem Vertrage wird durch einen Scheidebrief גֵּט vollzogen, den nach Gittin 6, 2 so wohl sie selbst als ihr Vater für sie soll in Empfang nehmen können. Dies bestreitet freilich Rabbi Jehuda mit dem Grunde, dass nicht zwei Personen zugleich autorisiert sein können, aber grade aus seinem Widerspruche folgt, dass der Rechtsgebrauch den Thatsachen entsprach, und wie wäre ohne ihn bei einsam stehenden Mädchen auszukommen gewesen?

Der wesentliche Inhalt eines Scheidebriefes ist, dass der Mann dem Weibe erklärt, dass sie sich nach Wahl frei mit jedem, den sie will, verheiraten kann.[1] Die besondern formalen Cautelen und Vorschriften sind für uns hier ohne Interesse, nur darauf mag hingewiesen werden, dass auch innerhalb des jüdischen Rechtes das die alten strengen Begriffe durchbrechende Bewusstsein sich geltend zu machen beginnt, dass doch zwischen einer aus der wirklichen Ehe und einer aus der „Verlobung“ entlassenen Frau ein Unterschied waltet. Denn Gittin 8, 9 heisst es, ein Mann, welcher mit seiner entlassenen Frau in derselben Herberge eine Nacht zugebracht habe, müsse ihr einen zweiten Scheidebrief ausstellen, wenn die Entlassung nach wirklicher Ehe eingetreten sei, nicht aber, wenn sie aus der „Verlobung“ entlassen sei. Der Verkehr mit einer vorläufig erst durch qiddušim vermählten, noch nicht „genommenen,“ Frau ist dem Manne untersagt, obwohl er ihr Gatte בַּעַל genannt wird.[2]

Die volle eheherrliche Gewalt beginnt erst mit dem „Nehmen,“ hebräisch נִשּׂוּאִים, daher Matth 1, 20 παραλαβεῖν Μαρίαν τὴν γυναῖκά σου sagt. Dies Nehmen besteht in der Hinführung der Frau in das Haus des Gatten, welches כניסה לחופה genannt wird, d. h. bringen

---

1 Gittin 9, 3: גופו של גט הרי את מֻתֶּרֶת לכל אדם.

2 Daher der Vergleich: האוכל מצה בערב הפסח כבא על ארוסתו בבית חמיו d. h. Wer am Abend vor dem Passa Ungesäuertes isst, gleicht demjenigen, der zu seiner 'arusa d. h. „Verlobten“ im Hause des Schwiegervaters geht. Jerus. Pes. X Anf. Fol. 37.[b] — Nach unsern Begriffen lässt sich das nicht verstehen, 'arusa ist viel mehr als unser Braut.

in das Brautgemach.[1] Die Tochter bleibt bis zu diesem Augenblicke unter der väterlichen Gewalt, (die Römer nennen sie manus, die Hebräer רשות), mit der „Nehmung“ נִשּׂוּאִין geht sie in die Gewalt des Mannes über nach Ketubot 4, 5, wo noch Modalitäten für die Ausführung angegeben werden. Merkwürdig ist, dass über den Zeitpunkt, in welchem der schriftliche Ehevertrag, die Ketuba, d. h. Verschreibung, abgefasst werden muss, ob vor den qiddušim, der „Verlobung“ oder vor der Heimführung, oder möglicher Weise auch erst nach dieser, eine gesetzliche Vorschrift nicht existiert. Das Natürliche ist, dass er vor der Heimführung geschrieben wird, und so bestimmt es Maimonides (Hilkot išut X, 7),[2] weil es dem Manne nicht gestattet ist auch nur einen Augenblick bei seinem Weibe zu sein, wenn sie keine Ketuba hat.

Fasst man dies Alles zusammen, so ist der Sinn von qiddušim oder erusim von dem unsrer und der römischen „Verlobung“ ganz verschieden, und Levy's neuhebräisches Wörterbuch übersetzt das erstere Wort direkt durch „Trauung“ aus dem Gefühl heraus, dass es sicher nicht unsre Verlobung ist — unsre Trauung ist es freilich auch nicht, — während er erusin als „Verlobung, Trauung“ erklärt, woraus man sieht, dass es keines von Beiden ist. Denn immer wieder ist die Neigung vorhanden, unsre „Verlobung“ an die Stelle eines der von ihr grundverschiedenen hebräischen Rechtsbegriffe zu setzen, weil zwischen den qiddušim oder erusim als dem ersten Akte, — etwa dem matrimonium ratum entsprechend — und den nissuin oder der kenisa, dem zweiten Akte — der aber dem matrimonium consummatum noch nicht gleich ist, — für eine Jungfrau meist zwölf Monate lagen, in denen sie die Aussteuer besorgte, während einer Witwe dreissig Tage gegeben wurden.[3] Somit fehlte in der griechisch-

[1] Maimonides Jad. Hilkot išût Kap. X lehrt: אין ברכת החתנים עושה הנשואין אלא כניסה לחופה d. h. nicht der Segen über die Verlobten, sondern das Betreten des Brautgemaches macht die nissuin vollständig. — Tobias 7, 12 ist Verlobung, 13 Aufzeichnung der Ketuba, 16 Zurückführung des Mädchens in einen besonders zugerüsteten Raum, 8, 1 Hochzeitsmahl (nur der Männer?) und Einführung des Tobias bei der Braut.

[2] Der Kommentar verweist auf Ketub. 7^{a}, wo erwähnt wird Rabbi Immi habe Hochzeit gehalten ohne die Ketuba geschrieben zu haben. — Der letzte Fall, dass die Ketuba erst nach der Heimführung geschrieben wird, so seltsam er erscheint, würde im Falle des Rabbi Immi vorliegen. Ihm entspricht im römischen Rechte, dass die dictio dotis auch nach erfolgter Ehe noch statt finden konnte, ohne dass ich etwa die dos mit dem mohar der Hebräer identifizieren wollte, die davon gänzlich verschieden, ja ihm geradezu entgegengesetzter Natur ist. Denn das mohar stammt vom Vermögen des Mannes, die dos vom Vermögen der Frau. Es ist auch nicht ἀντιφέρνη oder donatio propter nuptias sondern ursprünglich Kaufpreis des Mädchens. Karlowa a. a. O. S. 203.

[3] Ketubot V Mischna 2.

römischen Welt die Möglichkeit des Verständnisses für die hebräischen Rechtsausdrücke und damit das wahre Verständnis der Sache, eine Ehescheidung während bestehender „Verlobung," das konnte Niemand begreifen.

Welchen Ausweg hätte es denn nun hier gegeben, als den, den wir eingeschlagen finden, nämlich dass der „Verlobte" in den Mann verwandelt wird? Dieser Weg war um so weniger bedenklich, als ja der meqaddeš oder me'ares, 'arus der Hebräer dem Weibe fest verbunden war und selbst hebräisch ihr בעל d. h. Gatte in Wahrheit genannt wird. Die Einsetzung von τὸν ἄνδρα Μαρίας statt „dem die Maria verlobt war" ist nichts als eine dem Bedürfnisse nicht jüdischer Leser angepasste sachgemässe Erklärung. Die Erklärung aber muss jünger sein als das zu Erklärende, d. h. die Lesart τὸν ἄνδρα Μαρίας muss jünger sein, als die bei dem Syrsin und Syrcrt und den alten Lateinern gebotne Textform cui desponsata virgo Maria.[1] Dies ist ein aus sachlichen Erwägungen abgeleitetes hochwichtiges Ergebnis, denn es zeigt, dass die gepriesenen besten griechischen Handschriften Bℵ redigiert sind und eine noch heute erreichbare ältere Lesart für ihren Leserkreis geändert haben. Wenn 1, 16 Josef der Mann der Maria genannt wird, so ist trotz des μνηστευθείσης τῆς μητρὸς αὐτοῦ Vs. 18 das Ἰωσὴφ ὁ ἀνὴρ αὐτῆς Vs. 19 vorbereitet, und die scheidebriefliche Entlassung (ἀπολῦσαι) dem Nichtjuden verständlich gemacht.

Dass aber die Worte τὸν ἄνδρα Μαρίας die letzte Änderung im Texte darstellen, lehrt schliesslich die armenische Übersetzung, in welcher auch andre als ich schon bemerkt haben, dass sie aus einer Urgestalt, die einer syrischen Textform folgte, trotz der im fünften Jahrhundert nach dem inzwischen veränderten griechischen Texte vorgenommenen Bearbeitung uralte Lesarten bewahrt hat.[2] In unsrer Stelle hat sie das cui desponsata virgo Maria erhalten, und daneben steht τὸν ἄνδρα Μαρίας, was sich nur begreifen lässt, wenn man einsieht, dass das Letztere in den alten Text aus der jüngern Textform eingefügt ist. Mit Einschliessung der Glosse in Parenthese lautet

---

[1] Wie schwer es einem römisch-griechisch denkenden Manne wurde, die desponsata dann ihrerseits als uxor zu denken, zeigt Irenäus III, 32 in den Parallelen zwischen Eva und Maria: Eva hat einen Mann, ist aber noch Jungfrau und wird sich und dem Menschengeschlechte zur Ursache des Todes, — Maria hat einen ihr prädestinierten Mann und ist dennoch Jungfrau und wird sich und dem Menschengeschlechte zur Ursache der Erlösung. Et propter hoc Lex eam, quae desponsata erat viro, licet virgo sit adhuc, uxorem ejus qui desponsaverat vocat etc. Es ist etwas ganz besonderes, dass die Lex eine desponsata als uxor bezeichnet.

[2] Vgl. J. Armitage Robinson Euthaliana Texts and Studies III, 3 Cambridge 1895 P. 75 ff.

sie so: Յակովբ ծնաւ զՅովսէփ [զայրն Մարեմայ] որում խօսեցեալ զՄարիամ կոյս[1] յորմէ ծնաւն Յիսուս որ անուանեցաւ Քրիստոս, d. h. Ja'qob erzeugte den Josef [den Mann der Maria], welchem versprochen war Maria die Jungfrau, von (aus) welcher erzeugt (oder geboren) wurde Jesus, der genannt wurde Christus. — Was ist hier Glosse: den Mann der Maria — oder: welchem versprochen war Maria die Jungfrau? Die Entscheidung ist leicht. Die Kopten haben beide τὸν ἄνδρα Μαρίας = ⲡϩⲁⲓ ⲙⲙⲁⲣⲓⲁ, aber während der Memphite schreibt: ⲑⲏ ⲉⲧⲁⲥⲙⲉⲥ ⲓ̅ⲏ̅ⲥ̅ ⲫⲏ ⲉⲧⲟⲩⲙⲟⲩϯ ⲉⲣⲟϥ ϫⲉ ⲡⲭ̅ⲥ̅ = ἣ ἐγέννησε Ἰησοῦν τὸν λεγόμενον Χριστόν, hat der thebanische Text ⲧⲁⲓ ⲉⲛⲧⲁⲩϫⲡⲉ ⲓ̅ⲏ̅ⲥ̅ ⲉⲃⲟⲗ ⲛϩⲏⲧⲥ, d. i. passiv: ἐξ ἧς ἐγεννήθη Ἰησοῦς. Der Memphite hat also hier unsere oben festgestellte Form III, der Thebäer und der Armenier Form IV, d. h. die jüngste.

Die Zeitgrenze, vor welcher die griechische Umarbeitung der behandelten Stelle stattgefunden hat, lässt sich nach dem Oxyrhynchus Papyrus, der den Anfang des Mtth. enthält, ungefähr festsetzen. Ist dies Blatt wirklich im 3. Jahrhundert geschrieben, so muss, da es die Textform des Codex B bezeugt, diese selbst rund vor 250 hergestellt sein.

Der Leser überzeugt sich bei dieser Gelegenheit wohl, dass es für die Kritik damit nicht abgethan ist, Lesarten in kleinste Stückchen zerhackt in die Anmerkungen einer Textausgabe zu setzen und daneben Arm. Kpt. B. u. s. w. zu schreiben, diese Texte wollen in ihrem Zusammenhange erwogen sein. Betrachtet man aber die Lesart des Syrsin im Zusammenhange, so entspricht sie allein den Anforderungen des Zusammenhanges. Ein Geschlechtsregister Jesu, des Messias, des Sohnes Davids, des Sohnes des Abraham, muss, wenn es anders ein Geschlechtsregister sein soll, jedes Glied vom vorhergehenden ableiten, sonst ist es eben kein Geschlechtsregister. Die Fiktion einer legitimen Sohnschaft, weil Josef zur Zeit der Geburt der Gatte Maria's war, kann nicht darüber hinweg helfen. Nach diesem Register ist, wie David ein leiblicher Nachkomme Abrahams, so Jesus ein leiblicher Nachkomme Davids, sonst ist das ganze Register ohne Ziel und Zweck. Daher muss es ausgehen: „David erzeugte . . . . den Ja'qub, Ja'qub erzeugte den Josef, Josef erzeugte den Ješu," und die Worte „dem Mariam die Jungfrau verlobt war" gar mit dem Zusatze „von welcher Ješu geboren wurde," in denen die Geburtsgeschichte von Matth 1, 18—2, 23 vor-

[1] Diese syrisierende Konstruktion liegt noch deutlicher in Euseb. KG. 2, 1 vor, wo das syrische ܕܠܗ ܡܟܝܪܐ ܗܘܬ ܡ' ܒ' armenisch որ նմա խօսեալ էր զՄարիամ կոյս übersetzt ist.

bereitet wird, sind ursprünglich unmöglich gewesen,[1] denn sie machen bemerklich, dass Josef statt der Vater zu sein, der Vater eben nicht war.

Es steht daher zu schliessen: der Urmatthäus enthielt 1, 18—2, 23 überhaupt nicht, er sprang von 1, 17 auf 3, 1, d. h. er begann wie Markus, hatte aber das Geschlechtsregister vor der Erzählung, und der Ausdruck „in jenen Tagen“ 3, 1 knüpft an die Erwähnung der vierzehnten Generation an, der Ješu' zugehört. Vgl. Meyer-Weiss Mat. 1890 P. 59, wo sich die Verlegenheit der Auslegung offenbart. Die Worte „dem Mariam die Jungfrau verlobt war“ die Syrsin hat, sind eine Klammer, durch die ein scheinbarer Zusammenhang hergestellt wurde, nachdem die Geburtsgeschichte — man bedenke, dass Lukas sie nicht anerkennt — eingesetzt war, welche in der Urform des Evangeliums nicht gestanden hat, sondern von zweiter Hand ist.

Dogmengeschichtlich ist anzumerken, dass die leibliche Abstammung Jesu von David echt paulinische Lehre ist, wenn Paulus den Gottessohn Jesus „dem Fleische nach aus dem Samen Davids geworden“ nennt[2] Röm 1, 3, dass Markus von der Geburtsgeschichte Nichts sagt, Johannes bei seinem Adlerfluge sie ignoriert, aber Ješu' ganz unbefangen 1, 46; 6, 42 Josef's Sohn nennt, und Lukas sie direkt verwirft, indem er eine andere an ihrer Statt bringt. Ja noch viel später konnte die Frage, ob Jesu der Messias war, ganz getrennt werden von der Frage, ob er Gottessohn sei. Das zeigt noch Justin der Märtyrer in der bekannten Stelle Contra Tryphonem 48, deren Wortlaut dieser ist: „O Tryphon, sagte ich, wenn ich nicht vermag zu beweisen, dass er sowohl Gott seiend, als Sohn des Schöpfers der Welt präexistiert hat, als auch als Mensch durch die Jungfrau geboren ist, so wird doch das fürwahr noch nicht aufgehoben, dass er der Messias Gottes ist. Aber wenn aus Allem bewiesen ist, dass er der Messias Gottes ist, — wer dieser auch sein möge, — so ist es doch gerecht zu sagen, dass wenn ich nicht beweise, dass er präexistiert hat und sich's hat gefallen lassen, nach dem Ratschlusse des Vaters als ein mit uns gleicher Affekte teilhaftiger (ὁμοιοπαθής) Mensch erzeugt zu werden, der Fleisch hat, — ich nur in diesem Punkte mich geirrt habe, nicht aber zu leugnen, dass dieser der Messias ist, wenn er als aus Menschen erzeugter Mensch erscheint, und bewiesen wird, dass er durch eine Erwählung dazu gekommen ist, Messias zu sein. Denn es giebt

[1] Soll die Mutter bezeichnet werden, so geschieht es einfach durch ἐκ wie vorher ἐκ τῆς Θάμαρ, ἐκ τῆς Ῥούθ, ἐκ τῆς Ῥαχάβ im Register steht.

[2] Das erläutert sich aus Lukas 3, 38, wo Adam der Sohn Gottes ist, so dass Jesu Sohn Davids, Sohnes Abrahams, Sohnes Adams, Sohnes Gottes wird.

auch Einige, o Freunde, sagte ich, von unserm Geschlechte (d. h. Christen), welche bekennen, dass er der Messias sei, aber erklären, dass er ein Mensch von den Menschen gewesen ist, — welchen ich nicht beistimme. Auch dürften die Meisten, welche dieselbe Ansicht wie ich hegen, das nicht sagen, da wir von eben diesem Messias angewiesen sind, nicht menschlichen Lehren zu gehorchen, sondern den von den seligen Propheten verkündigten und durch ihn gelehrten."

Dem Bewusstsein von Christen der Art, wie sie hier beschrieben werden, entsprach ein Geschlechtsregister wie es Syrsin nach Ausscheidung der Worte „dem Maria die Jungfrau verlobt war," enthält, während den Christen justinischer Richtung die Geburtsgeschichte, wie sie bei Matthäus steht, genehm war. Daher zitiert sie auch Justin, aber nicht mit dem Texte τὸν ἄνδρα Μαρίας sondern ὁ τὴν Μαρίαν μεμνηστευμένος und legt dadurch indirekt Zeugnis für das Alter dieser Textform ab. Die Stelle lautet bei ihm: Καὶ Ἰωσὴφ δὲ ὁ τὴν Μαρίαν μεμνηστευμένος βουλευθεὶς πρότερον ἐκβαλεῖν τὴν μνηστὴν (!) αὐτῷ Μαριάμ[1] ..... δι' ὁράματος κεκέλευστο μὴ ἐκβαλεῖν τὴν γυναῖκα αὐτοῦ, εἰπόντος αὐτῷ τοῦ φανέντος ἀγγέλου, ὅτι ἐκ πνεύματος ἁγίου ὃ ἔχει κατὰ γαστρός ἐστι. Contra Tryph. 78.

Mit jener heterodox gewordnen Christologie, deren tiefere Bedeutung und Entwicklung Keim (Jesu v. Naz. I 337) darlegt, hängt nun auch die Verschiedenheit der Taufgeschichte zusammen, sofern nach Syrsin der Geist in der Gestalt (nicht aber wie, ἐν μορφῇ nicht ὡσεί) einer Taube auf Jesus kam und auf ihm blieb, wozu die himmlische Stimme (בת קול) sagte: Du bist mein Sohn und mein Geliebter, der ich an dir Wohlgefallen habe, d. h. den ich erwählt habe. Und damit wieder hängt die Erzählung Matth 27, 50 in Syrsin zusammen, wo es nicht heisst ἀφῆκεν τὸ πνεῦμα = er sandte den Geist fort, gab ihn auf, hauchte ihn aus, sondern ܣܠܩܬ ܪܘܚܗ d. h. sein Geist stieg hinauf. Diese Lesart steht bis jetzt ganz allein; dass hier aber nicht nach äusserer Bezeugung sondern nach dem dogmatischen Zusammenhange zu urteilen ist, das sollte einleuchten.

Vom Standpunkt der rein griechischen Textkritik aus kommen Lachmann, Tischendorf und Westcott-Hort zu dem gleichen Ergebnis und können ihren textkritischen Prinzipien nach zu keinem andern Ergebnis kommen, als zu edieren, τὸν ἄνδρα Μαρίας ἐξ ἧς ἐγεννήθη; sie haben den letzterreichbaren Text aus B und später אC gewonnen. Damit ist aber nicht gesagt, dass dieser aus griechischen Handschriften zu erhebende griechische Text wirklich der Urtext des

---

[1] Man beachte diese Form, sie ist hebräisch, Μαρία ist gräzisiert!

Evangelisten ist, denn woher sollte der Text des Syrsin kommen, und unter welchen dogmengeschichtlichen Bedingungen entstanden sein, wenn der Text von Bℵ, wirklich der Urtext wäre? Die dogmengeschichtliche Bewegung lässt es begreiflich erscheinen, dass der Text des Syrsin durch den von Bℵ oblitteriert wird, aber sie erlaubt nicht umgekehrt anzunehmen, dass nachdem Bℵ's Lesart da war, die des Syrsin erfunden, gemacht, fabriziert sei. Hier führt die blosse handschriftliche Kritik über sich selbst hinaus, indem sie statt ein Problem zu lösen, uns vor ein neues Problem stellt, das mit ihren Mitteln nicht lösbar ist. Die Frage drängt sich auf: Haben wir evangelische Texte, auch wenn sie nicht in griechischer Sprache erhalten sind, als den griechischen je nach den Umständen gleichwertig zu prüfen, anzunehmen und als echten, d. h. vom Originalschriftsteller ausgehenden Text anzusehen,[1] obwohl sie uns nur in Übersetzung zugekommen sind? Wir brauchen sie gar nicht in das Griechische zurückzuübersetzen, was viele Haken in den Kleinigkeiten bietet, die die Hauptsache gar nicht berühren, und darum das Wichtigste und das Nebensächliche gleichbedeutend erscheinen lässt, es genügt, sie in einer modernen Sprache in das Evangelium einzusetzen, zu dessen Inhalt sie gehören.

Indem wir von der Form des Syrsin aus die Texte verfolgt haben, sind wir zu der Auffassung gekommen, dass 1, 16 die Worte τὸν ἄνδρα Μαρίας hellenisch-römische Erklärung sind. Indem Westcott und Hort, II. Appendix 141 des Drucks von 1896, von der Textform in Bℵ ausgehen, kommen sie zu folgender Auffassung: „die beiden Lesarten (die von Bℵ und die von Syrsin) sind wesentlich unabhängig und eine könnte nicht von der andern abgeleitet werden. Auf kritische[2] Gründe hin kann daher von ihr (der Lesart des Syrsin) nicht angenommen werden, dass sie den wahren Text des griechischen Evangeliums repräsentiert [aber bedenke die Form des Justin P. 16!]; und es liegt nicht innerhalb unseres Zieles, hier sei es die Form der Genealogie getrennt vom Texte des S. Matthäus, oder die Frage der ältesten syrischen Lesart zu erörtern.[3] — Werden die inneren Wahrscheinlichkeiten des Wechsels

[1] Zu derselben Betrachtung kommen auch Westcott und Hort II P. 328 des Neudrucks von 1896, wenn gesagt wird: The discovery of the Sinaitic MS. of the Old Syriac raises the question whether the combination of the oldest types of the Syriac and Latin texts can outweigh the combination of the primary Greek texts. A careful examination of the passages in which Syrsin and k are arrayed against ℵB would point to the conclusion.

[2] Das heisst aber hier bloss textkritische Zeugnisse von Handschriften!

[3] Als Herausgeber des ältesten erreichbaren griechischen Textes haben sie auch nicht diese Aufgabe. Ihr Ziel ist aber nur ein vorläufiges, durch die eben

in Rechnung gezogen, so liegen auch diese für die Originalität der gewöhnlichen griechischen Lesart günstig. Die Phrase τὸν ἄνδρα Μαρίας und das passive ἐγεννήθη mochten, so wie sie stehen, wohl genauere Bestimmung zu erfordern scheinen, und das in zwei Richtungen. Auf der einen Seite mochte ein Schreiber wünschen, die jungfräuliche Geburt des Herrn sicherer zu wahren und so darum schreiben: ᾧ μνηστευθεῖσα παρθένος Μ. ἐγέννησεν ....; und auf der andern Seite mochte ein Anderer wünschen, die Art des Verhältnisses des Herren zu Josef in denselben Ausdrücken zu beschreiben, wie Josefs Verhältnis zu seinen Vorfahren,[1] um Seine königliche Abkunft (Ιωσὴφ .... ἐγέννησεν) festzustellen, während der Zusatz von παρθένος die fundamentale Wahrheit wahrte; denn es ist kaum notwendig zuzufügen,[2] dass ἐγέννησεν in dieser Genealogie gesetzliches Erbenverhältnis, und nicht physische Abkunft bezeichnet.

Auf der andern Seite ist es unmöglich einzusehen, wie eine der Varianten[3] die Gelegenheit geboten haben sollte für die Einsetzung des τὸν ἄνδρα Μαρίας als einer Korrektur, eine Phrase, welche wie sie im Zusammenhange steht, in wirksamer Weise die königlichen Ansprüche des Josef hinüberbringt auf den Sohn derjenigen, die er als sein Weib anerkannte, ebenso wie ἐγεννήθη, mit dem Folgenden zusammengenommen, das Mysterium von der Geburt dieses Sohnes markiert."

Der Leser hat jetzt die entgegengesetzten Beurteilungen der Lesarten mit ihren Begründungen vor sich, an ihm ist es, sich ein Urteil zu bilden.

Die davidische Abstammung Jesu, die für Paulus Rom 1, 3, feststand und darum auch in weitern Kreisen angenommen gewesen sein muss, wird in unserm Stammbaum durch den Vater — Josef — vermittelt. Trat dagegen der übernatürliche Ursprung in der altchristlichen Überzeugung auf, so musste statt des Vaters vielmehr die Mutter Davididin sein, was der Stammbaum auch in seiner jüngsten Umbildung nicht leistet, um der verzweifelten Idee, es handle sich um rechtliche, nicht um natürliche Succession, ganz zu geschweigen. — Den Defekt des Stammbaums finden wir

---

formulierte Aufgabe ist es als solches gekennzeichnet. Wir suchen nicht den ältesten griechischen, sondern den ältesten erreichbaren Text, in welcher Sprache er auch zufällig vorliegen mag.

[1] Hier liegt die Kluft. Syrsin soll doch aus B abgeleitet werden.

[2] Ich hätte diese Auseinandersetzung doch für notwendig gehalten, nachdem es 39 Male einen andern Sinn gehabt hat.

[3] Wenn dies richtig ist, so ist unsre ganze obige Darstellung falsch. Die Einsetzung von τὸν ἄνδρα Μαρίας ist nicht Korrektur, sondern eine für Griechen notwendige Erläuterung.

daher bei demselben Justin ergänzt, der sich in einem Atem für die übernatürliche Erzeugung ausspricht und die natürliche als in seiner Zeit noch vielfach angenommen bezeugt. Er nennt Dial. 43 ohne weitere Begründung Jesu geboren von der dem Geschlecht Abrahams, dem Stamme Juda's, der Familie Davids entsprossenen Jungfrau, und wiederholt das Kap. 45 mit den Worten: διὰ τῆς παρθένου ταύτης τῆς ἀπὸ τοῦ γένους τοῦ Δαυὶδ γεννηθῆναι σαρκοποιηθεὶς ὑπέμεινεν. Vgl. auch Kap. 100. Für Irenäus 3, 17, 1 ist das schon ganz selbstverständlich, wenn er sagt, Matthäus lege die menschliche Geburt von der Jungfrau dar, wie Gott David verheissen habe, dass er aus der Frucht seines Leibes den ewigen König erwecken werde. — Wer so redet, dem ist die Jungfrau eben Frucht des Leibes Davids; und so nennt Irenäus Jesus auch 3, 16, 2 Jesum Christum dominum nostrum, qui de semine David secundum eam generationem quae est ex Maria, was 3, 26, 1 durch das ex virgine, quae fuit de genere David, klargestellt wird. Diese Lehre wird dann durch das apocryphe Evangelium de Nativitate S. Mariae volkstümlich. So erzeugt die erste Änderung des Stammbaumes immer weitergehende Fiktionen. Die Wurzel liegt in Luk 2, 4 wo Syrsin korrigiert ist.

Dem allen gegenüber haftet nach jüdischer Anschauung die Familie am Mannesstamme. Für das Erbrecht gilt der Satz: משפחת אב קרויה משפחה משפחת אם אינה קרויה משפחה d. h. die Sippe eines Vaters heisst Sippe, die Sippe einer Mutter wird gar nicht Sippe genannt Bab. b. 110b. Für das Erbrecht kommen Mädchen mit Brüdern gar nicht in Betracht, die Söhne erben, die Töchter empfangen nur ihren Unterhalt. Und daher hat schon Lightfoot ganz unbefangen geschrieben: Hinc ratio facillime reddi potest cur Matthaeus prognationem deducat ad Josephum, Mariae maritum, er kannte eben jüdisches Recht und jüdische Anschauungen. Vgl. übrigens Keim, Jesu von Nazara I, 340.

Vs. 18. Die Geburt des Messias war also, also γέννησις mit EKLMUVΓΠ wie auch Irenäus griechisch III 11, 11 γέννησις Mtth 1, 18 von γένεσις Mtth 1, 1 unterscheidet

1. So lesen auch Syrcrt und Pesch ܝܠܕܗ, d. i. partus, actus pariendi, während um 508 die Philoxeniana dafür ܗܘܝܐ, d. i. actus veniendi in existentiam schreibt, also bewusst γένεσις ausdrückt, wie ℵB al schreiben, und wie sie selbst 1, 1 γενέσεως ausdrückt. Aber auch der Memphite unterscheidet 1, 1 ⲙⲓⲥⲓ = γένεσις von γέννησις in 1, 18, wo er ϫⲓⲛⲙⲓⲥⲓ hat, und der Sahide ϫⲡⲟ [ob im gleichen Sinne?] setzt. Also die alten Textformen Irenäus, Syrsin, Syrcrt, Pesch, Memphite, [Sahide?] bezeugen das sachlich richtige γέννησις, — dagegen Philox geht mit ℵB al, welche γένεσις haben.

2. des Messias. So Syrsin, Syrcrt und die Lateiner a, b, c, d, Aureus,

Vulg, sowie Irenäus: Christi autem generatio sic erat III 17, 1, 11; dagegen zeigt sich die Pesch, der Syrhrs und die Philoxeniana — also die jüngern Zeugen — erweitert in Jesu des Messias, wie auch Kopte, Sahide und Armenier bieten. Und nun sehe man die Griechen an: אC al zeigen Ἰησοῦ χριστοῦ wie die jüngern syrischen Übersetzungen, die nach dem Griechischen überarbeitet sind, dagegen hat B χριστοῦ Ἰησοῦ. Das lehrt, dass Ἰησοῦ Wanderwort ist, das ursprünglich als Glosse zugesetzt, verschieden eingeordnet ist. Somit zeugen B und א gegen einander und indirekt gegen das Alter des Ἰησοῦ, beide sind durch dieselbe Glosse an verschiedner Stelle erweitert, und hier haben wir zum Überfluss noch ein direktes Zeugnis, dass in alten Texten Ἰησοῦ nicht gestanden hat. Denn Irenäus, den wir eben angeführt haben, sagt III, 17, 1 ausdrücklich: Caeterum potuerat dicere Matthaeus Jesu vero generatio sic erat, sed ... spiritus sanctus ... per Matthaeum ait Christi autem generatio sic erat. So hat also sowohl B als א einen Zusatz, und dieser ist sogar rückwärts in ein griechisches Fragment des Irenäus eingedrungen, der doch den Zusatz ausdrücklich verleugnet, denn III 11, 11 hat das Griechische im Gegensatze zum Lateinischen τοῦ δὲ Ἰησοῦ χριστοῦ ἡ γέννησις(!) οὕτως ἦν. Die Zeit, in der diese Glosse eingesetzt ist, lässt sich genau bestimmen, denn sie steht in der Form Ἰησοῦ χριστοῦ schon in dem Oxyrhynchospapyrus,[1] den man um 300 ansetzt. Die Glossierung, und zwar die allgemeine Überarbeitung, erfolgte also zwischen 182 (Irenäus) und 300 (der Papyrus), denn der Papyrus hat auch schon γένεσις und Vs. 16 τὸν ἄνδρα Μαρίας, ἐξ ἧς ἐγεννήθη Ἰησοῦς ὁ λεγ. χρ. und Vs. 19 auch δειγματίσαι mit B gegen א, dessen ursprüngliches παραδειγματίσαι von zweiter Hand korrigiert ist. Somit sind von den 8 Wörtern dieses Verses in B wie א zwei gegen ältere Vorlagen geändert, γένεσις und Ἰησοῦ. Auf diesen Handschriften baut man aber heute den Text auf. Und nun sehe man die innere Konsequenz des alten Textes an: 1, 1 Geschlechtsregister Jesu, des Messias; 16 Josef erzeugte den Jesu, der Messias genannt wird, 18 die Geburt aber des Messias war also, womit für 1, 1, 18 Irenäus stimmt. Um die Geburt des Messias handelt es sich, nicht um die des Ješu' genannten Menschen. Selbst Euseb. KG. II, 1, 2 schreibt nicht Ιησοῦ πατήρ, sondern noch τοῦ δὲ χριστοῦ πατὴρ ὁ Ἰωσήφ, ᾧ μνηστευθεῖσα ἡ παρθένος, πρὶν ἢ συνελθεῖν αὐτοὺς ηὕρητο ἐν γαστρὶ ἔχουσα ἐκ πνεύματος ἁγίου, was sowohl auf Vs. 16 als 18 ein Licht wirft, denn in der syrischen Übersetzung deckt sich diese Stelle am Anfang mit Vs. 16, am Ende mit Vs. 19 des Syrsin ganz genau:

---

[1] Egypt Exploration Fund. The Oxyrhynchus Papyri Part I p. 5 London 1898.

ܝܘܣܦ ܕܠܗ ܡܟܝܪܐ ܗܘܬ ܡܪܝܡ ܡܬܟܠܬܐ: ܘ ܥܕ ܠܐ Eus.
16 ܝܘܣܦ ܕܡܟܝܪܐ ܗܘܬ ܠܗ ܡܪܝܡ ܡܬܟܠܬܐ 18 ܟܕ ܠܐ Syrsin
ܢܬܩܪܒܘܢ ܚܕ ܠܘܬ ܚܕ ܐܫܬܟܚܬ ܒܛܢܐ ܡܢ ܪܘܚܐ ܕܩܘܕܫܐ Eus.
ܢܬܩܪܒܘܢ ܚܕ ܠܘܬ ܚܕ ܐܫܬܟܚܬ ܒܛܢܐ ܡܢ ܪܘܚܐ ܕܩܘܕܫܐ Syrs.
Nebenbei sieht man, dass in Syrsin 1, 19 statt des unsicher gelesenen ܟܕ ܠܐ zu lesen ist ܥܕ ܠܐ, wie πρὶν ἤ auch Mrk 14, 30 Luk 22, 34 ausgedrückt ist.

Will man hier ernstlich die in sich differenten אB gegen Irenäus, Syrsin und Syrcrt in das Feld führen? Welcher Text ist älter, der von Syrsin oder der von אB? Der Urtext war: Τοῦ δὲ χριστοῦ ἡ γέννησις.

Matth 1, 19 Josef, ihr Gatte, weil er. So Syrsin, aber Syrcrt bildet um: Josef aber, weil er ein gerechter Mann war. Er nahm am Gatten, בעל, Anstoss, wogegen Pesch ihn wieder hat, aber das weil fallen lässt: Josef ihr Gatte war gerecht und wollte nicht. So auch Syrhrs. Da der Arm wörtlich hat: „Und Josef, ihr Mann, weil (քանզի) er gerecht war und nicht wollte," so wird er die syrische Form bewahrt haben. — Scheidebrieflich entlassen ܢܫܠܝܗ Syrsin und Syrcrt sachlich genau, dagegen Pesch ܢܫܪܝܗ sie lösen, als wörtlichere Wiedergabe von ἀπολῦσαι, das in der Septuaginta für die Entlassung einer Frau nie gebraucht wird, wohl aber für גרש Ps 34, 1. Arm. setzt արձակել das für die Entlassung eines Weibes technisch ist Jes 50, 1, Bruns-Sachau, Syrisch-römisches Rechtsbuch, armenischer Text § 46, wie auch der sahidische Text ⲛⲟϫⲥ̄ ⲉⲃⲟⲗ d. h. sie forttreiben, verstossen. Dagegen hat der memph. Text ϫⲁⲥ ⲉⲃⲟⲗ sie entlassen. Der Syrhrs setzt פני, das er auch sonst für entlassen hat. Payne Smith. Thes. s. v. Sonach übersetzen Syrsin, Syrcrt, Arm, Sah. mit einem juristisch scharfem Ausdruck, dagegen Pesch, Philox, Memph wörtlich aber nicht juristisch bestimmt.

Für die Lesarten δειγματίσαι oder παραδειγματίσαι giebt das ܕܢܦܪܣܝܗ aller Syrer, (Syrsin, Syrcrt, Pesch, Philox) keine Entscheidung, da es auch Kolosser 2, 15 steht, wo δειγματίζω allein bezeugt ist. Der Sinn ist entblössen, der Schande aussetzen, enthüllen. Der Hrs hat hier יפרע, das auch entblössen bedeutet. Die Kopten gehen wieder auseinander, Memph hat ⲁⲓⲥ ⲛⲥⲣⲁϩ = facere eam exemplum, also deutlich παραδειγματίζειν, der Sahide ϯ ⲙⲡⲉⲥⲥⲟⲉⲓⲧ = dare ejus rumorem, sie zum Gegenstande der Klatscherei zu machen. Verfolgt man den griechischen Sprachgebrauch, so kennt die klassische Sprache δειγματίζω überhaupt gar nicht und hat für παραδειγματίζω nur den Sinn „zum Beispiel machen, zum Beispiele aufstellen." Diesen Sinn kann das Wort an unsrer Stelle nicht haben, ebenso wenig den, sie als warnendes Exempel aufzustellen, d. h. sie schwerer Strafe zu überliefern, denn diesen Sinn hat das Wort im Griechischen, und so ist es auch von einigen gedeutet, die dann freilich das in jus trahere, was ihr den Tod nach Deutr 22, 20, 23 eingetragen haben würde, nach Analogie von Sanhedrin VII, 9 abschwächen[1] zu publicare, infamare, ignominia afficere. Dagegen hat aber schon Polus bemerkt, dies sei ein metaphorischer Sinn, abgeleitet davon, dass die von schweren Strafen getroffnen ehrlos werden. — Der Sprachgebrauch der Septuaginta verwendet παραδειγματίζεσθαι in dem Sinne exemplarisch gestraft werden und setzt es darum für הדמין תתעבדון d. h. in Stücke zerhackt werden Dan 2, 5 und für לדמן יהיו d. h. zu einem Schutthaufen werden Jer 8, 2; 9, 21; 16, 4, und auf dasselbe kommt 13, 22 hinaus נחמסו עקביך = παραδειγματισθῆναι τὰς πτέρνας σου. Deutlich ist dieser Sinn auch Nah 3, 6 שמתיך כראי, θήσομαί σε εἰς παράδειγμα, ich setze dich zu einem Schauspiel, wonach ראוה in Ezech 28, 17 zu beurteilen oder zu verbessern ist, und Sirach 19, 3 hat Luther παραδειγματισμός nach Complut. gut ausgedrückt: andern zum merklichen Exempel. Sehr deutlich liegt dieser Sinn auch 4 Mos 25, 4 vor, wo die Todesstrafe durch Pfählen durch παραδειγματίζειν ausgedrückt wird, und 3 Makkab 2, 5.

Dem gegenüber stehen nun die Syrer und die Lateiner a, b, c, Vulg mit ihrem traducere[2] d. h. bekannt machen, prostituieren, der Schande preisgeben, an welche sich der sahidische Text anschliesst, und es fragt sich wie man zu diesem Sinne gelangen konnte. Den Weg zeigt, wie mich dünkt der Armenier, der in Konstantinopel arbeitet und aṛagel setzt, das vom Nomen aṛag kommt. Dies Nomen steht für παραβολή im neuen Testamente wie im alten Ezech 24, 3; 18, 2, 3; 17, 2; 12, 23, Deuter 28, 37 wo es dem מָשַׁל מָשָׁל = ܐܡܬܠ ܡܬܠܐ entspricht, das bekanntlich heisst „ein Spottlied sagen, verhöhnen.“ Auch die Sprüche Salomo's heissen armenisch aṛagch, das also sicher משל deckt. Griechisch steht für משל zwar παροιμία aber παροιμιάζειν heisst Sprichwörter sagen, benutzen, und παραβάλλειν heisst nicht verhöhnen; sobald aber משל durch παράδειγμα ausgedrückt wird, liefert das Verbum παραδειγματίζω eine Analogie zu מְשֹׁל מָשָׁל und 1 Kng 9, 7 steht ἔσται εἰς παράδειγμα in der Complutensis deutlich als Übersetzung von היה למשל ולשנינה. Durch dies Judengriechisch kommt das Verbum zum Sinne „zum Spotte machen,“ den es im klassischen Griechisch nicht hat.[3] Für δει-

[1] In dieser Stelle wird das absolute Gesetz Deuter 22, 23 durch mehrere Bedingungen abgeschwächt.

[2] Vgl. Irenäus V, 21: bis jam victus erat de Scriptura Diabolus, cum est traductus contraria praecepto Dei suadens, secundum sententiam suam Dei hostis ostensus. Das kann dann auch „überführt werden“ zu übersetzen sein.

[3] Nach Stephanus Thes. ist παραδειγματισμός traductio, qua nimirum aliquis

γματίζω Col. 2, 15 und παραδειγματίζω Hebr 6, 6 gebraucht der Arm. խայտառակել, khaid-aṛagel, wobei khaid fleckig heisst, das ebenfalls „der Schande aussetzen“ bedeutet.[1] Aber δειγματίζω ist gar nicht im klassischen Griechisch vorhanden[2] und δεῖγμα heisst die Warenprobe, ist auch der Name eines Platzes auf dem athenischen Markte, wo die Proben ausgelegt waren, so dass dies Wort den Sinn traducere, blamieren, prostituieren kaum je gehabt haben kann. Damit stehen wir aber vor der Frage, ob δειγματίσαι die Lesart in BZ und dem Oxyrhynchusfragmente eine decente Korrektur ist oder nicht; denn auch א hat von der ersten Hand, wie die Masse der Handschriften ΠΑΡΑΔΙΓΜΑΤΙΣΑΙ, woraus dann Π̇Α̇Ρ̇Α̇Δ^EIΓΜΑΤΙΣΑΙ also δειγματίσαι korrigiert ist. Die von Tischendorf gebotne Glosse des Eusebius, nach welcher παραδειγματίζω die ἐπὶ κακῶς πράξαντι εἰς πάντας φανέρωσιν καὶ διαβολήν bedeutet, δειγματίσαι aber τὸ φανερὸν ἁπλῶς ποιεῖν, zeigt nur, welche Reflexionen ein griechischer Exeget anstellte, wogegen wenn man das erstere als judengriechische Wiedergabe משל משל erkannt hat, das Alles überflüssig ist. Der Sinn ist: Er wollte sie nicht zum Gegenstande des Geredes machen, und παραδειγματίσαι ist die richtige Lesart, die d durch praepalare erklärt. Nun wird auch das klar, warum Josef als gerecht bezeichnet wird. Er glaubte an ihre Unschuld trotz des Scheines, der wider sie war, und war von der Geisteswirkung überzeugt, so dass er sie gerade als gerechter Mensch nicht blossstellen wollte. — Dass das freilich zur Absicht der Entlassung nicht passt, ist deutlich, aber ohne Widerspruch kann die Darstellung ihrer Natur nach nicht sein. Die Rechtslage wäre die gewesen, dass er sein Weib von erusin, also vor der Heimführung, schwanger entlassen hätte, wo ihm der Umgang mit ihr noch rechtlich versagt war. Was folgte daraus für sie? Er wäre מוציא שם רע ≟ παραδειγματίζων gewesen.

Vs. 20 Mariam dein Weib zu nehmen, d. h. nach den erusin oder qiddušin nun auch die Heimführung folgen zu lassen, wie zu Vs. 16 erörtert. Der Sinn ist also nicht etwa: „die Maria zum Weibe zu nehmen,“ sondern wie ihn Memph richtig ausdrückt: ⲉϣⲉⲡ ⲙⲁⲣⲓⲁ ⲧⲉⲕⲥϩⲓⲙⲓ ⲉⲣⲟⲕ, d. h. Maria dein Weib zu dir zu nehmen. Syrcrt nimmt wie oben am Gatten, בעל, so hier am Weibe Anstoss und schreibt für dein Weib (ܐܢܬܬܟ) nach seinen Rechtsbegriffen oder

παραδειγματίζεται et exemplo statuitur — ignominiosâ poenâ. — Hebr 6, 6 hat die Peschito ܘܡܨܚܝܢ ܠܗ d. h. und ihn schmähen oder entehren.

[1] Euseb. H. E. 5, 1, 62 ist das παραδειγματίζειν syr. durch ܦܪܣܝܘ wie hier, und dies armenisch durch խայտառակել wiedergegeben.

[2] Stephanus führt nur Col. 2, 15 und darnach patristische Stellen an.

denen seiner griechischen Vorlage „deine Verlobte" (ܡܟܝܪܬܟ)[1] anzunehmen (ܠܡܕܒܪ), wogegen Syrsin und Pesch das gewöhnliche Wort für ein Weib nehmen, nämlich ܠܡܣܒ, haben. Philox folgt dem Syrcrt und zeigt, dass dieser Wechsel bedeutungsvoll ist. Syrsin und Pesch sagen nissuîn machen, heimführen, Syrcrt und Philox sagen annehmen, oder noch genauer, führen, leiten, mit sich nehmen. Παραλαβεῖν oder λαβεῖν? Auch 4, 5, 8 ist ܕܒܪ für παραλαμβάνειν gesetzt.

Vs. 20 das von = aus ihr geboren wird. Alle Griechen ἐν αὐτῇ nebst Pesch, und so in ea auch q, in illa selbst in k. — Aber Syrsin und Syrcrt ܡܢܗ aus ihr und mit ihnen ex ea in b c und Cyprian Testim. II, 7 ed. Hartel; wo der Text ist: Ioseph fili David, ne metueris adsumere Mariam conjugem (uxorem k und so LMB des Cyprian) tuam, quod enim ex illa natum fuerit, de Spiritu est sancto (LB und k). Pariet autem filium, et vocabis (so auch k) nomen ejus Iesum, hic enim salvum faciet (k salvavit) populum (k suum, LWMB) a peccatis (k eorum WMB). Das später dogmatisch anstössige „aus ihr" ist beseitigt.

Vs. 21 wird dir einen Sohn gebären. Dies „dir" fehlt in Pesch, steht aber in Syrcrt — bei Tischendorf übersehen[2] —. Kein Grieche und kein Lateiner hat es. Soll hier, wo der Grund der Weglassung handgreiflich ist, die griechisch-lateinische Masse gegen die zwei Syrer in's Feld geführt werden? Und was folgt daraus für die Beurteilung von אB? Ich stelle hierzu den Text des Irenäus III 17, 1, IV 37, 1 wegen seiner innern Varianten und wegen seiner Abweichungen von Cyprian: Ne timueris (so in Cypr. die Msk. MB) assumere Mariam conjugem tuam, quod enim habet in utero (ventre) de (ex) Spiritu sancto est. Pariet autem filium et vocabis (vocabitur Claramnt. in Correct.) nomen ejus Iesum, hic (ipse) enim salvabit populum suum a peccatis suis (eorum). Hoc autem (k add. totum und so Iren.) factum est, ut impleretur (adimpl.) quod dictum est a Domino per prophetam (k Iren. add. dicentem): Ecce virgo accipiet in utero (k praegnas erit), et pariet filium et vocabunt (vocabitur) nomen ejus Emmanuel, quod est Nobiscum Deus. Um die Texte nicht zu sehr mit Varianten zu belasten, verweise ich auf Hartel und auf Harwey. Und du (oder sie) wirst (wird) nennen Syrsin und Pesch. Fast alle Griechen καλέσεις, wie der Kopte ⲉⲕⲉⲙⲟⲩϯ, aber Tischendorf führt an L* al[1] (—σῃ), g[1] Ambr. —σει,

---

[1] Dies Verhältnis wiederholt sich Luk 2, 5 zwischen Syrsin und Pesch. Jener hat „dein Weib," diese „deine Verlobte." Die Glossierung liegt dort in den Griechen, die ἐμνηστευμένῃ haben, das für γυναικί eingetreten. Denn unsre Hdschft. haben beides, aber a b c nur cum uxore, wozu q den glossierten Zustand zeigt.

[2] Vgl. Wildeboer's Waarde der syr. Evg. Curt p. 65, wo auf das Ungenügende von Tischendorf's Benutzung des Syrcrt aufmerksam gemacht ist.

also καλέσει. Dennoch wird, da Syrsin und Syrcrt haben „dir einen Sohn gebären," richtig sein zu verstehen: du wirst nennen. — Syrcrt fand das anstössig und setzt das Passivum ܢܬܩܪܐ, sein Name wird genannt werden, wie auch Irenäus bei Lachmann (vgl. oben das Mspt. von Clermont in Korrektur) hat. In der Grundstelle Jes 7, 14 findet sich die analoge Schwankung bei Swete angemerkt: B καλέσεις, ℵ καλέσει, Q* καλέσετε,[1] Γ καλέσουσι; die zwei letzteren Formen entsprechen sachlich dem Passivum, während Syrsin und Pesch in Vs. 23 mit Γ καλέσουσι = ܢܩܪܘܢ lesen, hat Syrcrt passiv ܢܬܩܪܐ es wird genannt werden, wie auch Aphraates P. 340 liest.

Dazu kommt bei den Lateinern k b q Corbej Brix Aureus: et vocabis, wogegen g[1] schon vocabit hat, das dann auf Maria geht.

Vs. 24 vgl. zu II, 12—13.

Vs. 25. Ich stelle die drei Syrer zunächst neben einander.

1. Syrsin: Und er nahm sein Weib an (ܘܕܒܪ), und sie gebar ihm einen Sohn, und er nannte seinen Namen Ješu'. — Das ihm stimmt zum dir in Vs. 21.

2. Syrcrt: Und er nahm Mariam an und wohnte rein mit ihr, bis dass sie den Sohn geboren hatte, und sie nannte seinen Namen Ješu'. — Maria wird nicht sein Weib genannt, wie sie oben immer seine Verlobte heisst, und der weitere Ausdruck ist decent, der erstgeborne fehlt.[2]

3. Pesch: Und er nahm sie an zu seinem Weibe (oder nahm sein Weib an) und erkannte sie nicht, bis dass sie ihren erstgebornen Sohn geboren hatte, und sie nannte seinen Namen Ješu'. — Maria nennt, nicht Josef.

Nahe zu Syrsin steht der Bobbiensis k: et adsumpsit uxorem et perit (lies peperit) filium et vocavit nomen ejus hiṃ. — Das ihm fehlt, vocavit kann auch auf Josef gehen.

Die zweite Stufe bieten bg[1]: et accepit conjugem suam et non cognovit eam, donec peperit filium, et vocavit nomen ejus Ihm̄. Daraus wird im Monacensis q: filium primogenitum. Hieran ändert Corbej Brixiens Aureus indem sie für filium primogenitum setzen filium suum primogenitum.

Also geht bg[1] materiell mit Syrcrt, da die Beziehung von vocavit freisteht, — hingegen stimmen Corbej Brix Aureus und Vulg mit der Peschito.

---

[1] Danach Cyprian Test. II, 6 et vocabitis nomen ejus Emmanuel. Vocabunt, vocabitur hat Iren.

[2] Ich erwähne hier ausnahmsweise den Äthiopen (Basel 1874) und Hackspill, weil er Maria seine Verlobte hat. Er lautet: Und er nahm Mariam seine Verlobte und erkannte sie nicht, bis sie ihren erstgebornen Sohn gebar, und man nannte (wörtlich sie nannten) seinen Namen J.

Der Memphite mit seinem ⲟⲩⲟϩ ⲁϥϣⲉⲡ ⲙⲁⲣⲓⲁ ⲧⲉϥⲥϩⲓⲙⲓ ⲉⲣⲟϥ. ⲟⲩⲟϩ ⲙⲡⲉϥⲥⲟⲩⲱⲛⲥ ϣⲁⲧⲉⲥⲙⲓⲥⲓ ⲙⲡⲓϣⲏⲣⲓ ⲟⲩⲟϩ ⲁϥⲙⲟⲩϯ ⲉⲡⲉϥⲣⲁⲛ ϫⲉ ⲓ̅ⲏ̅ⲥ̅ d. h. und er nahm (Maria) sein Weib zu sich und erkannte sie nicht, bis sie gebar den Sohn, und er nannte seinen Namen Ješu' — geht mit Syrcrt, hat aber sein Weib, mit Syrsin, woneben Maria fehlen kann, wie er auch „er nannte“ mit Syrsin bietet. Er steht in der Mitte zwischen Syrsin und Syrcrt und geht, wenn Maria ausgeschlossen wird mit bg[1]. Der sahidische Text hat: ⲁϥϫⲓ ⲙⲙⲁⲣⲓⲁ ⲧⲉϥⲥϩⲓⲙⲉ = er nahm Maria sein Weib (zu sich fehlt) und ⲡⲉⲥϣⲏⲣⲉ ihren Sohn (ohne erstgebornen).

Der Armenier: Und er nahm zu sich (յինքն) sein Weib, und erkannte sie nicht, bis sie ihren erstgebornen Sohn (զորդին իւր զանդրանիկ) gebar, und er? (sie?) nannte seinen Namen Ješu' — steht auf einer Stufe mit Corbej, Brix, Aur, Vulg und Peschito.

Sonach bilden sich drei Textformen heraus:

1. Syrsin und k mit einer Differenz: ihm; die Kopten teilweise, Arm. am Anfange.

2. Syrcrt und bg[1], die Kopten teilweise, aber Josef nennt, wo im Syrcrt Maria nennt.

3. Pesch, Corbej u. s. w., Vulg, Arm am Schlusse. — Zu dieser Gruppe stellt sich Hrs, und zu ihr gehört auch Philox, aber sie deutet oder bewahrt das: er nannte.

Halten wir daneben die griechischen Texte aus ℵBD, so deckt

1. die erste Gruppe keiner,

2. die zweite Gruppe bg[1] deckt Bℵ, die so lauten: καὶ παρέλαβεν τὴν γυναῖκα (ℵ γυνεκα) αὐτοῦ (ℵ ἑαυτοῦ ex correct) καὶ οὐκ ἐγείνωσκεν (ℵ εγιν.) αὐτὴν ἕως (ℵ ἕως οὗ das in B von spätester Hand nachgetragen) ἔτεκεν υἱὸν καὶ ἐκάλεσεν τὸ ὄνομα αὐτοῦ 'Ι.

Das Plus liegt in den Worten οὐκ ἐγίγνωσκεν αὐτὴν ἕως, nach deren Ausschluss der Text von k = Gruppe 1 erscheint. Ist dies in Bℵ Zusatz, oder in Gruppe 1 Weglassung? Das ist die kritische Frage.

3. die dritte Gruppe stellt sich in D (Bezae Cantabrig) dar, welcher bietet: καὶ παρέλαβεν τὴν γυναῖκα αὐτοῦ καὶ οὐκ ἔγνω αὐτὴν ἕως οὗ ἔτεκεν τὸν υἱὸν αὐτῆς τὸν πρωτότοκον καὶ ἐκάλεσε τὸ ὄνομα αὐτοῦ 'Ι.

Das zur Beurteilung der griechischen Textformen. In diesem Falle ist D sicher eine jüngere Form als ℵB. Wir werden später finden, dass der jetzt in Mode gekommene D eine mit reichlichen Überarbeitungen versehene, in ihrer Grundlage aber sehr alte, Textform hat.

II, 2, 9. Vom Osten, dagegen Syrcrt u. P im Osten, und so die Griechen und der Arm, aber auch k in oriēte̅, jedoch von *zweiter Hand in einer Rasur.* Syrsin drückt also ἀπ' ἀνατολῆς aus, nicht ἐν ἀνατολῇ, und damit steht er allein, wenn nicht auch das Memphitische ⲥⲁⲛⲉⲓⲉⲃⲧ als *ex oriente* zu fassen ist, wie Parthey im Glossare erklärt, während Stern (Grammatik § 560) *in oriente*, wie mir scheint, nicht einwandfrei deutet. Hierzu ist Vs. 9 zu nehmen, wo statt: und siehe, der Stern, den sie im Osten gesehen hatten, zog vor ihnen her — in Syrsin gesagt wird: Und es erschien ihnen der Stern, den sie im Osten gesehen hatten. Er gieng vor ihnen her u. s. w. Das auffallende „*und es erschien ihnen der Stern*“ = ܘܐܬܚܙܝ ܠܗܘܢ hat Syrsin mit Syrcrt gemein, wogegen P mit allen Griechen, so wie Arm. und Memph. den anderen Text bieten. Auch Vs. 7 gehen Syrsin und Syrcrt zusammen: *damit er wisse, zu welcher Zeit ihnen der Stern erschienen sei*, und hier geht sogar P noch mit, nur hat sie statt „damit er wisse“ = ܕܢܕܥ die Worte: Und er erfuhr von ihnen, zu welcher Zeit ihnen der Stern erschienen sei, womit die Lateiner a b c stimmen, indem sie *eis* zusetzen: quando paruit (app. b) eis stella. Höchst auffallend ist daneben k mit dem Plusquamperfectum: et exquisivit ab eis tempus stellae, *quae apparuerat*, also augenblicklich nicht mehr scheint.

Lassen wir nun Syrsin allein reden, so stellt er die Sache so dar: Von Osten her haben die Mager seinen Stern erblickt, also nach Westen d. h. über Palästina stand sein Stern. Das veranlasst sie zur Wanderung, der Stern aber war verschwunden. In Jerusalem machen sie durch ihre Frage bekannt, dass der König der Juden geboren ist, sie wissen aber nicht wo. Durch die Erklärung der jüdischen Gelehrten wird Betleḥem als der verheissene Geburtsort bekannt. Herodes stellt die Zeit fest, wann ihnen der (von andern nicht gesehne) Stern erschienen sei, und schickt die Mager nach Betleḥem. — Auf dem Wege dorthin erscheint ihnen der Stern wieder, den sie inzwischen nicht mehr gesehen hatten, wanderte vor ihnen und stand still an der Stätte, wo der Knabe geboren war. Der Stern führt sie zum Geburtshause! — Das „vom Osten“ hat nur Syrsin, das Wiedererscheinen Syrsin und Syrcrt, aber indirekt bezeugen es alle übrigen Texte, die dadurch Beweis ablegen für die Überlieferung in Syrsin, Syrcrt, die sie selbst nicht mehr bieten, die also ausgeschieden worden ist, — denn alle fahren fort: „Als sie aber den Stern erblickten, freuten sie sich eine grosse Freude.“ Sie haben danach den Stern lange nicht gesehen, er ist ihnen wieder erschienen, und darüber freuten sie sich. Dies notwendige Wiedererscheinen fehlt überall ausser bei Syrsin und Syrcrt, die Griechen zeugen für diese und gegen sich selbst.

Nach den Spuren der alten Darstellung forschend finden wir Vs. 1 bei k eine Rasur bei dem Worte in oriẽtẽ, woraus zu schliessen, dass in oriētē das Ursprüngliche nicht war, wir finden Vs. 7 statt „die Zeit des erscheinenden Sternes“ in Syrsin Syrcrt Pesch a b c q den Zusatz: die Zeit, wann ihnen der Stern erschienen sei, und endlich bei Syrsin und Syrcrt Vs. 9 das Wiedererscheinen. Das älteste Zitat der Stelle bei Justin Dial. 78 hat diese Form: . . . ἐλθόντων πρὸς αὐτὸν (Ἡρώδην) τῶν ἀπὸ Ἀραβίας μάγων καὶ εἰπόντων ἐξ ἀστέρος τοῦ ἐν τῷ οὐρανῷ φανέντος ἐγνωκέναι, ὅτι βασιλεὺς γεγέννηται ἐν τῇ χώρᾳ ὑμῶν καὶ ἤλθομεν προςκυνῆσαι αὐτόν κτλ.

Vs. 9. Stand an der Stelle, wo der Knabe war. Das einfache Syrische ܩܡ ܐܬܪܐ ܕܬܡܢ ܗܘܐ ܛܠܝܐ ist ὅπου ἦν τὸ παιδίον, denn ὅπου wird mit ܐܬܪ wiedergegeben Mrk 9, 47; 13, 14. Dieser vergleichungsweise klare Ausdruck einer Legende wird scheinbar genauer durch die griechische Textform ἐπάνω οὗ ἦν τὸ παιδίον, obwohl grade dieser reflektierte Ausdruck die physische Undenkbarkeit erst recht zum Bewusstsein bringt. Und nun vergleiche man

Syrsin ܐܬܪ ܕܬܡܢ ܗܘܐ ܛܠܝܐ = locum ubi erat puer
Syrcrt ܠܥܠ ܡܢ ܬܢ ܕܬܡܢ ܗ' ܛ' = supra de ibi, ubi erat puer
Pesch ܠܥܠ ܡܢ ܐܝܟܐ ܕܐܝܬܘܗܝ ܗ' ܛ' = supra de ubi existebat puer.

um die syrische Redaktionsthätigkeit zu sehen, die der griechischen nachhinkt. Die letzte Form ist dann in Arm und Memphiten ausgedrückt, während andrerseits b c k g stetit super puerum haben, wie D ἐπάνω τοῦ παιδίου. Daraus macht dann Hieronymus in der Vulg supra ubi erat puer, mit Erhaltung des ubi erat von Syrsin und Syrcrt. Es ergiebt sich folgende Reihe:

1. an der Stelle, wo der Knabe war
2. über dem Knaben
3. über wo der Knabe war.

II, 12, 13. Nach den griechischen und lateinischen Texten erhalten die Mager ebenso wie Josef die Offenbarungen im Traume (κατ' ὄναρ), und so hat auch Pesch und Memph zweimal im Traume, ܒܚܠܡܐ, ϧⲉⲛ ⲟⲩⲣⲁⲥⲟⲩⲓ, wogegen Arm zweimal in der Vision (ի տեսլեան) bietet. Dagegen unterscheiden Syrsin und Syrcrt mit Recht, die Mager empfangen die Anweisung in der Vision ܒܚܙܘܐ, wie auch Justin Dial. 78 κατ' ἀποκάλυψιν bietet, Josef im Traume. Warum? Die Mager mussten sofort abreisen, sonst konnte sie Herodes ausforschen, der durch ihre Beseitigung in die Schwierigkeit kam, nicht zu wissen, welcher Knabe der Judenkönig sei, und sich verspottet dünkte. So war keine Zeit, sie sich erst schlafen legen zu lassen, damit sie träumen konnten, Josef dagegen legte sich „nach ihnen“ d. h. als sie fort waren, zum Schlafe, erhält im Traume den Befehl und zieht noch in derselben Nacht fort. Welcher Text ist nun feiner? Etwa die Griechen, Pesch u. s. w.? Oder sollen die Syrer ihre Vorlage nach feiner Reflexion verbessert haben!

Dieselbe Vergröberung liegt bei den Griechen 1, 20 vor, wo der Engel dem Josef, während er erwog (αὐτοῦ ἐνθυμηθέντος) „im Traume“ erschien, wo Syrsin abermals in der Vision hat, woraus bei Syrcrt „in der Vision der Nacht“ und bei Pesch, wie bei den andern jüngern Texten, „im Traume“ wird, in welchem man doch nicht überlegen kann.[1] Dies hängt dann zusammen damit, dass Vs. 24 Josef „vom Schlafe aufstand“ und sein Weib zu sich nahm, d. h. das Hochzeitsfest nissuin feierte, wozu dann der griechische Vs. 25 den Vorbehalt οὐκ ἐγίγνωσκεν αὐτήν beifügt. Es ist handgreiflich, dass hier das Wort „vom Schlafe“ völlig vom Übel ist, man kann gar nicht mir nichts dir nichts aufstehen und eine solche im Orient höchst förmliche Heimführung vornehmen, welche allerlei Vorbereitungen erfordert. Fällt es nach der Erkenntnis, das Vs. 20 die Vision das echte Wort ist, fort, so heisst es: „und Josef stand auf und nahm Mariam sein Weib zu sich“ in dem Sinne: er machte sich auf und besorgte das für die Heimführung Übliche. — Die Einsetzung des Traumes in Vs. 20 hat die Einsetzung des „von seinem Schlafe“ in Vs. 24 zur Folge gehabt, die sogar schon in Syrsin eingedrungen ist, der den Traum noch nicht hat. Justin Dial. 78 hat noch δι' ὁράματος κεκέλευστο μὴ ἐκβαλεῖν τὴν γυναῖκα αὐτοῦ (= גרש אשתו), wogegen jetzt Iren. IV, 37, 1 etc. in somnis mit k Vulg. bietet.

Vs. 13. Syrsin, Syrcrt und Pesch und selbst Philox setzen für ἐγείρεσθαι hier und sonst vielfach ܩܘܡ aufstehen, und damit deuten sie richtig. Auch Vulg setzt hier und Vs. 14 surgere und consurgere, auch der Arm und Memph verstehen es so. Es bedeutet also nicht: Wenn du erwacht bist. Heisst ἐγείρεσθαι sich aufrichten, so ist ἐγείρω aktiv aufrichten, und so steht in dem Logion Ješu'[2] ἔγειρον τὸν λίθον κἀκεῖ εὑρήσεις με = Richte den Stein empor, und dort wirst du mich finden. Ebenso steht ἐγείρω in Clemens Homilien.

II, 14 und ging nach Ägypten, so mit allen Griechen, Lat, Memph, Arm, Syrcrt auch Syrsin. Aber Pesch bildet aus Vs. 13 das „und fliehe“ weiter, indem sie: und er floh nach Ägypten schreibt.

---

[1] Die Ausrede, in der ganzen Zeit des Zweifels, wo er überlegte, und dann auch psychologisch vorbereitet war, sei ihm irgend wann einmal der Engel erschienen, ist erstens barer Rationalismus im Stile von Paulus, zweitens Misshandlung des Griechischen αὐτοῦ ἐνθυμηθέντος ἰδοὺ ἄγγελος [κατ' ὄναρ] ἐφάνη. Man braucht hier nur die Klammern zu setzen, um das Ungehörige des κατ' ὄναρ klar zu machen, und dies κατ' ὄναρ ist wie Lachmann's Note zeigt, ein Wanderwort.

[2] Oxyrhynchus Pap. Nr. 1.

II, 15 bis Herodes der König starb. Syrsin und Syrcrt haben der König, das alle andern Zeugen nicht bieten, obwohl es doch auch andre Herodes, als den König gab. Für sie ist Herodes die feste Figur in der Erzählung geworden, den näher als den König zu bezeichnen unnütz war.

Durch den Mund des Ješa'ja. Es steht aber nicht in Ješa'ja, sondern Hosea 13, 1. Kein andrer Zeuge hat dieses falsche Zitat, Syrcrt setzt ܒܝܕ ܢܒܝܐ = per manum prophetae = ἐν χειρὶ προφήτου d. h. durch den Pr. Galat 3, 19. Ist hier eine Berichtigung durch Streichung vorgenommen, oder eine irrige Stellenangabe beigefügt? Dass solche Streichungen vorgenommen sind, lehrt Matth 27, 9, wo das irrige Ἱερεμίου, das in sogut wie allen Handschriften und Übersetzungen steht, grade in Syrsin und Pesch gestrichen ist, während es Philox im Texte hat und am Rande durch Zacharja korrigiert. Syrcrt fehlt zu dieser Stelle. Sollten Syrer, die dort streichen, hier einen falschen Zusatz gemacht haben? In jedem Falle ist Streichung leichter erklärlich, als Erhaltung eines etwa von einem Leser gemachten falschen Zusatzes. Demnach würden die fraglichen Worte echt sein, d. h. in der griechischen Vorlage gestanden haben, wie ein falsches Zitat Mr 1, 2.

II, 18. Das Citat aus Jerem 31, 15 weicht ebenso sehr von Pesch ab, wie es mit Syrcrt stimmt, nur dass er Präsens ausdrückt: weint und nicht will, wo Syrsin weinte und nicht wollte hat. Die Schlussworte ܡܛܠ ܕܠܐ ܐܝܬܝܗܘܢ hat aber Syrsin mit Pesch gleich, während Syrcrt ܡܛܠ ܕܠܐ ܐܝܬ ܐܢܘܢ ohne den Sinn zu verändern bietet. Syrsin ist also Vorlage sowohl für Syrcrt als P.

Wenn hier und sonst für erfüllt werden nicht ܐܬܡܠܝ, sondern das Wort ܫܠܡܬ steht, d. i. es wurde fertig, völlig, so möchte ich das für theologische Auffassung der Übersetzer ansehen, das Prophetenwort kam durch das Ereignis zum Abschluss. Es ist die ἔκβασις der Antiochener Exegetenschule, d. h. das zum Austrag kommen. Vgl. darüber meine Schrift Die Prophetie des Joel P. 127—28 und Kihn Theodor von Mopsuestia P. 141.

II, 19—21. Für das Verhältnis der drei syrischen Texte scheint beachtenswert, dass παραλαμβάνειν Vs. 20 und 21 in Syrsin durch ܫܩܠ ausgedrückt wird, was sustulit bedeutet, wofür Pesch beide Male ܕܒܪ = duxit einstellt, was eleganter ist. Syrcrt hält die Mitte, Vs. 20 hat er ܕܒܪ, Vs. 21 ܫܩܠ, bei ihm ist die Ausfeilung noch nicht fertig. Dazu nehme man 1, 20 wo für παραλαμβάνειν Syrsin und Pesch ܠܡܣܒܗ = capere haben, und Syrcrt wieder ܠܡܕܒܪ unrichtig vorzieht, während 2, 13 Syrsin und Syrcrt ܫܩܠ anwenden, wo Pesch ܕܒܪ gebraucht. Mit Einbeziehung der Philoxeniana und Hierosolymitana veranschaulichen wir den Prozess in dieser Tafel:

	Syrsin	Syrcrt	Pesch	Phil	Hieros
1, 20	ܡܣܒ	ܡܕܒܪ	ܡܣܒ	ܕܒܪ	ܕܒܪ
1, 24	ܕܒܪ	ܕܒܪ	ܕܒܪ	ܕܒܪ	ܕܒܪ
2, 13	ܫܩܘܠ	ܫܩܘܠ	ܕܒܪ	ܕܒܪ	ܕܒܪ
2, 20	ܫܩܘܠ	ܕܒܪ	ܕܒܪ	ܕܒܪ	ܕܒܪ
2, 21	ܫܩܘܠ	ܫܩܘܠ	ܕܒܪ	ܕܒܪ	ܕܒܪ

Wer synonymische Fühlung hat, der sieht sofort, dass 1, 20 die Besitzergreifung dem Weibe gegenüber gut durch ܡܣܒ Syrsin Pesch gegeben ist, und 1, 24 das Führen als Heimführung zu verstehen ist, also richtige Unterscheidung vorliegt. In 2, 13, 20, 21 drückt Syrsin durch ܫܩܘܠ das Aufheben und Forttragen des Kindes aus, wozu die Mutter zeugmatisch hinzu konstruiert ist, wogegen P, Phil und Hieros diese Nuance fallen lassen. Die unsichere Zwischenstellung von Cur fällt in die Augen.

Wenn Syrcrt endlich Vs. 22 statt „im Traume" setzt in „der Vision" so thut er etwas ganz Unnützes, nnd ebenso, wenn er Vs. 20 hinzusetzt ܠܡܣܕܘܗ also: die suchen die Seele des Knaben zu entreissen. Es sind Zeichen von Reflexion wie 1, 8.

III, 1. Königreich des Himmels sollte nach der eingehaltnen Übersetzung besser sein Königreich der Himmel, obwohl man an der Form den Plural nicht erkennen kann. In neuern Kommentaren ist die Erklärung dieses Ausdrucks wieder verwirrt, obwohl sie schon von Lightfoot richtig gegeben ist. Das Wort שמיא, Himmel, heisst idiomatisch Gott.[1] Wer das dem hebräischen Lexikon Levy's und zum Beispiel dem Worte des Antigonus von Socho in Pirqe Aboth I, 3: Seid nicht lohndienerische Knechte, und die Furcht des Himmels sei über euch (וְיִרְאַת שָׁמַיִם תְּהִיֶה עֲלֵיכֶם) d. h. die Furcht vor Gott, nicht glauben will, der sollte es doch den Evangelisten Markus und Lukas glauben, die für Königreich der Himmel regelmässig Königreich Gottes einsetzen. Sollten sie nicht gewusst haben, was sie schrieben, und was das Wort bedeutet? Vgl. Matth 4, 17 mit Mrk 1, 15. Es heisst nur das Gottesreich, das kommt, wenn die Zeit erfüllt ist. Vgl. weiter Mtth 5, 3, Luk 6, 20; Mtth 10, 7, Luk 9, 2;

---

[1] Sehr deutlich ist Babli Sabbath Fol. 31[a b] dieser Sinn. Dort wird Jesaj 33, 6 יראת יהוה היא אוצרו citiert und besprochen, aber es heisst dann in der Fortsetzung כל אדם שיש בו תורה ואין בו יראת שמים דומה לגנזבר וגו׳ = jeder Mensch, der Gesetzeskenntnis besitzt aber keine Furcht des Himmels, gleicht einem Schatzmeister u. s. w. Hier ist klar dass יהוה durch שמים ersetzt wird, wie οὐρανοί in Mrk und Luk durch ὁ θεός gegeben ist. Ebenso ist Nedarim Mischna II, 3 חרם של כהנים, das für die Priester bestimmte Banngut, entgegengesetzt dem חרם של שמים d. h. dem für den Himmel = für Gott bestimmten Banngute. Ganz direkt ist in Megilla 3[a] unten דלא מפקי שם שמים לבטלא = dass sie den Namen Gottes nicht vergeblich aussprechen.

Mttl 11, 11, Luk 7, 28 u. s. w. Wenn griechisch Mtth 6, 33 vielfach und 12, 28 allgemein βασιλεία τοῦ θεοῦ steht, so fehlt dort die Kontrolle des Syrsin, aber an der dritten Stelle 19, 24, wo der griechische Matthäus nach BℵCD, Philox, Hrs, Arm, Sahid, Memph, Pesch die βασιλεία τοῦ θεοῦ hat, hat Syrsin mit andern Zeugen (Zabc) „Königreich der Himmel!“ Nur Mtth 21, 31 und 43 hat Syrsin Königreich Gottes. Der Gebrauch der Formel bei Matth reduziert sich daher auf diese zwei Fälle, da 6, 33 schwankt und 12, 28 unsicher ist, weil Syrsin fehlt. — Ist 12, 28 aus einer andern Quelle eingeschoben?

III 1 ff. nahe gekommen, genauer wäre zu übersetzen gewesen: herangekommen ist, es ist da, also kehrt um, damit ihr hineinkommt.

Das Hauptinteresse nimmt die Verschiedenheit des Zitates aus Jes 40, 3 in Anspruch, und es entsteht die Frage: Ist Syrsin eine Abkürzung des gewöhnlichen griechischen Textes, den auch die übrigen Textüberlieferungen bieten, oder ist dieser eine Erweiterung[1] des in Syrsin erhaltnen alten Urtextes? In Syrsin ist einfach gesagt, dass auf Joḥannan als Prediger der Umkehr vor Ješu' das prophetische Wort hinweise: „Bereitet den Weg dem Herren,“ und damit ist der Nerv der Sache getroffen, und Joḥannan als Vorbereiter für seine Thätigkeit bezeichnet, wie ihn Ješu' selbst charakterisiert Mtth 17, 12: „Ich sage euch aber, dass auch[2] Elias gekommen ist, und sie haben ihn nicht erkannt, sondern an ihm gethan Alles, was sie wollten,“ denn Elias ist 11, 14 nichts als Typus des Vorbereiters. Das charaktervolle auch haben die griechischen Texte nicht, statt dessen bieten sie ἤδη = schon, ein ganz verwaschner Text, nur der Arm meidet das ἤδη, indem er schreibt զի Եղիա եկեալ իսկ է = quod Elias autem venit, = dass Elias aber gekommen ist, trotzdem dass Viele das nicht zugeben oder annehmen wollten.

Was sagen nun die Griechen mit ihrer Gefolgschaft? Οὗτος γάρ ἐστιν ὁ ῥηθεὶς διὰ ʽΗσ. τ. πρ. λέγοντος· φωνὴ βοῶντος ἐν ἐρήμῳ. Diese Verwendung von ὁ ῥηθείς ist laut Concordanz ein Unikum und keineswegs gleichbedeutend mit τοῦτο γάρ ἐστιν τὸ ῥηθὲν διὰ ʽΗσ., welches den Sinn hat: Hierauf zielt die Stelle des Jesajas. Das ὁ ῥηθείς geht auf den Mann, auf Joḥannan, und der Sinn ist: Dieser ist es, welcher durch Jesajas genannt wird, der da sagt: „Stimme eines Rufenden in der Wüste“ d. h. dieser Johannes ist der von Jesajas „Wüstenprediger“ genannte und vorausgesagte Mann. Hieran schliesst

---

[1] Ein Beispiel solcher Erweiterung nach dem alttestamentlichen Texte siehe zu 13, 11 ff.

[2] Syrcrt und Pesch haben das „auch“ nicht.

aber die Fortsetzung ἑτοιμάσατε τὴν ὁδὸν τοῦ κυρίου nicht mehr wirklich und sachlich an, der Fortgang der Rede ist hinkend. Der Vergleichungspunkt ist, dass Joḥannan in der Wüste predigte, und Jesajas die Stimme eines Rufenden in der Wüste verkündigt hat. Der rein sachliche Gesichtspunkt des Syrsin ist aufgegeben zu Gunsten einer äusserlichen Scheinnachweisung einer Praediktion, welche man in der Septuaginta zu finden glaubte und ihr entlehnte. Dass aber diese Textbenutzung zu dem Urstoffe des Evangeliums gehört hat, d. h. zu demjenigen, der von Hebräern, die ihr altes Testament im Originale lasen und sprachlich richtig verstanden, formiert worden ist, das ist unwahrscheinlich. Ein Hebräer, der die Worte קול קרא במדבר las, konnte sie sachlich nur als Satz fassen: Eine Stimme ruft, — mochte er dann das במדבר dazu nehmen: Eine Stimme ruft in der Wüste, oder, wie nach dem Parallelismus zu erwarten ist, verstehen:

Eine Stimme ruft: „In der Wüste bereitet den Weg des Herrn,
Ebnet in der Steppe eine Strasse für unsern Gott."

Von hier aus lässt sich die vorliegende Textbezeichnung nicht gewinnen, sie beruht auf der Benutzung der griechischen Übersetzung, die die Möglichkeit bot Joḥannan, den Prediger in der Wüste, als die Stimme zu verstehen, welche in der Wüste ruft, so dass Jesajas von Joḥannans Auftreten prophezeit hätte[1].

Alles dies Seltsame, namentlich das ὁ ῥηθείς, schwindet in Syrsin, welcher sagt, dass von Joḥannans Thätigkeit geschrieben ist: Bereitet den Weg dem (nicht des = κυρίου) Herren. Syrsin giebt den sachlich bessern Text, also doch wohl den Originaltext, der griechisch nach rein äusserlicher Auffassung durch Zusatz des φωνὴ βοῶντος ἐν ἐρήμῳ erweitert ist, mit der übeln Nebenfolge, dass nun die Hauptsache, nämlich nach LXX ἑτοιμάσατε τὴν ὁδὸν κυρίου (statt τῷ κυρίῳ) auch sprachlich nicht recht angeschlossen ist. Daran ist dann noch εὐθείας ποιεῖτε und in etlichen Lateinern die weitere Fortsetzung: Omnis vallis implebitur etc. angehängt. Den Anfang dieser Erweiterung macht schon Luk 3, 5, wogegen die Sache in Mrk 1, 3 ganz anders liegt, und die Erweiterung ist älter als Irenaeus, der sie III, 9 schon hat.

---

[1] Ich setze hinzu die Note Meyer-Weiss P. 62 über die schwankende griechische Lesart ὁ ῥηθεὶς διὰ Ἡσαΐου ℵBCD etc. oder ὑπὸ Ἡσ. Es heisst dort: „Auch hier hat die Rcpt ὑπὸ statt διά, das wie 2, 17 herzustellen ist. Die von der sonstigen Weise des Evangelisten ganz abweichende Einführung der Citate erinnert an 11, 10, weshalb die Vermutung nahe liegt, dass dasselbe wie letztere Stelle aus der apostolischen Quelle herrührt." — Was bedeutet die Variante διὰ und ὑπὸ gegenüber dem Texte von Syrsin? — und an solches Haar wird der Berg der Quellenscheidung gehängt! In 11, 10 stimmt Syrsin mit dem περὶ οὗ γέγραπται der Griechen, das ist aber etwas ganz anderes als ὁ ῥηθείς, wie diese hier lesen.

Sollte sich dies nun wohl durch die Annahme erklären lassen, dass Syrsin eine Neigung zur Abkürzung gehabt, und darum das Unpassende weggelassen hat? Syrcrt und Pesch ist mit dem Griechischen ausgeglichen.

III, 4. Das in Syrsin und Syrcrt gebrauchte Wort für Bauchhaar der Kamele (ܟܡܘܐ) ist von Payne-Smith nur hier nachgewiesen, die syrischen Lexikographen kennen das Wort, aber die Pesch ersetzt es durch das gewöhnliche Wort für Haar. Darum ist die Mitteilung des Ischo'dad über Ephraems Gebrauch des Wortes sehr beachtenswert. Im Anschluss an eine legendarische Erzählung, dass Elišabeth Ješu' vor der Schwester des Herodes in die Wüste gerettet und ihn mit einem Kleide von Kamelbauchhaaren (ܟܡܘܐ ܕܓܡ̈ܠܐ) versehen habe, teilt er mit: Mar Ephrem liest statt ܟܡܘܐ ܕܓܡ̈ܠܐ = Bauchhaar der Kamele bloss ܟܡܘܐ = Bauchhaar. Das Wort ist also alt und später durch einen anderen Ausdruck ersetzt. Vgl. Harris Fragments of the Comt. of Ephr. Syr. upon the Diatessaron. Cambridge 1895 P. 22. Der Berghonig ist in Syrcrt und Pesch gleichmässig in Feldhonig, als wilden Honig, gewandelt, denn ἄγριον wird naturwissenschaftlich durch ܕܒܪܐ ausgedrückt, z. B. θέρμος ἄγριος ist ܬܘܪܡܘܣܐ ܕܒܪܐ und ܬܘܪܡܘܣܐ ܕܕܒܪܐ bei Galenus. Cf. ἀγριέλαιον = ܙܝܬܐ ܕܒܪܐ Röm 11, 24.

Vs. 7 hat Syrcrt: Als er aber Zöllner und Pharisäer und Sadducäer sah. Die Zöllner hat kein andrer Zeuge, Tischendorf hat die Lesart von Syrcrt übersehen. Ist es Reflexion auf Luk 3, 12? Dann rückt auch das „zu seiner Taufe" ܠܡܥܡܘܕܝܬܗ des Syrsin gegenüber dem einfachen „zur Taufe" ܠܡܥܡܘܕܝܬܐ des Syrcrt in ein merkwürdiges Licht, zumal da beides von Pesch getilgt und durch ܠܡܥܡܕ d. i. getauft zu werden, indifferent ersetzt wird. Denn τὸ βάπτισμα αὐτοῦ ist die allgemein verbreitete Lesart, die auch die alten Lateiner (k) und Arm genau, und der Memphite als τὸ βάπτισμα αὐτοῦ bezeugen. Wie kommt es, dass sie nur in B und ℵ* Sahd. nicht erscheint, wogegen in ℵ der als B[a] bezeichnete Korrektor sie einfügte, so dass wir fragen müssen: Aus welchen Quellen und wann? Mit B und ℵ* stimmt dann Syrcrt. Dieser hat in dem Verse, wie der Zusatz „Zöllner", τελῶναι beweist, ein Resultat der Reflexion eingeschoben, sollte auch das Fehlen von αὐτοῦ auf Reflexion beruhen? Die Pesch ihrerseits hat durch Umbildung den Ausdruck von αὐτοῦ umgangen, das in Philoxen steht, die Pesch zeugt eher für blosses βάπτισμα als für βάπτισμα αὐτοῦ. Aber welche Reflexion läge dann in Syrcrt und B ℵ* vor, und erweist sich in Pesch wirksam?

Wer schreibt „zu seiner Taufe", bezeichnet die Johannestaufe als eine bestimmte Taufart im Gegensatze zu andern z. B. der Proselytentaufe oder der Taufe Ješu' Joh 3, 26; 4, 1; wer aber einfach „zur Taufe“ schreibt, der kennt und denkt die Taufe an sich, das Getauftwerden [zur Vergebung der Sünden Luk 3, 3 om., a b] Apg 2, 38, also die christliche Taufe. Damit ist der zeitlich bestimmte besondere Charakter der Johannestaufe verwischt und ein Abstraktum an die Stelle gesetzt. Ist nun hier B א und die Syrer, ausser dem Syrsin, rektifiziert oder die übrigen Zeugen verdorben?

Wenn ich hier eine Taufe bei den Juden, und darum auch die Proselytentaufe, als eine historische Thatsache annehme, die zu Unrecht bestritten wird, so begründe ich dies zunächst aus der Art, wie der Evangelist von der Taufe des Johannes redet. Da ist keine Spur davon zu finden, dass dies etwa ein von Johannes neu eingeführter Ritus sei, es wird mit dem Begriffe Taufe operiert, als ob er allen geläufig sei, und woher wäre er geläufig, wenn die Sache nicht im Gebrauche gewesen wäre? Ebendahin führt auch das Wort Ješu' Mrk 10, 38, das niemand hätte verstehen können, wenn er nicht die Taufe als eine bedeutungsvolle Handlung zur Einweihung gekannt hätte[1]. Ješu' selbst tauft wie Johannes, und er hat viele Täuflinge Joh 3, 26, dass dies etwas Neues sei, wird ebensowenig hier wie Mtth 28, 19 nur von ferne angedeutet. Ich führe die Waschungen des Asketen Banus (Joseph Vita 2) und die der Essäer (Jos. Bell. jud. II, 8, 5, 7) nicht an, denn bei ihrer täglichen Wiederholung sind sie von einem so bedeutungsvollem Akte, wie die Taufe, im Grunde sehr verschieden, aber wir haben das Zeugnis des Paulus, denn dieser taufte ohne von Ješu' den Befehl dazu bekommen zu haben 1 Cor 1, 14, 17 — nahm also von Mtth 28, 19, obwohl er nicht weniger war, als die hohen Apostel 2 Cor 12, 11; 11, 5 gar keine Notiz — und wie wäre er zu diesem Ritus gekommen, wenn er ihn nicht schon im Gebrauche vorgefunden hätte? Bezeugt er doch ausdrücklich, dass in seiner Zeit auf den Namen Ješu' getauft wurde. Mehr indessen als dies spricht 1 Cor 10, 2, eine dunkle Stelle, welche aus dem Talmud (Keritot 9a) ihr Licht erhält, und dafür umgekehrt lehrt, wie alt die im Talmud vorgetragene Anschauung ist. Es handelt sich in Keritot 2, 1 um Personen, welche eines Sühnopfers bedürfen, bevor sie Heiliges essen dürfen, das ihnen im Stande ihrer Unreinheit verboten ist, und dessen Genuss im Stande der Unreinheit mit Ausrottung bestraft wird, d. h. durch einen von Gott verhängten unzeitigen Tod, nicht aber eine richterliche Todesstrafe. Vier solche Kategorien werden aufgezählt: Flussbehaftete Männer, flussbehaftete Weiber, Wöchnerinnen und Aussätzige. Rabbi Eliezer ben Jaq'ob fügt

[1] Es bedarf daher nicht der gewagten Konstruktion in Mayer die Muttersprache Jesu S 85.

hinzu: „Der Proselyt heisst der Sühne ermangelnd bis Blut für ihn gesprengt ist.“[1]

An diesen Satz der Mischna schliesst sich eine Diskussion, in deren Verlaufe auf den Proselyten das Gesetz Num 15, 14 angewendet wird, wo es heisst: Wie ihr (Israeliten) thut, so soll auch der Proselyt thun. Nun sagt der Text weiter: „Rabbi (Juda) sagt: Wie ihr, so eure Väter, — wie eure Väter nicht eingetreten sind in den Bund ausser durch Beschneidung und Eintauchung und Blutsprengung, so sollen auch sie nicht in den Bund eintreten, ausser durch Beschneidung und Untertauchung und Blutsprengung.“ Und daran hängt sich eine Frage: Zugegeben, dass die Beschneidung der in den Bund eintretenden Väter aus Jos 5, 5 und aus Ezech 16, 6, erwiesen ist,[2] und wenn auch die Blutsprengung aus Exod 24, 10 folgt, womit beweist man die Taufe? Die Antwort ist: „Weil Exod 24, 3 geschrieben steht: Und Moses nahm die Hälfte des Blutes und sprengte es auf das Volk, und es (doch) keine Blutsprengung giebt ohne die Untertauchung.“ Wer so argumentiert, der muss die Untertauchung des Proselyten als Thatsache kennen, denn aus dem angezognen Texte folgt sie nicht, sondern nur aus dem angehängten Satze, dass eine Blutsprengung ohne Untertauchung nicht existiert. Was dann weiter über die Aufnahme von Proselyten, in der Zeit, wo keine Opfer gebracht werden können, gesagt wird, gehört nicht weiter zu unsrer Frage. Ferner sieht man aus Jebamot 47a—b, dass die Gemaristen den Übertritt zum Judentum, nachdem der zum Übertritt Entschlossene verwarnt ist, da ihn das Judentum „in dieser Zeit“ der Verachtung und den Leiden aussetzt, wenn er trotzdem auf seinem Entschlusse beharrt, vollziehen, und zwar durch Beschneidung und nach der Heilung durch Untertauchung. Sie veranlassen ihn zur Eintauchung (ממבילין אתו), er taucht sich unter (טבל) und ist dann völlig berechtigter Israelit, der wie Raschi erklärt, verpflichtet ist, das Joch des Gesetzes auf sich zu nehmen. Auch die Tauchordnung für Frauen wird angegeben. — Das alles gilt für „diese Zeit“ wo der Übertritt beschwerlich, man hat das Bewusstsein, dass es früher auch galt.

Auch in Jebamoṭ 45b sieht man deutlich, dass eine Untertauchung zum Übertritt zum Judentum gehört, und dass sich der Satz: „Es giebt keinen Proselyten, ausser durch Beschneidung, Untertauchung und Blutsprengung“ für die Frauen auf die beiden letztern allein beschränkt. Es handelt sich um die Frage der Vollbürtigkeit

---

[1] In der Tosefta ed. Zuckermandel wird kurz gesagt נר מחוסר כפרה לאכול בזבחים d. i. ein Proselyt, dem noch die Sühne fehlt, um von dem Opfer essen zu dürfen.

[2] Raschi erklärt hier sogar: Sie beschnitten sich zur Stunde ihres Auszugs, und er deutet die Worte Ezechiels: Ich sah dich, wie du dich in deinem Blute wälztest, auf das Blut der Beschneidung und des Passah.

und des unvollbürtigen Halbblutes, des Mamzer, d. h. dessen, an dessen Geburt ein Makel haftet. Hierbei werden Söhne vollbürtiger Israelitinnen von Nichtisraeliten (כותי dann נכרי) und Sklaven für vollbürtig erklärt, und das Beispiel des Rab Mari bar Raḥel angeführt, den Rabba für vollbürtig (כשר) erklärte und zum Ephorus (פורס) in Babylonien machte, weil seine Mutter Israelitin war, obgleich sein Vater Nichtjude war, der erst später Proselyt wurde. Dabei wird dann erwähnt, der Sklave des Rabbi Ḥijjah bar Immi habe eine Nichtisraelitin (כותית) sich baden lassen, mit der Intention, dass dies ihr übliches monatliches Frauenbad (לשם אנתתא) sein solle[1], Rab Joseph habe aber erklärt, man könne dies Bad auch als Proselytentaufe für gültig ansehen, obwohl sie nicht mit der Intention Proselytin zu werden (לשם גירות) gebadet habe. Hier ist der Übertritt durch Eintauchen als normal vorausgesetzt.[2]

Die talmudischen Übertrittsgesetze stellt Maimonides[3] so zusammen: Durch drei Dinge sind die Israeliten in den Bund eingetreten, durch Beschneidung, Untertauchung (טבילה) und Opfer. Die Beschneidung war in Ägypten, weil es [von dem dort zu essenden Passahopfer] heisst: Kein Unbeschnittner soll davon essen Exod 12, 48 [also alle Israeliten damals beschnitten waren]. Moses hat sie beschnitten, weil alle den Beschneidungsbund vernachlässigt hatten, ausser dem Stamme Levi, von dem darum Deutr 33, 9 gesagt wird: Und sie werden deinen Bund halten.[4] — Die Untertauchung war in der Wüste vor der Gesetzgebung weil es heisst: und du sollst sie heiligen heute und morgen, und sie sollen ihre Kleider waschen Exod 19, 10. — Das Opfer (erweist sich als Eintrittsbedingung) weil es heisst: Und er sandte die Jünglinge Israels und sie brachten Brandopfer Exod 24, 5, sie brachten sie für ganz Israel.

So gilt es auch für die (folgenden) Generationen: Sobald ein Nichtisraelit (עכו"ם) in den Bund eintreten und unter (den Flügeln) der Schechina (d. h. Gottes) weilen will, und das Joch des Gesetzes auf sich nimmt, so ist notwendig Beschneidung, Untertauchung und Opfersühne, und wenn es ein Weib ist Untertauchung und Opfer, weil es heisst: Wie ihr so der Proselyt, Num 15, 15, was für euch

[1] Die folgende Note mit der Erklärung Raschi's zeigt, dass dies nicht לשם אישות d. h. um sie zu heirathen bedeutet. Jebam. 76[a].

[2] Die Erklärung ist nach Raschi gegeben, welcher beifügt דטבילת נדה סלקא לה לשם גירות דנכרית לא טבלה לנדותה d. h. weil das Tauchbad der Menstruation ihr für das als spezielles Proselytenbad beabsichtigte Bad eintritt, da eine Nichtisraelitin wegen der Menstruation kein Tauchbad nimmt. Levy Nhbr. Wb. sub אנתתא.

[3] Jad chazaqa, issure bî'a Kap. 13.

[4] Diese Art von Schriftbeweis ist nun einmal, wie sie ist; sie zu kritisieren ist überflüssig, sie ist ein Produkt eines grossartigen sacrificio del intelletto. Aber christliche Exegeten sollten sie für den Hebräerbrief und Paulus kennen.

rücksichtlich der Beschneidung, Untertauchung und Opfersühne gilt, das gilt auch für den Proselyten.

Was hier kurz zusammengestellt ist, das ist uralte jüdische Lehre und Brauch, denn es ist von Paulus bezeugt 1 Cor 10, 2. Die Väter sind getauft, oder um das Medium ἐβαπτίσαντο[1] (Apg 8, 12) zum Rechte kommen zu lassen: haben sich eingetaucht, denn das ist echt jüdische Redeweise, טָבַל heisst sich eintauchen, und jeder Jude sagt vom übertretenden Juden noch heute: Er hat sich getauft, und nicht: Er ist getauft worden. Diese Taufe der Väter war in der Wolke und in dem Meere, das heisst doch während des Auszuges vor der Gesetzgebung, wie uns Maimonides als jüdische Lehre berichtet nach Jebamot 46ᵇ. Paulus schreibt weiter echt jüdisch ἐβαπτίσαντο medial, und er setzt hinzu „auf den Moses (εἰς τὸν Μωυσῆν)", was abgekürzte Form sein muss für: auf den Namen des Moses, wie Paulus analog schreibt „auf meinen Namen" taufen 1 Cor 1, 15. So wird also die Untertauchung vollzogen auf den Namen eines Subjektes z. B. Christi, oder auch auf eine Sache oder einen Begriff z. B. auf den Tod, oder auf einen Leib Röm 6, 3, 1 Cor 12, 13 neben auf Christus. Der griechische Ausdruck εἰς Χριστόν ist griechische Kürzung von εἰς τὸ ὄνομα τοῦ κυρίου Ἰησοῦ Apg 8, 16 und 19, 5, wofür Apg 2, 38 ἐπὶ τῷ ὀνόματι Ἰησοῦ Χρ. steht[2].

---

[1] Man sieht hier wohl, dass die Lesart ἐβαπτίσθησαν Christianisierung ist, aus der niemals auf christlichem Boden ἐβαπτίσαντο geworden wäre, während umgekehrt das jüdische ἐβαπτίσαντο = טבלו für Christen unbegreiflich in das geläufige ἐβαπτίσθησαν umgesetzt wurde. Und nun sehe man wieder die Mustercodices, א schreibt passiv ἐβαπτίσθησαν, ist also christianisiert, B aber und Origenes haben richtig ἐβαπτίσαντο. Es ist interessant Holsten's Note zu der Stelle zu lesen, weil er das Absonderliche der Sache wohl fühlt, aber nicht wirklich historisch lösen kann, sondern grammatisch spitzfindig einen Ausweg sucht. Er sagt: „Die Textkritik muss den gut bezeugten Aor. med. festhalten, weil er neben Act. 22, 16 einzig steht im N. T. Das Med. drückt hier eine rein subjektive Thätigkeit aus, in welcher das (grammatische) Subject der Thätigkeit eines andern Thätigkeit für sich und in sich empfängt. Und Paulus scheint gegen seinen sonstigen Gebrauch die Medialform hier verwandt zu haben, weil hier an ein logisches Subjekt der Thätigkeit (Gott) nicht gedacht werden soll." — Wie scharf, und doch fehlt das letzte Wort, dass es jüdisch technische Sprache ist, weil der Badende zwar zum Bade geführt wird (הִטְבִּיל), aber den entscheidenden Akt des Untertauchens, das טבל selbst ausführt, sich tauft. Nun ist aber auch Act. 22, 16 die Anweisung eines Juden an einen Juden, und auch da steht βάπτισαι, tauche dich ein, im Medium ohne jede Variante.

[2] So nämlich אAEP, wogegen BCD ἐν ὀνόματι haben. Hier hebraisiert א, während B christlich modifiziert ist. Das ἐν ὀνόματι zeigt hier wie Apg 10, 48 neben Mtth 28, 18; Apg 8, 16; 19, 5; Röm 6, 3; Gal 3, 27; 1 Cor 12, 13, wo überall εἰς steht, eine Nachlässigkeit von einem spätern Standpunkte aus, das ἐπί Apg 2, 38 ist mit εἰς gleichwertig. Die Pesch scheidet in diesen Stellen ἐν und εἰς nicht, sie hat überall ב. Wer ἐν ὀνόματι hat, versteht den Sinn nicht mehr, denn das bedeutet im Auftrage, auf die Auktorität hin. Böhmers Schrift „Im Namen" P. 75 ist falsch.

Hier nun ist es selbstverständlich, dass dies nur Wiedergabe von לְשֵׁם פ׳ sein kann, und das ist in der That das Wort, das sich mit טבל verbindet. Was heisst nun טבל לשם פ׳? Es bedeutet

1. mit Rücksicht auf den Namen, weil, sofern das Ding ist. Daher lässt der Sklave des Rabbi Ḥijjah die Nichtisraelitin sich eintauchen לשם אנתתא mit Rücksicht auf den Namen Weib, weil, sofern sie Weib ist, d. h. er lässt sie das monatliche Frauenbad nehmen.

Hierher gehört im neuen Testament der Ausdruck Jemand aufnehmen εἰς ὄνομα προφήτου, δικαίου, μαθητοῦ Matth 10, 41, mit Rücksicht auf den Namen Prophet, Gerechter, Schüler, sofern er eines dieser drei ist, und diese von Meyer-Weiss ganz richtig erklärte Wendung, deren jüdischer Ursprung aber nicht erkannt ist, wird durch Syrsin ganz genau ausgedrückt, da er an dritter Stelle das Abstraktum einsetzt „durch den Namen der Jüngerschaft", d. h. weil er Jünger ist.

2. mit Rücksicht auf den Namen, sofern das Ding sein soll. Daher taucht sich der Sklave, den man freilassen will, ein mit Rücksicht auf den Namen Freigelassener, und dann wird er frei. So Jebam. 45ᵇ unten הלוקח עבד מן הכותי וקדם וטבל לשם בר חורין קנה עצמו בר חורין d. h. Wer einen Sklaven vom Nichtisraeliten erwirbt, und [der Sklave dann] zuvor kommt und ein Tauchbad nimmt mit Rücksicht auf den Namen Freigelassener, d. h. sofern er ein Freigelassner sein will (= εἰς ὄνομα ἀπελευθέρου), so wird der Sklave frei. Und ähnlich sagt Raschi טבל לשם גירות d. h. er taucht sich um dadurch Proselyt zu werden. Eine ähnliche Wendung ist βαπτίζω εἰς μετάνοιαν, mag es nun auf Grund oder zum Zweck der Umkehr bedeuten, obwohl die Vereinigung beider Begriffe das innerlich Natürliche ist. Damit fällt die Vermutung εἰς μετάνοιαν sei ein (missverständlicher) Zusatz des Evangelisten (Meyer-Weiss).

So wird לשם auch allgemein gebraucht im Sinne von: um . . . willen z. B. לשם שמים um Gottes willen, ohne Nebenabsicht, z. B. Pirqe Abot 2, 12 כל מעשיך יהיו לשם שמים alle deine Werke sollen um Gottes willen sein. Weiter: Wer sich um die Thora müht לשמה um ihrer selbst willen, gewinnt viele Dinge u. s. w. Analoge Wendungen sind sehr häufig. Vgl. Strack zu Sprüche der Väter I, 3; II, 12; VI, 1.

Die beste griechische Wiedergabe des Ausdruckes ist die Apg 2, 38 gewählte ἐπὶ τῷ ὀνόματι Ἰησοῦ[1], denn ἐπὶ drückt sowohl den Grund aus, auf den hier die Handlung vorgenommen wird, als den Zweck zu welchem sie vollzogen wird, es deckt also beide mögliche Verwendungen des לְשֵׁם. Pape's griechisches Wörterbuch lehrt, dass es

---

[1] So wird es verwendet in den Clementinischen Homilien, De Lagarde Clementina p. 120 [10] ὡς νῦν ἡμῖν τὸν Σίμωνα ὑπέβαλεν (der Satan) προφάσει ἀληθείας ἐπ' ὀνόματι τοῦ κυρίου ἡμῶν κηρύσσοντα, πλάνην δ' ἐνσπείροντα.

den Grund bedeutet z. B. ἐπί σοι ἔπαθον πολλά, um deinetwillen litt ich Vieles, ἐπὶ αἵματι φεύγειν um einer Blutschuld willen flüchten, ζημιοῦσθαι ἐπὶ τῇ ὠνῇ Schaden leiden wegen des Kaufes Demosth. Mid. 24, 122, und danach würde sich verstehen אטבלה לשם אנתתא er liess sie ein Tauchbad nehmen ἐπὶ ὀνόματι γυναικός wegen des Namens Weib, also sofern sie Weib ist. Pape lehrt aber auch, dass es den Zweck bedeutet z. B. ἐπὶ τῷ ὑβρίζεσθαι um misshandelt zu werden Thucyd. 1, 38, ἐπὶ τέχνῃ μανθάνει ὡς σοφιστὴς ἐσόμενος, er lernt wie einer der Sophist werden will, um ein Gewerbe davon zu machen, was in unserm zweiten Fall מטבל לשם בר חורין ergibt: Er nimmt ein Tauchbad ἐπὶ ὀνόματι ἀπελευθέρου, um des Namens Freigelassner willen. Die deutsche Wiedergabe ist am Besten mit „auf“ zu machen, das sowohl Grund als Zweck andeuten kann.

Diese vorzügliche griechische Wiedergabe von Apg 2, 38 ist nun aber nicht durchgedrungen, Westcott-Hort haben sie nicht einmal an den Rand gesetzt, sondern nach Codex B nur ἐν ὀνόματι geschrieben, also die ganz abgeblasste Formel gewählt, die in die Lateiner eingedrungen ist, während doch schon die Einzigkeit dieses ἐπί zur Vorsicht mahnt. Neben dem ἐπ' ὀνόματι ist εἰς τὸ ὄνομα nur Ausdruck des Zweckes oder einer Wirkung: wegen, für, um einer Qualität teilhaftig zu werden. So ist 1 Cor 12, 13 getauft worden, um ein Leib zu werden, und das giebt den Schlüssel für die Formel βαπτίσαντες αὐτοὺς εἰς τὸ ὄνομα τοῦ πατρὸς κτλ. Matth 28, 18, taufen für den Zweck, dass sie des Vaters u. s. w. Zugehörige werden, wie Meyer-Weiss richtig nur nicht scharf genug es ausdrücken, „dass die Taufe vollzogen wird, mit Bezug auf das, was dieser Name besagt.“ Dass diese Formel nur für Heiden gilt, und dass, wo Juden getauft werden, nur εἰς ὄνομα Ἰησοῦ gesagt wird, weil sie dem Vater schon angehören, und der heilige Geist ebenfalls im alten Testamente wirksam ist, hat schon Lightfoot angemerkt. Die Formel βαπτίζεσθαι ἐν ἁγίῳ πνεύματι Matth 3, 11, Joh 1, 33, Apg 1, 5; 11, 16 bestimmt sich durch den Gegensatz ἐν ὕδατι, der Geist ist das Medium, in das sie eingetaucht werden, der Ausdruck symbolisch, und hat mit dem ἐν ὀνόματι gar nichts zu thun.

Wenn Paulus übrigens sagt, die Väter seien „auf Moses“ getauft, so ist dies ein gegensätzlicher Ausdruck zu dem christlichen Gebrauche „auf Christus“ zu taufen, jene erstere Bezeichnung ist ganz und gar unjüdisch, die Bildung dieser Formel, welche zeigen soll, dass die Juden alles Gesagte typisch getroffen hat 1 Cor 10, 11, — und Analoges von den Christen zu erwarten ist, ist ein Beweis dafür, dass Paulus das „Sich taufen auf Jesus“ kannte, und dieser Schluss ist so sicher, wie der aus dem Spiegelbild auf das Dasein des Abgespiegelten. Paulus kannte also die jüdische Lehre von der Taufe in der Wüste, die wir nur aus dem Talmud kennen gelernt haben, er kannte die Taufe auf Ješu', er taufte selbst, ohne aber auf diese Thätigkeit Wert zu legen, und er bezeichnet die jüdische Taufe, wie Apg 13, 28 geschieht, durch das Medium (ἐβαπτίσαντο 1 Cor 10, 2), die christliche[1] aber durch das Passivum 1 Cor 1, 15, kurz in Ješu' Zeit ist die Taufe, ganz abgesehen von den Waschungen der Geräte Mrc 7, 3, gebräuchlich, und wird vollzogen für bestimmt angegebene Zwecke, die mit לשם = ἐπὶ ὀνόματι oder εἰς ὄνομά τινος bezeichnet werden. Danach ist εἰς μετάνοιαν verständlich. Luk 3, 3 deutet βαπτ. μετανοίας.

Gab es nun so sehr verschiedene Taufen, dann ist die Lesart des Syrsin Matth 3, 7 „zu seiner Taufe", gegen die nur א und B zeugen (abgesehen von Origen. IV, 124, 126, 131) umsomehr beizubehalten, als 1. in א selbst der Korrektor sie nachgetragen hat, 2. in Stellen über die Taufe beide korrigiert sind, denn B verwandelt Apg 2, 38 ἐπί in ἐν und א ändert 1 Cor 10, 2 ἐβαπτίσαντο in das Passiv. Der Syrcrt geht mit B, ruht aber auf Syrsin, also dürfte die Streichung des αὐτοῦ in B Ergebnis einer den Ausdruck christianisierenden Redaktion sein.

Hat wirklich Jemand den Mut zu behaupten, dass man in textkritischen Fragen, wie diese, mit Anführen von autoritativen Handschriften durchkommt, ohne sachliche Erwägungen anzustellen? Ich denke der Fall zeigt, dass zu dieser Kritik mehr gehört, als Codices zu vergleichen und einen für den besten zu erklären, dem man dann durch Dick und Dünn folgt. Hier hat man ein Beispiel, wie die Mustercodices in die Irre führen und Hellenismus statt des ursprünglich jüdischen Originalausdruckes importieren.

III, 8. Früchte in der Mehrzahl, wie auch Syrcrt, Pesch und Hieros als altsyrische Lesart bezeugen, wogegen Philox den Singular einsetzt nach griech. καρπὸν ἄξιον, der nach Origenes IV, 128 in Joan. Tom VII bei Matth als Singular stehen soll, wogegen Lukas den Plur. habe. Auch Vs. 10 hat Syrsin den Plural wie Syrcrt, Pesch, wogegen Philox den Singular mit den Griechen ausdrückt.

---

[1] Das passive βαπτισθῆναι löst sich logisch so auf: הטביל heisst zur Taufe veranlassen, geleiten, das ist βαπτίζω, טבל ist sich taufen, medial βαπτίζεσθαι. Von Hifil הטביל kann passiv Hofal הטבל abgeleitet werden mit dem Sinne: zur Taufe veranlasst, zu ihr geleitet werden, und das wäre βαπτισθῆναι. Aktives Erteilen der Taufe ist mit βαπτίζειν ursprünglich nicht bezeichnet, wovon man zu Matth 28, 28 Notiz zu nehmen hat. — Analog ist syrisch ܥܡܕ sich eintauchen, ܐܥܡܕ zur Taufe veranlassen, dann christlich taufen, und das Passiv davon (Ettafal) ܐܬܬܥܡܕ, sollte für βαπτισθῆναι stehen, aber die Syrer sprechen es als Etpeel, was ich für mechanische Aneignung aus dem Griechischen ansehen muss.

III, 9. und sagt nicht: Wir haben Abraham etc. Man beachte hier die Textentwicklung, denn Syrcrt hat schon einen Zusatz, aber noch nicht alles, wenn er schreibt: und sagt nicht in eurer Seele (ܠܐ ܬܐܡܪܘܢ ܒܢܦܫܟܘܢ), worauf dann Pesch noch ergänzt: und meinet nicht und sagt in eurer Seele: Letzteres ist dann die allgemeine griechische Lesart μὴ δόξητε λέγειν ἐν ἑαυτοῖς, die weiter zu den alten Lateinern, dem Arm, Sahid und Memph übergeht und genau in Philox ausgedrückt ist, während der Syrhieros sagt: und beginnet nicht bei euch zu sagen (ולא תשרון תאמרון בגרמכון), was nach Luk 3, 8 geändert ist. Irenaeus hat III, 9: nolite dicere in vobis ipsis, woraus Hieron. et ne velitis dicere intra vos. Ist Syrsin hier gekürzt? Warum hat dann aber Syrcrt das δόξητε nicht ausgedrückt? — Abraham garantiert die Erhörung Berach. 7[b].

Vs. 10. Lies an die Wurzeln des Baumes gelegt, was sich sogleich als nötig erweisen wird. — Und jeder Baum, der Früchte nicht schafft. Abgesehen von andern Differenzen[1] ist bedeutungsvoll, dass Syrsin nicht schreibt: der gute Früchte nicht schafft. Er steht damit scheinbar ganz allein und hat dennoch Recht. Nicht darauf kommt es an, dass er gute Früchte bringt, sondern dass er überhaupt Früchte bringt. Es handelt sich nicht um den Unterschied guter und schlechter Bäume, die an den Früchten erkannt werden Matth 7, 17; 12, 33, es ist überhaupt nicht von mehreren Bäumen die Rede, sondern von einem einzigen, dem die Axt an die Wurzel gelegt ist, und dieser symbolisiert das jüdische Volk. Wenn dieser Baum, d. h. dies Volk, keine Früchte bringt, so geht es unter. Der Einschub von „gute" dürfte auf Einfluss von 7, 17; 12, 33 beruhen, er ist begreiflich, die Streichung wäre seltsam, da der Gedanke zwar nicht falsch, im vorliegenden Zusammenhange aber nicht scharf ist. Syrsin müsste gerade so fein gewesen sein, wie der Autor oder Johannes, sonst hätte er eine Emendation durch Streichung nicht machen können. Also ist es nicht Emendation sondern Urtext, und siehe da Irenäus IV, 58, 4 hat nur: omnis arbor, quae non facit fructum, excidetur, denn das Mspt von Clermont (Saec X) lässt bonum fort, worin ihm das Mspt von Arundel folgt. Dagegen hat Cyprian Test. III, 26 schon fructum bonum. k fehlt zur Stelle.

Vs. 11. Seine Schuhe zu tragen d. h. die ausgezogenen Schuhe ihm nachtragen als Diener, es bedeutet: dessen Diener zu sein ich

[1] Syrsin hat „und siehe, die Axt ist gekommen", wo die Griechen schon haben, d. h. er las ιδε, wo jene ηδη δε bieten. Mit Syrsin geht Syrcrt und Arm աւասիկ = ecce, hat aber զի աւասիկ = „denn siehe", wo Syrsin „und siehe". Die Griechen haben dann ἤδη δὲ, darnach ist δε in Pesch eingesetzt aber ἰδέ geblieben, sie hat ܗܐ ܕܝܢ = siehe aber. Mit den Griechen geht k, der jam autem bietet.

nicht wert bin. — Noch im heutigen Orient ist bei den Mohammedanern bis jetzt die Sitte erhalten, sich bei dem häufigen Wechseln und Ausziehen der Schuhe solche durch einen Sklaven nachtragen zu lassen. Noch jetzt ist es sprichwörtlich zu sagen انا باحمل له البابوج d. h. Soll ich ihm die Schuhe tragen? in dem Sinne: Ich bin doch nicht sein Sklave. Zwischen Schülern und ihrem Scheikh waltet oft das Verhältnis, dass sie ihm die Schuhe nachtragen.

Die aus Qiddušim 22[b] von Lightfoot angezogene Stelle, die in neuere Kommentare übergegangen ist, hat damit nichts zu schaffen, sie handelt nicht vom Dienste des geringsten Sklaven, sondern von der Art der Sklavenerwerbung durch חזקה d. h. durch Besitzergreifung. Diese wird durch Dienstleistung manifestiert z. B. dadurch, dass der Sklave die Schuhriemen löst, oder dem Herren Kleider in's Bad nachträgt und ihn dort bedient, Dienste die ganz selbstverständlich sind.

III, 11. euch taufen im Feuer und im heiligen Geiste. Alle übrigen Zeugen drehen das um: im heiligen Geiste und im Feuer. Aber der Gegensatz von Wasser und Feuer ist der natürliche und bei der Anordnung: im heiligen Geist und im Feuer klappt das Feuer bedeutungslos nach, während eine Steigerung stattfindet, wenn „im Feuer und im heiligen Geiste" gelesen wird. Wer in Vs. 12 die Erklärung sieht, und darum das Feuer als Mittel der Vernichtung fasst (Meyer-Weiss) während der Geist die Segensgaben bezeichnen soll, beachtet nicht, dass in Vs. 12 ein andres Bild — das des Ernters — eintritt, das mit der Voraussage der Feuer- und Geistestaufe durch den Messias Nichts gemein hat, sondern auf das letzte Ende geht. In Joh 1, 33 ist dann die Geistestaufe allein übrig geblieben und das Feuer fortgefallen. Es spricht nicht für exegetischen Scharfsinn, wenn Codex C (das ist Ephraemi rescriptus), und gar Origenes IV, 39[a], 63[c], 82[c] dort ἐν πυρί zusetzen.

Vs. 13. von Galiläa zu Joḥannan, damit er ihn im Jordan taufe. Die Wendung ist geschickter, denn „von Galiläa an den Jordan zu Joḥannan" ist schwerfällig und geographisch unklar, der Jordan als Linie ist kein Ziel, Joḥannan als einzelner Punkt ist ein Ziel. Von den Altlateinern hat b (Codex Veronensis) noch das in Jordane übereinstimmend mit Syrsin nach τοῦ βαπτισθῆναι ὑπ' αὐτοῦ. Woher dieses Zusammenstimmen eines einzelnen Altlateiners mit Syrsin? Damit er ihn im Jordan taufe d. i. zur Taufe geleite vgl. oben P. 41[1]. Diese aktive Wendung ist in Syrsin und Syrcrt hier und in Vs. 15 überliefert, Pesch aber und Philox sowie Syrhieros drücken das Passiv aus, getauft werde von ihm, sie sind also gegenüber den beiden andern Zeugen dem Griechischen angenähert.

III, 14. Ich bin geeignet ist in Syrsin und Syrcrt ܣܢܝܩܐ, denn ܣܢܝܩ ist für Derivate von χρῆσθαι, und so hier für χρείαν ἔχω, üblich, aber es heisst genau utilis, aptus sum[1], und nicht ich habe nötig. Daher bessert Pesch und Philox durch ܣܢܝܩ ܐܢܐ und Syrhieros schreibt אנא צריך, was genau heisst ich bedarf. Ein Beispiel wie Pesch dem ältern Texte gegenüber, der diesmal auch in Syrcrt erhalten ist, stilistisch feilt. Solche Feilung ist aber nicht immer glücklich, so ist z. B. ἄρτι Vs. 15 in Syrsin und Syrcrt ܕܗܫܐ, das auch Joh 13, 33, 34 in Syrsin (Syrcrt fehlt hier) mit gutem Bedachte gewählt ist, in Pesch in ܗܫܐ geändert, nicht zum Vorteil, denn ܗܫܐ heisst einfach jetzt, ܕܗܫܐ aber bedeutet für den Augenblick, wie auch Syrhieros Joh 13, 33 די כדון setzt. Joh 13, 33—34 ist in Pesch und Philox nach dem Griechischen verdorben, Syrsin ist dort weit schärfer. Analog ist in Euseb. Hist. eccl. 4, 18, 2 syrisch für ἐπὶ τοῦ παρόντος d. h. im Augenblick ܕܗܫܐ übersetzt, wie der armenische Text bezeugt, was dann in Cod B in ܗܫܐ verschlechtert, in Cod A gar in ܟܢ̈ܫܐ verdorben ist.

Vs. 15. erfüllen alle Gerechtigkeit, genauer hätte ich Rechtschaffenheit schreiben sollen, da ܟܐܢܘܬܐ steht, doch das Deutsche erlaubt das nicht. Vgl. zu V, 6.

Vs. 15. dass er getauft würde in Pesch fortgeblieben in Übereinstimmung mit den Griechen. Aber der Altlateiner c (Codex Colbertinus) hat statt ἀφίησιν = dimisit noch bewahrt baptizavit. — Ganz scharf übersetzt sagt aber Syrsin: er liess ihn, dass er sich eintauche oder taufe, was nach der Erörterung zu Vs. 7 keiner weitern Bemerkung bedarf. Aber der Syrcrt hat noch mehr, er bietet neben Syrsin und Pesch Folgendes:

ܟܐܢܘܬܐ	ܟܠܗ	ܕܢܡܠܐ	ܠܢ	ܘܠܐ	ܕܗܟܢܐ	ܡܛܠ	ܕܗܫܐ.	ܫܒܘܩ	Syrcrt
—	—	—	—	ܝܐܐ	—	—	—	—	Syrsin
—	—	—	—	ܝܐܐ	ܓܝܪ	ܗܟܢܐ	ܗܫܐ	—	Pesch

ܥܡܕ..	ܘܟܕ	ܝܘܚܢܢ.	ܗܘܐ	ܘܥܡܕܗ	ܠܡܥܡܕܘ..	ܫܒܩܗ	ܗܝܕܝܢ	Syrcrt
—	—	fehlt	fehlt	fehlt	ܕܢܥܡܕ.	—	—	Syrsin
ܥܡܕ.	ܟܕ.	fehlt	fehlt	fehlt	fehlt	—	—	Pesch

ܘܗܘܐ	ܡ̈ܝܐ.	ܡܢ	+	ܝܫܘܥ	ܕܣܠܩ	ܒܥܡܕܘܬܐ	ܒܗ	+	Syrcrt
—	—	—	+	fehlt	ܘܣܠܩ	fehlt	fehlt	+	Syrsin
ܡ̈ܝܐ	ܡܢ	ܣܠܩ	ܡܚܕܐ	ܝܫܘܥ	fehlt	fehlt	fehlt	ܕܝܢ	Pesch

ܕܢܚܬܬ	ܕܐܠܗܐ	ܪܘܚܐ	ܘܚܙܐ	ܫܡܝܐ.	+	ܐܬܦܬܚܘ	Syrcrt
ܕܢܚܬܬ	—	—	—	—	+	—	Syrsin
ܕܢܚܬܐ	—	—	—	—	ܠܗ	ܘܐܬܦܬܚܘ	Pesch

ܘܫܪܬ.	ܝܘܢܐ	ܐܝܟ	Syrcrt
—	ܕܝܘܢܐ	ܒܕܡܘܬܐ	Syrsin
ܘܐܬܬ	ܝܘܢܐ	ܐܝܟ	Pesch

[1] Cyprian Testimonia in Codex L aus dem neunten Jahrhundert hat idoneus, ed. Hartel P. 47. Die Vulgärlesart an der Stelle ist dignus. Codex L aber ist nach Sanday der, welcher den echten Cyprian hat. Old Latin Bibl. Texts II, LXII.

Die Pesch ist hier aus alter Grundform heraus mit dem griechischen Texte konformiert, es erscheint daher für ܡܛܠ ܕܗܟܢܐ ein ܗܟܢܐ ܓܝܪ = οὕτως γάρ, und das δὲ in βαπτισθεὶς δὲ ὁ Ἰησοῦς kommt als ܕܝܢ hinein ܟܕ. ܥܡܕ ܕܝܢ ܝܫܘܥ. Das τότε ἀφίησιν αὐτόν wird durch Streichung von ܠܡܥܡܕܗ. hergestellt. Sie geht hierin über das schon im Syrcrt Geänderte noch hinaus, aber steht ihm gleich in Betreff des ὡσεὶ (ὡς D) περιστερὰν = ܐܝܟ ܝܘܢܐ, wogegen sie in Wiedergabe von πρέπον dessen Änderung nicht annimmt. Sie behält das ܝܐܐ des Syrsin, das Syrcrt in ܘܠܐ geändert hat, mit Recht bei, denn ܘܠܐ ist δεῖ, ܝܐܐ aber πρέπει, und so werden die Worte in Pesch verwendet 1 Cor 11, 13, Eph 5, 3, 1 Tim 2, 10, Tit 2, 1, Hebr 2, 10, nur Hebr 7, 26 hat die Pesch ܙܕܩ für ἔπρεπεν. Andrerseits ist δεῖ, wo es soviel als *decet*, *es ist angemessen*, bedeutet in den Evangelien sowohl in Syrsin als Pesch und Syrcrt, wenn ich recht zähle 25 Mal durch ܘܠܐ ausgedrückt, aber die Übersetzung ist nicht mechanisch. Denn in den übrigen Stellen, wo δεῖ die göttliche Notwendigkeit bezeichnet, die dem Begriffe des unwiderstehlich sichern Eintreffens von μέλλει nahe steht, schreiben alle drei Übersetzungen ܥܬܝܕ Matth 16, 21 Pesch, Syrcrt — Syrsin fehlt, Mrk 8, 31; 13, 7, 10 Syrsin, Pesch — Syrcrt fehlt, — Luk 9, 22; 17, 25; 21, 9 und 24, 7, wo Syrcrt fehlt, Joh 12, 34 und 20, 9 wo Syrcrt beidemale fehlt. Wo δεῖ die Gewohnheit bezeichnet, Luk 22, 7, haben alle drei Übersetzungen ܐܝܬ ܗܘܐ ܥܝܕܐ, und wo die Notlage Matth 26, 35, Mrk 14, 31 (Syrcrt fehlt) wird ..ܐܢ ܢܗܘܐ ܠ angewendet. Nur einmal Luk 24, 46 hat Pesch das ܘܠܐ des Syrsin in ܙܕܩ geändert. — Diese feine Auswahl in der Übersetzung von δεῖ wird dann in der Philoxeniana gänzlich verwischt, sie schreibt mechanisch ܙܕܩ, nur Matth 26, 35 hat sie ܣܘܢܩܢܐ und Mrk 14, 31 ܣܘܢܩܢܘܬܐ.[1] Solche Übersetzungen, wie die hier für δεῖ nachgewiesene, zeigen, dass die drei Übersetzungen Syrsin, Syrcrt und Pesch von einem Stocke sind, und dass Syrsin die älteste Form ist, ergiebt sich daraus, dass er bei Differenzen meistens einen der andern für sich zum Zeugen hat, während wo diese von ihm abweichen, sie unter sich selbst uneins sind, wie wir Matth 1, 16 gesehen haben.

In unserm Falle aber steht Syrcrt allein mit seinem Zusatze: Und er liess ihn sich taufen, *und Jesus hatte sich getauft*, und da er sich getauft hatte, *in dem Augenblick* da Ješu' hinaufstieg, siehe da... Hier muss man sich fragen, ob nicht der Zusatz das

---

[1] Zur Vervollständigung dieser Untersuchung über die Wiedergabe von δεῖ füge ich noch den Gebrauch des Syrhiers bei. Er schreibt פנטוס = πάντως Matth 17, 10; 24, 6 etc., aber er hat für ܥܝܕܐ Luk 22, 7 טכסא = τάξις, ist also nicht mechanisch.

Ursprüngliche erhalten hat, so dass in Syrsin eine Kürzung, — allerdings keine den Sinn affizierende — vorliegt. Der Syrcrt dürfte hier das Ältere bewahrt haben.

Anders steht es mit dem Berichte vom Herabkommen des Geistes in Gestalt einer Taube, was in Syrcrt und Pesch abgeschwächt ist in „wie eine Taube“. Hier ist das Tertium comparationis die Flugart der Taube, wie die fliegt, so flog der heilige Geist. Aber ist die Flugart irgend etwas Wesentliches bei der Sache? Es kommt doch wahrlich nicht darauf an zu sagen, wie der Geist Gottes fliegt, und auch das tröstet nicht, wenn uns die Kommentare sagen, es handle sich nicht um die Schnelligkeit, sondern um die sanfte ruhige Bewegung, wozu dann noch gar 1 Mos 8, 9 herbeigeholt wird. Das sind exegetische Phantastereien. Überdies sieht man bei den Syrern noch die Schwankung, Syrsin sagt: vidit spiritum Dei, qui descendit in similitudine columbae, Syrcrt qui descendit sicut columba, Pesch descendentem sicut columba, so dass erst in Pesch die Flugart als der eigentliche Vergleichungspunkt festgelegt ist. Griechisch entspricht dem Syrsin καὶ εἶδε τὸ πνεῦμα τοῦ θεοῦ καταβαῖνον ἐν ὁμοιώματι[1] περιστερᾶς. Dies aber ist als uralte Lesart bezeugt durch Lukas selbst. Denn Lukas hat die zu seiner Zeit vorhandnen evangelischen Darstellungen studiert, ist also nicht bloss als später lebender Schriftsteller, sondern auch als Zeuge ältester Darstellnng in Betracht zu ziehen, und er schreibt 3, 22 deutlich ܒܕܡܘܬ ܓܘܫܡܐ ܕܝܘܢܐ d. h. in der Leibesform der Taube, d. h. dass der Geist die körperliche Form einer Taube hatte. Nichts anderes giebt auch Bℵ σωματικῷ εἴδει ὡς περιστεράν (καταβῆναι τὸ πνεῦμα τὸ ἅγιον), obwohl auch hier das ὡς περιστεράν mit καταβῆναι allein verbunden werden könnte, so dass der Sinn wäre, er sei in leiblicher Form herabgekommen, wie eine Taube herabkommt. Aber was macht das für einen Unterschied, man muss Silben stechen, um herauszubekommen, er sei zwar in leiblicher Form wie eine Taube herabgekommen, aber die Form sei nicht die einer Taube sondern eine andre — nicht bestimmte — gewesen. Dass Griechen es nicht so verstanden haben, sondern im erstern Sinne zeigt die Lesart der Dresdner Handschrift 254, welche Tischendorf anführt: σωματικῷς ἐν εἴδει ἴσῳ περιστερᾶς. Man kann nicht deutlicher reden, und die Lesart von ὡσεί AΔal. verrät dasselbe Streben, das Pesch und Syrcrt im Matthäus zeigen. Die Lesart von B ist genau im Arm ausgedrückt

[1] Denn ܕܡܘܬܐ drückt ὁμοίωμα aus Röm 1, 23; 5, 14; 6, 5; 8, 3; Apoc 9, 7 in Gwynne's Text, und Phil 2, 7 dient es sowohl für ὁμοίωμα als für μορφή. Daher auch ἐν μορφῇ möglich wäre, und wenn Jemand εἶδος vorzieht, thut das auch Nichts zur Sache.

մարմնաւոր տեսլեամբ իբրեւ զաղաւնի und im Memph ⲙⲡⲥⲙⲟⲧ ⲛⲟⲩⲥⲱⲙⲁ ⲙⲫⲣⲏϯ ⲛⲟⲩϭⲣⲟⲙⲡⲓ (in forma corporis sicut columba), und in Vulfila leikis siunai sve ahaks (in Leibes Ansehn wie eine Taube). Dazu nehme man die alten Lateiner corporali specie sicut columba oder columbam, sowie Irenäus III, 10 et vidit Spiritum Dei quasi columbam venientem super eum aus Matth 3, 16, wo nicht sicut steht, und man hat den Consensus der Alten für Lukas.

Wenn nun Lukas bezeugt, dass die ältesten Evangelien, die ihm vorlagen und uns nicht, den Geist in der Leibesgestalt einer Taube herabkommen liessen, und wenn Syrsin dies im Matthäus noch wirklich hat, ist da anzunehmen, dass das in ihm stehende ἐν ὁμοιώματι περιστερᾶς = ܒܕܡܘܬܐ ܕܝܘܢܐ, welchem ein griechisches ὡς in Cod. D gegenüber steht, das ursprüngliche ist, oder das ὡςεὶ (ὡς?) περιστερά, welches mit den Griechen auch Syrcrt und Pesch haben? Es gewinnt doch den Schein, als ob Syrsin mindestens das originale alte Verständnis des ὡς übereinstimmend mit Irenäus erhalten hat, das dann bei den Griechen in ὡςεί korrigiert,[1] und nach ihrem Vorgange in das syrische Evangelium rückwärts eingetragen ist, dessen eine Rezension der Syrcrt ist, die nicht angenommen wurde, und dessen andre Form die kirchliche recipierte Peschita ist. Daneben ist der Text zu halten, welchen Epiphanius aus dem Evangelium der Ebioniten aufbewahrt hat: καὶ ὡς ἀνῆλθεν ἀπὸ τοῦ ὕδατος ἠνοίγησαν οἱ οὐρανοί, καὶ εἶδε τὸ πνεῦμα τοῦ θεοῦ [τὸ ἅγιον[2]], ἐν εἴδει περιστερᾶς κατελθούσης καὶ εἰςελθούσης εἰς αὐτόν. Dies εἶδος περιστερᾶς hat nun aber auch Justinus, wenn man ihn im Zusammenhange liest. Der kurze Bericht Dial 88 lautet, — ich klammre die ungehörige Glosse ein — so: καὶ τότε ἐλθόντος τοῦ Ἰησοῦ ἐπὶ τὸν Ἰορδάνην ποταμόν, ἔνθα ὁ Ἰωάννης ἐβάπτισε, κατελθόντος τοῦ Ἰησοῦ εἰς τὸ ὕδωρ [καὶ πῦρ ἀνήφθη ἐν τῷ Ἰορδάνῃ] καὶ ἀναδῦντος αὐτοῦ ἀπὸ τοῦ ὕδατος ὡς περιστερὰν τὸ ἅγιον πνεῦμα ἐπιπτῆναι ἐπ' αὐτὸν ἔγραψαν οἱ ἀπόστολοι κτλ. Hier steht ὡς (nicht ὡςεὶ) περιστεράν, und das ist abgekürzt aus ἐν εἴδει περιστερᾶς, weil Justin sofort so weiterschreibt: καὶ οὐχ ὡς ἐνδεᾶ αὐτὸν τοῦ βαπτισθῆναι ἢ τοῦ ἐπελθόντος ἐν εἴδει περιστερᾶς πνεύματος οἴδαμεν αὐτὸν ἐληλυθέναι ἐπὶ τὸν ποταμόν κτλ. Dies dürfte genügen. — Die Erwähnung des Feuers ist schon von Thirlby und Otto als Interpolation gekennzeichnet, es müsste der Konstruktion nach ἀνῆφθαι heissen, und wäre leicht so zu emendieren, aber gerade weil so nicht gelesen wird, giebt sich der Zusatz zu erkennen. Bei Matth hat noch D εἰς αὐτόν, abc in ipsum.

Von der ebionitischen Fassung des Taufberichts weicht Syrsin

---

[1] Das ὡς drückt die reale Vergleichung aus, ὡςεί sagt: wie wenn es eine Taube wäre. Diese Lesartenschwankuug hat auch Luk 3, 21 und Mrk 1, 10.

[2] Das sieht wie Interpolation aus, der Ausdruck ist ohne τὸ ἅγιον vollständig.

nur im letzten Punkte ab, das Ebionitenevangelium lässt den Geist in ihn hineingehen, — der Syrsin lässt den Geist auf ihm weilen. Das hier verwendete Wort ܩܘܝܬ ist μένειν entsprechend, und daher Wiedergabe von ἔμεινεν ἐπ' αὐτόν, für dessen Alter Joh 1, 32 zeugt[1]. Codex bqℵ hat manentem. Das ist keine „conflation", so wenig wie das Zusammentreffen mit Lukas, diese beiden Schriftsteller hatten eben alte Texte vor sich, die uns verloren sind. Wie beweist man die jetzt beliebte Hypothese von den durch conflation d. h. durch Vermischung entstandenen Lesarten, gegenüber der andern, dass Lukas und Johannes bezeugen, was sie ihrer Zeit lasen? Man prüfe die Frage einmal von dieser Voraussetzung aus! Wie alt wäre diese Textmischung, wenn sie schon in Syrsin vorliegt?

Damit kommen wir zur letzten Differenz. Die Pesch schreibt Es öffnete sich ihm der Himmel. Dies ihm hat der Armenier նմա, der Memph ⲛⲁϥ, ebenso der Syrhrs und die Philoxeniana. Es ist von dem als B[a] bezeichneten Korrektor in ℵ zugesetzt und steht in vielen griechischen Uncialhandschriften und wenigstens im lateinischen Texte d — das griechische fehlt hier in D — wogegen αὐτῷ sich nicht findet in B und in der ersten Hand von ℵ. Damit stimmt nicht nur Syrsin und Syrcrt, sondern auch Irenäus, denn das eingeklammerte ei in dem Satze: aperti sunt [ei] coeli, ist in den Handschriften von Clermont und Arundel nicht vorhanden. Harvey II P. 32.

Wer das ihm einschiebt, lässt nur Ješu' den Himmel offen und daher den Geist in Taubenform herabkommen sehen, wogegen die Stimme auch von den andern Anwesenden gehört wird. Wer das ihm nicht liest, muss die Erzählung so verstehen, dass die Himmel sich objektiv öffneten — etwa wie auf Rafael's heiliger Cäcilie — so dass alle sie offen sahen, wie alle dies „Wort" hörten. Es ist

---

[1] Auch in Joh steht ܩܘܝܬ für ἔμεινε und so Matth 26, 38; Luk 1, 56; 9, 4; Joh 6, 27; 3, 36; 8, 35; 11, 6; 12, 34, 46; 15, 9, 10, 16; 21, 22. Hier steht ܩܘܝ im strengen Sinne für μένειν als verweilen; wo es vorübergehendes sich Aufhalten oder wesentlich Sein bedeutet, wird es mit ܗܘܐ oder ܗܘ wiedergegeben Matth 10,11; Luk 19,5; 24,29, Mark 6, 10, Joh 1,39; 14,25; 15, 4, 5, aber Vs. 6 ist ܫܪܝܐ; 15, 11. Abweichender Text ist Joh 6, 56, ܩܡ steht Joh 7, 9, ܬܩܘܘܢ beharren Joh 8, 31, wie Pesch Joh 11, 6 korrigiert. Dann ist auch gebraucht ܡܩܝܡܝܢ bestehen Joh 9, 41, ܥܡܪܐ Joh 14, 17 wie Luk 8, 27. Abweichender Text ist auch Mrk 14, 34. — Diese vorzügliche Synonymik des Syrsin beweist, dass es nicht der erste Beste ist, der hier übersetzt, — ut quisque primis fidei temporibus aliquantum intellegentiae sibi esse credebat, — sondern dass wir eine wohlüberlegte Arbeit vor uns haben, — in welcher sich trotzdem noch Spuren des Ringens mit dem Ausdruck und der theologischen Terminologie finden. Also ein gelehrter Verfasser aus dem höchsten Altertume!

nach der Folge der Subjekte in der Stelle unstatthaft, das ihm auf Johannes zu beziehen, es kann, wenn es echt ist, nur auf Ješu' gehen. Nun widerspricht aber der Taufbericht in Joh 1, 32 jeder Darstellung, die nur Ješu' den Geist herabkommen sehen lässt, da dort der Täufer sagt: Ich habe den Geist gesehen, welcher herabkam . . . . vom Himmel, und somit haben die evangelischen Darstellungen, die der Verfasser des Johannesevangeliums kannte, die also in der johanneischen Schule anerkannt waren, — einen Text gehabt, in welchem das ihm fehlte. Dieser ältesten Form entsprechen die Texte von Syrsin, Syrcrt, Irenäus, und Bℵ, eine jüngere Textform, die unbedacht geändert ist, liegt dagegen vor in Pesch, Philox, Arm, Syrhrs, Memphite und in den meisten griechischen Uncialhandschriften. Bei Mark 1, 10 ist deutlich, dass nur Ješu' den Himmel offen sah, und wahrnahm, dass der Geist in ihn hinein (εἰς αὐτόν vgl. das ebionitische Zitat) herabkam. Das aber verrät spätere Reflexion. Für das Verhältnis der Peschito zum Syrsin folgt, dass erstere nach spätern griechischen Vorlagen geändert ist, ihre Grundlage aber war der Text des Syrsin.

Wie wir vorher die Vorlagen des Lukas zum Zeugen aufriefen, so haben wir uns hier auf die Vorlagen des Johannesevangeliums gestützt. Es ist auf die Methode Wert zu legen, die jüngern Evangelien sind gegenüber den Überarbeitungen, die über das Matthäusevangelium ergangen sind, Zeugen für die uralten Textformen, die einst auch Matth hatte, und die beseitigt sind. Die Taufgeschichte verdient aber auch nach Usener noch eine monographische Untersuchung. Holsten bemerkt, dass ein Pauliner diese Erzählung nach 2 Kor 3, 17 als den Eintritt des Geistes in den Menschen Ješu' ansah, — aber ist das nicht vielmehr allgemeine und richtige Ansicht?

erfüllen alle Gerechtigkeit. Das hier verwendete ܟܐܢܘܬܐ ist sonst durch Rechtschaffenheit übersetzt.

öffneten sich die Himmel. Pesch setzt den Singular: öffnete sich der Himmel, gegen alle übrigen Zeugen.

III, 17. Du bist mein Sohn und mein Geliebter, du „an dem ich Gefallen gefunden habe.“ Das du hätte klein gedruckt sein sollen, es ist deutsch eingesetzt um zu markieren, dass das suffigierte Pronomen in zweiter Person steht, was griechisch nicht genau auszudrücken ist. Hebräisch ist es בְּנִי אַתָּה וַחֲבִיבִי אֲשֶׁר רָצִיתִי בְךָ.

Die Textform selbst ist im Syrcrt gleichlautend, in Pesch und Philox ist sie nicht da, sondern dem Griechischen οὗτός ἐστιν κτλ. gleichlautend. Der Syrsin hat buchstäblich dieselbe Formel Luk 3, 22, also beide Male nicht: mein geliebter Sohn, sondern: mein Sohn und mein Geliebter. Leider fehlt hier der Syrcrt zur Vergleichung, da von Luk 3, 16—7, 33 eine Lücke ist. — Wir haben gesagt, dass das er sah den Geist u. s. w. auf Ješu' geht, nicht auf Johannes, dem entspricht die Anrede: Du bist mein Sohn. Der Text mit: Dieser ist mein Sohn setzt voraus, dass dies eine öffentliche Erklärung über Ješu' ist, welche die Anwesenden hören, und diese Formel hat an Joh 1, 32 eine Stütze, wo der Täufer auch den Geist gesehen hat, während die Formel: Du bist mein Sohn zwar auch von den Anwesenden gehört wurde, aber nicht für sie bestimmt war, sondern nur für Ješu'. Die Situation ist aber dabei keineswegs klar, denn wenn man nicht sah, auf wen die Taube flog, so wusste man nicht, wer der mit Du angeredete war. Klar wird die Situation nur, wenn alle die Taube aus dem geöffneten Himmel auf Ješu' fliegen sehen und die Stimme mit „Dieser ist" eine Erklärung abgiebt. Dem kommt Luk 3, 22 am Nächsten, doch hat auch er σὺ εἶ, was auf Ps 2, 7 beruhen dürfte. — Wie lange noch in der Kirche die Taufe als der Akt der Verbindung des Geistes (oder Logos) mit Ješu' betrachtet worden ist, sieht man aus der Christologie des Paulus von Samosata um 270, und ältrer Monarchianer. Harnack Dogmengeschichte I 622, 641, 647.

Die Zerlegung mein Sohn und mein Geliebter haben nur Syrsin und Syrcrt, damit aber steht fest, dass es die Form der ältesten syrischen Übersetzung war. Die Anrede in der zweiten Person haben neben ihnen auch noch der Syrhieros את הו ברי חביבי דבך צבית. Diese Unklarheit der Situation kann keine Textkritik beseitigen, es ist ein Problem für die höhere Kritik des Taufberichtes im Zusammenhange aller Texte, die eine Entwicklung gehabt haben. Soviel ist aber klar, dass in der spätern Zeit entwickelten christologischen Dogmas nimmermehr aus der Formel: „Du bist mein geliebter Sohn" die andre entstanden wäre: „Du bist mein Sohn und mein Geliebter." So ist diese Form in Syrsin zwar alt, aber im Ganzen hat auch er schon gelitten.

Stimme wurde gehört vom Himmel. Möglich ebenso von den Himmeln. Die Griechen haben ἐκ τῶν οὐρανῶν, aber k und Irenäus haben de coelo. Stimme = φωνή, die gehört wird, ist nicht das Sprachorgan sondern das Gesprochne, das Wort, das hebräisch und syrisch Tochter einer Stimme (בת קול) heisst. Syrsin und Syrcrt sagen also: Ein Ausspruch wurde vernommen, und das ist die richtige Deutung von καὶ ἰδοὺ φωνή· οὗτός ἐστιν oder σὺ εἶ, so dass sowohl ἐγένετο (Memphite) als λέγουσα (in Syrcrt zugesetzt, Hieron.) überflüssig ist, wie denn auch der Altlateiner im Codex Rhedigerianus nur sagt: et ecce vox de coelis · hic est filius etc. Es fehlen kq und Cyprian, der vorliegende Irenäus hat dicens. Dazu fügen dann Syrcrt, Ddabg^{1}h πρὸς αὐτόν, womit die ganze Sache verschoben ist. — Ein solches Wort (בת קול) vom Himmel war auch den Talmudisten die geläufige Mitteilungsform göttlicher Deklarationen,[1] und ersetzte den heiligen Geist, nachdem der Geist der Prophetie in Israel aufgehört hatte Sanhedr. 11a. Hier wird erzählt, eine Gottesstimme habe im Obergemach des גוריא in Jericho gesagt: Hier ist einer, der wert wäre, dass Gottes Herrlichkeit (שכינה) auf ihm ruhe, aber seine Generation ist dessen unwürdig. Gemeint war Hillel, dessen Lehren seit dieser Offenbarung als allein richtig die gegnerischen Ansichten ausschlossen. — Die φωνή gleicht dem בת קול, das Ruhen der Schechina auf einem Menschen dem Herabfliegen des Geistes.

IV, 1—11. In der so wunderbar tiefsinnigen Versuchungsgeschichte hat Syrsin Vs. 1 von dem Geiste, woraus in Syrcrt und Pesch „der heilige Geist" geworden ist, welche damit, ausgenommen den armenischen Ephraem, der es hat, allein stehen, während Syrsin mit allen übrigen Zeugen geht. Syrcrt und Pesch nebst Ephraem arm. zeigen eine innersyrische Revision.

Ferner hat Syrsin Vs. 1 und 5 διάβολος, Verleumder ausgedrückt, Vs. 8 aber der Satan, womit er allein steht, während Syrcrt Vs. 1 den Satan einführt, aber ganz allein hat. Pesch geht in allen den Stellen, da sie διάβολος ausdrückt, mit dem Griechischen. Dass in der Wortwahl des Syrsin ein Sinn liegt, ist leicht ersichtlich, es soll vorbereitet und verständlich gemacht werden, dass Ješu' Vs. 10 das Wort Satan gebraucht, der Syrcrt thut das Vs. 1, der Syrsin Vs. 8. Den Griechen mit ihrem dreimaligen διάβολος steht gegenüber der Arm mit dreimaligem Satan, und der armenische Ephraem P. 40 hat ebenso in Vs. 1, für 5 und 8 ist es nicht zu ersehen.

Vs. 6 über dich befehlen wird, dass sie dich bewahren und auf ihren Armen dich tragen. Die Worte: dass sie dich bewahren fehlen in Syrcrt und Pesch, aber in der Lesart der Pesch „und sie werden dich auf ihren Händen tragen, statt, dass sie dich tragen, liegt ein Zeugnis dafür, dass nach „befehlen wird" jetzt fehlt, was befohlen ist. Dies hat nur Syrsin, in Syrcrt ist das und korrigiert in dass, nämlich ܢܦܩܕ ܥܠܝܟ ܕܥܠ ܕܪ̈ܥܝܗܘܢ statt ܘܥܠ ܐܝܕ̈ܝܗܘܢ der Pesch, was mit dem Griechischen genau stimmt, da für Arme auch Hände (ἐπὶ χειρῶν) hergestellt ist. Dies

[1] Die Formen, welche Lightfoot als Virgilianae sortes bezeichnet, müssen davon geschieden werden. Es sind omina. So wollen R. Johannan und Resch Laqisch den R. Samuel besuchen, als sie aber in der Mädchenschule ein Kind lesen hören „Samuel starb" 1 Sam 28, 3, nehmen sie es als בת קול und gehen nicht. Natürlich war er tot Jerus. Sabbath 6, 8c Babl. Chullin 95b. Nach R. Johannan ist die sicherste Direktive, ein Kind zu fragen, was es zuletzt in der Schule gelernt hat, das auszudeuten und danach zu handeln.

aber ist Konformierung mit der Originalstelle Ps 91, 11 wo hebräisch und griechisch על כפים und ἐπὶ χειρῶν steht. Griechen und Pesch sind also philologisch revidiert, die „Arme“ sind fortgeschafft. Zeugt so Pesch indirekt für das ܕܢܛܪܘܢܟ = dass sie dich bewahren, sofern etwas fehlt, so findet sich doch in den bei Tischendorf angeführten Quellen in keiner Handschrift eine Spur von dem „dass sie dich bewahren.“ Und dennoch ist es altlateinisch vorhanden, Lachmann notiert nach περί σου aus dem Codex Vercellensis (a) die Worte ut custodiant te, und damit trifft der armenische Ephraem zusammen: զի գրեալ է թէ պահեսցեն զքեզ, զի մի երբեք հարցի զքարի ոտն քո d. h. denn es ist geschrieben, dass sie dich behüten, dass nicht einmal anstosse an einen Stein dein Fuss. Weiter giebt er auch als Text 'ի թիկնամէջս 'իւր ընկալցի[1] զքեզ d. h. auf ihre Schultern (oder auch Arme) werden sie dich nehmen. So hat Ephraem beide Sätze des Syrsin gelesen,[2] die bei den Griechen nicht vollständig vorhanden sind.

Demnach hat Syrsin, a und der armenische Ephraem „dass sie dich bewahren“ und Syrsin mit Syrcrt „auf ihren Armen,“ und das wird um so merkwürdiger, als der Text des Syrsin buchstäblich aus dem Peschitotexte Ps 91, 11 stammt, wo er lautet ܠܡܠܐܟܘܗܝ، ܢܦܩܕ ܥܠܝܟ: ܕܢܛܪܘܢܟ (ܒܟܠܗܘܢ ܐܘܪܚܬܟ) ܘܥܠ ܕܖ̈ܥܝܗܘܢ ܢܫܩܠܘܢܟ ܕܠܐ ܬܬܩܠ ܒܪܓܠܟ d. i. seinen Engeln wird er über dich befehlen, dass sie dich bewahren (auf allen deinen Wegen) und auf ihren Armen dich tragen, dass du nicht anstösst mit deinem Fusse. Es fehlt: an einem Stein.

Umgekehrt ist der griechische Text mit einer noch weiteren Kürzung — denn er lässt „dass sie dich bewahren auf allen deinen Wegen“ fort — einfach Septuaginta: τοῖς ἀγγέλοις αὐτοῦ ἐντελεῖται περί σου (τοῦ διαφυλάξαι σε ἐν πάσαις ταῖς ὁδοῖς σου), ἐπὶ χειρῶν ἀροῦσί σε, μήποτε προσκόψῃς πρὸς λίθον τὸν πόδα σου.

Wir finden so den altsyrischen und den griechischen Text, jeden gleich dem alttestamentlichen Texte, der in seinem Bezirke galt, der Syrer hat die alttestamentliche Peschita, der Grieche die Septua-

---

[1] So der Druck, lies aber im Plural ընկալցին wie Ps 90 (91), 11. Das թիկնամէջ = Schultermitte, Rücken, wird wenigstens von Ciakciak auch braccio übersetzt.

[2] Beiläufig sei bemerkt, dass das arabische Diatessaron (ed. Ciasca) weil es überhaupt die Peschito ausdrückt, das ut custodiant te nicht hat; wohl aber hat es nicht auf ihren Händen, sondern auf ihren Armen على الاذرعتهم = ܥܠ ܕܖ̈ܥܝܗܘܢ des Syrsin und Syrcrt. Victor von Capua (Codex Fuldensis) bietet: Scriptum est enim quia angelis mandavit de te et in manibus tollent te.

ginta ausgedrückt, der Syrcrt hat umgebildet, die neutestamentliche Peschita ganz den griechischen Text eingesetzt.

Nun aber wird Jemand sagen, der ganze Zusatz „dass sie dich bewahren" ist aus Luk 4, 10 genommen, Syrsin ist mit Lukas ausgeglichen durch einen Zusatz. Damit stehen wir wieder vor der zu 3, 16 P. 46 aufgeworfnen Frage, ob solche Textform durch Kontamination zu erklären ist, oder ob Lukas' Text ein Zeugnis giebt für das, was er in seinen uralten Quellen las, zu denen auch ein Matthäus gehörte, der später überarbeitet ist und in diesem Falle eine Kürzung erlitten hat. Wenn hier Kontamination vorläge, warum wäre sie nur auf diese Stelle beschränkt, da auch das Folgende verschieden war und ist?

Mit Übergehung geringerer Unterschiede zwischen Syrsin und Syrcrt weise ich noch auf Vs. 8, wo Syrcrt, Pesch, Philox, Syrhieros, Memphite, Arm und alle Griechen lesen: Er zeigte ihm alle Königreiche der Welt und ihre Herrlichkeit, wogegen Syrsin das „und ihre Herrlichkeit" weglässt, dann aber setzt alle Königreiche dieser Welt. Wer fühlt hier nicht den Gegensatz zum Königreiche der Himmel, das der Versucher Ješu' nicht zeigte, und das dieser kannte? Nun scheint trotzdem die alte Bezeugung so überwiegend gegen den Syrsin zu stehen, dass man an Verkürzung denken möchte, nachdem man vielleicht eben erst Vs. 6 Kontamination und Verlängerung anzunehmen beliebt hat. Aber kann das Zeugnis vieler schlecht unterrichteter Zeugen das eines einzigen guten Zeugen aufheben? Eben zeigt er durch das Wort „Königreiche dieser Welt," wie tief er die hier auftretenden Gegensätze in der Seele Ješu' versteht, während der andre Text mit „den Königreichen der Welt" den Gedanken verflacht, und dann soll der Zeuge wieder wertlos sein? Diese Verflachung beginnt früh, schon Luk 4, 5 hat dafür Königreiche der Oikumene (Syrsin also ganz getreu der Erde), und entweder dies oder τῆς γῆς muss auch in griechische Handschriften des Matth eingedrungen sein, da es in der Philoxeniana bei Matth ausgedrückt wird. Aber es sind nicht nur solche innere Gründe, die für Syrsin sprechen. Die Versuchungsgeschichte ist bei den ältesten kirchlichen Textzeugen ganz auffallend wenig erwähnt. Justinus Martyr wird noch anzuführen sein, aber Cyprian schweigt ganz, und Aphraates bringt nicht einmal soviel davon als Justin. Nur Irenäus behandelt die Erzählung eingehend, und bei ihm fehlt dasselbe, was im Syrsin fehlt. Sein Text V, 21, 2 lautet: et ostendit ei saeculi regna omnia, nicht mundi sondern saeculi, und die dann folgenden Worte der Ausgaben et gloriam ipsorum finden sich in der Clermontschen (Saec X) und in der Vossischen (Saec XIV) Handschrift nicht und sind von Massuet gestrichen, so dass es zu Unrecht geschieht, wenn Harvey nach dem Arundel Manuskript (circa XII Saec.) die Worte wieder in den Text gesetzt hat. Nun will es mich doch ganz ausserordentlich bedünken, dass wir die zwei bedeutenden Abweichungen des Syrsin von den griechischen Texten in weiter Versprengung doch wieder bestätigt finden, im Vercellensis (a) Vs. 6 und bei Irenäus Vs. 8, so dass die zweite Variante des Syrsin nachweislich bis 180 p. Chr. zurückreicht. Ausserdem beobachte man die psychologische Feinheit des Syrsin: der Kaufmann, welcher den Käufer verführen will, zeigt seine Waren, aber er preist sie nicht an, sondern lässt schweigend ihre Schönheit auf den Käufer wirken. Wenn es aber zur Entscheidung kommt, dann macht er auf die Trefflichkeit aufmerksam. So hier der Verführer, er zeigt ohne Lob und lässt den Reiz wirken, als aber der zu Verführende sie gesehen hat, da sagt er: Diese Königreiche und ihre Herrlichkeiten hast du gesehen, — so macht er auf ihre Schönheit aufmerksam, — sie kosten nur ein Niederfallen vor mir, welch billiger Preis für soviel Lust! Und dass dann die Worte „diese Königreiche und ihre Herrlichkeit hast du gesehen" im Griechischen ausgefallen sind, zeigt die Schwankung der Wortstellung in der Phrase, die eingesetzt worden ist, um den Zusammenhang herzustellen. Wir lesen nämlich 1. ταῦτα πάντα σοι δώσω DPΔabc al., 2. ταῦτά σοι πάντα δώσω BℵCZ Orig I 294[c], 784[b], III 583[a], 3. πάντα ταῦτά σοι δώσω Hilar., 4. πάντα σοι ταῦτα δώσω Orig. III 540[d], wie Lachmann gezeigt hat, d. h. wir haben Wanderwörter vor uns, was ein Zeichen von späterer Einsetzung des oder der wandernden Wörter ist. Lukas hat das, „ihre Herrlichkeit" in Vs. 5 nicht. Ist er ein Zeuge für den Urtext, oder soll nach Lukas in Matth gestrichen sein, da doch Lukas hier sehr erweitert, und von dessen Erweiterungen Syrsin im Matth Nichts aufgenommen hat?

Die Verbindung von niederfällst und vor mir dich niederwirfst ist die unvermeidliche idiomatische Auflösung der Participialkonstruktion πεσὼν προςκυνήσῃς die I, 256 erwähnt ist. Solche Wendungen werden in der Philox ganz steif ausgedrückt durch ܥܕ mit Imperfektum.

Endlich erklärt der Text des Syrsin eine Textschwankung der Griechen durch einen syrischen Idiotismus, aus dem eine griechische Verderbnis hervorgegangen ist, die schliesslich zur Streichung der Worte geführt hat. Verfolgen wir das der Kürze halber sofort genetisch. Ješu' sagt dem Versucher syrisch ܙܠ ܠܒܣܬܪܟ ܣܛܢܐ d. h. gehe zurück Satan, wörtlich aber gehe zu deinem Rückwärtigen, der Sinn ist: Weiche von mir. Das griechisch übersetzt heisst ὕπαγε εἰς τὰ ὀπίσω σου, das aber versteht kein Grieche, weil es syrischer Idiotismus ist. Das hinter, ὀπίσω, zeitlich und räumlich ist ܒܳܬܰܪ = post und pone Mtth 4, 19, Joh 1, 27, 30; 12, 19 und oft, soll aber der rückwärts liegende Raum bezeichnet werden, so wird ܒܶܣܬܰܪ verwendet, d. i. pars rei posterior, postica, τὰ ὀπίσθια, an das dann die Pronominalsuffixe antreten z. B. Joh 20, 14 ܐܬܗܦܟܬ ܠܒܣܬܪܗ̇ = ἐστράφη εἰς τὰ ὀπίσω ohne das Pronomen, welches εἰς τὰ ὀπίσω αὐτῆς ergäbe. So Joh 6, 66; Luk 17, 31 = Matth 24, 18 wo bloss ὀπίσω = Mrk 13, 16; Luk 7, 38; wo bloss ὀπίσω 9, 62. Vgl. auch Eusebius H. E. 8, 7, 3 πάλιν εἰς τοὐπίσω χωρούντων ܗܦܟܘ ܠܒܣܬܪܗܘܢ ܬܘܒ ܗܘܘ. Das Originalwort Ješu' wird gewesen sein זיל אל אחורך = gehe hinter dich, gehe zurück, das dann griechisch wörtlich gegeben werden musste ὕπαγε (εἰς τὰ) ὀπίσω σου, wie es durch Syrsin sicher festgestellt ist ܙܠ ܠܒܣܬܪܟ. Dies Griechisch verstand Niemand, aber man kannte Mrk 8, 33, wo es heisst ὕπαγε ὀπίσω μου Σατανᾶ = ܙܠ ܠܒܣܬܪܝ ܣܛܢܐ (Pesch add. ܠܟ) ܙܠ, und danach ist jenes ὀπίσω σου in ὀπίσω μου verdorben. Noch Hieronymus bemerkt, die meisten meinten, dass Petrus und der Satan mit demselben Urteile verdammt werden, was jedoch nicht richtig sei, da hier nur Gehe fort — vade — zu lesen sei, so dass er das ὀπίσω μου verwirft.

Diese Verschlimmbesserung des Textes ὕπαγε ὀπίσω μου beherrscht nun breite Kreise der Überlieferung, nach Tischendorf C²DELMUΓZ, dazu Syrcrt, Philox unter Asteriscus, Armen, Justin Martyr c. Tryph. 103, Athanasius 215, 425, 658, Augustin und Ambrosius. Es ist aber ein schlechtes Zeichen für die Einsicht derer, die sie gemacht und angenommen haben, denn ὕπαγε ὀπίσω μου heisst „tritt hinter mich,“ stelle dich hinter meinen Rücken, und heisst nicht: Entferne dich von mir. Beweis dafür ist 2 Knge 9, 19 סֹב אֶל אַחֲרָי Trg אסתחר לאחורי, wende dich hinter mich, stelle dich hinter mir hin, LXX ἐπιστρέφου εἰς τὰ ὀπίσω μου, was in der syrischen Hexapla durch ܗܦܘܟ ܠܒܣܬܪܝ wiedergegeben wird, während die Peschita ܗܦܘܟ ܒܬܪܝ hat. Sonach sagt Ješu' zu Petrus Mrk 8, 33 ὕπαγε ὀπίσω μου in dem Sinne: Tritt hinter mich, stelle dich hinter mich, weil er ihn nicht sehen und weiter mit ihm reden mag, und der Ausdruck hat nicht den Sinn: Weiche von mir, gehe rückwärts, verlass mich. Vgl. sonst Peschito und Septuaginta 2 Sam 1, 7; 2, 20 und 1 Sam 4, 18 אחרנית.

Da der richtige Sinn des ὕπαγε ὀπίσω μου in Matth 4, 10 völlig unpassend ist, da Ješu' dem Versucher nicht sagen kann: Tritt hinter mich, sondern sagen muss „Verlass mich,“ so wird endlich der störende Ausdruck gestrichen und ὕπαγε Σατανᾶ allein übrig gelassen, daher denn Origenes III, 540, der den „Zusatz“ dieser Worte kennt, verordnet: ὕπαγε Σατανᾶ, χωρὶς τῆς ὀπίσω μου προσθήκης d. h. man lese ohne den „Zusatz“ ὀπίσω μου. So schreiben denn BℵCKPSVΔ, der

Memphite, die Peschita und die Philoxeniana, der dann unter Asteriscus das ὀπίσω μου wieder beigefügt ist. Unter den Zeugen dafür wird auch Pseudoignatius ad Philipp. 12 aufgeführt, wo direkt gesagt werde ὕπαγε Σατανᾶ, οὐκ εἶπεν· ὕπαγε ὀπίσω μου. Aber die armenische Übersetzung erregt Zweifel über diesen Text, denn der armenische Übersetzer[1] las im fünften Jahrhundert: ὕπαγε ὀπίσω Σατανᾶ, τουτέστιν· ὕπαγε Σατανᾶ ἐν οἷς κτλ. Hier finden wir also nur μου gestrichen und ὕπαγε ὀπίσω gelesen = ܙܠ ܠܒܣܬܪܐ, wenn auch der Philipperbrief des Ignatius aus syrischer Vorlage übersetzt ist.

Den ganzen Prozess können wir aus den Syrern allein erkennen:

1. Grundform Syrsin ܙܠ ܠܒܣܬܪܟ = ὕπαγε ὀπίσω σου
2. Änderung Syrcrt ܙܠ ܠܒܣܬܪܝ = ὕπαγε ὀπίσω μου
3. Mögliches Mittelglied Ignat ܙܠ ܠܒܣܬܪܐ = ὕπαγε ὀπίσω, so denn auch Ephr. arm. P. 46 յետս երթ (nicht aus Lukas), was mit dem armenischen Texte im Philipperbriefe des Ignatius übereinstimmt. Vgl. Eus. H. E. 8, 7, 5 ܠܒܣܬܪܗ ܢܓܕ ܗܘܐ = յետս դառնայր griechisch εἰς τοὐπίσω ἀνθείλκετο
4. Streichung Pesch ܙܠ ܠܟ = ὕπαγε.

Unsicherheit über den wahren Text zeigt dann die Philoxeniana, die das ܠܒܣܬܪܝ = ὀπίσω μου unter Asteriscus hat, während der Codex Barsalibaeus den Asterisken nicht anerkennt. White P. 566.

So erklärt sich die ganze Wandlung des Textes der Stelle von der Lesart aus, die Syrsin bietet. Wollte man zur Probe auf das Exempel den entgegengesetzten Weg versuchen und von den Musterhandschriften Bℵ ausgehen, so ergäbe sich folgende Entwicklung:

Der (neutrale) Urtext wäre gewesen ὕπαγε Σατανᾶ. Dieser ganz klare Wortlaut wäre dann erweitert zu ὕπαγε ὀπίσω μου Σατανᾶ — man fragt wozu diese ganz verkehrte Erweiterung — und endlich wäre ganz zuletzt daraus geworden ὕπαγε ὀπίσω σου Σατανᾶ, das nun doch grade in dem ältesten Texte der Syrer sich findet. Ist dieser Prozess denkbar? Wenn nicht, so muss das Urteil über Stellung und Wert der Handschriften ℵB modifiziert werden, sie stehen nicht über dem Syrsin.

Übrigens ist e contrario Joh 6, 66 ἀπῆλθον εἰς τὰ ὀπίσα zu vergleichen, wo Syrsin und Syrcrt einfach ܐܙܠܘ ܠܗܘܢ = abierunt sibi übersetzen, Pesch und Philox aber ܠܒܣܬܪܗܘܢ, was εἰς τὰ ὀπίσα αὐτῶν wäre, einstellen, denn das ist ein syrischer Idiotismus für einfaches ὀπίσω. Danach konnte man in unsrer Stelle wohl ὕπαγε ὀπίσω als griechische Grundform denken, wenn nicht das ὀπίσω μου der Masse diese Vermutung ausschlösse. Denn woher dann das μοῦ?

[1] Petermann Ignatii Epistolae Leipzig 1859 P. 428.

IV, 12. dass Joḥannan ergriffen war. Die Griechen haben παρεδόθη, aber wo wäre Johannes überliefert, preisgegeben, hingegeben? Genügt es zu sagen: Gemeint ist wie Mrk 1, 14, dass er nach Gottes Rat in die Hände seiner Feinde dahingegeben war? Syrsin sagt hier ergriffen war, Syrcrt und Pesch sind nach den Griechen in ܐܫܬܠܡ = παρεδόθη korrigiert, in Mrk 1, 14 hat auch Syrsin, eben weil er treu das ausdrückt, was in seiner Vorlage stand, dasselbe παρεδόθη wie die Griechen. — Weiter hält Pesch einen Text, der zwischen Syrsin und Syrcrt schwankt, das Bedeutungsvolle ist aber, dass Syrsin das κατῴκισε der Griechen, das Syrcrt und Pesch ausdrücken, nicht anerkennt, wie es auch in den Parallelen in Mrk 1, 14 und Luk 4, 31 und Joh 2, 12 bei den Griechen nicht anerkannt ist. Ist hier nach diesen Texten in Syrsin gestrichen, oder ist die Angabe der griechischen Texte von einer völligen Übersiedelung nach Kapernaum Ergebnis einer schulmässigen Überlegung der Frage, wo eigentlich Ješu' wohnte? Es giebt auch für die Textkritik und damit für die Herstellung der ältesten Form der Evangelien zu denken, wenn Meyer-Weiss bemerkt: „Diese weder Luk 4, 31 noch Joh 2, 12 berichtete förmliche Übersiedelung nach Kapharnaum ist wohl nur daraus gefolgert, dass bei Markus diese Stadt als der Mittelpunkt seiner galiläischen Thätigkeit erscheint, und mit dem Ausspruch 8, 20 kaum vereinbar.“ Wer das annimmt, wird einen Schritt weiter gehen müssen und sagen, dass jene Folgerung [noch] nicht in den Evangelientext gesetzt war, als der Text des Syrsin aus dem Griechischen übersetzt wurde. Was besagt das nun für sein Alter und was für die übrigen Textformen, welche alle diesen Zusatz haben? Aber auch Mrk 1, 21 ist kritisch höchst sonderbar.

IV, 16. in Traurigkeit. Das Zitat aus Jesaj 9, 1 ist nicht mit der alttestamentlichen Peschita übereinstimmend. Das Wort für Traurigkeit ܐܘܢܬܐ ist im Syrischen selten und hier in Syrcrt gestrichen. In der Pesch steht dafür ܒܐܬܪܐ ܘܒܛܠܠܐ ܕܡܘܬܐ, d. h. sie ist mit dem Griechischen ἐν χώρᾳ καὶ σκιᾷ θανάτου in Einklang gebracht, wo Codex D freilich εν χωρα σκεια θανατου hat. Lateiner machen dann daraus in regione umbrae mortis, wie Hieronymus das בארץ צלמות Jesaj 9, 1 übersetzt hat, das auch die Pesch ܒܐܪܥܐ ܕܛܠܠ̈ܝ ܡܘܬܐ genau ausdrückt.[1] Hier ist nun mit Händen zu greifen, dass in der Wortfolge der Griechen

ἐν χώρᾳ καὶ σκιᾷ θανάτου — so die Masse

εν χωρα σκεια θανατου — so D

das χωρα sich als Glosse aus der Septuaginta erweist, die ihrerseits selbst durch χωρα interpoliert ist. Diese Glosse ist dann durch καὶ

[1] Jesaj 9, 1 ist ursprünglich ἐν σκιᾷ θανάτου in der LXX gewesen für altes

in den Wortverband hineingenommen. Wird sie wie billig weggelassen, so ist Cod. D mit dem Syrcrt identisch, nur dass er φῶς statt ܢܘܗܪܐ ܪܒܐ hat, was φῶς μέγα sein müsste.

Nun aber halten wir Pesch und Syrsin zusammen. Jene hat ܒܐܬܪܐ ܘܒܛܠܠܐ ܕܡܘܬܐ, dieser ܒܐܒܝܠܘܬܐ ܘܒܛܠܠ ܡܘܬܐ. Woher wohl in der Pesch das ܒܐܬܪܐ? Es ist für ܒܐܒܝܠܘܬܐ eingesetzt, weil ܐܬܪܐ technisch in Pesch für χώρα gebraucht wird, Mtth 2, 12; 8, 28 u. s. w., wo nicht besondre Gründe vorliegen, es durch ܐܪܥܐ zu geben, wie Luk 12, 16, Joh 4, 35, oder die Lesarten schwanken wie Mrk 6, 55, oder wo es Ortschaft heisst, was ܩܘܪ̈ܝܐ übersetzt wird Luk 21, 21 Joh 11, 55. Nur Mrk 1, 5 ist in Pesch ܦܘܪ gebraucht, leider fehlt Syrsin und Syrcrt zur Stelle. Es ist lehrreich Luk 3, 1 in den Syrern zu vergleichen.[1]

Syrsin mit in Traurigkeit und in Todesschatten giebt verständigen Sinn, Pesch mit im Lande und im Schatten des Todes ist sinnlos oder überkünstlich, und sichtlich nach dem jüngsten durch καὶ geglätteten — ursprünglich von genauen Philologen interpolierten — griechischen Texte gemacht. Soll da das seltene ܐܒܝܠܘܬܐ eine feine Emendation bei Syrsin sein, oder die Einsetzung des ܐܬܪܐ an Stelle von ܐܒܝܠܘܬܐ die übliche Gräcisierung der Peschita?

Eine Spur der Lesart in Traurigkeit und in Todesschatten ist bei dem Hrs vorhanden, er hat zwar Finsternis statt Traurigkeit, aber jedenfalls nichts was dem χώρα entspricht. Sein Text lautet הלין דיתיבין בחושכא ובטלולה דמותא d. h. die welche sitzen in Finsternis und in Todesschatten, er hat בחושכא, wo Syrsin ܒܐܒܝܠܘܬܐ bietet. Merkwürdig, dass hier auch der Äthiope im Basler Drucke mitgeht wala'elahi jenabberu westa ṣelmat waṣelâlôta mot d. h. und denen auch, die sitzen in Finsternis und Schatten des Todes. Hackspill in Bezold's Zeitschrift für Assyriologie XI 150.

IV, 17 fehlt: Thut Busse — richtig, denn Clemens Alexdr. Euseb. Demstr. Origen. — Syrcrt und k haben es ebenfalls nicht. Es fehlt

---

יושבי צלמות. Dies ist dann durch בארץ (nach Stat. cstr!) glossiert, und darum ἐν χώρᾳ in der Septuaginta nachgetragen. Das gehört unter Asteriscus, und so ist οἱ κατοικοῦντες ἐν ※ χώρᾳ ✓ σκιᾷ θανάτου zu lesen. Codex Alxdr., die Aldina und Complutensis und Codex Marshal. haben dann και eingeschoben = ἐν χώρᾳ καὶ σκιᾷ θ. andre ἐν χώρᾳ σκιᾶς θ. daraus gemacht. Das erstere ist in die ntl. kritischen Ausgaben aus Bℵ, Memph, Vulg, Arm, Philox, also jüngster Stufe, aufgenommen. Dagegen wird ἐν χώρᾳ σκιᾶς θαν. ausgedrückt in den Altlateinern bg¹h, die in regione (-nem) umbrae bieten. Mit Syrcrt streichen χώρα ganz ack.

[1] Joh 4, 35 haben alle drei ܐܪܥܐ, Luk 21, 21 ܩܘܪ̈ܝܐ, Mrk 6,55 Pesch ܐܪܥܐ, Syrsin ܦܘܪ, Joh 11,55 Pesch ܩܘܪ̈ܝܐ, Syrsin ܦܘܪ, Mrk 5, 1 Pesch ܐܬܪܐ, Syrsin ܐܪܥܐ.

also in der ältesten Schicht. Vgl. Burkitt in Texts and Studies V, 5 P. XIV.

IV, 18—24. wie er war, nicht wandelte. Das ist alt, denn die Griechen sind uneins, περιπατῶν schreibt Bℵ, dagegen παράγων Dabcg[1] und Hrs. Mit Bℵ geht der Armenier զգնայր, der Memphite ⲉϥⲙⲟϣⲓ,[1] der Syrcrt, die Pesch und die Philox ܗܠܟ. — Sonach sind die Formen:

περιπατῶν Bℵ Arm Memphite Syrcrt Pesch Philox Hieron
παράγων Dabcfg[1] Syrhieros
ὤν Syrsin.

Zu Mrk 1, 16 stellt sich das Verhältnis anders, es hat

περιπατῶν Syrsin Pesch (Hrs fehlt) Philox mit ΑΓΔΠ
παράγων Arm Memphite mit BℵDabc und vielleicht Ulfilas

worauf ich hinweise, um die Selbständigkeit von Syrsin gegen BℵD zu zeigen, und weil an Mrk 1, 21 stark redigiert ist.

Nun ist es interessant zu fragen, wie entsteht Matth 4, 18 die Variante περιπατῶν und παράγων? Es lag kein Grund vor das eine oder das andre in der Vorlage zu ändern, jedes der Wörter genügt dem Bedürfnisse der Stelle, und so wird man nichts sagen können, dass das eine aus dem andern gemacht sei. Dann aber bleibt Nichts übrig als anzunehmen, dass sowohl das eine als das andre aus etwas drittem gemacht sei, und dabei bietet sich das ὤν des Syrsin als das gemeinsame Substrat. Nicht so mechanisch ist das zu denken, als ob ein Redaktor durch Vorsetzung von περιπατ, der andre durch Vorsetzung von παραγ die Lesarten περιπατῶν und παράγων erzeugt hätte, das thun nicht Leute, die diese Texte in ihrer Muttersprache lesen, sondern so ist der Prozess vorstellig zu machen: Das blosse ὤν παρὰ τὴν θάλασσαν scheint leer, rein abstrakt, man verlangt eine konkretere Darstellung, man fragt: Was that er? Er gieng, sagt der eine und setzt περιπατῶν, er zog vorbei, der andere und setzt παράγων, indem er meint die Situation individueller auszumalen, was doch eine billige Selbsttäuschung, denn in Wahrheit wird durch diese ausmalenden Emendationen dem Texte ein wirklich reicherer Inhalt nicht verliehen. Aus ὤν erklärt sich die scheinbare Bereicherung sowohl in der Form περιπατῶν wie in der Form παράγων. Die Frage nach Ješu' Wohnort hängt damit zusammen. Das περιπατεῖν weist auf Kapernaum als Wohnort, das παράγειν auf unstetes Wanderleben. Eine neutrale Basis wie ὤν liegt zu Grunde. Die umgekehrte Hypothese ist unannehmbar, weshalb sollte man die scheinbar reicheren Züge verwischen?

Eine im Urtext überflüssige Glosse ist auch τῆς Γαλιλαίας, das ist für Spätere und Fremde im Griechischen früh eingesetzt, Syrsin

[1] Es decken sich περιπατεῖν, գնալ, ⲙⲟϣⲓ, ܗܠܟ.

hat es nicht und nach 4, 13 ist es ganz unnütz, denn welches andre Meer läge bei Kapernaum?

Übrigens vgl. Syrhieros והיך דהו עבר על נף ימא דגלילא mit Syrsin ܘܐܝܟ ܕܗܘ ܗܘܐ ܥܠ ܟܢܦ ܝܡܬܗ ܕܓܠܝܠܐ, dieser ohne דגלילא. Im letzten Grunde hängt das παράγων oder περιπατῶν mit Spekulationen über Ješu' Aufenthaltsort zusammen wie Mrk 1, 21 griechisch.

Vs. 21. und er nahte sich wieder vermutlich dem Seeufer. Griechisch ist allgemein καὶ προβὰς ἐκεῖθεν, wofür Pesch: ܘܟܕ ܥܒܪ ܡܢ ܬܡܢ und da er von dort vorbeiging (= παράγων oder προβάς Mrk 1, 19), wogegen Syrcrt hat: ܘܟܕ ܥܕܐ ܡܢ ܬܡܢ und als er sich wegbegab von dort. Merkwürdig, dass Arm Մատուցանեալ hat, das sich genähert habend bedeutet, also mit Syrsin stimmt. Auch Vs. 22 ist Pesch dem Griechischen gleichgemacht, während der Syrcrt eine Zwischenform hat: er sah zwei andre Brüder, den Ja'qob und den Joḥannan, seinen Bruder, die Söhne des Zabdai. Doch übergehe ich diese Einzelheiten, und bemerke nur, dass der Text des Syrcrt ܥܕܐ ܡܢ ܬܡܢ von Eusebs' Theophanie IV, 6 bezeugt wird.

Vs. 22. liessen ihren Vater im Schiffe, griechisch τὸ πλοῖον καὶ τὸν πατέρα αὐτῶν, Irenäus IV, 10 hat ebenso, doch ohne αὐτῶν. Desgleichen der Arm; aber der Memph ⲁⲩⲭⲱ ⲙⲡⲓϫⲟⲓ ⲛⲉⲙ ⲍⲉⲃⲉⲇⲁⲓⲟⲥ ⲡⲟⲩⲓⲱⲧ sie liessen das Schiff und Zebedäus ihren Vater. Der Syrcrt hat ܘܫܒܩܘ ܒܗ ܒܫܥܬܐ ܡܨܝܕܬܗܘܢ d. i. und sie zu dieser Stunde (= alsbald) verliessen ihre Netze, womit Aureus (relictis retib') genau, und bcfg[1] Rhed (rel. retiis et patre) ziemlich stimmen. Also ist älteste Stufe: ihren Vater im Schiffe, zweite: ihre Netze, dritte: das Schiff und ihren Vater, daneben die vierte: ihre Netze und ihren Vater. Mrk 1, 19 drückt die älteste Stufe aus mit einem Zusatze, wenn er die Tagelöhner bei dem Vater bleiben lässt, von denen man nicht weiss, woher sie kommen.

Vs. 23—24 bilden, obwohl sie zur Zeit als „Überschrift des ersten Hauptteiles" gelten, sichtlich einen Abschluss, indem sie den Inhalt der Thätigkeit einer ganzen Periode zusammenfassen. Dabei ist Syrsin empfindlich kürzer als Syrcrt und Pesch. Er lässt zunächst gegen beide weg καὶ ἀπῆλθεν ἡ ἀκοὴ αὐτοῦ εἰς ὅλην τὴν Συρίαν, was allerdings an dieser Stelle so verfrüht scheint, dass auch eine griechische Handschrift Γ die Sache durch Emendation von Συρίαν in συνορίαν zu beseitigen sucht, denn dass dies nur Emendation ist, sollte nicht bezweifelt werden. Damit erkennen wir aber in den Texten die Tendenz zur Amplifikation, und eine solche im grossen Stile ist Vs. 24. Ich setze hier her den vollkommen abschliessenden Wortlaut von Syrsin mit Syrcrt und Pesch in Parallele gestellt:

Syrsin ܘܡܩܪܒܝܢ ܗܘܘ ܠܗ ܣ̈ܓܝܐܐ ܕܡܟܬܫܝܢ ܗܘܘ ܒܬܫ̈ܢܝܩܐ
Pesch ܘܩܪ̈ܒܘ ܠܗ ܟܠܗܘܢ ܐܝܠܝܢ ܕܒܝܫ ܒܝܫ
Syrcrt ܘܐܝܬܝܘ ܠܗ ܟܠܗܘܢ ܐܝܠܝܢ ܕܒܝܫ ܒܝܫ

Syrsin ܣ̈ܓܝܐܐ ܘܟܘܪ̈ܗܢܐ ܚ̈ܠܦܐ . . . .
Pesch ܥܒܝܕܝܢ ܒܟܘܪ̈ܗܢܐ ܡܫܚܠ̈ܦܐ ܘܐܝܠܝܢ ܕܐܚܝܕܝܢ
Syrcrt ܥܒܝܕܝܢ ܘܐܝܠܝܢ ܕܐܚܝܕܝܢ ܒܟܘܪ̈ܗܢܐ ܚ̈ܠܦܐ ܘܒܬܫ̈ܢܝܩܐ

Syrsin . . . .
Pesch ܒܬܫ̈ܢܝܩܐ . . . ܘܕܝܘ̈ܢܐ . . . . . . ܘܕܒܪ
Syrcrt ܣ̈ܓܝܐܐ ܘܫ̈ܚܢܐ ܕܩ̈ܠܝܐ ܢܦܝܠܝܢ ܗܘܘ ܥܠܝܗܘܢ ܘܕܒܪ

Syrsin . . . . . . ܘܟܠ ܚܕ ܚܕ ܡܢܗܘܢ ܐܝܕܗ ܣܐܡ
Pesch ܐܓܪ̈ܐ ܘܡܫܪ̈ܝܐ . . . .
Syrcrt ܐܓܪ̈ܐ . . . ܘܗܘ ܠܟܠ ܚܕ ܚܕ ܡܢܗܘܢ ܐܝܕܗ ܣܐܡ

Syrsin ܗܘܐ ܘܠܟܠܗܘܢ ܡܐܣܐ ܗܘܐ.
Pesch ܘܐܣܝ ܐܢܘܢ . . . .
Syrcrt ܗܘܐ ܘܠܟܠܗܘܢ ܡܐܣܐ ܗܘܐ.

Schon bei oberflächlicher Betrachtung sieht man hier, wie der Grundtext des Syrsin in den beiden andern Formen wieder auftaucht, und wie Pesch ihrerseits nicht direkt auf Syrsin ruht, sondern eine dem Syrcrt ähnliche Zwischenstufe voraussetzt. Sie behält aus ܡܩ̈ܪܒܝܢ ܗܘܘ das ܩܪ̈ܒܘ, das transitiv gelesen wird, sie brachten, das aber auch ebenso gut intransitiv verstanden werden kann; sie kamen heran, wogegen Syrcrt ܐܝܬܝܘ sie brachten nach προςήνεγκαν einführt. Die ܬܫ̈ܢܝܩܐ Qualen und ܟܘܪ̈ܗܢܐ Krankheiten gehen auch durch, aber die Ordnung und die Adjektive wechseln, doch haben Syrsin und Syrcrt identisch ܚ̈ܠܦܐ und ܣ̈ܓܝܐܐ. Die „Vielen auf die ܩ̈ܠܝܐ gefallen waren," die Syrcrt bietet, werden in das geläufige ܕܝܘ̈ܢܐ Dämonische umgesetzt, aber ܐܓܪ̈ܐ ܒܪ bleibt. Diese ganze überflüssige Detaillierung ist dann in Pesch noch durch ܘܡܫܪ̈ܝܐ und die Paralytischen vermehrt, die selbst Syrcrt noch nicht hat, wohl aber die Griechen. Am Schlusse kürzt Pesch durch „und er heilte sie" die in Syrsin und Syrcrt identische Phrase: und auf jeden einzelnen von ihnen legte er seine Hand und alle heilte — genauer bedeutet das wegen der Partizipialkonstruktion: behandelte er.

Sieht man auf den Inhalt, so kommen bei Syrsin Viele — bei Syrcrt und Pesch Alle, und gar aus ganz Syrien, welche Amplifikation! Selbst in Syrcrt kommen von den zwei Gattungen der Dämonischen (ܩܠܝܐ und ܐܓܪ̈ܐ ܒܪ) nur viele, in Pesch nach der Konstruktion aber alle, sie zeigt die letzte Stufe. Rekonstruiert man das griechisch, so ergiebt sich folgendes Bild:

Syrsin καὶ προςῆλθον αὐτῷ πολλοὶ ———————— βασάνοις κακοῖς[1]
Syrcrt καὶ προςήνεγκαν αὐτῷ πάντας τοὺς κακῶς ἔχοντας δυςκόλοις
Pesch καὶ {προςῆλθον[2] / προςήνεγκαν} αὐτῷ {πάντες / πάντας} {οἱ / τοὺς} κακῶς ἔχοντες(τας) ποικίλαις κτλ.

Syrsin καὶ νόσοις δυσκόλοις ——— βασανιζόμενοι ————
Syrcrt νόσοις καὶ βασάνοις κακοῖς συνεχομένους, καὶ πολλοὺς δαιμονιζο-
Pesch νόσοις καὶ βασάνοις ——— συνεχόμενοι(νους) καὶ δαιμονιζομε-

Syrsin ———————————————— καὶ
Syrcrt μένους καὶ σεληνιαζομένους ———————— ὁ δὲ
Pesch νοι(νους) καὶ σεληνιαζόμενοι(νους) καὶ παραλυτικοὶ(κούς)

Syrsin ἑκάστῳ αὐτῶν τὴν χεῖρα ἐπιθεὶς πάντας ἐθηράπευσε.
Syrcrt ἑκάστῳ αὐτῶν τὴν χεῖρα ἐπιθεὶς πάντας ἐθηράπευσε.
Pesch ———————— καὶ ἐθηράπευσεν αὐτούς.

Man sieht hier die Interpolationen förmlich wachsen:

1. Syrsin hat: Viele Kranke aller Art und von Qualen geplagte kommen, und er heilt sie alle durch Handauflegung.

2. Syrcrt: Alle werden zu ihm gebracht, die zwei Gruppen der von Krankheiten aller Art Geplagten sind erhalten, aber verstellt. Dazu kommen aber viele auf die die ܦܠܓܐ sich gestürzt haben, also δαιμονιζόμενοι, und Mondsüchtige. — Hier ist die Interpolation ungeschickt, denn zu allen Geplagten gehören auch diese.

3. Pesch: Alle Kranken kommen, resp. werden gebracht, die zwei Gruppen νόσοι und βάσανοι sind wie im Syrcrt, aber die Adjek-

[1] Für die richtige Wiedergabe dieser sechs Wörter stehe ich nicht ein, ebenso wenig für die Parallelen in Syrcrt, die ich nicht Baethgen entlehnt habe. Denn συνέχεσθαι ist Luk 4, 38 ܐܚܝܕܐ in Syrsin, aber ܐܠܝܨܐ in Pesch, hier jedoch steht in Syrsin ܕܡܬܫܢܩܝܢ = βασανιζόμενοι, und in Syrcrt ܕܟܪܝܗܝܢ = νοσοῦντες. Das ποικίλος müsste für ܚܠܠܐ gelten, aber das heisst „schwer" δύσκολος das Adjektiv ܣܢܝܐ hässlich zu ܬܫܢܝܩܝܢ = βάσανοι hat Baethgen ignoriert. Weiter ist ܘܣܓܝܐܐ ܕܦܠܓܐ ܪܡܝܢ ܥܠܝܗܘܢ d. h. viele über die sich Pelage (oder Pelge) gestürzt haben, nicht durch παραλύτικοι gegeben, sondern nach Ausweis der Pesch durch δαιμονιζόμενοι, da παραλυτικοί in Pesch dem ܡܫܪܝܐ entspricht, während σεληνιαζόμενοι in Syrsin Mtth 17, 15 mit ܦܠܓܐ umschrieben wird. Dafür aber ist im Syrcrt und Pesch ܒܢܝ ܐܓܪܐ gesetzt, das also damit nicht identisch sein kann, weil es hier koordiniert ist. So kann man also nicht παραλύτικος = ܕܦܠܓܐ ܪܡܝܢ ܥܠܝܗܘܢ setzen und dann ܘܒܢܝ ܐܓܪܐ = καὶ σεληνιαζόμενοι fassen.

[2] Durch den Vokalismus wird dann interpretiert: καὶ προςήνεγκεν ... πάντας κτλ., so dass überall Akkusative einzusetzen sind.

tiva sind alteriert. Es kommen dazu dann (alle) Dämonischen, Mondsüchtigen und Paralytischen, wobei der letzte Zusatz ganz ungehörig.

Diesen letzten interpolierten Text haben alle Griechen, aber in dem durch Ergänzungen erschütterten Wortgefüge schwanken die Verbindungspartikeln, man weiss nicht wohin ποικίλαις νόσοις gehört, das die Exegeten bald nach hinten, bald nach vorn ziehen, — letzteres sicher falsch — aber dann fehlt καὶ τοὺς, kurz die Konstruktion hapert. Auch gehen B und ℵ auseinander, dieser hat καὶ δαιμονιζομένους, B streicht das καί fort. Und am Schlusse ist neben dem καὶ ἐθηράπευσεν αὐτούς von Bℵ Pesch die Lesart des Syrsin und Syrcrt doch noch erhalten in Dabcg[1] καὶ πάντας ἐθηράπευσεν.[1]

Es ist kein Kunststück, solchen Text durch Einsetzen oder Streichen von καὶ und etwaigen Artikeln korrekt lesbar zu machen, aber die Textgeschichte verbietet das, wir haben Interpolationen, die nicht ausgefeilt sind, vor uns. Die Zurechtmachungen verhüllen den im Hintergrunde liegenden geschichtlichen Prozess der Textbildung.

IV, 25. Wenn Syrsin mit Vs. 24 einen Absatz macht, so hängt für ihn das: und da es ein grosser Volkshaufe war .... da er die vielen Volkshaufen sah, nicht unmittelbar mit dem Vorigen zusammen, sondern es wird eine Szene geschildert, die ursprünglich eine eigene vollständigere Einleitung gehabt hat. Die höhere Kritik mag hier fragen, ob dies nicht die Urform ist, mit der Matthäus die Logia eingeführt hat. Dabei scheint es von höchster Bedeutung, dass die Bergpredigt nicht zu den Volksmassen, sondern nur zu den Jüngern gesprochen ist, sie enthält die esoterische Lehre für den engsten Kreis Ješu', denen draussen redete er in Gleichnissen. Ješu' stieg auf den Berg, um den Massen zu entgehen, und setzte sich nieder. Wie soll Jemand im Sitzen für grosse Versammlungen sprechen? Der Text sagt denn auch: Da nahten sich seine Jünger. Das hätte man längst aus Matth 5, 13 begreifen sollen, seine wenigen Getreuen sind das Salz der Erde, er konnte nicht alle die zusammengelaufnen Massen ohne Weiteres als das Salz der Erde bezeichnen. Meyer-Weiss ist auf dem Wege zu dieser Erkenntnis, wenn er sagt: dass nachdem Ješu' sich auf den Berg begeben hat, um zu den Volksmassen zu reden, [— wo ist das aber gesagt? —] nun doch die Jünger zu ihm treten, zeigt unzweifelhaft, dass in der Quelle bereits [— warum bereits?] die Rede als Jüngerrede bezeichnet [— wir sagen lieber: berichtet] war. Weshalb nun diese richtige Einsicht durch den Zusatz verderben, dass „dabei aber an den weiteren Kreis der Anhänger Ješu', die ihm nachzogen, um ihn

[1] In den Rhedigerianus und Aureus ist dann der Vulgärtext: et curavit eos eingedrungen.

zu hören, gedacht war." Davon sagt selbst der griechische Text keine Silbe.[1] Weit klarer ist freilich Syrsin, wenn er ausdrücklich sagt, dass sich seine Jünger nahten, und er begann zu ihnen zu sagen. Griechisch ist das durch die inhaltlose Erweiterung: seinen Mund öffnend lehrte er sie, sagend — bloss rhetorisch amplifiziert, was dann schon in Syrcrt und Pesch hineinkorrigiert ist. Die in Syrsin erhaltne Form erledigt daher die Schwierigkeiten, welche Weizsäcker in dem griechischen Matthäus bemerklich macht, der die Rede einleitet, als ob sie an eine Volksmasse gerichtet wäre, und dann doch Alles darin stehen lässt, was ausdrücklich an den Kreis der Jünger gerichtet ist. (Das apostol. Zeitalter 1886 P. 393). Vgl. dazu die Bemerkung zu 8, 1 und 7, 28 unten.

Dass aber in der Urquelle von den Jüngern vorher mehr gestanden haben muss, als wir in unserm Matth lesen, ist gewiss, denn in der gegenwärtigen Anordnung sind im Matth nur vier erwähnt, Petrus und Andreas, Jakobus und Johannes, während der Inhalt dieser Welten umfassenden Rede doch für alle bestimmt ist. Die Annahme, dass diese Rede nachträglich aus Erinnerungen in der Gemeinde zusammengesetzt sei, erscheint mir höchst unglaublich.

V, 4—5 sind bei Syrsin mit der Ordnung der Pesch identisch, während Syrcrt 5. 4 ordnet, d. h. den Spruch über die Sanftmütigen (πραεῖς) vor den über die Trauernden (πενθοῦντες) stellt. So scheint auch Aphraates P. 41 gelesen zu haben, obwohl die bei ihm vorliegende Umstellung auch von Vs. 9 die Sache fraglich macht. Er hat Vs. 9 (die Frieden wirken) direkt nach Vs. 3 (die Armen in ihrem Geiste) aufgeführt, so dass seine Anordnung frei ist.[2] Leider

---

[1] Das in 5, 1 nach B von Lachmann gestrichne αὐτῷ, das Westcott-Hort in Klammer setzen, ist in Syrsin, Syrcrt, Pesch, Philox, Memph, Armen, Hrs, Altlateiner, Äthiop bei Hackspill, Vulgata, D und א vorhanden. Wiegt B sie alle auf, oder ist er recensiert?

[2] Ich setze hierher die Zeugnisse aus dem Diatessaron. Es folgt in

Victor Cap = Syrcrt	Arab. Diatessaron = Pesch
Pauperes spiritu [suo]	Die Armen am Geist
Mites	Die Trauernden
Qui lugent	Die Demütigen
Qui esuriunt.	Die Hungernden.

Das arabische Diatessaron ist ohne Zweifel ganz aus dem Peschitatexte gemacht, ihm liegt weder Syrsin noch Syrcrt irgend wie zu Grunde. Auch hier geht es mit Pesch, denn es hat طوبى للمساكين بالروح = pauperibus in spiritu, wie Pesch ܠܡܣܟܢܐ ܒܪܘܚ, wogegen Syrsin und Syrcrt ܒܪܘܚܗܘܢ haben, und Hrs ebenfalls ברוחא דרילהון d. h. in spiritu ipsorum bietet. Dies ipsorum fehlt in allen übrigen Textformen, ausser im armenischen Ephraem P. 57. 59. Seine erkennbare Reihenfolge ist diese: 1. Die Armen in ihrem Geiste, 2. die Milden (հեզք), 3. die hungern und dürsten nach Gerechtigkeit, 4. die reines Herzens,

ist aus Cyprian Nichts zu sehen. Dacg[1], Rhediger, Aureus, Origenes 3, 740^{d} gehen mit dem Syrcrt. — Dagegen ist die Ordnung des Syrsin und der Pesch ausgedrückt in BאC und andern, neben bf, Memphit, Arm, Philox und Hrs.

Vs. 6. Rechtschaffenheit. So deutet Syrsin und Pesch das griechische Wort genau. Ihr ܟܐܢܘܬܐ[1] ist in Syrcrt in das gewöhnliche ܙܕܝܩܘܬܐ geändert. Dazu nehme man Vs. 10, wo Pesch wieder Rechtschaffenheit ܟܐܢܘܬܐ ausdrückt, in Syrsin und Syrcrt aber Gerechtigkeit ܙܕܝܩܘܬܐ steht, während in Vs. 20 Syrsin mit Pesch Rechtschaffenheit ܟܐܢܘܬܐ hat, Syrcrt aber Gerechtigkeit ܙܕܝܩܘܬܐ. Man hat eine Meinungsverschiedenheit des Übersetzers und der Bearbeiter über den genauen Sinn von δικαιοσύνη vor sich. Vgl. zu VI, 1, 3. Ausser diesen Stellen kommt das Wort im Matth nur noch 3, 15 und 21, 32 vor, wo Syrsin, Syrcrt und Pesch gleichmässig Rechtschaffenheit ܟܐܢܘܬܐ ausdrücken. — Während bei Paulus das Wort Gerechtigkeit die ungeheure Bedeutung hat, kommt es in Ješu' Munde ausser in den hier angeführten Stellen gar nicht vor.

Vs. 10. Gerechtigkeit mit Syrsin und Syrcrt gegen Pesch, die Rechtschaffenheit bietet. Es handelt sich hier um mehr, als blosse justitia civilis, der höhere Begriff der Gerechtigkeit ist von Pesch nicht zum Ausdruck gebracht. — Charakteristisch für die Philoxeniana ist, dass sie ganz mechanisch immer für δικαιοσύνη ihr ܙܕܝܩܘܬܐ einsetzt.

Vs. 11. hassen ... verfolgen ... Böses sagen. Dafür hat der Syrcrt: verfolgen ... lästern ... und alles Ding, das böse ist, sagen, und die Pesch bietet: lästern ... verfolgen ... jeglicher Art böses Wort sagen. Danach drückt aus
Syrcrt: ὅταν διώξωσι ... ὀνειδίσωσι .... καὶ εἴπωσι πᾶν πονηρόν
Pesch: ὅταν ὀνειδίσωσι ... διώξωσι .... καὶ εἴπωσι πᾶν ῥῆμα πονηρόν.
Beide Texte enthalten trotz der Verschiedenheit der Anordnung

---

5. die weinen, denn sie werden lachen (ծիծաղեսցին), 6. die Frieden schaffen, 7. die verfolgt werden wegen der Gerechtigkeit, 8. Ihr freut euch und seid fröhlich, denn euer Lohn ist gross im Himmel, und an diesem Tage werdet ihr jubeln. Letzteres ist aus Vs. 12 und Luk 6, 23. — Es fehlen die Barmherzigen Vs. 7, und die Trauernden aus Vs. 4 erscheinen hier nach denen, die reines Herzens sind, in einem wegen des „Lachens" bedeutend abweichenden Texte. Wenn nun hier auch bei Griechen und Lateinern die Reihenfolge schwankt, so ist die Thatsache des Redigierens augenscheinlich. Aber wo ist das Original? Übrigens vgl. Zahn Forschungen I 131.

[1] Daher hat das arabische aus Pesch gemachte Diatessaron عدالة hier und Vs. 10 und 20 wie 3, 15 etc., während es ܙܕܝܩܘܬܐ durch تقوى d. i. Gottesfurcht ausdrückt, wie aus Luk 1, 75 zu ersehen ist. Dagegen ist Joh 16, 8 und 10 mit بر und حكم eine andre Interpretation gegeben.

eine Tautologie, denn Lästern und Böses reden fallen praktisch zusammen.

Sie drücken zwei griechische Textklassen aus, der Syrcrt entspricht der Gruppe Dkh, die Pesch aber der Gruppe ℵBΔ cet. Rhedig, Aur, (das ist Vulg) Memph, Äth, Arm. Doch haben Vulg, Memph, Äth[1] nicht verbum aus dem ῥῆμα in Δ al. sondern nur πᾶν πονηρόν ausgedrückt, während der Arm բան = ῥῆμα bietet.

Wir lassen dabei das ψευδόμενοι ἕνεκεν ἐμοῦ, das Syrcrt und Pesch bieten, vorläufig ausser Betrachtung, neben dem ἕνεκεν δικαιοσύνης in D al., und ἕνεκεν τοῦ ὀνόματός μου in Syrsin und Syrcrt steht.

Das syrisch nur von Syrsin bezeugte hassen (ܣܢܐ) steht aber nicht etwa allein, denn g[1] (St. Germain) hat (mit Interpolation nach dem maledixerint der Vulg) so: cum vos odio habuerint homines [maledicent], et persequentur et dicent omnem malum adversum vos propter justitiam. Dem verwandt ist Lucifer 238 bei Lachmann: vos odio habuerint homines et [maledicentes!] persequentur et exprobrabunt,[2] wo das maledicent zum Participium gemacht und in den Zusammenhang eingezwängt ist. Endlich findet sich im Lateinischen von Δ einfach: cum oderint vos et persequentur et dixerint omne malum verbum adversum vos mentientes propter me, wo also ψευδόμενοι zum Ausdruck kommt.

Dies ψευδόμενοι fehlt noch in Cyprian (560, 6 Hartel) und in k, obwohl dessen Text nicht rein ist, da er maledixerint hat. Sein Text lautet: Beati eritis cum persecuti vos fuerint et maledixerint et dixerint · adversus vos omne nequam propter · iustitiam. Hier springt die Tautologie in die Augen und da Cyprian schreibt beati estis [— aber T Saec X eritis] cum vos persecuti [— aber persecuti vos g d. i. Codex Baluzianus Saec XIV—XV] fuerint et odio habuerint [homines H d. i. Parisin. Sorbon. Saec XI—XII], so ergiebt sich, dass in k das maledixerint ein Ersatz für odio habuerint ist. Stellt man dies aus Cyprian ein, und ordnet man es mit q, Lucifer und Δ lat. richtig ein, so haben wir odio habere — persequi — dicere malum, wie Syrsin

---

[1] Dabei ist die Ordnung von διώξωσι und ὀνειδίσωσι im Äthiopen nicht fest, denn Hackspill bietet soba jesaddedukému wajezanaguegukému = wann sie euch vertreiben und verhöhnen, während der Baseler Text die Ordnung umkehrt und säddedukemu im Perfekt schreibt. Das vertreiben dürfte irgend welchen arabischen Einfluss verraten, da in arab. Texten طردوا steht.

[2] Durch dies exprobrabunt verbindet sich q mit Lucifer's Form, obwohl q das ῥῆμα ausdrückt. Er schreibt: Beati eritis, cum exprobraverint vobis homines · et persecuti fuerint et dixerint omne verbum malum adversus vos, mentientes propter me.

bietet, von dem wir erst den Schlüssel zum Verständnis der ganzen Stelle erhalten, und in welchem auch das ψευδόμενοι fehlt.

Hierher gehört denn auch der Text Victor von Capua im Codex Fuldensis, bei dem das ungehörige maledixerint, das ich einklammere, nach vorne geraten ist. Er lautet: Beati estis cum [maledixerint vobis et] odierint vos homines et persecuti fuerint · et dixerint omne malum adversum vos mentientes ohne das ἕνεκεν κτλ.

So gesellt sich zu den deutlichen zwei Gruppen, nämlich dem Syrcrt D al. mit διώξουσιν, ὀνειδίσουσι, und der andern, nämlich Pesch ℵB al. mit ὀνειδίσωσι, διώξωσι noch eine dritte.

Diese Gruppe besteht aus dem Syrsin und $g^{1}\delta$, Victor von Capua und dem nach Cyprian berichtigten k. Sie lässt hassen, verfolgen, Böses reden folgen, vermeidet die Tautologie von ὀνειδίζειν und λέγειν πᾶν [ῥῆμα] πονηρόν, und hat in einzelnen Gliedern (Syrsin kg^{1}) keine Spur von ψευδόμενοι.

Und nun betrachten wir die griechischen Repräsentanten der beiden andern Gruppen:

I D	οταν διωξουσιν	ὑμας και ονιδισουσιν·	και ειπωσιν καθ
II ℵ	οταν ονειδισωσιν	ὑμας και διωξουσιν	και ειπωσιν παν
BΔ	οταν ονειδισωσιν	ὑμας και διωξωσιν (Δ ουσιν)	και ειπωσιν πᾱ (Δ παν)

I D	υμων	παν πονηρον		ενεκεν δικαιοσυνης
II ℵ	πονηρον	καθ υμων	ψευδομενοι	ενεκεν εμου
BΔ	πονηρον (Δ ρῆμα)	καθ υμων	ψευδομενοι	ενεκα (Δ κεν) εμου.

Man sieht, Δ geht mit ℵ zusammen, und woher wohl in beiden der Wechsel des Modus ὀνειδισωσιν neben διωξουσι?

Das ψευδόμενοι wird verurteilt durch die Gruppe des Syrsin und durch D, es erweist sich als lähmende Interpolation, durch die ein für die Apostel besorgter Theologe die Möglichkeit ausschliessen wollte, dass man etwa denken könnte, es könne mit Recht von ihnen etwas Böses ausgesagt werden. Solche böswillige Reden werden allgemein zu Lügen gestempelt. Dieser Einschub zieht die Umstellung von καθ' ὑμῶν in ℵBΔ notwendig nach sich, denn wenn ψευδόμενοι nicht unmittelbar mit καθ' ὑμῶν verbunden ist, so würde man verstehen müssen ψευδόμενοι ἕνεκεν ἐμοῦ, und das würde heissen: indem sie um meinetwillen lügen, also entweder in meinem Interesse oder in Anbetracht meiner lügen. Dieser totale Unsinn[1] wird durch Um-

[1] Die Schwierigkeiten bringt Meyer-Weiss in seiner Erklärung gut zum Bewusstsein, die Textform des Syrsin hebt sie alle. Die Unmöglichkeit ψευδόμενοι richtig in die Konstruktion zu bringen, da es weder zu καθ' ὑμῶν noch zu ἕνεκεν ἐμοῦ gehören kann, sondern zu εἴπωσι gehört, zeigt Meyer's Übersetzung: „indem sie wider euch lügen um meinetwillen, d. h. weil ihr mir angehört.“ Richtig ist nur „wenn sie lügenhaft über euch Böses aussprechen,“ — denn das fordert der Sinn. Ješu' sagt nicht, dass sie Nichts Böses von ihnen sagen können, — er

stellung des καθ' ὑμῶν ausgeschlossen, aber glatt ist die Konstruktion mit dem nachschleppenden ἕνεκεν ἐμοῦ darum noch lange nicht, das ψευδόμενοι ist und bleibt ein Fremdkörper.

Nun ist aber die Wortstellung von D καὶ εἴπωσιν καθ' ὑμῶν πᾶν πονηρόν bezeugt 1. von Syrsin ܥܠܝܟܘܢ ܕܒܝܫ = adversum vos quod malum, noch ohne πᾶν, 2. von Syrcrt ܥܠܝܟܘܢ ܟܠ ܡܕܡ ܕܒܝܫ = adversum vos omne quod malum, mit πᾶν, das also Einschub, 3. von Pesch ܥܠܝܟܘܢ ܟܠ ܡܠܐ ܒܝܫܐ = adversum vos omne verbum malum, mit πᾶν ῥῆμα (Δ), 4. von Hrs עליכון כל ביש = adversum vos omne malum, ohne ῥῆμα, doch mit πᾶν, 5. von Cyprian-k adversum vos omne nequam, mit πᾶν.

Umgekehrt, sobald wir in einem Lateiner mentientes = ψευδόμενοι eintreten sehen, findet sich auch die Umstellung von καθ' ὑμῶν im Sinne von ℵBΔ. Also steht bei Hieron, Aur, Rhedig omne malum adversum vos mentientes propter me, und so hat auch Victor von Capua, ja sogar g[1], der mentientes selbst nicht bringt.

Hieran schliesst sich der Arm զա̃մ բան չար զձէնջ սուտ վասն իմ = omne verbum malum de vobis falsum, propter me, der Memph ⲟⲩⲟϩ ⲛⲥⲉϫⲉ ⲡⲉⲧϩⲱⲟⲩ ⲛⲓⲃⲉⲛ ⲛⲥⲁ ⲑⲏⲛⲟⲩ ⲉⲩϫⲉ ⲙⲉⲑⲛⲟⲩϫ ⲉⲣⲱⲧⲉⲛ ⲉⲑⲃⲏⲧ = et dicunt malum omne adversum vos mentientes de vobis propter me, und der Äthiope, beide letztere ohne ῥῆμα. Doch schwankt der Äth wieder, denn Hackspill bietet baḥîs = per reprehensionem oder per vim, der Baseler Druck enza jaḥasĕwu = lügend.

Weiter schwankt die Stellung von ψευδόμενοι in Syrcrt und Pesch, jener hat: omne malum per mendacium propter nomen meum, diese omne verbum malum propter me per mendacium. Es steht also an verschiednen Stellen, d. h. es ist in den Grundtext des Syrsin in ungleicher Weise interpoliert. Zugleich hat Pesch das dem Syrsin und Syrcrt noch gemeinsame propter nomen meum umgeändert in propter me, jene drücken ἕνεκεν τοῦ ὀνόματός μου aus.

Stellt man sich nun mit Überschreibung der Glossen und Bezeichnung des Weggelassenen den Grundtext her, so ergiebt sich unter Berücksichtigung von Matth 10, 22 folgendes Bild:

ὀνειδίσωσι weggelassen
ὅταν μισήσωσι ὑμᾶς οἱ ἄνθρωποι καὶ διώξωσιν ὑμᾶς καὶ ὅταν εἴπωσι
πᾶν ῥῆμα weggelassen
καθ' ὑμῶν πονηρὸν ἕνεκεν τοῦ ὀνόματός μου
δικαιοσύνης.

Das ὀνειδίσωσι verurteilt sich als Wanderwort (D gegen ℵB)

---

selbst sagt es ja von Petrus, — sondern er sagt: Glücklich, wenn sie nur auf dem Wege der Lüge von Euch als meinen Anhängern Böses sagen können. So wäre der Gedanke zu gestalten, wenn ψευδόμενοι echt wäre.

und als Tautologie. — Das οἱ ἄνθρωποι hat neben Syrsin und Syrcrt noch Lucifer und Cyprianus Codex H, so wie g[1]q und Victor von Capua. Es findet sich nicht mehr im Memph, Armenier und Äthiopen, die auf die Stufe von אB gebracht sind, natürlich fehlt es auch in der Pesch, Philoxeniana und dem Hrs. Jüngste stilistische Feilung ist der Zusatz von ῥῆμα, Armen Δ δ q, und dieser Zusatz steht in Pesch.[1]

Danach liefert die Grundform Syrsin mit teilweiser Stützung von Syrcrt, Cyprian, Lucifer und alten Lateinern.

Die erste Verderbnis mit ὀνειδίσωσι bringen alle Griechen, aber mit Schwankung in der Wortstellung.

Das vorsichtig sichernde ψευδόμενοι erscheint in אB und Genossen und veranlasst die Umstellung von καθ' ὑμῶν.

Endlich wird der Schluss in charakteristischer Weise geändert. Die Lesart in Syrsin und Syrcrt: wenn sie Böses reden über Euch wegen meines Namens, bedeutet nicht wegen des Christennamens, denn Christus ist kein Name, sondern Ješu' Phil 2, 10, sie bedeutet vielmehr wegen eurer persönlichsten Beziehung zu mir, und das ist im höchsten Sinne des Wortes ursprünglich. Aber es wird durch Verwandlung in blosses ἕνεκεν ἐμοῦ aus der Sphäre des Persönlichen hinausgerückt und in eine allgemeinere auch nach Ješu' Tode verständliche Form gebracht in einer Zeit, als man die Christen nicht als Ješu' persönliche Begleiter kannte und nach Ješu' Namen nannte, sondern Christen. Diese Textform erscheint im Memph, Arm und der Philoxeniana, ist aber auch in die Pesch im Gegensatz zum altsyrischen Texte des Syrsin eingesetzt. In andrer Form wird dem Bedürfnis das Persönliche, Lokale und Zeitliche aus dem Ausdrucke fortzuschaffen eine zweite Redaktion gerecht, die ganz abstrakt ἕνεκεν δικαιοσύνης setzt, welches ein Produkt reinster Reflexion unter Einfluss von Vs. 10 ist. Die Filiation ist diese:

ἕνεκεν τοῦ ὀνόματός μου Altsyrer, Altlateiner bei Sabatier

ἕνεκεν ἐμοῦ im Bezirke von Memph, (Philox), Pesch, Hieron, Arm, Hrs, אB al.	ἕνεκεν δικαιοσύνης im Bezirke von Dg[1]k Hilarius 362, 1237, 1281 der Maur Ausg. (Lachm.), Iren. IV, 54.

Geht man von ἕνεκεν ἐμοῦ als neutralem Urtext aus, so ist schon die Änderung in ἕνεκεν δικαιοσύνης schlecht zu erklären, die Änderung aber in ἕνεκεν τοῦ ὀνόματός μου bleibt schlechthin unerklärlich. Also ist letzteres in Wahrheit die ursprüngliche Lesart, aus der alle übrigen erwachsen sind.

[1] Daher auch im arabischen Diatessaron mit Erhaltung der Wortstellung aus der Peschita: فتكلموا فيكم بكل كلام سو لاجلى كذبا.

Wem hier nicht die Augen aufgehen über die Vorgeschichte des griechischen Textes, der hat keine Augen.

Zu dem in Syrsin gedruckten ܢܗܘܡ merkt Burkitt an, es sei eher ܢܗܘܝ zu lesen und sicher nicht ܢܗܘܢ oder ܢܗܘܘܢ. Ich vermute ܗܘܘܡ ܕܒ.

V, 12. denn so verfolgten ihre Väter die Propheten. So ist in der Übersetzung zu verbessern, denn das gedruckte eure Väter ist ein Versehen von mir. Der Sinn ist klar: Wie sie euch verfolgen, so verfolgten ihre Väter die Propheten. Trotzdem ist schon im Syrcrt der Text alteriert und zwar um ihn mit dem Folgenden in einen Gegensatz zu bringen. Er hat: denn also verfolgten eure(!) Väter die Propheten, welche vor euch gewesen sind. Ihr seid das Salz der Erde u. s. w. Den Absatz, den Syrsin zeigt, hat Syrcrt nicht. Die dritte Stufe hat die Peschito: denn so haben die Propheten verfolgt die vor euch.[1]

Bei Irenäus IV, 54 steht: Sic enim persecuti sunt prophetas, qui ante vos fuerunt. So auch a. Bei Cyprian schwankt der Text, da die Handschriften Tμ (Saec X und XV) das qui ante vos fuerunt weglassen, und andrerseits Ausgaben nach fuerunt zusetzen: patres eorum. Daneben steht k: sic enim persecuti sunt prophetas qui ante vos fuerunt · fratres eorum · Das letztere sieht wie Verderbnis aus patres eorum aus, denn Codex b hat: eos qui fuerant ante vos patres eorum und dies patres eorum ist auch in c erhalten, fehlt aber sonst bei den Lateinern. Mit Luk 6, 26 interpoliert ist g[1], welcher bietet: sic enim persecuti sunt et prophetas qu[i] erant ante vos; Nolite gaudere cum benedixerint vos omnes homines, sic enim faciebant pseudoprophetis patres eorum (= Luk 6, 26). Vos estis sal etc.

Hören wir nun die Griechen, so bieten BℵDKUΔ: οὕτως γὰρ ἐδίωξαν τοὺς προφήτας τοὺς (K om) πρὸ ὑμῶν. Dazu kommt ὑπαρχόντων in D, das dann in ὑπάρχοντας korrigiert ist, und οἱ πατέρες αὐτῶν in U, Syrsin nebst den Altlateinern, wofür οἱ πατέρες ὑμῶν in Syrcrt.

Ist das klar? Haben denn diejenigen, die die Jünger in der Gegenwart[2] hassen, wirklich die alten Propheten verfolgt? Oder hat Ješu' seine Jünger Propheten nennen können, wenn er die Propheten bis Johannes den Täufer reichen lässt? Und doch müsste er es gethan haben, wenn man nur liest: ἐδίωξαν τοὺς προφήτας τοὺς

---

[1] Daher denn das arabische Diatessaron: فهكذا طردوا الانبياء من قبلكم = ܗܟܢܐ ܓܝܪ ܪܕܦܘ ܠܢܒܝܐ ܕܡܢ ܩܕܡܝܟܘܢ. Das Syrische könnte auch heissen: Denn so haben die, welche vor euch waren, die Propheten verfolgt, — auch der Araber kann mit مَنْ so gefasst werden.

[2] Zu sagen, dass die Juden, die immer lebende Nation, gemeint sei, ist ein exegetischer Schleichweg.

πρὸ ὑμῶν, denn das heisst: die vor euch wirkenden Propheten, mit denen ihr zu vergleichen seid, es heisst nicht die alten Propheten schlechthin, da bei diesem Sinne der Stelle der Zusatz ganz überflüssig, ja irreleitend ist, sofern die Propheten an sich die alten sind. Sinn giebt nur οἱ πρὸ ὑμῶν oder οἱ πρὸ αὐτῶν, die Söhne handeln an euch, wie die Väter an den Propheten. Der Fehler steckt in dem τούς, das in K fehlt. In diesem Sinne lese man nun die Lateiner z. B. k: sic enim persecuti sunt prophetas, qui ante vos fuerunt · fratres eorum. Das Subjekt ist qui ante vos fuerunt = οἱ πρὸ ὑμῶν, eine Dopplung dazu ist fratres eorum, vermutlich, aber nicht sicher, verderbt aus patres eorum. Wir haben doppelte Lesart vor uns:

fratres eorum
sic enim persecuti sunt prophetas qui ante vos fuerunt
patres eorum.

Wird patres eorum mit dem qui ante vos f. verbunden, so wird dies Objekt und patres Subjekt, so hat denn auch Victor von Capua im Codex Fuld., dort steht: sic enim persecuti sunt prophetas, qui fuerunt ante vos, patres eorum, was mit Syrcrt zusammenfällt, wenn ܐܒܗܝܗܘܢ ihre Väter, statt des sinnlosen ܐܒܗܝܟܘܢ eure Väter gelesen wird.

Genau das ergiebt der Syrsin: denn so verfolgten ihre Väter die Propheten. Daraus erklärt sich die Schwankung bei Cyprian: sic enim et prophetas persecuti sunt [qui ante vos fuerunt Tμ om.] + patres eorum (Ausgaben), daraus auch der Zustand des griechischen Textes οὕτως γὰρ ἐδίωξαν τοὺς προφήτας τοὺς (lies οἱ) πρὸ ὑμῶν (ὑπάρχοντας, so für ὑπαρχόντων in D), wozu als zweite Lesart des Subjektes οἱ πατέρες αὐτῶν kommt. Das letztere ist das logisch Richtige, οἱ πρὸ ὑμῶν ist so schief, wie τοὺς πρὸ ὑμῶν, und dies Richtige hat nur wieder allein Syrsin, den die Lateiner teilweise stützen, und dessen οἱ πατέρες αὐτῶν selbst in einem griechischen Texte erhalten ist. Warum soll das nun Contamination aus Lukas sein? Etwa weil es das einzig logisch Notwendige ist? Credat Judaeus Apella! Nun betrachte man die oben P. 70[1] angedeutete Möglichkeit, in Peschita zu verstehen: Denn so haben die, welche vor Euch waren, die Propheten verfolgt, und man wird sehen, dass es ܕܗܘܘ ܩܕܡܝܗܘܢ heissen muss: So haben die vor ihnen waren = ihre Vorfahren die Propheten verfolgt. Die Väter und Vorfahren sind identisch. Welches Wort ist aber original?

V, 15 unter den Scheffel. Während Syrsin und Pesch das syrische Wort ܣܐܬܐ = סאה Sĕ'a, für Scheffel verwenden, hat Syrcrt und Hrs das griechische μόδιος (מודיא), die Philox sogar direkt μόδιον (ܡܘܕܝܘܢ) eingesetzt. Der erstere gräcisiert, der zweite (der Hrs) wählt ein in seiner Zeit in Palästina gebräuchliches griechisches Wort für ein Mass, das auch im jerusalemischen Talmud häufig ist. Auch die Araber haben das mudd (مُدّ) angenommen. Die Namen des Masses sind zwischen Griechen und Semiten ausgetauscht, aus סאתא ist σάτον, aus μόδιος ist מודיא entlehnt. Bar Bahlul bestimmt den μόδιος wie das σάτον, aber nicht gleich, jenes auf 12, dies auf 6 qafîz, jedoch mit noch andern Angaben. Er hat spätere Zeiten vor Augen.

leuchtet allem, Singular. Pesch und Syrcrt drücken den griechischen Text aus, leuchtet allen denen, welche. — Versteht man den Syrsin, wie am Rande angegeben: erleuchtet alles, was im Hause ist, so entstehen sehr feine und tiefe Beziehungen, Luk 11, 36.

eure schönen Werke, schöne ܫܦܝܪ̈ܐ haben Syrsin und Syrcrt, dagegen Pesch hat gute ܛܒ̈ܐ, und so zitiert Aphraates P. 14, also vom Syrcrt verschieden.

V, 17 zu lösen das Gesetz und die Propheten. Syrcrt und Pesch haben statt des Infinitivs zu lösen, die erste Person: dass ich löse, was indifferent ist. Daneben aber, — was bedeutender ist, als es auf den ersten Blick scheint, — hat Syrcrt mit Syrsin das Gesetz und die Propheten, wogegen Pesch mit Philox, Hrs, Memph, Ulfil, Arm und allen Griechen und Lateinern das Gesetz oder die Propheten hat. Tischendorf hat die Variante des Syrcrt nicht einmal angeführt. — Neben Syrsin und Syrcrt steht das Zitat des Aphraates P. 28, der und bietet (aber für Gesetz ܐܘܪܝܬܐ = Thora schreibt), und diesmal auch der Äthiope, sowohl im Codex Paris. 32 ed. Hackspill als im Basler Drucke (la'orit walanabîjât legem et prophetas), der auch weiter dadurch sich auszeichnet, dass er nicht nur das doppelte καταλύειν durch sa'ara und nasata in Vs. 17 verschieden ausdrückt, sondern sogar das λύειν Vs. 19 davon scheidet und fateḥa setzt, während alle andern Übersetzungen das καταλύειν und λύειν nicht unterscheiden. Was bedeutet nun die Variante Gesetz und Propheten? Bedeutet das die alttestamentliche Religion als Ganzes? Oder ist es wahr, dass wenn oder (ἤ) gelesen wird, der Gedanke möglicher Weise sein könnte, Ješu' rede davon, dass er entweder das Gesetz für sich oder die Propheten für sich — jedes einzeln — lösen könne, während der andre Teil erhalten bliebe, wie Meyer-Weiss gesagt hat: er könnte das Eine oder das Andre abschaffen? Was sollte aber wohl ein „Abschaffen der Propheten“ vorstellen, da sie doch nun einmal da sind? Soll das heissen: Ihre Gültigkeit aufheben? Aber sie haben gar nicht das, was der Gültigkeit eines Gesetzes parallel steht, und zudem ist im Folgenden von den Propheten nirgend mehr die Rede! Kann man überhaupt sagen: die Propheten lösen oder abschaffen? So ist denn das und neben dem oder durchaus keine Kleinigkeit, sondern etwas sehr Bedeutendes, und fragt man ob der Ausdruck „die Propheten lösen" überhaupt denkbar sei, so muss man zunächst untersuchen was „lösen" hier bedeutet.

Das Wort καταλύειν wird von der Zerstörung des Tempels gebraucht und dann in Syrsin, Syrcrt und Pesch übersetzt durch ܣܬܪ (סתר) oder durch ܫܪܐ (שרא), nämlich ܣܬܪ d. i. zerstören in Mtth 26, 61 Syrsin, 27, 40 Syrsin und Pesch, Mrk 14, 58 Syrsin, Luk 21, 6 Syrsin, Syrcrt, Pesch; Mtth 24, 2 Syrcrt, Pesch; Mrk 13, 2 Pesch. Dagegen hat Pesch Mtth 26, 61 und Mrk 14, 58 ܫܪܐ (שרא) d. h. lösen.

Ganz eigen ist dem Syrsin ܐܫܬܪܝ, und das ist nicht Fehler für ܫܪܐ (שרא), weil es sich wiederholt Mtth 24, 2 Mrk 13, 2. Die andern Übersetzungen gebrauchen dies Wort nicht, es bedeutet hingeworfen werden. Aber auch ܫܪܐ hat der Syrsin von der Tempelzerstörung Mrk 15, 29 mit Pesch identisch.

Nach Abzug dieser Stellen bleiben Mtth 5, 17, Luk 9, 12 und 19, 7, wo alle drei Übersetzungen ܫܪܐ haben.

Das einfache λύειν ist überall ܫܪܐ (שרא), nur Joh 2, 19 haben Syrsin und Pesch ܣܬܪ (סתר), Syrcrt fehlt.

Ein Bedürfnis das καταλύειν von λύειν zu scheiden haben die Syrer in Mtth 5, 17, 19 nicht empfunden, hätten sie καταλύειν vom Zerstören des mosaischen Gesetzes verstanden, — wo wir abrogieren sagen würden, so hätten sie durch ܣܬܪ oder ein ähnliches Wort den Sinn bezeichnen können. Symmachus übersetzt Psalm 10, 3 (11, 3 hebr.) הרם durch καταλύειν im Sinne von Gesetzesverletzung oder Nichtbeobachtung, es deckt auch סתר Ezra 5, 12.

Das καταλύειν selbst ist — da Ješu' doch aramäisch sprach — eine Wiedergabe von שרא lösen, wie es in Syrsin nun wieder lautet, der das καταλύειν rückwärts aramaisiert hat.[1] Beide Worte decken sich von der Grundbedeutung „lösen" aus durch die ganze Anwendungssphäre bis zu κατάλυμα = ܡܫܪܝܐ Luc 2, 7 Philox d. i. Quartier. Um den Text zu verstehen wird man von שרא ausgehen müssen. Was aber ist das Wort, das hier durch ὁ νόμος, das Gesetz, ausgedrückt ist?

Der Übersetzer, der den im Syrsin erhaltenen Text ausgearbeitet hat, war mit jüdischer Terminologie bekannt, wie aus dem Gebrauche von ܬܬܗܢܝܐ = תתהני Mtth 15, 5 Mrk 7, 11 hervorgeht, welches das technische Wort für sachlichen Genuss ist,[2] und in der Pesch

---

[1] Vgl. Teil I S. 257 die Bemerkung über Mrk 6, 48.

[2] Z. B. in einem Gelübde verbindet sich Jemand, mit seinem Weibe nicht umzugehen, und sagt קונם אשתי נהנית לי Nedarim Mischna 2, 5 u. oft.

Mtth 15, 5 noch beibehalten, in Mrk 7, 11 aber durch ܬܐܬܪ ersetzt[1] und erklärt ist. Er unterscheidet daher auch in der Wiedergabe von ὁ νόμος das Gesetz als Ganzes oder als Lehrbuch von der einzelnen Gesetzesbestimmung. Das Gesetz als Ganzes nennt er אוֹרָיְתָא, Lehre, Thora, die einzelne Gesetzesbestimmung nennt er נָמוּסָא. Man sieht dies deutlich Joh 7, 19, 23, wo Moses das Gesetz — d. h. die ganze schriftliche Gesetzeslehre — gegeben hat, und dann von einem einzelnen Gesetze — dem Sabbathgesetze — die Rede ist. Die Griechen haben beide Male ὁ νόμος, der Syrsin nennt aber das Gesetzbuch, die Thora, אוֹרָיְתָא und das einzelne Gesetz נָמוּסָא. Die Peschita vernichtet diese richtige Unterscheidung, indem sie mechanisch zweimal ܢܡܘܣܐ setzt, aber der Syrsin führt sie durch Joh 7, 49,[2] 50; 8, 17; 12, 34; 15, 25. Nur 10, 34 hat Syrsin den Unterschied fallen lassen, aber das Wort ist unsicherer Lesung. Charakteristisch ist auch Joh 18, 31, wo ܐܝܟ ܕܢܡܘܣܗ soviel ist als „nach dem Gesetzparagraphen,“ was in den Verbesserungen zum ersten Bande nachgetragen ist.

Seltsam ist das Verhalten des Syrsin im Lukas, wo er 2, 22—24 mit Pesch übereinstimmend נמוסא דמריא hat, während er 2, 27, 39 Thora richtig setzt. Dies hat er auch 24, 44, wogegen er in 10, 26; 16, 16, 17 wie Pesch נמוסא hat, in den beiden letzten Versen vielleicht mit Absicht. Auch der Syrcrt hat 10, 26 נמוסא, die übrigen Stellen fehlen bei ihm. Man steht vor der Frage, ob hier Nachlässigkeit beim Syrsin vorliegt, oder ob die in der Pesch sichtbare mechanische Einsetzung von נמוסא für νόμος, der nur wenige Stellen entgangen sind, schon teilweis in dem Syrsin vorgenommen ist. Im Lukas hat die Pesch nur נמוסא und niemals Thora אוריתא. Ich nehme die zweite Möglichkeit an wegen des Befundes an anderen Stellen im Matthäus, z. B. wegen der Behandlung des Namens Petrus. Vgl. zu 10, 3.

Ich lege nun das Verhältnis des Wortgebrauchs im Matthäus vor,[3] Markus hat das Wort νόμος überhaupt niemals.

---

[1] Das Wort ܢܐܬܪ ist auch Luk 9, 25 für ὠφελεῖται gebraucht, während in der Parallele Mrk 8, 36 ܢܬܗܢܐ Syrsin Hrs steht, das in Pesch in das neutrale ܡܬܥܕܪ korrigiert ist, woneben dann noch das originale ܢܐܪܬ Syrsin in ܢܐܬܪ Pesch geändert ist.

[2] In der Übersetzung ist hier statt „das Gesetz nicht kennt“ zu verbessern „die Thora nicht kennt.“

[3] Leider habe ich in der Übersetzung des Matthäus diese Feinheit noch nicht bemerkt und überall „Gesetz“ geschrieben. Diese Zusammenstellung ermöglicht die Verbesserung.

Matth 22, 36, 40 Syrsin Syrcrt Thora, ܐܘܪܝܬܐ	Pesch 22, 36; 22, 40 ܢܡܘܣܐ; ܐܘܪܝܬܐ	Philox u. Hrs überall
Matth 23, 23 ebenso	ܢܡܘܣܐ	נמוסא u. נימוסא
Matth 11, 13 Syrcrt ܐܘܪܝܬܐ, bei Syrsin fehlt im Texte das Wort, und zwar mit Recht.	ܐܘܪܝܬܐ	

Man sieht, wie die Peschita schwankt, die Korrektur ist nicht durchgeführt, wie besonders 22, 36, 40 lehrt. Die Schwankung der Texte, die aus einer Periode der Korrekturarbeit sich erklärt, wirkt auch auf Aphraates, der P. 28 im Zitat von Matth 11, 13 ܟܠܗ ܢܡܘܣܐ ܘܢܒܝܐ hat,[1] wo der Syrcrt gerade ܐܘܪܝܬܐ bietet, so dass nun Aphraates von allen drei Formen, Syrsin, Syrcrt und Pesch abweicht.

So kommen wir denn endlich zu Matth 5, 17 zurück. Hier haben alle drei Texte ܢܡܘܣܐ und zwar, wie schon bemerkt, Syrsin und Syrcrt: das Gesetz und die Propheten, die Pesch aber mit den Griechen: das Gesetz oder die Propheten. Die Textschwankung zeigt Aphraates. Es lauten die Texte:

Syrsin	ܠܡܫܪܐ ܢܡܘܣܐ ܘܢܒܝܐ	= zu lösen Gesetz und Proph.
Syrcrt	ܕܐܫܪܐ ܢܡܘܣܐ ܘܢܒܝܐ	= dass ich löse Gesetz und Pr.
Aphr. P. 28	ܠܡܫܪܐ ܐܘܪܝܬܐ ܘܢܒܝܐ	= zu lösen Thora und Proph.
Pesch	ܕܐܫܪܐ ܢܡܘܣܐ ܐܘ ܢܒܝܐ	= dass ich löse Gesetz oder Pr.

Nach der eben für Matth 11, 13 gezeigten Unzuverlässigkeit des Aphraates werden wir von ihm absehen dürfen,[2] und das נמוסא als echt ansehen müssen, das dann aber von dem syrischen Übersetzer mit Absicht gewählt ist, und das nicht das Gesetz als Lehre, Buch oder als ein Ganzes bezeichnet, sondern das Gesetz als eine einzelne Bestimmung. Genau würde trotz der determinierten Form im Syrischen auf ein griechisches ὅτι ἦλθον [κατα]λῦσαι νόμον zu schliessen sein. Dazu vergleiche man den Plural bei Ephraem, der freilich aber auch singularisch dies Gesetz, und das wäre dann die jüdische Thora, übersetzt werden kann, also keine zwingende Instanz abgiebt.

Liest man nun mit dem Syrsin, Syrcrt und auch Aphraates: Gesetz (Aphr. Thora) und Propheten, so scheint der Sinn einfach, es handelte sich um das Abschaffen, denn das hiesse das Auflösen = Lösen, der alttestamentlichen Religion als eines Ganzen Matth 7, 12.

---

[1] Zahn Forschungen I, 146, 6.

[2] Auch Bäthgen hat gesehen, dass Aphraates „vielfach eine jüngere Stufe als der Syrcrt repräsentiert.“ Bäthgen Evangelienfragmente Leipzig 1885 P. 67. — Der armenische Ephraem hat *ես ոչ եկի լուծանել զօրէնս կամ զմարգարէս այլ կատարել* d. i. „ich bin nicht gekommen zu lösen die Gesetze oder die Propheten, sondern zu vollenden,“ und so hat auch die armenische Bibel. Aber *օրէնս* kann auch Singular mit enklitischem *ս* sein: dies Gesetz, oder legem quidem.

Aber wie kommt es, dass in der Fortsetzung von dem Gesetze sehr viel, von den Propheten jedoch in der Bergpredigt gar nicht die Rede ist? Auch der Ausweg ist verlegt, dass man das Vollmachen als Erfüllen deutet, und versteht: Ich bin gekommen um die Weissagungen der Propheten durch meine Erscheinung zu erfüllen, denn davon handelt die Bergpredigt gar nicht (vgl. Luk 24, 27, 44), es kann also nicht in die Aufstellung ihres Thema's aufgenommen sein.[1] Überdies passte dies nur auf die Propheten, aber nicht auf das Gesetz. Das Gesetz erfüllen im Sinne des thätigen Gehorsam's Ješu', der aktiv an unsrer Stelle das jüdische Gesetz — auch das Ceremonialgesetz! — erfüllt hätte, das suchen zur Zeit wohl nur wenige noch als den Inhalt der besprochnen Worte zu fassen.[2] Sicher ist, dass der Ausdruck „ein Gesetz erfüllen“ absolut unhebräisch ist, während der Ausdruck „ein Prophetenwort erfüllen“ 1 Kng 2, 27 vorkommt. Auch bei Paulus ist Röm 13, 8 das Erfüllen nicht in unserm Sinne gesagt, sondern ein Nachhall der Stelle der Bergpredigt, da er selbst das πληροῦν durch ἀνακεφαλαιοῦν d. h. Zusammenfassen erläutert, und „die Liebe ist des Gesetzes Erfüllung“ bedeutet ihm: Vervollständigung, Ausfüllung oder Vollendung, nicht aber die Ausführung der einzelnen Vorschriften, von dem Ceremonialgesetz ganz zu schweigen. Röm. 3, 28 νόμος πίστεως!

Bei der viel verhandelten eminenten[3] Schwierigkeit der Verse 17—21, in denen der offenkundige Stifter eines neuen Bundes den alten für ewig erklärt, die sich auch dadurch sicherlich nicht lösen lässt, dass man ein Sophist wird und sagt: Sofern das Gesetz vergeht, „wenn alle seine Bestimmungen erfüllt sind,[4] vergeht es überhaupt nicht, sondern dauert, nur als erfülltes,

[1] Dies Erfüllet werden dessen, was gesagt ist Matth 1, 22; 2, 17 ist eine Betrachtung der Christen, die Ješu' Leben in den Propheten im Einzelnen voraus verkündigt dachten. Das wird auch durch Matth 26, 54, Joh 13, 18; 17, 12, Mrk 14, 49 nicht aufgehoben.

[2] Wendt, Die Lehre Jesu II P. 335. Es ist interessant zu sehen, wie Wendt P. 334 seinen griechischen Text zwar richtig Gesetz oder Propheten übersetzt, in der Folge aber immer Gesetz und Propheten dafür einstellt.

[3] Holzmann Biblische Theol. des N. T. I P. 152.

[4] Das soll nämlich der Sinn der Worte ἕως ἂν πάντα γένηται sein, die dahin verstanden werden, dass Alles was das Gesetz fordert, also der ganze Wille Gottes, den er offenbart, geschehen sein wird. Das wird dann mit der Bitte des Vaterunsers in Verbindung gesetzt: Dein Wille geschehe! Was soll man dann weiter dabei denken, wenn gelehrt wird: „In diesem Sinne bestehen auch die kleinsten rituellen Bestandteile desselben fort, sofern sie ihrem idealen Gehalte nach ethisch erfüllt werden.“ — Nicht Wolle und Leinen tragen, beim Aussatz einen Vogel fliegen lassen, beim Nasiräat sich die Haare rasieren u. s. w. — das soll ethisch erfüllt werden! O Philo und Origenes, entsteigt euren Gräbern und grüsset eure Kollegen.

fort, wenn auch nicht als forderndes, — bei diesen viel behandelten Versen gestatte ich mir eine Auflösung vorzulegen, die an De Wette von 1836 anschliesst.

Er sagt: „Man erwartete, der Messias werde Gesetzgeber sein, das Gesetz umwandeln,[1] Überspannte hofften vielleicht die Aufhebung des mosaischen Gesetzes und Übelgesinnte gaben Ješu' diese Absicht Schuld.“ Dem tritt Ješu' hier schon am Anfange seiner Lehrthätigkeit entgegen. Dann aber steht zu vermuten, dass eine Alterierung des Textes durch Einschub von προφήτας statt gefunden hat, denn dies Wort hat keinen sicheren Anschluss, die alten Zeugen ergeben καὶ προφήτας, — das hiesse die ganze alttestamentliche Ordnung — die jüngern, aber auch der armenische Ephraem, ergeben ἢ προφήτας — das hiesse disjunktiv Gesetz oder Propheten; — man wusste also das unpassende Wort nicht sicher einzufügen. Ignoriert man es,[2] so sagt Ješu', es sei nicht seine Aufgabe das Gesetz — oder ein Gesetz — zu lösen, denn dies sei für den gegenwärtigen Äon gültig. Das ist ausgedrückt durch eine doppelt glossierte Wendung. Es ist nämlich erstens das ἕως ἂν παρέλθῃ ὁ οὐρανὸς καὶ ἡ γῆ Glossierung und Erklärung von ἕως ἂν πάντα γένηται, und es ist zweitens das ἢ μία κεραία Glosse zu ἰῶτα ἕν, die durch das ἢ eingefügt und möglich gemacht ist, wie sich aus den Texten von Syrsin, Syrcrt und Peschita ergiebt.

Der Syrsin hat die μία κεραία überhaupt noch nicht im Texte, sondern nur ἰῶτα, ein Jod, und dies ist erläutert durch ܐܬܘܬܐ ܚܕܐ d. h. ein Buchstabe. Das Wort für ein, ܚܕܐ kann sowohl zu Jod als zu Buchstabe gehören, also ebenso gut Glosse sein, als nicht, griechisch würde der Text sein ἰῶτα [γράμμα] ἕν? οὐ μὴ παρέλθῃ, wobei über ἕν Zweifel herrschen kann, ob es zu ἰῶτα oder zur Glosse γράμμα gehört.[3] In der Übersetzung ist daher {ein Buchstabe} in geschweifte Parenthese gesetzt worden.

Dieser Zustand des Textes liegt der armenischen Übersetzung zu Grunde, die hier der Korrektur nach den Griechen im fünften Jahrhundert entgangen ist. Sie hat: յովտ մի՝ որ նշանակեց մի է, ոչ

---

[1] De Wette belegt dies in seiner biblischen Dogmatik § 201.

[2] Das Wort fehlt in patristischen Zitaten oft, was Zahn Forschungen II, 198, I 134 Nr. 5 als Kürzung ansieht.

[3] Das syrische Femininum ܚܕܐ kann so gut zu dem Femininum ܐܬܘܬܐ gehören als zu ܝܘܕ, da die Namen der Buchstaben femininisch sind. — Echt jüdisch ist nur der Ausdruck Jota, nicht aber κεραία. Vgl. Canticum rabba zu 5, 11: Auch wenn sich alle Geborenen vereinigten, um einen Flügel eines Raben weiss zu machen, sie könnten es nicht, eben so könnten sie nicht ein Jota, das der kleinste der Buchstaben der Thora ist, vertilgen. — Ein Jota ist unbestimmter Artikel, nicht Zahlwort.

անցցէ d. h. Iota unum, quod est signum unum, non transiet. Der diesem genau entsprechende Text des Syrsin ist dann im Syrcrt durch Zusatz des ἢ μία κεραία erweitert, dem im Armenischen Nichts entspricht:

Syrcrt: aut cornu[1] unum ܐܘ ܩܪܢܐ ܚܕܐ Syrcrt
Iod [littera una] non = ܠܐ ܬܥܒܪ [ܐܬܘܬܐ ܚܕܐ] ܝܘܕ Syrsin
periet

worauf dann in der Peschita die Ausgleichung mit dem inzwischen festgewordnen griechischen Texte vollzogen ist:

ܝܘܕ ܚܕܐ ܐܘ ܚܕ ܣܪܛܐ ܠܐ ܢܥܒܪ = ἰῶτα ἓν ἢ μία κεραία οὐ μὴ παρέλθῃ.

So stellt sich heraus, dass neben dem aus einer Randnote oder Zwischennote interpolierten προφήτας auch μία κεραία interpoliert ist, und zu beiden gesellt sich die vollkommene Doppelung ܥܕܡܐ ܕܢܥܒܪܘܢ ܫܡܝܐ ܘܐܪܥܐ = (Syrcrt add ܡܢܗ) ܥܕܡܐ ܕܟܠ ܢܗܘܐ das ist ἕως ἂν παρέλθῃ ὁ οὐρανὸς καὶ ἡ γῆ = ἕως ἂν πάντα γένηται. Man sieht hier, dass die zur Zeit beliebte Deutung der letzten Worte als „bis alles, d. h. das ganze Gesetz, geschehen sein wird," was eine sehr undeutliche Ausdrucksweise wäre, auf schwachen Füssen steht. Schon de Wette hat mit Paulus erkannt, dass dies nach Matth 24, 34, Luk 21, 32 auf die Entwicklung des messianischen Reiches gehe und bedeute: bis das Alles ausgeführt sein wird, was ich als Messias vorhabe, so dass die beiden ἕως ἂν κτλ. parallel stehen. Er hat dies dann verworfen, weil das zweite ἕως ἂν πάντα γένηται nachschleppe, wenn man aber die ganze Stelle als durch Glosseme verdoppelt begriffen hat, so fällt der Grund fort. Es handelt sich um ein Entweder Oder, nicht um ein Sowohl als auch. Im Folgenden ist die zweite Hälfte des 19. Verses ebenfalls als Glosse zur ersten Hälfte angehängt; dem kleinen im Reiche der Himmel ist in sehr billiger Weise der grosse gegenübergestellt, und der als gross bezeichnet, der thut und lehrt, — aber was? Antwort: μίαν τῶν ἐντολῶν τούτων τῶν ἐλαχίστων! Und da kommt denn das Schiefe dieser Glossierung zu Tage: Wer eines der kleinen Gebote löst, ist der Kleinste, — wer eines der kleinen Gebote thut und lehrt,[2] der

---

[1] Man beachte, dass κεραία = ܩܪܢܐ, cornu, durchaus nicht = ܐܬܘܬܐ, littera, ist, das auch in der Peschita richtig fehlt, die κεραία durch ܣܪܛܐ, Linie, übersetzt, das aber Syrcrt etymologisch durch cornu ausdrückt. Luk 16, 17 ist κεραία in Syrsin ܐܬܘܬܐ ausgedrückt, das auch in Pesch erhalten ist, (Syrcrt fehlt), aber hier, wo ܣܪܛܐ und ܩܪܢܐ steht, sieht man, dass jene Wiedergabe nicht exakt erschien, so dass Syrcrt ܩܪܢܐ einfügt und ܐܬܘܬܐ nicht als Übersetzung von κεραία gelten lässt. Er strebt nach Buchstäblichkeit.

[2] Dieser notwendigen Beziehung suchen viele Ausleger zu entwischen, wenn

ist der Grosse, obwohl sofort diese pharisäische Gebotstreue als eine Gerechtigkeit, oder nach Syrsin Rechtschaffenheit, bezeichnet wird, mit der man nicht in das Reich der Himmel eingehen kann!

Ich stelle nun den Text mit den Glossen in Klammern hier vor: 17 Μὴ νομίσητε ὅτι ἦλθον καταλῦσαι [τὸν?] νόμον, [καὶ oder ἢ τοὺς προφήτας] οὐκ ἦλθον καταλῦσαι ἀλλὰ πληρῶσαι· 18 ἀμὴν γὰρ λέγω ὑμῖν, [ἕως ἂν παρέλθῃ ὁ οὐρανὸς καὶ ἡ γῆ] ἰῶτα ἓν [ἢ μία κεραία] οὐ μὴ παρέλθῃ ἀπὸ τοῦ νόμου, ἕως ἂν [in B ist αν 2. Hand] πάντα γένηται [D γεν. παν.]. 19 Ὃς [ἐὸν] οὖν λύσει (sic D) μίαν τῶν ἐντολῶν τούτων τῶν [D om των!] ἐλαχίστων καὶ διδάξῃ [οὕτως om D[1]] τοὺς ἀνθρώπους, ἐλάχιστος κληθήσεται ἐν τῇ βασιλείᾳ τῶν οὐρανῶν. [ὃς δ'ἂν ποιήσῃ καὶ διδάξῃ οὕτως,[2] μέγας κληθήσεται ἐν τῇ βασιλείᾳ τῶν οὐρανῶν] 20 λέγω γὰρ ὑμῖν, ὅτι ἐὰν μὴ περισσεύσῃ .... οὐ μὴ εἰςέλθητε κτλ. Mit den hier ausgeschiednen Glossen hat die alte Textüberarbeitung ihr Ende aber noch nicht erreicht, die letzte Glosse hat uns Irenäus aufbewahrt (4, 66, 1), wenn er auch an zweiter Stelle prophetis bietet: iota unum aut unus apex non transiet a Lege et prophetis, quoadusque omnia fiant. Die hier sichtliche Ausgleichung mit dem Anfang καὶ τοὺς προφήτας, (die Griechen haben ἢ τοὺς πρ.), wird Niemand für echt halten, sie steht aber ausser in den in Griesbach's Ausgabe und danach bei Tischendorf angeführten griechischen Handschriften 13. 61. 124, auch im Armenier: յովտ մի՝ որ նշանախեց մի է, ոչ անցցէ յօրինացն և 'ի մարգարէից մինչև ամենայն եղեցի d. h. wörtlich: iota unum, quod signum unum est, non transiet a Lege et a prophetis quoadusque omne fiat,[3] und fast buchstäblich damit stimmt der Hrs יוטא חד אא חדא סורטא לא תעבר מן נימוסא אא מן נבייא עדמא דכולא יתעבד. Hier ist die letzte Ausgleichung vorgenommen. Ist oben vom Lösen des Gesetzes „und der Propheten“ die Rede, so muss es am Schlusse heissen: Es vergeht kein Jota vom Gesetze „und den Propheten,“ — da Letzteres aber ausser bei den genannten Zeugen überall fehlt, so ist zu schliessen, dass es hier Zusatz ist. Daraus aber, dass die Propheten in der folgenden Rede unberücksichtigt bleiben, so dass man sich hier gemüssigt gefühlt hat nachzuhelfen, dürfte sich ergeben, dass es auch oben nicht ursprünglich ist, und der

---

sie sagen, dass die objektlosen Verba sich im umfassendsten Sinne auf das ganze Gesetz, von dem die Rede sei, beziehen. Welche Verlegenheit offenbart sich da!

1 Cyprian Ep. 73, 14 hat aber sic.

2 Oder οὗτος, und entsprechend schwanken die Lateiner, kq haben sic, Δ Lat, Rhediger, Aureus, Hieron. haben hic. Das ältere ist sic und damit οὕτως, denn k und Cyprian Testim. 3, 96, Epist 76, 6 bieten sic, und damit stimmt auch Syrsin.

3 Es ist interessant zu sehen, wie der fertige griechische Text auf die Übersetzungen zurückwirkt, was auch bei dem Armenier geschehen ist. Das grosse Lexikon der Mechitharisten merkt unter նշանախեց an, dass statt quod signum unum est Andre übersetzten iota unum vel signum unum, weil im Griechischen ἢ stehe.

Wechsel von καὶ und ἢ zeigt die Unsicherheit in der Einfügung der Glosse.

Ich habe meine Ausscheidung von Vs. 19[b] zuerst nur aus logischen Gründen vorgenommen, und den kritischen Apparat, so wie die unten erwähnte Stelle aus dem Petrusbriefe in den clementinischen Homilien, erst am Schlusse verglichen, und da fand ich denn, dass die ausgeschiedne Glosse in Cod. D und in der ersten Hand von א, so wie in g² lateinisch fehlt. Fehlt sie aus Versehen wegen des gleichen Schlusses? Oder ist der gleiche Schluss auf Rechnung des Glossenbilders zu setzen? Ich muss das Letztere annehmen. Übrigens vgl. zu Vs. 18, 19 noch Sabatier's patristische Nachweise.

Bei der Gleichstellung von ἕως ἂν παρέλθῃ ὁ οὐρανὸς καὶ ἡ γῆ mit ἕως ἂν πάντα γένηται muss man fragen, ob jenes oder dieses das Spätere ist. Ich finde die Entscheidung in Luk 21, 32 und Matth 24, 34, 35. Dort heisst es ἕως πάντα γένηται, (das ταῦτα dort ist Wanderwort), wie hier, und das Vergehen von Himmel und Erde ist das Mass für die Dauer der Worte Ješu', nicht für die Dauer des Gesetzes. In Matth 24 aber fehlt Vs. 35 ὁ οὐρανὸς καὶ ἡ γῆ παρελεύσεται, οἱ δὲ λόγοι μου οὐ μὴ παρέλθωσιν in der ersten Hand von א gänzlich, und das ταῦτα in Vs. 34 ist gleichfalls Wanderwort. Die so in א fehlenden Worte sind im Matth nicht nur überflüssig, sondern sogar direkt störend, da sie den Zusammenhang des Gedankens zerbrechen, sie scheinen eine uralte, schon in Syrsin vorhandne Ausfüllung aus Lukas, wo sie einen vollkommen passenden Abschluss bilden, und dem gemäss original sind. Wenn nun dieselbe Redewendung ἕως ἂν παρέλθῃ ὁ οὐρανὸς καὶ ἡ γῆ in א und dann in Dg² auch Matth 24, 35 fehlt, dagegen das ἕως ἂν πάντα γένηται in allen drei Stellen Matth 5, 18; 24, 34 und Luk 21, 32[1] allgemein anerkannt ist, wobei sich zugleich der rechte weissagende Sinn der Worte ergiebt, so empfiehlt sich die Annahme, dies sei original und das ἕως ἂν παρέλθῃ ὁ οὐρανὸς καὶ ἡ γῆ eine falsche Interpretation.

Unter diesen Voraussetzungen wird nun der Inhalt von Matth 5, 17—20 folgender: Ješu' erklärt, es sei nicht seine Aufgabe, ein einzelnes Gesetz — also nicht τὸν νόμον — zu lösen, — was die Aufgabe der Schriftgelehrten nach der Meinung der Zeitgenossen war, sondern er habe die einzelnen Gesetze voll zu machen. Denn das Gesetz besteht vollständig, bis Alles wird, d. h. bis das Himmelreich, das nahe bevorsteht, herbeigekommen sein wird. Aus dem Gegensatz ist zu schliessen, dass im Himmelreich d. h. im irdischen Reiche der Genossen Ješu', das hier aber nicht als irdisches Königtum und Weltherrschaft der Israeliten gedacht sein kann, das Gesetz aufhört. Wer sich also

---

[1] Syrsin hat Luk 21, 32 ταῦτα πάντα und ebenso Matth 24, 34.

damit beschäftigt — wie die Schriftgelehrten — dies oder jenes kleine höchst geringwertige[1] Gebot zu lösen, d. h. ein Verbot aufzuheben,[2] der werde damit keine hohe, sondern nur eine geringe Stufe im Himmelreiche einnehmen, denn wenn nicht eine ganz andre und höhere Rechtschaffenheit bei den Menschen — und so bei seinen Jüngern, sich findet, so können sie nicht in das Himmelreich eingehen. Diese höhere Gerechtigkeit wird dann am Dekalog gezeigt. Das Verbot von Mord, Ehebruch und falschem Zeugnisse, — vom Diebstahle ganz zu geschweigen, der charakteristischer Weise übergangen ist, — wird ersetzt durch das Gebot der Versöhnlichkeit, der Bekämpfung der Lust, der Wahrhaftigkeit. Und dem Dekaloge folgt aus den altisraelitischen Gesetzen 2 Mos 21, 24, die Erwähnung des zentralen Talionsrechtes Auge um Auge, Zahn um Zahn, an dessen Stelle die Geduld gesetzt wird, worauf endlich die allgemeinste Norm 3 Mos 19, 18, den Volksgenossen zu lieben, ersetzt wird durch die Feindesliebe.

Diese Vollkommenheit 5, 48 wird dann den drei sozusagen Vollkommenheitstugenden der Pharisäer entgegengestellt, dem Almosen, dem Gebet und dem Fasten 6, 2, 6, 16, und diese jüdischen Formen der Frömmigkeit für die Gemeinschaft Ješu' modifiziert, woran sich die weitern Gesetze des Lebens in und nach der neuen Gerechtigkeit, die als höchstes zu erstrebendes Ziel gilt 6, 33 anschliessen. Wie der erste Teil, so ist auch der zweite Teil der Bergpredigt sehr wohl disponiert, wie der Schluss 7, 24 zeigt, was hier jedoch nicht zu verfolgen ist. Es erübrigt hier nur noch sachlich zu zeigen, welcher Art das Lösen des Gesetzes war, das Ješu' im Gegensatze zu seinem Werke als Aufgabe der Schriftgelehrten bezeichnet. Wir thun dies am Besten an Beispielen, durch welche zugleich andre Seiten in der Polemik Ješu' beleuchtet werden.

Die Zeit Ješu' wurde bewegt von den Schulgegensätzen zwischen den Nachfolgern Hillel's und Schammai's, Schammai (שמאי) kommt als Σαμεας bei Josephus Antiq. 14, 9, 4 vor, wo er im Jahre 47 v. Chr. als hocheinflussreicher Mann im Synhedrion erwähnt wird, und er war ein schlauer Fuchs von einem Politiker, wenn die dort geschilderte Scene wahr ist. Jedenfalls wusste er sich mit dem aufgehenden Gestirne des Herodes gut einzurichten, und war Antiq. 15, 1, 1, wie

---

[1] Zu solchem Lösen gehört auch das Aufheben eines Eides, von dem sich Jemand entbinden lässt, weil die Umstände, unter denen der Eid geschworen ist, nicht mehr zutreffen. Der Gelehrte oder die ersten der drei Laien, denen diese Funktion zusteht, sagt dem Ansucher: שרוי לך oder מותר לך = es ist dir gelöst. Maimonides Jad III, Schebuoth 6, 5.

[2] Das heisst τῶν ἐντολῶν ἐλαχίστων wie D liest. Das ist nicht Auslassung von τῶν aus Versehen, sondern αἱ ἐντολαὶ ἐλάχισται bedeutet die geringwertigen.

sein Lehrer Pollio (Abtaljon),[1] bei ihm in Ehren, er lebte noch im Jahre 37, als Herodes Jerusalem eroberte.

So fällt die Bildung der beiden „Schulen“ Hillel's und Schammai's in das Menschenalter vor Ješu's, diese „Schulen“ werden aber nicht richtig betrachtet, wenn man meint, es habe sich dabei nur um theoretische Streitfragen gehandelt. Vielmehr bildeten sie grosse Abteilungen im Volke, die nach verschiedenem kanonischen Rechte lebten, wie im Islam die orthodoxen Rechtssekten, die in den Prinzipien einig, in dem Detail der Gesetze verschieden bestimmen, richten und handeln. Es mag das unserm Nebeneinanderleben der christlichen Konfessionen verglichen werden. Die praktische Verschiedenheit z. B. in den Reinheitsgesetzen ist so bedeutend gewesen, dass man selbst fragen konnte, ob Ehen zwischen Gliedern der Hillelsekte und der Schammaisekte — bei den verschiednen Bestimmungen über Frauenbäder u. dgl.[2] — zulässig seien, und es wird ausdrücklich in der Mischna Edaj 4, 8 festgestellt, dass die Sekten untereinander die Ehe für zulässig erachteten, etwa wie im heutigen Orient moslimische Schafe'iten und Ḥanafiten u. s. w. sich gegenseitig verehelichen. Die Streitpunkte zwischen den Sekten waren Tagesfragen des öffentlichen Rechtes in der Zeit Ješu', die eherechtliche Differenz führen wir zu Matth 19, 3 vor, hier berichten wir über die Sabbathsfeier, da Ješu' so oft in dieser Frage zum Urteil aufgefordert wird, was ihn leicht mit beiden Sekten in Konflikt bringen konnte.

Ein wichtiger Streitpunkt war die Ausdehnung der Sabbathsruhe, welche sich im Leben sehr bemerklich macht, und hier lehrten beide Sekten שביתת כלים, d. h. dass auch die Geräte[3] Ruhe nach der Thora haben müssen Sabb. 18ª, waren aber uneins darüber, von

[1] Hitzig Geschichte Israels P. 535 hält Pollion für Hillel, Keim (Schenkels Bibellexikon sub Herodes) nimmt diesen richtig für Abtaljon, aber den Sameas für Schema'ja שמעיה anstatt für Schammai שמאי. Nach Pirqe Abot 1, 10 bilden ein Paar Schema'ja und Abtaljon (שמעיה ואבטליון), von denen die Lehre übergieng auf Hillel und Schammai (הלל ושמי). Da nun Schammai völlig gleich Σαμε-ας ist und Josephus Antiq. 15, 1, 1 diesen als Schüler des Pollio (Πολλίων) bezeichnet, so ergiebt sich die Gleichstellung von אבטליון mit Πολλίων, aber nicht mit Hillel. Ebensowenig kann Σαμεας = שמעיה sein.

[2] Sabbath 15ª betrifft die Reinheit der Frauen (מקוה und מפקידה לפקידה).

[3] Das ist konsequente Weiterbildung des uralten Gedankens, dass auch der Acker seine Ruhe im siebenten Jahre haben muss Exod 23, 10, und danach Lev 26, 34; 2 Chron 36, 21. Die Nachlieferung der nicht gehaltnen Ruhejahre ist auch echt semitisch religiös. Wenn ein Moslim seine Gebete am Tage nicht abgeleistet hat, muss er sie am Abend alle fünf hintereinander sprechen, sonst bleibt er Allah die Leistung schuldig. Semitischer Geist ist vor Allem juristisch geartet, daher die beherrschende Stellung der „Gerechtigkeit,“ der Ješu' unter dem Namen der „bessern Gerechtigkeit“ etwas ganz Neues entgegenstellt.

wann an die Thätigkeit zu sistieren sei. Doch teilt Rabbi Oscha'ja nach Rab Asche mit, nur Schammai's Sekte habe die Ruhe der Gerätschaften als biblisch verboten anerkannt, die Hilleliten aber nicht. — Danach konnte man streiten, ob sich ein Stück Zucker während des Sabbaths im Wasser auflösen dürfe, also ob man es hineinthun dürfe, da das sich Auflösen als Thätigkeit gedacht werden konnte. So verbietet denn Schammai Tintenpulver, Spezereien oder Wicken am Abend kurz vor Sabbathsanfang in Wasser zu lösen, wenn sie nicht vor Eintritt des Sabbath ganz aufgelöst sein können, er verbietet nasse Flachsbündel in den Ofen zum Trocknen zu legen, wenn sie nicht mehr vor Sabbathsanfang trocknen können, ebenso Wolle in den Farbekessel zu legen, wenn sie die Farbe nicht noch bei Tage einzieht. Nach Schammai darf man auch dem Wilde und Fischen nicht Fallen und Netze stellen, wenn der Fang nicht vor Sabbathsanfang fertig wird. Hillel's Sekte erlaubte dies Alles, aber nur so lange die Sonne noch scheint; er stimmt im Prinzip mit seinem Gegner, nur die Grenze der Zeit ist strittig. Man sieht, die Unterschiede sind fein, sie führen nachher zu immer weiter gehenden Fragen zwischen den Nachfolgern, die uns hier Nichts angehen, — was uns interessiert, ist, dass solche Fragen als zur praktischen Interpretation des Gesetzes gehörig betrachtet werden, denn Sabb. 18^{a} erfahren wir, dass Schammai die Ruhe der Gerätschaften als in der Thora begründet (דאוריתא) erklärte, wogegen für Hillel zwar eine Auktorität sagt, auch er habe diese Ruhe für biblisch begründet angesehen, aber eine andre Auktorität das nicht zugesteht. Wie aber muss eine Schriftauslegung beschaffen sein, welche solche Fragen aus dem Gesetze entscheiden will? Dabei geschweigen wir noch ärgerer Fragen, die schliesslich auch unter denselben Gesichtspunkt gehören, wie die, ob man ein am Feiertage gelegtes Ei essen darf oder nicht. Schammai erlaubt es, Hillel hat es verboten. Das Mittel, die Entscheidungen herbeizuführen, waren nicht bloss Hillel's sieben Auslegeregeln, auch nicht bloss friedliche Majoritäten, sondern direkte Gewalt. Der jerusalemische Talmud berichtet zu Sabb. I, 4 Fol. 3^{c} in der Gemara, was der babylonische hier verschweigt, dass der Konvent im Obergemache des Ḥananja ben Ḥizqia ben Gorion, bei dem die Hilleliten in der Minorität waren, eine wahre Räubersynode gewesen ist. Der Bericht lautet: אותו היום היה קשה על ישראל כיום שנעשה בו העגל· רבי ליעזר אומר בו ביום גדשו את הסאה· רבי יהושע אומר בו ביום מחקו אותה· אמר לו רבי ליעזר אילו היתה חסירה ומילאוה יאות· לחבית שהיא מליאה אגוזין כל מה שאתה נותן לתוכה שומשמין היא

---

[1] Er bringt eine analoge Gleichnisrede Sabbath 153^{b}, doch heisst es nur: An diesem Tage, und ist so historisch unverständlich.

מחזקת· אמר לו רבי יהושע אילו היתה מליאה וחיסרוה יאות· לחבית שהיתה מליאה שמן כל מה שאתה נותן לתוכה מים היא מפזרת את השמן· תנא רבי יהושע אונייא תלמידי בית שמאי עמדו להן מלמטה והיו הורגין בתלמידי בית הללי· תני ששה מהן עלו והשאר עמדו עליהן בחרבות וברמחים· Die behandelte Mischna lautet: Diese gehören zu den Anordnungen, die man im Obergemache des Ḥananja ben Gorion gegeben hat, als man hinaufstieg ihn zu besuchen. Sie wurden gezählt und die Schammaiten hatten die Majorität über die Hilleliten. Achtzehn Anordnungen wurden an diesem Tage getroffen. Dazu gehört die zitierte Notiz der Gemara: Dieser Tag war für Israel so hart, wie der Tag, an welchem sie das goldne Kalb gemacht haben. R. Eleazar sagte: An diesem Tage haben sie das Mass gehäuft, R. Jehuda umgekehrt: An diesem Tage haben sie es glatt abgestrichen (d. h. richtig gemessen). Da sagte R. Eleazar zu ihm: Wenn noch Etwas gefehlt hat, so haben sie es rechtschaffen vollgepackt. Es ist wie mit einem Fasse, das voll von Nüssen ist, so du Sesamkörner hineinschüttest, fasst es. Rabbi Josua aber antwortete: Wenn es voll gewesen ist, so haben sie es rechtschaffen leer gemacht; es ist wie mit einem Fasse Öl, so oft du Wasser hineingiessest, so bringt dies das Öl zum Hinausfliessen. Rabbi Josua Onija berichtet: Die Schammaipartei stand unten und richtete unter den Hilleliten ein Blutbad an. Es wird gesagt: Sechs von ihnen giengen hinauf, der Rest erwartete sie mit Schwertern und Spiessen. — Unser R. Jehuda war Schammait, er wollte die Verschärfung zur Rettung des Notwendigen, wie das Bild vom Öl ausführt und keine Erleichterung, wogegen der Hillelit die immer wachsende Masse beklagt, zu den Nüssen komme noch Sesam. Die Verordnungen selbst lassen wir beruhen.

Das waren die Zustände, die in den Kreisen der Schriftgelehrten und Gesetzeslehrer (γραμματεῖς und νομικοί) bald nach Ješu' wirklich walteten, und wenn er, den alle Rabbi nennen, öffentlich wirkte, so war das, was das Volk erwartete, nichts anderes als praktische Gesetzeserklärung, Lösen und Binden התיר und אסר im jüdischen Sinne, und grade das weist er Matth 5, 17 von sich. Diese Thätigkeit ist eine untergeordnete, deren Notwendigkeit gleichzeitig mit dem Anfange des Himmelreiches, das Ješu' bringt, schwindet, die aber bestehen wird, — nicht muss, — solange das Reich Ješu' nicht da ist. Darum sagt er, dass von dem Gesetz kein Jota schwindet „bis Alles wird," dann aber schwindet es, und ein höheres tritt an seine Stelle, dessen Prinzipien er im Folgenden entwickelt hat. Nun sieht man, wie vollkommen schief die Glosse ist, dass dies Gesetz dauern solle bis Himmel und Erde vergehen; und wie christliche Ausleger diesen Text immer wieder verteidigen können, ohne zu merken, in welche Selbstwidersprüche sie geraten, das wäre unbegreiflich, wenn man nicht wüsste, dass die üble Gewohnheit auch mit der besten Logik nicht wegzuschaffen ist.

Wer also „bis Alles wird“ sich mit dem Binden und Lösen beschäftigt, der thut, mit absolutem Masse gemessen, untergeordnete Arbeit, und „wenn Alles wird“ ist er der Kleine, denn die neue, im Prinzipe absolute Rechtschaffenheit ist mehr als die der bindenden und lösenden Schriftgelehrten mit ihrer Thora. Dass aber Ješu' diese Thora selbst durchaus nicht für gleichartig und absolut göttlich gehalten hat, das spricht er selbst deutlich genug aus. Schon im Briefe des Ptolemäus an die Flora (Epiphan. Haeres 33, 3 ff.) ist aus Matth 19, 8 richtig geschlossen, dass die gesetzlich verordnete Art der Erteilung eines Scheidebriefes, die 5 Mos 24, 1 eingeführt ist, als eine Konzession des Moses und nicht als ein Gesetz Jahvehs aufgefasst wird. Das heisst aber, dass in dem Gesetze Dinge angeordnet sind, die nicht Gott angeordnet hat, sondern Moses, oder kurzgefasst, dass das Gesetz (die Thora) auch Bestimmungen enthält, die nicht göttlich sind. Sollten auch diese nach Ješu' Meinung bestehen bis Himmel und Erde vergehen? Das ist unmöglich, und darum hat Ješu' auch sicherlich nicht gesagt, dass das Gesetz bestehen werde bis Himmel und Erde vergeht, d. h. bis zum Weltgerichte. Und nun noch eins zum Schlusse. Matth 5, 17 steht zweimal καταλύειν, aber Vs. 19 steht λύειν, hätten die Redaktoren des griechischen Textes mit den Wörtern nicht einen verschiednen Sinn verbunden, warum hatten sie dann verschiedne Wörter gewählt? Sie müssen καταλύειν anders haben verstanden wissen wollen als λύειν, Ješu' selbst hat aber weder καταλύειν noch λύειν gesagt, da er aramäisch redete. Nun erkennt unter den Interpreten, denen wir die alten Übersetzungen verdanken, keiner einen Unterschied der beiden Wörter an, ausser dem Äthiopen (sogar doppelt in Cod. 32 von Paris). Die Lateiner haben solvere,[1] die Syrer שרא, der Arm լուծանել, der Memph ⲃⲉⲗ, der Gote gatairan in beiden Stellen und man muss sich dem gegenüber doch fragen, ist denn καταλύειν — dem kein andrer Sinn als aufheben zukommt, und das mit dem jüdischen Sinne des Gesetzlösens keine Spur von Verwandtschaft hat, — wirklich alter Text? Es ist gar kein richtiger Gegensatz vorhanden, wenn Vs. 17 vom Aufheben oder Beseitigen des Gesetzes als Ganzem die Rede ist, und dann Vs. 19 vom Gesetzlösen im jüdischen Sinne handelt. Man bedenke: Ich bin nicht

---

[1] Nur der lateinische Text in D scheidet dissolvere und solvere. Tertullian de pudicitia 6 führt an: 31 cum maxime a lege coepimus demonstrando moechiam, merito ab eo statu legis (nämlich coepimus), quem (mscl) non dissolvit sed implevit.

gekommen das Gesetz zu beseitigen, ... wer eine der kleinsten Verordnungen löst im rabbinischen Sinne! Logisch muss der Vordersatz lauten: Ich bin nicht gekommen ein (einzelnes) Gesetz rabbinisch zu lösen .... wer eine der kleinsten Anordnungen rabbinisch löst, der ist im Gottesreiche ein Kleiner! Also ist Ješu' Aufgabe höher.

Die Schlussfolgerung ergiebt sich von selbst, auch das κατα ist Glossierung, gemacht, als die ganze Stelle der Rede ohne ihren natürlichen Zusammenhang und ohne Rücksicht auf Zeit und Umstände interpretiert und glossiert wurde; von Haus aus stand λύειν auch in Vs. 17. Aber warum ist dieses Wort λύειν, das im Munde Ješu' so deutlich ist, überhaupt entstellt worden? Ich antworte: Die Interpolation ist sehr früh gemacht, um dem Antinomismus gnostischer Richtungen einen Riegel vorzuschieben, der für Marcion grade an dieser Stelle nachweisbar ist, wie Tischendorfs Note zu 5, 17 lehrt. Nur ist Marcion's Kritik zu summarisch, wenn er den ganzen Satz umdreht, ohne auf seine notwendige Stellung im Zusammenhange zu achten Ant. 6, 14. Wenn Ješu' gesagt hat, das Gesetz werde in seiner Totalität bestehen „bis Alles wird,“ so war für diese Richtungen eben mit dem Auftreten Ješu' „Alles geworden,“ und damit die Verbindlichkeit des Gesetzes aufgehoben. Das aber war für die grosse Kirche unerträglich, sie musste, abgesehen vom jüdischen Cerimonialgesetz, sehr Vieles aus dem Gesetze z. B. den Dekalog praktisch für gültig erklären,[1] da ohne eine solche göttliche Grundlage eine unanfechtbare Ordnung der Kirche als Gesellschaft nicht möglich war. Diese zu sichern dient die Glosse, dass kein Jota verloren geht „bis der Himmel und die Erde vergehen,“ demselben Interesse dient auch der Zusatz von κατά zu λύειν, aus dem hebräischen „Lösen“ im rabbinischen Sinne wird durch καταλύειν ein Abrogieren, und das grade brauchte man den Antinomisten gegenüber, man hatte nun eine Stelle, die aussprach, dass Ješu' das Gesetz nicht abrogiert habe.[2] Nebenbei sei bemerkt, dass das καταλύω in diesem Sinne ein Hapaxlegomenon im neuen Testamente ist.

---

[1] Die clementinischen Homilien unterscheiden deutlich das Bleibende im Gesetze vom Vergänglichen, nur jenes ist wahrhaft Gesetz, νόμος. Da Ješu' notorisch Manches abrogiert hat, so schliesst der Verfasser aus den Worten: Ich bin nicht gekommen das Gesetz zu abrogieren, dass das, was er abrogiert hat, nicht Gesetz war: ἃ κατέλυεν οὐκ ἦν τοῦ νόμου. Homil. ed. Lagarde 50 Z. 23.

[2] Diese Bedeutung und Tragweite der Stelle in den Kämpfen gegen den Antinomismus sieht man deutlich im Eingangsbriefe des Petrus vor den Homilien P. 3 Z. 21 Lagarde. Hier schreibt Petrus: Ich weiss dies, nicht als Prophet, sondern weil ich es thatsächlich vor Augen sehe, dass einige von den Heiden die durch mich erfolgte gesetzliche Predigt verworfen haben, nachdem sie sich der gesetzlosen und possenhaften Lehre des feindlichen Menschen angeschlossen haben (προςηχάμενοι). Und dies während ich noch am Leben bin! — Einige haben versucht

Natürlich wird sich gegen diese Auffassung der Entstehung des gegenwärtigen Textes die bedenkliche Frage erheben, ob so einschneidende Änderungen von den Redaktoren der heiligen Texte wohl haben gewagt werden können? Ich verweise dagegen nicht auf die Interpolation 1 Joh 5, 7, weil hier die Interpolation vergleichungsweise jung ist, wohl aber verweise ich auf die Geschichte der Ehebrecherin Joh 8, 1 und auf die nur in Codex D erhaltene Erzählung Luk 6, 4, wo nach der Erwähnung von der Freiheit, mit der David die Schaubrote ass, gelesen wird: An demselben Tage sah er einen, der am Sabbathe arbeitete, (und) sprach zu ihm: Mensch, wenn du weisst, was du thust, Heil dir! Wenn du aber nicht weisst, so bist du verflucht und ein Übertreter des Gesetzes.[1]

Man mag sich zu diesen Perikopen stellen, wie man will, — ich persönlich halte beide für echte Stücke des synoptischen Erzählungskreises[2] — man muss zugeben, dass in den Handschriften entweder

---

durch gewisse bunte Auslegungen meine Worte zu einer Abrogation (κατάλυσις) des Gesetzes umzubilden, als ob ich [im Innern] so dächte und nur nicht freimütig verkündigte. Was ferne sei! Denn das heisst dem Gesetze Gottes entgegenhandeln, das von Moses ausgesprochen und dessen immerwährendes Bleiben von unserm Herren bezeugt ist, da er so gesprochen hat: ὁ οὐρανὸς καὶ ἡ γῆ παρελεύσονται, Mrk 13, 31 ἰῶτα ἓν ἢ μία κεραία οὐ μὴ παρέλθῃ ἀπὸ τοῦ νόμου Matth 5, 18. Dies aber hat er gesagt πρὶν ἂν τὰ πάντα γίνηται. Jene aber — ich weiss nicht wie, — versuchen, indem sie meine Meinung (zu lehren) versprechen, die Worte, die sie von mir gehört haben, klüger als der, der sie ausgesprochen hat, zu deuten, indem sie ihren Zöglingen sagen, das sei mein Gedanke, woran ich doch nicht von ferne gedacht habe." — Wer sieht hier nicht die Nachwirkung von Gal 2, 11—14? Indem κατάλυσις und καταλύειν eingeführt, indem Mrk 13, 31 zur Glossierung (vgl. die Ausscheidung oben) verwendet wird, hat man ein brauchbares Argument in den Tageskämpfen. Sehr geschickt ist die Änderung des Markuswortes, das sich auf Ješu' Worte bezieht, durch das ἕως vollzogen! Aber dann ist das πρὶν τὰ πάντα γίνηται bei Petrus unklar und zweideutig. Und nun prüfe man meine Ausscheidung der Glossen S. 79 sowie die Deutung der Worte „bis Alles wird" S. 77.

[1] Der Text in D: τ̈η αυτη ημερα θεασαμενος τινα εργαζομενον τω σαββατω ειπεν αυτω ανθρωπε ει μεν οιδας τι ποιεις μακαριος ει ει δε μη οι δας επικαταρατος και παραβατης ει του νομου.

[2] Die handschriftliche Überlieferung hat die Perikope von der Ehebrecherin im Joh 7, 53 in DFGHKUΓ, dazu in EMSΛΠ unter Asteriskus, dann altlateinisch in b*ceff² Rhediger in margine, Hieron, ferner Äthiop, Hrs und Memph. Aber unter den Handschriften des Memph sind auch solche, wie die Lagardesche Catene, die die Stelle nicht haben. — Die Perikope fehlt in BℵACLCXΔ, aber L und Δ haben den Raum dafür leer gelassen, also den Text gekannt. Dazu kommen Minuskeln, doch hat die Ferrargruppe die Stelle nach Luk 21, 38. Etliche Altlateiner übergehen sie, aber sie wird von zweiter Hand ergänzt in Rhediger. Sie fehlt im Sahid, Goten, ebenso im Syrsin — Syrcrt ist defekt — und in der echten Pesch, denn der Text ist von Paulus von Tela aus in Alexandria vorhandnen griechischen Manuskripten in's Syrische übersetzt. Vgl. Wright Catalogue of

getsrichen oder erweitert ist. Die Tendenz liegt auf der flachen Hand: wenn gestrichen ist, so hat die antinomistische Gedankenreihe, welche diese Stücke anregen, abgeschnitten werden sollen, wenn zugesetzt ist, so ist im Lukas das Prinzipium einer so hohen subjektiven Freiheit eingeführt, im Johannes ein so furchtbarer Ernst gemacht mit dem Worte: „Richtet nicht, damit ihr nicht gerichtet werdet," dass die Kirche sich damit nicht verwalten konnte. Dieser Idealismus gilt der Vollendung des Gottesreiches, nicht der mit der Welt, d. h. der Sünde komplexen Kirche. Eben darum war die Kirche nicht der Boden, auf dem solche Worte erwachsen konnten, und eben darum sind sie nicht später erfunden, sondern evangelischer Urstoff und tragen den Stempel der höchsten Echtheit. Und grade diese Worte sind gestrichen! Dass die Erzählung von der Ehebrecherin nicht in das Johannesevangelium gehört, ist zwar klar, aber mit ihrer Beseitigung aus Johannes ist sie doch nicht aus der Welt geschafft! Und wenn sie lange vor Ambrosius Ep. 1, 25 dem Papias (Euseb. H. E. 3, 39, 16) bekannt war und in das Hebräerevangelium gehörte, wenn die Ferrargruppe der Minuskeln 13, 69, 124, 346 die Erzählung nach Luk 21, 38 bietet, also in einem synoptischen Evangelium hat, so muss man sich sagen, dass wir ein uraltes evangelisches Stück vor uns haben,[1] das ein zähes Leben hatte und trotz der Ausscheidung nicht abzutöten war. Aus Tertullians Schweigen (De pudicitia 6) kann man keineswegs schliessen, dass der Text von der Ehebrecherin nicht vorhanden war. Niemand hatte dringendere Ursache als Tertullian, diesen Text für ungehörig zu erklären, Niemand war weniger als er geeignet, den schon vor ihm gestrichnen Text als echt wieder zu restituieren. Wir treffen hier auf Spuren einer Textrecension nach Rücksichten der Disziplin — noch nicht der Dogmatik — in den ersten Jahrzehnten nach Sammlung der Evangelien im Kanon, und in diese allerfrühste Periode der Textbildung gehört auch die Glossierung von Matth 5, 17 ff., sie beginnt vor Irenäus, liegt also 150—180 unsrer Zeitrechnung. Die Übersetzung des Syrsin ist später, zeigt also schon diese Recension ziemlich entwickelt, aber sie war noch nicht zum Abschluss gekommen, als Syrsin gemacht wurde, sein Text hat dem Urarmenier bei seiner Übersetzung vorgelegen. Der Syrcrt zeigt ein späteres Stadium der Überarbeitung, indem auch die κεραία eingesetzt ist. Wir sind also mit Syrsin noch nicht auf dem Grundtexte der Evangelien angelangt,

---

Syr. Mspts. in the British Museum I P. 40, wo eine Hand des 9. Jahrhunderts die Perikope in harklensischer Übersetzung in einem Peschitamanuskript des 5.—6. Jahrhunderts auf Pag. 1ᵇ nachgetragen hat. — Im Armen. findet sich die Perikope.

[1] Vgl. die Ferrargruppe zu Matth 1, 17 oben S. 8 Note 1.

aber ihm näher als in allen übrigen Formen, und haben darum in Syrsin ein wesentliches Mittel, ihn besser sehen zu können. Wir werden bald andre Gelegenheit finden, auf die Verschiedenartigkeit des Textes im Syrsin selbst hinzuweisen, wenn wir das Mâranstück beginnen.

Vs. 21. „Verurteilt sein im Gerichte ... in der Synagoge," dann aber zur Hölle des Feuers. Die Instanzen sind deutlich, aber statt Synhedrion συνέδριον hat Syrsin, Syrcrt, Pesch Synagoge, ܟܢܘܫܬܐ, also Gemeine,[1] — somit ist die Instanzenreihe des jüdischen Gerichtes, welche vom Dreimännergericht zu dem von dreiundzwanzig und in dritter Instanz zum Synhedrion steigt, das aus 71 Mitgliedern bestand (Mischna Sanhedr. I, 6), in Syrsin nicht ausgedrückt. Sein Sinn ist: Schon den grundlos Zürnenden wird im Reiche der Himmel d. i. in Ješu' messianischer Gemeine das Gericht verurteilen. Wer ein leichtes Scheltwort gebraucht, den schliesst die Gemeine aus, d. h. sie bannt ihn (ἀποσυνάγωγος γένεται Joh 9, 22; 12, 42; 16, 2), wer aber ein schweres Scheltwort gebraucht, der verfällt ewiger Strafe. Ein leichtes Scheltwort ist Raqa, רֵיקָא d. h. ein „leerer sittenloser Mensch" (Levy Neuhebr. Wörterbuch), schwerer ist das Scheltwort „Narr," dessen Urform Syrsin, Syrcrt und Hrs mit ܫܛܝܐ verraten. Es ist also שׁוֹטֶה, als Scheltwort im Judendeutsch noch heute „Schaute," d. h. ein Sinnloser, ein Wahnsinniger. Im jerusalemer Talmud ist Teruma I 40^b der שוטה = Wahnsinnige charakterisiert als einer, der Nachts ausgeht, auf Gräbern übernachtet, seine Kleider zerreisst und alles, was man ihm giebt, verdirbt, der Gegensatz ist פִּקֵּחַ der Vernünftige.[2] Ein solcher Wahnsinniger ist Mrk 5, 4, Luk 8, 27 geschildert.

Die Steigerung Gericht, Gemeine ist richtig, die der Griechen Gericht, Synhedrion ist falsch, denn das Synhedrion ist selbst ein Gericht. Lächerlich wird die Erklärung, wenn sie den prozessualen Instanzenzug einer Appellation vom Dreimännergericht bis zum Synhedrium herbeizieht. Sachlich ist teilweise Matth 18, 17 parallel, wo Syrsin auch ܟܢܘܫܬܐ (Hrs כנישתא) = Synagoge für Gemeine (ἐκκλησία) hat, Syrcrt und Pesch aber ܥܕܬܐ d. h. Kirche einführen. Hier-

[1] Höchst seltsam ist in Hrs hier und Matth 26, 59 עיצתא für συνέδριον. Es ist עֵצָה Rat, aber nun nicht bloss consilium, sondern auch concilium, wie in ganz jungem Neuhebräisch z. B. העצה שבשפירא der Stadtrat von Speier. Siehe meine Documents de Paléographie hebr. et arabe P. 53.

[2] Daher dürfte die Deutung nach נבל oder gar מורה, widerspenstig, das Rechte nicht treffen. Die Pesch setzt ܥܘܠܐ Frevler ein, was schlecht. Syrsin scheidet ganz genau, denn Matth 23, 17; 25, 2 verwendet er für μωρός nicht ܫܛܝܐ = Wahnsinniger, sondern ܣܟܠܐ d. h. thöricht.

nach dürfte συναγωγή Urlesart sein, die für Abendländer in συνέδριον geändert, aber auch verschlechtert ist. Man stelle die Stufen auf:

Grundloses Zürnen ist dem Gerichte verfallen
Leichtes Schelten ist dem Banne verfallen
Schwere Beleidigung ist ewiger Strafe verfallen.

Nun setze man für Bann: Höherer Gerichtshof und man wird fühlen, wie unzulässig das ist. Wo bleiben da die neutralen Musterhandschriften?

Vs. 22. Im Nachwort I S. 231 ist das grundlos = εἰκῇ besprochen. Den alten Zeugen für sein Vorhandensein und der geäusserten Ansicht, dass es aus pseudoasketischen Rücksichten gestrichen ist, füge ich jetzt noch einen Beleg aus Clem. Homil. p. 186, 38 ed. Lagarde bei, wo dies deutlich wird. Hier fragt Simon der Magier, ob der Mensch in dieser Welt die Affekte der Lust, des Zornes, der Trauer u. s. w. hegen darf. Petrus antwortet: Diese Affekte gehören zum Accidentellen, nicht zum Ewigen, aber man wird finden, dass sie in nützlicher Weise Accidentien der Seele sind. Denn die Lust ist vom Schöpfer für die Familienbildung gegeben, so dass der Mensch, der unter dem Anscheine der Lust (προφάσει ἡδονῆς) sich selbst einen Gefallen thut, in Wahrheit den Willen jenes Schöpfers ausführt und nur dann unfromm und strafbar wird, wenn er zum Ehebruche schreitet, weil er alsdann das gut vom Schöpfer Gesetzte schlecht benutzt. „Ebenso hat auch der Zorn von Gott die Natur empfangen, sich in uns zu entzünden, damit wir durch ihn zur Repression der Sünden gezogen werden, nur dass, wer ihn unmässig gebraucht, Unrecht thut, bei angemessenem Gebrauche aber thut er das Rechte.“[1] Auch die Trauer dürfen wir hegen, damit wir die Mitempfindung haben beim Tode der Hausgenossen, — der Gattin oder der Kinder oder der Brüder oder der Eltern — oder der Freunde oder Anderer, da wir unmenschlich sein würden, wenn wir dies Mitempfinden nicht hätten. Hier sieht man, dass die Frage der Apathie in der alten Kirche verhandelt ist, die von Simon gestellte Frage bedeutet, ob man im Christenthum die Leidenschaft ablegen solle, eine pseudoasketische Richtung verlangt dies, aber Petrus lehrt die richtige Mitte und giebt die richtige Auffassung. Seine Richtung kann das „umsonst“ εἰκῇ nicht entbehren, sie weiss, dass der Zorn ein Mittel gegen das Böse ist, sie steht in der philosophischen Strömung, die von Aristoteles gelernt hat, dass der Zorn ein heilsames Ding ist. So sagt Philo-

---

[1] Text: Ἔτι τε ὁμοίως ἡ ὀργὴ ἐν ἡμῖν ἐξάπτεσθαι φύσιν ἔχειν εἴληφε παρὰ θεοῦ, ἵνα πρὸς ἀμύνην (! vgl. unten) ἁμαρτημάτων ὑπ᾽ αὐτῆς ἑλκώμεθα. πλὴν ἀμέτρῳ αὐτῇ τις χρησάμενος ἀδικεῖ, κατ᾽ ἀξίαν δὲ χρώμενος τὸ δίκαιον ἐκτελεῖ.

demus:[1] Einige Peripatetiker sagen, dass diejenigen die Sehnen der Seele ausschneiden, welche den Zorn und die mit ihm verbundene Gemütserregung aufheben, ohne die weder Strafe noch Repression (ἀμύνη!) sei ... Dasselbe findet sich bei Seneca de ira 1, 9, 2, wo bemerkt wird: utendum est illa (ira) non duce sed milite, und 1, 7, 1 wo es heisst: optimum itaque quidam putaret temperare iram, non tollere. Schon Cicero (Tuscul. 4, 19) hat darüber breit geredet. Die Gemüter der alten Christen waren doch von solchen Streitfragen nicht unberührt, — haben nun die Redaktoren in Bℵ gestrichen, oder ist in die Masse der Handschriften diese peripatetische Lehre eingesetzt? Es war also eine bei Juden, Christen, Griechen und Römern bekannte Frage, die dann auf die Textformierung des neuen Testamentes Einfluss gewonnen hat. Mit Handschriftenzählung kommt man hier in der Kritik nicht durch, sie ist das A, aber nicht das Z der Sache.

Vs. 23 wider dich einen Zorn gefasst hat. Ich habe ܐܟܬܐ nach seiner gewöhnlichen Übersetzung Zorn gegeben. Das ist nicht genau, es bedeutet Groll, das dauernde Übelwollen und wird durch حقد Hass, Groll und durch ضغن Hass, Übelwollen glossiert. Syrsin (danach Syrcrt und Pesch) erklärt das ἔχειν τι κατά τινος exegetisch fein als grollen, etwas nachtragen, er hat nicht etwa andre Lesart vor sich gehabt.[2] Seine Auffassung ist auch im Arm ունել ինչ խէթ = etwas Feindschaft oder Rancüne haben erhalten, aber die Ägypter haben die griechische Phrase anders verstanden, denn der Memph übersetzt gröber ϫⲉ ⲟⲩⲟⲛ ⲟⲩⲁⲣⲓⲕⲓ ⲟⲩⲧⲱⲕ ⲛⲉⲙ ⲡⲉⲕⲥⲟⲛ = „dass eine Streitigkeit (querela) ist zwischen dir und deinem Bruder. — Es handelt sich nicht darum, einen Bruder, dem man Veranlassung zum Zorn gegeben hat, durch Abbitte zu versöhnen — so die Meisten — sondern darum, das Wohlwollen der Leute zu gewinnen, die uns vielleicht auch ohne Grund abgeneigt sind. So gefasst reicht diese Regel höherer Gerechtigkeit viel weiter, wir sollen die uns Abgeneigten gewinnen, nicht bloss Beleidigte versöhnen. Es wird der blossen Negation, die in den angedrohten Strafen Vs. 22 enthalten ist, die christliche Position entgegengestellt, die lautet: Suchet jeden, — auch den Grollenden, — zu gewinnen, das ist mächtiger als das Opfer.

Ich führe dies an, um darauf aufmerksam zu machen, dass Syrsin nicht bloss kritischer Zeuge, sondern auch feinster exegetischer Lehr-

---

[1] Vol. Herculanensia I fol. 64 Oxon. 1824, περὶ ὀργῆς. Vgl. Aristoteles Opp. ed. Berolin. Vol. V P. 1493^{b}.

[2] Spr. Salom 12, 28 ist ܐܟܬܢܐ wo die LXX μνησικακοί haben, das zeigt den Sinn, sich der empfangnen Übel erinnern, nachtragen.

meister ist. Dieser alte Übersetzer stand der Urzeit so nahe und ist in der Synonymik so fein, dass jeder von ihm lernen kann.

Zur Sache vgl. Joma VIII, 9 Der Versöhnungstag sühnt die Übertretungen zwischen Mensch und Gott, die Übertretungen zwischen dem Menschen und seinem Nächsten sühnt der Versöhnungstag nicht, bis er seinen Nächsten befriedigt hat.

Vs. 26 Pfennig ܫܡܘܢܐ Mrk 12, 42 Luk 12, 59.

Vs. 27 dass gesagt ist, ohne den Zusatz den Alten, den Syrcrt und Hrs haben = ܠܩܕܡܝܐ, der aber in Pesch nicht ist. Er ist griechisch in LMΔ und in Altlateinern c, ff[1], g[1 2], Aur, Rhedig, sogar bei Irenäus IV, 24, 1 vorhanden, — aber k hat ihn nicht, Cyprian fehlt. Somit stehen Syrsin und k wieder zusammen.

Vs. 28 und ihrer begehrt. Das ist, wenn nicht Übersetzung von πᾶς ὁ βλέπων γυναῖκα ἐπιθυμήσας αὐτήν, so doch sachlich richtige Auslegung = sie begehrlich ansieht, in Syrsin und Syrcrt und diesmal auch im Äthiop, wogegen Pesch mit ܐܝܟ ܕܢܪܓܝܗ̇ dem griech. πρὸς τὸ ἐπιθυμῆσαι αὐτήν = um sie zu begehren gleichgemacht ist. Das αὐτήν steht in BD etc., aber es fehlt in א προς το επιθυμησε und bei Origenes u. s. w. nach Tischendorf's Note. Wenn in א dann von andrer Hand noch αὐτῆς zugesetzt ist, so hat das ein feiner Grieche gethan, der von αὐτήν wusste, aber die Syntax ἐπιθυμεῖν τινός gewohnt war. Kritisch fällt diese Lesart fort, die griechischen Juden schrieben αὐτήν im Akkusativ Sirach 1, 26; 40, 22; 4 Makk 2, 5.

Nun ist aber πρὸς τὸ ἐπιθυμῆσαι ganz etwas andres als πρὸς τὸ ἐπιθυμῆσαι αὐτήν, ersteres heisst in abstracto zum Zwecke die Begierde zu erregen, letzteres in concreto um die Begierde zu dem bestimmten angeblickten (Ehe)weibe[1] zu erregen. Ersteres gehört durch redaktionelle Streichung von αὐτήν der pseudoasketischen Richtung an, die disziplinär redigiert und die Affekte ausschliesst (vgl. zu Matth 5, 17).[2] Letzteres ist das durch den Zusammenhang Geforderte, αὐτήν ist notwendig und der Gedanke der: Den Alten ist der thatsächliche Ehebruch verboten, in meinem Reiche gilt die Begehrlichkeit nach einem bestimmten (Ehe)weibe für ebenso sündhaft

---

1 Wenn Justin Martyr Ap. I, 15 αὐτῆς hat, so zeigt das den Hellenen, der die Abschrift gemacht hat.

2 Dieser Richtung verleihen hier Ausdruck: א, 236, Clemens 554, Origenes IV, 330, 112, 476 und neben Spätern Tertullian drei oder mehrere Male! Merkwürdig ist der armenische Ephraem, der mit Syrsin geht aber das αὐτήν weglässt. Er hat որ հայի և ցանկայ շնացաւ d. h. wer ansieht und begehrt, hat die Ehe gebrochen (oder aber gehurt). Als Zustandssatz konstruiert der arabische Tatian, jedoch mit αὐτήν: كلمن ينظر الى امراة مشتهيا لها d. h. jeder wer blickt auf ein Weib, indem er ihrer begehrt. Zugleich hat er das ἤδη = ܡܚܕܐ der Pesch in ففى الحال قد فجر, hängt also von Pesch ab.

und verantwortlich als die Thatsünde. Das πρός τό bleibt zweifelhaft, da Syrsin mit seiner Umschreibung das Partizipium ἐπιθυμήσας ausdrückt. In klassischem Hebräisch könnte man an Infinit. mit ל zum Ausdruck des begleitenden Umstandes denken לַחְמֹד אֹתָהּ d. h. indem er sie begehrt, was das πρός τὸ ἐπιθ. erklären könnte, aber in Ješu' Umgangssprache ist das nicht vorauszusetzen.

Das ἤδη, schon, der Griechen ist in Syrsin und Syrcrt nicht ausgedrückt, wogegen Pesch es durch ܡܚܕܐ = alsbald ausdrückt, Hrs hat כבר. Auch Codex k hat es.

Vs. 30 fehlt im Syrsin, steht aber in Syrcrt und Pesch. Obwohl man findet, dass der Gedanke von Vs. 29 in nachdrucksvoller Konformität hier an dem Beispiele der Hand durchgeführt wird, so giebt doch das Fehlen des Satzes in Syrsin zu denken, denn so trefflich die Anordnung in Matth 18, 8 f. und Mrk 9, 43 ist, wo Fuss, Hand und Auge verknüpft sind, so sehr stört er hier den Zusammenhang. Es handelt sich um den Kuppler der Lust, das Auge, — wer die Hand hineinbringt, verfolgt ortsfremde Rücksichten. — Nun haben alle Zeugen, ausser D, den Vers und die Meinung, dass er wegen analogen Schlusses (Homoioteleuton), ausgefallen sei, wird leicht aufgestellt werden können, um den Text zu verteidigen. Ist aber wirklich Homoioteleuton sicher vorhanden? Syrsin und Syrcrt schliesst Vs. 29 ܘܠܐ ܟܠܗ ܦܓܪܟ ܢܐܙܠ ܠܓܗܢܐ = καὶ μὴ ὅλον τὸ σῶμά σου εἰς γεένναν ἀπέλθῃ. Die Griechen haben dafür βληθῇ und danach ist in Pesch korrigiert ܢܦܠ ܠܓܗܢܐ, aber ausser D, Syrsin und Syrcrt wird das ἀπέλθῃ in Vs. 29 bezeugt von den Altlateinern mit eat in abcdg[1] und Memph mit ϣⲉ ⲛⲁϥ.

Also Vs. 29 schloss nach Syrsin, Syrcrt, D, Altlat εἰς γεένναν ἀπέλθῃ, Vs. 30 schliesst heute bei den Griechen ebenso.

Das scheint den Schluss zu rechtfertigen, dass Vs. 30 in Syrsin und D wegen des gleichen Endes ausgefallen ist. Aber die „neutralen" Texte Bא haben ja in Vs. 29 gar nicht ἀπέλθῃ sondern βληθῇ, wenn sie alt sind, so ist gar kein Homoioteleuton da, und kann also auch die Auslassung nicht erklären. Die Erklärung wird in Wahrheit durch die chronologische Folge der syrischen Texte geliefert.

1. Der älteste Text, der Syrsin, hat den ganzen Satz nicht. Dieser Text liegt auch in D vor.

2. Der mittlere Text, der Syrcrt, hat ihn und schliesst in beiden Versen mit ἀπέλθῃ. Dieser mittlere Text ist durch Vs. 30 interpoliert, und die Interpolation ist buchstäblich nach dem Vorbilde von Vs. 29 gemacht, was wir ebenso in 5, 19 gefunden haben. Als Urheberin erkenne ich die disziplinäre Redaktion, deren Spuren wir 5, 17, 29 schon begegnet sind. Dieser mittlere Text kommt zum

Ausdruck in den genannten alten Lateinern und dem Memph, die mit Syrcrt stimmen.

3. Der jüngste Text liegt in Pesch vor. Er beruht auf stilistischer Dissimilation. Statt des doppelten Schlusses mit ἀπέλθῃ ist die Sprache verfeinert und in Vs. 29 βληθῇ eingesetzt. So Bℵ und die Masse der Griechen, denen dann Hieronymus und die aus Vulgata interpolierten Lateiner (Rhediger, Aureus) folgen, die Vs. 29 mittatur, Vs. 30 eat haben. So schreibt auch der Hrs. Nach dieser jüngsten griechischen Lesart ist die jüngste der drei syrischen Redaktionen, die Pesch korrigiert.

4. Die Redaktion gieng dann in der Ausgleichung auf dem umgekehrten Wege weiter. Nachdem in Vs. 29 βληθῇ eingestellt war, um den Stil zu bessern, ist eben dies sekundäre βληθῇ dann wieder im Interesse der Konformierung in Vs. 30 eingesetzt. So ist der Text in Δ, der beide Verse mit βληθῇ εἰς γέενναν schliesst, dabei aber in Vs. 30 lateinisch eat hat, während in Vs. 29 die lateinische Übersetzung des einen Wortes βληθῇ offen gelassen ist! Noch andre Zeichen dieser Textschwankungen zeigt der Armenier, der in Vs. 29 անկանիցի (anganitsi) = falle d. i. aus ܢܦܠ der Pesch bietet, während Vs. 30 արկանիցի (arganitsi) = geworfen werde d. i. βληθῇ der Griechen giebt. Ebenso der Äthiope, der in Cod. Paris. 32 bei Hackspill Vs. 29 hat tebo' mesla kelkelēhon ā'yentîka = εἰσέλθῃς mit deinen beiden Augen, in Vs. 30 aber bietet yetwaddai d. h. geworfen werde. Der Basler Druck hat yetwaddai in beiden Versen und ist auch sonst verschieden. Damit stimmt Ulfilas, der zweimal gadriusai = „falle" bietet.

Alle diese Zeichen weisen auf eine Störung in der Überlieferung des Textes, und das störende Ereignis war eben die Interpolation, die Syrsin und D noch nicht haben.

Vs. 32 über welche nicht Ehebruch ausgesprochen ist. Die Worte ersetzen παρεκτὸς λόγου πορνείας, — Luther: es sei denn um Ehebruch, — sowohl in Syrsin als Syrcrt, wogegen Pesch den Griechen gleich gemacht ist. Ich schliesse nicht auf eine andre griechische Vorlage, sondern nehme an, dass die Worte eine kirchenrechtlich praktische Interpretation sind. Die Scheidung steht dem Manne nur dann frei, wenn die Hurerei der Ehefrau d. h. ihr Umgang mit einem fremden Manne gerichtlich festgestellt und ausgesprochen ist, nicht aber wenn der Mann nur Verdacht hegt, oder privatim seine Beweise hat. Die Scheidung steht nicht mehr, — wie nach jüdischem Rechte — im subjektiven Ermessen des Mannes — sondern sie kann nur auf Grund einer vorgängigen gerichtlichen Feststellung der verbrecherischen That des Weibes von dem Manne vollzogen werden. Dass für die Scheidung selbst ein gerichtlicher Akt nötig sei, ist nicht gesagt, vielmehr bleibt es rücksichtlich ihrer formalen Ausführung beim Alten, d. h. der Mann schreibt vor Zeugen den Scheidebrief und lässt ihn der Frau zustellen.

Aber damit sind wir mit dem Texte des Syrsin noch nicht fertig, denn er scheidet „aufgeben, verlassen" und „eine Aufgegebene" oder „Verlassene" vom „Entlassen," wo die Griechen bloss ἀπολύειν haben, und wo der Syrcrt nebst der Pesch schwanken. Juristisch scharf ist nur der Syrsin, auch die Griechen sind an der entscheidenden Stelle unklar. Der Text hat den Sinn: Nach 5 Mos 24, 1 hat, wer sein Weib aufgiebt, (wörtlich verlässt ܫܒܩ) — d. h. nicht länger haben will — ihr einen formellen Scheidebrief zu geben, der ihr die Disposition über sich selbst wieder gab, so dass sie einen Andern nach Belieben heiraten konnte, nur mit der Beschränkung für den entlassenden Mann, dass sie diesen nicht zum zweiten Male nehmen durfte. So verstand jeder jüdische Zuhörer die Worte Ješu'. Er wusste auch, dass der Scheidebrief die Formel enthielt, dass die Frau sich beliebig wieder verheiraten könne. Dem gegenüber sagt Ješu': Ich sage euch: Wer sein Weib entlässt (wörtlich löst ܫܪܐ) d. h. wer den formalen Akt der Entlassung durch Scheidebrief vollzieht — was von dem blossen Aufgeben ܫܒܩ verschieden, — der bringt sie in die Zwangslage die Ehe zu brechen. Sie selbst braucht das gar nicht zu wollen.

Schliesslich beschäftigt sich der Text mit dem „aufgegebnen" Weibe, ohne das Wort „gelöst" שריתא zu gebrauchen, weil sie eben in Wahrheit nicht los ist, und verordnet, dass Niemand eine solche „Aufgegebne" heiraten darf, weil ihre Ehe nach Ješu' Wort besteht, und er sie also brechen würde. Wo die Griechen hier wieder das ganz ungenaue ἀπολελυμένην haben, setzt Syrsin, und diesmal ist das auch in Syrcrt und Pesch richtig erhalten, ܫܒܝܩܬܐ das „verlassene Weib." Syrsin bleibt seinem Sprachgebrauche auch Mrk 10, 2, 7, 11 und Luk 16, 18 treu,[1] das Verlassen ist שבק, das rechtskräftig Entlassen ist שרא, das verlassene Weib heisst Luk 16, 18 wie Matth 5, 32 die „aufgegebne" שביקתא, was auch Pesch behält, die dann Mrk 10, 11, 12 ganz konfus die Wörter misshandelt, indem sie vom Weibe sagt, dass es den Gatten entlässt תשרא, was rechtlich nicht möglich war.

Von dem verlassnen Weibe handelt nun in Syrsin der Schluss

[1] In der Übersetzung von Mrk 10, 2 ist „entlassen" zu verbessern in „verlassen" oder „aufgeben." Trotz aller Aufmerksamkeit entgehen dem Übersetzer diese Feinheiten der Diktion, die der vergleichende Kommentator sieht, und die ich darum hier korrigiere. In Luk 16, 18 hat der erste syrische Druck ܢܫܪ, der berichtigte zweite Abdruck aber ܢܫܪܐ, wie es die Theorie fordert.

des Verses: „Wer da nimmt eine Aufgegebne, der bricht wirklich die Ehe.“ Hier entsteht die juristische Frage: Ist ein Weib, das rechtskräftig mit Scheidebrief wegen Hurerei entlassen ist, als eine „verlassene“ und „aufgegebne“ Frau anzusehen oder nicht? Und wenn, — wie natürlich — nicht, darf sie dann nach 5 Mos 24, 1 ff. sich wieder verheiraten? Der griechische Text umfasst mit ἀπολελυμένη auch die rechtlich wegen Hurerei Entlassene, wogegen der syrische Text mit „eine Aufgegebne“ = ܫܒܝܩܬܐ das nicht thut. Seine Rechtsauffassung ist schärfer, er sagt aber über die Wiederverheiratungsfähigkeit der rechtlich „Entlassnen“ nichts aus. Soll nun die Verbrecherin das Recht der Wiederverheiratung haben, die ohne Schuld dauernd böswillig Verlassene aber nicht? Und wie steht es mit der ersteren rücksichtlich der Bussdisziplin?

Man sieht, hier liegt ein kirchenrechtliches Problem, das der altkirchlichen Disziplin Schwierigkeiten machte. Nun frage ich, was soll man davon denken, dass die behandelten Worte καὶ ὃς ἐὰν ἀπολελυμένην γαμήσῃ μοιχᾶται, für die Syrsin setzt: „Wer da nimmt eine „Aufgegebne“ der bricht wirklich die Ehe“ — in Cod. D 64 und den Altlateinern kab fehlen? Die Frage kompliziert sich noch dadurch, dass sich dieselbe Differenz Matth 19, 9 wiederholt, wo der Zusatz καὶ ὁ ἀπολελυμένην γαμήσας μοιχᾶται in Syrsin und Syrcrt und in D fehlt. Mit ihnen lassen den Zusatz fort א und Altlateiner ab u. a. m. bei Sabatier und gegen א steht B, der den Zusatz hat.[1] Wo bleibt der „neutrale“ Urtext? Die jüngste syrische Form, die Pesch setzt 19, 9 die Worte ein, geht also mit B. Die ganze Sache wird zu 19, 3 ff. behandelt. Hier gebe ich zu bedenken, ob meine Lehre von einer über die Texte gegangnen disziplinären Redaktion sich nicht geradezu aufdrängt?

Wer es bezweifelt, dass die verlassene Frau (ܫܒܝܩܬܐ) mit Bewusstsein von der durch Scheidebrief rechtlich aus der Ehe entlassenen (ܫܪܝܬܐ) unterschieden wird, was in dem griechischen ἀπολελυμένη verwischt ist, den verweise ich auf den arabischen Tatian, um somehr, als der Übersetzer in einer polygamen Gesellschaft lebte, in welcher die Ehescheidung ähnlich leicht und häufig war — und ist — wie bei den Juden in der Zeit Ješu’, die eben deshalb von ihm ein „ehebrecherisches Geschlecht“ genannt werden. Tatian setzt für ܡܢ ܕܫܒܩ Pesch, wo der Syrsin ܡܢ ܕܫܪܐ = wer rechtlich löst

---

[1] Just. Martyr Apol. I, 15 hat neben deutlichem Bezuge auf Matth 19, 12 die Worte: ὃς γαμεῖ ἀπολελυμένην ἀφ’ ἑτέρου ἀνδρὸς μοιχᾶται, sie können aber ebenso aus Luk 16, 18 sein, wie aus Matth 5, 32 oder 19, 9. Die Nachbarschaft könnte Matth 19, 9 empfehlen, aber voran steht ein Zitat aus 5, 29.

bietet, = ὃς ἂν ἀπολύσῃ *ein man taraka imra'atahu* d. h. wer sein Weib verlässt, ohne Ehebruch, und eine andre heiratet, der عرضها للفجور d. h. der exponiert sie der Ausschweifung = dem Ehebruche,[1] und wer eine Verstossene (مطلّقة d. h. rechtlich Geschiedene) heiratet, der begeht Ausschweifung = Ehebruch. Pesch und Syrsin haben beide hier für die rechtlich Geschiedene (مطلّقة) zwar ܫܒܝܩܬܐ = die Verlassene, aber hier wird der syrische Text der zweifelhafte sein. In Matth 5, 32 hat Tatian für ܟܠ ܕܫܪܐ = πᾶς ὁ ἀπολύων juristisch scharf: Jeder wer seine Gattin rechtskräftig verstösst (جميع من يطلق زوجته) ausser der Ursache der Ausschweifung = des Ehebruches, der verstattet ihr die Ausschweifung (اباحها الفجور[2]), und wer eine مخلّاة d. h. eine frei gelassene, hier normal geschiedene Frau, nimmt, der begeht Ausschweifung = Ehebruch. Endlich ist Mrk 10, 2—4, 10—12 in Betracht zu ziehen, wo Vs. 11 die Pesch mit den Griechen anders ordnet, als der Syrsin. Letzterer hat: *Welches Weib ihren Gatten verlässt*, (also ihm davon läuft), *und einem andern wird, die bricht die Ehe, und welcher Mann sein Weib verlässt und ein anderes nimmt, der bricht die Ehe.* Hier ist rechtlich bedeutungsvoll, dass vom Weibe gesagt wird, sie *verlasse* den Gatten, denn *scheiden kann sie sich nicht*, das behält das jüdische Recht dem Manne vor. Die Pesch schreibt, indem sie den Mann voranstellt, statt beide Male „*verlassen*" zu setzen, dafür beide Male „*entlassen*," das aber kann nur vom Manne, nie vom Weibe gesagt werden. Sie drückt damit das doppelte ἀπολύειν der Griechen aus, aber das ist eine juristisch unhaltbare Ausdrucksweise. Diese Verhältnisse sind dem arabischen Tatian völlig klar, er schreibt, obwohl von Pesch abhängig, so: Vs. 11 Und er sprach zu ihnen: Jeder wer seine Gattin freigiebt (يخلي) und eine andre heiratet, der exponiert sie der Ausschweifung (dem Ehebruche), und welches Weib sich von ihrem Gatten entfernt, und einem andern wird, die begeht Ausschweifung (Ehebruch). — Wo die Griechen gleichmässig ἀπολύειν anwenden, finden wir bei Tatian: 1. Verlassen ترك, 2. Verstossen طلق, 3. Loslassen (خلى), 4. sich vom Gatten entfernen (فارق), also *vier* Ausdrücke, an der die Stelle von *zwei* Syrischen: ܫܪܐ Entlassen d. i. ἀπολύειν und ܫܒܩ Verlassen d. i. καταλείπειν oder ἀπολείπειν, das aber in den Evangelien nicht vorkommt. Die zwei syrischen decken nur einen griechischen Ausdruck und zwar in keiner Weise mit fester Durchführung. Man fragt sich, ob christ-

[1] Die Konstruktion versteht sich nach der Phrase عرّضت فلانا لكذا ich habe ihn dem und dem exponiert, Lane 5 P. 2004[2].

[2] Konstruiert nach ابحتك الشىء اى احللته لك d. h. ich habe es dir erlaubt.

liche, auf andren Rechtsanschauungen ruhende, Disziplin ein neben ἀπολύειν verwendetes ursprüngliches ἀπολείπειν oder καταλείπειν hat fallen lassen, und alles auf das griechische Rechtswort ἀπολύειν ausgeglichen hat. Die Herstellung scheint mir zur Zeit freilich unmöglich. Die Septuaginta kennt ἀπολύειν für ein Weib entlassen (גרש) nicht, obwohl Ps 34 in der Überschrift diese Übersetzung vorliegt, sie sagt meistens ἐκβάλλειν, während die Targume, Onkelos תרך, Jonathan פטר (dimittere) anwenden, die Pesch aber ܫܒܩ verlassen, und die Vulg repudiare einsetzt Levit 21, 7, 14. Für שלח Deut 24, 1 sagt sie ἐξαποστέλλω, die Pesch ܫܪܐ, die Targumen פטר (Onk.) und טייל (Jon.), die Vulg dimittere. Profan griechisch ist ἀποπέμπειν.

Vs. 33. Ihr habt gehört, dass gesagt ist: Du sollst nicht schwören den Eid der Lüge.

Es fehlt: habt weiter, πάλιν, und zu den Alten, τοῖς ἀρχαίοις. In den jüngern syrischen Textformen ist beides zugesetzt, der Hrs hat תוב und לקמי, ist aber in Cod. A verstümmelt. — Bei Irenäus IV, 24, 1 fehlt beides, das iterum fehlt sogar noch in F (Fuldensis der Vulgata), das antiquis in k, der so hat: iterum audis . . . quoniam hictum (lies dictum) est non perjurabis. Dass dies bei den Lateinern Einschub ist, ersieht man aus der Schwankung des Textes, denn die Mss ac haben ab antiquis, was zusammenhangswidrig, die jüngeren Handschriften aber haben richtig antiquis.

Sachlich ist das τοῖς ἀρχαίοις ebenso wie πάλιν ganz vom Übel, nachdem Vs. 21 der Gegensatz der Alten (Juden) und der neuen Genossenschaft Ješu' ein für alle Mal festgestellt ist, wird das Vs. 27. 31. 38. 43 nicht wiederholt, die Rede steuert in grandiosem Zuge auf Vs. 48 los, wo Alles zusammengefasst wird: Seid ihr vollkommen! Was soll da die ganz überflüssige Erinnerung, dass es den Alten gesagt ist in Vs. 33? Nun beobachte man aber die Wirkung dieses Einsatzes! Das τοῖς ἀρχαίοις steht jetzt Vs. 21 und Vs. 33, es sind somit 21 (mit ἀρχαίοις) und 27. 31 (ohne dasselbe) drei Glieder, denen jetzt drei andre korrespondieren, nämlich 33 mit, und 38. 43 ohne ἀρχαίοις. Kurz es ist redaktorielle Parallelisierung der zweimal drei Glieder. Und diese künstliche Gliederung wird dann dem Leser durch den zweiten Einsatz, den von weiter, πάλιν, noch einmal energisch in's Ohr gerufen. Meyer-Weiss verweist für dies πάλιν auf 4, 7, wo es freilich auch unpassend steht. Der Syrsin hat es auch dort nicht, es wäre dort ein Wettzitieren zwischen Satan und Ješu', wer die Schrift am Besten kennte. Der ganze Bau der Rede wird nun weiter durch den Vs. 47 völlig gestört, es ist du sublime au ridicule. Und eben dieser Vs. 47 fehlt sowohl in Syrsin als in Codex k. Davon weiter unten.

Hat Jemand Neigung, dies πάλιν und τοῖς ἀρχαίοις zu verteidigen, das sich sachlich und nach den ältesten Zeugnissen selbst verdammt? Wenn nicht, so ziehe man auch die Konsequenz für B und א, die beides und Vs. 47 noch dazu haben; — diese Zeugen verdienen das Ansehen nicht, in dem sie stehen. Codex D geht diesmal für πάλιν und τοῖς ἀρχαίοις mit Bא, auch Vs. 47 lässt er nicht mit Syrsin und k fort. Das charakterisiert seine gesamte Stellung.

Ein Wort für Meineid hat weder das Hebräische noch das Aramäische, man sagt שבועת שוא; was Ješu' für ἐπιορκεῖν gesagt hat, bleibt unbekannt, und ausser aller Analogie steht auch der Ausdruck deine Eide geben (ἀποδώσεις τοὺς ὅρκους σου), wofür der Syrsin und k den Singular ohne Pronomen haben: ܬܬܠ ܡܘܡܬܐ = reddis jusjurandum in k, gemeint ist aber ohne Zweifel damit das Gelübde, das der Gelobende halten muss. In der Grundstelle Num 30, 3 ist Gelübde und Eid verbunden und so auch Mischna Nedarim II, 2, 3, wo die Unterschiede beider besprochen werden. Dort wird gelehrt: Sagt Jemand: Qorban,[1] dass ich vom Deinigen nicht esse, — oder: Qorban, wenn ich vom Deinigen esse, — oder: Nicht Qorban, was ich nicht vom Deinigen esse,[2] — so ist das nicht bindend. Sagt er aber: Šebu'a (Eid) sei, dass ich vom Deinigen nicht esse, — oder: Eid sei, dass ich vom Deinigen esse, — oder: Nicht Eid, wenn ich vom Deinigen nicht esse, so ist es unerlaubt (d. h. der das ausspricht, darf nichts davon essen). In dieser Beziehung sind Eide von schwererem Gewichte als Gelübde, wogegen in andrer Hinsicht Schwüre nicht so binden wie Gelübde. Ein Beispiel dafür ist, wenn Jemand sagt: Qorban (קונם) sei die Laubhütte, die ich mache etc., so wird diese Laubhütte durch das Gelübde für andre unbrauchbar, sagte er aber in diesem Falle: Eid (שבועה), so wäre das wirkungslos, weil man einen Eid die Gebote zu übertreten nicht schwören kann, (also der Eid gar nicht annehmbar ist). Ebenso kann in einem Gelübde eine doppelte Verpflichtung stecken, im Eide aber nicht, und wenn Jemand sagt: Ich will Naziräer sein, wenn ich esse, — so wird er, falls er isst, doppelt schuldig, einmal wegen des gebrochnen Gelübdes, zweitens weil er dann zum Naziräat verpflichtet ist.[3] Umgekehrt aber, wenn er sagt: Eid sei, dass ich nicht esse u. drgl. m., so hat er nur die Eine Verpflichtung, nicht zu essen.

Ich führe diese Beispiele an, um die Verhältnisse zu charakterisieren, auf die Ješu' seine Worte münzte. Er hatte gar nicht ein einzelnes alttestamentliches Wort im Auge, denn weder Levit 19, 12 noch Num 30, 3, Deuter 23, 22 findet sich ein unserem Satze genau

[1] Vgl. Matth 15, 5, Mrk 7, 11.
[2] Die drei Fälle entstehen durch die verschieden gesetzte Negation.
[3] Wir würden das einfacher als „bedingte Verpflichtung" bezeichnen.

entsprechendes Wort, sondern eine ganze grosse Praxis, gegen deren Qorbanlehre Ješu' auch Matth 15, 5 die wahre Sittlichkeit in das Feld führt. Den ganzen formalen Scharfsinn der stupiden Kasuistik, die sich hier breit macht, — und den man überhaupt unter die Musterprodukte menschlichen Stumpfsinns rechnen muss, — hebt Ješu' mit seiner Ethik aus dem Sattel. Dass auch Hellenen und feinere Judengeister[1] den Eid verwarfen, mindert Ješu' Verdienst nicht, da seine Verwerfung nicht eine Einzelheit, sondern nur ein Glied in dem grossen Ganzen seiner neuen sittlichen Weltordnung ist.

Fragt man nun nach dem Wert der Lesarten, so zeigen die syrischen Texte die Rückwirkung der Redaktion bei den Griechen. Aus dem einfachen: „Ihr habt gehört, dass gesagt ist" macht schon Syrcrt, dann Pesch: Wiederum habt ihr gehört, dass den Alten gesagt ist; aus dem Statusverhältnis des Syrsin ܡܘܡܬ ܫܘܩܪܐ d. i. Lügeneid macht Syrcrt ܡܘܡܬܐ ܕܫܘܩܪܐ d. i. den Eid der Lüge und Pesch endlich sagt: Du sollst nicht lügen in deinem Eide,[2] was für ἐπιορκεῖν auch 3 Ezra 1, 46 steht. Beide feilen an dem klaren Texte des Syrsin. In beiden ist auch σου zugesetzt = ܡܘܡܬܟ, das Syrcrt als Singular τὸν ὅρκον σου, Pesch als Plural = τοὺς ὅρκους σου fasst, das aber k und Syrsin noch nicht haben, und das falsch ist. Der Sinn verlangt: Schwöre nicht einen Lügeneid und gieb dem Herren den Eid = bezahle das Gelübde. Die Wendung „deine Gelübde" klingt an Ps 50, 14 an. Hrs hat: Schwöre nicht zur Lüge!

Endlich ist noch auf „Ihr persönlich" wörtlich „eure Person" ܢܦܫܟܘܢ zu verweisen, das die Peschita beseitigt, indem sie ܟܠܗ (gänzlich) für ὅλως einsetzt. Aber dies ܢܦܫܟܘܢ hat auch Aphraates S. 505 Z. 3 in Codex A, wogegen die andern Handschriften ܒܢܦܫܟܘܢ bieten, das falsch, da es heissen würde, schwört nicht bei Euch selbst. Der Codex A, obwohl jünger als die anderen, hat ältern Text bewahrt, wie hier gleich das ܡܘܡܬܐ zeigt, welches die übrigen Handschriften mit Punkten bieten, A aber nicht. Die Peschita hat das Wort öfter für αὐτός, Joh 6, 53 aber, wo sie es hat, hat es der Syrsin nicht. Das ist die einzige vergleichbare Stelle, Joh 5, 26 fehlt im Syrsin.

[1] Die Äusserung eines solchen ist Schebuoth 36ᵃ, wo R. Elieser zu Mischna 4, 13 bemerkt: Ein Nein ist ein Schwur, ein Ja ist ein Schwur. — Freilich wird das gleich wieder von Rabba kasuistisch limitiert, wenn er zusetzt, um als Schwur zu gelten, müsste Nein, nein, Ja, ja zweimal gesagt werden. Wer das Ja ja Ješu' so versteht, wie Meyer-Weiss, dass unter Ješu' Jüngern die schlichte Wiederholung des Ja und Nein die einzig zulässige Versicherungsform sei, stellt ihn mit Rabba in Parallele.

[2] Jetzt als Plural vokalisiert, worüber meine Historia artis Grammaticae apud Syros, Lpzg. 1889 P. 174 zu vergleichen. Die Schwankungen im N. T. verzeichnet Payne Smith s. v.

So verführerisch es wäre, das ܡܘܡܐ mit קוֹנָם zusammenzubringen, Ihr sollt nicht Euer Konam schwören, so wäre das doch falsch, ܡܘܡܝܢ 1 Cor 9, 27 belegt den Gebrauch des Syrsin.

Vs. 35, 36 zeigen sich die Redaktionsverhältnisse der Syrer klar. Die Griechen haben viermal μήτε, Syrsin sagt zuerst ܠܐ = nicht, und dann dreimal ܘܠܐ = und nicht. Der Syrcrt lässt das erste ܠܐ stehen, dann aber sagt er um μήτε zu geben dreimal ܘܐܦ ܠܐ = und auch nicht, worauf Pesch das ܘ = und streicht, so dass ܐܦ ܠܐ = auch nicht übrig bleibt. Dabei fehlt in Syrsin und Syrcrt das verhängnisvolle ὅλως, auf das so viel gebaut, und das in den Evangelien ein Hapaxlegomenon ist, und die Rückübersetzung der Stelle mit ܡܘܡܝܬܘܢ ergiebt: ἐγὼ δὲ λέγω ὑμῖν, μὴ ὀμόσαι ὑμᾶς, μὴ [μήτε?] ἐν τῷ οὐρανῷ ... μήτε ἐν τῇ γῇ ... μήτε ἐν [εἰς?] Ἱερουσαλήμ .... μήτε ἐν τῇ κεφαλῇ σου ὀμόσῃς .... Nicht der Eid überhaupt wird verboten, sondern der leichtfertige Gebrauch von Schwurformeln, wie sie bei den Juden gebräuchlich waren und von Lightfoot zur Stelle im Einzelnen belegt sind. Gegen diese jüdische und arabische Unsitte eifert auch die Mischna und die jüdischen Gelehrten,[1] aber sie bleiben in der Kasuistik stecken, die hier zu entwickeln nicht meine Aufgabe ist. Nach Syrsin ist der Sinn: Ich sage euch: Ihr — was andre thun bildet dazu die dunkle Folie, — sollt die üblichen Schwüre des gemeinen Lebens nicht anwenden, sondern euer Ja soll ja sein, euer Nein nein. — Dabei behält μή und μήτε den gewöhnlichen distribuierenden Sinn.

So handelten auch die Essener, die trotzdem schreckliche Eintrittseide leisteten Jos B. J. 2, 8, 6, 7, woraus sich ergiebt, dass das Verbot des gewohnheitsmässigen Schwörens mit einem Eide vor Gericht oder einem promissorischen Eide gar nichts zu thun hat, und die auf das falsche ὅλως gebauten Gewissensbedenken ganz grundlos sind. Ješu' selbst geht Matth 26, 63 auf einen ganz nach jüdischem Rechte gültigen Eid ein, der darin besteht, dass er auf die Aufforderung: Ich beschwöre dich d. h. „Ich fordre dich zu eidlicher Erklärung auf" eine Antwort erteilt. Das „ich beschwöre dich" ist keine rhetorische Phrase, es ist im strengsten Sinne eine Eidesabnahme.

Das ὅλως, das Syrsin nicht ausdrückt, ist da bei Justin Apol. I, 16, bei Irenäus IV, 24, 1 ist es durch in totum gegeben, und so schreibt auch Codex k, wogegen die andern Lateiner omnino bieten (Fuld. abc Aur. etc.). Der Syrsin steht daher mit seinem Übergehen oder

[1] Seltsam ist die Note in Maimonides Jad III Hilk. Schebuoth XII, 7, 8 über die Eide von Kindern, die übrigens zur Wahrheit angehalten und vor dem leichtfertigen Gebrauche von Schwurformeln gewarnt werden sollen.

seinem ὑμᾶς für ὅλως scheinbar allein. Wir haben das schon mehrfach gesehen. Ist er darum falsch, weil die Masse dagegen steht? Soeben haben wir gefunden, dass er bei dem Auslassen von πάλιν und τοῖς ἀρχαίοις die wuchtigsten Zeugen für sich hat, aber die Masse gegen sich, hier ist es ebenso, denn der älteste Zeuge, das ist der Jakobusbrief, hat das ὅλως 5, 12 ebenfalls nicht. Die Zeit seines Einschubs liegt zwischen der Abfassungszeit des Jakobusbriefes und Justin, wenn dessen ὅλως wirklich in den Handschriften ungeändert geblieben ist, denn sein Text ruht auf nur zwei Manuskripten, das ältere aus dem Jahre 1364, das jüngere gar erst von 1541. Der sichere Zeuge für ὅλως ist daher erst Irenäus. Die disziplinäre Redaktion nahm vor ihm den Anfang.

Die Deutung des Ja — Jà, Nein — Nein im oben erwähnten Sinne des Rabba ist von Meyer-Weiss wieder aufgenommen, nachdem sie von Paulus verworfen war. Der Armenier interpretiert nach dem Verständnisse der Griechen seiner Zeit այլ եղիցի ձեր բան, այոն՝ այո՛, և ոչն՝ ո՛չ d. h. aber es sei euer Wort „Ja" — ja, und „Nein" — nein.[1] — Da sich Alles nicht auf die gerichtlichen Eide bezieht, sondern auf die Verkehrsform, so ist das richtig. Wer im Oriente das unaufhörliche Wallahi = bei Gott und ala rasi oder bâschim itschün = bei meinem Haupte in jeder Handelsbagatelle gehört hat, bei der dann doch regelmässig betrogen wird, der wird verstehen, was es bedeutet, dass die Christen das zu meiden haben, und dass ihr Ja ein Ja, ihr Nein ein Nein ist. Der Irrtum, dies auf die rabbinische geforderte Wiederholung des Ja und Nein bei ernster Versicherung zu deuten, sollte damit einleuchten, Ješu' würde damit selbst wieder zum Kasuisten gemacht. Wenn Jemand die Bedeutung seines richtig verstandnen Wortes, das die Solidität in allen Lebensbeziehungen einschärft, nicht verstehen will, so zeigt er nur, dass er nicht richtig schätzt, was die Solidität für die Gesellschaft bedeutet. Grade das darüber hinausschwatzen ist verderblich. Zu dem „weissen oder schwarzen Haare" vgl. die P. 77 Note 3 angeführte ähnliche Ausdrucksweise aus Canticum rabba 5, 11.

Vs. 39. Wer dich schlägt auf deine Wange, dem halte die andere hin.

Ich benutze die Gelegenheit dieses kritisch instruktiven Textes zur Darlegung der Schichtungsverhältnisse in den Redaktionen.

Die verbreitete Lesart ist: auf deine rechte Wange, dem halte die andre hin. Der Gegensatz die rechte und die andre ist unrichtig, man erwartet die rechte und die linke, oder die eine

---

1 Ebenso deutet der Armenier in Jakobus 5, 12.

und die andre. Nach diesen drei Formen, deren erste die schlechteste ist, teilen sich die Zeugnisse.

1. Es bieten: auf deine Wange ... die andre Syrsin, Syrcrt, und danach Aphraates S. 180, der dem Syrsin hier näher steht als dem Syrcrt. Dazu kommt D αλλ οστισ σε ραπεισει επι την σιαγονα σου. στρεψον αυτω και την αλλην· und k, der bietet: set qui te expalmaverit in maxillam tuam · converte illi et aterram · mit Korrektur der zweiten Hand in alteram. Bei Irenäus steht adhortans nos vapulare, et alteram praebere maxillam III, 19, 5 und et jam nesciunt pugnare, sed percussi et alteram praebent maxillam; das etiam und dextera ist also zweimal nicht vorhanden. Cyprian fehlt.

2. Es bieten: auf deine rechte Wange ... auch die andre, Pesch, in der das ܥܠ ܦܟܟ ܩܪܒ ܠܗ ܐܚܪܢܝܐ des Syrsin korrigiert ist in ܥܠ ܦܟܟ ܕܝܡܝܢܐ ܐܦܢܐ ܠܗ ܐܦ ܐܚܪܢܝܐ, d. h. στρέψον ist durch ܐܦܢܐ buchstäblich gegeben, während ܩܪܒ heranbringen, darbieten[1] ihm nicht absolut entspricht, und ܐܦ = καὶ = auch ist eingeschoben. — Dieser Text entsteht deutlich durch Korrektur, die auf Grund der Griechen vollzogen ist, denn so schreibt B ἀλλ' ὅστις σε ῥαπίζει εἰς τὴν δεξιὰν σιαγόνα σου στρέψον αὐτῷ καὶ τὴν ἄλλην. Man fühlt leicht, dass das σου hier unangenehm auffällt, es ist zuviel, und fehlt ganz in Didache 1, 4, und Griechisch klingt besser εἰς τὴν δεξιάν σου σιαγόνα. Es ist daher nicht zu verwundern, dass Textredaktoren es entweder so umstellen, und das thun die Auktoritäten von ς, z. B. Δ, oder aber streichen, und das thut ℵΣ. Hier hat der Parasit δεξιά das echte Kind des Hauses σου verdrängt. Im Aberglauben an ℵ hat Tischendorf denn das σου gestrichen, und Westcott-Hort haben es in Parenthese gesetzt. Richtig urteilt Meyer-Weiss, dass es beizubehalten sei, er merkt aber nicht, dass die Sache doch ihren Haken hat, der im Einschub von δεξιάν liegt. — Diese Textstufe bringt um 450 der Armenier zum Ausdrucke Եթէ ոք ածիցէ ապտակ յաջ ծնօտ քո՝ դարձո նմա և զմիւսն: d. i. si quis feret alapam in dexteram maxillam tuam, converte illi etiam aliam. Fast buchstäblich so hat auch der Memphite ⲫⲏ ⲉⲑⲛⲁϯ ⲛⲟⲩⲕⲟⲩⲣ ⲛⲁⲕ ϧⲉⲛ ⲧⲉⲕⲟⲩⲟϫⲓ ⲛⲟⲩⲓⲛⲁⲙ ⲫⲉⲛϩ ϯϫⲉϯ ⲉⲣⲟϥ und der Äthiope im Basler Druck und bei Hackspill, die aber καὶ = etiam fortlassen, also στρέψον αὐτῷ τὴν ἄλλην bieten. Sie stehen hier auf Seite von Syrsin gegen BℵDk und den dies και ausdrückenden übrigen Zeugen, wie Hieronymus, welcher hat: si quis te percusserit in dexteram

---

[1] Irenäus hat praebere, k convertere! Da ܐܦܢܐ handgreifliche Annäherung an στρέψον ist, und Syrsin nebst Aphraates ܩܪܒ haben, so ist eben dies die alte sachgemässe Wiedergabe.

maxillam tuam, praebe illi et alteram. So hat denn auch der Aureus, und mit in dextera maxilla tua F und der Rhedigerianus. Ulfilas drückt aus: bi taihsvon þeina kinnu und jah þo anþara d. h. die rechte Backe und auch die andere.

3. Endlich kompletieren Redaktoren den unvollkommnen Gegensatz und schreiben im zweiten Gliede für die andre richtig die linke. So hat g[1] (Wordsworth's G) si quis te percusserit in maxillam tuam dexteram (= Δ δεξιάν σου σιαγόνα), praebe illi et sinistram, und so haben schon der Vercellensis a, angeblich vom Bischof Eusebius Martyr † 371 geschrieben, und der Veronensis b Saec IV—V.

Fragt man, warum hier die rechte Wange steht, so wird geantwortet, es geschehe nach der gewöhnlichen Redeweise (vgl. Vs. 29) das Linke nach dem Rechten zu nennen. Aber das Linke wird ja hier gar nicht genannt, das setzt nur die dritte Textform ein, also kann darum nicht das Rechte voranstehen. In Vs. 29 ist es völlig anders, und ganz richtig ist von Meyer-Weiss das rechte Auge als das Teuerste erklärt, — mit dem rechten Auge zielt man 1 Sam 11, 2, und mit der rechten Hand arbeitet man. Aber die rechte Backe ist nicht teurer als die linke, und man kann obendrein auf die rechte Backe sehr schwer schlagen, die Ohrfeige trifft die linke Backe. Künsteleien wie die, man könne mit der umgekehrten Hand — mit der „Verwendten" — Jemand auch auf die rechte Backe schlagen, oder von hinten kommen und dasselbe thun, sind unwürdige Thorheiten. Kurz der Gedanke ist nicht zu erklären und nicht zu halten, und die ältesten Texte haben das Wort die rechte nicht. Zu ihnen kommt aber als Hauptzeuge noch Luk 6, 29, der in seinen Vorlagen das Wort noch nicht gelesen hat, das sich so als eine unpassende, vielleicht auf Vs. 29 ruhende Glossierung erweist, die in der dritten Textform kompletiert ist. Hier in Lukas haben die Griechen nur σὲ ἐπὶ τὴν σιαγόνα, wofür Syrsin dich auf deine Wange bietet, und der Arm wer deine Wange schlägt, was idiomatisch ist, da neben σε kein σου mehr erträglich ist. Der griechische Text steht ganz fest. Das δεξιάν ist nicht etwa gestrichen, sondern die umgekehrte Tendenz zeigt sich, es einzuschieben, was Origenes gethan hat. Aber auch der Memphite behält auf diese Wange bei.

Dann aber ist B mit der ganzen Gefolgschaft Zeuge für einen glossierten Text, an dem ℵΣ und Δ noch weiter feilen, weil eine Inconvenienz empfunden wurde. Sie bilden die mittlere in sich nicht ganz gleich gebliebne Textstufe, zu der abg[1] als dritte und letzte kommen.

Als älteste erreichbare Schicht bleibt Syrsin mit k und D, dessen

Doppelnatur oben P. 99 bemerkt worden ist. Die Bezüge dieses Textes zu Irenäus, die in diesem Falle nicht absolut erwiesen werden können, und zu Cyprian sind früher öfter an's Licht gestellt. Diese alte Textform erhält uns demnach den Textzustand von etwa 180 n. Chr., und als eins der Motive, die zu seiner Umbildung geführt haben, ist uns die Rücksicht auf Gemeinde und Kirchendisziplin entgegengetreten. Dogmatische Einflüsse im engern Sinne des Wortes sind ausser 1, 16 nicht hervorgetreten, dass aber B und seine Verwandten auch von solchen nicht frei geblieben sind, das habe ich in meinen Anmerkungen zu den in der Peschita fehlenden Briefen des neuen Testamentes, die ich nach einer arabischen, aus der Philoxenianischen Übersetzung stammenden Afterübersetzung vom Sinaikloster herausgegeben habe,[1] deutlich gezeigt. Vgl. besonders Judas 4 und 3 Joh 9.

Vs. 40. und dein Unterkleid nimmt. Ich habe ܘܢܣܒ gelesen, mit demselben Rechte kann übersetzt werden: zu prozessieren und dein Unterkleid zu nehmen. Syrcrt und Pesch verwandeln ܘܢܣܒ in ܘܢܣܒܘܠ vgl. P. 31.

Vs. 40. Unterkleid ist für ܟܘܬܝܢܐ und χιτών gesetzt, Obergewand für ܡܪܛܘܛܐ und ἱμάτιον. Ersteres wird als Hemd mit weiten Ärmeln (قميص واسع الاكمام und مدرعة) oder auch als Jacke (جبة) erklärt, letzteres als Mantel (رداء und مُلاءة). Merkwürdiger Weise dreht Barhebräus[2] in seinem Scholion die Deutung um, doch wohl mit Unrecht.

Vs. 41. Dass du mit ihm eine **Meile** gehst; eine ist der unbestimmte Artikel, nicht Zahlwort, es darf nicht gelesen werden **eine** Meile. Syrsin und Syrcrt drücken das Zahlwort ἕν nicht aus, das Pesch einsetzt. Weiter: gehe mit ihm noch zwei andere = ὕπαγε μετ' αὐτοῦ ἔτι ἄλλα δύο D und k vade cum eo athuc · alia duo · wie abcg', wogegen bei Iren. IV, 24, 2 und Vulgata heute das adhuc fehlt. — Die Einschiebung des Zahlworts eine ist eine auf grundfalschem Verständnis beruhende Verderbung des Sinnes. Mit der Einschiebung von ἕν ist ein Mass gegeben, die Zugabe zum Erzwungnen soll das Doppelte sein, sie soll sich verhalten wie 1 : 2. Solche Massbestimmung ist dem Grundgedanken zuwider. Der Sinn ist: Thue viel mehr als das, wozu du gezwungen bist, und die Frage, ob rechtlich oder widerrechtlich zur Frohnleistung gezwungen, gehört gar nicht hierher.

Nun beobachte man die Textentwicklung in den Syrern, die

---

[1] In Bezold's Zeitschrift für Assyriologie XII, 240 und XIII, 1 ff.

[2] Gregorii Abulfarag Bar Ebhraya in Ev. Matth. Scholia ed. Spanuth Göttingen 1879 P. 16.

die Richtung auf die Massbestimmung nimmt, den grossen Gedanken also kleinlich fasst.

1. Syrsin: Wer dich frohndienstlich zwingt, (ܕܢܫܚܪܟ ܠܟ = ἀγγαρεύει D) dass du mit ihm eine Meile gehst, gehe mit ihm noch (ܬܘܒ) zwei andere, das wären also, wenn man rechnen wollte, drei Meilen. Justin Apol. I, 16 fehlt ἕν.[1]

2. Syrcrt: Wer dir sagt[2] (ܕܐܡܪ ܠܟ), dass du mit ihm eine Meile gehst, gehe mit ihm (das ܬܘܒ = noch ist gestrichen) zwei andere, zusammen auch drei Meilen.

3. Peschita streicht noch (ܬܘܒ) und andere (ܐܚܪܢܝܢ) und bietet: Wer dich frohnen lässt eine Meile, gehe mit ihm zwei, d. h. leiste das Doppelte vom Verlangten. So auch Hrs.

Nr. 1 liegt auch bezüglich des Fehlens von ἕν in k vor, der für μίλιον setzt mille passus. Hätte ἕν dagestanden, so hätte Nichts gehindert, milliarium unum zu schreiben, d hat milium unum.

Nr. 2 Streichung des adhuc bei Erhaltung des zwei andere ist verbreiteter lateinischer Text, vg. mille passus vade cum illo alia duo, und so Fuld., Rhedig., Aureus.

Nr. 3 bestimmt direkt das Mass, entstellt also den Sinn. Das liegt vor in allen Griechen, also in BℵΔ, und hier auch D, und ihrer Gefolgschaft, dem Äthiopen Hackspills, der Peschita, aber es ist zu beachten, dass der Arm noch sagt և երկուս = auch zwei, und dass der Memphite mit ⲛⲟⲩⲙⲓⲗⲓⲟⲛ das ἕν nicht präzis ausdrückt, da ⲟⲩ unbestimmter Artikel ist. — Die Peschita führt also das Produkt der griechischen Recension, die später ist als der Text von Syrsin, in die syrische Kirche ein.

Vs. 42. Da halte es nicht zurück scheint wahrscheinlicher, als da halte ihn nicht zurück, hindere ihn nicht. Syrcrt und Peschita haben denselben Ausdruck, ܠܐ ܬܟܠܝܘܗܝ ist Orthographie des Syrsin für das spätere ܠܐ ܬܟܠܐܝܘܗܝ. Es scheint erklärende Übersetzung von ἀποστραφῇς oder ἀποστρέψῃς. Sirach 29, 7 ist ἀπέστρεψαν in der altlateinischen Übersetzung, die einen Teil der Vulgata bildet, durch non foenerati sunt ausgedrückt, also haben Nichts verborgt. Der syrische Sirach hat passive Wendung: Viele sind nicht aus Bosheit verhindert (ܐܬܟܠܝܘ) zu verleihen. — Der Äthiope mit itekle'o sagte: halte ihn (oder es) nicht zurück, der Memphite setzt ⲙⲡⲉⲣ ⲧⲁⲥⲑⲟϥ ⲉⲃⲟⲗ ne averte eum.

---

[1] Clemens Homil 147, 29 Lagarde hat ἕν im Texte, ebenso in dem vorhandenen Msp. Didache 1, 4: ἐὰν ἀγγαρεύσῃ σέ τις μίλιον ἕν ὕπαγε μετ' αὐτοῦ δύο. Aber das ist sicher Verderbnis.

[2] Diese Willkür hat nur der Syrcrt.

Vs. 43 setzt der Syrcrt hinzu ܠܩܕܡ̈ܝܐ, dass den Alten gesagt ist, wovon sich sonst keine Spur findet. Der Arm setzt ապաքէն zu: Ihr habt wahrhaftig gehört, dass.

Vs. 44 verwandeln Syrcrt und Pesch das ܕܪܚܡܘ des Syrsin in ܕܐܚܒܘ, obwohl sie vorher ܪܚܡ für ἀγαπᾶν verwendet haben, wobei sie das dem Futurum ἀγαπήσεις und μισήσεις entsprechende ܬܪܚܡ und ܬܣܢܐ des Syrsin Vs. 43 noch in den Imperativ umsetzen ܪܚܡ und ܣܢܝ.

Der bekannte Zusatz in diesem Verse, den die Peschita ebenfalls hat, fehlt in Syrsin und Syrcrt. Diese stimmen, noch abgesehen von Vs. 47, unter sich und mit den Altlateinern k, Iren.,[1] Cypr. sowie mit Bא, d. h. Bא sind in dieser Stelle noch ohne Interpolation, aber es wird sich gleich zeigen, dass sie doch auch gegenüber Syrsin und k weiterhin interpoliert sind, und dass nur diese den wirklich echten Text haben, indem sie Vs. 47 weglassen, den Bא bieten. Auch D zeigt sich hier in seiner Mittelstellung. Bei der Bedeutung der Stelle vereinige ich hier die Überlieferung der bedeutendsten Zeugen:

Syrsin nebst dem interpolierten Syrcrt	Der uninterpolierte k	Der interpolierte Cyprian I 400, 429, 153 und Irenäus I 327, II 99, 182, 283, 398 ed. Harvey
44 Liebet eure Feinde und betet über die, welche euch verfolgen, 45 damit ihr Söhne eures Vaters, der in den Himmeln, werdet,	44 diligite inimicos vestros · et orate pro eis qui vos persecuntur. 45 ut sitis filii patris vestri qui in coelis	44 diligite inimicos vestros, et orate pro eis [his Cypr. 153], qui vos persecuntur [oderunt[1] Iren. II, 99], 45 ut sitis filii [similes Cypr. 429]
er der aufgehen lässt seine Sonne über Guten und Bösen, und herabkommen lässt seinen Regen über Rechtschaffne und über Frevler. 46 Denn wenn ihr die liebt, die euch lieben, was ist euer Lohn?	quoniam solem suum oriri facit[1] super malos et boq̇unos et fuit [lies pluit] super iuseos · [lies iustos] et iniustos 46 si enim dilexeritis eos qui vos diligunt quam mercedem habebitis ·	patris vestri, qui in coelis est[2], qui solem suum oriri facit super bonos et malos,[3] et pluit super iustos et iniustos. 46 si enim dilexeritis eos, qui vos diligunt, quam mercedem habebitis[4]?

---

1 Irenäus hat III, 19, 5 diligite inimicos vestros et orate pro eis qui vos oderunt. Hier ist oderunt richtig. Auch im Zusammenhange dieser Stelle bei Irenäus passt nicht wohl was k bietet: diligite inimicos vestros et orate pro eis qui vos persecuntur, das aber ist genau wie Syrsin.

Auch die Zöllner thun so. [Syrcrt 47 Und wenn ihr grüsset eure Brüder allein, was ist euer Gutsein[1]? Thun nicht auch die Heiden so?] 48 Seid also ihr vollkommen, ihr deren Vater,[2] der in den Himmeln, vollkommen ist 6, 1 und machet eure Gerechtigkeit nicht [Syrcrt Hütet euch, dass ihr nicht machet eure Gabe] vor dem Auge der Menschen u. s. w.

[1] So hat Syrsin auch Luk 6, 34 und daher stammt die Wendung.

[2] Syrcrt wie euer Vater, der in den Himmeln.

nonne et publicani sic faciunt · [1] 48 eritis itaque · vos · perfecti quomodo pater vester qui in coelis perfectus est 6, 1 Observate non facere elemosinā vestram coram hominibus . . .

[1] Vgl. Justin Dial. 96... τὸν ἥλιον αὐτοῦ ἀνατέλλοντα ἐπὶ ἀχαρίστους καὶ δικαίους καὶ βρέχοντα ἐπὶ ὁσίους καὶ πονηρούς. Apol. I, 15 εἰ ἀγαπᾶτε τοὺς ἀγαπῶντας ὑμᾶς, τί καινὸν ποιεῖτε; καὶ γὰρ οἱ πόρνοι τοῦτο ποιοῦσι.

nonne et publicani sic faciunt? [et si salutaveritis fratres vestros tantum, quid amplius facitis? nonne et[5] ethnici id ipsum faciunt?] 48 eritis itaque vos perfecti quomodo pater vester coelestis[6] perfectus est...

[1] Dies oderunt liegt zeitlich vor oder nach den Christenverfolgungen; da es Irenäus hat, so ist es wohl vor sie zu setzen, also echt.

[2] Dies est ist Wanderwort, Cypr. 153 hat qui est in coelis. Wanderworte haben das Präjudiz gegen sich, sie sind verschieden eingeordnete Zusätze, und siehe da, in k fehlt grade dies est.

[3] So Iren. I 327, aber II 152 steht super malos et bonos. Schwankung lag vor k, dessen boq̄unos auf iniq̄uos weist, so dass das vorstehende malos einst bonos gewesen sein muss. Die Schwankung ist noch in Rhediger. sichtbar.

[4] Codex W habetis.

[5] Codex G übergeht et.

[6] coelestis ist handgreifliche Glättung.

Hiermit ist ein griechischer Text als Vorlage von Syrsin und k gegeben, in welchem Vs. 47 noch nicht enthalten war, dessen Einsetzung aber vor Cyprian † 258 Statt gefunden hat. Irenäus zitiert ihn zwar nicht, aber dies argumentum ex silentio ist nicht bündig. Der Einschub war also etwa 230 vorhanden. Stellen wir uns den Text her[1] und markieren wir den Einschub mit kleinen Typen, so lautet er so:

[1] Aus diesen und andern teilweisen Rückübersetzungen lernt man erst, wie unmöglich eine absolut sichere Rückübersetzung des Syrsin in das Griechische ist, und man wird dann den Satz nicht mehr anfechten, den ich im Nachworte I 255 ausgesprochen habe, dass das Heil nicht in einer griechischen Rückübersetzung zu suchen ist. Wir müssen die älteste Textform aus den ältesten Zeugen, die lateinisch

44 ἀγαπᾶτε τοὺς ἐχθροὺς ὑμῶν καὶ εὔχεσθε* ὑπὲρ τῶν μισούντων [διωκόντων?] ὑμᾶς, 45 ὅπως γένησθε υἱοὶ τοῦ πατρὸς ὑμῶν τοῦ ἐν [τοῖς?] οὐρανοῖς, ὃς[1] τὸν ἥλιον αὐτοῦ ἀνατέλλει ἐπ' ἀγαθοὺς καὶ πονηρούς[2] καὶ βρέχει ἐπὶ δικαίους καὶ ἀδίκους. 46 ἐὰν γὰρ ἀγαπήσητε τοὺς ἀγαπῶντας ὑμᾶς, τίνα μισθὸν ἕξετε[3]; καὶ[4] οἱ τελῶναι οὕτως[5] ποιοῦσι· 47 καὶ ἐὰν ἀσπάσησθε τοὺς ἀδελφοὺς ὑμῶν μόνον, τί περισσὸν ποιεῖτε[6] οὐχὶ[7] καὶ οἱ ἐθνικοὶ τὸ αὐτὸ[8] ποιοῦσι; 48 ἔστε[9] οὖν ὑμεῖς τέλειοι ὧν [ὡς?][10] ὁ πατὴρ ὑμῶν ὁ ἐν τοῖς οὐρανοῖς[11] τέλειός ἐστιν καὶ μὴ ποιεῖτε[12] τὴν δικαιοσύνην ὑμῶν ἔμπροσθεν τῶν ἀνθρώπων κτλ.

Ich stelle zu Vs. 46 den Text der Didache 1, 3 ποία γὰρ χάρις (gute Sitte?), ἐὰν ἀγαπᾶτε τοὺς ἀγαπῶντας ὑμᾶς; οὐχὶ καὶ τὰ ἔθνη τὸ αὐτὸ ποιοῦσι; Man sieht die Ungenauigkeit des Zitates, und aus dem Note * angeführten νηστεύειν die schon kirchliche Disziplin.

1. BℵDΔZ haben ὅτι, mit dem ὅς des Syrsin gehen aber Syrcrt Iren. Tertullian Cypr. Hilar. Lucif. abcg[1] Aur. Rhedig. Ebenso δ (der Lateiner in Δ) sowie Pesch und Hrs. Mit ὅς zitiert Clemens Hom. 3, 57, Origenes I 768[e], mit ὅστις Euseb. Praep. evgl. — Das ὅτι von Bℵ bezeugen die jüngeren: Victor von Capua im Fuldensis, Arm զի, Memphite ϫⲉ, Ulf unte, Äthiope esma. Dazu gesellt sich k. — Das ὅτι ist auch logisch falsch, aber auf Grund von B gilt es zur Zeit als Urtext, und so drucken es Tischendorf und Westcott-Hort, denn bei Lachmann bedeutet die Aufnahme einer Lesart, wie hier ὅτι, noch lange nicht, dass er sie für original gehalten hat. Seine Ausgabe stellt sich nicht die Aufgabe das Original, sondern das erreichbare Älteste darzulegen.

2. So ordnen Syrsin Syrcrt Pesch, sodann Orig. Clem. Hom. 3, 57, Tert. Iren. (vgl. P. 108 Note 3) Cypr. acf Aureus ff[1]h. Dass der Text in verschiednen Formen umlief, zeigt Justin Dial. 96 ἐπὶ ἀχαρίστους καὶ δικαίους καὶ βρέχοντα ἐπὶ ὁσίους καὶ πονηρούς. Apol. I, 15 ist hier ohne Belang. — Die Ordnung πονηροὺς καὶ ἀγαθούς haben BℵDΔZ Ulf, Arm, Memphite, Äthiope, Hrs, b, Fuld, nicht aber Hieronymus, also dieselben, die vorher ὅτι bezeugt haben, unter denen wieder Hrs schwankt.

3. Das Futurum erscheint in D 18. 124 εξεται d. i. ἕξετε, und so Athen. leg. 12, wie in Cypr. Iren. Lucif. abcdk Rhedig. Aur. Fuld. — Das syrische ܡܢܘ ܐܓܪܟܘܢ in Syrsin Syrcrt deutet auf Präsens, das für Pesch deutlich ist. Dies ἔχετε erscheint in BℵZ, in Δ steht sogar τινα μισθην ουκ εχετε. Mit dieser Lesart gehen dann Ulf Arm. Das Futurum geht auf himmlischen d. h. apokalyptischen Lohn und ist verständlich, das Präsens ἔχετε ist sinnlos, denn man

---

und syrisch sein können, herstellen, und dabei ist es gleichgültig für den Sinn und die Theologie und die Geschichte, ob wir diese Herstellung deutsch oder in andern Sprachen machen.

* Didache 1, 3 bietet folgendes Gemisch: εὐλογεῖτε τοὺς καταρωμένους ὑμῖν καὶ προσεύχεσθε ὑπὲρ τῶν ἐχθρῶν ὑμῶν, νηστεύετε (!!) ὑπὲρ τῶν διωκόντων ὑμᾶς.

hat oft genug wertvollen Lohn davon auf Erden, dass man die liebt, von denen man auch geliebt wird. Und das sollen echte Ješuworte sein! Auch die Zöllner haben ihren Lohn davon, aber auf Erden, nicht bei der Offenbarung des Messiasreiches. Über einen Text mit ἔχετε kann man nicht einmal mit Kindern eine Katechese halten, ohne sie zu täuschen oder zu beschwindeln.

4. Ich stelle die Textgeschichte nach der Zeugenreihe zusammen:

A. Syrsin: Auch die Zöllner thun so, und ℵ καὶ οἱ τελῶναι aber dann τὸ αὐτὸ ποιοῦσι, wozu sich gesellt

B. Syrcrt: Sic enim etiam publicani faciunt. Dieser Stufe entspricht Justins Wort καὶ γὰρ οἱ πόρνοι τοῦτο ποιοῦσι, das eine dritte Form des umlaufenden Diktums erkennen lässt.

C. οὐχὶ καὶ οἱ τελ. haben BDΔ Ulf niu jah, Arm ոչ ապաքէն[1] և, Pesch ܠܐ ܗܐ ܐܦ, Hrs לא אוף. Dazu die Lateiner Cypr. kg¹d Rhedig. Aur. etc. nonne et Hieron.

5. Statt οὕτως haben τὸ αὐτό BℵEKLMSUΔΠ, dazu Arm Ulf Pesch, und τοῦτο 1 = hoc abc Rhedig. Aur. Hieron.[2] Hrs הדא; — dagegen ist οὕτως in DZ kd Iren. Cypr. Lucif. Syrsin Syrcrt Memphite Äthiope d. h. bei ältesten Lateinern und Syrern, sowie im ägyptischen Bezirke (Memphite Äthiope) und bei Griechen, also in allen Kirchenprovinzen vertreten.

6. Die Wendung des Syrcrt ܡܢܐ ܛܒܘܬܟܘܢ = „Was euer Gutsein“ stammt aus Luk 6, 34, wo Syrsin analog schreibt.

7. Hier lesen alle οὐχί καὶ, auch der Syrcrt mit ܠܐ ܗܐ ܐܦ wie Pesch Vs. 46.

8. Man beachte die Schwankung, denn Syrcrt mit EKLSΔΠ h drückt hier οὕτως aus wie vorher in Vs. 46, wogegen τὸ αὐτό = id ipsum bei Cyprian erscheint, dem Vulf und Arm beistimmen. Ebenso hat hier τὸ αὐτό BℵDMUZ. Als dritte Form notiert Tischendorf wieder τοῦτο.

9. Imperativ haben abcdg¹ Aur. Rhedig. Fuld. ȯ (estote), alle Syrer Ulf Arm; dagegen Futurum ἔσεσθε (= eritis Cypr. k) BℵDΔ u. s. w.

10. Über das ὢν von Syrsin ist besonders zu reden. BℵLZ haben ὡς, und so sicut abd Fuld., wie auch Clem. Orig. Euseb. Dem. 104 Athanas. I 450. 716, wogegen DEKMSUΔΠ ὥσπερ zeigen, das ich mit quomodo Cypr. k zusammenstelle. Rhedig. und Aur. haben nach Vulg sicut et.

11. Das οὐράνιος in BℵD^bEF^aLUZ afff¹g² Rhedig. Arm und sogar Cyprian, Clem.⁸⁸¹ Origenes I, 522, II, 26 ist doch handgreifliche Gräci-

---

[1] Für οὐχί hat er auch Vs. 47 die Verbindung von ոչ und ապաքէն und so 6, 25; 10, 29, Luk 6, 39.

[2] In g¹ steht haec, bei Lucif. ista = ταῦτα. Also τοῦτο, ταῦτα, τὸ αὐτό.

sierung des ὁ ἐν τοῖς οὐρανοῖς, das E²KMSΔΠ, Syrsin Syrcrt Pesch g¹hk Clem. 792 Lucif. Ulfilas aufweisen. Also Bℵ[1] bestens hellenisiert! Bloss ἐν οὐρανοῖς = in coelis haben Dbcdδ.

12. Statt καὶ μὴ ποιεῖτε hat B προςέχετε τὴν δικαιοσύνην ὑμῶν μὴ ποιεῖν, und so hat Syrcrt Ulf Arm Memphite Äthiope; Pesch sagt sogar ܚܙܘ ܕܝܢ = βλέπετε δέ. Auch die Lateiner drücken mit observate k und attendite abg¹δ Aur. Rhedig. Fuld. Vulg. die Lesart von B aus. Um sie zu würdigen, muss man dann noch beachten, wie hier δικαιοσύνη wiedergegeben wird, denn davon hängt das Verständnis der Textformen ab. Es fassen δικαιοσύνη hier im Sinne von Almosen, Geschenk Syrcrt ܙܕܩܬܟܘܢ = donum vestrum, Ulf armaion izvara = euer Almosen, Arm ողորմութեան ձերում = achtet auf euer Almosen, es nicht vor den Menschen zu thun, Memphite ⲧⲁⲓⲟ, Äthiope meṣwât und so denn auch k δ elemosinam. Danach schreiben auch griechische Handschriften ἐλεημοσυνην ZΔ. Andrerseits behalten justitiam abd Rhedig. Aur. Fuld. Vulg., wobei unsicher bleibt, ob sie justitia im eigentlichen Sinne, oder als Almosen verstanden haben. Mit der Deutung auf Almosen hängt προςέχετε auf das Engste zusammen, wer aber an Gerechtigkeit festhält, der kann προςέχετε nicht gebrauchen. Man kann wohl sagen: Passt auf, dass ihr euer Almosen nicht öffentlich gebt, man kann aber nicht sagen: Passt auf, dass ihr euer sittliches Rechtverhalten nicht öffentlich macht, — denn ein sittlicher Lebenswandel lässt sich nicht verbergen, so wenig als das Licht. Das προςέχειν steht und fällt mit der Deutung von δικαιοσύνη auf Almosen, die wir eben als die verbreitetste in der alten Kirche gefunden haben.

Diese Deutung aber ist grundfalsch, denn „gemeint ist die von seinen Jüngern nach 5, 20 geforderte Gerechtigkeit" sagt richtig Meyer-Weiss, der sich dann über das Stäubchen δέ nach προςέχετε äussert, aber den Balken προςέχετε nicht bemerkt. Die Äusserungen dieser Gerechtigkeit sind nun nach der jüdischen Moral in drei Kapitel zerlegt, erstens das Almosen 6, 2—4, zweitens das Gebet 6, 5—15, drittens das Fasten 6, 16—18. So Jerusch. Sanhedrin X

---

[1] Wie für die griechischen Leser ein Stück elegant gemacht wurde, zeigt ℵ Matth 7, 3. Durch die Striche und Punkte wird

ΤΗΝ ΔΕ ΔΟ
ΚΟΝ ΤΗΝ ΕΝ ΤΩ CΩ
ΟΦΘΑΛΜΩ ΟΥΚΑ
ΤΑΝΟΕΙC

umgestellt in τὴν δὲ ἐν τῷ σῷ ὀφθαλμῷ δοκὸν οὐ κατανοεῖς. Das ist besser griechisch, aber das zweite την muss man streichen. So steht es denn in B und danach in den Drucken, und dabei ist diese Wortstellung so unsemitisch als irgend möglich.

Fol. 28[c] oben, wo תפלה, צדקה, תשובה Gebet, Almosen, Busse genannt wird, wenn man nicht צדק(ה) nach dem dort zitierten Ps 17, 16 als Gerechtigkeit fasst. Für diese drei Dinge ist die Gerechtigkeit ein Oberbegriff,[1] dessen spezifisch jüdische Entstellung aber grade eliminiert wird, denn die Jünger sollen nicht Almosen geben wie die Heuchler in den Synagogen, nicht beten an den Strassenecken und viel Worte machen, nicht fasten mit trübseligem Gesichte. Von der richtigen Fassung der δικαιοσύνη 6, 1 hängt das Verständnis der Disposition der Bergpredigt ab: in 5, 20 ist 6, 1 vorbereitet, 5, 47 ist eine höchst empfindliche Störung des Baues, und 6, 1 trifft die Vorbereitung für 6, 2—19. Der Sinn ist nicht: Lasst eure Gerechtigkeit ja nicht vor den Menschen sehen, — denn das ist sinnlos — der wahre Sinn ist: Pflegt die 5, 20 ff. beschriebne Gerechtigkeit nicht um der Menschen willen, um bei ihnen angesehn zu werden, sondern um Gottes willen, der gegen Alle liebevoll ist, selbst gegen die Ungerechten.[2]

Nun können wir den Syrsin würdigen. Er schreibt 5, 20 ܟܐܢܘܬܟܘܢ, das ich durch „Rechtschaffenheit" wiedergebe, und so ist das Wort in die Pesch gekommen. Syrcrt nähert sich dort durch ܙܕܝܩܘܬܟܘܢ dem Griechischen mehr buchstäblich an, ändert aber sachlich Nichts. In 6, 1 aber, wo Syrsin dasselbe Wort ܙܕܝܩܘܬܟܘܢ hat, das Syrcrt im Sinne von Rechtverhalten 5, 20 einstellt, ändert der Syrcrt in ܡܘܗܒܬܟܘܢ = eure Gabe, und die Pesch in ܙܕܩܬܟܘܢ = euer Almosen, wogegen Syrsin das Wort Almosen ܙܕܩܬܐ richtig erst in 6, 2 für ἐλεημοσύνη einsetzt, das dann selbstverständlich in Syrcrt und Pesch unverändert beibehalten ist.

Da nun die jüngeren syrischen Formen Syrcrt und Pesch sich der allgemeinen kirchlichen Deutung von δικαιοσύνη in 6, 1 als Almosen

---

[1] So gut von Paulus I 642 entwickelt, der fortfährt: Der Sinn giebt also hier einer Lesart das Übergewicht, die sich nur in wenigen Zeugen [occident. Fam.] erhalten hat u. s. w. Aber in betreff von זדקתא täuscht er sich, dies ist Almosen, und זדיקותא ist δικαιοσύνη.

[2] Man sieht hier, wie die Textform der Modeexegese folgt. Geht man dieser Erscheinung nach, so findet man, dass man die Handschriften mit der Exegese der Alten konfrontieren muss, dass die mechanische Zählung und sogenannte Wägung ungenügend ist. Wie sehr der Kritiker von der Exegese beeinflusst wird, mag hier die Note Scrivener's zeigen, der der Deutung Almosen zugeneigt ist. Er sagt: Matth VI, 1 δικαιοσύνην for ἐλεημοσύνην, a synonymous word, for which internal evidence pleads strongly(!), is maintained by ℵBD 1, 209, 217, . . . the Pesh Syriac (ܙܕܩܐ), that of Jerusalem, the Philoxenian, but not Cureton's (ܡܘܗܒܬܐ) though it stands with the Pesh in giving the better word in v. 2 (ܙܕܩܬܐ), abc ff[1] g[1] h. l the Vulg Origen. and Hilary, Isidor of Pelusium, Jerome (justitiam, hoc est, eleemosynam vestram). So Scrivener Bezae Codex Cantabrigiensis 1864 P. LX.

anschliessen, können sie ein Wort für προςέχετε nicht entbehren, aber sie variieren, Syrcrt schreibt ܐܙܕܗܪܘ = hütet euch, Pesch ܚܙܘ schaut zu, zum Zeugnis dafür, dass sie beide die altsyrische Textform des Syrsin in Folge griechischer Einflüsse aufgegeben haben, und es bleibt als ältester, von der falschen Almosendeutung verschonter Text der des Syrsin übrig, der προςέχετε noch nicht hat. Der Sinn ist: Seid vollkommen und bewirkt euren Gerechtigkeitszustand nicht um der Menschen willen.

Also redigiert ist am Texte, aber nicht bloss hier sondern auch weiter. Denn 5, 48 haben wir οὐράνιος = coelestis als hellenisierende Feilung gefunden, die Origen. = BZ und Cyprian = av chronologisch vor 230 bestimmen. Da bei Matthäus ὁ ἐν τοῖς οὐρανοῖς Δ kbcg^1 Syrsin Syrcrt Pesch Ulf (sa in himinam) das echte allein sein kann,[1] aus dem das ἐν οὐρανοῖς in Dd und der Lateiner in Δ erwachsen ist, so muss vor 230 eine Überarbeitung erfolgt sein, von der Syrsin frei geblieben ist, deren Wirkungen aber auf Zeugen geflossen sind, welche ihm sonst am Nächsten stehen, z. B. k in 6, 26.

Wie steht es nun mit τέλειοι ὡς ὁ πατὴρ ὑμῶν ὁ οὐράνιος, dessen letzte Worte in ὁ ἐν τοῖς οὐρανοῖς zurückzubilden sind, in betreff des ὡς? In betreff dieses ὡς beobachten die Ausleger ein recht beredtes Schweigen. Wenn man aber ernstlich fragt, wie kann Ješu' sagen: Ihr sollt (oder werdet) vollkommen sein wie euer Vater, der im Himmel, — der Mensch vollkommen wie Gott, — dann zeigt sich die Schwierigkeit der Sache und der Kritik. Man redet sich vielleicht mit dem Sophismus heraus: wie Gott in der Sphäre des Absoluten, so soll der Mensch in seiner endlichen Sphäre vollkommen sein, — grade das ist aber nicht gesagt, gesagt ist: Seid vollkommen wie Gott, — und das ist absolut verstanden ein Unding. Das haben alte Redaktoren vollständig gefühlt und darum für ὡς mildernd eingesetzt ὥσπερ d. h. wie ja euer Vater im Himmel ist. Man vergleiche die Varianten:

---

[1] Im Luk 2, 13 und Act 26, 19 ist οὐράνιος vorhanden und in letzterer Stelle auch unangefochten, aber in Matth 5, 48; 18, 35; 23, 9 schwanken die Griechen selbst. So bleiben übrig für οὐράνιος Matth 6, 14, wo kabc qui in coelis. So auch Syrcrt Pesch, doch Ulf ἐπουραν. 6, 26, wo k caelestis, Ulf ἐπουράνιος, aber Syrcrt Pesch qui in coelis. 6, 32 hat Cypr. kabcg^1 Aur. Rhedig. Syrcrt nur pater vester ohne οὐρ. Ulf ἐπουραν. 15, 13 hat Syrsin qui in coelis, und so auch Syrcrt Pesch, k fehlt, die andern Lateiner haben coelestis. Der Armenier um 450 hat überall երկնաւոր = οὐράνιος. Die alten Zeugen erkennen das Wort nicht an. Daher ist es auch Matth 5, 48 eine griechische Feilung. Man beachte auch, dass für Matth 15, 13 bei Cyprian 792, 19 Codex L das caelestis weglässt, das 619, 23 in allen Msk. steht. Nur der Aberglaube an Bℵ kann hier οὐράνιος für echt halten.

Matth 6, 5 ὡς οἱ ὑποκριταί ℵBDZ — ὥσπερ
6, 16 ὡς οἱ ὑποκριταί ℵBDΔ — ὥσπερ
12, 40 ὡς γὰρ ἦν Ἰωνᾶς Origenes — ὥσπερ BΔ, ωσπερι D[1]
24, 38 ὡς γὰρ ἦσαν ℵBOrig — ὥσπερ Dς.

Das ὥσπερ suggeriert stets, dass die mit ὡς gegebene Vergleichung ex concessis gemacht ist, oder als bekannt und selbstverständlich anzusehen ist.

Untersucht man im Syrsin die Übersetzung von ὡς und ὥσπερ, so kommt man zu dem Ergebnis, dass ܐܝܟ = ὡς und ὥσπερ vor Nominibus und Verbis, — ܐܝܟܢܐ = ὡς und ὥσπερ vor Verbis ist, dass aber niemals ܐܝܟܢܐ im Syrsin vor einem Nomen oder in einem Nominalsatze steht.

Untersucht man den Gebrauch von ܐܝܟ und ܐܝܟܢܐ im Syrcrt, so ändert sich an diesem Ergebnis Nichts, sein Gebrauch ist mit dem des Syrsin identisch, nur setzt er 1, 24 statt ܐܝܟ vor dem Verbum ܐܝܟܢܐ, und lässt 15, 28 ܐܝܟ. ܕܨܒܝܐ ܐܢܬܝ, Ausserdem hat er 6, 7 für ܐܟܙܢܐ gesetzt ܐܝܟ, umgekehrt aber für ܐܝܟܢܐ Luk 17, 24 ܐܟܙܢܐ eingestellt.

Das Ergebnis ist: Die Partikel ܐܝܟܢܐ kommt weder im Syrsin noch im Syrcrt vor einem Nomen und in einem Nominalsatze vor. Nun lautet in Syrsin der Text so:

ܗܘܘ	. . . . estote
ܗܟܝܠ ܐܢܬܘܢ ܓܡܝܪܐ	ergo vos perfecti
ܐܝܟܢܐ	quomodo
ܕܐܒܘܟܘܢ ܕܒܫܡܝܐ ܓܡܝܪ	quorum pater vester qui in coelis [perfectus
ܗܘ. ܘܠܐ ܬܥܒܕܘܢ	est. et non facietis
ܙܕܝܩܘܬܟܘܢ . .	justitiam vestram . .

und das hier in einem Nominalsatze erscheinende ܐܝܟܢܐ = quomodo ist zwischen den Zeilen nachgetragen, nach Burkitt von der Hand des ersten Schreibers. Dieses Nachtragen zwischen den Zeilen ist nur hier in der ganzen Handschrift zu finden, nirgend sonst findet sich solch ein Nachtrag. Die Handschrift ist überhaupt ungewöhnlich sorgsam geschrieben und kaum ein Fehler darin, das doppelte ܐܢܬ Luk 14, 12 ist durch übergesetzte Punkte in üblicher Weise getilgt, verschrieben ist ܢܓܒܘܢ Matth 27, 64 und einmal ܡܣܡܟܝܢ für ܡܣܡܟܢ, und vielleicht noch einige Kleinigkeiten, aber sonst ist die Korrektheit der Handschrift ungemein gross.

Sollte nun grade an dieser einzigen Stelle ein solches Wort wie ὡς = ܐܝܟܢܐ vergessen sein? Ich frage das umsomehr, als erstens

---

[1] Das ist ὡσπερεί gleichsam, gewissermassen, ὡσπερεὶ φάναι = so zu sagen.

eben dies ܐܝܬܘܗܝ hier in einem Nominalsatze steht, was es sonst nirgend thut, und zweitens die Konstruktion ohne das ܐܝܬܘܗܝ ganz richtig ist. Wie hebräisch אשר שם יהוה מבטחו Ps 40, 5 griechisch gegeben wird οὗ ἐστὶ τὸ ὄνομα κυρίου ἐλπὶς αὐτοῦ,-woraus in der altlateinischen Übersetzung wird: cujus est nomen Domini spes ejus, — wie οὗ τὸ πτύον ἐν τῇ χειρὶ αὐτοῦ Matth 3, 12 hebräisch wäre אשר המזרה בידו, so ist ܕܐܒܘܟܘܢ = אשר אביכם = ὧν ὁ πατὴρ ὑμῶν, der ganze Satz lautet: ἐστὲ οὖν ὑμεῖς τέλειοι ὧν ὁ πατὴρ ὑμῶν κτλ. τέλειός ἐστιν. Hier ist von einer Vergleichung göttlicher und menschlicher Vollkommenheit, von einem Eritis sicut deus, das die Schlange sagt, nicht mehr die Rede, sondern gesagt: Euer Vater ist vollkommen, ihr seine Söhne sollt auch vollkommen sein. — Die Massbestimmung oder Qualitätsvergleichung, die das ὡς ausdrückt, fällt fort.

Lateinisch war dieser Text zu übersetzen quorum pater vester . . . perfectus est.

Dieser Text muss sehr früh sein ὧν in ὡς verändert haben, wie 5, 45 das alte ὅς früh in ὅτι geändert ist, weil sich nur so das Verhalten des Syrsin erklärt. Über seinen rechten, wohl zusammenhängenden alten Text ist ܐܝܬܘܗܝ zwischen die Zeile geklemmt (squeezed), um die griechische Änderung des ὧν in ὡς rückwärts in das Syrische zu bringen, und das hat der überaus sorgsame Schreiber eigenhändig gethan, sei es, dass er es so in seiner Vorlage fand, in der die Variante übergeschrieben war, sei es, dass er die in dem von ihm übergeschriebnen Worte verhüllte Variante anders woher kannte. Die alte Doppellesart des Syrsin, der ܐܝܬܘܗܝ noch als Einschub erkennen lässt, durch den ὡς zwar ausgedrückt, — aber nicht stilgemäss nach der Sprache des Syrsin ausgedrückt wird, der im Nominalsatz nicht ܐܝܬܘܗܝ hat, sondern ܐܝܟ (ὡς οἴδατε = ܐܝܟ ܕܝܕܥܝܢ ܐܢܬܘܢ 27, 65) — ist im Syrcrt beseitigt, das ܐܝܬܘܗܝ ܕܐܒܘܟܘܢ = ὡς oder ὥσπερ ὁ πατὴρ ὑμῶν ist ohne Anstand in den Text genommen und so in Pesch verblieben.

Im Lateinischen mag das alte quorum pater durch einen analogen Prozess in quomodo pater gewandelt sein; denn quomodo für ὡς hat k nur hier und 10, 25, sonst herrscht sicut. Quomodo mag älteste Korrektur aus quorum sein, Cyprian hat es schon. Das Wort hält sich aber nicht und wird durch sicut ersetzt abg¹dΔ Fuld, das schliesslich zu dem ganz thörichten sicut et wird in c Rhedig Aureus v, das auch der Armenier ausdrückt, das also um 450 vorhanden ist, und wovon Ulfilas und der Memphite noch Nichts wissen.

Endlich können wir uns zu Vs. 47 wenden, den Syrsin und k nicht anerkennen. Haben sie darin Recht oder nicht?

Zunächst ist deutlich, dass wir drei Formen analoger Art besitzen, abgesehen von der oben zitierten Didache, die mit Luk 6, 32 χάρις liest, nämlich Vs. 46, Vs. 47 und die Form des Justin. Wir stellen sie zusammen:

46 ἐὰν [γὰρ] ἀγαπήσητε τοὺς ἀγαπῶντας ὑμᾶς, τίνα μισθὸν ἕξετε;
47 [καὶ] ἐὰν ἀσπάσησθε τοὺς ἀδελφοὺς ὑμῶν μόνον, τί περισσὸν ποιεῖτε
Just. εἰ ἀγαπᾶτε τοὺς ἀγαπῶντας ὑμᾶς, τί καινὸν ποιεῖτε;

46 [οὐχὶ] καὶ οἱ τελῶναι οὕτως [al. lect. τὸ αὐτὸ] ποιοῦσι.
47 οὐχὶ καὶ οἱ ἐθνικοὶ τὸ αὐτὸ [al. lect. οὕτως] ποιοῦσι;
Just. καὶ γὰρ οἱ πόρνοι τοῦτο ποιοῦσι.

Justin geht im ersten Satze mit Vs. 46, im zweiten mit Vs. 47, und im dritten sind alle drei Formen τελῶναι, ἐθνικοὶ, πόρνοι verschieden. Lukas als ältester Zeuge erkennt Vs. 47 nicht als Wort Ješu' an. Was besagt aber das Wort? Meyer-Weiss versteht ἀδελφοί nicht von Familiengemeinschaft, und nicht von Volksgenossen, sondern unzweifelhaft richtig von Mitjüngern. Aber was heisst Mitjünger? Doch nicht die Zwölf, sondern die Christgläubigen, welche nur sich untereinander mit der üblichen Formel „Friede sei mit Dir“ begrüssen, die Juden und Heiden aber ungegrüsst vorbeiziehen lassen möchten. Das ist eine orientalische Praxis, welche bis zu dieser Stunde reicht. Man liebt es nicht, Andersgläubige zu grüssen, und wenn es Jemand thut, so erscheint das als ausserordentlich.

Da Abendländer Wert und Bedeutung der Grussformel bei den Orientalen nicht verstehen, so setze ich zur Verdeutlichung statt theoretischer Erklärung folgende Thatsachen hierher: Unter Ibrahim Pascha war der Gebrauch der sie unterscheidenden roten Turbane bei den Samaritanern aus der Mode gekommen. In den vierziger Jahren dieses Jahrhunderts wurde er aber wieder eingeschärft, und zwar aus folgendem Grunde: Als der neu angestellte Gouverneur des Distriktes von Nablus zum ersten Male durch die Stadt ritt, begrüsste er den jugendlichen Hohenpriester Salâma mit dem üblichen Worte selâm 'alaik, Friede sei mit Dir, und Salâma erwiederte in mohammedanischer Weise wa'alaik esselâm wareḥmet ullah weberekâtu d. h. auch über Dir sei Friede und die Gnade Gottes und seine Segnungen. Als aber die Begleiter des Gouverneurs ihm sagten, der Gegrüsste sei kein Mohammedaner, sondern ein Samaritaner, ritt der Gouverneur sogleich zurück und sprach zu Salâma: a'tîni selâmi d. h. gieb mir meinen Frieden (Gruss) zurück. Darauf antwortete Salâma: chodu d. h. nimm ihn, und befriedigt ritt der Gouverneur weiter. Seitdem mussten die Samaritaner zur Unterscheidung wieder rote Turbane tragen. Petermann, Reisen im Orient I, 274.

Die Society for promoting Christian knowledge hat 1885 in

London die Apology of Al-kindi als ein Werk des neunten Jahrhunderts publiziert, in dem eine Verteidigung des Christentums gegen den Islam enthalten ist in Form einer Korrespondenz zwischen dem Mohammedaner Abdallah und dem Christen Abd el mesiḥ ibn Isḥaq Alkindi, dem bekannten Übersetzer. Das Buch wird von Albiruni († nach 1038) in seinen Elāṯār elbâqiye zitiert, gehört also, auch wenn es fiktiv sein sollte, dem zehnten Jahrhundert sicher an. In diesem Werke eröffnet der Mohammedaner seine Korrespondenz, indem er dem Christen salâm sagt, und begründet das Recht dazu aus der Tradition von Mohammed, der auch Nichtgläubige so begrüsst habe, woraus man ersieht, dass dieser Gruss nicht üblich war, denn sonst würde er sich nicht um eine Begründung bemühen.

Bei den Juden im Altertum war es grade so, es wird als etwas Besonderes hervorgehoben, dass R. Johannan ben Zakkaj Jedem beim Schalom Sagen zuvorkam, sogar einem Goj auf der Gasse. Dieser hatte also keinen Anspruch, den Andern gleichgestellt zu werden. Berakhot Babli Fol. 17^a אמרו עליו על ר' יוחנן בן זכאי שלא הקדימו אדם שלום מעולם ואפילו גוי בשוק. Bei der Wichtigkeit des Grusses wird besonders bestimmt, wie man sich mit dem Grüssen während des Gebetes zu verhalten habe, und gesagt: בפרקים שואל [שלום] מפני הכבוד ומשיב ובאמצע שואל מפני היראה ומשיב דברי מאירי. d. h. Zwischen den Gebetsabschnitten darf man aus Ehrerbietung [vor dem zu begrüssenden] grüssen, übrigens aber dankt man für den Gruss. In Mitten des Gebetes darf man aus Furcht [vor dem zu begrüssenden] grüssen und danken. So nach Ansicht des Rabbi Me'ir. Aber Rabbi Jehuda sagt: באמצע שואל מפני היראה ומשיב מפני הכבוד ובפרקים שואל מפני הכבוד ומשיב שלום לכל אדם d. h. in der Mitte darf man aus Furcht grüssen und danken. Zwischen den Abschnitten aber grüsst man aus Ehrerbietung und dankt Jedermann. Berakhot II Mischna 1. Die Begründung für solche kasuistische Bestimmung ist die Ehrfurcht vor Gott im Konflikt mit der Rücksicht auf die Menschen, die nachgeordnet wird, was aber unter Umständen gefährlich werden kann. Das kommt in der Gemara 14^a zu Tage, wo Rab sagt: Wer seinen Nächsten grüsst, bevor er gebetet hat, behandelt ihn wie eine abgöttische Kultusstätte, die er statt des Jahvealtars verehrt. Dies ganze kasuistische Bedenken ruht auf dem Nebeneinanderleben verschiedner Religionsgenossen und auf dem hohen Werte, den sie alle auf die gehörige Grussform legen.

Der Vers der Bergpredigt vom Grüssen bezieht sich also auf praktische Fragen, die im ersten und zweiten Jahrhundert wirklich diskutiert worden sind. Darüber einen Ausspruch Ješu' anführen zu können, das war nicht unwichtig. Aphraates P. 296 § 28 behandelt die Frage, ohne unsern Vers zu benutzen.

Ist man nun durch das Fehlen des Verses vom Grüssen in Syrsin und k wenigstens so weit kopfscheu geworden, dass man den Vers einmal in sich allein betrachtet, so ergiebt sich ein seltsames Resultat. Die Hörer werden gefragt, was für ein besondres Werk sie zu thun vermeinen, wenn sie nur die Brüder d. h. die Christgläubigen grüssen, — andre also grundsätzlich nicht grüssen? Hieraus folgt, dass es Leute unter den Christen gegeben hat, die Heiden und Juden nicht grüssten, und damit Etwas besonders Wertvolles zu thun glaubten. Sie handelten ebenso wie die Heiden, die auch nur ihre Brüder, — Juden und Christen also nicht grüssten. Wann wäre das gewesen? Lukas weiss davon noch Nichts, und sollte Ješu' in seiner Gesellschaftskonstitution eine solche Einzelheit besonders hervorgehoben haben, nachdem er eben ein grosses Prinzip — das Beten für die Verfolger — ausgesprochen hat? Das wäre ein Fallen vom Höchsten auf eine verhältnismässig geringwertige Sache, hinter der sich dann die Schlussforderung: „Seid also ihr vollkommen," gar seltsam ausnimmt. Und die alten Texte Syrsin und k haben die Seltsamkeit nicht, sie ist entstanden durch redaktionellen Einschub eines umlaufenden angeblichen Wortes Ješu', das hier einzufügen der volle Parallelismus der Formen Veranlassung bot, das aber seiner Natur nach nur eine Spezialanwendung des grossen Prinzips enthält, wie das spätere Leben der Kirche es Heiden und Juden gegenüber anzuwenden nötig gefunden hatte.

Nun sehe man die Überlieferung dieses Verses in sich an: Die ἀδελφοί sind bei Ulfilas um 360 frijonds, φίλοι, geworden, wie auch der Armenier 450 schreibt, und das schon f hat, und das in die syrische Philoxeniana 516 aufgenommen ist. Dem folgen EKLMSUΔΠ. Hiermit ist das Charakteristische Preis gegeben, an die Stelle der Glaubensgenossen treten persönliche Freunde, — und dem entspricht, dass dieselben Zeugen (Ulf Arm) für ἐθνικοί, das den Glaubensgegensatz bezeichnet, schlechthin τελῶναι, der Arm gar τελῶναι καὶ ἁμαρτωλοί ausdrücken.

Es ergeben sich daher drei Redaktionsstufen:

1. Der Vers ist noch nicht eingeschoben, Syrsin k: das ist der Textstand vor 230.

2. Der Einschub erscheint um 230 bei Cyprian und findet sich in Syrcrt BℵDZ Memphite.

3. Die Brüder werden φίλοι, die ἐθνικοί Zöllner, und das erscheint um 350 Ulf Lucifer † 371 Arm Philox EKLMSUΔΠ. Wenn ich die Philoxeniana mit Recht als Repräsentantin des Lucian'schen Textes ansehe, so wäre diese Textform um 302 vorhanden gewesen, das bedeutet, dass der Vers im Laufe des dritten Jahrhunderts in zwei verschiednen Formen interpoliert ist.

Mit dieser Erkenntnis ausgerüstet können wir endlich auch Vs. 44 mit seinem Einschube chronologisch beurteilen. Ich setze den Einschub aus D in Klammern zum Texte von Syrsin k.

Liebet eure Feinde Diligite inimicos vestros	[+ εὐλογεῖτε τοὺς καταρωμένους ὑμεῖν καλῶς ποιεῖτε τοῖς μεισοῦσι ὑμᾶς D, dessen ὑμῖν dann grammatisch in ὑμᾶς verfeinert wird, ebenso schwindet der Dativ τοῖς μισοῦσι.]
und betet über die, die euch verfolgen et orate pro eis, qui vos persecuntur	καὶ προςεύχεσθαι ὑπὲρ τῶν [+ ἐπηριαζοντῶ καὶ] διωκοντ.

Der Einschub ist in v und bei Luther ausgedrückt, die Kritiker haben längst gesehen, dass er aus Luk 6, 28 stammt und ihn verworfen. Hier soll seine Besprechung zur Einsicht in die Geschichte der Recensierung und zum Gruppieren der Zeugen dienen.

Der Einschub fehlt in Syrsin k Syrcrt und in Bא.

Er erscheint bei Ulfila in dieser Form: Liebet eure Feinde +
þiuþjaiþ þans vrikandans izvis = εὐλογεῖτε τοὺς διώκοντας ὑμᾶς
vaila þaujaiþ þaim hatjandam izvis = καλῶς ποιεῖτε τοῖς μισοῦσιν ὑμᾶς
und betet für usþriutandans izvis = die euch verdriessen = τῶν ἐπηρεαζόντων ὑμᾶς. Er las also nicht καταρωμένους, an dessen Stelle bei ihm διώκοντας erscheint, während dann ἐπηρεαζόντων[1] an Stelle von διωκόντων gerückt ist. Auch der Armenier hat den Einsatz.

Er findet sich also in der ganzen oben erkannten dritten Gruppe also EKLMSUΔΠ nebst D. Mit ihnen geht Peschita und Hrs. Die erste Gruppe Syrsin und k dagegen hat ihn nicht.

Die zweite Gruppe teilt sich, er fehlt in Bא Syrcrt Memph, er erscheint in D.

Das Interessante ist, dass Bא im erstern Falle (Vs. 47) von Syrsin und k abweichen, im zweiten aber mit ihnen gehen. Sie schwanken also und stehen in der Mitte zwischen der evident jungen Gruppe und den ehernen Zeugen des ältesten Textes, die den Stand vor 230 bezeugen. Auch in unserm Falle können wir die Chronologie der Redaktionsstufen erkennen.

Irenäus hat III, 19, 5 den Einschub nicht, er schreibt: diligite inimicos vestros et orate pro eis qui vos oderunt. Das oderunt statt persecuntur macht den Eindruck des völlig Echten, da das persequi schon die Erfahrung der Christenverfolgung ausdrückt, jenes aber sich allgemein Ethisch hält. Syrsin und k, B und א stehen schon unter der Korrektur, die statt τῶν μισούντων ὑμᾶς das zeitgemässe

---

[1] Dies aus Luk 6, 27 stammende Wort hat Justin im Titel der grossen Apologie: ὑπὲρ τῶν ἐκ παντὸς γένους ἀνθρώπων ἀδίκως μισουμένων καὶ ἐπηρεαζομένων d. h. für die aus allem Volk gesammelte ungerecht gehasste und gequälte Christengemeine.

διωκόντων eingestellt hat. Diesen Textstand zeigt Cyprian c. 230. Da die Griechen προςεύχεσθε haben, d. h. in kultischer Weise ein Gebet für sie verrichten, wo Just. Apol. I, 15 und contra Tryph. 133 nur εὔχεσθαι ὑπὲρ τῶν ἐχθρῶν καὶ ἀγαπᾶν τοὺς μισοῦντας καὶ εὐλογεῖν τοὺς καταρωμένους hat, so ist der Sinn eines Gemeindegebetes wegen der Verfolger völlig deutlich.

Der Einschub erscheint bei Aphraates P. 34 also vor 330 so: diligite inimicos vestros, benedicite ei, qui maledicit vobis, orate pro eis qui turbant (= ἐπηρεαζόντων) vos et persequuntur vos. Dies ist um so sicherer, als Syrcrt, dem Aphraates nahe steht, grade hier den Einschub nicht hat.

Danach läge die unveränderte Urform in Irenäus vor. Die erste Änderung, die nach 180 gemacht ist, bieten Syrsin Syrcrt k Memphite Bא. Ihr Text ist weiter vor 330 interpoliert, und das haben dann DEKLMSUΔΠ Ulf Arm Hieronymus aufgenommen.

Man sieht, dass einerseits D, andrerseits Bא eine mittlere Stufe zwischen den ältesten Zeugen und der Masse der jüngern einnehmen, dass die vor 330 liegende Recension in sie nicht ganz, aber doch vielfach aufgenommen ist. Das beweist sofort 6, 1.

Da oben gezeigt ist, dass das προςέχετε mit der falschen Fassung der δικαιοσύνη als Almosen steht und fällt, welche in der alten Kirche verbreitet war, so ist dies gegenüber der Lesart von Syrsin „und machet eure Gerechtigkeit nicht vor dem Auge der Menschen“ redaktionell geändert. An der Änderung partizipieren sämtliche Zeugen, nur dass eine Klasse δικαιοσύνην behält, die andre als dritte Gruppe erkannte Masse aber sogar ἐλεημοσύνην dafür einstellt. Es sind dies unsre alten Bekannten EKLMSUΔΠ, diesmal auch Z und dazu Ulf und der Armenier. $א^a$ schreibt δόσιν, und so übersetzt Syrcrt und vermutlich der Memphite. Hieronymus interpretiert: iustitiam hoc est eleemosynam, das aber in abc und v nicht erscheint, dagegen diesmal grade in k seinen Platz gefunden hat. Das Verdikt muss dahin lauten, dass hier auch B und א der Redaktion Raum gegeben haben. Zwischen beiden liegt aber noch eine höchst charakteristische Differenz: B hat προςέχετε τὴν δικ. א aber προςέχετε δὲ τὴν δικ. was LZ Pesch und Memphite mitmachen. Es dringt auch in g^1 ein. Damit ist die falsche Fassung der Stelle denn erst zur Vollendung und zur Ruhe gekommen, denn nun heisst es: Seid vollkommen, aber in betreff der Almosen passt auf, dass sie geheim bleiben. Es wird eine Cautel beigefügt, die sehr kleinlich wäre. Dass diese Cautel aber das Ergebnis einer vereinzelten Redaktorenreflexion ist, zeigt sich darin, dass unsre dritte Gruppe EKMSUΔΠ Ulf und Arm nebst D und B von diesem δὲ keine Notiz genommen hat. Es haben ihm nur ℵLZg[1] Pesch Philox Memphite Rechnung getragen. Was folgt daraus für ℵ und für ℵ^a?

VI, 2. wie Heuchler, so ܢܣܒ̈ܝ ܒܐܦ̈ܐ, also ὑποκριταί nicht οἱ ὑποκριταί! Eine leichte Überlegung zeigt, dass ersteres richtig ist, Pesch und Syrcrt haben dann οἱ ὑποκρ. ausgedrückt ܢܣ̈ܒܝ ܒܐܦ̈ܐ. — in den Gassen. Syrsin schreibt hier und Luk 14, 21 ܫܩ̈ܩܐ für ῥύμαι, in Pesch ist an beiden Stellen dafür ܫܘ̈ܩܐ eingestellt, in Syrcrt ist in Matth ܫܘ̈ܩܐ im Luk ܫܩ̈ܩܐ zu finden. Die beiden ähnlichen Worte gehen also in den Handschriften durcheinander, auch die lexikalischen Bestimmungen sind in Folge davon nicht klar. Mir ist unzweifelhaft,[1] dass ܫܘܩܐ, שׁוקא = سوق Markt, sowohl den Platz als den Markthandel bedeutet, und daher ἀγορά und πλατεῖα wiedergiebt, welches im heutigen Griechisch Platz bedeutet.[2] So ist πλατεῖα τοῦ συντάγματος in Athen der Konstitutionsplatz, Strasse ist neugriechisch ὁδός, δρόμος. Dagegen ist ܫܩܩܐ שׁקקא die Gasse und der Durchgang (sottoportico in Venedig), wie es deren auch im heutigen Jerusalem viele giebt.[3] Es ist Wert auf diese Schilderung zu legen, nicht auf Märkten, sondern in den engen Gassen und Durchgängen, wo sie jeder sieht, finden sich die Beter an allen Ecken.

Vs. 4 wird dir vergelten im Offenbaren. Syrsin und Pesch ܒܓܠܝܐ im Offenbaren. Aber ist das richtig? Oder ist es falsche Ergänzung nach unzutreffender Erwägung? Das Wort fehlt in Syrcrt und in kff[1] wie in v und Aur. Cyprian las angeblich den Vers: et pater tuus qui videt in absconso reddet tibi. Da nun auch Memphite und BℵDZ ἐν τῷ φανερῷ nicht bezeugen, so haben wir syrische, lateinische, griechische und memphitische Kirchenprovinzen als Zeugen, und Syrsin wäre hier contaminiert, wie wir ihn P. 109 (mit διωκόντων) contaminiert gefunden haben. Und trotz alledem wage ich es nicht, diesen Schluss zu ziehen, um so weniger, als gleich

---

[1] Man vergleiche Payne-Smith 4103 und Levy Neuhebr. Wörterbuch sub שׁקקא, wo ziemliche Verwirrung herrscht und שׁקקא mit שׁוקא durcheinandergeht.

[2] Darum ist πλατεῖα nach dem Verständnis des fünften Jahrhunderts vom Arm Հրապարակ hrabarag übersetzt, d. h. Platz, Matth 6, 5 Luk 10, 10; 13, 26 u. s. w. Dagegen wird ῥύμη durch փողոց ausgedrückt Luk 14, 21, Apg 9, 11; 12, 10, d. i. Strasse, Gasse, Gässchen, (Ciakciak: strada, calle, vico) daher die Lateiner vicus schreiben. Matth 6, 2 hat der Arm für ῥύμη das erstere, das ist entweder nach syrischem Texte gemacht oder andre Lesart. Syrsin hat Luk 14, 21 für πλατείας ganz richtig ܫܘ̈ܩܐ und für ῥύμας ܫܩ̈ܩܐ, und Syrcrt behält das bei, aber Pesch verwandelt ܫܩ̈ܩܐ in ܦܬܘ̈ܬܐ freie Plätze, was falsch ist. Syrsin behauptet hier und Matth 6, 2 den Vorzug vor Syrcrt und Pesch.

[3] Sirach 9, 7 sind ῥύμαι durch ܫܩ̈ܩܐ übersetzt. Vgl. Prov 7, 12 Targ.

weiter Syrsin mit seiner Weglassung von Vs. 5 gegen alle Zeugen sich als richtig erweist.

Ich darf mich dabei nicht auf Ulf in bairhtein und den Arm յայտնապէս, sowie auf die Gruppe EKLMSUΔ berufen, die wir als jüngste Familie erkannt haben, der als mittlere BℵDZ Syrcrt Memphite zur Seite steht, während Syrsin k die älteste Form halten. Aber ich muss darauf aufmerksam machen, dass die Gruppierung der Zeugen sich hier wieder so stellt wie oben. Nämlich

1. Für ἐν τῷ φανερῷ Syrsin, — was k wert ist, bleibt zu erörtern
2. gegen „ „ „ BℵDZ nebst v Memphite Syrcrt
3. für „ „ „ EKLMSUΔ nebst Ulf Arm Pesch, die auf Syrsin zurückgehen kann, Hrs.

Das Auffallende bleibt, dass k von Syrsin abweicht, und das legt uns nahe, die Lateiner zu prüfen. Da findet sich, dass Hieronymus das ἐν τῷ φανερῷ nicht hat. Seinem Texte entsprechen kff[1]. Aber Augustin bei Tischendorf sagt: multa exemplaria latina sic ... reddet tibi palam ... in Graecis quae priora sunt non invenimus palam. Das bedeutet, dass die vorhieronymeischen lateinischen Texte — denn auf solche allein kann sich Augustin's Angabe beziehen, palam vielfach hatten, während die griechischen Texte, die er allgemein als Vorgänger der ihm bekannten Altlateiner irrig ansieht, das ἐν τῷ φανερῷ nicht boten. Nun ist aber des Hieronymus Streichung des palam bei den Lateinern nicht durchgedrungen, vielmehr haben abcfg[1]hq Rhedig palam oder inpalam oder auch in manifesto erhalten. Somit gehen die Altlateiner nach Augustin's Angabe, die durch die genannten Handschriften bestätigt wird, mit Syrsin, diesmal gegen k, der hieronymeisch beeinflusst ist. Dann aber Cyprian! Er geht doch mit k auch hier Hand in Hand, zeugt also gegen ἐν τῷ φανερῷ! Mit Nichten, denn Test. III, 40 lesen Codex W(ürzburgensis Saec VIII—IX, andre Saec VII) und B(ambergensis Saec XI) reddet tibi (in) palam. Da die Tendenz der Späteren auf Konformierung mit Hieronymus geht, so beweist das Fehlen in den Handschriften AMV, und selbst in L, Nichts, um so mehr aber das Vorhandensein von palam und in palam neben dem Zeugnis der übrigen Altlateiner. Sonach bietet Syrsin nebst den alten Lateinern ἀποδώσει σοι ἐν τῷ φανερῷ. Wenn man das nicht von einer Vergeltung im Endgericht verstand, wo Alles offenbar wird, so widersprach es dem Gedanken, dass die christliche Gerechtigkeit nicht vor die Augen der Menschen gezogen werden soll, denn man hätte sie gut alttestamentlich an ihren gedeihlichen Folgen erkannt. Diese Reflexion zeigt, wie eine Redaktion dazu kommen konnte, ἐν τῷ φανερῷ zu streichen, aber sie drang nicht durch, denn was die zweite Zeugengruppe beabsichtigte, das Wort aus dem alten, in Syrsin und den

Lateinern erhaltnen, Texte auszumerzen, das erkannte die dritte Zeugengruppe nicht an, sie überlieferte den unkorrigierten Text weiter. Wer diesen Schluss auf die Echtheit von ἐν τῷ φανερῷ nicht gelten lässt, der hat zu erklären, wie es zugeht, dass die ältesten Zeugen das Wort schon interpoliert haben, während dann jüngere (Bℵ DZ, Hieron Memphite Syrcrt) den reinen Urtext hergestellt hätten, damit aber nicht durchgedrungen wären.

Schliesslich ist darauf zu verweisen, dass in Vs. 6 der Syrsin, wieder einstimmig mit k, das ἐν τῷ φανερῷ übergeht und sich von seinen Genossen in Vs. 4 selbständig trennt, ihnen also selbständig gegenübersteht. Denn in Vs. 6 geht er mit Bℵ DZ. Von den Lateinern geht damit ausser k noch ff[1]g[2] dazu Memphite Syrcrt Hrs. — Er trennt sich also in Vs. 6 von EKLMSUXΔΠ abcfg[1]hq Rhedig Pesch Ulf Arm.

Das Ergebnis ist: Der Sinaisyrer steht den erkannten Textzeugengruppen selbständig gegenüber, er zeigt keine Konformierung, während jede der beiden Gruppen das Ende von Vs. 4 und von Vs. 6 in verschiedner Weise konformiert aufweisen. Griesbach schrieb von dem ἐν τῷ φανερῷ: Deleatur aut hic aut vs. 6 — der Syrsin beweist die Schärfe dieser Kritik.

Vs. 5 fehlt in Syrsin. Der Vers erweist sich als Doppelung zu Vs. 2. Man sieht sofort, dass die Griechen in der Anknüpfung schwanken, indem die einen den Plural schreiben ὅταν προςεύχησθε οὐκ ἔσεσθε, die andern den Singular ὅταν προςεύχῃ οὐκ ἔσῃ. Plural schreibt die Gruppe BZ[1] Ulf Memphite Sahide Hieron.

Singular hat die junge Gruppe EKLMSUΔ (δ aber nicht) Π Syrcrt Pesch. Die Doppelung zeigt auch darin ihre Ungehörigkeit, dass Vs. 7 die falschen Beter sind ὥσπερ οἱ ἐθνικοί, also wie die Heiden, während sie hier wie Synagogenangehörige dargestellt werden. Hier ist ein Entweder Oder! Das hat auch der Redaktor in B und Syrcrt gefühlt, denn beide haben in Vs. 7 die Heiden (ἐθνικοί) in Heuchler (ὑποκριταί) verwandelt.[2] Und das soll neutraler Urtext sein! Auch das legt Protest gegen die Echtheit von Vs. 5 ein, dass die falschen Beter „ihren Lohn haben,“ auf Gebet folgt kein Lohn, sondern Erhörung oder Ignorierung. Lohn wird für Almosen erwartet. Was also in Vs. 2 passt, ist in Vs. 5 ungehörig. Ohne den Vers weiter zu diskutieren, setze ich nun k und den Syrcrt hierher:

k	et	cum	oras[a] ·	non erit	sicut	hypocritae	quoniam
Syrcrt	und wenn	du	betest	sei[b] nicht	wie	diese Heuchler,	welche

---

[1] In ℵ ist sogar και οταν προςευχη οὐκ εσεσθε also Sing. und Plur. vereint, woran dann korrigiert ist.

[2] Die Didache kennt 8, 2 mit der Form μηδὲ προςεύχεσθε ὡς οἱ ὑποκριταί die Heuchler vielleicht. Aber man fragt sich, ob nicht grade aus ihrem Texte der Zusatz entwickelt ist.

k amant stare in sinagogis et angulis plathe-
Syrcrt lieben zu stehen in den Synagogen und den Winkeln der
k arum et stantes adorant ut videantur hominibus ·
Syrcrt Plätze um zu beten dass sie sichtbar seien den Menschen,
k amen dico vobis consecuti sunt mercedem suam
Syrcrt — ich sage euch dass sie empfangen haben ihren Lohn.
k vos autem cum adoraveritis introite cubiculum ves-
Syrcrt Du aber wenn du betest gehe hinein in das Gemach —
k trum etc. im Plural. } Vgl. die Noten [a] [b] unten.
Syrcrt — u. s. w. im Sing. }

Die Pesch ergänzt das fehlende Amen, geht aber sonst materiell ganz mit Syrcrt zusammen, ܠܡܩܡ für ܕܢܩܘܡܘܢ ist gewählt, um dem φιλοῦσι στῆναι noch näher zu kommen. Sieht daneben B als Original aus oder als gefeilt? Er lautet so: καὶ ὅταν προςεύχησθε οὐκ ἔσεσθε ὡς οἱ ὑποκριταὶ, ὅτι φιλοῦσιν ἐν ταῖς συναγωγαῖς καὶ ἐν ταῖς γωνίαις τῷ πλατειῶν ἑστῶτες προςεύχεσθαι, ὅπως φανῶσι τοῖς ἀνθρώποις, ἀμὴν λέγω ὑμῖν ἀπέχουσι τὸν μισθὸν αὐτῶν. οὐ δὲ ὅταν προςεύχῃ εἴςελθε εἰς τὸ ταμεῖόν σου κτλ. im Sing. In Syrsin geht Vs. 2—6 der Singular ohne Störung durch.

Vs. 10 und es komme. Nur Syrsin hat dies und, welches Syrcrt Luk 11, 2 hat, aber das hier selbst in Syrcrt fehlt, der jedoch dann mit und anbindet und das Gebet so überliefert: „Vater unser, der in den Himmeln, geheiligt werde dein Name, es komme dein Königreich, und es seien deine Willen (Mehrzahl) auf der Erde wie in den Himmeln, und unser Brot das immerwährende des Tages gieb uns, und erlass uns unsre Schulden, wie auch wir[1] erlassen werden unsern Schuldnern, und nicht führe uns in Versuchung, sondern erlöse uns vom Bösen, weil dein ist das Königreich und die Herrlichkeit in Ewigkeit der Ewigkeiten. Amen." Der Verlust des Vaterunser's hier ist einer der schmerzlichsten, die wir in Syrsin zu beklagen haben. Wie hat er das ἐπιούσιος gefasst, das Syrcrt übersetzt: continuum diei, während Pesch panem necessitatis bietet, und Hrs sogar ܠܚܡܢ ܕܝܘܬܪܐ hat, d. h. panem nostrum abundantiae schreibt?

---

[a] Der gedruckte Text hat adoras mit folgender Note: ad- in adoras deletum est ct o a m. 3 pro d? (non pro n ut vult Tisch.) vel simpliciter rescripta. Ich lege Wert darauf wegen des Sinnunterschiedes von εὔχεσθαι und προςεύχεσθαι, ersteres Privatgebet, letzteres Anbetung doch wohl in der Gemeine.

[b] Zur Not kann das ܠܐ ܬܗܘܐ auch als 3. Pers. fem. gefasst werden, das ergäbe dann non erit. Umgekehrt könnte man indessen für erit ein eris vermuten.

[1] Cureton übersetzt hier: so that also we forgive. Statt ܐܝܟܢܐ ܕܐܦ ܐܚܢܢ ܢܫܒܘܩ haben die Thomasakten ohne ܐܝܟܢܐ nur ܕܐܦ ܐܚܢܢ ܢܫܒܘܩ. Wright Apocryph. Acts. P. 313.

Als Beitrag zur Erklärung des Wortes führe ich an, dass der Sinn continuus von Syrsin Luk 11, 3, und hier von Ulfilas (sinteina), Syrcrt (ܐܡܝܢܐ) und Arm (Հանապազորդ)[1] gegeben wird, also im 4. und 5. Jahrhundert angenommen war. Daneben steht die Deutung des Memphiten ⲛⲧⲉ ⲣⲁⲥϯ d. h. (das Brot) des morgigen (Tages), welche also mit der bekannten Bezeichnung maḥar im Hebräerevangelium zusammentrifft. Als dritte Deutung ist quotidianus zu nennen, die auch im Äthiopischen sisājana zalala 'elaténa d. h. unsere Nahrung, welche für jeden unsern Tag — ausgedrückt ist. Sachlich dürfte die Deutung des Memph die richtige sein, ἐπιούσιος ist unorganische Ableitung von ἡ ἐπιοῦσα Prov 27, 1 LXX, und steht zu ihm und zu ἐπιών wie ἑκούσιος zu ἑκών, ἑκοῦσα und καθημέριος „täglich" zu καθ' ἡμέραν. Die verbreitete Deutung „das kontinuirliche Brot" ist ebenfalls etymologisch aus ἐπιέναι gewonnen, nicht im Spezialsinn von ἡ ἐπιοῦσα, sondern in dem allgemeinen Sinne: das Hinzugehende, das Folgende, superventurum, als das sich immer Folgende, das ist das Kontinuirliche. Das Tägliche ist ein fasslicherer volkstümlicher Ausdruck für den etwas abstrakten Sinn des Kontinuirlichen. Dass die Fassung „das Brot für morgen" richtig ist, zeigt der (im Lukas fehlende) Beisatz „heute", der als überflüssig nachhinkt, wenn man das kontinuirliche Brot erbittet, denn damit ist das heute schon gegeben. „Das heute giebt von selbst dem quotidianum den Sinn des kommenden, künftigen" sagt Paulus, er sollte besser formulieren: Aus dem heute folgt, dass das vorausgehende Wort den Sinn des zukünftigen haben muss. Dass die Bitte, der Sorgen für morgen schon heute ledig zu werden, eine sehr tiefe ist, auf der die Freiheit menschlichen Handelns beruht, leuchtet dem ein, der diese Sorgen praktisch erfahren hat; dass das mit dem: Sorget nicht für den morgigen Tag 6, 34 gar nicht in Widerspruch steht, sollte einleuchten.

VII, 12 Obwohl der Vers in Syrsin fehlt, benutze ich doch die Gelegenheit, auf Sabbath 31ᵃ zu verweisen, wo ein Proselyt von Schammai verlangt, dass er ihn die ganze Thora lehren soll, während er auf einem Beine steht. Schammai weist ihn ab, aber Hillel nimmt ihn auf, und um ihn die Thora in dieser kurzen Frist zu lehren, sagt er: דעלך סני לחברך לא תעביד זו היא כל התורה כולה d. h. Was dir widerwärtig ist, das thue deinem Genossen (Nächsten) nicht, das ist die ganze Thora in ihrer Gesamtheit. — Man würde aber irren, wenn man meinte, dass Hillel darum das ganze Ritualgesetz Preis gegeben hätte, im Gegenteil ist er darin ebenso streng als Schammai,

---

[1] Derivate von ܐܡܢ werden auch in Euseb's Kirchengeschichte durch Հանապազորդ ausgedrückt, ܐܬܐܡܢ ist Հանապազորդեցաւ 239, ܐܡܝܢܘܬܐ ist Հ. լինել 193. Der Memph hat Luk 11, 3 ⲉⲑⲛⲏⲟⲩ = venientem.

aber mit anderm Detail. Gleich die Fortsetzung der angezognen Stelle beweist das, der Proselyt muss die Reichsordnungen (טכסיסי מלכות) kennen lernen und sie befolgen, ohne die selbst ein David nicht zum Reiche gehören würde.

Nachdem wir die genaue Prüfung der Lesarten des Syrsin bis hierher durchgeführt haben und zur Erkenntnis von drei Schichten in der Textgestaltung gelangt sind, deren älteste und darum dem Originale am Nächsten stehende im Syrsin und den Altlateinern nebst Irenäus und Cyprian vorliegt, während die jetzigen ältesten griechischen Handschriften zweiter Schicht (Bא) deutlichste Spuren einer reflektierten Überarbeitung aufweisen, können wir in der Folge dies umständliche Verfahren aufgeben. Mittel und Prinzipien der Arbeit sind dem Leser zur Genüge bekannt geworden, in der Fortsetzung wird nur das Notwendigste herbeigezogen werden.

Was aber diese neu gewonnene älteste Textform sachlich bedeutet, und wie sie die Auslegung und dadurch unsre Vorstellungen vom Worte und Werke Ješu' beeinflusst, das mag hier grade im Anschluss an die Bergpredigt noch gezeigt werden.

Wir haben aus 4, 25; 5, 1 gelernt, dass Ješu' sich den Massen entzog und zu den Jüngern allein redet und zwar so, dass er ohne die Hülle des Gleichnisses das neue Ideal seines Reiches klar vorlegt.

Die Welt preist den sich selbst genügenden brillanten Geist, den Glücklichen, den Tapfern.

Ješu' preist den, der in seinem[1] Geiste arm ist, nicht den Geistesarmen oder geistlich Armen, sondern den, der sich Nichts dünkt, den Demütigen, er preist den Trauernden und den Sanftmütigen.

Zu diesen drei durch den Gegensatz gegen die von der Welt Gepriesenen verbundenen Grössen, stellt er vier:

1. Die nach Rechtschaffenheit dürsten.
2. Die Barmherzigen.
3. Die reinen Herzens.
4. Die Frieden wirken.

Mit der letzten Seligpreisung wird der Übergang gemacht zur Unterweisung des engsten um Ješu' gesammelten Kreises: Selig sind die wegen der Gerechtigkeit Verfolgten und so ihr, wenn ihr um meines Namens willen gehasst und verfolgt seid, die alten Propheten erlitten dasselbe Schicksal.

---

[1] So Syrsin mit Aphraates S. 390, 437 und Ephraem S. 57 armenisch. Die Streichung entspricht dem asketischen Mönchsideal. Asketen wurden auch nach Vs. 4 syrisch einfach Trauernde, abîle, ܐܒܝܠܐ genannt, und das ist ins Armenische übergegangen, in der Form աբեղայ. Man kann hier die Wirkung dieser Stelle auf das Mönchtum mit Händen greifen.

Nun wird die Aufgabe der Ješu'jünger bestimmt: Ihr seid das Salz, das Licht der Erde, euer Thun kann und soll nicht verborgen bleiben. Ješu' zündet dies Licht nicht an, um es unter den Scheffel zu stellen. Er stellt es auf den Leuchter, und die Leute sollen die schönen Werke der Ješu'jünger sehen[1] und Gott preisen.

Aber was ist das Licht, das Ješu' anzündet? Jünger und Volk könnten in ihm einen Schriftgelehrten sehn, der bindet und löst, ein Ausdruck, dessen Sinn wir zu 5, 17 erläutert haben. Das grade lehnt Ješu' ab, diese Aufgabe ist völlig untergeordnet. Er leitet zu einer neuen Rechtschaffenheit, die höher ist als die der Schriftgelehrten 5, 20, und damit nimmt er das Thema von 5, 6 auf: Selig die nach Rechtschaffenheit dürsten, sie werden satt werden!

Und nun zeigt er diese Rechtschaffenheit an der Hand etlicher Hauptpunkte der alten Gesetzeslehre, die nicht schlecht, die aber nur eine Vorstufe ist, und die einer vollkommnen Ausfüllung (voll machen) bedarf. Die Aufzählung ruft zwar das Zehngebot in das Gedächtnis zurück, folgt ihm aber nicht mit Strenge und Absicht. Klugheitsregeln hier etwa 5, 25 zu suchen, das liegt völlig unterhalb der Höhe dieser Gedankenwelt.

Die Prinzipien der neuen Rechtschaffenheit werden an der Lebenspraxis gezeigt: Nicht einmal ohne Ursache zürnen, nicht schelten, Friede unter den Menschen als höchstes Gut und Aufgabe, Treue im Eheleben, Treue in jedem gesprochnen Wort, freiwilliges Verzichten auf Rechtsvergeltung, Dienstwilligkeit und Bereitschaft, auf Besitz zu verzichten. Liebe auch gegen den Feind. Das sind die Lebensprinzipien der Genossenschaft Ješu', sie soll vollkommen sein, deren Vater im Himmel — [oder nach geändertem Texte: wie euer Vater im Himmel?] — vollkommen ist.

Diese neue Gerechtigkeit[2] ist nicht vor den Augen der Menschen

---

[1] Wird dieser aus dem Aufbau der Bergpredigt hervorgehenden Deutung gegenüber Pfleiderer Recht behalten? Er sagt darüber: „Nur dass in Vs. 16 das Leuchtenlassen ihres Lichtes statt auf die Lehrthätigkeit, auf die Übung guter Werke bezogen wird, ist eine dem Evangelisten eigentümliche und dem ursprünglichen Gedanken dieser Sprüche wohl ferner liegende Wendung, in welcher sich verrät, dass zu seiner Zeit das Interesse an der speziellen Missionspflicht ... zurücktrat hinter dem allgemeinen kirchlichen Interesse, dass die Gemeindeglieder durch Tadellosigkeit des Wandels .... dem Christennamen Ehre machten." Ich kann hier keine „Sprüche" sehn, hier liegt eine scharf durchdachte disponierte Rede vor.

[2] Hier zeigt sich die Wichtigkeit der Lesart und Interpretation von Syrsin in 6, 1, wo er δικαιοσύνη ohne allen Zweifel als Gerechtigkeit fasst und nicht als Almosen, aus welcher falschen Deutung dann die falsche Korrektur in ἐλεημοσύνη hervorgegangen ist, die sich in EKLMSUZΔΠ, fk, Pesch, Vulf und Arm findet, und die als δόσις in ℵ[a] erscheint. Hier steht 'ΔΌĊĖİṄ punktiert, d. h. von zweiter

darzustellen, um von ihnen gesehen zu werden, sondern allein vor dem Auge Gottes, also nur aus Rücksicht auf sie selbst, nicht aus Rücksicht auf Menschen. Die Entfaltung dieser Gerechtigkeit wird nach der jüdischen Auffassung in ihren drei Äusserungen reguliert, nämlich erstens das Almosengeben 6, 2—4, das Gebet 6, 6—15 mit einem begründeten Exkurse über das Verzeihen, drittens das Fasten 6, 16—18. Der Schluss geht auf den Anfang zurück: Dass du nicht von Menschen sondern vom Vater gesehn wirst 6, 18 wie 6, 1. Hier ist völlig disponierter Zusammenhang, keine „Sprüche". Soweit die Entfaltung der Seligpreisung der nach Rechtschaffenheit Hungernden und Dürstenden. Wir nehmen noch die syrisch verlornen Stücke aus dem Griechischen hinzu, um die Disposition zu zeigen:

Die folgende Seligpreisung gilt den Barmherzigen, d. h. denen, die gegen den Nächsten wohlthätig sind. Ihre Entfaltung wird zu einer Regulierung des Verhältnisses der Christen zum irdischen Besitze mit seinen Sorgen 6, 19—34.

Die Entwicklung der Seligpreisung der lautern Herzen führt den Gedanken durch, dass der Nächste nicht mit anderem Masse gemessen werden darf als das ist, mit dem man sich selbst misst 7, 1, dass das Heilige nicht profan angewendet 7, 6, und bei dem Menschen das Gute vorausgesetzt und daran appelliert werden soll[1] 7, 7—9.

Die letzte Seligpreisung ist nicht entwickelt. Ist der Teil in unsrer Redaktion weggelassen? Von 7, 13 an beginnt der Schluss mit der Aufforderung, durch das enge Thor in den Kreis dieser Leben spendenden Lehre einzutreten, falsche Lehren abzulehnen und ihre Vertreter (falsche Propheten) an den Früchten zu erkennen. Die schlechten Bäume (Lehrer) werden vernichtet. Der Tag des Gerichtes wird sie offenbar werden lassen 7, 21—23.[2] Der Abschluss des Ganzen lehrt, dass es sich um irdische Lebensführung, nicht um das Endgericht handelt, denn so nur kann man die Worte fassen:

Hand gestrichen, und am Rande durch ΔΙΚΟϹΥ ersetzt. Brauchen wir fürder Zeugnis dafür, wie willkürlich, und nach unsern geschichtlichen und philologischen Prinzipien gewissenlos, die alten Redaktoren gehandelt haben?

[1] Wenn hier etwas Fremdes ist, so ist es nur Vs. 11, denn das „Bittet" und „Klopfet an" Vs. 7 geht keineswegs ohne Weiteres auf Gebetserhörung, es gipfelt vielmehr in dem positiven Satze: Was ihr von andern erwartet und fordert, das thut ihnen selbst. Der Zusammenhang sagt: Setzt das Gute und das Wohlwollen voraus — wie es ein lauteres Herz thut — und handelt so, wie ihr behandelt werden wollt. Sobald Vs. 11 (aus Luk 11, 13 ergänzt) fehlt, ist der Zusammenhang da.

[2] Hier könnte die apokalyptische Färbung eine Verstärkung empfangen haben. Luk 13, 23 zeigt, wie das „enge Thor" und das „Anklopfen" apokalyptisch gewendet ist. Matth sagt: Tretet durch das enge Thor dieser schwer zu erfüllenden Lehre in den Kreis meiner Genossen. Luk 13, 23 fragt, ob viele im Endgericht gerettet werden.

Jeder, der meinen Worten gehorcht, gleicht so dem Vernünftigen, dessen Haus besteht, wer es nicht thut, dem, dessen Haus Sturm und Regen fortreissen.

Und nun noch 7, 28! Nach unsrer Erkenntnis, dass die Rede nur an die Jünger und nicht an die zusammengelaufne Volksmenge gerichtet sein kann, muss 7, 28 οἱ ὄχλοι falsch sein. Es kann nur heissen: sie (die Jünger) verwunderten sich, dass er nicht wie ein Schriftgelehrter redete — der band und löste — sondern wie einer, dem Gewalt verliehen. Hier fordert die innere Kritik die Unechtheit von οἱ ὄχλοι. Was sagt die äussere Kritik nach Tischendorf's Note?

Eusebius Demonstratio evgl. 444 hat das Wort überhaupt nicht, er hat dafür πάντες, Origenes III 635 hat πάντες οἱ ὄχλοι, also eine Konflation, und die ist in den Hrs aufgenommen, wo כול אוכלוסיא steht, und erhalten in Δ 1, 118. Nun sehe man ℵ an, so löst sich die Schwierigkeit, man sieht, οἱ ὄχλοι steht am Schlusse des Satzes, es ist Glosse zu dem Verbum, dessen Subjekt fehlte, und für welches eine andre Glosse πάντες einsetzte, so dass bei Origenes beide Glossen verbunden sind. Der Text lautet in

ℵ	B
ΟΤΕ ΕΤε	ΟΤΕ ΕΤΕΛΕ
ΛΕϹΕΝΟΙϹ̄ ΤΟΥϹ ΛΟ	ϹΕΝΟΙϹ̄ΤΟΥϹΛΟΓΟΥϹ
ΓΟΥϹΤΟΥΤΟΥϹΕΞΕ	ΤΟΥΤΟΥ ϹΕΞΕΠΛΗϹϹΟ̄
ΠΛΗΤΤΟΝΤΟΕ̈ΠΙΤΗ	ΤΟΟΙΟΧΛΟΙ ΕΠΙΤΗΔΙΔΑ
ΔΙΔΑΧΗΑΥΤΟΥΟ̍ΙΟ	ΧΗΑΥΤΟΥΗΝΓΑΡΔΙΔΑ
ΧΛΟΙΗ̈ΝΓΑΡ ΔΙΔΑϹ	ϹΚΩΝ
ΚΩΝ	

d. h. in B ist die alte Glosse vom Schlusse des Satzes hinter das Verbum ἐξεπλήσσοντο gerückt, die in ℵ noch hinten steht, ℵ selbst ist dann durch die Striche über Ε̈ΠΙ und Ο̍Ι und Η̈Ν nach der Redaktion, die sich die Geltung gewonnen hat, durch eine zweite Hand oder bei der ersten Revision für den Leser in Ordnung gebracht, da die normale Wortstellung so gewonnen wird. Diesen Text drücken dann Ulf und Arm, Syrcrt und Pesch, der Memph und die Lateiner (k) aus. Aber — im sahidischen Kopten fehlen die Worte οἱ ὄχλοι vollständig! Jetzt haben wir die Linie von πάντες οἱ ὄχλοι zu πάντες oder ὄχλοι, zu weder πάντες noch ὄχλοι. Hier grade fehlt nun der Syrsin sehr zur Unzeit. Die weitere Variante des Verses πάντας τοὺς λόγους τούτους im Arm so wie M besprechen wir nicht.

Die Kritik, die bloss nach Bℵ geht, hätte sich doch über das Verhalten von ℵ wirklich Rechenschaft geben sollen, aber hier liegt ein Punkt, wo die blosse Textkritik auf der Spitze des Messers steht und sofort in Kompositionskritik übergeht. Zu dieser gehört dann auch 8, 1 καὶ καταβάντος αὐτοῦ, wie Lachmann nach Zabc Hilar. auch Syrcrt und q und fg[1], oder καταβάντι δὲ αὐτῷ, wie Tischendorf nach א, oder καταβάντος δὲ αὐτοῦ, wie Tregelles und WH nach B Arm Pesch drucken. Das richtige hat Lachmann. Auf dem Berge waren die Jünger, das Volk blieb unten, 4, 25, die Jünger hörten und verwunderten sich über seine Lehre, und als er herabgestiegen war, folgten ihm viele Volkshaufen nach — die inzwischen unten geblieben waren. Das aber hängt mit der Versform in 4, 25 zusammen, und was Textkritik zu sein scheint, das ist in Wahrheit Kompositionskritik, bei der Handschriftenzählung nicht zum Ziele führt, sondern nur genetische Betrachtung. Hieronymus hat denn auch cum autem descendisset de monte, nicht descenderet.

Das Mâranstück.

Die in 8, 3 auftretende Bezeichnung mâran = unser Herr statt des sonst üblichen Ješu' reicht bis 11, 18 und so charakterisiert sich 8, 1—11, 18 als ein eignes Stück in unsrer Übersetzung. Zu 8, 26 hätte ich weniger zaghaft sein sollen, statt Ješu' ist sicher unser Herr vom Rande in den Text zu setzen. Analog ist im Johannesevangelium mâran gebraucht, wo bis 1, 34 Ješu' steht, dann aber 1, 35 mâran eintritt,[1] das sich bis 6, 11 fortsetzt, wo wieder Ješu' eintritt. So ist dann fortgefahren bis 8, 33, worauf 8, 34 einmal mâran erscheint. Diese höchst auffallende Besonderheit, die sich vielleicht aus ursprünglich verschiedner stückweiser Übersetzung, die dann zusammengefügt ist, erklären kann, muss besonders untersucht werden. Der Gebrauch des Wortes mâran als unser Herr kann nicht wohl ohne Rücksicht auf die Vorlesung des Evangeliums in der Gemeindeversammlung verständlich gemacht werden.

Der Syrcrt aber hat dies mâran ebenso wenig als die Peschita, und es steht auch an zwei Stellen, wo die Griechen überhaupt kein Subjekt haben, weder Ἰησοῦς noch ὁ κύριος, nämlich 8, 3, 23, sonst entspricht es dem ὁ Ἰησοῦς. In dem Briefstile der Peschita ist ܡܪܢ sowohl für κύριος ἡμῶν als für einfaches ὁ κύριος gesetzt Röm 10, 9; 14, 8; 16, 2; 1 Kor 1, 3; 6, 11, 17, in den Evangelien wird ܡܪܢ Matth 25, 37, 44; 8, 25; 9, 28 für κύριε gesetzt, wo der Sinn aber „mein Herr" fordert, da steht natürlich ܡܪܝ 14, 30 und sinngemäss ist ὁ κύριος Mrk 12, 36 ܡܪܝܐ. Das mâran des Syrsin entspricht also einem ὁ κύριος und ὁ κύριος ἡμῶν. Im ganzen Mâran-

---

[1] Das mâran 1, 35 ist erst in der Ergänzung sicher gestellt, in der Frau Lewis die Ergebnisse ihrer letzten Revision vorgelegt hat (Some pages of the four Gospels, London 1896 P. 95 syrisch). In meiner Übersetzung ist aus dem ersten Drucke Ješu' stehn geblieben, ich bitte es zu berichtigen.

stücke haben die Griechen ὁ Ἰησοῦς für unser Herr. — Ich merke bei dieser Gelegenheit an, dass in den Evangelien nebst der Apostelgeschichte so gut wie ausnahmslos ὁ Ἰησοῦς gesetzt wird, wenn das Wort ohne Zusätze wie ὁ κύριος oder χριστός gebraucht wird, während in den Briefen und der Apokalypse Ἰησοῦς ohne Artikel steht. In den Briefen erscheint ὁ Ἰησοῦς nur 2 Kor 4, 10, 11 und 1 Joh 4, 3 und dabei schwankt bei Paulus wie bei Johannes der Text, während Judas 5 das ὁ Ἰησοῦς ein grober Textfehler ist.[1] Das Fehlen des Artikels in Matth 1, 25 ist grammatisch notwendig.

VIII,4 damit es ihnen ein Zeugnis sei. Hier macht aus ܕܬܗܘܐ ܣܗܕܘܬܐ ܠܗܘܢ der Syrcrt ܠܣܗܕܘܬܐ d. h. damit es ihnen als Zeugnis diene, und Pesch gleicht das durch blosses ܠܣܗܕܘܬܗܘܢ völlig mit εἰς μαρτύριον αὐτοῖς aus. Solch ein Redaktorenspiel mit ל gestattete sich auch der Redaktor des 18. Psalms, denn wo der alte Text 2 Sam 22, 19 ויהי יהוה משען לי d. h. und Jahve wurde eine Stütze für mich bietet, erscheint ihm das unwürdig, dass Jahve eine Stütze sein soll, er schreibt למשען und hat die Genugthuung, dass Jahve dann nicht Stütze ist, sondern zur Stütze dient. Alte Redaktoren!

Vs. 5—6. Ich stelle k zu Syrsin, er hat: posthac autem accessit ad eum quidam cēturio obsecrans eum ei (lies et) dicens puer meus · iacet domu mea paralyticus graviter · poenas dans · dicit illi ego veniam et turabo (lies curabo) illum. Beide haben Nichts von εἰςελθόντος δὲ αὐτοῦ εἰς Καφαρναούμ, welches in Syrcrt und Pesch vorliegt, aber k hat centurio für ἑκατοντάρχης wo Syrsin Chiliarch ausdrückt, wobei ܟܠܝܪܟܐ auf χιλιάρχης — nicht χιλίαρχος — schliessen lässt, und so ist dies wenigstens unbezeugt, um so mehr als Syrcrt und Pesch das centurio bestätigen. Also, so schliesst man leicht, ist Syrsin willkürlich, — aber auch der Chiliarch hat ein uraltes Zeugnis für sich, wovon indessen in den Kommentaren Nichts zu finden ist. Es steht in Eusebius Theophanie IV, 2 und ist schon von Lee in seiner Übersetzung der Theophanie P. 211 als höchst auffallend bezeichnet. Die syrische Handschrift der Theophanie ist datiert vom Jahre 411 n. Chr. Da Eusebius etwa 340 gestorben ist, so liegt zwischen dem Verfasser und der Herstellung des Manuskriptes einer Übersetzung nur ein Zeitraum von 70 Jahren. Die vorliegende Abschrift der Übersetzung vom Jahre 411 ist aber selbst schon wieder Kopie eines ungelehrten d. h. mechanischen Schönschreibers, wie die Fehler in den Eigennamen (Lee Preface P. XIV) beweisen, also ist die Übersetzung selbst beträchtlich vor 400 zu

---

[1] Vgl. meine Bemerkung zu dieser Stelle in Bezold's Zeitschrift für Assyriologie XIII P. 18.

setzen. Man kann es nicht beweisen aber vermuten, dass sie auf Euseb's eigne Veranlassung bei seinen Lebzeiten geschrieben ist, wie ich dies auch für die syrische Übersetzung seiner Kirchengeschichte annehme. Die Theophanie selbst wird mit Recht als Vorgängerin der Praeparatio und der Demonstratio evangelica angesehn, Lee hält sie für die erste oder eine der ersten Schriften Euseb's nach dem Ende der Verfolgungen, sie gehört also etwa in die Jahre 314—324. Die griechischen Texte, welche Eusebius hier anführt, sind demnach als Texte der palästinischen Gegenden im dritten Jahrhundert zu bezeichnen. Es besteht nun zwischen deren syrischer Übersetzung und unserm Syrsin ein so nahes Verhältnis, dass man auf den Gedanken kommt, der syrische Übersetzer habe gradezu unter dem Einfluss der Übersetzung gestanden, welche uns die Sinaihandschrift erhalten hat, die demnach im dritten Jahrhundert vorhanden war. Konnte er aber eine Textform aus dieser Übersetzung dem Werke des Eusebius einfügen, wenn sie von dessen griechischem Texte abwich? War er gezwungen Chiliarch zu schreiben, wenn Euseb centurio hatte? Oder schrieb er mit dem Syrsin Chiliarch, weil Euseb's griechischer Text ebenfalls χιλιάρχης bot?

Vergleichen wir den Syrsin mit dem Texte der Theophanie unter Zuziehung von Syrcrt und Pesch, so ergiebt sich folgendes Bild:

Syrsin [ܡܐܬܝ] [ܘܪܒܐ]
Theoph ... ܡܛܠ ܕܐܬܠܝܗ ܚܝܠܐ ܡܐܬܝܢ ܗܘܘ ܗܕܡܘܗܝ, ܘܐܪܒܐ
Syrcrt § ܒܬܪ ܗܠܝܢ
Pesch § om om

Syrsin Vs. 5 ܒܬܪ ܗܠܝܢ[1] ܩܪܒ ܠܗ ܟܠܝܪܟܐ[4]
Theoph ܒܬܪܗ ܘܐܬܩܪܒ ܠܗ [ܟܠܝܪܟܐ] ܢܦܠ ܘܒܥܐ: ܡܢ ܩܕܡܘܗܝ,
Syrcrt ܟܕ ܥܠ ܠܟܦܪܢܚܘܡ[2] ܩܪܒ ܠܗ ܩܢܛܪܘܢܐ ܚܕ[5]
Pesch ܟܕ ܥܠ ܕܝܢ ܝܫܘܥ[3] ܠܟܦܪܢܚܘܡ § ܩܪܒ ܠܗ ܩܢܛܪܘܢܐ ܚܕ

Syrsin ܘܒܥܐ ܗܘܐ ܡܢܗ ܘܐܡܪ om ܛܠܝ, ܡܪܝ,
Theoph ܘܒܥܐ ܗܘܐ ܘܡܬܟܫܦ ...
Syrcrt ܘܒܥܐ ܗܘܐ ܡܢܗ ܘܡܬܟܫܦ[6] ܠܗ ܘܐܡܪ om ܛܠܝ, ܡܪܝ,
Pesch ܘܒܥܐ ܗܘܐ ܡܢܗ om om ܘܐܡܪ ܡܪܝ,[7] ܛܠܝ transp.

Syrsin ܘܪܡܐ ܒܒܝܬܐ ܒܬܫܢܝܩܐ ܪܒܐ ܐܡܪ ܠܗ om[9]
Theoph ܐܡܪ ܠܗ ܦܪܘܩܢ
Syrcrt ܘܐܪܡܐ ܒܒܝܬܐ ܒܬܫܢܝܩܐ ܪܒܐ ܐܡܪ ܠܗ ܝܫܘܥ
Pesch ܪܡܐ ܒܒܝܬܐ ܘܡܫܪܐ, ܘܒܝܫܐܝܬ ܡܫܬܢܩ.[8] ܐܡܪ ܠܗ ܝܫܘܥ

Syrsin ܐܢܐ ܐܬܐ ܘܐܣܐܘܗܝ، ܥܢܐ ܗܘ ܟܠܝܪܟܐ
Theoph ܕܐܢܐ ܐܬܐ ܘܐܣܐܘܗܝ، ܟܕ ܠܗ ܦܬܓܡܐ ܗܘ ܟܠܝܪܟܐ ..
Syrcrt ܐܢܐ ܐܬܐ ܘܐܣܐܘܗܝ، ܥܢܐ ܗܘ ܩܢܛܪܘܢܐ
Pesch ܐܢܐ ܐܬܐ ܘܐܣܐܘܗܝ، ܥܢܐ ܩܢܛܪܘܢܐ ܗܘ

Syrsin ܘܐܡܪ ܠܗ ܡܪܝ، ܠܐ ܫܘܝܐ ܕܬܥܘܠ ܬܚܝܬ ܡܛܠܠܝ
Theoph ܘܐܡܪ ܠܗ ܡܪܝ، ܠܐ ܫܘܐ ܐܢܐ ܕܬܥܘܠ ܬܚܝܬ ܡܛܠܠܝ
Syrcrt ܘܐܡܪ ܠܗ ܡܪܝ، ܠܐ ܫܘܐ ܐܢܐ ܕܬܥܘܠ ܬܚܝܬ ܡܛܠܠܝ
Pesch ܘܐܡܪ om ܡܪܝ، ebenso

Syrsin ܐܠܐ ܐܡܪ ܒܡܠܬܐ ܘܢܬܐܣܐ ܛܠܝܝ ܐܦ ܐܢܐ
Theoph ܐܠܐ ܐܡܪ ܒܡܠܬܐ ܒܠܚܘܕ.[10] ܘܢܬܐܣܐ ܛܠܝܝ ܘܐܦ ܐܢܐ
Syrcrt ܐܠܐ ܒܠܚܘܕ. ܐܡܪ ܒܡܠܬܐ ܘܢܬܐܣܐ ܛܠܝܝ ܐܦ ܐܢܐ
Pesch ܐܠܐ ܒܠܚܘܕ. ܐܡܪ ܒܡܠܬܐ ܘܢܬܐܣܐ ܛܠܝܝ ܐܦ ܐܢܐ

Syrsin ܓܝܪ ܓܒܪܐ ܐܢܐ ܕܐܝܬ ܠܝ ܫܘܠܛܢܐ[11]
Theoph ܓܝܪ ܓܒܪܐ ܐܢܐ ܕܒܫܘܠܛܢܐ.
Syrcrt ܓܝܪ ܓܒܪܐ ܐܢܐ ܕܬܚܝܬ ܫܘܠܛܢܐ ܘܐܝܬ ܠܝ ܫܘܠܛܢܐ
Pesch ܓܝܪ ܓܒܪܐ ܐܢܐ ܕܬܚܝܬ ܫܘܠܛܢܐ ܘܐܝܬ ܬܚܝܬ

Sysrin ܘܐܣܛܪ̈ܛܝܘܛܐ ܐܝܬ ܬܚܝܬ ܐܝܕܝ، ܘܐܡܪ ܐܢܐ
Theoph ܘܐܝܬ ܬܚܝܬ ܐܝܕܝ، ܐܣܛܪ̈ܛܝܘܛܐ ܘܐܡܪ ܐܢܐ
Syrcrt ܐܦ ܠܝ ܘܐܣܛܪ̈ܛܝܘܛܐ ܐܝܬ ܬܚܝܬ ܐܝܕܝ، ܘܐܡܪ ܐܢܐ
Pesch ܐܝܕܝ، ܐܣܛܪ̈ܛܝܘܛܐ transp. ܘܐܡܪ ܐܢܐ

Syrsin ܠܗܢܐ ܕܐܙܠ ܘܐܙܠ ܘܠܐܚܪܢܐ ܐܡܪܢܐ ܕܬܐ ܘܐܬܐ
Theoph ܠܗܢܐ ܙܠ ܘܐܙܠ ܘܠܐܚܪܢܐ om ܕܬܐ ܘܐܬܐ
Syrcrt ܠܗܢܐ ܙܠ ܘܐܙܠ ܘܠܐܚܪܢܐ om ܕܬܐ ܘܐܬܐ
Pesch ebenso ܘܠܐܚܪܢܐ om ܕܬܐ ܘܐܬܐ

Syrsin ܘܠܥܒܕܝ، ܐܡܪ ܐܢܐ ܕܥܒܕ ܗܕܐ ܘܥܒܕ ܟܕ ܫܡܥ ܕܝܢ
Theoph ܘܠܥܒܕܝ، ܐܡܪ ܐܢܐ ܕܥܒܕ ܗܕܐ ܘܥ̇ܒܕ... ܟܕ ܫܡܥ ܕܝܢ
Syrcrt ܘܠܥܒܕܝ، ܐܡܪ ܐܢܐ ܕܥܒܕ ܗܕܐ ܘܥܒܕ ܟܕ ܫܡܥ ܕܝܢ
Pesch ܘܠܥܒܕܝ، om ܕܥܒܕ ܗܕܐ[12] ܘܥܒܕ. ebenso

Syrsin ܡܪܢ ܐܬܕܡܪ ܘܐܡܪ ܠܐܝܠܝܢ ܕܐܬܝܢ ܒܬܪܗ ܐܡܝܢ
Theoph ܝܫܘܥ ܐܬܕܡܪ ܘܐܡܪ ܠܗܘܢ ܕܢܩܝܦܝܢ ܠܗ.
Syrcrt ܝܫܘܥ ܐܬܕܡܪ ܘܐܡܪ ܠܐܢܫܐ ܕܐܬܝܢ ܒܬܪܗ. ܐܡܝܢ
Pesch ebenso ܠܕܐܬܝܢ[13] ܒܬܪܗ ܐܡܝܢ

Syrsin ܐܡܪܢܐ ܠܟܘܢ ܕܐܦܠܐ ܐܝܟ ܗܕܐ[14] ܗܝܡܢܘܬܐ ܐܫܟܚܬ
Theoph om ܕܐܦܠܐ ܒܝܬ ܐܝܣܪܝܠ ܐܫܟܚܬ
Syrcrt ܐܡܪܢܐ ܠܟܘܢ ܕܐܦܠܐ ܒܐܢܫ ܒܝܬ ܐܝܣܪܝܠ[14] ܐܫܟܚܬ
Pesch ebenso ܕܐܦܠܐ ܒܐܝܣܪܝܠ ܐܫܟܚܬ

Syrsin ܒܝܬ ܐܝܣܪܝܠ ܐܡܪܢܐ ܠܟܘܢ ܕܣܓܝܐܐ
Theoph ܐܝܟ ܗܕܐ ܗܝܡܢܘܬܐ ܐܡܪܢܐ ܠܟܘܢ ܕܝܢ ܕܣܓܝܐܐ
Syrcrt ܐܝܟ ܗܕܐ ܗܝܡܢܘܬܐ. ܐܡܪܢܐ ܠܟܘܢ ܕܝܢ ܕܣܓܝܐܐ
Pesch ܐܝܟ ܗܕܐ ܗܝܡܢܘܬܐ. ܐܡܪܢܐ ܠܟܘܢ ܕܝܢ ܕܣܓܝܐܐ

Syrsin ܢܐܬܘܢ ܡܢ ܡܕܢܚܐ ܘܡܢ ܡܥܪܒܐ ܘܢܣܬܡܟܘܢ ܥܡ
Theoph ܢܐܬܘܢ ܡܢ ܡܕܢܚܐ ܘܡܢ ܡܥܪܒܐ ܘܢܣܬܡܟܘܢ ܥܡ
Syrcrt ܢܐܬܘܢ ܡܢ ܡܕܢܚܐ ܘܡܢ ܡܥܪܒܐ ܘܢܣܬܡܟܘܢ ܥܡ
Pesch ebenso ebenso

Syrsin ܐܒܪܗܡ ܘܐܝܣܚܩ ܘܝܥܩܘܒ ܒܡܠܟܘܬܐ ܕܫܡܝܐ
Theoph ܐܒܪܗܡ ܘܥܡ ܐܝܣܚܩ ܘܥܡ ܝܥܩܘܒ ܒܡܠܟܘܬܐ ܕܫܡܝܐ
Syrcrt ܐܒܪܗܡ ܘܐܝܣܚܩ ܘܝܥܩܘܒ ܒܡܠܟܘܬܐ ܕܫܡܝܐ
Pesch ܐܒܪܗܡ ܘܐܝܣܚܩ ܘܝܥܩܘܒ ebenso

Syrsin ܘܒܢܝܗ ܕܡܠܟܘܬܐ ܢܦܩܘܢ[15] ܠܚܫܘܟܐ ܒܪܝܐ *ܗܬܡܢ
Theoph ܘܒܢܘܗ ܕܝܢ ܕܡܠܟܘܬܐ ܢܦܩܘܢ ܠܚܫܘܟܐ ܒܪܝܐ. ܘܬܡ
Syrcrt ܘܒܢܝܗ ܕܡܠܟܘܬܐ ܢܦܩܘܢ ܠܚܫܘܟܐ ܒܪܝܐ *ܗܬܡܢ
Pesch (om ܘ) ܒܢܝܗ ܕܝܢ ebenso *

Syrsin ܐܡܪ ܡܪܢ ܠܟܠܝܪܟܐ ܗܘ. ܙܠ ܐܝܟܢܐ ܕܗܝܡܢܬ ܢܗܘܐ
Theoph ܒܬܪ ܗܠܝܢ ܡ̈ܠܐ ܐܡܪ ܠܟܠܝܪܟܐ. ܙܠ ܐܝܟܢܐ ܕܗܝܡܢܬ ܢܗܘܐ
Syrcrt ܐܡܪ ܝܫܘܥ ܠܩܢܛܪܘܢܐ ܗܘ. ܙܠ ܐܝܟܢܐ ܕܗܝܡܢܬ ܢܗܘܐ
Pesch ܘܐܡܪ ܝܫܘܥ ܠܩܢܛܪܘܢܐ ܗܘ ܙܠ ebenso

Syrsin ܠܟ ܘܒܗ̇ ܒܫܥܬܐ ܐܬܐܣܝ ܛܠܝܗ ..
Theoph ܠܟ ܘܐܬܐܣܝ ܛܠܝܗ ܡܢ ܗ̇ܝ، ܫܥܬܐ ܘܟܕ ܗܦܟ ܟܠܝܪܟܐ ܘܐܫܟ̄
Syrcrt ܠܟ ܘܒܗ̇ ܒܫܥܬܐ ܐܬܐܣܝ[16] ܛܠܝܗ ..
Pesch ܠܟ ܘܐܬܐܣܝ ܛܠܝܗ ܒܗ̇ ܒܫܥܬܐ ..

Einige Anmerkungen werden das Alter von Syrsin klarstellen:

1. Vs. 5 ist ܒܬܪ ܗܠܝܢ μετὰ [δὲ] ταῦτα anstatt der Einleitung in Bא al. εἰσελθόντος δὲ αὐτοῦ εἰς Καφαρναουμ geboten in Syrsin Syrcrt kabfch (posthaec autem) und Ulf afaruh þan þata = μετὰ δὲ ταῦτα wie Luk 10, 1.

2. Der Syrcrt schiebt dann ein ܟܕ ܥܠ ܠܟܦܪ ܢܚܘܡ = als er in Kapernaum hineingegangen war = εἰσελθόντος nicht aber Dativ.

So lesen abcf al. Hilar. Darauf tilgt Pesch das ܒܬܪ ܗܠܝܢ = μετὰ (δὲ) ταῦτα und es bleibt übrig mit Einschub von δέ und Ιησοῦ der Anfang: εἰσελθόντος δὲ τοῦ Ἰησοῦ εἰς Καφαρναούμ, wo Ιησ. zu der Lesart BאCZ hinzugekommen ist. — Diese Erwähnung von Kapernaum fehlt in Syrsin k und in der Theophanie. Vgl. zu Mrk 1, 21.

3. Das in Pesch erscheinende Ιησοῦ erscheint in C³Lc.

4. Der Chiliarch ist in Syrsin und Theoph allein, auch k hat centurio, und so alle andern Zeugen, aber aus Clemens Homil. 9, 21, wo Καίσαρος χιλίαρχος erwähnt wird, sieht man, dass auch die Evangelienvorlage der Homilien hier χιλίαρχος bot. Welcher Beweis für das Alter der Lesart in Syrsin! Der centurio stammt handgreiflich aus Luk 7, 2. Da die natürliche Tendenz in der Textentwicklung auf Ausgleichung gehen muss, so ist verständlich, dass der Chiliarch durch centurio ersetzt wird, dagegen bleibt unbegreiflich, wie ein ursprüngliches centurio bei Matthäus in Chiliarch hätte dissimiliert werden können. Also ist Chiliarch das ursprüngliche. Nun hat aber Hilarius auch tribunus! Aus des Lukas εἰςῆλθεν 7, 2 stammt dann auch das εἰσελθόντος δὲ αὐτοῦ, das dann in Ἰησοῦ übergieng. Feiner präzisiert liegt dann der Dativ εἰςελθόντι δὲ αὐτῷ προςῆλθεν vor in der Masse der Handschriften EF^Wetst.^KMSUVXΓΔΠ al plus^100^, worauf εἰςελθόντι δὲ τῷ Ιησοῦ in C³L zu Tage kommt.

5. Die Griechen haben einfach ἑκατοντάρχης, aber kabcg¹g² mit quidam centurio bezeugen ἑκατ. τις. Daher erscheint in Syrcrt Pesch ܩܢܛܪܘܢܐ ܚܕ: = centurio quidam, das dann in Hrs in חד קנטריון raffiniert ist. Hilarius hat quidam tribunus.

6. Syrcrt hat nach ܘܒܥܐ ܗܘܐ ܡܢܗ = und forderte von ihm noch ܘܡܬܟܫܦ = und flehte, d. i. δεηθείς oder ἱκετεύων. So hat auch Theoph, aber Syrsin und Pesch erkennen das nicht an. Es scheint Dopplung zu sein und dem obsecrans eum in k zu entsprechen, das in v nicht vorhanden ist, wo rogans eum = ܒܥܐ ܡܢܗ steht.

7. Vs. 6 κύριε hat die Masse der Griechen, auch B und Ulf, aber es fehlt in א, wo es von zweiter Hand eingeschoben ist. Natürlich ist es danach in Pesch und Hrs eingesetzt, aber es fehlt in Syrsin, Syrcrt, Hilarius, k. Das Dekorum verlangt die Anrede mit mein Herr, die lebendige Schilderung der leidenschaftlichen Angst schliesst sie aus, der Chiliarch kommt ohne Weiteres mit seinem Anliegen. Das Fehlen des Wortes ist feiner.

8. Die Änderung von ܒܬܫܢܝܩܐ ܪܒܐ = in grosser Qual Syrsin Syrcrt in ܘܒܝܫܐܝܬ ܡܫܬܢܩ Pesch ist Annäherung an das griechische δεινῶς βασανιζόμενος.

9. Vs. 7 haben Syrcrt Pesch Ješu' und Theoph unser Erlöser eingeschoben, das in Syrsin fehlt, und das die griechische Masse, aber nicht

B, hat.[1] Dies ὁ Ἰησοῦς fehlt in Syrsin Bא k, aber das καὶ vor λέγει, das mit der Masse auch א hat, ist bei den Syrern nur erst in Hrs zu finden.

10. Vs. 8 Pesch und Syrcrt sagen ἀλλὰ μόνον εἰπὲ λόγῳ wogegen Syrsin μόνον nicht hat, und Theoph ἀ. ε. λ. μόνον sagt. Μόνον, unfein, ist Wanderwort.

11. Vs. 9 Aus den Syrern lernt man die sonderbare Textform bei den Griechen verstehen. Bא haben: καὶ γὰρ ἐγὼ ἄνθρωπός εἰμι ὑπὸ ἐξουσίαν τασσόμενος ἔχων ὑπ' ἐμαυτὸν στρατιώτας, aber hier gelten sie plötzlich Nichts, Tischendorf lässt τασσόμενος weg, Westcott-Hort setzen es in eckige Klammern, und Weiss sagt, es stamme offenbar aus Lukas. So wäre also in Bא eine Kontamination, von der die griechische Masse frei geblieben ist! Die Syrer aber zeigen, dass das τασσόμενος in Bא nur die letzte Vollendung einer Korrektur ist, welche die Masse der griechischen Handschriften erlitten hat. Sie betrifft das Wort ὑπό in ὑπ' ἐξουσίαν, dessen Seltsamkeit jedem auffällt, und um die man nur mit dem ortsfremden Gedanken herumkommt, der Chiliarch wolle sagen, er habe gehorchen gelernt, während der Zusammenhang fordert, dass er sagt: Ich weiss aus Erfahrung, dass ein Befehlshaber durch sein Wort allein seinen Willen durch Untergebne ausführen lassen kann. Diesen Gedanken liefern Syrsin und Theoph, dazu Ulf Hrs.

Syrsin bietet: Denn auch ich bin ein Mann, welcher Gewalt hat, und Soldaten sind unter meiner Hand. Die Theophanie hat statt ܕܐܝܬ ܠܗ ܫܘܠܛܢܐ = cui (scil. mihi) est potestas einfacher ܕܒܫܘܠܛܢܐ = qui in potestate = ἐν ἐξουσίᾳ wozu τασσόμενος passen würde, d. h. mit einem Kommando betraut. Zu ܒܫܘܠܛܢܐ = ἐν ἐξουσίᾳ vgl. Luk 4, 36.

Ulf schreibt jah auk ik manna im habands uf valdufnja meinamma gadrauhtins = und auch ich Mann bin habend unter Gewalt meiner Soldaten, und Hrs אוף אנא ברנש אנא ואית תחות שולטנותי רומיין = et ego homo sum et sunt sub potestate mea milites (et dico huic etc.). Davon dass der Chiliarch auch unter Vorgesetzten steht, findet sich hier nichts.

Dieser vernünftige Text wird nun im Syrcrt — doch nach griechischen Vorlagen, die Luk 7, 8 anähneln, — interpoliert, ich schreibe die Interpolation über den Grundtext:

Syrsin ܐܦ ܐܢܐ ܓܒܪ ܐܢܫܐ ܐܢܐ ܕܐܝܬ ܠܗ ܫܘܠܛܢܐ
ܘܐܣܛܪܛܝܘܛܐ

ܕܬܚܝܬ ܫܘܠܛܢܐ

Syrcrt ܐܦ ܐܢܐ ܓܒܪ ܐܢܫܐ ܐܢܐ ܘܐܝܬ ܠܗ ܫܘܠܛܢܐ ܐܦ
ܠܝ ܐܣܛܪܛܝܘܛܐ.

[1] Ganz abweichend hat ohne Ješu' א so: καὶ λέγει ἀκολούθι μοι, ἐγὼ ἐλθὼν θεραπεύσω αὐτόν. Das ακολουθι μοι ist dann durch Punkte getilgt.

Das ܕܐܝܬܝ des Syrsin wird ܘܐܝܬܝ, das auch Hrs zeigt. Bildet man das griechisch zurück, so sagt Syrsin:

καὶ γὰρ ἐγὼ ἄνθρωπός εἰμι ἔχων ἐξουσίαν ἔχων ὑπ' ἐμαυτὸν στρατιώτας

Syrcrt: καὶ γὰρ ἐγὼ ἄνθρωπός εἰμι ὑπ' ἐξουσίαν ἔχων ἐξουσίαν ἔχων ὑπ ἐμ. στρατιώτας.

Bei der Verbindung der Glosse mit dem Texte musste ὑπὸ ἐξουσίαν καὶ ἔχων entstehen.

Bei der letzten Revision, aus der die Pesch hervorgieng, verdrängte dann die Glosse den Text; es entstand:

ܐܦ ܐܢܐ ܓܝܪ ܓܒܪܐ ܐܢܐ ܕܬܚܝܬ ܫܘܠܛܢܐ ܘܐܝܬ ܬܚܝܬ ܐܝܕܝ ܦ̈ܠܚܐ d. i. καὶ γὰρ ἐγὼ ἄνθρωπός εἰμι ὑπ' ἐξουσίαν, ἔχων ὑπ' ἐμαυτὸν στρατιώτας κτλ.

Diese Textform der griechischen Masse wird dann durch τασσόμενος in Bℵ verfeinert. Hier wie im κεντουρίων ist Alles Einfluss der Ausgleichung mit Lukas. Älter ist eine griechische Form bei Irenäus I, 1, 14, aber sie hat nicht χιλιάρχης sondern ἑκατόνταρχος und dürfte darum zu Lukas 7 gehören, nicht zu Matth 8. Aus Chrysostomus notiert Tischendorf an, dass er als Lesart Einiger anführt: εἰ γὰρ ἐγὼ ἄνθρωπος ὢν, ὑπὸ ἐξουσίαν ἔχων ὑπ ἐμαυτοῦ (sic! lies ἐμαυτὸν) στρατιώτας καὶ[?] λέγω τούτῳ κτλ. — eine Textform, die ihre künstliche Appretur deutlich verrät.

12. Dass Pesch das seltne und altertümliche ܙܘܠܡ durch ܗܕܐ ersetzt, was Syrsin in Lukas auch hat, spricht für ihre Zurechtmachung nach späterer Sprache, denn in dieser bedeutet ܙܘܠܡ genau tot, so viel, passt also hier nicht. Vgl. Payne-Smith s. v.

13. Vs. 10 Auch hier ist das ܠܕܐܬܝܢ ܒܬܪܗ in Pesch Glättung der breiteren Übersetzung in Syrsin und Syrcrt, um τοῖς ἀκολουθοῦσιν möglichst scharf auszudrücken.

14. Dies ܐܝܟ ܗܕܐ, das griechischem τοιαύτην (πίστιν) Mtth 19,14; Mrk 9, 37; 10, 14 entspricht, bleibt syrisch überall erhalten. Für τοσοῦτος hat Syrsin Matth 15, 33; Luk 15, 29; Joh 6, 9; 14, 9; 21, 11 ebenso wie Pesch andre Wendungen. Alle Zeugen scheinen so gegen Syrsin Syrcrt Theoph und Pesch zu stehen, indem sie den Glauben zur Quantität machen. Dass die qualitative Beschreibung: „einen so gearteten Glauben“ feiner ist, scheint mir unzweifelhaft, für die Späteren ist „ein so grosser Glaube“ die Fähigkeit, möglichst viel zu „glauben.“ Bei Tischendorf ist diese Variante nicht erwähnt, und dennoch hat sie auch andre Gewährsleute. Zuerst beide Kopten, der Memphite ⲟⲩⲛⲁϩϯ ⲛⲧⲁⲓⲙⲁⲓⲏ und der Sahide ⲡⲓⲥⲧⲓⲥ ⲛ̄ⲧⲉⲓ ϭⲟⲧ, beides = fidem hujus qualitatis. Ebenso schreibt der Arm այսպիսի հաւատս = talem fidem, und der Hrs. Den Text des Syrsin hat

auch Ephraem[1] armenisch P. 67. Also alle Syrer (— sogar Philox —), Arm, Memph, Sah bezeugen τοιαύτην. Ich frage, gilt das Nichts gegenüber Bℵ? Und was ergiebt die dogmatische Erwägung? Luthers Feingefühl hat ihn richtig geleitet, er schreibt „solchen" Glauben.

Sehen wir uns die Zeugen Bℵ mit ihrer Wirkung auf die Ausgaben näher an: Lachmann hatte nach Ba ediert: παρ' οὐδενὶ τοσαύτην πίστιν ἐν τῷ 'Ισραηλ εὗρον, wofür Tischendorf dann weitere Zeugen notiert hat. Tischendorf selbst verachtet nun hier plötzlich B und setzt aus ℵ in den Text οὐδὲ ἐν τῷ 'Ισρ. τοσαύτην πίστιν εὗρον, während Tregelles und Westcott-Hort zu B zurückkehren.

Mit ℵ (und der griechischen Masse CEGKLMSUVXΓΔΠ) gehen, (abgesehn von τοιαύτην für τοσαύτην), ausser dem Syrcrt die syrischen Zeugen, Ulf v und so Rhedig Aur.

Mit B gehen die Minuskeln 1. 4. 22. 118.* 209. und akq. Die Kopten zeigen gemischten Text, denn einerseits haben sie τοιαύτην, andrerseits drücken sie παρ' οὐδενὶ ἐν τῷ 'Ισρ. aus wie B (Memph ⲛⲧⲉⲛ ϩⲁⲓ ϧⲉⲛ ⲡⲓⲥ̅ⲗ̅, Sahid ⲛ̅ⲧⲛ̅ ⲗⲁⲁⲩ ϩⲛ̅ ⲡⲓⲏⲗ). Die Lateiner sind geteilt. Der Arm hat παρ' οὐδενὶ nicht, doch steht es im arm. Ephraem.

Hiernach sind Bℵ in τοσαύτην, einer sachlich depravierten Lesart, einig, im zweiten Punkte, dass παρ' οὐδενί κτλ. statt οὐδὲ ἐν τῷ 'Ισρ. eingedrungen ist, aber uneinig. Überlegen wir den genauen Sinn der Varianten, so sagt die syrische Gruppe[2] mit ℵ als Zeugen für οὐδέ, und den Kopten u. s. w. als Zeugen für τοιαύτην:

Einen so gearteten (— nicht etwa: so grossen) Glauben habe ich sogar in Israel nicht gefunden; — wohl aber bei einem Heiden. Verglichen wird Judentum und Heidentum.

Die andre Gruppe (B) sagt, — nur dass die Kopten sich für τοιαύτην erklären: Einen quantitativ so grossen Glauben — wie bei diesem Heiden, habe ich bei keinem einzigen Israeliten gefunden. Verglichen werden zufällige Individuen, nicht wesentliche Kategorien.

Die erstere Form ist ein prinzipielles Urteil über die Möglichkeit tiefer Frömmigkeit bei den Heiden und universalistisch — wie in Syrsin die Geschichte vom kananäischen Weibe — die letztere Form hat keine bestimmte Tendenz, sie ist nichtssagend oder mindestens sehr abgeschwächt. Die Fortsetzung, dass „viele" Heiden im König-

---

[1] Ephraems Text ist Evangelienharmonie und daher gemischt. Die Worte Տէր մի ինչ աշխատ լինիր = κύριε μὴ σκύλλου sind Lukas 7, 6, die folgenden: և ոչ յոք 'ի մէջ Իսրայէլի երբէք այսպիսի հաւատս գտի ես sind Matth. In Lukas ändert der Arm sein այսպիսի = talem, τοιαύτην, in այսչափ d. h. tantam, τοσαύτην.

[2] Ausdrücklich auch die Philox, die neque in Israel talem fidem inveni ausdrückt und am Rande als andre Lesart: neque apud quemquam in Isr. anmerkt.

reiche der Himmel mit Abraham, Isaak und Jakob zu Tische liegen werden, während „die Söhne des Königreichs“, also die Juden, in die äusserste Finsternis gehen werden, empfiehlt die Lesart, die eine prinzipielle Erklärung giebt. Der Text von B wird von Minuskeln schwach bezeugt, verstärkt wird ihr Gewicht durch akqgat, dem die andern Lateiner aber widersprechen. Auch die Kopten sind neben dem τοιαύτην der Korrektur verdächtig, und die Korrektur des Syrcrt ܒܐܢܫ ܒܝܬ ܐܝܣܪܝܠ = in quodam in Israel ist selbst in Pesch nicht angenommen. Danach ist οὐδὲ ἐν τῷ Ἰσρ. τοιαύτην — nicht aber τοσαύτην — πίστιν εὗρον das echte, und Codex B zeigt eine korrigierte, also schlechte Lesart gegenüber א, die bei den Griechen nicht durchgedrungen ist.

B und א bestehen ihre Probe schlecht, altes οὐδὲ ist in B in παρ' οὐδενί abgeändert, und die Wirkung dieser Änderung zeigt sich in der Unsicherheit der Wortstellung, die Lachmann aus den Lateinern erhoben hat. Es lautet nämlich mit den Wanderworten:

1. τοσαύτην πίστιν ἐν τῷ Ἰσρ. εὗρον B
2. εὗρον τοσαύτην πίστιν ἐν τῷ Ἰσρ. bcv
3. τοσαύτην πίστιν εὗρον ἐν τῷ Ἰσρ. a

dazu kommt 4. non inveni in nullo tantam fidem in Isr. g[1]

5. in nullo tantam fidem inveni in isdrahel k

wo der Glossencharakter des in nullo in die Augen springt.

15. Vs. 12 werden hinausgehen. Alle Syrer und genau so k exient, Cyprian I 58, 15,[1] Arm ելցեն. Ähnlich haben auch Irenäus abg[1] ibunt. Das ἐκβληθήσονται in Bא ist Ergebnis der Frage, wie sie zum Hinausgehen kommen. Freiwillig, meinen diese Redaktoren, werden sie doch nicht gegangen sein. Westcott-Hort setzen ἐκβληθήσονται nach ihrer Schätzung von B in den Text und lassen ἐξελεύσονται fakultativ zur Wahl stehen.

16. Das ܐܬܐܣܝ in Syrcrt und Pesch ist Wiedergabe von ἰάθη und verdrängt das alte ܐܬܚܠܡ in Syrsin und Theoph.

Summa: Syrcrt und Peschito bezeugen die Rückwirkung griechischer Redaktionen auf einen Text, der in Syrsin und Theoph ausgedrückt, einem urgriechischen entspricht, der in א weniger, in B stärker alteriert ist. Der älteste erreichbare Text liegt in Syrsin vor. Leider fehlt D.

Vs. 17 erscheint das Zitat im Futurum bei allen drei Syrern, unter denen der Syrcrt die mittlere Form zeigt, die von Syrsin zu Pesch führt. Die ܡܟ̈ܐܒܝܢ werden ܟܐܒܝܢ und dann ܢܥܡܘܠ zu ܢܛܥܢ, so:

[1] Cypr. I 276, 15 mit expellentur wird durch k als Anähnlichung an des Hieronymus eiicientur erwiesen. Dagegen hat Ephraem arm. P. 67 wie der Bibeltext ելցեն.

ܢܣܒ ܡܪ̈ܥܝܢ ܘܢܫܩܘܠ ܟܘܪ̈ܗܢܝܢ Syrsin er wird nehmen unsre Krankheiten[1] und tragen = fortnehmen unsre Leiden (Krankheiten)

ܢܣܒ ܟܐܒ̈ܝܢ ܘܢܫܩܘܠ ܟܘܪ̈ܗܢܝܢ Syrcrt er wird nehmen unsre Schmerzen und tragen = fortnehmen unsre Leiden (Krankheiten)

ܢܣܒ ܟܐܒ̈ܝܢ ܘܟܘܪ̈ܗܢܝܢ ܫܩܠ Pesch er wird nehmen unsre Schmerzen und unsre Leiden tragen = schleppen.

Der Text stammt nicht aus der alttestamentlichen Peschita Jes 53, 4 —, dort stehn andre Wörter und das Perfektum, grade das sonst unbezeugte Futurum ist aber das Auffallende. Denn dies Futurum ist logisch allein richtig, Ješa'ja hat gesagt — so postuliert der Zusammenhang —, dass er die Krankheiten tragen wird, nicht getragen hat. Bei Ješa'ja stehn Perfekta נשא und סבל „er hat aufgehoben und geschleppt". Wie las nun Syrsin in seiner griechischen Vorlage, ἔλαβε oder λήψεται, ἐβάστασεν oder βαστάσει? Antwort: Syrsin ist in der Tempuswiedergabe in analogen Fällen, wie Matth 2, 15 ἐκάλεσα = קראתי Hos 11,1 u. dgl. m. ganz genau, er hat ܩܪܝܬ, wir müssen also, bis das Gegenteil bewiesen wird, annehmen, dass er auch hier genau ist und das Futurum gelesen hat. Dann kommt das Rätsel auf die griechische Seite, denn ihr Perfektum ἔλαβε, ἐβάστασε erklärt sich nicht aus einer Anähnlichung an die LXX, als welche Präsens hat. Sie schreibt heute τὰς ἁμαρτίας (für חלינו!!) ἡμῶν φέρει καὶ περὶ ἡμῶν ὀδυνᾶται = סבלם, נשׂא. Dagegen schreibt Symmachus ὄντως[2] τὰς ἁμαρτίας ἡμῶν ἀνέλαβε καὶ τοὺς πόνους ὑπέμεινεν, dem Aquila und Theodotion gleich waren. Siehe Field zur Stelle.

Nehmen wir dazu das Targum בכין על חובנא הוא יבעי ועויתנא בדיליה ישתבקן = „also wird er über unsre Schulden bitten, und unsre Verfehlungen werden um seinetwillen erlassen werden", so finden wir trotz aller der Seltsamkeit, die das Targum grade in Jes 53 aufweist, dass Targum und Sept. חלינו, Krankheit, als Schuld[3] deutet, was der Evangelist grade nicht thut, dass aber das Targum mit Syrsin übereinstimmend das Verbum im Futurum hat. Ein Evangelist der Hebräer stand im exegetischen Strome Jerusalems.

Ist Syrsin das Produkt einer logischen Reflexion? Vgl. seine altl. Zitate von Matth 3, 3 an und weiter, er ist es nicht.

---

[1] In der Übersetzung habe ich mich nicht genau genug ausgedrückt, nicht Schmerzen, sondern Schwächen, Ungesundsein, ἀῤῥωστία ist genaue Wiedergabe von ܡܪ̈ܥܐ. — Syrsin drückt idiomatisch ἀσθενείας ἡμῶν und νόσους ἡμῶν aus. So verlangt es ein semitisches Original, Streichung des zweiten ἡμῶν ist griechisch.

[2] Nach der syr. Hexapla ist αὐτός vermutet. Middeldorpf Codex Syr. hexpl. P. 501.

[3] Diese Deutung ist in LXX auf die zweite Vershälfte nicht ausgedehnt, im Targum aber ist dann konsequenter auch מכאבתנו mit עויתנא = Verkehrtheit, Sünde, Schuld wiedergegeben und so die Umdeutung richtig abgeschlossen. Der Evangelist bleibt hier der jüdischen Schuldeutung ganz fern.

Ist der griechische Text Produkt einer Vergleichung des in Syrsin vorliegenden Futurs mit dem Perfektum des hebräischen Urtextes? Schwerlich, Symmachus mit ἀνέλαβε lag in der Hexapla vor. Wir finden später Spuren davon, dass die Evangelientexte mit Rücksicht auf Aquila geändert sind. Warum nicht auch nach Symmachus, der in Origenes Hexapla neben Aquila stand?

Vs. 18 befahl er — der Syrcrt setzt hinzu seinen Jüngern, was Pesch nicht anerkennt. Der Zusatz steht auch bei Ulfila siponjans und in abcg[1] Hilar. discipulos suos. Sie bilden eine Gruppe. Lucian? Nicht dazu gehört k, der vom Zusatz frei ist.

Vs. 19. Rabbi Syrsin und Pesch, aber Syrcrt ersetzt es durch ܡܠܦܢܐ = διδάσκαλε, und so alle Griechen und Lateiner, Ulf, Memph. Ist nun nicht διδάσκαλε Gräzisierung eines originalen ῥαββι? Vgl. Syrsin 12, 38, wo er ܡܠܦܢܐ hält und griechisch διδάσκαλε steht, und so 19, 16; 22, 16, 24, 36; 23, 8; Mrk 10, 17, 20; 12, 14, 19; Luk 9, 38; 11, 45; 12, 13, wo es sehr unpassend ist, 18, 18; 19, 39 wo Pesch Rabbi und Syrcrt Rabban hat, 20, 21, 28, 39; 20, 21 u. s. w. Joh 3, 10. Aber 26, 18 ist in Syrsin Pesch — Syrcrt fehlt — Rabban wie Luk 22, 11 Mrk 14, 14 erhalten, wo griechisch ὁ διδάσκαλος eine keineswegs wirklich genügende Wiedergabe ist, denn Rabban sagt mehr, es ist nicht bloss Lehrmeister sondern Meister, dem man praktisch Folge leistet. Ich vermute daher, dass διδάσκαλε bei den Griechen vielfach redaktioneller, das jüdisch Nationale verwischender Ersatz für ῥαββι ist. Der Ersatz war noch nicht durchgeführt, als Syrsin gemacht ist, denn neben den genannten Stellen, wo er διδάσκαλε bezeugt, stehn andre, wo er ܪܒܢ zeigt Mrk 9, 38 Luk 7, 40 und ܪܒܝ Mrk 10, 35; 13, 1; 14, 14; 12, 32. Den Schlüssel liefert Joh 1, 38, wo Syrsin Syrcrt Pesch nur Rabban haben und das ὁ λέγεται ἑρμηνευόμενον διδάσκαλε fehlt. Vgl. 20, 16; 3, 2; 11, 28; 13, 13, 14. Das Ergebnis ist, dass Syrsin διδάσκαλε oft durch „Lehrer“ übersetzt, also diese Übersetzung nicht perhorresziert, oft aber Rabbi, Rabban schreibt. Umgekehrt hat er für griechisches ῥαββι nie Lehrer ܡܠܦܢܐ eingestellt, sondern das Wort, das im Lukas griechisch nicht vorkommt, — wo es nicht wie Joh 4, 31; 9, 2 fehlt — beibehalten. Da er das Wort „Lehrer“ nicht vermeidet, wo er es findet, so drückt er eine Vorlage aus, in der Rabbi vielfach noch gelesen wurde und noch nicht durch διδάσκαλε ersetzt war, obwohl dieser Prozess schon begonnen hatte. Denn von Syrsin aus muss man rückwärts schliessen, dass es eine Periode gab, wo für διδάσκαλε überall das richtige alte Rabbi oder Rabban stand. Ist nun hier Syrsin Zeuge eines mittlern Textstandes, so sieht man, dass er seine Vorlage ausdrückt und nicht ändert. Demnach hätte er auch das Futurum in 8, 17 nicht geändert, sondern gelesen.

Über διδάσκαλος scheint es wichtig noch anzumerken, dass auf den sehr alten Grabschriften aus Venosa[1] Rabbi und Rab (רבי und רב) als blosser Titel noch nicht vorkommt, was erst im 9. Jahrhundert anfängt. Die dort Inschrift 19 erwähnten Rebbites und Apostoli (רבנים und שליחי ציבור) sind Beamte. Dagegen ist Inschr. 11 ein Ιακωβ δηδασκαλος erwähnt, der also Rab war, was auch diese süditalienischen Juden durch διδάσκαλος wie die Bibelübersetzer, ausgedrückt haben.

Vs. 20 **und** der Sohn des Menschen. Dafür gräzisierend ὁ δὲ υἱὸς τ. ἀνθρ. bei den Griechen. Das ist in Syrcrt und Pesch eingedrungen ܠܒܪܗ ܕܝܢ ܕܐܢܫܐ, aber auch der Äthiope Hackspills hat einfach und ወ statt aber. Das ist echt, eine Lesart mit ܕܝܢ = δὲ brauchte kein Syrer in eine mit ܘ = καί zurückzubilden, wohl aber umgekehrt lag es den Griechen nahe ein καὶ ὁ υἱὸς τοῦ ἀνθρ. in ein ὁ δὲ umzugestalten. Genau so liegt es 15, 36, wo Syrcrt Syrsin haben „gab seinen Jüngern **und** seine Jünger legten," wofür Pesch „und **die** Jünger" setzt. Hier ist der griechische Text ἐδίδου τοῖς μαθηταῖς, οἱ δὲ μαθ. τοῖς ὄχλοις in BℵD gefeilt, sowohl betreffs des δέ als des fehlenden Pronomens. Und selbst hier drückt der Armenier noch aus τοῖς μαθ. καὶ οὗτοι τῷ ὄχλῳ.

Vs. 21 statt des blossen τῶν μαθητῶν Bℵ abchq hat Syrsin τῶν μαθ. αὐτοῦ mit der ungeheuren Mehrheit der Zeugen. Aber auch hier zeigt Syrsin deutlich seine Selbständigkeit, denn im Gegensatz zu dieser Übereinstimmung mit der Masse lässt er sofort das κύριε fort, das alle haben, und auch mit dem μαθητῶν αὐτοῦ hat es seine eigne Bewandtnis. Tischendorf führt zu diesem Verse eine Reihe von Stellen an, wo die Handschriften über οἱ μαθηταὶ und οἱ μαθηταὶ αὐτοῦ auseinandergehn. Ich halte die Syrer gegen BℵD, abck, um die Unabhängigkeit von Syrsin und die griechischen Sekundäreinflüsse in Syrcrt vor Augen zu stellen.

1. Matth 8, 25 fehlt οἱ μαθηταί in Bℵ kacff[1] etc.
steht bloss οἱ μ. in der Masse der Griechen und Arm.

Mit Syrsin lesen οἱ μ. αὐτοῦ C*X bg[1]q Pesch Philox Ulf Äth, Syrsin geht gegen Bℵ so gut wie gegen die Masse. D fehlt, ebenso Syrcrt

2. Matth 14, 22 steht τοὺς μαθ. αὐτοῦ in B al. abc
fehlt das αὐτοῦ in ℵD

Syrsin fehlt zur Stelle; Syrcrt Pesch geben τ. μ. αὐτοῦ

3. Matth 19, 25 οἱ μαθηταί BℵD und so Syrsin nebst Pesch ܬܠܡܝܕܐ
οἱ μ. αὐτοῦ die griechische Masse und so Syrcrt

---

[1] Vgl. Ascoli, Iscrizioni di antichi sepolcri giudaici, Akten des Florentiner Orientalistenkongresses 1878 I, P. 348.

4. Matth 26, 36 τοῖς μ. αὐτοῦ אD und so Syrsin nebst Pesch. Syrcrt fehlt
τοῖς μαθ. ohne αὐτοῦ B

5. Matth 26, 45 πρὸς τοὺς μαθ. Bא und die gr. Masse.
πρὸς τοὺς μ. αὐτοῦ D abc Syrsin und Pesch. Syrcrt fehlt

6. Matth 15, 12 οἱ μαθ. BאD
οἱ μαθ. αὐτοῦ abc und so Syrsin nebst Pesch und Syrcrt

7. Matth 15, 33 οἱ μαθ. Bא abk
οἱ μαθ. αὐτοῦ D mit der griechischen Masse, c, und so Syrsin nebst Pesch und Syrcrt

8. Matth 15, 36 τοῖς μ. BאD c [Syrcrt
τοῖς μαθητ. αὐτοῦ die griech. Masse ab. Syrsin Pesch

9. Matth 16, 5 οἱ μαθ. BאD [und Syrcrt
οἱ μαθ. αὐτοῦ die gr. Masse. So Syrsin nebst Pesch

10. Matth 16, 20 τοῖς μαθ. BאD [Syrsin fehlt
τοῖς μαθ. αὐτοῦ die griech. Masse abc Pesch Syrcrt

11. Matth 26, 8 οἱ μαθηταί BאD
οἱ μαθ. αὐτοῦ ΑΓΔΠ, c, so Syrsin und Pesch.

12. Matth 26, 56 οἱ μαθηταὶ πάντες אD bc und Pesch ܬܠܡܝܕܐ ܟܠܗܘܢ
οἱ μ. αὐτοῦ πάντες B a. So Syrsin ܬܠܡܝܕܘܗܝ ܟܠܗܘܢ.

Semitischer Diktion entspricht immer der Ausdruck οἱ μαθηταὶ αὐτοῦ, ein auf aramäischem Boden ruhendes Schriftwerk muss ihn ursprünglich gehabt haben, den Griechen genügt οἱ μαθηταί völlig. Syrsin als Übersetzung eines griechischen Textes weicht dem blossen οἱ μαθηταί = ܬܠܡܝܕܐ nicht aus, wo es seine Vorlage bot Matth 19, 25,[1] aber bot sie es auch da, wo Syrsin es nicht hat, oder haben wir einen hellenischen Feilungsprozess vor uns, der in der Zeit, in welcher Syrsin entstand, noch kaum begonnen hatte? Oder sollte Jemand Rückbildung annehmen? Eine Betrachtung der hier vereinten Stellen zeigt in dieser sachlich ganz indifferenten und keiner Tendenz eine Handhabe bietenden Redensart folgendes Verhältnis:

1. Völlige Übereinstimmung zeigen BאD in sechs Fällen von zwölf, nämlich 3. 6. 8. 9. 10. 11. Syrsin stimmt nur einmal zu, 3.
2. Es stimmen א und D gegen B dreimal, 2. 4. 12 wobei Syrsin nur in 4 gleichlautend ist.
3. Es stimmt B und D gegen א nie.
4. Es stimmen א und B gegen D zweimal 5. 7 wo Syrsin stets mit D geht.
5. Es steht Syrsin zu D viermal 3. 4. 5. 7.
6. Es steht Syrsin gegen D sechsmal 6. 8. 9. 10? 11. 12.
7. Es geht Syrsin mit B zweimal 3. 12.
8. Es geht Syrsin mit א zweimal 3. 4.

[1] In der Übersetzung steht Matth 19, 25 falsch: seine Jünger hörten. Es muss heissen die Jünger, syrisch ist ܬܠܡܝܕܐ überliefert.

Die als uraramäisch vorauszusetzende Formel mit αὐτοῦ
steht in D dreimal 4. 5. 7.
„ „ B zweimal 12. 2, wo א es nicht hat,
„ „ א einmal, 4, wo es B nicht hat,
„ „ Syrsin eilfmal 1. 2? 4. 5. 6. 7. 8. 9. 10? 11. 12.

Wer ist hier konsequent? Die Ausnahme in 3 ist die beginnende Einwirkung griechischer Redaktion auf die Vorlage von Syrsin. Nun haben die griechischen Codices der Masse das αὐτοῦ durchgehend ausgedrückt,[1] und wir fragen: Wie kommt es in sie hinein ausser aus ihrer Vorlage? Rückkorrektur eines Textes ohne αὐτοῦ in einen mit αὐτοῦ ist vom griechischen Sprachgefühl aus nicht vorauszusetzen. Dann aber sind Bא durch Streichung, und zwar verschiedene, des αὐτοῦ redigiert, und D steht in der Mitte, d. h. er ruht auf alter, Syrsin verwandter, Grundlage, hat aber hellenische Einflüsse erlitten. Dies Ergebnis wird ganz besonders interessant, wenn man den Armenier daneben hält, in welchem das αὐτοῦ in allen diesen Stellen ausser 15, 12 gestrichen ist. Dass übrigens B in den Evangelien oft die späteren Lesarten hat, ist schon Griesbach Comment. critic. Part. I 88, 91 bekannt gewesen.

Die älteste Bezeugung des unredigierten Textes, dessen breiten Strom die Anmerkung[1] zeigt, liegt in Syrsin vor. Die Peschita geht mit Syrsin eilfmal, also eigentlich immer,[2] sogar in 3! Der Syrcrt viermal 6. 7. 8. 9, in 3 hat er das αὐτοῦ erhalten. Dass die Zahl der Fälle differiert, kommt daher, dass in Syrcrt und Syrsin Lücken sind, also nicht alle Fälle vorliegen.

Nach diesem Befunde wird man Syrsin als einen Urzeugen annehmen, der ausdrückt, was er vorfindet, und אBD als redigiert ansehen. Diese Thatsache musste an einem sachlich indifferenten

---

[1] Nämlich Matth 14, 22 in BEFKRXΠ
„ „ 19, 25 „ C[3]EFGHMSUVXΓ
„ „ 26, 36 „ אACD, 1, 131, 209
„ „ 26, 45 „ DΓ unc [7]
„ „ 15, 12 „ CEFGKLMSUVXΓΔθΠ
„ „ 15, 33 „ CDEFGHKLMPSUVXΓΔΠ
„ „ 15, 36 „ CEFGHKLMPSUVXΓΔΠ
„ „ 16, 5 „ EFGHKLMSUVXΓΠ
„ „ 16, 20 „ EFGHKLMSUVXΓΔΠ
„ „ 26, 8 „ AΓΔΠ unc [9]
„ „ 26, 45 „ DΓ unc [7]
„ „ 26, 56 „ B al [10] fere.

Wie kämen alle diese Zeugen zu ihrem αὐτοῦ, wenn ein neutraler Urtext ohne αὐτοῦ vorhanden gewesen wäre? Das begreife wer kann!

[2] In Matth 26, 56 ist Pesch nach der griechischen Korrektur geändert, zum Schaden der Eleganz.

Falle erwiesen werden, daher diese an sich kleinliche Untersuchung. Fortab ist immer stillschweigend angenommen, dass Syrsin nicht korrigiert, sondern genau übersetzt, was er findet. Das Gegenteil muss erst erwiesen werden, ehe man damit rechnen darf.

Vs. 21. 22. Syrsin hat nicht κύριε, das in Syrcrt und Pesch ergänzt. Ihre Toten begraben vgl. חובה תקברנהו לבנה, mag Ḥoba ihren Sohn begraben Bab. q. 80a und Nazir 57b, wo der Sohn lebend gedacht ist. Hier beginnt eine Lücke im Syrcrt, die bis 10, 3 reicht.

Vs. 23—27 weichen vom Gefüge der Peschita ungewöhnlich stark ab, ohne mit dem Griechischen völlig ausgeglichen zu sein. Der Äthiope Hackspills schreibt aber wesentlich wie Syrsin: und er (ohne unser Herr) stieg in ein Schiff, und es folgten ihm seine Jünger, und es ward ein grosser Sturm im Meere (lies bāḥr statt ḥamar) bis zu dem Grade, dass der Wogenschwall begrub das Schiff und er für sich schlief. Dies Zeugnis für Syrsin erhält um so mehr Wucht, als der spätere äthiopische Text (im Basler Drucke) mit dem griechischen Texte in Vs. 24, den auch Pesch bietet, ausgeglichen ist. Der Vers lautet äthiopisch wie in Pesch: Und siehe ein grosser Sturm wurde im Meere, bis zu dem Grade dass das Schiff gedeckt wurde von der Wellenflut = καὶ ἰδοὺ σεισμός μέγας κτλ. Für σεισμός setzt die hellenisierte Pesch wörtlich ܙܘܥܐ motus ein, Syrsin hat ܡܚܫܘܠܐ = ዐልቅልቅ፡ d. i. der Wogenschwall, g[1] tempestas, aber k motus wie Hieronymus. Auch das ܦܨܢ der Pesch statt ܐܚܝܢ des Syrsin = σῶσον ist stilistische Feilung. Obwohl die Zeile, in der das Äquivalent für ὀλιγόπιστοι stand, unleserlich ist, — sie wird gewesen sein ܠܗܘܢ ܚܣܝܪܝ, ܗܝܡܢܘܬܐ oder ܙܥܘܪܝ, Mtth 14, 31; 16, 8, Luk 12, 28 — so sieht man doch, dass Syrsin ausdrückte ὀλιγόπιστοι, τί δειλοί ἐστε; und diese Wortstellung notiert Lachmann aus Hilarius.

Vs. 28 Ješu' kommt zu der Stätte der Gadaräer, d. h. in einen Teil ihres Gebietes, das am südöstlichen Seeufer lag, nicht aber in die Stadt Gadara, die mit Umm Qais identisch, vom Seeufer in der Luftlinie ein und eine Viertel geographische Meile entfernt ist. Die Stadt ist also als Schauplatz des Ereignisses vollkommen ausgeschlossen. Das aber hat seit Origenes ohne allen Grund den Auslegern Schwierigkeiten bereitet, die gar nicht vorhanden sind. Das am Seeufer im gadarenischen, heidnischen Gebiete, — daher die Schweine,[1] — geschehene Ereignis wird von den fliehen-

---

[1] Mischna Baba Qamma 7, 10 heisst es אין מגדלין חזירין בכל מקום, d. h. man darf nirgends Schweine züchten. Wozu dann die Gemara bemerkt, dass Proselyten, denen Schweine und Hunde in der Erbschaft zufallen, Zeit gelassen wird, diese zweckmässig zu veräussern, um sie nicht zu verschleudern.

den Hirten in der Stadt gemeldet, die Städter kamen heraus „unserm Herrn entgegen," der sich also auf dem Wege vom Seeufer nach Gadara zu befand, wohin er gehen wollte. Unterwegs erhielt er die Aufforderung, das Gebiet zu verlassen. Sachlich ist die Lesart des Syrsin also völlig richtig, die zweite Lesart, Gerasa, kann sachlich gar nicht in Betracht kommen, denn durch obige Erwägung ist der Ort Gerasa, d. i. das heutige Dscherasch, vollkommen ausgeschlossen, weil es in der Luftlinie $7^3/_4$ geographische Meilen vom Seeufer, das sind ziemlich zwei Tagereisen, entfernt liegt. Gergesa aber, — die dritte Lesart — kennt Niemand, und Paulus hat im Kommentare diese Lesart als Konjektur des Origenes angesehen.[1] Es ist versucht worden, den Namen durch das moderne Khersa zu deuten und die Örter zu identifizieren, und zuletzt hat das Furrer verteidigt (Ztschrft. des deutschen Palästina-Vereins 1899 P. 184), indem er zwei Gerasa annimmt, das berühmte, und das unbekannte, das jetzt in Khersa (Gersa, kursi) wiedergefunden sein soll. Von der Textüberlieferung selbst macht er dabei freilich keinen Gebrauch.

Betrachten wir in dieser und den parallelen Stellen Mrk 5, 1, Luk 8, 26, 37 die Überlieferung, so zeigt sich, dass Syrsin nicht eigenmächtig ändert, denn in Mrk 5, 1 hat er „Gergesener", das unmöglichste von Allem, ruhig aus seiner Vorlage behalten, während er in Matth und Luk Gadarener bietet. Er thut also das Gegenteil von dem, was die Lateiner und Hieronymus sich gestattet haben, die in allen drei Evangelien das geographisch unmögliche Gerasa eingestellt haben, eine im 2. und 3. Jahrhundert blühende und berühmte Stadt, die noch heute voll steht von römischen Ruinen. Daher also die Lesart der Lateiner. Die Textüberlieferung selbst steht aber so:

Matth 8, 28 Gadarener Syrsin Pesch B, ℵ mit andrer Orthographie ΓΑΖΑΡΗΝΩΝ, Δ ΓΑΡΑΔΗΝΩΝ dazu C*M
Gerasinorum bcdg^{1}kq Aur Rhedig Hieron Hilar Sahid Philox am Rande
Gergesener — also origeneisch beeinflusst, Arm Memph Hrs Ulf Äthiop, dazu die Griechen ℵ^{c}C^{3}EKLSUVXΠ

Mark 5, 1 Gergesener Syrsin ΓΕΡΓΕϹΗΝΟϹ Memph Arm ℵ^{c}ΔLU, Epiphanius 650 ὡς ὁ Μάρχος λέγει
Gadarener Pesch Ulf Äth im Basler Drucke — dazu ACΠ unc^{3} alii longe plurimi
Gerasener bcdqδ Aur Rhed Hieron — ℵBD

[1] Analog steht es mit Bethabara Joh 1, 28, wo Origenes ebenfalls geographisch konjiziert, und sogar Syrsin und Syrcrt von dieser Konjektur infiziert ist, die dann Pesch nicht angenommen hat. Sehr hübsch nimmt sich auch die Erläuterung des Epiphanius zu Luk 8, 27 aus, wenn er sagt: τῶν γὰρ τριῶν κλήρων — nämlich Gerasa, Gadara, Gergesa — ὁ τόπος ἀναμέσον ἦν. Vgl. Orig. Joh. VI, 24.

Luk 8, 26, 37 Gadarener Syrsin Syrcrt Pesch Ulf — ΓΑΔΑΡΗΝΩΝ Δ und so AKRΓΛΠ
Gergesener Memph Arm Äth (Basel) Hrs — ℵLXΞ Epiphanius 66, 35 (P. 650)
Gerasener abcq𝔡d Aur Rhedig Hieron Sahid — BD (C* nach Vs. 37)

Hiernach können wir nun die redaktionellen Ausgleichungen in den drei Evangelien erkennen und feststellen. Es ist ausgeglichen

1. auf Gadarener die Peschita und Cod. A für Mark und Luk.

2. auf Gerasener die Lateiner und vermutlich der Sahide, der für Mrk fehlt. So auch D, wenn man d in Matth als gleichbedeutend für D gelten lässt.

3. auf Gergesener der Memphite, der Armenier und der Hrs, der für Mrk fehlt. Dazu ℵcLX. Man kann hier den Einfluss des Origenes mit Händen greifen.

Dies lässt sich nur aus einer vorangehenden Verschiedenheit des Textes begreifen, der an den genannten Stellen ungleiche Namen bot. Aber der Urbericht kann nur eine Form gehabt haben, Gadarener, denn Gerasener ist falsch und Gergesener ist origeneische Erfindung[1] und nun haben die ältesten Zeugen

	Syrsin	B	ℵ	Ulf
in Matth	Gadarener	Gadarener	Gadarener	Gergesener
in Mark	Gergesener	Gerasener	Gerasener	Gadarener
in Luk	Gadarener	Gerasener	Gergesener	Gadarener

d. h. es stimmen für die Lesart des Syrsin einmal im Luk Ulfilas, dann in Matth Bℵ, gegen sie in Mrk ℵB Ulf, aber wo sie nicht mit Syrsin zusammengehen, sind Bℵ und Ulf uneins, wo Bℵ Gerasener haben, hat Ulf Gadarener und in Luk sind Bℵ mit sich selbst uneins. Die Gergesener kennt B aber nicht, er ist hier nicht origeneisch beeinflusst, was Syrsin hier wie in Joh 1, 28 sicher ist. Nach Epiphanius Häresen 66, 33 hatte Markus Γεργεσήνων, der Syrsin hat es, Bℵ aber nicht. Auch das von ihm dem Matth zugeschriebne Γαδαρήνων hat Syrsin, während das Γερασήνων, wie Tischendorf richtig emendiert, das er dem Lukas zuschreibt, im Syrsin nicht erscheint, wohl aber die sachlich unmögliche Lesart von B ist.

Das Ergebnis ist, Syrsin hat den ihm vorliegenden uralten Text getreu wiedergegeben, in Mrk den von Origenes emendierten, in Matth den von Bℵ, in Lukas den von Ulfilas bezeugten. Justin der Märtyrer, Irenäus und Cyprian zitieren die Stellen nicht.

[1] Furrer a. a. O. meint, Origenes habe bei seinen vielen Reisen nach Bostra den fraglichen Ort am Ostufer des See's kennen gelernt. — Wie steht es denn mit Bethabara?

Vs. 29. Was ist uns und Dir, Sohn Gottes. Das in der Masse der Griechen und Lateiner, sowie bei Ulf, Arm, Äthiop, Sahid, Pesch stehende „Ješu', Sohn Gottes" hat in Syrsin keine Stelle. Er geht mit dem Memph und ℵBC*L, kff[1] Rhediger Aur Origenes III, 503 E Cyprian.[1] Aber unter den Lateinern haben schon abcd Ješu' eingestellt, und so auch Mspte des Memphiten. Die Lücke in Syrsin wird etwa so zu ergänzen sein, doch scheint ܠܟܐ zu viel:

ܐܬܝܬ . . . .
[ܠܟܐ ܩܕܡ ܙܒܢܐ ܕܬܫܢܩܢ
ܘܗܘܐ ܒܥܪܐ ܕܚܙܝܪ̈ܐ]
ܪܚܝܩܐ ܗܘܬ ܠܗܘܢ ܡܢܗܘܢ

Vs. 32. Sprach er zu ihnen, ohne Ješu' wie Ba und ohne καὶ wie k, der illi (lies ille) autem dixit illis hat. Das καὶ ἀπέθανον ἐν τοῖς ὕδασι hat Syrsin nicht.

IX, 3. Es hätten die Worte „und sie brachten ihm" und ferner „zu diesem" lateinisch gedruckt werden sollen, da sie von mir ergänzt sind.

Vs. 11. Syrsin hat nicht: Warum isst euer Meister (Rab) mit Zöllnern und Sündern, — wie Pesch im Einklang mit den Griechen bietet, denn aus seinem ܐܟܠܝܢ ܐܢܬܘܢ geht trotz der Lücke klar hervor, dass die Frage lautet: Esset ihr, nicht: isst euer Meister. Diese Lesart scheint willkürlich und alleinstehend, sie ist es aber nicht, denn k, obwohl verdorben, bezeugt sie. Die Lücke in Syrsin lässt sich nach Herstellung von k aus Pesch völlig sicher ergänzen:

Alsdann, als (es) die Pharisäer sahen,
sprachen sie zu seinen Jüngern:
[Warum mit Zöllnern und Sündern]
esset ihr [und trinket?]
Als er es aber hörte, sprach er u. s. w.

Syrsin		k
ܗܝܕܝܢ ܟܕ ܚܙܘ ܦܪܝܫܐ	Vs. 11	quod cum vidissent farisaei
ܐܡܪܝܢ ܠܬܠܡܝܕܘܗܝ		dixerunt discipulis[1] eius ·
[ܠܡܢܐ ܥܡ ܡܟܣܐ ܘܚܛܝܐ]		quare cum publicanis et pecca-
ܐܟܠܝܢ ܐܢܬܘܢ [ܘܫܬܝܢ[3]]		editis?[2] [toribus
ܗܘ ܕܝܢ ܟܕ ܫܡܥ ܐܡܪ	12	hīs autem cum audisset dixit.

1. Für discipulis hat k discipuli, das sich von selbst verbessert. — 2. Für et peccatoribus editis steht in der Handschrift

quare cum publicanis et peccatorib ·
sedes ·

---

[1] Testim. II, 28: Quid nobis et tibi fili Dei? Quid huc venisti ante tempus perdere nos?

Dies et peccatorib · sedes erklärt sich als Entstellung von et peccatoribus edēs = editis. — 3. Da in der syrischen Zeile etwa 4—5 Buchstaben fehlen, ergiebt sich die Ergänzung von ܘܫܬܝܬܘܢ = et bibitis nach Mrk 2, 16, Luk 5, 30, welche beide Stellen leider in Syrsin nicht vorhanden sind. Dazu notiert aber Tischendorf, dass M al[50] fere g[2] mm und Theophylact καὶ πίνει beifügen. Dass am Griechischen redigiert ist, zeigt διδάσκαλος, erstens weil es für Rabbi eingesetzt ist (vgl. zu Matth 8, 19), zweitens weil es ein Wanderwort ist. Denn es lesen 1. μετὰ τῶν τελωνῶν καὶ ἁμαρτωλῶν ἐσθίει ὁ διδάσκαλος ὑμῶν ℵB und die Mehrzahl, 2. aber διὰ τί ὁ διδάσκαλος ὑμῶν μετὰ τῶν ἁμαρτ. καὶ τελ. ἐσθίει D bcg[1]q, 3. endlich διὰ τί ὁ διδάσκαλος ὑμῶν ἐσθίει μετὰ τῶν τελωνῶν κτλ. C*1. Sahid, Memph. Dazu kommt dann noch, dass es in Syrsin und k fehlt, ebenso wie in a. Hier ist kein fester Text, sondern überall Spur der Redaktion.

Der Sinn mit Essen und Trinken ist gänzlich von dem verschieden, der entsteht, wenn nur das Essen erwähnt wird. Warum esset ihr, oder isst euer Meister mit Zöllnern und Sündern = רשעים bedeutet ohne Rücksicht auf die exklusiven Gesetze der Juden geselligen, menschlichen Verkehr haben mit Heiden, mit denen ein Jude nicht isst Gal 2, 14, 12, wo das ἐθνικῶς ζῆν gleich dem μετὰ τῶν ἐθνῶν συνεσθίειν ist. Die Zollpächter und Sünder d. h. רשעים sind entweder direkt Heiden oder doch solche Juden, deren koscheres Wesen zu allem Zweifel Veranlassung giebt. Dagegen bedeutet essen und trinken[1] nicht einfach verkehren, sondern, gut leben, schwelgen Luk 12, 45, und gut leben, im Gegensatz zum Fasten Matth 11, 19. Dann ist der Sinn der Frage der Pharisäer der, warum Ješu' Jünger nicht fasten, sondern gut leben, während die Johannesjünger strenge Faster waren. Diese treten auch sofort auf und fragen, warum sie und die Pharisäer fasten, Ješu' Jünger aber nicht. Wir haben also in Syrsin zwei parallele Fragen. Die Pharisäer fragen: Warum lebt ihr lustig mit den Zöllnern und Sündern, die Johannesjünger aber fragen: Warum fastet ihr nicht wie die Pharisäer und wir? Und darauf giebt statt der Jünger der Meister zwei Antworten. Die eine, dass in der Freudenzeit der Anwesenheit des Meisters die Jünger wie Brautführer nicht fasten, dass die Trauerzeit und das Trauerzeichen des Fastens aber nicht ausbleiben wird. Die andre: Meine Jünger sind gesund, sie bedürfen der Religionsexercitien durch Entsagung der Freuden nicht. Statt solcher Opfer fordert Gott Liebe.

[1] Es ist mir nicht unbekannt, dass in Aboda zara auch Cautelen wegen des Trinkens heidnischen Weines oder solchen jüdischen Weines geboten werden, der ohne jüdische Aufsicht in der Hand eines Heiden gewesen ist, der von ihm möglicher Weise einem heidnischen Gotte eine Spende gebracht und den Wein unkoscher gemacht haben könnte, aber das gehört nicht hierher.

Und Ješu' Aufgabe ist nicht Gerechte — wie die Jünger — zur Umkehr mit ihrem Bussschmerz zu rufen, sondern Ungerechte.

Diese Textform ist von der der Griechen gänzlich verschieden. Nach diesen fragten die Pharisäer: Warum verkehrt Ješu' mit Zöllnern und Sündern, ohne Rücksicht auf das jüdische Speisegesetz? Und nun prüfe man die Inkonsistenz der Antwort, die so lautet: Erstens, ich lebe mit Zöllnern und Sündern, weil sie als Kranke den Arzt bedürfen. — Muss er darum im Verkehr mit ihnen die jüdische Lebensweise aufgeben? Zweitens, lernt das Wort verstehen: ich will Erbarmen, keine Opfer. — Ist es für Ješu' ein Opfer, mit jenen zu verkehren? Drittens, ich kam nicht, Gerechte zu berufen, sondern Sünder. — Sind für Ješu' die fastenden Pharisäer ohne Weiteres Gerechte und die Zöllner und ungesetzlichen Juden ohne Weiteres Sünder, in dem Augenblicke, wo er erbarmende Liebe und nicht Opfer als Forderung Gottes verkündigt?

Die Gedankenentwicklung im griechischen Texte hapert unzweifelhaft, und doch haben wir „zur Umkehr" = εἰς μετάνοιαν noch gar nicht in Betracht gezogen. Es ist leicht zu dekretieren: dies εἰς μετάνοιαν ist nach ℵBDΔΣ zu streichen und stammt aus Lukas. Aber wie kommt es denn abgesehen von den Lateinern cg[1 2] in den Syrsin, den Sahiden und den Memphiten, — während es Pesch aus ihrer Vorlage, dem Syrsin, ausstreicht? Heisst das nicht, dass es der alte Text, den Syrsin ausdrückt, hatte, und der neuere unter dessen Einfluss Peschita steht, tilgte? Und wie in den Barnabasbrief[1] und in Justin Martyr, Apologie I, 15 οὐκ ἦλθον καλέσαι δικαίους ἀλλὰ ἁμαρτωλοὺς εἰς μετάνοιαν? Aus Lukas? Ach wie kommt es denn in den Lukas selbst? Ich habe Lukas schon früher als Quellenzeugen benutzt, und ich thue es hier wieder, er fand in seinen Quellen, was wir in Syrsin und den Genossen noch heute finden. Denn die Streichung des εἰς μετάνοιαν ist verkehrt. Ursprünglich konnte nicht von einem καλεῖν geredet werden, ohne dass beigefügt wurde, wozu Jemand gerufen werde, wer καλεῖν absolut schrieb, resp. das εἰς μετάνοιαν strich, der hatte einen dogmatischen Begriff von einer vocatio, wie Paulus 1 Kor 7, 20. Dazu aber passt wieder nicht, dass die δίκαιοι nicht berufen werden, denn diese κλῆσις oder vocatio Ješu' geht an alle Menschen, nicht bloss an ausgesprochne Sünder. Kurz der Gedanke ist ohne εἰς μετάνοιαν verstümmelt d. h. der Originalsatz, den Lukas als alt bezeugt, ist falsch gekürzt. Dasselbe gilt für Mrk 2, 17, wo auch ἐσθίει καὶ πίνει steht. Die Streichung war in der Zeit des Augustin (De consensu evglst. II, 61) schon weit verbreitet.

---

[1] Für Barnabas 5 ist es interessant zu sehen, dass nur ℵ streicht, und fünf Codices es haben.

Vs. 14. dass wir . . . eifrig fasten = ܨܝܡܝܢ ܐܢܚܢܢ ܚܦܝܛܐܝܬ = νηστεύομεν σπουδαίως oder ein ähnliches Adverb. Das ist in Pesch geändert in ܨܝܡܝܢ ܣܓܝ ܣܓܝ = jejunamus multum. Das erklärende und charakteristische σπουδαίως fällt in der Peschita zu Gunsten des πολλὰ der Masse der griechischen Handschriften; in k steht multum, in abcg[1] frequenter d. h. jener drückt πολλά, diese πυκνά aus, wie ℵ^b vel ^a liest. Obwohl nun neben der griechischen Masse Ulf filu, der Arm յաճախ = συνεχής, der Memph ⲛϩⲁⲛⲙⲏϣ = multitudines, der Sahide ⲛϩⲁϩ ⲛⲥⲟⲡ = multas vices und auch der Äthiope besuḥ = multum ausdrücken, also das lateinische, griechische, syrische, memphitische, armenische und gotische Altertum ein qualitatives Wort bezeugt, so streichen die neuen Herausgeber lediglich nach Bℵ das πολλά. Es ist erstaunlich, wenn man eine Note liest, die kurz sagt: „Das πολλά der Recepta .... ist erleichternder Zusatz nach dem πυκνά bei Lukas und mit ℵB zu streichen gegen Tregelles und Westcott-Hort am Rande.“ Erleichternder Zusatz?! Keineswegs, es ist eine totale Veränderung des Sinnes. Wenn ein Katholik einen Protestanten fragt: Warum gehen wir zur Messe, ihr aber nicht, — so bedeutet das eine Frage nach dem Prinzip,[1] und so ist es eine Frage nach dem Prinzip, wenn die Johannesjünger fragen: Warum fasten wir und die Pharisäer, deine Jünger aber nicht? Das bedeutet: Warum huldigen deine Jünger dem Gebrauche des Fastens nicht, den wir hoch halten? Es ist eine Prinzipienfrage.

Ješu' Antwort geht auf das Prinzip nicht ein und entscheidet die Frage nach Grund und Zweck des Fastens gar nicht, denn er erklärt nur, die Seinigen hätten zur Zeit keine Veranlassung zu fasten, die Zeit werde auch für sie kommen, dass sie fasten würden. Die Frage nach der Ursache des Fastens überhaupt bleibt unberührt, und der Gebrauch selbst wird von Ješu' für seine Jünger sogar acceptiert und zwar als Zeichen oder besser Wirkung der Trauer. Nimmt man das Beispiel vom neuen Lappen und alten Kleide, neuen Weine und alten Schläuchen hier in den Gedankenzusammenhang hinein, so bedeutet es, dass Ješu' an den abgenutzten Formen jüdischer Frömmigkeit nicht in einem einzelnen Punkte eine Änderung vornehmen will, und für jetzt die Sache auf sich beruhen lässt. Liest

[1] Von hier aus sieht man, dass es schief ist einzuwenden, die Johannesjünger könnten doch nicht fragen, weshalb sie selber fasten, da sie das wissen müssten. — Der Sinn ist: Warum fastet ihr nicht, während wir den Gebrauch des Fastens haben? — Völlig aus der Luft gegriffen ist es, wenn man die Frage in eine Zeit verlegt, wo alle Frommen und mit ihnen auch die Johannesjünger nach altüblicher Sitte fasteten. Welche Zeit wäre das wohl gewesen? Der Versöhnungstag ist ein Tag, die Trauerfeste (9. Ab u. s. w.) gab es noch nicht. Etwa Estherfasten?

man aber mit dem ganzen Altertum das πολλά, so ist der Sinn der Frage: Warum legt ihr und euer Meister auf das Fasten weniger Wert, als wir und die Pharisäer? Dann passt die Antwort: Auch für meine Jünger wird eine Zeit des Fastens kommen. Über den Wert des Fastens ist keine Meinungsverschiedenheit. Es ist, wie wenn ein Katholik den andern fragt: Warum gehst du nicht zur Messe, während ich sie eifrig besuche, und die Antwort erhält: Für mich wird auch eine Zeit kommen, wo ich viel zur Messe gehe. Über den Wert der Messe sind sie beide der gleichen Ansicht.

Will der Leser nun אB folgen, oder hat die Masse mit πολλά den alten Text? Mag er selbst urteilen, ob אB redigiert sind, in jedem Falle ist das πολλά durchaus nicht gleichgültig oder ein „erleichternder Zusatz“.

Lightfoot führt aus, dass nach Luk 18, 12 jeder wisse, dass die Pharisäer wöchentlich zweimal fasteten, und bietet als Beleg dazu Baba Qamma 82ᵃ und Jerusch. Megilla 75ᵃ. Hier findet sich aber Nichts von einem doppelten Fasten — am Montage und am Donnerstage — sondern das steht nur in den Tosaphot לכך נמי נהגו להתענות בב' וה', ist also für die alte Zeit keineswegs erwiesen.

Vs. 17. damit nicht der Wein die Schläuche sprengt; so statt der griechischen Passivkonstruktion — εἰ δὲ μήγε, ῥήγνυνται οἱ ἀσκοί — auch k si quo minus rumpit vinum utres und g¹ alioquin rumpit vinum utres. Auch D, aber mit Zusatz von νέος, bietet dasselbe εἰ δὲ μήγε ῥήσσει ὁ οἶνος — ὁ νέος — τοὺς ἀσκούς, was d wiedergiebt alioquin rumpit vinum novellum utres. Auch der Hrs schreibt so: אן די לא כן מבזע הו חמרא לזקיא.

Dem gegenüber erscheint als jüngere Textform die mit der passiven Wendung, die Ulf mit aiþþau distaurnand balgeis und so Arm, Memph, Hieronymus bezeugen, weil sie in Peschita eingesetzt ist und dort die Lesart der Vorlage im Syrsin verdrängt hat.

Wer die erstere Form aus der Einwirkung von Mrk 2, 22, Luk 5, 37 erklärt, muss anerkennen, dass im Gegensatz zur nivellierenden Tendenz in der Textgeschichte, die Alten nivelliert, die Jüngeren die alte Verschiedenheit konserviert haben. Die Nivellierung steckt aber in der Einschiebung von νέος in Dd.

Vs. 18. ein Oberster ihrer Synagoge, ܪܝܫ ܟܢܘܫܬܗܘܢ, ein von Luk 8, 41 syrisch verschiedner Ausdruck, dem im Griechischen nur ἄρχων entspricht. Im griechischen Matth ist ἀρχισυναγωγός, das Syrsin auch Vs. 23 ausdrückt, nicht gebraucht, in Mrk 5, 22, 36 ff. und Luk 8, 49; 13, 14 ist es verwendet und wie hier durch ܪܝܫ ܟܢܘܫܬܐ ausgedrückt. Dass es ein offizieller Amtstitel war, beweisen die Grabschriften von Venosa 4. 12, wo als andrer Amtstitel γερουσιάρχων 10, 15 vorkommt, der vom πρεσβύτερος 17 verschieden ist.[1] Das in ff vorkommende pp = praepositus dürfte dem γερουσιάρχης entsprechen. Das ἄρχων ist farblos, der ἀρχισυναγωγός ist charakteristisch.

Der Syrsin drückt deutlich εἷς ἐλθών aus mit D und KSVΔΠ al[40] fere, wozu Pesch, Hrs, Arm, Ulf, g[1]k quidam princeps abcff Hieron unus kommen. Daneben nimmt sich ἄρχων εἷς προςελθών in B als dritte Textstufe aus, vor der ℵ mit ἄρχων προςελθών steht, der feiner griechisch schreibt. B erklärt sich als jüngste Stufe, in der das εἷς geblieben und προςελθών statt einfachem ἐλθών aus Rücksicht auf das Griechische eingedrungen ist. In ℵ hat dann die dritte Hand εἰςελθών geändert und so indirekt für εἷς ἐλθών Zeugnis abgelegt. Diese Korrektur ist dann in CEMX al plus[30] eingedrungen. Das Ganze ist für B charakteristisch.[2] — In ἀλλὰ ἐλθὼν ἐπίθες übergeht Syrsin das ἐλθών, das Pesch nach der Masse der Zeugen einsetzt.

Vs. 20. Syrsin drückt ὄπισθεν nicht aus, womit er allein steht, wenn man wenigstens Iren II, 34, 1 als ungenaue Anführung ansieht, wo es auch fehlt. Übrigens wechselt Syrsin in Vs. 21 und 22 den Ausdruck für ἱμάτιον, indem er Vs. 21 ܡܪܛܘܛܗ sein Obergewand, Vs. 22 ܢܚܬܘܗܝ seine Gewänder bietet, was Pesch mit andrer Wortwahl auch thut, Vs. 21 ܠܒܘܫܗ, Vs. 22 ܠܡܐܢܗ.

Vs. 22 hat Syrsin nur ὁ δέ mit ℵD abckq gegen B ὁ δὲ Ἰησοῦς, dem sich ℵ[b]C Hieron fffg[1] Arm Ulf Memph Hrs gesellen. Nach dieser Textform ist es dann in die Pesch hineinkorrigiert. Man

[1] Vgl. Ascoli Iscrizioni di antichi sepolcri giudaici in den Akten des Florentiner Orientalisten-Kongresses von 1878 Vol. I P. 284 ff.

[2] Ebenso charakteristisch ist die Art, wie die vorliegende Erscheinung von der Voraussetzung der Vortrefflichkeit des Codex B aus gedeutet wird. Westcott-Hort sagen I 564 kurz: Thus in IX, 18 εἷς προςελθών being the primary reading, προςελθών and εἰςελθών are both secondary readings. Meyer-Weiss sagt: „Man verwandelte das unverstandne εις [— welcher Grieche wäre so dumm gewesen, das nicht zu verstehen?!] in τις (L) oder liess es ganz fort (ℵ, weshalb WH Text das εις in Klammern hat), man schrieb statt προςελθων das einfache ελθων [warum wohl?!], worauf dann aus εις ελθων (Griesb.-Scholz Trg. nach Δ) das einfache εις-ελθων entstand (Tschd. Meyer nach CDΣ), das sicher den Abschreibern keine Schwierigkeiten machte, und daher die Varianten nicht erklärt." — Dem gegenüber frage ich, machte etwa προςελθων Schwierigkeiten? Und ich verwahre mich und die Texte gegen die „Abschreiber." Diese sogenannten Abschreiber sind, was heute die Setzer sind, Techniker, die von gelehrten Theologen angewiesen wurden und unter Kontrolle standen. Codices wie ℵ und BA sind ungeheuer kostbare Werke, die von einem oder mehreren Gelehrten angeordnet und unter Aufsicht von autoritativen Persönlichkeiten hergestellt sind, wobei der Schreiber nur die Hand lieh. Abschreiberversehen sind höchst geringfügig, um Redaktionsbestimmungen handelt es sich in Wahrheit, die von kirchlichen Gelehrten ausgiengen. In L ist τις für εἷς nicht Schreibfehler sondern sprachliche Feile.

beachte, dass א von zweiter Hand mit B in Übereinstimmung gebracht ist wie oben P. 129.

Syrsin schreibt: wandte sich zu ihr und sagte zu ihr, wo die Griechen στραφεὶς (ἐπιστραφεὶς) καὶ ἰδὼν αὐτὴν εἶπεν bieten. Ist καὶ ἰδὼν Ausmalung, oder in Syrsin gestrichen, weil Ješu' des Zusehens nicht bedarf? Aber ἰδών heisst nicht zusehend, nachsehend, sondern erblickend.

Vs. 23. Das ἔλεγεν αὐτοῖς hat mit der Masse der Griechen Syrsin, Pesch, Arm, Ulf, g¹f. Es fehlt aber in Hrs, Memph, Sahid und in אBD sowie bei Hieronymus, denn αὐτοῖς ist nach dem Satze mit ἰδὼν τοὺς αὐλητὰς καὶ τὸν ὄχλον κτλ. schwerfällig und ungriechisch, und darum gestrichen. Wenn αὐτοῖς fehlt, ist καὶ κατεγέλων natürlich, wenn es steht, ist das: „Sie aber lachten" des Syrsin das Entsprechende. Analog ist Vs. 27 die griechische Feile sichtbar in der Streichung von αὐτῷ in ἠκολούθησαν αὐτῷ in BD, während es mit der Masse auch א bietet, und das in Syrsin fehlende ἐκεῖθεν, das dann Pesch einsetzt, ist eine pragmatische Appretierung.

Vs. 27 fehlt das καὶ λέγοντες nach κράζοντες = rufend mit lauter Stimme in Syrsin — nicht nur in Syrsin sondern auch in Lak. Solche Kleinigkeiten zeigen den alten Textzusammenhang und damit die Urstufe.

Vs. 30 haben die Griechen nur καὶ ἠνεώχθησαν αὐτῶν οἱ ὀφθαλμοί. Syrsin drückt ܘܗܘܐ ܒܫܥܬܐ = καὶ εὐθέως ἦν aus, das Pesch nicht gestrichen, also gelesen und in ܘܡܚܕܐ korrigiert hat, während im Hrs ܘܒܪ ܫܥܬܗܘܢ erscheint, und damit stimmt et statim in a. Anderwärts ist keine Spur von diesem εὐθέως notiert. Vgl. zu Mrk 1,21! Die Form: dass ihr (es) nicht etwa einem Menschen sagt in Syrsin (statt μηδεὶς γιγνωσκέτω) kann nicht auf Ausgleichung beruhen, da diese Perikope dem Matth eigentümlich ist. — Ein Gerücht über ihn in diesem Lande. Ich bin nicht sicher, ob in ܐܦܩܘ ܒܗ ܒܐܪܥܐ das ܒܗ zu ܐܦܩܘ gehört und bedeutet famam fecerunt de eo oder de ea re, oder ob es zu ܒܐܪܥܐ zu ziehen ist, was das Gewöhnliche wäre, und in ea terra bedeutet. Jedenfalls fehlt das ὅλῃ der Phrase ἐν ὅλῃ τῇ γῇ ἐκείνῃ, und eben dies ὅλῃ fehlt in א, wo es über der Zeile von zweiter Hand eingesetzt ist. Dagegen hat Vs. 26 Syrsin εἰς ὅλην τὴν γῆν ἐκείνην wie alle Andern. Welches Land ist aber gemeint? Die ἰδία πόλις 9,1 dürfte Kapernaum sein, aber der Syrsin fehlt dort. Nun beobachte man das Verhalten des Syrsin nur in den letzten acht Versen: Er geht mit א gegen BD Vs. 27, er geht mit der Masse der Griechen, Pesch, Arm, Ulf, g¹f gegen אBD Vs. 23, er geht betreffs ὅλῃ Vs. 31 mit א gegen alle Zeugen, er geht mit L ak gegen alle Zeugen Vs. 27, er geht in Einfügung des εὐθέως mit Pesch, Hrs und a gegen alle Zeugen Vs. 30. Dabei hat er an den verschiednen Stellen für sich א erste Hand, dann ak, und ist von B ganz unabhängig, der die griechische Feile in Weglassung des αὐτῷ Vs. 27 deutlich zeigt. Das bedeutet, dass Syrsin ungefeilter, relativ ältester Text ist, der bei seinem unabhängigen Zeugnisse bald hier, bald da, bald von diesem, bald von jenem hochachtbaren Zeugen wie akא bestätigt wird, die sämtlich mehr oder weniger Feile erlitten haben, von der der Syrsin verschont geblieben ist.

Vs. 32. *den ein Dämon ritt* muss ein syrisch idiomatischer Ausdruck für Besessenheit sein, was ich nicht direkt aber indirekt durch die arabische Phrase *rakibahu-ššaitân* = *der Teufel hat ihn geritten*, belegen kann.

Vs. 34 fehlt wie in Syrsin so in D ak Hilarius 651 und Juvencus. Da Ulfilas ihn hat, so ist der Einschub nach Matth 12, 24 vor 350 anzusetzen, und scheint gemacht um Matth 10, 25 vorzubereiten.

Vs. 35. *in den Städten und Flecken*, nicht *in allen* wie die Griechen bieten, die haltlos erweitern. — *Jederart Schmerz und jederart Krankheit*, wofür Pesch zwar den Plural setzt, aber damit nicht etwa *alle Schmerzen* sagen will, denn ܟܠ mit Status absolutus bedeutet *aller Art*.

Wir sahen Syrsin Vs. 23 im Einklange mit der griechischen Masse, welche αὐτοῖς zusetzt. Hier steht er derselben Masse entgegen, und es lohnt der Mühe die Zeugen zu konfrontieren:

Vs. 23 geht Syrsin mit CEFGKLMSUΓΔΠ g^{1}f Arm Ulf Pesch
Vs. 35 geht Syrsin gegen א*C^{3}EFGKLMUXΓΠ g^1 Arm.[1]

Diese setzen in Vs. 35 zu καὶ πᾶσαν μαλακίαν hinzu ἐν τῷ λαῷ, das Syrsin nicht hat. Während er aber in Vs. 23 gegen BD geht, geht er in Vs. 35 mit BD, d. h. er ist beiden Gruppen gegenüber selbständig. Beide Male steht er gegen א; א selbst geht in Vs. 23 mit BD, in Vs. 35 aber gegen BD. Aber א geht noch weiter, wenn er schreibt:

ΚΑΙΠΑϹΑΝΜΑ
ΛΑΚΙΑΝΕΝΤⲰΛΑⲰ
ΚΑΙΗΚΟΛΟΥΘΗϹᾹ
ΑΥΤⲰ

wobei sich neben dem καὶ ἠκολούθησαν αὐτῷ von א in L. 13. 124. 264. al^7 abg^{1}h findet καὶ πολλοὶ ἠκ. αὐτῷ.

Der Zusatz ἐν τῷ λαῷ d. h. in Israel ist keineswegs harmlos und mit Verweis auf 4, 23 erledigt. Es heisst: Heiden heilte er nicht. Das aber ist zu 15, 22 zu erörtern.

---

[1] Es ergiebt sich hieraus, dass Syrsin in Vs. 23 und 35 mit Ulfilas geht, während er umgekehrt in Vs. 35 mit dem Memphiten, in Vs. 23 gegen den Memphiten steht.

Vs. 36. Das ἐσκυλμένοι καὶ ἐῤῥιμμένοι übersetzt Syrsin durch ܕܠܐܝܢ ܗܘܘ ܫܪܝܢ ܐܝܟ ܥܢܐ d. h. dass sie ermüdet waren, (so d fatigati), gelöst wie eine Schafherde. Das „gelöst“ wird durch den Zusatz „wie eine Herde ohne Hirten“ dahin bestimmt, dass es heisst „freigelassen, sich selbst überlassen, führerlos“. Barhebräus deutet es nach ܡܫܪܝܘܬܐ d. i. paralysis, defectus virium, oder wie Bar Bahlul erklärt ܗܘ، ܕܘܠܐ ܘܙܘܥܬܐ ܘܪܓܫ̈ܐ ܐܬܒܛܠܐ d. h. der Zustand, in dem Bewegung und Sinnesthätigkeit aufhört. Hierdurch aber kommen ortsfremde Gedanken in das Wort. Sicherlich bedeutet es nicht „liegend, lagernd“, da selbst die Aktivform ܫܪܝܢ nur „wohnend, verweilend“ bedeutet, wovon das Passiv „plaziert“ wird z. B. ܫܪܐ ܒܝܬ ܟܐܢ̈ܐ plaziert unter den Gerechten d. i. defunctus, selig. Das ܫܪܝܢ kann auf ein Derivat von λύω führen, also vielleicht ἐκλελυμένοι. Pesch behält ܫܪܝܢ bei, Hrs schreibt רמין d. h. er drückt ein Derivat von ῥίπτω aus. Dagegen hat wie der Arm ցրուեալք d. h. zerstreut, so der Memph ⲛⲁⲩⲣⲱϫⲉⲛ disjecti, dissipati, aber der Sahide mit ⲛⲉⲩⲛⲏϫ = jacebant bietet ῥίπτω. Ulf hat gar fravaurpanai = verworfene, dem man hier den Sinn zerstreut giebt. Hieronymus sagt iacentes, k abiecti. Mit alle dem kann man weder die Lesart selbst, noch den Sinn von ἐῤῥιμμένοι feststellen. Die Sache kompliziert sich dadurch noch, dass Syrsin sonst überall ῥίπτειν durch ܫܕܐ wiedergiebt, an dessen Statt hier ܫܪܐ erscheint mit einem allerdings vortrefflichen Sinne. Wie nun, wenn ܫܪ̈ܝܢ innersyrische Änderung für ܫܕ̈ܝܢ wäre? Non liquet. — wie Schafe, genau wie eine Schafherde, ܥܢܐ = צאן, dies Wort setzt Syrsin für πρόβατα, wenn er den Kollektivbegriff hervorhebt; wo die einzelnen Individuen hervorgehoben werden sollen, setzt er ܥܪ̈ܒܐ, ja sogar ܐܡܪ̈ܐ Matth 10, 16; 26, 31, Mrk 14, 27 mit besondrer Nüancierung.

Vs. 37. Vgl. Pirqe Abot 2, 15: R. Tarphon sagte: Der Tag ist kurz, der Arbeit viel, die Arbeiter sind träge, und der Lohn ist gross, und der Herr des Hauses treibt.

X, 1—4. Ich habe im ersten Teile S. 242 bemerkt, dass der Syrsin in Matth 10, 2 nicht schreibt Apostel sondern: Das sind die Namen seiner zwölf Schüler. Syrsin hat also im ganzen Matth nie Apostel, die Einsetzung des Wortes in 10, 2 ist Wirkung des spätern kirchlichen Bewusstseins, das diese zwölf Schüler unter dem Gesichtspunkt der Sendboten betrachtete, womit das Lukasevangelium den Anfang macht. Dann stehen alle Zeugnisse für die Textform, welche das Wort Apostel enthält, unter dem Gewichte dieser Redaktionsverhältnisse, und Syrsin allein hat die Originalform bewahrt. Mit ihm geht Irenäus, vgl. zu 10, 5.

Ist das richtig, so steht zu erwarten, dass durch die Änderung von ursprünglichem καὶ τὰ ὀνόματα τῶν δώδεκα μαθητῶν αὐτοῦ ἐστὶ ταῦτα in die jetzige Textform τῶν δὲ δώδεκα ἀποστόλων τὰ ὀν. ἔστι ταῦτα im Baue des Matthäustextes Inconcinnitäten entstehen, und diese liegen wirklich vor. Die schlimmste ist das Wort Apostel selbst, das Niemand verstehen konnte, wenn er nicht die spätere Entwicklung kannte. — Es bedarf heute für Manchen vielleicht einiger Mühe sich klar zu machen, dass später geläufige Begriffe vor ihrer Entwicklung nicht schriftstellerisch verwertet werden konnten, aber Lukas 6, 13 zeigt auch solchen schwerbeweglichen Geistern, dass es eine Zeit gab, wo es nötig war, Gebrauch und Sinn des Wortes Apostel zu erklären. Ješu' hat dort mehr Jünger als die zwölf, diese waren eine Auslese (ἐκλεξάμενος) und er(?) nannte sie mit einem besondern Titel, der von ihrer Funktion entlehnt ist. Eben diesen Titel findet Lukas nötig zu erklären. Ist nun Matthäus älter als Lukas, so wird unbegreiflich, dass er das Wort Apostel ohne Erklärung einführt, — ist er jünger, so wird unbegreiflich, dass er es nur einmal und zwar an unsrer Stelle verwendet hätte, — die Lösung liegt darin, dass er es eben nicht gebraucht hat, und dass es ein harmonistischer erklärender Redaktoreneinsatz ist, wie Syrsin zeigt. Dies wird um so gewisser geschlossen werden müssen, wenn man — was ja für die Würdigung von Syrsin stets die Hauptsache bleibt — die Frage so stellt: Hatte ein spätrer Redaktor Grund, das ihm vorliegende Apostel in Jünger zu verändern? Oder aber, war es nach Luk 6, 13 wünschenswert, auch in den Matthäus einmal wenigstens den später offiziellen Titel der Zwölf einzusetzen? Die erstere Frage wird man absolut verneinen müssen, dadurch wird die Bejahung der zweiten Frage mehr als probabel.

Matthäus steht ganz in der Anschauung des Lukas von der zu einer bestimmten Zeit vollzognen Auslese von Zwölf aus der grösseren Zahl der Schüler, *obwohl er 4, 18 bis 10, 1 niemals von den Zwölf, oder von den zwölf Jüngern redet und die Auslese selbst nicht erzählt hat* wie Luk 6, 13, Mrk 3, 14. Das ist eine sachliche Lücke in seiner Darstellung,[1] aber sie hindert ihn nicht, den Ausdruck *„die Zwölf“* οἱ δώδεκα *oder seine Zwölf* in Syrsin technisch zu verwenden, was geschieht in 20, 17 Syrsin[2] DℵLZ 1, Syrcrt, Arm, Memph, Origenes, und 26, 14, 47. Ebenso 26, 20, wo grade

[1] Diese Lücke weiss Codex Δ in der einfachsten Weise zu überbrücken, indem er 10, 1 den Artikel τούς weglässt und schreibt καὶ προσκαλεσάμενος δώδεκα μαθητὰς αὐτοῦ ἔδωκεν κτλ. d. h. indem er zwölf von seinen Schülern herbeirief, gab er ihnen Gewalt u. s. w. Hier ruft er nur zwölf von ihnen, wir haben damit die Auslese. Und das soll Abschreiberversehen sein! Nein, höchst reflektierte Harmonistik ist es.

[2] Man beobachte hier wieder B, der τοὺς δώδεκα μαθητάς bietet, wobei er neben dem Sahiden — der gegen den Memphiten geht — auch die Peschita als

B μαθητῶν nicht hat, das Tischendorf aus ℵ einsetzt, und Westcott-Hort als Urlesart, die später getilgt ist, in eckigen Klammern bieten, so dass hier B ins Unrecht gesetzt wird. Nun vergleiche man die Ausdrucksweise in

Syrsin	ℵBD	Peschita
10, 1 und er rief seine Zwölf....	καὶ προςκαλεσάμενος τοὺς ιβ [δώδεκα B] μαθητὰς αὐτοῦ	10, 1 wie ℵBD
10, 2 und dies sind die Namen seiner zwölf Jünger	τῶν δὲ [δε in D über der Zeile ergänzt] ιβ ἀποστόλων τὰ ὀνόματά ἐστιν ταῦτα	10, 2 wie ℵB mit δέ und verschobner Konstruktion ܕܠܗܘܢ ܕܝܢ ܕܬܪܥܣܪ ܫܠܝܚܐ ܫܡܗܐ ܐܝܬܝܗܘܢ ܗܠܝܢ
10, 5 sandte diese seine zwölf Jünger	τούτους τοὺς ιβ [δωδεκα B] ἀπέστειλεν	10, 5 wie ℵBD ܠܗܠܝܢ ܬܪܥܣܪ ܫܕܪ
11, 1 als unser Herr vollendet hatte, seine zwölf Jünger anzuweisen	ὅτε ἐτέλεσεν ὁ Ἰη. διατάσσων τοῖς ιβ [δώδεκα BD] μαθηταῖς αὐτοῦ	11, 1 wie Syrsin ℵBD.

Hier setzt in Syrsin 10, 1 das „seine Zwölf" den Gedanken der vollzogenen Auslese schon voraus, und Vs. 2 bringt die Namen seiner erlesenen zwölf Jünger. Diese seine zwölf Jünger sandte er Vs. 5 aus, und entfernt sich 11, 1, als er seine zwölf Jünger angewiesen hatte, von ihnen, alle ziehen ihre Strasse, die Jünger je zwei und zwei, Ješu' allein.

Diese in sich wohl zusammenhängende Textform ist, wie die Peschita beweist, korrigiert auf Grund der bei ℵBD sichtbar werdenden Redaktion, die statt der unentbehrlichen historischen Erklärung des Lukas 6, 13 οὓς καὶ ἀποστόλους ὠνόμασεν, direkt ἀποστόλους einsetzte, was sie sachlich thun konnte, weil der Name Apostel für die zwölf Jünger längst geläufig und selbstverständlich geworden war, als die Redaktion gemacht wurde. Aber diese Redaktion stört den Gang der Darstellung, dass die zwölf Jünger plötzlich Apostel heissen ist nicht begründet und giebt einen Sprung. Dabei wird dann das alte καὶ τὰ ὀνόματα τῶν ιβ μαθητῶν αὐτοῦ ἐστὶ ταῦτα, wie Syrsin etwa

---

Genossin hat. Also: Syrsin und Syrcrt stehen gegen die Peschita. Das heisst: Der ursyrische Text ist in Peschita mit dem [jüngern] griechischen ausgeglichen. Diesen jüngern, ܬܪܥܣܪ ܬܠܡܝܕܘܗܝ = τοὺς δώδεκα μαθητὰς αὐτοῦ haben Γ al.[10] aceg[1]. Daneben steht τοὺς δώδεκα μαθητάς in BCNXΠ unc[10], wobei das μαθηταί fühlbar überflüssig. Übrigens erlaubt der Peschitatext nicht einfach τοὺς δωδ. μαθητάς allein als Vorlage zu denken. Vgl. P. 143.

gelesen hat, umgebildet in τῶν ιβ̄ ἀποστόλων τὰ ὀνόματα κτλ., wie D bietet, und dies durch τῶν δὲ ιβ̄ ἀποστόλων τὰ ὀν. in ℵB scheinbar geglättet. Der Sprung aber zeigt sich, wenn man nun zusammenhängend liest: 10, 1 er berief seine zwölf Jünger, 10, 2 die Namen aber der zwölf Apostel[1] sind folgende ... 10, 5 diese Zwölf sandte er aus und zog fort, als er die zwölf Jünger angewiesen hatte 11, 1. — Hier passt der Ausdruck Apostel nicht, in 10, 5 ist er darum nicht nur nicht wieder gebraucht, sondern sogar μαθητάς gestrichen, welches den Sprung im Ausdruck gar zu fühlbar gemacht hätte, worauf dann 11, 1 von den Aposteln nicht mehr die Rede ist, und die μαθηταί wieder in ihr Recht eintreten. Wer diesen Sprung im Ausdrucke fühlt, wird nur annehmen können, dass ἀποστόλων 10, 2 ungehörige Redaktion ist, und dass also der Syrsin das alte Original erhalten hat.

Der Katalog der Apostelnamen findet sich bei Syrsin identisch in Lukas und Matthäus, anders in Markus. Zur Kontrolle der Tradition setze ich neben den Syrsin die Peschita, da sie die Ergebnisse griechischer Diaskeue in den Syrsin hineinbringt.

Pesch Matth Luk		Syrsin Matth Luk	Syrsin Mrk
	1. Šim'on Kefa	1. Šim'on Kefa	1. Šim'on Kefa
	2. Andreas	2. Andreas	3. Ja'qob Sohn des Zabdai
	3. Ja'qob der Sohn des Zabdai	3. Ja'qob } die Söhne	4. Joḥannan sein Bruder[3]
	4. Joḥannan sein Bruder	4. Joḥannan } des Zabdai	2. Andreas
	5. Philippos	5. Philippos	5. Philippos
im Luk	6. Bar Tolmai	6. Bar Tolmai	6. Bar Tolmai
8. Mattai	7. Toma	7. Toma	7. Mattai[4]
7. Toma	8. Mattai der Zöllner	8. Mattai[1] (Syrs u. Pesch der Zöllner)	8. Toma
	9. Ja'qob Sohn des Ḥalfai	9. Ja'qob Sohn des Ḥalfai	9. Ja'qob Sohn des Ḥalfai
10. Šim'on der Eiferer	10. Labbai, genannt Taddai	10. Šim'on der Qenanäer[2]	Taddai[5]

[1] Aus dem Texte an sich ersieht man gar nicht, dass die Vs. 1 berufnen zwölf Jünger mit dem Vs. 2 ff. aufgezählten zwölf Aposteln identisch sind.

Pesch Matth Luk		Syrsin Matth Luk	Syrsin Mrk
11. Jhuda Sohn des Ja'qob	11. Šim'on d. Qen. So auch Arm.	11. Jhuda Sohn des Ja'qob	10. Šim'on der Qenanäer
	12. Jhuda der Skariote	12. Jhuda der Skariote	12. Jhuda der Skariote.

1. Lukas ordnet Mattai und Toma. 2. Lukas nennt ihn nicht Qenanäer, ܩܢܢܝܐ, sondern erklärt dies Wort durch ܛܢܢܐ = Zelotes. 3. Markus stellt die Säulenapostel voran, aber nicht in der Ordnung die Paulus Gal 2, 9 innehält: Ja'qob, Kefa und Joḥannan, vielmehr ist Kefa vorgeordnet. 4. Mrk ordnet wie Lukas. Der Arm sagt Mattai der Zöllner. 5. Die Vergleichung führt zur Identifizierung von Jhuda, dem Sohne des Ja'qob, mit Taddai, doch ist damit keineswegs gesagt, dass darum diese beiden Personen wirklich identisch waren. Woher der doppelte Name, da Taddai kein Beiname wie Kefa d. h. Stein, ist? Die Peschita führt die Ordnung nach Markus in den Matth ein und teilt noch mit, dass Taddai, den man nach Mrk mit Jhuda, Sohn des Ja'qob, gleichstellen müsste, noch einen dritten Namen Labbai (Λεββαῖος) gehabt hat.

Es liegt mir fern, auf die Apostolatsfrage hier irgend wie einzugehen, lediglich die textgeschichtlichen Momente liegen in meiner gegenwärtigen Aufgabe. Nach dieser Seite hin habe ich aber Folgendes zu bemerken.

1. Petros. Da Ješu' aramäisch redete, so hat er den Šim'on sicherlich nicht Petros genannt, auch wenn in der Zeit Ješu' ein Petros als Freigelassner der Berenice bei Josephus Arch. 18, 6, 3 nachweisbar ist. Der Name selbst ist von Petronius[1] gebildet wie Lukas von Lukanus, Silas von Silvanus, Alexas von Alexander, Antipas von Antipater, Lysias von Lysanius, תודוס = Theudas von Theodotos und Vitus von Vitalis, Amplias von Ampliatus.[2] Analog dürfte sich Junias, Patrobas, Olympas, Parmenas, Phygelos, Tertyllos verhalten, deren Vollformen ich nicht kenne. Im Hause der Berenice, die mit der Schwägerin des Tiberius, Antonia, der Gattin des älteren Drusus befreundet, als Witwe viele Jahre in Rom lebte, hat das Vorhandensein eines Petronius-Petrus als Sklaven und Freigelassnen nichts Auffallendes. Die Bildung Πέτρος aber bot einen leichten Anschluss an πέτρα, und das verhalf ihr zum Siege. Freilich liegt auch darin ein quid pro quo, denn Ješu' sagte gar nicht πέτρα

---

[1] Der Eigenname Petrinianus, der ein Petrinius voraussetzt, kommt in vorchristlicher Zeit auf zwei Inschriften von Luaa vor Corpus Inscription. lat. I. Nr. 1400, 1401. Petronius ist öfter auf Inschriften vorhanden.

[2] Lightfoot The Apostolic Fathers I P. 28. 39 aus Röm 16, 8.

sondern Kefa, כֵּיפָא, was in den jerusalemischen Targumen für סלע Fels, aber nicht für צור gesetzt wird, dem טינרא entspricht Deut 32, 13. Jahve ist der צור, der Mensch ist ein סלע trotz Psalm 18, 3. Schon Winer (Realwrtbch unter Petrus) hat angemerkt: „Den Namen Simon schlechthin scheint der Apostel in der Begleitung Jesu und bis nach dessen Himmelfahrt regelmässig fortgeführt zu haben; er wird wenigstens immer so von Jesu selbst angeredet (Matth 17, 25, Mrk 14, 37, Luk 22, 31, Joh 21, 15), und scheint auch bei den Jüngern so geheissen zu haben Luk 24, 34 (Apg 15, 14). Nach Erweiterung des Kreises und seiner Berührungen fing man an (vgl. Apg 10, 5, 18), den Apostel zur Unterscheidung von Anderen gleiches Namens durch Hinzufügung des ihm einst erteilten Ehrennamens Petrus[1] . . . zu charakterisieren, und im Laufe der Zeit mag letzterer der herrschende geworden sein. Daher die Evangelisten den Apostel häufiger Petrus schlechthin als Simon Petrus nennen. In den paulinischen Briefen heisst der Apostel 1 Kor konstant Κηφᾶς,[2] dagegen Galat die Codices vielfältig zwischen Κηφᾶς und Πέτρος schwanken.“ So Winer, er legt den Finger auf das Problem. Die Einführung des Namens Πέτρος in die griechischen Texte hat eine Geschichte. Ihre Hauptmomente sind diese:

1. Ješu' nannte den Apostel שמעון, Συμεών, woraus Σίμων, das an σιμός d. h. Plattnase anklingt, hellenisiert ist. Origenes sagt das selbst.

2. Paulus nennt ihn Κηφᾶς 1 Kor 1, 12; 3, 22; 9, 5; 15, 5 ohne jede Variante im Griechischen. Aber im Galaterbriefe dringt Πέτρος ein, was das Werk einer Diaskeue sein muss, die den Text den Griechen bequemer machte. Denn es steht jetzt

Κηφᾶς	1, 18	in ℵ*AB 17. 67**. 71.
	2, 9	in ℵABCKLP
	2, 11	in ℵABCHP
	2, 14	in ℵABC 10. 17. 67**. 137.

Dafür erscheint aber in andern Handschriften

Πέτρος	1, 18	in ℵᶜDEFGKLP
	2, 9	in DEFG
	2, 11	in DEFGKL
	2, 14	in DEFGKLP

Man beobachte die Gruppierung der Handschriften. Bei Κηφᾶς beharren ℵAB, bei Πέτρος beharren DEFG. Dagegen fallen KLP einmal zu Κηφᾶς ab, das sie dreimal verwerfen. K vom Athos, Saec IX,

[1] Das aber ist der Punkt des Anstosses. Denn woher Petros, wenn Ješu' nicht griechisch sprach? Und woher Petros, wenn Ješu' griechisch sprach? Denn Petros ist nicht griechisch, der Text sagt πέτρα!

[2] Winer schreibt Πέτρος, aber das ist ein Versehen oder ein Druckfehler. Der Text hat überall Κηφᾶς.

in Petersburg wird konstantinopeler (also lucianischen) Text bieten, L Saec VIII ist bei Bianchini Evgl. qdrp I, DLXIV gelobt; P Saec IX ist für die Paul. Briefe sehr gut. Tisch.-Gregory III 417. Bewährt sich nun der konstantinopeler d. h. dann weiter der antiochenische, lucianische Charakter von Codex K, so wäre in Antiochien um 312 Πέτρος das Gebräuchliche gewesen, und dieser Gebrauch ist in DEFG festgehalten. Das Textgefüge ist aber dabei nicht gleichmässig geblieben, denn KLP schwenken einerseits in 2, 9 ab und 2, 7, 8 haben andrerseits alle auch ℵBA Πέτρος, was denn doch nicht ursprünglich sein kann. Dies ist die Textform auch des Memphiten. Das Einrücken von Petrus lässt sich nun am Armenier verfolgen, der im Korintherbrief noch regelmässig Kefas (կեփաս) behält, aber auch Galater 1, 18 neben 2, 7, 8 Petrus einsetzt, während er in 2, 9, 11, 14 noch Kefas erhält. Interessant ist, dass 2, 9 in DEFG defg fuld Πέτρος καὶ Ἰάκωβος geordnet wird, also der Primat Petri in die Textformierung einwirkt, was natürlich der Armenier als abgesagter Feind des Primates nicht mitmacht, und so bei dieser Gelegenheit auch den Kefas erhält. Hingegen hat der unter byzantinischer auf Lucian beruhender Einwirkung stehende Ulfilas, in dem Gal 1, 18 fehlt, überall Paitrus eingestellt. Gal 2, 7, 8, 9, 11, 14, und was noch merkwürdiger ist, er drückt 2, 9 aus Πέτρος καὶ Ἰάκωβος καὶ Ἰώαννης = Paitrus jah Iakobus jah Iohannes mit DEFG d e f g fu, während die vermutlich lucianischen Mskpte KLP sich hier von DEFG trennen, mit denen wir sie als Zeugen für Πέτρος sonst hier zusammenfinden.[1]

Welch ein Boden für Kritik des griechischen Textes! Wo gäbe es eine kritische Aufgabe, die so mit Dornen und Disteln gespickt ist als diese, da sich an dem Texte kirchenrechtliche und dogmatische Reflexion bethätigt hat. Auch unser Petrusproblem dürfte damit zusammenhängen. Und da glaubt noch die Mehrzahl der Exegeten, dass sie mit dem Dekret, dies ist nach ℵBD so oder so zu gestalten, durchkommen kann, während jeder Schritt von Fussangeln unsicher gemacht wird. Für die Textkritik ist hier eine ununterbrochne sachliche Gegenreflexion notwendig, die sich bemüht, durch Divination der Gründe, welche die alte Textformierung geleitet haben, diese

[1] Ich glaube Anzeichen zu finden, dass der gotische Text von lateinischen Einwirkungen nicht frei geblieben ist. Ein rein äusserliches Zeichen ist es, wenn man liest Aivaggeljo ... anastodeiþ = Evangelium incipit und Du Galatim ustauh = ad Galatas explicit. Dieser Gebrauch von incipit und explicit ist in griechischen Handschriften unbekannt. Wohl aber kommt analog ἐτελέσθη und ἄρχεται im Cantabrig. D vor, der in das lateinische Sprachgebiet gehört, so dass man diese Formeln als lateinischen Einfluss ansehn muss. In unsrer Stelle ist römischer Einfluss handgreiflich.

künstliche Formierung selbst zu eliminieren, um auf das Älteste zu kommen. Dass dabei die Herstellung von Ausgaben ein noch heikleres Geschäft als auf andern Litteraturgebieten ist, versteht sich von selbst, aber die Editoren müssen nun einmal sich nach der Textgeschichte umsehen und richten, das ist nicht zu ändern und folgt aus der Natur der Sache. Kritik ist Nichts als die praktische Verwendung der Kenntnis der Textgeschichte behufs Feststellung der ältesten erreichbaren Form.

Diese älteste Form war im Galaterbriefe sicher Κηφᾶς, dann aber muss 2, 7, 8 Πέτρος gegen alle Zeugen ausser der Peschita, die zweideutig (Κηφᾶς oder Πέτρος) כֵּיפָא beibehält, gestrichen und letzteres eingesetzt werden.[1]

Wie aber verhielten sich die Evangelisten selbst zu den verschiednen Namen, schrieb einer oder mehrere Kefas oder Petrus in sein Werk? Kurz, ist das herrschende Petrus Wirkung einer Hellenisierung des ursprünglichen Kefa, oder haben die Evangelisten selbst schon Petros durchgehend oder überwiegend angewendet? Aus den griechischen Handschriften lässt sich diese — höchst notwendige — Frage gar nicht beantworten, ja kaum stellen. Vielleicht aber lässt sich eine Aufklärung finden, indem wir die verschiednen Etappen der griechischen Recension, wie sie mit Hülfe der chronologisch einander folgenden syrischen Textformen, die den jeweiligen Status der griechischen Recensionsarbeit in der Zeit, in der sie hergestellt sind, gleichsam als Momentphotographien erhalten haben, an der Hand der Syrer vergleichen.

Auf diesen Gedanken kommt man, wenn man sieht, dass der Hrs überall Petros hat, wo die ältern Syrer diesen Namen noch nicht gebrauchen, und wenn man wahrnimmt, dass in den Überschriften und Schlüssen der petrinischen Briefe in der gedruckten Peschita einfach Petrus steht, während der Sinaiaraber[2] — der im zweiten Petrusbrief die Philoxeniana ausdrückt — رسالة سمعان الصفا = ܐܓܪܬܐ ܕܫܡܥܘܢ ܟܐܦܐ = Epistola Symeonis Kefae setzt. Hält man dagegen die Überschrift des ersten Petrusbriefes (bei Gutbier) ܐܓܪܬܐ ܩܕܡܝܬܐ ܕܦܛܪܘܣ ܫܠܝܚܐ ܫܡܥܘܢ ܟܐܦܐ = Epistola prima Petri apostoli Simeon Kefa, dann ist nicht Simeon

[1] An dieser Stelle ist auf die Philox aufmerksam zu machen, als auf eine treue Zeugin für den ihr vorliegenden Text. Sie hat Κηφᾶς 1 Kor 1, 12; 3, 22; 9, 5; 15, 5, aber im Galaterbriefe stets Petros ausser 2, 9 und dabei verrät die Orthographie ܦܛܪܘܣ und ܦܐܛܪܘܣ, dass wo letzteres steht, ursprünglich nicht Petros, sondern Κηφᾶς stand, abgesehn von den Randlesarten mit Κηφα.

[2] Siehe meine Ausgabe des Textes in Bezold's Zeitschrift für Assyriologie XII 240, 246 und Frau Gibson in Studia sin. VII 58, 62.

Kefa die Intrusion, sondern Petri apostoli, und der Titel war griechisch ἐπιστολὴ Συμεῶνος Κηφᾶ oder Πέτρου, letzteres hat dann die Oberhand gewonnen.

Ich betrachte zuerst die Schriften des Lukas, weil in der Apostelgeschichte klar werden muss, wie man in der Urzeit den Petrus genannt hat.

Da findet sich denn allerdings Act 1, 13 Petrus, aber dann hört das auf, und es zeigt sich in der Peschita Folgendes:

1. Statt des griechischen Petrus steht einfach Sim'on, ܫܡܥܘܢ, überall, ausser in den gleich aufzuführenden Stellen. In den kritischen Apparaten ist von dieser Thatsache gar keine Notiz genommen. Dass aber Šim'on der gewöhnliche Name des Apostels in der Urzeit war, erweist sich klar aus Apg 10, 5, 18, 32; 11, 13, wo um diesen Šim'on von andern zu unterscheiden, besonders hinzugesetzt wird: Šim'on der den Beinamen Kefa hat. In der jüdischen Gesellschaft von Lydda muss er jüdisch, d. h. Kefa, genannt sein, aber auch hier zeigen die griechischen Texte sonder Furcht und Tadel ihr Πέτρος.

2. Statt des griechischen Petros steht Šim'on Kefa ܫܡܥܘܢ ܟܐܦܐ in folgenden Stellen Apg 1, 15; 2, 14; 3, 1; 4, 8, 19; 8, 14, 20; 12, 3, dem in der griechischen Vorlage entweder Συμεών Κηφᾶς oder Πέτρος bei der Zweideutigkeit von כיפא entsprochen hat. Die hellenisierende Plattitüde des Σίμων kann gar nicht dagestanden haben.

In keiner der hier genannten Stellen findet sich bei einem Griechen eine Spur von Συμεών, es steht überall einfach Πέτρος. Codex D macht das mit. Hier muss das Συμεών von den Griechen also gestrichen sein, denn an seinen Einsatz bei dem Syrer ist nicht zu denken; weshalb sollte er Šim'on einschieben, wo ihm Kefa vollkommen geläufig und genügend war?!

Diese Ausmerzung des Šim'on war um 450 in Konstantinopel (d. h. im antiochenisch-lucianischen Texte) eine vollendete Thatsache, denn der Armenier zeigt um diese Zeit überall einfach Petros (Պետրոս), wo aber das uralte Sim'on durch den Zusammenhang geschützt war, also 10, 5, 18, 32; 11, 13, da konnten es die Redaktoren nicht beseitigen, und da hat auch der Armenier Σίμων erhalten.

Hiernach stellt sich die Textgeschichte so: Der Verfasser schrieb überall Συμεών, wieJešu' ebenfalls den Petrus im Evangelium nennt, er kannte den Namen Kefa als Distinktionsnamen 10, 5 u. s. w. Sein alter Text ist dann acht Male glossiert, indem 1, 15 u. s. w. Kefa zugesetzt worden ist, wofür die Griechen früh Πέτρος eingestellt haben, und neben diesem Πέτρος hat man dann das Συμεών als unmodern und überflüssig getilgt, der Parasit hat die Mutterpflanze abgetötet. Als der Peschitaredaktor schrieb, war Petrus längst der geläufige Name, daher giebt er 1, 13 das Signal: der Mann, der Petrus in der

Kirche heisst, ist der Šim'on, verwendet aber nachher den Namen Petrus nie wieder. Wir werden das gleiche in der Markusrecension der Peschita finden.

Sollte nun Lukas im zweiten Teile, d. h. in der Apostelgeschichte anders schreiben, als im Evangelium, seinem ersten Teile? Bei der Untersuchung blicken wir geradezu in die Redaktionsstube, denn wir haben hier den Syrsin und den Syrcrt zur Vergleichung mit der Peschita zur Hand. Die Beobachtung ergiebt: Wo die Griechen (und der Armenier) Πέτρος zeigen, da schreibt

	I. Peschita	Syrsin	Syrcrt
Luk 8, 51	Šim'on	Kefa	Kefa
9, 20	desgl.	Šim'on Kefa	Šim'on Kefa
9, 28	desgl.	Kefa	Kefa
9, 32	desgl.	Kefa	Šim'on Kefa
9, 33	desgl.	Kefa	Kefa
22, 34	desgl.	Kefa	Kefa
22, 54	desgl.	Kefa	Sim'on Kefa
22, 55	desgl.	Kefa	Kefa
22, 61	desgl. (semel)	Kefa (bis)	Kefa (bis)
22, 62	desgl.	Kefa	Kefa
24, 12	desgl.	Šim'on	Šim'on

	II. Peschita	Syrsin	Syrcrt
5, 8	Šim'on Kefa	Šim'on	fehlt
8, 45	desgl.	Kefa	Kefa
12, 41	desgl.	Kefa	Kefa
18, 28	desgl.	Kefa	Kefa

	III. Peschita		Syrsin	Syrcrt
22, 8	Kefa		Kefa	Kefa
22, 58	Kefa	22, 55	Kefa	Kefa
22, 60	Kefa		Kefa	Kefa
22, 61	Kefa (semel)		Kefa (bis)	Kefa (bis)

Dies Register erzählt, wie mich dünkt, ein tüchtiges Stück Redaktionsgeschichte in deutlicher Sprache, Lukas schrieb auch im Evangelium Šim'on, also griechisch Συμεών vgl. 2, 25, 30, 34 Apg 15, 14; 13, 1. An dies heftet sich die Glosse Kefa, vgl. Syrsin Syrcrt 9, 20, Syrcrt 9, 32; 22, 54, die Glosse verdrängt den Stamm in Syrsin und Syrcrt, auch in Pesch im zweiundzwanzigsten Kapitel, aber der Schlussredaktor der Peschita erkannte die Glosse nicht an und erhielt so grösstenteils den Urstand des Textes. Da Codex D hier die Glosse Πέτρος aufzeigt, ist er genügend charakterisiert, der Urlukas ist er nicht. Der Prozess, der bei den Griechen, dem Memphiten, dem Armenier und dem Hrs mit der Einstellung von Petrus endet, welches auch Kefa im Galaterbriefe verdrängt hat, ist im Spiegelbild der syrischen Übersetzungen sichtbar geworden.

Das führt uns zu Johannes, in dessen griechischem Texte der Ausdruck Σίμων Πέτρος von 6, 8 an fast ausschliesslich herrscht. Wir müssen fragen, ob der Verfasser so schrieb, oder ob Petrus Einschub der Redaktion ist. Um die Ehrlichkeit des Syrsin bei seiner Zeugnisabgabe und daher seine Zuverlässigkeit ins richtige Licht zu setzen, weise ich zunächst auf 1, 42, wo in der Peschita nach σὺ κληθήσῃ Κηφᾶς das ὁ ἑρμηνεύεται Πέτρος vernünftiger Weise fehlt, weil man einem Syrer nicht zu sagen braucht, was Kefa heisst, und es obendrein Πέτρα aber nicht Πέτρος wäre. Hier hat Syrsin das ὁ ἑρμηνεύεται Πέτρος ganz ehrlich übersetzt und zur Lesbarmachung von seinem Standpunkt aus vernünftig — aber sachlich falsch — eingeschoben ܝܘܢܐܝܬ = ἑλληνιστί. Er schreibt also σὺ κληθήσῃ Κηφᾶς, ὁ ἑρμηνεύεται ἑλληνιστὶ Πέτρος, und er ist ein ehrlicher Zeuge. Hören wir ihn neben der Peschita und dem Syrcrt an:

I.	Griechisch	Syrsin	Syrcrt	Pesch
Joh 1, 45	Πέτρος	Šim'on	fehlt	Šim'on
6, 8, 68	Σίμων Πέτρος	Šim'on Kefa	Šim'on Kefa	Šim'on Kefa
13, 6, 24, 36	desgl.	Šim'on Kefa	Alles Übrige fehlt	Šim'on Kefa
13, 9	desgl.	Šim'on		Šim'on Kefa
18, 10, 15	desgl.	Šim'on Kefa		Šim'on Kefa
18, 25	desgl.	Šim'on		Šim'on Kefa
20, 2	desgl.	Šim'on Kefa		Šim'on Kefa
21, 2	desgl.	Šim'on Kefa		Šim'on Kefa
21, 3, 11, 15	desgl.	Šim'on		Šim'on Kefa
II.	Griechisch	Syrsin		Pesch
13, 8	Πέτρος	Šim'on		Šim'on
13, 37	desgl.	Šim'on		Šim'on Kefa
21, 20	desgl.	Šim'on		Šim'on Kefa
III.	Griechisch	Syrsin		Pesch
18, 11	Πέτρος	Kefa		Kefa
18, 16	desgl.	Šim'on Kefa!		Šim'on!
21, 7	desgl.	Šim'on		Kefa
21, 15	desgl.	Šim'on		Šim'on Kefa
21, 21	desgl.	Šim'on		Kefa
IV.	Griechisch	Syrsin		Pesch
18, 16	Πέτρος bis	1 Šim'on Kefa 2. Šim'on		Šim'on bis
18, 17	desgl.	Šim'on		Šim'on
18, 18	desgl.	Šim'on		Šim'on
18, 26	desgl. bis	1 Šim'on Kefa 2. Šim'on		1. Šim'on, 2. fehlt.

IV.	Griechisch	Syrsin	Pesch
Joh 18, 27	Πέτρος	Šim'on	Šim'on
20, 3	desgl.	andrer Text	Šim'on
20, 4	desgl.	Šim'on	Šim'on

Diese Übersicht beweist, dass Syrsin in seiner griechischen Vorlage fast überall Šim'on fand, dass aber die Einfügung von Πέτρος schon begonnen hatte. Diese ist in Nr. I in der Peschita dem Griechischen gleich durchgeführt, in Syrsin ist sie im Werden. In Nr. II hat Syrsin für Petrus einfach Šim'on, und Peschita zeigt die werdende Glossierung. In Nr. III hat die Peschita überwiegend Kefa, Syrsin aber noch Šim'on, während in Nr. IV Pesch und Syrsin Šim'on übereinstimmend gegen griechisches Πέτρος stellen. Welche andere Erklärung ist für die vorgelegten Erscheinungen zu finden, als die Annahme der redaktionellen Ausmerzung des alten Šim'on, wie doch Ješu' selbst den Petrus genannt hat?

Auch im Markus lässt sich diese Ausmerzung mit Hülfe der Syrer nachweisen. Die Basis ist 3, 16 er nannte den Šim'on mit dem Namen Kefa, worauf denn 5, 37 und 8, 29 der Doppelname Šim'on Kefa in Pesch steht, während Syrsin schon 8, 29 — es fehlt 5, 37 — bloss Kefa anwendet. Auch in der Pesch hört der Doppelname mit 8, 29 auf. Das Verhältnis stellt sich so:

	Griech.		
	Šim'on =	Petrus =	Kefa
Pesch	8, 33	Pesch	8, 32
	11, 21		9, 2, 5
	14, 54, 66		10, 28
	14, 72		13, 3
			14, 29, (31), 33, 37, 70
			16, 7

Im Syrsin ist Šim'on überall kassiert, er hat überall Kefa, seine Redaktionsstufe ist aber von der Endredaktion in Peschita nicht anerkannt, sondern ein älterer Zustand erhalten, wie wir auch in Lukas gesehen haben. Als Memento gleichsam findet sich zur Erinnerung an die ältere Stufe mit Šim'on noch jetzt in Syrsin 8, 32 Šim'on Kefa, wo Pesch nur Kefa hat, und seltsamer Weise hat 14, 31, wo Πέτρος in Pesch mit ℵBD Vulg Memph al. fehlt, der Syrsin, der Πέτρος hier mit AC al. Arm Sahide (Tuki) aufweist, dies als einziges Mal im ganzen Markus durch Šim'on wiedergegeben, das eben darum hier uralte Stufe darstellt.

Im Matthäus zeigt sich folgendes Verhältnis der syrischen Redaktionen:

I. 4, 18 Σίμωνα τὸν λεγόμενον Πέτρον drückt Pesch und Syrcrt aus, Syrsin hat nur Šim'on. Vgl. umgekehrt Joh 1, 42.

II. In der Pesch steht für Πέτρος Šim'on 8, 14; 17, 26; Syrsin und Syrcrt haben identisch in 8, 14 Šim'on Kefa, aber in 17, 26 steht in Syrcrt und Pesch Šim'on, während Syrsin das Wort übergeht.

III. In der Peschita steht für Πέτρος Šim'on Kefa 15, 15 und damit stimmen Syrsin und Syrcrt überein; aber 26, 58 wo Syrcrt fehlt, begnügt sich Syrsin mit einfachem Šim'on, wo Pesch Šim'on Kefa hat.

IV. In der Peschita steht überwiegend Kefa für Πέτρος, aus dem Verhalten von Syrsin und Syrcrt aber scheint auch hier sich zu ergeben, dass Kefa = Πέτρος als Glosse zu Šim'on gesetzt ist und dann das letztere verdrängt hat. Wer das nicht annimmt, müsste gegen alle Wahrscheinlichkeit das Šim'on als eingesetzte Glosse bezeichnen. Das Verhältnis ist dies:

Peschito		Syrsin	Syrcrt
14, 28, 29	Kefa	Šim'on Kefa	Šim'on Kefa
16, 18, 22	Kefa	fehlt	Šim'on Kefa
16, 23	Kefa	fehlt	Šim'on
17, 1, 4	Kefa	fehlt	Šim'on Kefa
17, 24	Kefa	Šim'on	Šim'on
18, 21	Kefa	Šim'on Kefa	Šim'on Kefa
19, 27	Kefa	Šim'on Kefa	Šim'on Kefa
26, 33, 35	Kefa	Šim'on Kefa	fehlt
26, 37	Kefa	Šim'on	fehlt
26, 40	Kefa	Šim'on	fehlt
26, 69	Kefa	Šim'on	fehlt
26, 73	Kefa	Šim'on	fehlt
26, 75	Kefa	Šim'on	fehlt

In Syrsin und Syrcrt steht niemals hier Kefa allein, was in Syrsin allein steht, ist nur Šim'on. Also ist Kefa die Glosse.

V. Im griechischen Matth steht einmal und zwar 16, 16 Σίμων Πέτρος und dort hat auch der Syrcrt Šim'on Kefa, der Syrsin fehlt.

Das Ergebnis ist, die Urtexte der Evangelisten hatten — vermutlich ausschliesslich — Συμεών, das im Laufe mannigfacher Redaktionen verdrängt und durch Πέτρος ersetzt ist. Wo es erhalten ist in der Form Σίμων, da ist hellenistische Sprachadaptierung eingetreten. Petrus selbst aus Petronius ist dem Πέτρα durch eine Volksetymologie angeähnelt. Das ist vor 150 geschehen, da Justin C. Tryph. 100 die Umänderung des Namens Simon in Petrus kennt.

In diesem Zusammenhange verdient dann noch der Armenier von Matth 16, 16 eine besondre Erwähnung. Diese Übersetzung ist ursprünglich aus dem Syrischen gemacht, dann ca. 450 nach dem Griechischen überarbeitet, aber Matth 16, 18 ist der altsyrische Text nicht beseitigt. Dies ergiebt sich z. B. aus der Form, in welcher neben andern Eigennamen der Name Σίμων Βαριωνᾶ bei dem Armenier erscheint. Dieser Name ist selbst in der Peschita hellenisch geformt als שמעון בר יונא, wenn sie übereinstimmend mit Syrcrt schreibt שמעון ברה דיונא, während doch die syrische Form für Jona (יונה) Jaunan (יונן) ist, der Name also syrisch שמעון בר יונן sein sollte. Im Syrsin steht für Jona stets Jaunan. Matth 12, 39; 16, 4, Luk 11, 29—32, Joh 21, 15—17 — nur Joh 1, 43 ist Jona geschrieben, das sich nach dieser Zusammenstellung von selbst als hellenisierter Text erweist. Nun hat der Arm in allen diesen Stellen nicht Ἰωνᾶ ausgedrückt, sondern יוֽנָן d. h. er ruht auf syrischem Boden,[1] und für Joh 21, 15—17 werden wir sehen, dass er ganz direkt den Text übersetzt, welcher einzig und allein im Syrsin erhalten ist, und der Lämmer, Schafe und Böcke unterscheidet, wo alle Griechen einmal Lämmer und zweimal Schafe haben.[2] Da nun der Arm Matth 16, 17 schreibt սիմովն որդի յովնանու = סימון בר יונן, wobei סימון die griechische,[3] יונן die syrische Namensform ist, so haben wir die Abhängigkeit der armenischen Bibel von den Syrern vor Augen, und können vom Armenier lernen, wie in der syrischen Kirche Matth 16, 18 verstanden ist, da das Wort כיפא zweideutig ist, und sowohl Petrus als auch Fels bedeuten kann. Der Armenier zeigt, dass sie es als Fels verstanden haben, դու ես վէմ, և 'ի վերայ այդր վիմի շինեցից զեկեղեցի իմ, d. h. du bist ein Fels, und auf diesen Felsen werde ich meine Kirche errichten.[4]

Darum haben die Syrer, deren Verständnis der Armenier sicher stellt, schwerlich οὐ εἶ Πέτρος in ihrer griechischen Vorlage gefunden, sondern πέτρα, denn richtig schreitet der Gedanke nur vor, wenn οὐ εἶ πέτρα die Voraussetzung für καὶ ἐπὶ ταύτην τὴν πέτραν bildet. Die jüngeren Syrer haben dann das כיפא als Eigennamen genommen,

---

[1] Aus analogen Gründen habe ich den Ursprung der armenischen Kirchengeschichte des Eusebius aus einem syrischen Originale erkannt. Vgl. die Akten des Florentiner Orientalistenkongresses 1878 I P. 199. Statt Jordan hat der Armenier noch syrische Formen Jordenan u. dgl. mehr.

[2] Siehe Protestantische Monatshefte 1898 S. 354 ff.

[3] Die armenisch-syrische Form շմաւոն ist bei Ephraem die übliche, der nicht Petrus zu sagen pflegt.

[4] Die ersten Worte դու ես վէմ stehen so auch bei Ephraem im Kommentare zum Diatessaron P. 142. Der arabische Tatian hat انت الصفا وعلى هذا الصفا ابنى بيعتى d. h. du bist der Fels und auf diesem Felsen werde ich meine Kirche bauen. Dabei ist الصفا eṣṣafâ technisch für Petrus. Bezold Zeitschrift für Assyriologie XII 358.

und darum steht im Hrs und in der Harklensis an seiner Stelle פטרום Petrus wie bei den Lateinern, Griechen und Memphiten.

Zur Verteidigung des Petrus beruft man sich auf die griechische Form πέτρος, von der aber schon Lightfoot (Apostol. Fathers II 485) bemerkt, sie bezeichne das abgebrochne Stück einer πέτρα, was sogar noch zu allegorischer Deutung, Ješu' sei die πέτρα, Šim'on das abgeschlagene Stück, der πέτρος, hat herhalten müssen. In Wahrheit ist πέτρος der Block. Man sagt Σισύφου πέτρος. Bei Plato (Leg. 843) ist πέτρος μέγας der schwere Block im Gegensatze zum leicht verrückbaren Grenzstein, dem λίθος ὁρίζων φιλίαν καὶ ἔχθραν. Euripides (Herakl. 1004) ist es der Block, der auf die Brust des Herakles geschleudert wird. Denselben Sinn hat es bei Pindar (Nem 4, 46) οὐ τετραορίας γε πρὶν δυώδεκα πέτρῳ ἕλεν d. h. Nicht eher als bis er ihm zwölf Wagen mit dem Felsblock getroffen hatte. Zur Bildsäule verarbeitet, erscheint er als ξεστὸς πέτρος Nem 10, 126, und in der Anthologie VII 549 ist das Niobebild ein πέτρος. Ebenda 479 ist πέτρος γυρὴ ἄτριπτος ἐπιβλής ein aufgewälzter nicht abgeriebner krummer Stein. In Sophocles Oedip. Col. 19 ist es „eine Bank von Stein", was aber 1595 Θορίκιος πέτρος ist, weiss Niemand sicher zu sagen. Im Philoctet 272 übersetzt man εὕδοντ' ἐπ' ἀκτῆς ἐν κατηρεφεῖ πέτρῳ schlafend am Ufer in der bedeckten Felsenhöhle, was recht zweifelhaft ist. Mehr Material ist in Stephanus' Thesaurus zu finden, aber es ändert unsre Feststellung nicht.

In jedem Falle ist in der Vulgärsprache, wenn man nach der Septuaginta urteilen darf, πέτρος ein Schleuderstein 2 Makk 1, 16; 4, 41 und wird von Hesychius einfach durch λίθος erklärt. Auf einem solchen baut man aber nicht. Sollte Kefa gräzisiert werden, so musste man ein Weib Πέτρα nennen, einen Mann konnte man auch nur Πέτρα und nicht Πέτρος nennen, denn ein Schleuderstein oder Felsblock passt nicht wirklich in den Gedankengang der Stelle. Der Ausdruck ist nicht ganz so ungeschickt, aber beinahe so ungeschickt, wie wenn Jemand sagen wollte: Du bist Rosus und mit dieser Rose will ich einen Kranz winden, weil Rosus kein Wort ist, denn πέτρος ist ein Wort, aber ein hier unpassendes. Die Wahl des Namens ist eine halbgelehrte, er schillerte nach πέτρα, aber auch noch nach einer andern Seite, nämlich nach dem lateinischen Petronius, von dem Petrus gekürzt ist. Petronius selbst gehört zu petro, der Hammel, wie aquilonius zu aquilo u. a. m. Dass römisch sprechende Menschen diesen Zusammenhang fühlten, ergiebt sich daraus, dass die legendarische Tochter des Petrus den Namen Petronilla führt, der auf Petronius zurückgeht. Ob das Alles — besonders die Benennung des Šim'on mit Petrus d. i. Petronius — mit der Geschichte des Clemens zusammenhängt, da der Stammvater dieses

Geschlechtes T. Flavius Petro war, dürfte auch einmal in Erwägung gezogen werden. Lightfoot Apostol. Fathers I P. 38. Zur Zeit aber muss festgestellt werden, dass Römer an dem Worte Petra als Beinamen für einen Mann gar keinen Anstoss nehmen, so dass es unbegreiflich wäre, wie sie dazu kommen sollten, den Šim'on Petrus zu nennen statt Šim'on Petra. Denn wir haben vor dem Jahre 19 p. Chr. eine Inschrift (Muratori 736, 7 = Corp. Inscr. lat. XI n. 969), welche lautet: T. Pomponio T. f(ilio) Pol(liâ tribu) Petrae . . . . trib(uno) milit(um) leg. X gemin(ae), praef(ecto) equitum, praef(ecto) Germanici Caesaris etc. Und Tacitus Ann. XI, 4 nennt im Jahre 47 p. Chr. zwei equites romani illustres, quibus Petra cognomentum. — Das Ergebnis ist: Der Name Petrus ist ursprünglich römisch, Πέτρος ist Gräzisierung von Petrus und nicht umgekehrt. Diese Gräzisierung schillert nach Πέτρα, stammt aber nicht von πέτρα her, und eben dieses Schillernde des Namens erleichterte das Eindringen von Petrus an die Stelle von Kefa, dem es in Wahrheit in keiner Weise entspricht. Wäre Šim'on wirklich 42—67 in Rom gewesen, dann hätte er die beiden Petra des Tacitus als Namensvettern gehabt, wenn Kefa richtig durch Petra übersetzt wäre. Petrus und danach das ungriechische Πέτρος war ganz überflüssig für die Wiedergabe von Kefa.

2. Die verschiedenen Jhuda. Wie der Name Petrus eingesetzt, so ist der Name Judas aus begreiflichen Gründen beseitigt. Welcher Christ hätte einen Apostel Judas nennen mögen! So kommt es, dass der Name des eilften Apostels im Matth des Syrsin, nämlich Jhuda, Sohn des Ja'qob, den auch Luk 6, 16 sogar griechisch hat, im griechischen Mark[1] und Matth beseitigt ist. Ich stelle die vier letzten Namen aus Syrsin hier noch einmal zusammen:

Lukas	Matth	Mark
ebenso	9. Ja'qob, Sohn der Ḥalfai	ebenso
Šim'on der Eiferer[3]	10. Šim'on der Qenanäer	Taddai[2] = 11.

[1] Im altlateinischen Texte des Mrk ist er aber im Evgl. Palatinum, e, und in c erhalten. Beide lesen Mrk 3, 18: philippus et bartholomeus, iudas et mattheus, thomas et iacobus alphei et simon cananeus et iudas cariotha. Dagegen fehlt Thaddaeus-Lebbaeus in e, an seiner Stelle ist eben der Judas zu zählen. In c ist dann Taddeus eingesetzt, so dass er dreizehn(!) Namen aufzählt.

[2] Über den Vokalismus merkt Barhebräus an, die Nestorianer lesen Taddai, die Jakobiten Taddi. Ebenso Labbai und Labbi.

[3] Der Eiferer ist eine alte Übersetzung von Qenanäer. Barhebräus schreibt diese Aussprache vor ܒܥܠ ܩܢܐ, dann aber dürfte man nicht der Eiferer übersetzen. Ebenso wenig ist zu deuten „der Mann von Kana in Galiläa“ da dieser Ort syrisch Qaṭna heisst, also ein ṭ in der Namensform sein müsste, die Qaṭnāyā wäre. Da aber, wie man an Taddi und Labbi sieht, die syrische Aussprache keines-

Lukas	Matth	Mark
Jhuda, Sohn d. Ja'qob	11. Jhuda, S. d. Ja'qob	Šim'on d. Qenanäer = 10.
Jhuda der Skariote	12. Jhuda der Skariote	Jhuda der Skariote.

Man sieht, dass hier im Mrk Taddai an Stelle von Jhuda, Sohn des Ja'qob erscheint, während Lukas 6, 16 und Apg 1, 14 den letzteren Namen festhält, den Syrsin auch in Matth hat. An seiner Stelle erscheint im griechischen Matth Θαδδαιος in Bא, wo die Ausgleichung mit Mrk handgreiflich, Λεβεος in D k, und die Kombination beider Namen καὶ Λεββαιος ὁ ἐπικληθεὶς Θαδδαιος als jüngster Text in C²EFGKLMSUVXΓΔΠ. Dieser Textzustand ist abgesehn von der kombinierenden Glosse vor Augustin vorhanden, der Consensus 2, 70 sagt: Lc a Mt non discrepat nisi in nomine Iudae Iacobi, quem Mt Thaddaeum appellat; nonnulli autem codices habent Lebbaeum. Die glossierende Kombination hat Pesch, Hrs, Philox, Äthiop und Arm. Die beiden Kopten gehen mit Bא, sie beharren auf altem Stande d. h. auf Überarbeitung erster Schicht, der dann vor 450 die zweite kombinierte gefolgt ist, bei der Augustin's Schweigen doch nicht beweist, dass sie noch nicht da war. Wo Syrsin in Matth wie in Lukas feststeht und in Mrk mit den Griechen Hand in Hand geht, da haben die Griechen im Matth die handgreiflichsten Spuren der Überarbeitung, die dann in Peschita eingesetzt ist. Darum muss Syrsin Grundform sein, von der man begreift, warum ein Jhuda ausgemerzt ist, während es unbegreiflich würde, wie er eingeschwärzt sein sollte, wo er vorher nicht war.

Denn der ausgemerzte Jhuda hat noch einen Namensvetter, dessen Spuren in unsern Texten der Evangelien vollkommen getilgt worden sind, und doch muss der Name ursprünglich darin gestanden haben, denn einmal wenigstens ist er im Syrcrt gerettet Joh 14, 22, wo er selbst im Syrsin getilgt ist, dessen Verschiedenheit von jenem uns auch die Untersuchung über Petrus gezeigt hat. Dort heisst Thomas, der sonst griechisch ὁ δίδυμος genannt wird, was Syrsin Joh 11, 16; 21, 2 nicht hat, Jhuda Toma, während griechisch Ἰούδας οὐχ ὁ Ἰσκαριώτης (D gelehrt kommentierend οὐχ ὁ ἀπὸ Καρυώτου) gelesen wird, wozu bc sed alius setzen. Nun verfolge man die Gleichung

Syrcrt		Syrsin		Griechen	Pesch Ulf Memph Hrs Phil
Jhuda Toma	=	Toma	=	Ἰούδας οὐχ ὁ Ἰσκαρ.	wie griechisch

wegs unfehlbar ist, so ist der Schluss berechtigt: Wenn Lukas nach dem Verständnis seiner Zeitgenossen der Eiferer übersetzt, so sprach man nach קַנְּאָן eifrig, wie das palästinische Targum Jonathan Exod 20, 5 schreibt, in einer sekundären Form קַנְּאָנָיָא aus. Dann ist aber Qann'anaya zu umschreiben, und dies kann der Eiferer heissen.

und man sieht: Einmal ist Jhuda, das andre Mal ist Toma beseitigt. Der Name Juda Thoma war indessen damit nicht fortgeschafft, er erhielt sich in den griechischen Akten des Thomas als Ἰούδας Θωμᾶς ed. Thilo p. 5, in den syrischen[1] ed. Wright 172, bei Ephraem dem Syrer Assemani Bibl. Orient. I 100, 318 und in der syrischen Lehre der Apostel (Cureton Antient Documents 141, Remains of a very antient version of the four Gospels p. L und Phillips The doctrine of Addai Cambridge 1876). Diese letztern Stellen hängen mit der Abgarlegende zusammen, in der auch Euseb H. E. I, 13, 11 den Ἰούδας ὁ καὶ Θωμᾶς als Auftraggeber des „Apostels Thaddäus, eines der Siebenzig" nennt. Dafür hat denn die syrische und armenische Übersetzung der Kirchengeschichte einfach Jhuda Toma.

Somit haben wir drei Juda unter den Aposteln, den Skarioten, den Juda Thoma, den Juda, Sohn des Jakob, wie wir zwei Symeon haben, den Kefa und den Qenanäer, zwei Ja'qob, den Sohn des Ḥalfai und den Sohn des Zabdai. Wie Symeon durch Petrus, so ist Juda durch Thoma (ὁ δίδυμος) verdrängt, und für Juda den Sohn des Ja'qob ist in Mark Taddai eingestellt.

3. Lebbäus, Thaddäus. Die Schwankung der syrischen Aussprache ist oben S. 171 Note 2 erwähnt, die griechische Umschrift gebietet Labbai, Taddai als das Richtige anzusetzen. Taddai, תַּדָּאי kommt auch im Talmud[2] als Eigenname vor, ein solcher Thaddäus ist sogar aus Tiberias (איש טבריה Aruch s. v.). Die Ableitung beider Namen von תַּדַּיָּא Brüste und לֵב Herz als „Herzenskind" ist ganz verwerflich, לִבִּי würde mutig oder weise bedeuten. Dagegen ist לַבַּי auf לַבָּה Feuer anblasen (Baba qama VI Mischna 4) zurückzuführen, und Labbai bedeutet der Anbläser, ist aber als jüdischer Name nicht bekannt. Wenn man also Lightfoot's Deutung von dem Stadtnamen Lebba ablehnen muss, so ist doch seine andre Bemerkung Taddai sei eine Deflexio des Namens Juda, damit er vom Skarioten geschieden würde, annähernd richtig. Nur ist es nicht die Unterscheidung, sondern die Vermeidung des Schandnamens, die ich für das Motiv halte.

[1] Die Namen der Apostel sind in den syrischen Akten des Jhuda Toma ganz genau so am Anfange gegeben, wie sie Syrsin im Matthäus hat. Jhuda Sohn des Ja'qob ist der letzte, und eilfte. Toma heisst fortan Jhuda Toma, an welcher Form dann bei Wright P. 172 ff. einige Male Korrekturen versucht aber nicht durchgedrungen sind, die Wright nicht alle verzeichnet hat. In den Akten selbst wird dieser Juda Thoma d. h. Juda der Zwilling, als Zwillingsbruder! Ješu' angesehen.

[2] In einer von der Zensur gestrichnen Stelle Sanhedr. 43ᵃ wird תודה als Name des Thaddäus gefasst, der getötet wird. Daneben steht מַתַּי, נַקַּאי, נֵצֶר und בּוּנַי, der letzte בוני soll Nicodemus sein Taanit 20ᵃ, Graetz Geschichte der Juden III 243. Levi Nhbr. Wörterbuch unter den verschiednen Namen.

Aber woher der Thaddäus des Mrk 3, 18 selbst, für den D auch im Mrk λεββαιον und somit dasselbe liest, was er in Matth bietet?

Θαδδαῖος ist im Mrk von Syrsin Ulf ℵBA Memph Arm Pesch anerkannt, er wird verleugnet von Dabiqff², welche Λεββαῖον bieten, so dass für diese Handschriftengruppe Thaddäus überhaupt nicht existiert. Nun haben wir in Clemens Recognitionen (55—61 = syrisch 42—51) eine Religionsdisputation der zwölf Apostel mit dem Hohenpriester Kaiphas, über die Petrus berichtet. Er nennt zuerst Matthäus, dann seinen Bruder Andreas, dann Ja'qob und Johannes die Zebedaiden, Philippus, Bartholomäus, Jakobus Alphäi, Lebbäus, Cannaeus Simon, dann Bar Abba,[1] der für den Judas Ischarioth erwählt ist, endlich den Thomas. Der griechische Text, der den Clementinen zu Grunde liegt, kennt also den Thaddäus ebenfalls nicht, und das muss doch eine Textform des dritten Jahrhunderts etwa sein. Nun lese man in der Abgarlegende Euseb H. E. I, 13, 11, welche Euseb seiner eignen Angabe nach aus syrischer Quelle erhalten hat: ἀπέστειλεν αὐτῷ (dem Abgar) Ἰούδας ὁ καὶ Θωμᾶς Θαδδαῖον ἀπόστολον, ἕνα τῶν ἑβδομήκοντα = syro-armenisch: misit illi Iudas Thomas Thaddaeum apostolum, unum de septuaginta und man lernt, wohin die syrische Tradition den Thaddäus stellte, er war ihr keiner von den Zwölf. Der ältere syrische Codex A vom Jahre 464 p. Chr. schreibt in dem Kapitel immer ܗܕܝ = Haddaeus statt Thaddäus, ich lasse dahingestellt, ob das ein Rettungsversuch ist, um den Thaddäus, den die Peschita Mrk 3, 18 und Matth 10, 3 in der Glosse zu den Zwölfen zählt, für diese zu erhalten. Die syrische Doctrina Addaei, die ihm zugeschrieben wird, hat den Namen ܐܕܝ Addaj Cureton Ant. Docum. 147. Wie dies bei den Armeniern Adē geworden, und die Sage weiter gebildet, ist nicht dieses Ortes zu

[1] Statt der lateinischen Übersetzung des Rufinus Kap. 60 Post quem Barnabas qui et Matthias, qui in locum Iudae subrogatus est, apostolus monere populum coepit, hat die syrische Übersetzung: Post hunc Bar Abba, qui pro Juda traditore apostolus fuit, populum monuit. Man erkennt die Glosse qui et Matthias. Dazu vergleiche man Act 1, 23 Βαρσάββαν ℵB, Βαρνάβαν D, Βαρσάβαν C. Aber der Armenier, der für Βαρσαββα falsch angeführt wird, hat neben Βαρσαβαν die Lesart Bar Abba (բար աբայ in Zohrab's Note) und geht mit dem syrischen Clemens, wie er auch Mattathias ausdrückt und nicht Maththias. Da die Namen auch bei Euseb H. E. III, 39, 10 stehen, so teile ich aus dessen syrisch-armenischem Texte mit, dass von Papias die Namen so gegeben werden: Justus, der Bar Še'elat hiess, und Tolmaj (also an Bartholomäus anklingend), was für Maththias steht. Die Stelle Act 1, 23 lautet im syro-armenischen Zitate Eusebs: Sie stellten zwei auf, den Josef, der Bar Še'elat (Sohn der Tröstung armenisch) gerufen und Justus benannt wurde, und den Tolmaj und beteten. — Eine schöne Aufgabe für die historische Kritik!

verfolgen. Siehe Alishan's Laboubna Venedig 1868. — Andrerseits ist in der äthiopischen Legende „Juda der Bruder des Herrn, Tadewos" — also Juda-Taddaeus — genannt, so dass neben Judas-Thomas nun auch Judas-Taddaeus erscheint. Budge The contendings of the Apostles. London 1899 P. 296 aethiopisch. Der eine echte Juda ist hier ersetzt durch Taddaeus, mit dem dann teils Lebbaeus teils Adaeus kritisch wechseln, der andre echte Juda ist zu Thomas gemacht, nur der Skariote ist geblieben.

In der Abgarlegende ist Thaddäus einer der Siebenzig, die mit ℵBA stimmende Gruppe von Texten macht ihn zu einem der Zwölf; aber die Auktoritäten für die erstere Ansicht konnten ihn dann im Markus nicht dulden oder lesen. Daher ändern D und seine Gruppe. Der Syrsin hat ihn im Markus, im Matth aber nicht. Zur historischen Wahrheit ist in solchem Falle nicht zu gelangen, wir müssen uns mit der Erkenntnis begnügen, dass die Namen mehrerer Apostel verändert sind, und die Tradition geschwankt hat. Mit dem Dekretieren, nach Bℵ sei so oder so zu lesen, ist es nicht gethan.

4. Die Stellung der Namen: „Toma und Mattai der Zöllner" im Gegensatz zu der: „Mattai und Toma" bei Mrk und Lukas ist schon von Euseb Theoph. V 38 bemerkt und als Argument für die Abfassung des Evangeliums durch Matthäus verwendet, der seine Demut durch Nachstellung seines Namens und die Bemerkung, er sei Zöllner gewesen, zum Ausdrucke bringe. In der That dürfte diese Ordnung der Namen nicht ohne Rücksicht auf den Namen, den das Evangelium trägt, zu begreifen sein.

Vs. 5. Irenäus erwähnt die Aussendung der Jünger in dieser Form: Ad quid enim mittebat Dominus duodecim Apostolos ad oves quae perierant domus Israel III, 13, 2; aber er zitiert IV, 37, 3, wörtlich ite, inquit discipulis, ad oves quae perierunt domus Israel IV, 4, 2. Somit drückt er discipuli aus, das Syrsin hat, und ausser ihm kein Zeuge. Vgl. S. 156.

Auf dem Wege der Heiden, wörtlich Völker = גוים schärft die Pesch zu ܚܢ̈ܦܐ, das auch für Ἕλληνες gesetzt wird und den Polytheismus betont, wie հեթանոսաց = ἐθνικῶν. Merkwürdig ist, dass Hrs מִינִין setzt, das in dem Judenaramäisch Häretiker und speziell Judenchristen bedeutet, das dieser Übersetzer aber für ἔθνη verwendet z. B. Luk 21, 10. Die Schafherde verwandelt die Pesch nach πρόβατα in ܥܢ̈ܐ d. h. Schafe, vgl. zu 9, 36, und ändert dann das „die verirrt ist," ܕܛܥܬ, d. h. den Weg verloren hat, in ܕܐܒܕܘ d. h. die verloren, untergegangen sind, nach dem griechischen ἀπολωλότα. Welche Verfärbung der Nuancen!

Vs. 8. Die Toten lasset aufstehen, ist in Pesch gestrichen, ebenso im Hrs und Armenier. Es erscheint in PΔ nach δαιμόνια ἐκβάλλετε an andrer Stelle, ist also Wanderwort, das in ς vor δαιμόνια ἐκβάλλετε erscheint. In Gutbier's Peschita steht es, wohl nach seinen Druckvorlagen. Der von Tischendorf zitierte Kommentar des Hieronymus lässt es fort. Die Stellung im Syrsin hat auch ℵBD, aber in ℵ hat es die zweite Hand cancelliert, also gestrichen. Für die Echtheit spricht Syrsin ℵBD abck und andere Lateiner und der Memph, dessen Mss aber schwanken. Die Ursache der Streichung ist das Bestreben, diesen Satz mit 10, 1 auszugleichen, wo die Macht, Tote zu erwecken, nicht gegeben ist, und das Vorhandensein der Worte trotz dieser Abweichung von 10, 1 ist vollgültiger Beweis für ihre Echtheit. Nach vollzogner Streichung entsteht die Unsicherheit, die sich in der schwankenden Stellung ausspricht.

Vs. 10 Irenäus IV, 17 zitiert dignus est enim operarius esca suà, scheinbar mit discipulis, nicht apostolis, aber der Anschluss ist syntaktisch unklar. Wo er IV, 44, 1 aber auf 10, 15 anspielt, gebraucht er den Ausdruck sermonem discipulorum ejus, und so auch in den übrigen Anführungen von Stellen dieser Aussendungsrede. Vgl. P. 156.

Nicht einen Stock, der hier חוטרא, Mrk 6, 8 aber שבטא übersetzt ist. Absolute Sicherheit dafür, dass Syrsin den Singular ῥάβδον mit ℵBD ausdrückt und nicht ῥάβδους mit vielen Zeugen, unter denen auch k mit virgas[1] erscheint, ist bei der Natur des Palimpsestes nicht vorhanden, aber durch Ephraem's Zeugnis wird der Singular hochwahrscheinlich. Weiter ist für die Stelle die bekannte Differenz gegen Mrk 6, 8 in Betracht zu ziehen, wo Mrk den Gebrauch eines Stockes erlaubt, den Matth und Luk 9, 3 verbietet. Unter diesem Gesichtspunkt ist es nun auffallend, dass Syrsin in Matth und Luk חוטרא gebraucht, im Mrk 6, 8 aber שבטא anwendet, während die Peschita dreimal שבטא und der Syrcrt Luk 9, 3, der einzigen Stelle, wo er erhalten ist, שבטא bietet. Das Verhältnis ist dies

	Matth	Mrk	Luk
Syrsin	חוטרא	שבטא	חוטרא
Pesch	שבטא	שבטא	שבטא
Syrcrt	fehlt	fehlt	שבטא
q	virga	virga	virga
Vulf	fehlt	hrugga	valus
Arm	ցուպ tsoub	գաւազան kavazan	գաւազան kavazan
Memph	ϣⲃⲱⲧ	ϣⲃⲱⲧ	ϣⲃⲱⲧ

[1] Unter den Lateinern haben abcg[1]hq sogar neque virgam in manibus vestris.

Die Peschita ist mechanisch gleichgemacht, diese Ausgleichung ist jünger als Ephraem, der also einen dem Syrsin oder möglicher Weise dem Syrcrt entsprechenden Text kommentierte, denn er bespricht den Unterschied der Ausdrücke tsoub und kavazan, so dass er in dem syrischen Texte, der seinem Kommentare zu Grunde liegt, zwei verschiedene Wörter gelesen haben muss, wie es der Syrsin zeigt, und der auf syrischem Boden ruhende Armenier noch zeigt, bei dem freilich, wenn er dem Syrsin genau entsprechen sollte, im Luk tsoub stehen müsste. Stellen wir zunächst den Sinn von חוטרא fest, so werden die ξύλα, mit denen die Scharen gegen Ješu' (Mtth 26,47 und die Parallelen) ausziehen, in Syrsin und Pesch durch חוטרא ausgedrückt, und in Eusebs H. E. II, 6, 7 werden die ξύλα, die Pilatus seinen Soldaten statt der Schwerter zu gebrauchen befiehlt, syrisch חוטרא genannt, wofür der Armenier բիր = pir setzt. So bezeichnet חוטרא Knüppel. Auch Moses' Stock wird Exod 4, 2, 17 חוטרא in der Peschita genannt, wofür armenisch aber kavazan steht, und wer je Beduinen mit ihren Stöcken gesehn hat, dem vergeht der Gedanke, dass Moses ein Spazierstöckchen getragen hätte. Da die Lateiner, auch Hieronymus, virga sagen, so lernt man auch, dass dies nicht „Gerte", sondern in der Volkssprache einen derben Knüppel bedeutet.[1] Der Sinn von שבטא ist nicht wesentlich anders,[2] da die Worte hier (in Peschita) und anderswo (Ps 2, 9 und Apokal 2, 27; 12, 5 in der Philoxeniana Gwynn's) vertauscht werden, indessen wird שבטא für das königliche Scepter Ps 45, 6 gesetzt, während חוטרא den Bischofsstab bezeichnet, das pedum pastorale. Wo nun Ephraem in seinem Texte bei Matth fand, dass die Apostel kein חוטרא d. h. keinen Knüppel tragen sollen, dass sie aber nach Mrk wohl ein שבטא also etwa einen Stab, ein σκῆπτρον, tragen dürfen, da erinnert er sich an Ps 45, 5 wo die Peschita sagt: ܫܒܛܐ ܦܫܝܛܐ ܫܒܛܐ ܕܡܠܟܘܬܟ d. h. ein grades (oder aufrechtes) Scepter ist das Scepter deines Königreichs, wofür heute beim Arm steht գաւազան ուղղութեան գաւազան արքայութեան քո d. h. ein kavazan der Gradheit ist das kavazan deines Königreiches. Im Gedanken daran kommentiert er dann P. 84 folgender Massen: և զի ասէ գաւազան, 'ի նիշ ուղղութեան և նշան խոնարհութեան. և զի ոչ ցուպ, քանզի ոչ եթէ հօտս կատաղիս եղանէին նոքա արածել, որպէս և Մովսէսն d. h. und wenn er (gemeint ist Ješu' Wort bei Markus) sagt: „ein kavazan" (also שבטא), so ist es

[1] Vorhieronymeischer Text giebt bei Ziegler Bruchstücke einer vorhieron. Übersetzung des Pentateuch Exod 10, 13 unser virga. Die virga panis Ps 104, 16 Hieron. ist auch keine Gerte, sondern eine feste Stütze.

[2] Auch das armenische tsoub und kavazan sind synonymisch nicht recht zu scheiden. Tobias 5, 23 = 5, 18 griech. redet vom tsoub dseroutheau mero' d. h. vom Stabe, der Stütze unseres Alters, wo griech. ῥάβδος τῆς χειρὸς ἡμῶν steht.

zum Zwecke der Gradheit und zum Zeichen der Demut; und wenn (es bei Matth heisst): „Nicht ein tsoub“, (also חוטרא) so ist es, weil sie nicht giengen, um widerspenstige Herden zu weiden, wie auch Moses“.[1] — Hier ist tsoub soviel als חוטרא, der Knüppel zur Züchtigung und kavazan שבטא ein Zeichen etwa der Würde. Diesen Sinn bestätigt die Fortsetzung Ephraems: „Also siehe, dass wo die Herde wider ihren Hirten rasend wurde, das tsoub gelassen und das Schwert genommen wurde, und wo die Herde im Frieden gelagert ist, das tsoub gelassen und das kavazan genommen wurde“.

Ephraem las also, wie der Syrsin heute bietet, hat auch vermutlich den Sinn, den diese Übersetzung von ῥάβδος ausdrücken sollte, richtig gefasst und erklärt. Dass diese künstelnde Erklärung falsch ist, lassen wir auf sich beruhen, wir haben hier nur Sinn und Zweck der verschiednen Übersetzung des Syrsin von ῥάβδος in Matth und Mrk festzustellen, wozu uns Ephraem half. Die richtige Lösung hat Paulus gegeben, der allen Accent auf das Wort: Ihr sollt euch nicht „erwerben“ d. h. euch nicht besonders ausrüsten; aber in der Fortsetzung verdirbt er selbst seine richtige Einsicht. De Wette giebt als Sinn des Matth, sie sollen sich nicht auf die Reise ausrüsten, Mrk aber setzt ängstlich hinzu εἰ μὴ ῥάβδον μόνον. Das ist dann allerdings eine recht „verständige Reflexion“, aber sicher nicht Urevangelium. Holsten, Die synopt. Evv. P. 20.

Zum Verständnis füge ich bei, dass „mit Stock und Ranzen kommen“ in Sabbath 31ᵃ bedeutet, ärmlich, jämmerlich auftreten. Schon ein Unberechtigter (זר) darf bei Todesstrafe nicht herantreten Num 1, 51, so heisst es dort, um wie viel weniger הגר הקל שבא במקלו ובתרמילו d. h. der elende Proselyt, der mit Stock und Ranzen kommt. Das beleuchtet den Sinn der Worte Ješu'.

Vs. 13. Friede, Friedensgruss. Vgl. zum Verständnis, was zu 5, 47 S. 116 mitgeteilt ist.

Vs. 14. Den Staub eurer Füsse, τὸν κονιορτὸν τῶν ποδῶν ὑμῶν, wie BDP Memph. Das ist richtig, Syrsin schreibt so auch Luk 9, 5 mit c d pulverem pedum vestrorum, und so haben die Griechen auch Apg 13, 51. Der Staub ihrer Füsse wird im Gerichte Zeugnis gegen ein solches Haus liefern, wie Luk 9, 5 richtig sagt. Von Zeichen der Verachtung ist gar keine Rede. Ein spanisch-moslimischer Fürst liess den Staub seiner Kleider, der sich bei seinen heiligen Kriegen auf diesen gesammelt hatte, aufheben und in seinen Sarg legen, damit er im Weltgerichte Zeugnis für seine religiösen Verdienste ablege, wie Dozy in der Histoire des Mussulm. en Espagne

---

[1] Moses gieng, um widerspenstige Herden zu führen, und hatte darum ein tsoub = חוטרא, wie Pesch Exod 4, 2 bietet. Der Arm hat kavazan.

erzählt. Diesen Gedanken fassten die Griechen nicht und korrigierten ἐκ τῶν ποδῶν ὑμῶν, schüttelt ihn ab und habt keine Gemeinschaft mit ihm. Dies ἐκ steht in ℵC abc und andre Lateinern, auch k, Pesch Arm. — Die kritische Note bei Meyer-Weiss ist ein lapsus calami. Ephraem, der Semite, hat den symbolischen Sinn des Ausdrucks, dass er eine Verurteilung im künftigen Gerichte bedeutet, vollkommen verstanden. Er sagt S. 86: „Und wenn es heisst: „Schüttelt ab den Staub eurer Füsse", so geschieht dies um klar zu machen, dass er Rache nehmen würde an **ihnen**. Denn (die Apostel) haben den Staub, welcher an ihnen vom Wege haftete, auf **sie** zurückgegeben, damit sie lernen, dass die ihnen zugekommenen Wegwandrer zu ihnen zurückkehren werden,[1] und dass, wenn sie den Staub der Gerechten empfangen haben, — falls diese nicht zurückkehren — sie dennoch die Rache der Gerechten verdienen. Sie sind bestäubt worden mit ihrem Staube, nicht aber mit ihrem Schmutze". — Dazu passt dann auch die Fortsetzung, dass Sodom und Gomorrha im Gerichte besser bestehen als die, welche solche Apostel zurückweisen.

Vs. 16. In Syrsin ist ܚܟܝ̈ܡܝܢ und ܘܬܡܝ̈ܡܝܢ gute alte Syntax, die in Pesch ܚܟܝ̈ܡܐ und ܘܬܡܝ̈ܡܐ verdorben ist.

Vs. 19. was ihr sagen werdet, nicht, wie oder was ihr sagen werdet, wie BDc Hieron bieten. Cyprian hat zwar 333 quomodo aut quid loquamini, aber das quomodo aut fehlt in Codex R(eginensis) Saec IX, über den Hartel III Praef 52 als interpoliert ungünstig urteilt. — Aber hier ist eine Interpolation nicht da, sondern ein Defekt, und 129, 492, 653, 661 fehlt das quomodo aut ebenfalls. Wo es sich noch einmal findet 832, da wird es von R und V(eronensis) Saec VII nicht anerkannt. Demnach wird man es dem Bibeltexte Cyprian's absprechen müssen. Es fehlt daher in k und a b. — Das πῶς ἤ findet sich in ℵBD c Orig. I, 295[c], Arm, Memph, Pesch, Syrhrs. Es sind griechische Rhetoriker, die auf das Wie der Rede hohen Wert legen, welche dies πῶς zugesetzt haben, Ješu' kam es auf das Was an. Syrsin schreibt in Vs. 19 ܬܐܡܪܘܢ zweimal also sagen, und hat erst Vs. 20 ܡܠܠ reden. Da die Griechen überall λαλεῖν haben, so korrigiert die Pesch das ܐܡܪ fort und schreibt ܡܠܠ dafür.

Vs. 20. redet durch — vielleicht in — euch. Mit „in" zitiert Irenäus III, 18, 1 und Cyprian I, 333, 129 non enim vos estis qui loquimini, sed Spiritus Patris vestri, qui loquitur in vobis. Als Zeugen für diese Fassung des Syrischen in alter Zeit kann ich hier

---

[1] Der Text ist hier nicht gut zu konstruieren, ich habe եւ für է übersetzt. Doch wäre auch grössere Verderbnis möglich. Der Sinn wird dadurch nicht wesentlich afficiert, er ist deutlich genug.

auch den Arm mit „in vobis“ anführen, der hier nicht auf griechischem, sondern syrischen Texte beruht, der aus der ursprünglichen Übersetzung erhalten ist. Er überträgt buchstäblich ܠܐ ܗܘܐ ܓܝܪ ܐܢܬܘܢ ܡܡܠܠܝܢ in զի ոչ եթէ դուք իցէք որ խօսիցիք. Das ist seine Wiedergabe des ܠܐ ܗܘܐ, wodurch Syrsin die Accentuierung des ὑμεῖς ausdrückt.[1] Dabei hat er freilich λαλεῖν durchgeführt.

Vs. 22. und die Menschen werden euch hassen führt die dritte Person in der Rede durch, wogegen ἔσεσθε μισούμενοι ὑπό in die zweite Person umsetzt. Wo liegt das Originale?

Vs. 23 hat Syrsin und wenn sie in dem andern euch verfolgen, fliehet nach einem andern. Erst hierdurch wird der Gedanke gerundet, denn um die Verheissung der Wiederkunft Ješu’ in kurzer Zeit klar zu machen, was durch die Worte geschieht: Ihr werdet nicht nötig haben, in alle Burgflecken Israel, in einen nach dem andern zu fliehen, — ihr werdet bis zur Parusie nicht völlig herumkommen — muss vorangehen, dass sie in einem verfolgt in den anderen, und in diesem wieder verfolgt, wieder in einen noch andern fliehen sollen. Diese notwendigen Worte stehen in Syrsin abkg¹qh, dann in DL und Minuskeln, Origen. I 295ᵇ, 380ᵃ, Ephraem 87 oben, Hilar. 656 und im Arm. In D lautet der Vers: ὅταν δὲ διώκουσιν ὑμᾶς ἐν τῇ πόλι ταύτῃ φεύγετε εἰς τὴν ἄλλην· ἐὰν δὲ ἐν τῇ ἄλλῃ διώκουσιν ὑμᾶς · φεύγετε εἰς τὴν ἄλλην ἀμὴν λέγω ὑμεῖν κτλ. Da nun aber ℵB die Worte auslassen — so sind sie bei Tischendorf nicht vorhanden, und in Westcott-Hort in derjenigen Form an den Rand verwiesen, welche besagt, dass sie „keinen genügenden inneren Anspruch“ an die Aufnahme in den Text haben. Nach meiner Exegese sind sie unentbehrlich. Ob das nicht Aberglaube an ℵB ist? Lateiner, Griechen, Arm, Syrsin — die ex post Streichung in Pesch beweist das erst recht — sind einig, der Sinn erfordert ihn, aber der Passus wird den vereinigten ℵB geopfert. Und hier könnte wirklich einmal ein Homoioteleuton im Spiele sein.

Vs. 24. seinen Meister, wörtlich seinen Rab. Griechisch steht τὸν διδάσκαλον ohne αὐτοῦ. Vgl. was zu 9, 19 über Rab und διδάσκαλος gesagt ist. — Nun lässt aber Syrsin die Worte οὐδὲ δοῦλος ὑπὲρ τὸν κύριον fort, die als Einschub aus Rücksicht auf den Schluss des Satzes zugefügt sind, und nach Ausschluss dieses Zusatzes ὑπὲρ τὸν διδάσκαλον [οὐδὲ δοῦλος ὑπὲρ τὸν κύριον] αὐτοῦ haben wir dem Syrsin entsprechend τὸν διδάσκαλον αὐτοῦ, das sogar in ℵ noch steht, — in BD aber nicht mehr. Aber ist denn wirklich das Ausgeschiedne ein erst nachträglich gemachter Zusatz, um

[1] Diese Methode ist vom Armenier auch in Eusebs H. E. durchgeführt.

am Satzende Nichts sagen zu lassen, was am Anfange nicht vorbereitet ist? Dass in dieser Weise ergänzt ist, haben wir zu Matth 3, 8, 9 aus der Zusammenstimmung von Syrsin mit dem in den Drucken korrupten Irenäus gelernt. Hier stimmt Syrsin mit k, denn auch dieser Zeuge übergeht den Zusatz und schreibt: Non est discipulus supra magistrum · sufficiat discipulo ut sit quomodo magister ejus et servo quomodo dominus ejus. — Zweier Zeugen Mund ist vorhanden.

Vs. 25. wie werden sie seine Haussklaven nennen? Das ist logisch richtig, und bedeutet, sie werden ihnen einen noch schlimmern Titel geben. Aber dieser vernünftige Text ist durch πόσῳ μᾶλλον = um wie viel mehr verdorben, da man nicht sagen kann: Wenn sie den Hausherrn Beelzebub nennen, um wie viel mehr werden sie seine Sklaven — nämlich Beelzebub nennen. Denn Beelzebub ist der Oberste der Dämonen, und es ist Eigenname, den eben darum seine Sklaven naturgemäss nicht haben oder erhalten können. Die griechische Textform ist also sachlich unmöglich, findet sich aber schon bei Cyprian 172 und in k und ist in Pesch hineinkorrigiert ܟܡܐ ܚܕ ܠܒܢ̈ܝ ܒܝܬܗ.

Vs. 28. den Leib und die Seele in die Hölle zu werfen, statt verderben, ἀπολέσαι. So Irenäus III, 19, 4 und Hilarius 229 corpus et animam mittere in gehennam. — Dafür schon Cypr. 130, 326, 482, 663 und k animam et corpus occidere (= ἀπόλεσαι) in geennam, wofür aber vielfach geenna in den Handschriften, (auch in k) erscheint. Hier ist die Seele als das Vornehmere in theologischer Reflexion voran gestellt, was sich unter Erhaltung der ältern Textorm in Pseudo-Cyprian Ad Novatianum III Appendix P. 67 so findet: qui habet potestatem animam et corpus mittendi in gehennam ignis. So auch Clemens ad Corinth II, 5. Dies in die Gehenna werfen, was Gott zu thun vermag, bezeugt auch Ephraem arm. 88 Z. 11 v. unten, wo արկանել ՚ի գեհեն steht = werfen in die Gehenna. Mit Syrsin und Irenäus geht fast buchstäblich Clemens Homil. (160 De Lagarde) φοβήθητε δὲ τὸν δυνάμενον καὶ σῶμα καὶ ψυχὴν εἰς τὴν γεένναν τοῦ πυρὸς βαλεῖν, wo sich denn auch gehenna ignis findet. Die Peschita hat die Umstellung ψυχὴν καὶ σῶμα eingestellt und ἀπολέσαι ausgedrückt, und diesen Text drückt auch Euseb. Theoph. 4, 7 aus, er war also um 300 vorhanden. Dem entsprechen BD τὸν δυνάμενον καὶ ψυχὴν καὶ σῶμα ἀπολέσαι ἐν γεένῃ (D εἰς γεέναν) und ℵ τὸν δυνάμενον καὶ (τὴν über der Zeile nachgetragen) ψυχὴν καὶ τὸ σῶμα ἀπολέσαι ἐν γεένῃ. In dem ἐν und εἰς, lat. in geennam, in gehenna (k) liegt Reflexion, ἐν ist die jüngste Stufe, εἰς ist Rest der älteren, die „werfen“ sagte und syntaktisch neben ἀπολέσαι ungefügig. Durch ἀπολέσαι wird der Gedanke allgemeiner formuliert. Der geglättete Text ist in אB zu finden und prangt nun in den „kritischen" Ausgaben. Vom bloss griechischen Standpunkt aus kann man zu keinem andern Ergebnis kommen, aber eben der Standpunkt selbst ist unzulässig. Die Herausgeber haben sich von Lagarde gesammelte Abhandlungen S. 94 nicht belehren lassen.

Vs. 29. ohne euren Vater. Irenäus bietet II 39, 2 sine patris vestri voluntate wie abc, wozu Grabe bemerkt, diese Textform werde auch durch nolente patre nostro V, 22, 2 als irenäisch bezeugt und finde sich bei Tertullian öfter, bei Novatian de Trinitate Kap. 8 und in Cyprian 672, wo sine patris (A patris vestri) voluntate steht. Doch vgl. 727. Er nennt dazu noch den (welchen?) Araber und Perser — und in der That hat der 1895 von der britischen Bibelgesellschaft herausgegebne persische Text جز بحکم پدر شما = nisi per decretum patris vestri. Auch der Memph hat ⲁⲧϭⲛⲉ ⲡⲉⲧⲉϩⲛⲉ ⲙⲡⲉⲧⲉⲛⲓⲱⲧ ⲉⲧϧⲉⲛ ⲛⲓⲫⲏⲟⲩⲓ = sine voluntate patris vestri qui in coelis in dem Drucke der Bibelgesellschaft 1829, Schwartze streicht es aber nach dem Diezischen Manuskripte. Der Araber in der Ausgabe von 1829 hat nur دون ارادة ابيكم = sine voluntate patris, ohne das qui in coelis. Der Zusatz τοῦ ἐν τοῖς οὐρανοῖς ist in b Orig. vorhanden. Das Ganze sieht aus wie uraltes Interpretationsglossem, von dem Syrsin frei geblieben ist, das sich aber auch auf syrischem Boden findet. Denn Bar Ali und Karmschedinojo zitieren den Vers, ܠܐ ܡܙܕܒܢܐ ܨܦܪܐ ܒܐܣܪ ܠܒܪ ܡܢ ܦܘܩܕܢܐ ܕܐܒܘܗܝ، ܕܒܫܡܝܐ d. h. kein Sperling wird um ein Assarion verkauft ohne auf den Befehl seines Vaters (Karmsched. ܕܐܒܘܟܘܢ = eures Vaters) der im Himmel. Payne-Smith 324. — Ἀσσάριον ist im Talmud אִיסָר und wird meist gleich 1/24 Denar gesetzt; man kaufte für einen Issar einen Apfel, einen Lampendocht, also geringwertige Dinge, Levy Neuhebr. Wrtb. s. v.

Vs. 30 die Einzelnhaare eures Haarwuchses = ܡܢܬܐ ܕܣܥܪܟܘܢ. Der Ausdruck hier in Pesch nach dem Griechischen korrigiert, ist in ihr Luk 12, 7 erhalten, und dies bezeugt die Originalübersetzung. Man sieht ܣܥܪܐ ist wie שֵׂעָר kollektiv, das einzelne Haar ist hebr. שַׂעֲרָה, und so ist ܡܢܘܬܐ pl. ܡܢܬܡ (= מִנִּים Ps 45, 9) Ausdruck für das einzelne Haar. Wie lautete aber das griechische Original statt τῆς κεφαλῆς? Etwa τῆς κόμης?

Vs. 32, 33. Syrsin hat nur: Jeder Mensch, der mich bekennen wird — ohne die Worte: vor den Menschen. Es fehlt ihm daher οὖν und ἔμπροσθεν τῶν ἀνθρώπων. Das οὖν, über das Origenes und Hilarius bei Lachmann schwanken, und das k durch igitur ausdrückt, fehlt auch bei Cyprian 503, 518: qui in me confessus fuerit coram hominibus, welche alte Form 130, 326 durch Wandlung des qui in me in quicunque me verfeinert ist. Syrcrt und Pesch haben das „vor den Menschen“ eingesetzt, aber es fehlt noch in dem syrischen Texte des zweiten Clemensbriefes 3, (ed. Bensly, Cambridge 1899) wo es in dem griechischen Texte erscheint. Ich erachte es als Rückkompletierung aus Vs. 33 wie Matth 3, 8. — Syrcrt schreibt Vs. 32 gegen Syrsin und Pesch vor dem Vater der in den Himmeln (ܩܕܡ ܐܒܐ ܕܒܫܡܝܐ), hat aber Vs. 33 mit ihnen „vor meinem Vater“ (ܩܕܡ ܐܒܝ). Da in der angeführten Clemensstelle syrisch nur „vor dem Vater“ steht, während der griechische Text τοῦ πατρός μου hat, so dürfte „der in den Himmeln“ erster Zusatz sein, worauf dann noch aus einfachem τοῦ πατρός das schliessliche τοῦ πατρός μου gemacht ist. Syrsin ist also hier auf junger Textstufe. Alsdann setzt Syrcrt wieder gegen beide Vs. 33 nach „vor meinem Vater der in den Himmeln“ noch hinzu „und vor seinen Engeln“ was Pseudoergänzung aus Luk 12, 8 ist. Die Vergleichung dieser Stelle führt zu der Einsicht, dass, wie Syrcrt von dort seinen Zusatz „vor seinen Engeln“ entlehnt hat, so die übrigen Zeugen ihre Rückkompletierung ἔμπροσθεν τῶν ἀνθρώπων auf Grund des Lukastextes gemacht haben. Luk 12, 8 ist logisch richtiger Gegensatz, in Matth ist der Gegensatz „bekennen vor Menschen“ und „bekennen vor Gott“ nicht scharf. Die kritische Arbeit an der Stelle ist handgreiflich, sie entstammt der werdenden Christologie.

Vs. 34 hat der Syrcrt nur: Ich bin nicht gekommen, damit ich Frieden auf die Erde bringe (wörtl. werfe), sondern den Zwiespalt der Meinungen und das Schwert. Das μὴ νομίσητε ὅτι fehlt.

Vs. 35 den Sohn wider seinen Vater, so Dbcg^{1}q Hil 659 (— doch hat Hil nur κατὰ τοῦ πατρός ohne αὐτοῦ —) und Syrcrt. Dagegen bietet mit k Irenäus V, 27, 1 hominem = ἄνθρωπον adversus patrem suum, wie Arm զայր 'ի հօրէ իւրմէ, Memph ⲟⲩⲣⲱⲙⲓ und Ulf mannan. Damit geht dann auch Pesch ܓܒܪܐ statt ܒܪܐ.

Vs. 37 seinen Vater und seine Mutter mehr liebt als mich, d. h. die Eltern, denn Vater und Mutter ist semitischer Ausdruck für Eltern. Dies πατέρα καὶ μητέρα ist individualisiert in der Lesart Vater oder Mutter durch πατέρα ἢ μητέρα, wodurch dann der Begriff der Elternliebe schwindet, und dafür Liebe zum Vater oder aber der Mutter eintritt. Schon Cyprian hat patrem aut matrem 133, 327, 385, 559. Unter den griechischen Mspten hat keines eine Variante mit καί, und Syrcrt Pesch haben ܐܘ = ἤ hergestellt.

Wenn Syrsin und Syrcrt dagegen seinen Sohn oder seine Tochter mit den Griechen gemeinsam hat,[1] so handelt sich's hier wirklich um

[1] Pesch, um völlige Gleichheit mit dem Griechischen herzustellen, streicht

Liebe zum Einzelindividuum, nicht um Kindesliebe. Dies ganze Glied ὁ φιλῶν υἱόν — ἄξιος, das in Syrsin durch καί angeschlossen ist, fehlt in D. Es steht in B ohne καὶ am Rande scheinbar von derselben Hand wie der Text. Das würde eine uralte Variante bedeuten, wie ܐܟܚܕܐ im Syrsin 5, 48. Cyprian 133 hat das Glied, aber statt et qui amat filium etc. hat B aut qui, 327 lässt v das Glied, aber auch das et qui non accipit crucem etc. fort, ist also nicht beweiskräftig. Dagegen ist 385 genau unser Glied in G ausgelassen.[1] — Die Sache hat jedenfalls irgend einen Haken. Syrsin geht abgesehen von πατέρα ἤ μητέρα mit א.

Vs. 38 Kreuz trägt. Die Griechen und Lateiner schwanken zwischen λαμβάνει und αἴρει, accipit und tollit. Syrsin drückt αἴρει aus und so auch Syrcrt und Pesch ܫܩܘܠ, wogegen Hrs λαμβάνει, נסב zur Geltung bringt.

Vs. 39 zitiert Pseudocyprian de laude martyrii (Appendix 49) so: qui in hoc saeculo amaverit animam suam in futuro perdet illam; qui autem in saeculo oderit illam, in futuro inveniet eam. — Die Exegese des εὑρών machte den Syrern Schwierigkeit. Syrsin schreibt Futur ܕܢܫܟܚܝܗ̇, Syrcrt präsentisch ܕܡܫܟܚ ܠܗ̇, Pesch Perfekt ܕܐܫܟܚܝܗ̇. Das denn jeder, welcher seine Seele finden wird (ܟܠ ܕܢܫܟܚܝܗ̇) ist dabei durch ܡܢ in Syrcrt und Pesch ersetzt d. h. mit dem Griechischen ὁ εὑρὼν = quicunque invenit ausgeglichen.

Vs. 41. Durch den Namen eines Gerechten ist oben S. 39 erklärt.

XI, 2. Die Werke unseres Herrn. Hier ist „unseres Herrn" die Ausdrucksweise der Mâranstücke (vgl. oben S. 130) für Ješu'. Dies Ješu' ist denn auch im Syrcrt vorhanden, aber Pesch nebst Hrs schreibt „der Messias", drückt also τοῦ χριστοῦ aus. Es sind also zwei Stufen des Textes: Die alte τοῦ 'Ιησοῦ = ܕܝܫܘܥ und ܕܡܪܢ; sie ist ausgedrückt in D, al.[20] fere, Origen. III 469. Die jüngere τοῦ χριστοῦ = ܕܡܫܝܚܐ dagegen ist die verbreitete, denn sie steht in אB und der Mehrzahl, so wie in Memph, Arm, Gote, Hrs dergestalt, dass alle diese Zeugen überarbeitet sind. Und die Überarbeitung, welche „Werke des Messias" eingeschwärzt hat, ist schlecht; — logisch schreitet der Bericht fort, wenn er lautet: Als Johannes von den Werken Ješu' hörte, liess er ihn fragen: Bist du, der da kommen soll, d. h. der Messias, oder nicht, — aber schlecht

---

dann seinen und seine, indem sie ܒܪܐ ܐܘ ܒܪܬܐ für ܒܪܗ ܐܘ ܒܪܬܗ einsetzt. Dann ist υἱὸν ἤ θυγατέρα reinlich da.

[1] Cyprian 559 zitiert gar: qui plus diligit patrem aut matrem quam me non est me dignus, et qui plus diligit animam suam quam me non est me dignus, et qui non tollit crucem suam et sequitur me non est me dignus.

formuliert wäre er, wenn er von Haus aus gelautet hätte: Als er die Werke des Messias (τοῦ χριστοῦ) hörte, liess er ihn fragen — wen? den Messias oder Ješu'? — bist du der Messias. Dieșe Überarbeitung muss einer Zeit angehören in der man nicht mehr fühlte, dass ὁ χριστός, der Messias, Amtsname war, einer Zeit, in der Christus schon zu einem Eigennamen verblasst war. Tischendorf wie Westcott-Hort müssen nach ihren Prinzipien τοῦ χριστοῦ für echt ansehn, — aber sind diese Prinzipien nicht durch Fälle wie dieser als unzulässig erwiesen?

sandte seine Jünger und entbot ihm ist sachlich richtige, aber unwörtliche, auch in abcfhk beliebte Wiedergabe von πέμψας διὰ τῶν μαθητῶν αὐτοῦ εἶπεν αὐτῷ BCDPZ, da längst erkannt ist, dass πέμπειν διὰ = שלח ביד ist d. h. durch einen Boten etwas an einen andern bestellen. Vgl. zu Vs. 16. In Pesch ist diese unwörtliche Wiedergabe durch eine photographisch getreue ersetzt ܫܕܪ ܒܝܕ ܬܠܡܝܕܘܗܝ, ܘܐܡܪ grade ܫܕܪ (statt ܫܠܚ) aber beibehalten. Syrcrt schreibt: ܫܕܪ ܬܠܡܝ̈ܕܝ ܘܫܐܠ ܠܗ. Von der Lesart δύο τῶν μαθητῶν hat Syrsin Pesch Syrcrt Nichts, wohl aber der Hrs, der Memphite, die Vulgața, sowie EFGKLMSUVXΓΠ und viele Andere. Unter den Lateinern auch ff[1]g[1]. Lukas 7, 19 ist also in diese ganze Zeugenreihe hineingearbeitet, frei geblieben sind D Syrsin Syrcrt Pesch Arm Ulf ℵBC*PZΔ. Man sieht die Schichten.

oder erwarten wir einen Andern. Hier ist προσδοκῶμεν als Indikativ richtig gefasst, wie auch Vulg an alium exspectamus schreibt, und Arm futurisch այլ կալցուք = exspectabimus. Nur der Memphite mit ϣⲁⲛ ⲛⲧⲉⲛϫⲟⲩϣⲧ ⲉⲃⲟⲗ hat Konjunktiv = sollten wir erwarten, Stern Kopt. Gr. § 446, was sachlich mit der Fassung des Armeniers zusammenfällt. Einen Conjunctivus deliberativus kann ich weder hier noch Matth 7, 4 finden, noch ist ein solcher in Mathiä's griechischer Grammatik § 516 ff. überhaupt vorhanden. Der Konjunktiv steht als Aufforderung μαχώμεθα lasst uns kämpfen, — sodann in Fragen der Unentschlossenheit oder des Zweifels τί φῶ, τί δρῶ, was soll ich sagen, was thun, und in Fragen des Unwillens ἐγὼ σιωπῶ τῷδε, soll ich vor diesem schweigen? — Alles dies, auch der mittlere Fall, passt an unsrer Stelle nicht, über das Erwarten selbst ist kein Zweifel vorhanden, zweifelhaft ist nur die Identität des Erwarteten. Daher haben Syrer und Lateiner mit ihrem Indikativ Recht, und nachdem nun auch erkannt ist, dass es Vs. 2 richtig heisst: die Werke Ješu' (oder unseres Herren in einem Mâranstücke), ergiebt sich klar folgender Bau: Johannes hört Ješu' Werke, er schliesst, das könne der Erwartete (der Messias) sein, er fragt: Bist du der Kommende, oder erwarten wir — dass sie erwarten steht fest — einen andern, d. h. wirst du oder ein andrer unsrer

Erwartung entsprechen, kurz bist du der Messias, und zwar der Messias, den die Juden hofften, oder ist es ein andrer.[1] Johannes glaubt an den König-Messias.

Ješu' aber sagt nicht ja, nicht nein, für den erwarteten Judenmessias, der ihnen die Weltherrschaft verschaffen wird, erklärt er sich nie und nirgend, auch hier nicht.[2] Der Text zeigt Vs. 14 eine Vergeistigung: Wenn ihr es annehmen, als zulässig betrachten wollt, dass Johannes der wiederkehrende Elias sei,[3] — was er doch reell nicht ist —, alsdann mögt ihr auch mich als den geweissagten Retter ansehen, aber man muss das Symbolische verstehn — wer Ohren hat, der möge hören. Das specifisch Jüdische ist in dieser Stelle völlig geschwunden, Matth 17, 12 und Mrk 9, 13 zeigen, dass die Wiederkunft des Elias symbolisch genommen ist. Wenn sich Ješu' für den jüdischen Messias erklärt hätte, aus welchem Grunde hätte er es Matth 16, 20, Mrk 8, 30 den Jüngern verboten,[4] das zu sagen? Irgend wann hätte es doch öffentlich ausgesprochen werden müssen.

Hiermit hat sich auseinanderzusetzen, wer die Ansicht hegt, dass sich Ješu' für den Judenmessias, den Herbeiführer des jüdischen Weltreiches erklärt habe, oder z. B. von Šim'on, — der darauf hin Felsen und Apostelfürst geworden sei — für den Messias habe erklären lassen. Die gegenwärtige Exegese steht dem Problem mehr als schwachmütig gegenüber, sie lautet: „Der Grund dieses Verbotes (Niemand zu sagen, dass er der Messias sei) ist nach Meyer nicht die Abwendung späterer Ärgernisnahme durch seine Leiden (Chrysost. Euth. Zigab.) *sondern der fortwährende Wunsch, sanguinische Messiashoffnungen im Volke nicht zu entzünden oder zu nähren*". Meyer-Weiss zu Matth 16, 20. — Hier

[1] Die sachliche Schwierigkeit, dass Johannes nach Matth 3, 14 und gar nach Joh 1, 30 über die Messiaseigenschaft Ješu' zweifelhaft wird, oder mindestens nicht sicher ist, bleibt hier in jedem Falle bestehen. Aber grade die Unvereinbarkeit mit der legendarischen Form der Taufgeschichte spricht für die unbedingte historische Richtigkeit des Berichtes an dieser Stelle.

[2] Was σὺ εἶπας Matth 26, 64, und danach Mrk 14, 62 bedeutet, bedarf einer gründlichen Untersuchung und Feststellung. Vgl. Luk 22, 67 Joh 18, 19, 36, 37.

[3] Schwarzkopf, Die Gottesoffenbarung in Jesu Christo, Giessen 1896 S. 90: „Elia bedeutete ihm vielmehr in übertragnem Sinn eine Eliapersönlichkeit, wie wohl dem Maleachi selbst". — Aber das εἰ θέλετε?!

[4] Diese hochwichtige Stelle hat Varianten, die sicher nicht Schreibernachlässigkeiten, sondern historisch-dogmatische Auffassungen ausdrücken. Es ist ἐπετίμησεν und διεστείλατο, um die sich's dreht, jenes: er bedrohte sie, dieses: er befahl ihnen, das nicht zu sagen. Letzeres kann direkt als Ablehnung des Messiastitels von Seiten Ješu' verstanden werden. Ersteres lässt zu, dass er es vorläufig geheim gehalten wissen wollte, und das ist geradezu unwürdig. In Luk 9, 21 wird dann kombiniert ἐπιτιμήσας αὐτοῖς παρήγγειλεν μηδενὶ λέγειν τοῦτο d. h. unter Bedrohung verbieten es zu sagen.

soll der gute Leser für die Ansicht gewonnen werden, dass der überzeugte Messias „sanguinische“ Messiashoffnungen im Volke nicht habe entzünden oder nähren wollen! Sapienti sat. Hat Ješu' sich für den Messias[1] der Juden erklärt? Nein! Er hat es abgelehnt und ein ganz andres Idealreich stiften wollen und gestiftet als das war, das der Judenmessias nach jüdischer Hoffnung bringen sollte. Die Einfügung des Werkes und der Person Ješu' in das Schema der jüdischen Messiasideen gehört erst den Zeiten nach seinem Tode an, aber auch hier ist die jüdische Messiasidee metamorphosiert, (Holsten, das Evangelium des Paulus P. 98), die man aus Weber, Jüdische Theologie § 81 ff., kennen lernen kann.

Ješu' sagt also den Johannesboten nicht, dass er der Messias ist, sondern fordert sie auf, dem Johannes zu berichten, was sie bei Ješu' gesehen und gehört haben. Das ist die natürliche Folge der Verba βλέπετε καὶ ἀκούετε, die von Origenes 4, 110[d], 3, 514[c] und von den griechischen Handschriften L 435 überliefert wird. Ihnen stimmen zu Syrsin, Syrcrt, Memph, Hrs.

Dagegen zeigt schon Ulfilas die umgekehrte Ordnung gahauseiþ jah gasaihviþ = ἀκούετε καὶ βλέπετε, die also vor 350 vorhanden war und heute im Arm gelesen wird, sowie in der Masse der Griechen, ℵBD eingeschlossen. Die erstere Ordnung soll aus Luk 7, 22 sein, — ich frage warum? Sachlich ruht die Darstellung im Lukas ganz auf Matthäus, den er 7, 20—21 erweitert und durch wörtliches Verständnis verflacht. Denn die Zitate aus Jes 35, 5; 61, 1; 29, 18, die Ješu' Vs. 5 symbolisch verwendet, um daran zu schliessen: Wohl dem, der an meinem Thun keinen Anstoss nimmt, — wie Johannes eben gethan hatte, sind bei Lukas in eine Aufzählung von Ješu' faktischen Heilungen umgebildet.[2] Denn es genügt ihm nicht die Erweckung von Jairus Tochter im Sterbezimmer, die Matth 9, 25 = Luk 8, 54 lange vor der Botschaft des Johannes hat, er stellt 7, 11—17

[1] Man darf mit dem Messiasbegriffe kein Doppelspiel treiben, er schliesst für die Zeitgenossen Ješu' ohne Zweifel die Idee einer irdischen Weltherrschaft der Juden ein. Eine solche lehnen auch die ab, welche Ješu' die Überzeugung zuschreiben, dass er der Messias sei, und damit wird deutlich, dass auch sie nicht annehmen, Ješu' habe sich in unzweideutiger Weise für den Judenmessias erklärt, da zu dessen Funktionen nun einmal unabweislich die Gründung eines irdischen Judenreiches gehörte. — Wie in der Elias-Johannes Gleichung eine Symbolik vorliegt so kann auch nur symbolisch gesagt werden Ješu' sei der Messias, da er den Juden das Weltreich direkt abspricht Matth 21, 41, 43.

[2] Luk 7, 21 ἐν ἐκείνῃ δὲ τῇ ὥρᾳ ἐθεράπευσε πολλοὺς ἀπὸ νόσων καὶ μαστίγων καὶ πνευμάτων πονηρῶν καὶ τυφλοῖς πολλοῖς ἔδωκε τὸ βλέπειν. Also sogar zur selbigen Stunde heilte er, so dass sie berichten konnten, was sie sahen. Die Totenerweckung geht unmittelbar vorher. — Alles dies zeigt wie wörtlich Lukas die Erzählung genommen hat.

unmittelbar vor sie die Erweckung des Jünglings von Nain im Sarge, in dem er hinaus getragen wird — eine Erzählung, die Lukas allein hat — um in der Antwort Ješu' an Johannes das Wort: die Toten werden erweckt, welches kein Zitat aus Ješa'ja ist, handgreiflich zu beweisen. — Wo nun Lukas so ganz auf Matth ruht, ist sein Text mit ἃ εἴδετε καὶ ἠκούσατε 7, 22 Umbildung seiner Vorlage im Matth 11, 4 βλέπετε καὶ ἀκούετε, und er legt Zeugnis für die Lesart des Syrsin, Memphiten und Origenes ab, nicht aber ist diese Lesart eine spätere Ausgleichung mit Lukas, denn sie ist die natürliche, wie wir eben bemerkt haben. — Es liegt also hier wieder ein Fall vor, wo der Lukastext uralte Lesarten bewahrt hat, die in ihren erreichbaren Grundstellen (also hier im Matth) beseitigt sind. Wir haben schon früher den Lukas gradezu als Textzeugen anerkennen müssen.

Vs. 4. Ješu'. In dem Mâranstücke auffallend, da gleich Vs. 7 wieder „unser Herr“ steht, aber mit 11, 20 hört das Mâranstück auf. Die abweichenden Lesarten des Syrsin sind:

Vs. 7 und danach statt τούτων δὲ πορευομένων. Steht Syrsin damit allein?

Gegen die Pesch schreibt er ܕܪܘܚܐ ܡܬܬܙܝܥܐ, indem er ܩܢܝܐ als Feminin behandelt. Ist es Verschreibung oder Lesefehler, denn ܩܢܝܐ ist mscl.? Oder ist es ein syntaktischer Fehler, so dass der Stat. determinatus im Prädikat gesetzt wäre?

Vs. 9. dass es mehr ist als ein Prophet kann eben so gut gefasst werden: dass er mehr ist. Dies ܕܝܬܝܪ ܗܘ ist in Pesch in ein ܘܝܬܝܪ geändert, das nun genau dem griechischen καὶ περισσότερον entspricht.

Vs. 10 lässt Syrsin das γάρ in οὗτος γάρ ἐστιν fort, das von Ulfilas und von Memph, Hieron, Arm und Hrs ausgedrückt ist. Die Peschita setzt es natürlich ein, und es ist die Lesart der griechischen Masse. Aber es fehlt auch im Syrcrt, in k und in ℵBDZ. Sein Fehlen ist für die Auslegung hochwichtig, wenn es fehlt, tritt der Charakter der folgenden Erklärung, als einer neuen, unerhörten, erst in volles Licht: Wahrlich ich sage euch, dass es [er] mehr ist, als ein Prophet. Dieser ist der prophetisch angekündigte Vorbote, — wenn ihr wollt, nehmt ihn für den Elias. Also — wie Ješu' an die Stelle des Judenmessias tritt, aber etwas anders ist als er, so steht Joḥannan an der Stelle des erwarteten Elias, aber er ist ein andrer, denn Elias versöhnt Väter und Söhne, Joḥannan aber ist ein Bussprediger. Als Vorbote des neuen Reiches steht er über allen Propheten, aber er gehört obwohl als grösster noch der alten Weltordnung an, wogegen der kleinste der neuen Weltordnung grösser ist als er. Diese Stelle und Matth 5, 19 erklären sich gegenseitig.

Vs. 11—12. Wie γάρ Vs. 10, so fehlt in Syrsin δέ Vs. 12, das in Pesch natürlich hineinkorrigiert ist. Dies glättende δέ, wodurch das Lapidare der Erklärung Ješu' wie oben durch das γάρ abgeschwächt wird, fehlt auch im Memph, (einige Mss haben es,) sowie in D und trotz der Lücke in a.

Aber nun fragt sich, was βιάζεται bedeutet. Das Wort ist gewöhnlich Deponens medium βιάζομαι mit dem Sinne 1. Gewalt anthun, bedrängen, 2. mit Gewalt durchsetzen, erzwingen. Aber das Präsens mit βεβίασμαι und ἐβιάσθην hat auch passiven Sinn, ja das Perf. und der Aorist haben immer passiven Sinn.[1] In der Septuaginta, aus der Exod 19, 24 zu unsrer Stelle verglichen ist, bedeutet es zwar aktiv Gewalt anwenden, aber Symmachus schreibt Job 24, 17 βιασθεὶς θανάτῳ. Danach wird seit Erasmus und Tremellius, welcher der Peschita folgt, die ܒܩܛܝܪܐ ܡܬܕܒܪܐ d. h. mit Gewalt genommen werden versteht, meistens gedeutet: quasi impetu in regnum coelorum irrumpitur, das Himmelreich wird eifrig so zu sagen erstürmt,[2] früher habe das Volk den Sinaiberg nicht βιάζεσθαι = erstürmen dürfen Exod 19, 24, jetzt dränge es sich gewaltig in das Himmelreich ein. Das ruht auf Luk 16, 16, wo Syrsin ebenso erklärt. Lukas hat sachlich umgearbeitet. Melanchthon fasste das Verbum dann neutrisch, das Himmelreich schafft sich Bahn, bricht durch. Wie man das angesichts der Stumpfheit der Juden Ješu' gegenüber im Ernste als den Sinn der Stelle verteidigen kann, das leuchtet nicht ein, und so hat es immer Verteidiger der passiven Fassung gegeben, die übersetzten: das Himmelreich leidet Gewalt, wird vergewaltigt, was dann in verschiedner Weise gewendet worden ist.[3]

---

[1] Xenophon Hell. 7, 3 οἱ μὲν ὅπλοις βιασθέντες βλάπτονται μέν, οὐ μέντοι ἄδικοί γε ἀναφαίνονται die durch Waffen bezwungnen erleiden zwar Schaden, aber erscheinen nicht ehrlos, — der Gegensatz ist: die durch Geld bestochnen leiden Schaden und werden zugleich ehrlos. Ib. 5, 2, 23 τὰς οὔπω προσκεχωρηκυίας πόλεις στῆναι ἄν, καὶ τὰς βεβιασμένας ἧττον ἂν συμμαχεῖν, die noch nicht beigetretenen Städte würden feststehen und die bezwungnen weniger hilfsbereit sein. Sophocles Antig. 66 ὡς βιάζομαι τάδε = haec cogor, wie ich dazu gezwungen bin. Ib 1073 ἐκ σοῦ βιάζονται τάδε sie werden von dir aus in dieser Beziehung vergewaltigt. Aristoteles (ed. Berol.) 371^a, 15; 804^b, 26; 939^a, 23; 960^b, 9.

[2] Iren. 4, 61, 1 findet den Sinn, dass das Himmelreich nicht ohne Mühe erworben wird: et propter hoc Dominus violentum dixit regnum caelorum: et qui vim faciunt, inquit, diripiunt illud h. e. qui cum vi et agone vigilantes instanter diripiunt illud.

[3] Nämlich so: 1. es wird durch Busse und Mortifikation gewonnen; oder 2. es gehört den Juden — oder den Gesetzlichen, — wird nun aber von den Heiden — oder den Sündern in Besitz genommen. Hierher gehört auch das Scholion des Barhebräus † 1264, welches lautet: Durch die Bedrohungen (des Johannes) mit der Axt, der Wurfschaufel und dem Feuer, mühte sich Johannes, die Menschen in das Himmelreich hineinzubringen, — förder aber wird es durch Kasteiungen,

Die alten Übersetzer — die beim Leben der Sprache schrieben — verstehen alle einstimmig das Verbum passiv. Syrsin schreibt: das Himmelreich wird bedrückt, seine Bedrücker, Gegner, reissen es an sich. Der Syrcrt hat wie Syrsin ܐܠܝ̈ܨܐ bedrückt und ܐܠܘ̈ܨܐ Bedrücker.

Ulfila sagt þiudangardi himine anamahtjada d. h. das Himmelreich wird gewaltthätig behandelt,[1] Hieronymus hat regnum coelorum vim patitur et violenti rapiunt illud. Ebenso fasst es der Armenier, der բռնադատի = es wird misshandelt für βιάζεται und բռունք = Tyrannen für βιασταί setzt. Die Lateiner abcd haben cogitur et qui cogunt d cogentes abc, der Memphite ϭⲉϭⲓ ⲙ̀ⲙⲟⲥ ⲛ̀ϫⲟⲛⲥ d. i. nehmen es mit Gewalt und ⲣⲉϥϭⲓ ⲛ̀ϫⲟⲛⲥ Gewaltthätige, der Äthiope tetgaf' es wird vergewaltigt und gaffā'ān die Vergewaltiger. Gegenüber dieser Einstimmigkeit des Sprachverständnisses scheint mir jede andre Deutung unzulässig, die Sacherklärung hat von dem Sinne auszugehen: Das Himmelreich ist seit Johannes Auftreten bis jetzt vergewaltigt, es kann sich nicht entfalten, und die es vergewaltigen, die rauben es, d. h. enthalten es den Übrigen vor. Das aber kann nur auf die Gegner Ješu' gehn, die ihn an seinem Werke hindern. Aus dieser Verhinderung ist aber nicht zu schliessen, dass Ješu' das Himmelreich nicht bringe, denn der symbolische Elias ist da, wer die Dinge in ihrem Grunde versteht, ὁ ἔχων διανοίαν λογικήν (Severus Catene) d. i. ὁ ἔχων ὦτα,[2] der kann das verstehn, was nach Johannes Auftreten Ješu' thun wird.

So erübrigt noch Vs. 13, wo Syrsin das Gesetz nicht hat, sondern nur πάντες γὰρ οἱ προφῆται ἕως Ἰωάννου ἐπροφήτευσαν. Dagegen hat auch Syrsin Luk 16, 16 das Gesetz, der dort auch βιάζεται aktiv genommen hat. Wir haben Matth 5, 17 gesehn, dass dort die Propheten interpoliert sind, wofür allerdings nur ein Indicienbeweis zu erbringen war, — hier ist das Gesetz bei den Griechen interpoliert, das sachlich hier nicht hergehört, aber in Syrcrt und Peschita

---

Torturen und Schläge zu erwerben gesucht. — Alles das ist unmöglich, doch auch Meyer-Weiss mischt ganz ausserhalb des Zusammenhangs liegende wildfremde Gedanken ein, wenn erklärt wird, Ješu' wolle „damit die Schranke andeuten, welche der durch den Täufer angeregten Bewegung anhafte, wonach man das von ihm in nahe Aussicht gestellte Gottesreich sofort in seiner Vollendung herbeizwingen wolle" u. s. w. Grade von einem Tadel und von einem „gottgeordneten Wege", den die Stürmer zu gehen nicht Geduld haben, ist im Texte keine Spur.

[1] In 2 Kor 7, 12 ist das Wort für ἀδικεῖν und ἀδικηθῆναι gebraucht.

[2] So ὁ ἔχων ὦτα ohne ἀκούειν schreibt Syrsin mit k und BD 32. Das Wort fehlt auch 13, 9 in Syrsin und kaeff[1] und ℵBL. Dabei steht nun B und k fest zu Syrsin, ℵD schwanken, und die Masse der Griechen hat ἀκούειν. Die Peschita setzt es natürlich ein, ebenso Hrs, Memph, Arm, Vulg. Für Ulfilas ist es nicht sicher, da das Blatt beschädigt ist. Der redaktionelle Einsatz von ἀκούειν ist also nach Cyprian = k gemacht.

in der Form ܘܐܘܪܝܬܐ d. h. und die Thora eingesetzt ist.[1] Luk 16,16 zeigt, was die Interpolation will.

Ist nun der Sinn von Vs. 12 richtig dahin bestimmt, dass das nach Johannes kommende Himmelreich, das Ješu' bringt, annoch durch Vergewaltigung zurückgehalten wird, so bedeutet Vs. 13: denn alle Propheten bis Johannes, ihn eingeschlossen, haben geweissagt, ihn aber kann man auf Grund dessen, dass Ješu' nun das Himmelreich wirklich bringt, als den verheissenen Elias ansehn d. h. mit Johannes ist die Weissagung zu Ende, da mit Ješu' nach seinem eignen Bewusstsein die Erfüllung beginnt. Ješu' muss sich für den verheissnen Stifter des Himmelreichs gehalten haben, — nur daraus, dass er von sich überzeugt war, erklärt sich sein Wirken, — aber das hindert nicht, dass er den Charakter des jüdischen König-Messias von sich ablehnt. Ješu' war dem Judentum entwachsen.

In diesem Zusammenhange hat der νόμος der Griechen gar Nichts zu thun, der schon in k und bei Ulfilas, also vor 350, in den Text gesetzt ist, welcher unverändert nur vom Syrsin erhalten ist. Aphraates vor 330 zitiert P. 28 ܟܠܗ ܢܡܘܣܐ ܘܢܒ̈ܝܐ = πᾶς ὁ νόμος καὶ οἱ προφῆται statt πάντες οἱ προφῆται καὶ ὁ νόμος, hat auch nicht אוריתא sondern נמוסא gegen Syrcrt, während er gleich weiter Matth 5, 17 mit אוריתא anführt. Man sieht, dass hier νόμος eingeschoben, aber noch nicht hinter πάντες οἱ προφῆται eingeordnet ist. Mit Aphraates stimmt genau der Armenier.

Sobald νόμος fehlt, kann der Sinn nicht sein: Die Weissagung der Propheten betrifft die Zukunft bis auf Johannes, ihn eingeschlossen, — denn dann hätten sie von Ješu' nicht geweissagt, — sondern: Alle Propheten einschliesslich des Johannes haben geweissagt, ich aber bringe die Erfüllung.

Hiernach ergiebt sich als Sinn der Auseinandersetzung Ješu' mit Johannes in der alten Textform dies: Johannes fragt im jüdischen Sinn: Bist du der Messiaskönig? Ješu' verweist auf das, was die Johannesboten bei ihm sehen und hören — aber seine Andeutungen sind symbolisch gemeint, und er überlässt dem Johannes mit seinen Anhängern das Urteil. Dem Volke gegenüber erklärt er aber den Johannes für seinen Vorgänger, für den symbolischen Elia, der aber als der alten Weltordnung angehörig kleiner ist als der kleinste in Ješu' neuer Weltordnung. — Alles das ist unjüdisch und über den Horizont der Hörer hinausgehend, nur wer Ohren hat, wird es hören.

[1] Über אוריתא und Thora siehe oben P. 74. Barhebräus merkt denn auch an, dass der Grieche eigentlich νόμος habe, in der Peschita aber אוריתא stehe. — Dass das nachklappende καὶ ὁ νόμος sich nicht wohl fügt, und so selbst für seinen Glossencharakter plädiert, ist Meyer-Weiss nicht entgangen, denn er sucht es ausdrücklich unschädlich zu machen.

Daher denn in Vs. 16—18 das kindische Wesen des lebenden Geschlechts gekennzeichnet wird, dem weder die strenge alte noch die freie neue Ordnung recht ist, das Johannes einen Besessnen, Ješu' einen Libertiner nennt.

Warum nun fehlt dieser ganze, von Lukas als alt bezeugte Abschnitt im Markus? „In verständiger Erwägung befreit er den Matthäus und die evangelische Erzählung von einem der grössten Widersprüche zwischen der Wirklichkeit und der religiösen Gestaltung der Geschichte: Ist nach dem Ausspruche Jesu Johannes sein von Gott erweckter Prophet, wie kann er jemals an Jesus als dem Messias gezweifelt[1] haben? Auch hier ist Markus auf dem Wege zu Johannes. Aber die Vergleichung des Markus mit Matthäus beweist, wie verhältnismässig naiv die Darstellung des Matthäus, wie verständig erwogen die des Markus ist“. Holsten die synopt. Evangelien P. 22.

Vs. 16—18. Im einzelnen ist zu bemerken:

Wir haben euch aufgespielt. Der Ausdruck aufspielen ist für ܙܡܪܢ in Syrsin, Syrcrt und Pesch gewählt, um αὐλεῖν gerecht zu werden, wörtlich heisst es aber singen oder höchstens Harfe spielen. Wie auffallend, dass k cantavimus und Hieron cecinimus bieten und der Memph ⲁⲛϫⲱ = cantavimus hat! Ulf schreibt genau sviglodedum = wir haben gepfiffen und der Arm setzt փողս հարաք = wir haben Flöten (oder Hörner) geblasen. Das und ihren Genossen entbieten ist die zu Vs. 2 erwähnte Konstruktion mit שלח, bei der das λέγουσι ausfallen muss. Nun sehe man den Einfluss der Revision erstens auf Syrcrt, der λέγουσιν einschaltet, und dann auf die Peschita, die auch προςφωνεῖν hineinbringt:

Syrsin ܕܝܬܒܝܢ ܒܫܘܩܐ ܘܦܩܕܝܢ ܠܚܒܪܝܗܘܢ qui sedent in foro et jubent socios suos

Syrcrt ܕܝܬܒܝܢ ܒܫܘܩܐ ܘܦܩܕܝܢ ܠܚܒܪܝܗܘܢ ܘܐܡܪܝܢ qui sedent in foro et jubent socios suos et dicunt

Pesch ܕܝܬܒܝܢ ܒܫܘܩܐ ܘܩܥܝܢ ܠܚܒܪܝܗܘܢ ܘܐܡܪܝܢ qui sedent in foro et clamant sociis suis et dicunt.

Der Fall ist typisch. Übrigens bezeugt der Text ausdrücklich τοῖς ἑταίροις αὐτῶν gegen BDk. In der Assonanz von raqqedton, tanzen, und arqedton, an die Brust schlagen, ist der Urlaut der Worte Ješu' vermutet. Möglich, aber arqed ist im jüdischen Aramaismus bis jetzt nicht nachgewiesen.

Syrcrt bildet das λέγουσι gegen alle Zeugen in Vs. 18, 19 um in λέγετε, was Tischendorf übersehen hat.

---

[1] Manche verstehen die Frage nicht als Zweifelsfrage, sondern als Frage der keimenden Hoffnung. Da kommt denn der Widerspruch von Matth 3, 14 und der Darstellung des Johannes erst recht ans Tageslicht.

Endlich schreiben Syrsin und Syrcrt mit Ulf, Hieron, Arm — dessen Mss. aber schwanken, — mit den Altlateinern z. B. kac Orig. Hilar, so wie DB[2] und die Masse der Griechen ἐδικαιώθη ἡ σοφία ἀπὸ τῶν τέκνων αὐτῆς statt τῶν ἔργων αὐτῆς wie Pesch mit Memph ℵB (im Texte — am Rande aber τέκνων) 124 haben.

Es ist mir unbegreiflich, wie man bis jetzt noch immer verkennen kann, dass der Sinn dieses Satzes die schneidendste Satire ist, welche besagen soll: Und mit dem albernen Urteile über Johannes als Besessnen und Ješu' als Libertin hat es dann sein Bewenden, damit lassen sie die Sache abgethan sein. Statt dieses klaren Sinnes werden die ortsfremdesten Gedanken hier gesucht.

Der Sinn aber entsteht so: die Söhne der Weisheit sind die Neunmalweisen, die die Weisheit in Erbpacht haben Hiob 12, 2. Diese Afterweisen rechtfertigen ihre Afterweisheit, beziehungsweise ihre böswillige Thorheit, — die darin sich äussert, dass sie Johannes und Ješu' gleichzeitig verwerfen Matth 21, 23ff., — indem sie das mehrfach erwähnte Urteil der Besessenheit und der Libertinage über sie fällen, gegen das dann kein Einwand gilt. Damit richtet Ješu' seine Gegner sowie die des Johannes, wir hören seine Herzensmeinung über sie und ihr Treiben.

Dieser Sinn setzt 1. ἀπὸ voraus, d. h. von Seiten ihrer Kinder, und ist von ὑπὸ ganz verschieden, 2. setzt er die Lesart τέκνων voraus, die als die ältere durch das Verhältnis von Syrsin und Pesch erwiesen wird, welche letztere nach ihrer Weise griechische Redaktionslesarten in den vorliegenden altsyrischen Text hineinkorrigiert, und so hier ἔργων eingeschwärzt hat. Obwohl nun mit ἔργων kein irgend wie brauchbarer Abschluss der Rede gewonnen werden kann, so wird diese Lesart doch von Tischendorf und Westcott-Hort nach ihrer Vorliebe für Bℵ angenommen, und von andrer Seite die Meinung geäussert, es stamme das τέκνων aus Luk 7, 35. Dort aber hat ℵ auch ἔργων, während der Memph (mit ⲛⲉⲥϣⲏⲣⲓ) und die Pesch in dieser Stelle τέκνων ausdrücken und sich zu den Gegnern schlagen. So zeugt also für ἔργων im Matth ℵ, 124 und in sich selbst angefochten B, nebst Memph und Pesch — im Luk ℵ und angeblich die meisten griechischen Mss., wie Ambrosius zu Luk 1385 behauptet,[1] wovon wir freilich nichts finden. Sonach ruht die Lesart wesentlich auf ℵ, ist vom Korrektor in B getilgt, eingedrungen aber in Memph und Pesch. Und das wird der ganzen übrigen Überlieferung gegenüber gestellt und soll sie beseitigen! Und nun der Sinn resp. die Sinnlosigkeit der Lesart mit ἔργων! Meyer-Weiss sagt: „Schon unser Evangelist — (warum aber nicht sein später thörichter Redaktor?)

[1] Über solche patristische Angabe mit plerique vgl. I 237.

scheint an der Erwähnung der Kinder der Weisheit in der Quelle — (also ist dies für Meyer-Weiss die Lesart, die in der Quelle des Matth vorlag; warum dann nicht in ihm selbst?) — Anstoss genommen und deshalb ἀπὸ τῶν ἔργων αὐτῆς geschrieben zu haben“ u. s. w. Und dazu fügt er bei: „Lachmann, Tregelles am Rande lesen mit der Rcpt. τέκνων, das aber offenbar(!) aus Luk genommen ist, der hier den Text der Quellen ursprünglicher erhalten hat; lies nach אB ἔργων“. — Das ist doch eine wunderliche Kritik, Lukas hat sachlich Recht, aber nach אB soll man lesen, da Matth ἔργων gesetzt habe, weil er τέκνων anstössig fand. Woher weiss man das? Aus אB! Warum soll aber ἔργων nicht viel spätere Redaktionslesart sein? Antwort: Wir sind auf אB eingeschworen und lassen lieber den Evangelisten Unsinn schreiben, als dass wir zugeben, dass in א und B eine verunglückte Redaktionslesart stecke. Denn ἔργων ergiebt Unsinn, oder kann sich jemand dabei etwas denken, wenn in dem oben abgebrochnen Zitate weiter gesagt wird: Matth scheint Anstoss genommen und deshalb ἀπὸ τῶν ἔργων αὐτῆς geschrieben zu haben, wonach die göttliche (— woher mit einem Male dies Adjektiv? —) Weisheit schliesslich durch ihre Werke d. h. aber nicht durch ihr Verfahren (Sevin), um dessen Rechtfertigung es sich ja eben handelt, (— ich möchte wohl wissen woher? —) sondern durch den Erfolg ihrer Wege gerechtfertigt ist. Das ist Midrasch, die „göttliche“ ist eingeschwärzt und mit dem Zusammenhang nimmt man es nicht genau. Auch die jetzt beliebte Auffassung des Textes mit τέκνων gehört für mich in den Midrasch, und ich reproduziere sie nicht.

Ende der Mâranstücke.

Ješu'stücke.

Vs. 20. Alsdann begann Ješu'. Nachdem schon 11, 4 einmal Ješu' gebraucht ist, beginnt hier der konsequente Gebrauch von Ješu' anstatt unser Herr, der bis zum Schlusse durchgeht. Unter der Beleuchtung durch diese Beobachtung wird es auffallend, dass, während die Masse der Griechen hier kein Ἰησοῦς hat, Syrsin und mit ihm Syrcrt, Pesch, der Basler Äthiope, Altlateiner $g^{1.2}h$ den Namen ausdrücklich einsetzen, und dass CKLΠ al^{50} fere ὁ Ἰησοῦς ausdrücken.

Der Text des Syrsin und Syrcrt würde griechisch ergeben: ἐν αἷς ἔδειξε (oder ein Kompositum davon, oder ἐγνώρισε) πολλὰς (oder τὰς πλείστας) δυνάμεις καὶ οὐ μετενόησαν καὶ εἶπεν, und zwar hat Syrcrt für μετενόησαν ܬܒ als fem. Plur. auf πόλεις bezüglich, Syrsin mit Pesch ܗܘܢ als mscl. Plur. auf die Bewohner bezüglich. Das καὶ εἶπεν = ܘܐܡܪ Syrsin Syrcrt, hat auch Pesch als ܘܐܡܪ ܗܘܐ.

Vs. 21 lässt Syrsin das ܘ = und zwischen ἐν Τύρῳ (καὶ) Σιδῶνι fort. Ich habe oder = ܐܘ übersetzt, weil ܘ nicht gestanden haben kann, da ܨܝܕܢ am Zeilenanfange steht. Ist es bloss Schreiberversehen?

Vs. 22. Darum sage ich euch Syrsin und Syrcrt = διὰ τοῦτο. Aber Pesch setzt ܒܪܡ = verum k statt πλήν hier und Vs. 24 ein, wo Syrsin für πλήν keinen Ausdruck hat, während Syrcrt wieder ܡܛܠ ܗܢܐ = διὰ τοῦτο bietet. Syrsin setzt für πλήν ܐܠܐ Matth 18, 7, oder ܒܪܡ 26, 39 oder lässt es weg 26, 64 Luk 11, 41; 22, 42 (wo Pesch ܒܪܡ einsetzt) — oder er schreibt ܒܪܡ Luk 6, 24, 35; 10, 14, 20; 13, 33; 17, 1; 18, 1 und ܒܪܡ ܕܝܢ Luk 10, 11; 19, 27; 22, 21, 22; einmal Luk 12, 31 setzt er ܒܠܚܘܕ dafür. Mrk 12, 32 steht nach dem Zusammenhange richtig ܠܒܪ ܡܢܗ. Man sieht, ܒܪܡ gewinnt die Überhand und herrscht in Pesch. Hieraus ergiebt sich, dass Syrsin und Syrcrt in unsrer Stelle das πλήν nicht lasen, sondern das klarere διὰ τοῦτο, das in allen übrigen Texten nicht steht.

Es muss aber in diesem Verse noch auf die Übersetzung des nach dem Komparativ stehenden ἤ in ἢ ὑμῖν aufmerksam gemacht werden. Syrsin und Syrcrt setzen ܝܬܝܪ ܡܢ ܕܠܟܘܢ = plus quam vobis, und das ändert die Pesch in ܐܘ ܠܟܘܢ, so dass ἤ = ܐܘ = או ist. Hierin zeigt sich die Nachäffung des Griechischen, denn es ist gar nicht wirklich syrisch. Aber dieser Hellenismus ist auch schon in den Syrsin eingedrungen, obwohl nicht soweit als in die Peschita,[1] woraus sich ergeben dürfte, dass auch Syrsin nicht das wahre Original der syrischen ersten Übersetzung bietet, sondern selbst schon Retouchen erlitten hat. Hier die Thatsachen:

	Syrsin	Syrcrt	Pesch	Harklensis	Hrs
Matth 10,15	ܝܬܝܪ ܡܢ	fehlt	ܐܘ	ܐܘ	fehlt
11,22	ܝܬܝܪ ܡܢ	ܝܬܝܪ ܡܢ	ܐܘ	ܐܘ	fehlt
11,24	ܝܬܝܪ ܡܢ	ܝܬܝܪ ܡܢ	ܐܘ	ܐܘ	fehlt
19,24	ܐܘ	ܐܘ	ܐܘ	ܐܘ	ἤ = אא
26,53	ܝܬܝܪ	fehlt	ܝܬܝܪ	ܝܬܝܪ ܡܢ	יתיר מן
Mark 6,11	fehlt	fehlt	ܐܘ	ܐܘ	fehlt
9,43	ܘܠܐ	fehlt	ܐܘ	ܐܘ	fehlt

[1] Fälle wie dieser zeigen auch, dass die von Scrivener in seiner Einleitung schon recht zaghaft vertretne Ansicht, dass die Peschita älter als der Curetonianus sei, — den Syrsin hatte er noch nicht, — vor einer einfach philologischen Prüfung nicht Stand hält.

	Syrsin	Syrcrt	Pesch	Harklensis	Hrs
Mark 9,45	ܘܠܐ	fehlt	ܐܘ	ܐܘ	fehlt
9,47	ܘܠܐ	fehlt	ܐܘ	ܐܘ	fehlt
10,25	ܐܘ	fehlt	ܐܘ	ܐܘ	fehlt
14,30	ܥܕܠܐ	fehlt	ܥܕܡ ܕ	ܥܕܡ ܕ	fehlt
Luk 2,26	ܥܕܡܐ	fehlt	ܥܕܡܐ	ܥܕܡ ܕ	עדמא
9,13	ܝܬܝܪ ܡܢ	ܝܬܝܪ ܡܢ	ܝܬܝܪ ܡܢ	ܝܬܝܪ ܡܢ	fehlt
10,12	ܠܒܪ ܡܢ	ܠܒܪ ܡܢ	ܐܘ	ܐܘ	אא גר = ἢ γάρ
10,14	ܝܬܝܪ ܡܢ	ܝܬܝܪ ܡܢ	ܐܘ	ܐܘ	fehlt
15, 7	ܐܘ ܥܠ	ܝܬܝܪ ܡܢ	ܐܘ ܥܠ	ܐܘ ܥܠ	fehlt
16,17	ܐܘ	fehlt	ܐܘ	ܐܘ	fehlt
17, 2	ܐܘ ܕܢܟܫܠ	fehlt	ܐܘ ܕܢܟܫܠ	ܐܘ ܕܢܟܫܠ	fehlt
18,25	ܐܘ	ܐܘ	ܐܘ	ܐܘ	אא גר
22,34	ܥܕܠܐ	ܥܕܠܐ	ܥܕܡܐ	ܥܕܡ ܕ	עדמא
Joh 3,19	ܝܬܝܪ ܡܢ	ܝܬܝܪ ܡܢ	ܝܬܝܪ ܡܢ	ܝܬܝܪܐܝܬ .. ܐܘ	מלון אא גר = μᾶλλον — ἢ γάρ
4, 1	ܝܬܝܪ ܡܢ	fehlt	ܝܬܝܪ ܡܢ	ܝܬܝܪܐ .. ܐܘ	fehlt.

In den vorliegenden 22 Fällen hat Syrsin 6 Male ܐܘ, die Peschita aber 15 Male, d. h. in ihr ist die Hellenisierung fortgeführt, die im Syrsin schon begonnen hat. Dabei beachte man, dass in den vergleichbaren Fällen des Syrcrt ein Mal Luk 15, 7 noch ܝܬܝܪ ܡܢ vorliegt, wo in Syrsin schon ܐܘ eingesetzt ist, während in dem ܠܒܪ ܡܢ Luk 10, 12 und in dem ܥܕܠܐ Luk 22, 34 beide ihre Verwandtschaft gestehen. In der Harklensis ist dann der Prozess noch weiter gegangen, sie hat 17 Male ܐܘ und das ܥܕܡܐ noch zwei Male aus Pesch beseitigt. Über die mechanische Verwendung des ܐܘ zum Ausdrucke von ἢ auch in Kompositionen wie ἠμέν, ἠδέ, ἤτοι vgl. meine Historia artis grammaticae, Lpzg. 1889 P. 23. Sie war, weil und wenn von Joseph Huzaja angewendet, vor 500 schon gewöhnlich, so dass Thomas von Harkel um 616 geebneten Boden für seine Übersetzung vorfand.

Vs. 23 da wenn in Sodom. Es ist nach Syrcrt und Pesch ܕܐܠܘ ergänzt, aber der Text des Verses ist höchst unsicher überliefert und die Ergänzung des Syrsin schwierig. Gelesen ist, ohne dass es mit Syrcrt oder Peschita leicht auszufüllen wäre:

ܡܢ ܕܠܟܘܢ [ܘܐܢܬ ܟܦܪܢܚܘܡ] 23
ܕܐܬܪܝܡܬܝ [ܠܫܡܝܐ]
ܠܫܝܘܠ ܬܚܘܬܝܢ [ܕܐܠܘ]
ܒܣܕܘܡ [ܐܬܚܙܝܘ]
ܚܝܠܐ ܕܒܟܘܢ ܐܬܚܙܝܘ

Syrcrt 23 ܡܢ ܕܠܟܘܢ ܘܐܢܬ ܟܦܪܢܚܘܡ
ܠܐ ܥܕܡܐ ܠܫܡܝܐ ܬܬܪܝܡܝܢ
ܐܠܐ ܥܕܡܐ ܠܫܝܘܠ ܬܚܘܬܝܢ
ܕܐܠܘ ܒܣܕܘܡ ܗܘܘ
ܚܝܠܐ ܐܝܠܝܢ ܕܗܘܘ ܒܟܝ

Pesch 23 ܐܘ ܠܟܘܢ. ܘܐܢܬܝ ܟܦܪܢܚܘܡ
ܗܝ ܕܥܕܡܐ ܠܫܡܝܐ ܐܬܬܪܝܡܬܝ
ܥܕܡܐ ܠܫܝܘܠ ܬܬܚܘܬܝܢ
ܕܐܠܘ ܒܣܕܘܡ ܗܘܘ
ܚܝܠܐ ܐܝܠܝܢ ܕܗܘܘ ܒܟܝ

Das notwendiger Weise zu ergänzende [ܘܐܢܬ ܟܦܪܢܚܘܡ] ist für die Zeile zu lang, lässt man ܐܢܬ fort, so sind 15 Buchstaben, was passend wäre, das [ܐܬܚܙܝܘ] statt ܗܘܘ ergiebt sich aus dem Folgenden.

Somit lauten übersetzt:

Syrsin ergänzt
quam vobis. [et (tu?) Capharnaum)
quae elevata es [ad coelum]
ad infernum descendes [quod si]
(in) Sodomis [visae essent]
virtutes quae in vobis visae sunt[1]

Syrcrt
quam vobis. et tu Capharnaum
ne usque ad coelum eleveris
sed usque ad infernum descendas,
quod si (in) Sodomis fuissent
virtutes illae, quae in te fuerunt

Pesch
quam vobis. et tu Capharnaum
quae usque ad coelum elevata es
usque ad infernum humiliaberis
quod si (in) Sodomis fuissent
virtutes illae quae in te fuerunt

und das ist ein höchst verschiedner Sinn, der durch die Griechen nicht fester wird, bei denen alle entscheidenden Wörter schwanken. Man vergleiche D, der am Nächsten zum Syrcrt steht: και συ καφαρναουμ· μη εως ουρανου ὑψωθηση η[2] εως αδου καταβηση οτι ει εν σοδομοις εγενηθησαν αι δυναμεις αι γενομεναι εν σοι. Daneben stelle ich k, der statt des ersten ἕως noch ὡς εις ausdrückt: et tu cafarnaum

---

1 Hiernach bitte ich die Ungenauigkeiten der deutschen Übersetzung in Bd. I zu berichtigen.

2 Dies η ist von einer spätern Hand getilgt worden; fehlt es, so stimmt D mit Syrcrt sachlich, ein ἀλλά hat er freilich nicht. — Da nur ἤ ἕως gesprochen werden kann, so ist dieser Text in a b durch aut usque genau ausgedrückt, also irgend einmal als der Originaltext angesehn.

ne quomodo in (= μη ως εις) coelum elata es (= ὑψώθης — jetzt wissen wir, woher das herrenlose η in D stammt) usque ad inferos descendas · quia si sodomis factae essent virtutes · quae factae sunt in te ... Das aber wäre eine Fürbitte: Mögest du nicht zum Hades hinabsteigen, wie du usw., und das passt in den vorliegenden Zusammenhang jetzt nicht.

Ehe wir weiter gehen, ist noch zu bemerken, dass in Syrsin das letzte Wort in Vs. 24 ܝܬܝܪ ܡܢ ܕܠܟܘܢ plus quam vobis zweifelhafter Lesung ist, da das ܘܢ nicht feststeht und daher auch plus quam tibi möglich ist. Da nun Pesch und Syrcrt den Singular, D und k und Irenäus 4, 58, 3[1] aber den Plural haben, so stehen sich zwei uralte Lesarten gegenüber. Ferner hat Syrsin Vs. 24 ܐܡܪܢܐ ܕܠܐܪܥܐ ܕܣܕܘܡ = ich sage, dass es dem Lande Sodom, wogegen die Pesch ܠܟ einschiebt = ich sage dir, dass es dem Lande Sodom, und hier hat der Syrcrt das eingeschobne ܠܟ = dir noch nicht im Texte. Mit Syrsin und Syrcrt lässt auch k das dir fort. Sonach schreiben Vs. 24 am Anfange:

πλὴν (Syrsin om) λέγω ὅτι γῇ Σοδ. Syrsin Syrcrt k
πλὴν λέγω σοι ὅτι γῇ Σ. Pesch und danach der arab. Tatian P. 59
πλὴν λέγω ὑμῖν ὅτι γ. Σ. D Iren ℵBΔ q Rhediger Aur Ulf Arm, also die griechischen Mustercodices.

Am Ende des Verses aber haben:

ἐν ἡμέρᾳ κρίσεως ἢ σοί Syrcrt Pesch nebst dem arab. Tatian Memph ϩⲟⲧⲉⲣⲟ Vulg Rhediger; Ulf Arm in Mss. und die griechischen Mustercodices
ἐν ἡμέρᾳ κρίσεως ἢ ὑμῖν Syrsin zweifelhaft, D k Iren q Aur; der gedruckte Arm, Memph ϩⲟⲧⲉⲣⲱⲧⲉⲛ in Mss.

Hier liegt offenbare Inconcinnität vor, und wir fragen nun, was bieten ℵB? Erst ὑμῖν, dann σοί, — was unmöglich!

Da hier nicht mit Textänderungen durchgegriffen werden kann, so ist die Frage so zu stellen: Wie erklärt sich der buntscheckige Text, für den besonders k mit dem fürbittenden Sinne auffällig ist. Ich vermute, dass hier die Textkritik über sich selbst hinaus in die Kompositionskritik getrieben wird, dann aber liegt der Gedanke nahe, dass die Worte in Vs. 23—24 von Haus aus ein Paralleldiktum zu Vs. 21—22 gewesen sind, und dass dann beide Dikta

[1] Die Stelle lautet bei Irenäus: Et tu Capharnaum numquid usque ad coelum exaltaberis (= ἢ ὑψωθήσῃ)? Usque ad infernos descendes. Quoniam si in Sodomis factae essent virtutes quae factae sunt in te, mansissent usque in hodiernum diem. Verumtamen dico vobis tolerabilius erit Sodomis in die judicii quam vobis. Aber obwohl die Vulgata an zweiter Stelle tibi hat, ist dieser Text doch stets als von der Vulgata beeinflusst verdächtig.

nebeneinander geschoben sind, und dadurch, weil in dem einen zwei Städte, in dem andern aber nur eine angeredet wird, die Inconcinnität mit ὑμῖν und σοί entstand, die willkürlich beseitigt ist. Diese genetische Erklärung der Textlage hat an Luk 10, 12—15 eine starke Stütze, da dort Sodom nicht am Schlusse erscheint, sondern selbständig mit der Instruktionsrede an die Siebzig verbunden ist, an die sich dann die Bedrohung von Chorazin und Bethṣaida unter Vergleichung von Tyrus und Sidon ganz zusammenhangslos anhängt. Dort folgt dann ebenso zusammenhangslos die Bedrohung von Kafarnaḥum, die mit dem Schlusse der Instruktionsrede: Wer euch hört, der hört mich usw. gar Nichts zu thun hat. Und dabei legt doch der Wortlaut von Matth 10, 15 in der Instruktionsrede an die Zwölf Zeugnis dafür ab, dass Luk 10, 12 auf einer alten Vorlage beruht, und im Lukas richtig steht, woraus sich ergiebt, dass es in Matth 11, 24 nicht am rechten Platze ist. Es ist Parallelbildung zu Vs. 22 und ein Doppeldiktum. Textkritisch ist also an der Inconcinnität nicht zu korrigieren, die älteste Form liegt in k und Syrcrt vor, die auf anderen Grundsinn leiten. Syrsin und Pesch sind harmonisiert.

Vs. 25 ist ohne wirklichen Zusammenhang mit dem vorigen, grade darum aber um so gewisser ein echtes Wort Ješu', nur dass uns sein Zusammenhang entgeht. Hier schien eine Überbrückung wohl angebracht, daher denn Syrcrt ܕܝܢ = ἐν ἐκείνῳ δὲ καιρῷ (Lukas ὥρᾳ!) einschiebt, das sonst kein Zeuge hat. — Wenn Pesch für πάτερ = ܐܒܐ (so Syrsin Syrcrt) einsetzt ܐܒܝ = mein Vater, so ist das idiomatisch.

verborgen hast vor den Weisen. Das „und vor den Verständigen (συνετῶν)“ fehlt in Syrsin und Syrcrt — aber Pesch schiebt es nach den griechischen Mustern ihrer Zeit ein. Im Luk 10, 21 haben es alle drei. Mit Syrsin und Syrcrt lässt es auch Hilarius 187, 666 fort, und der Parallelismus bestätigt diesen Text der Altlateiner und Syrer, weil er im zweiten Gliede nur die Einfältigen (νήπιοι) aufweist und somit den „Verständigen“ Nichts entspricht. Die συνετοί sind hier ganz überflüssig. Mit dem „dies“ dürfte Ješu' Weise, das Göttliche zu erkennen und vorzustellen, gemeint sein.

Herr des Himmels ist zu verbessern in Herr der Himmel, denn obwohl alle griechischen Handschriften τοῦ οὐρανοῦ bieten, hat doch Irenäus τῶν οὐρανῶν I, 13, 2.

Betreffs der Ordnung: kein Mensch kennt den Sohn ausser dem Vater . . . und den Vater ausser dem Sohne und wenn der Sohn will, dass er (es) ihm offenbare, gehen Syrsin Syrcrt Pesch mit der ausdrücklichen Angabe des allerdings inbetreff des Markus hier sich täuschenden Irenäus, welcher IV, 11, 1 und 5 liest: nemo cognoscit filium nisi pater, neque patrem quis cognoscit [fehlt

IV, 11, 5 quis cognoscit][1] nisi filius et cui voluerit [IV, 11, 5 et quibuscunque ohne voluerit] filius revelare [IV, 11, 5 revelaverit]. Er fügt hier bei: sic et Mth posuit et Lucas similiter et Marcus idem ipse, Iohannes enim praeteriit locum hunc. Diese Textform hat wesentlich auch der Memphite, aber einige Mspte differieren inbetreff des voluerit, denn neben dem gedruckten ⲫⲏ ⲉⲧⲉϩⲛⲉ ⲡϣⲏⲣⲓ ⲉϭⲱⲣⲡ ⲛⲁϥ ⲉⲃⲟⲗ = cui voluerit filius revelare steht handschriftlich ⲫⲏ ⲉⲧⲉⲡϣⲏⲣⲓ ⲛⲁϭⲱⲣⲡ ⲛⲁϥ ⲉⲃⲟⲗ = cui filius revelat. Auch der Armenier geht mit diesem Texte des Irenäus zusammen. Somit schwimmt die ganze Reihe Syrsin Syrcrt Pesch Hrs[2] Memph Arm im Fahrwasser des Irenäus, aber dieser selbst bietet eine breite Angriffsfläche.

Was soll man denn denken, wenn Irenäus IV, 11, 1 fortfährt: Hi autem qui peritiores apostolis volunt esse, — damit meint er die Gnostiker — sic describunt: Nemo cognovit patrem nisi filius, nec filium nisi pater, et cui voluerit filius revelare — et interpretantur, quasi a nullo cognitus sit verus deus ante domini nostri adventum: et eum Deum, qui a prophetis sit annuntiatus, dicunt non esse patrem Christi, — und dann nach dieser bestimmten Erklärung bei Iren I, 13, 2 trotzdem zu lesen ist: ἐξομολογήσομαί σοι πάτερ, κύριε τῶν οὐρανῶν (so!) καὶ τῆς γῆς ὅτι ἀπέκρυψας (fehlt ταῦτα[3]) ἀπὸ σοφῶν καὶ συνετῶν (was Syrsin nicht hat) καὶ ἀπεκάλυψας αὐτὰ νηπίοις· οὐά[4] ὁ πατήρ μου, ὅτι ἔμπροσθέν σου εὐδοκία [d μοι] ἐγένετο. Πάντα μοι παρεδόθη ὑπὸ τοῦ πατρός μου, καὶ οὐδεὶς ἔγνω τὸν πατέρα εἰ μὴ ὁ υἱός, καὶ τὸν υἱόν, εἰ μὴ ὁ πατὴρ καὶ ᾧ ἂν ὁ υἱὸς ἀποκαλύψῃ. Das hohe Alter dieses Textes zeigt neben dem Plural κύριε τῶν οὐρανῶν vor Allem die aramäische Partikel οὐά, die in unsern Griechen durch ναί ersetzt ist, welches dann die Syrer regelrecht durch ܐܝܢ wiedergeben, ohne dass das ganz farblose ναί das οὐά wirklich ausdrücken könnte. Denn οὐά = וָה ist eine Interjektion des Jubels, wie Lukas ἠγαλλιάσατο 10, 21 von dieser Rede Ješu' sagt, und darum sehr bedeutungsvoll.[5]

---

[1] Grade diese Worte quis cognoscit = ܐܢܫ ܝܕܥ fehlen auch im Syrcrt. Ist das Zufall? Dass das voluerit in Syrsin und Pesch als Präsens ܨܒܐ, im Syrcrt aber als Futurum ܢܨܒܐ erscheint, und Pesch nur ܕܢܓܠܐ bietet, wo Syrsin und Syrcrt ܕܢܓܠܐ ܠܗ haben, scheint mir bedeutungslos. Das Futurum soll dem Konjunktiv βούληται gerecht werden.

[2] Der Hrs setzt gar ולמן דצבא ברא דיגלא הוא גלה d. i. und wem der Sohn offenbaren will, dem offenbart er. — Das ist schon weiter gehende Exegese.

[3] Im Zusammenhange des Matthäus ist dies ταῦτα völlig unerklärbar.

[4] Matth hat jetzt ναι.

[5] Schon Harvey zitiert erklärend zur Stelle aus Midrasch Echa § 1 וה לשון שמחה וי לשון צער d. h. wa ist Ausdruck der Freude, wai Ausdruck des Schmerzes.

So zitiert also Irenäus in einer Reproduktion gnostischer Benutzung dieser Stelle, ohne ein Wort darüber zu verlieren, dass dies von dem Gnostiker verwendete Zitat in dieser Form von ihm gefälscht ist, in I, 13, 2 und erst IV, 11, 1 hören wir, dass dieser Text verdorben sei, und dass es heissen müsse in umgekehrter Folge: οὐδεὶς γιγνώσκει τὸν υἱὸν εἰ μὴ ὁ πατήρ, οὐδὲ τὸν πατέρα τις ἐπιγιγνώσκει εἰ μὴ ὁ υἱός κτλ. Es wird aber noch ärger, wenn man dazu nimmt, dass Irenäus gleich darauf IV, 11, 2 die Stelle noch einmal anführt und zwar nach den Handschriften[1] so, wie sie der Gnostiker zitiert hat, also im Widerspruch mit der Form, die er eben für die allein richtige erklärt hat. Und grade in dieser Stelle zeigt der Gang der Deduktion, dass die angebliche Fälschung des Gnostikers erst den Text so bietet, wie ihn Irenäus[2] für seine Beweisführung gebraucht. Man erwäge den Gedankengang: Den Vater kann Niemand erkennen, ausser wenn der Sohn offenbart, den Sohn Niemand ausser nach dem Wohlgefallen des Vaters . . . den Vater erkennt sein eigner Logos und nur der Vater erkennt seinen Logos, — dass sich dies beides so verhalte, das hat der Herr deutlich gemacht . . . ut ergo cognosceremus, quoniam qui advenit Filius pse est qui agnitionem patris facit credentibus sibi, dicebat discipulis: Nemo cognovit patrem nisi filius, neque filium nisi pater et quibuscunque filius revelaverit. Hier entspricht die Reihenfolge im Gedankengange auf natürliche Weise der Satzordnung im Texte, die von Irenäus oben als gnostische Fälschung bezeichnet ist, man drehe hier im Sinne der angeblich echten Ordnung um, und die Gedankenfolge wird lose, es hiesse ja dann: Damit wir erkennen, dass der angekommene Sohn es ist, welcher seinen Gläubigen die Erkenntnis des Vaters vermittelt, sprach der Sohn zu seinen Jüngern: Niemand kennt den Sohn ausser dem Vater, was der oben vorgelegten Deduktion nicht entspricht.

Sonach ist Irenäus' Angabe über die gnostische Entstellung des Textes durchaus nicht einwandsfrei, es kann auch umgekehrt der Text von den Orthodoxen umgestellt sein, um den Gnostikern eines ihrer Hauptargumente zu entziehen, und für diese Annahme spricht

---

[1] Harvey hat die Stelle korrigiert gegen alle Handschriften, weil er in IV, 11, 2 sich von den Angaben des Irenäus in IV, 11, 1 bestimmen lässt. Wie aber kommen die Handschriften dazu, umgekehrt zu schreiben, und dies im Gegensatze zu dem Vulgatentexte und dem Texte der Altlateiner?! Auf Codex k müssen wir noch zurückkommen. — Das Zitat Iren II, 18, 6 muss aus der Betrachtung fortbleiben, weil nicht feststeht, ob es den Anfang des Satzes giebt oder den zweiten Teil desselben.

[2] Möglicher Weise ist Justinus der Märtyrer der Redner, da man dessen Zitat nicht sicher abgrenzen kann.

Niemand mehr als Justin. Er führt unsre Stelle dreimal an, immer gleichlautend und zwar in der Form, welche Irenäus für eine gnostische Verderbnis erklärt, sie lautet bei ihm πάντα μοι παραδέδοται ὑπὸ τοῦ πατρὸς καὶ οὐδεὶς γινώσκει [oder ἔγνω in der Apologie] τὸν πατέρα εἰ μὴ ὁ υἱός, οὐδὲ τὸν υἱὸν εἰ μὴ ὁ πατὴρ καὶ οἷς ἂν ὁ υἱὸς ἀποκαλύψῃ.[1] Contra Tryph. 100 und Apolog. major 63 doppelt. Ebenso lautet der Text in Clemens Homil. 18, 13, und damit stimmt das syrische Zitat des Irenäus, das Harvey als Fragmentum XV veröffentlicht hat, welches bietet ܠܐ ܐܢܫ ܝܕܥ ܠܐܒܐ ܐܠܐ ܐܢ ܒܪܐ ܘܠܐ ܠܒܪܐ ܐܠܐ ܐܢ ܐܒܐ ܘܐܠܡ ܕܒܪܐ ܢܓܠܐ ܠܗܘܢ.

Somit haben wir die angebliche häretische Textform bei Justin dreimal, bei Clemens einmal, bei Irenäus selbst mehrere Male griechisch, lateinisch und syrisch, und dabei fehlt in allen diesen Formen das voluerit revelare, wofür ἀποκαλύψῃ = ܢܓܠܐ = revelaverit erscheint, und in der griechischen Form ist οὐρανῶν im Plural und οὐά für ναί vom höchsten Altertume. Unter diesen Umständen muss die Angabe des Irenäus, diese Textform sei eine gnostische Fälschung, in Zweifel gezogen werden, umsomehr als ihn auch sonst hier sein Gedächtnis täuscht, wenn er die Stelle auch im Markus in dieser Form gelesen haben will, wo sie in keiner Handschrift steht. Dann aber läge die Fälschung bei den Orthodoxen, nicht bei den Häretikern, und wir finden den Syrsin im Strome der orthodoxen Textüberlieferung. Das ist hier ausdrücklich festzulegen, um der Vermutung entgegenzutreten, dass der Syrsin einen häretisch infizierten Text enthalte, denn hier, wo wir erfahren, wie die Orthodoxen lasen, finden wir ihn orthodox. Sachlich dürfte die angeblich häretische Korrektur das originale sein, der Gedanke schreitet nur dann ebenmässig fort, wenn man liest πάντα μοι παρεδόθη ὑπὸ τοῦ πατρός μου, καὶ οὐδεὶς ἔγνω (γινώσκει?) τὸν πατέρα εἰ μὴ ὁ υἱὸς .... καὶ ᾧ (οἷς?) ἂν ὁ υἱὸς ἀποκαλύψῃ. So mit γινώσκει im Präs. bietet den Text der armenische Ephraem P. 198. Das βούληται ἀποκαλύψαι gehört der orthodoxen Fälschung an und ist demgemäss lateinisch bei Origenes Lomm. IV 330 und in Syrsin wie oben erwähnt aufgenommen, obwohl es griechisch bei Origenes noch fehlt, wie Lachmann anmerkt.

Unter diesen Umständen gewinnt nun der Text von k eine eigentümliche Beleuchtung, der eine Lücke zeigt, in die eine zweite Hand das eingeklammerte klein Gedruckte eingefügt hat. Er lautet:

---

[1] Apolog. major 63 an erster Stelle ordnet ἀποκαλύψῃ ὁ υἱός.

Am Rande	mihi om
	nia tradita sunt · a patre meo ·
neq. patrem quis agnoscit nisi filius.	et nemo agnoscit [filium nisi pater·ha·]
et. hv.	cui voluerit · filius revelare
	venite ad me etc.

Hier fehlte filium nisi pater, ha verweist auf eine mit hv markierte Randbemerkung, Raum war nur für filium nisi pater oder patrem nisi filius, beides zusammen hatte nicht Platz. Ist das nun Schreibernachlässigkeit oder aber ein Beweis dafür, dass die Vorlage von k in dieser zweifelhaften Stelle eine Lücke hatte, die auf eine Unsicherheit in der Überlieferung hindeutet? Vgl. über die ganze Stelle Schmiedel in den Protestant. Monatsheften 1900 P. 1.

Vs. 28 Beladenen mit Lasten. Syrcrt sagt mit schweren Lasten, das ist reflektierte Korrektur, denn nicht jede Last nimmt Ješu' ab. Ähnlich reflektiert ist, wenn Hrs Vs. 29 statt nehmet mein Joch auf euch (τὸν ζυγόν μου) schreibt nehmt ein Joch auf euch (סבו ניר עליכון), d. h. seid fügsam und geduldig. Aber was mein Joch in Wahrheit bedeutet, das hat dieser Recensent ebensowenig verstanden, als diejenigen, welche heute die Worte Ješu' nach Sirach 31, 26 deuten. Sirach will sagen: Unterwerft euch der Disziplin, um weise zu werden, wie 6, 24, wo sogar die ἀνάπαυσις αὐτῆς, die Beruhigung, welche die Weisheit giebt, erwähnt wird. Ješu' redet nicht allgemein vom Joche, sondern speziell von seinem Joche, das leicht ist, und ebendarum muss im Urzusammenhange dieses Schlussstückes einer Rede, deren Anfang jetzt fehlt, das Vs. 25 mit: Ich preise dich Vater, beginnt, eine Beziehung auf ein andres Joch, das schwer ist gewaltet haben. Es ist nicht schwer, dies Joch zu finden, es ist nicht das Joch des politischen Gesetzes, das עֹל מִצְוֹת, von dem im Talmud oft die Rede ist, (eine Andeutung Lightfoot's darüber ist unbeachtet geblieben) und das dem על מלכות שמים, dem Joche des Himmelreiches, den Verpflichtungen gegen Gott im engern Sinne, zur Seite gestellt wird, sondern dies letztere selbst, wie es die Rabbinen fixierten. Das geschieht Berachoth II, 1 אמר ר׳ יהושע בן קרחה למה קדמה פרשת שמע לוהיה אם שמוע? כדי שיקבל עליו על מלכות שמים תחלה ואחר כך מקבל עליו על מצות d. h. R. Josua ben Qorcha sagt: Warum steht der Abschnitt: Höre Israel (Deuter 6, 4) vor dem Abschnitte: Und wenn ihr auf meine Gebote (מצותי) hört? Darum, damit der Mensch zuerst das Joch des Himmelreiches (d. h. die auf Gott speziell bezüglichen religiösen Pflichten) und dann das Joch der Gesetze auf sich nehme. Ebenda Mischna V, 5 sagt Rabban Gamaliel, der in der Brautnacht das Höre Israel gelesen hatte, was seiner eignen Lehre nach nicht nötig war, den ihn darüber fragenden Schülern, er wolle auch nicht auf eine einzige Stunde das Joch des Himmelreiches von sich ablegen. Was das Joch des Himmelreichs dem R. Joḥannan zu sein schien, das lehrt sein Berachoth 15ª erhaltnes Wort: „Wer das Joch des Himmelreiches vollständig auf sich nehmen will, der wasche sich, reinige seine Hände, lege die Gebetsriemen an, lese das„ Höre Israel“ und bete. Das ist das Joch des Himmelreichs in seiner Totalität.“ — Pirke Aboth 3, 6 heisst es: Rabbi Neḥunja ben Haqqana sagt: „Wer das Joch der Thora (על תורה) auf sich nimmt (d. h. eifrig die Thora erfüllt) wird vom Joche der weltlichen Obrigkeit (עול מלכות) und vom Joche weltlicher Geschäfte (עול דרך ארץ) befreit, wer aber das Joch der Thora ablegt, dem legt man das der weltlichen Obrigkeit und der weltlichen Geschäfte auf.“ Das Joch des Gesetzes wird vielfach als Glück, andrerseits aber auch, wenn die pharisäischen Konsequenzen gezogen werden, als schwere Last empfunden, welche die theoretisierenden Rechtslehrer dem Volke auflegen. Vgl. oben die Stelle aus dem jerusalemer Talmud P. 83 und die Worte Ješu' von den schweren Lasten, die sie den Menschen auflegen Matth 23, 5, Apoc. Baruch 41, 3. Diese Lehrer nennen die Juden ihre „Weisen“ (חֲכָמִים[1]), und nun lese man unsre Stelle: Ješu' dankt Gott, dass das, was er gesagt hat — im gegenwärtigen Texte ist das verloren, — den verbildeten jüdischen „Weisen“ (neben denen die συνετοί ungehörig) verborgen, aber dem einfältigen Sinne offenbar ist, er spricht das Bewusstsein aus, dass ihm alle Macht — doch wohl im Reiche der Ethik[2] — übergeben ist, dass zwischen ihm und dem Vater ein gegenseitiges Kennen waltet, das er mitzuteilen, also andern zu vermitteln im Stande ist, und er ruft diese zu seinem leichten Joche, um sie vom Joche des Gesetzes, wie es die Schriftgelehrten auflegten, zu befreien. Er ist milde, jene sind streng, er schafft der Seele Ruhe, jene ein stetes ängstliches Jagen nach der Gerechtigkeit, wie R. Aqiba sagt: Alles wird von der Vorsehung geschaut, aber der Mensch hat die freie Wahl erhalten, mit Güte wird die Welt gerichtet, aber הכל לפי רב המעשה Alles hängt von der Masse der That ab. Pirqe Aboth III, 15. Eine johanneische Form des Selbstbewusstseins Ješu' liegt darin noch lange nicht.

So, glaube ich, ist das Wort mein Joch und die Erwähnung

[1] Ben Zoma sagt: Weise ist, wer von Jedermann lernt, Pirke Aboth IV, 1; diese Art ist hier nicht gemeint, sondern die sozusagen akademische Masse, die im Talmud so erwähnt zu werden pflegt, dass es heisst: Rabbi x sagt a, Rabbi y sagt non a, die Weisen aber sagen b; oder in einfacherer Form Rabbi x sagt a, die Weisen aber sagen b.

[2] Vgl. die Macht des Menschen (Menschensohn geht da nicht auf Ješu') über den Sabbath.

der Weisen nach Zeit und Umständen, unter denen Ješu' redete, ursprünglich gemeint und daher so auch auszulegen. Vgl. zu der ganzen Stelle Schmiedel, die johanneische Stelle bei Matthäus in Protest. Monatshefte (Berlin, Reimer) 1900 P. 1, Holzmann, Bibl. Theol. I, 272 und Brand, Die evangel. Geschichte (Leipzig 1893) P. 562, 576.

12, 1. Ähren zu zerreiben oder abzustreifen, so wird das Wort מלג, das hebräisch z. B. vom Abreissen der Wolle vom Schafe, syrisch vom Abreissen der feinen Haare des Hasen gebraucht wird, erklärt; herausreissen = τίλλω wird aber der genaue Sinn sein. Nach Sabbath 7, 2 ist Ernten, Garben binden, Dreschen, Worfeln, Sortieren, Mahlen und Sieben verboten, und die Gemara rechnet zum Dreschen auch das Flachsreinigen (המנפץ) und das Auskernen der Baumwolle mit einem Bogen (המנפט), dem analog das Ausrupfen der Ähre oder das Ausreiben der Körner aus den Ähren verboten sein muss. Daher die richtige Frage „Warum thun die Jünger so" — in Syrsin, Syrcrt; worauf denn die Antwort passt: Weil sie Hunger haben, genau wie David 1 Sam 21, 6 aus Hunger Verbotenes ass, und weil der Mensch mehr ist als der Tempel, in dem doch die Priester auch die Sabbathsruhe ohne schuldig zu werden brechen. In diesen Zusammenhang gehört notwendig Mrk 2, 27, dass der Sabbath um des Menschen willen da ist, woraus sich ergiebt, dass der Schluss in Matth 12, 8 sein muss: denn der Mensch (ברנשא) ist Herr des Sabbath's, und dass der Sohn des Menschen (ברה דאנשא) hier ein Irrtum ältesten Ursprunges ist. Wenn Mrk 2, 23 und Luk 6, 1 der Zug fehlt, dass die Jünger hungerten, so ist der Nerv des Beweises durchgeschnitten. Für σαββάτων, das überall im neuen Testamente in σαββάτου zu berichtigen ist, verweise ich auf die ausführliche Erörterung zu Mrk 1, 21, wo auch das Fehlen des τοῖς σάββασι in Vs. 5 bei Syrcrt und Pesch erörtert ist.

Vs. 10 seine rechte Hand, so Syrsin und Syrcrt, sonst kein Zeuge. Aber Luk 6, 6 hat es auch im Griechischen. Bezeugt Lukas den Urtext seiner Vorlagen, zu denen Matth gehörte, oder ist Matth aus Lukas in der altsyrischen Form ergänzt? — Ihn zu heilen; in Syrsin fehlt der Raum einer Zeile, es wird zu ergänzen sein ܕܐܢ [ܠܡܐܣܝܘ ܒܫܒܬܐ] ܥܠܝܗ d. h. am Sabbathe zu heilen. So Pesch, aber Syrcrt hat ܕܫܒܬܐ ܒܝܘܡܐ, wo ܒܝܘܡܐ für die Zeile des Syrsin zu viel ist. Das Heilen am Sabbath ist im Traktat Sabbath 22, 5 so gut wie absolut verboten, denn dort darf man kein Brechmittel bereiten, einem Kind kein Glied einrichten, keinen Bruch richtig legen, keine Verrenkung behandeln, doch wird darüber in der Gemara gestritten, und in Jerus. Aboda zara 40[d] sollen an Juden gewisse Krankheiten geheilt werden dürfen. So auch Jerus. Sabb. 14[d].

Da hier die Behandlung der Tiere erwähnt wird, so sei bemerkt, dass Sabb. 24, 2 ff. das Füttern des Viehes mit gewissen Beschränkungen am Sabbath erlaubt ist. Lightfoot führt aus Maimonides an, in die Grube gefallne Tiere dürfen gefüttert und auch durch hineingeworfne Teppiche zum Herauskommen gebracht werden. Das dürfte die bekannte Methode bei dem Elefanten sein, dem Reissigbündel in den Brunnen geworfen wurden, die er fein auf einander packte, um richtig heraus zu kommen. Mit welchem Unsinn haben sich diese „Gesetzgeber“ geplagt!

Vs. 15 viele Menschen, Syrsin, Syrcrt, die griechische Masse CDEG etc. hat ὄχλοι πολλοί, aber ℵBk nur πολλοί, Pesch korrigiert nach der Masse ܟܢܫ̈ܐ = ὄχλοι.

Vs. 17 dass sie zu Niemand sprächen = ܕܠܐܢܫ ܠܐ ܢܐܡܪܘܢ. Daraus wird in Syrcrt ܕܗܘܢ ܠܐܢܫ ܠܐ ܢܓܠܘܢܝܗ, und in Pesch ܕܠܐ ܢܓܠܘܢܝܗ, so dass es nun mit ἵνα μὴ φανερὸν αὐτὸν ποιήσωσι stimmt. Als was φανερὸν machen? Doch als Messias! Das ist eine totale Veränderung des Sinnes.

Vs. 22—23. Die Überlieferung der Griechen und Lateiner ist sehr schwankend, auch die drei Syrer sind uneins, die Aufgabe ist, den verstümmelten Syrsin herzustellen. Ich ergänze

Syrsin

ܗܝܕܝܢ ܩܪܒܘ ܠܗ ܠܓܒܪܐ
ܚܕ ܕ[ܫܐܕܐ ܐܝܬ ܗܘܐ]
ܟܕ [ܥܘܝܪ ܘܚܪܫ] ܘܐܣܝܗ
ܘܡܠܠ [ܚܪܫܐ] ܗܘ
ܘܫܡܥ [ܘܚܙܐ ܘܟܢܫ̈ܐ]
ܘܡܬܕܡܪܝܢ ܗܘܘ ܘܐܡܪܝܢ

Syrcrt

ܗܝܕܝܢ ܩܪܒܘ ܩܕܡܘܗܝ, ܠܓܒܪܐ
ܚܕ ܕܐܝܬ ܗܘܐ
ܥܠܘܗܝ, ܫܐܕܐ ܘܥܘܝܪ ܘܚܪܫ.
ܘܡܠܠ ܚܪܫܐ ܗܘ ܘܐܣܝܗ]
ܘܫܡܥ
ܘܡܬܕܡܪܝܢ ܗܘܘ ܟܠܗܘܢ ܟܢܫ̈ܐ
ܘܐܡܪܝܢ]

Pesch

ܗܝܕܝܢ ܩܪܒܘ ܠܗ
ܕܝܘܢܐ ܚܕ ܕܚܪܫ ܘܥܘܝܪ
ܘܐܣܝܗ]
ܐܝܟܢܐ ܕܚܪܫܐ ܘܣܡܝܐ
ܢܡܠܠ ܘܢܚܙܐ
ܘܡܬܕܡܪܝܢ ܗܘܘ ܟܠܗܘܢ ܟܢܫ̈ܐ
ܘܐܡܪܝܢ]

Die Ergänzungen im Syrsin decken sich mit k tunc oblatus est illi daemoniacus caecus et surdus[1] et curavit eum ut (Syrsin et) surdus[2] loqueretur et videret (Syrsin loquebatur et videbat)

[1] Dafür hat q mutus.

[2] Dafür hat q ita ut caecus et mutus. Innerliche Ausgleichung.

et admirabantur[1] omnes (Syr. om. omnes) turbae et dicebant. Statt des Passivs oblatus est haben alle drei Syrer aktiv offerebant ei. Hält man die Griechen dagegen, so hat die Masse mit ℵD προςηνέχθη und so Arm, aber mit den Syrern geht B nebst dem Memph und der Basler Äthiope amṣe'u lotu.

Vs. 31—32. Syrsin und Syrcrt stimmen genau zusammen, nur hat letzterer Vs. 31 wider den Geist der Heiligkeit lästern wird, wo Syrsin bloss wider den Geist lästern hat. Der Zusatz des Syrcrt ist Ausgleichung mit Vs. 32, denn auch BD Memph Arm haben nur ἡ δὲ τοῦ πνεύματος βλασφημία ohne τοῦ ἁγίου. Der Verbalsatz: jeder der lästern wird, der in den Griechen nebst Memph und Arm durch das Abstraktum ἡ βλασφημία ersetzt wird, ist auch bei den Altlateinern mit dem Zusatz von sanctum, den Syrcrt hat, vorhanden: qui autem in spiritum (sanctum Syrsin om) blasphemaverit non remittetur illi (peccatum Syrsin Syrcrt om). So haben bff¹hm, und der Zusatz peccatum wird durch das griechische ἡ βλασφημία οὐκ ἀφεθήσεται als sekundär gekennzeichnet. Es ergeben sich die Redaktionsstufen 1.: ὃς δὲ κατὰ τοῦ πνεύματος [τοῦ ἁγίου] βλασφημήσῃ οὐκ ἀφεθήσεται αὐτῷ Syrsin Syrcrt Altlat, 2. ἡ δὲ τοῦ πνεύματος βλασφημία οὐκ ἀφεθήσεται Memph Arm und darauf ruht Vulg spiritus autem blasphemia non remittetur, neben der k q spiritus blasphemiae[2] als innerlateinische Redaktion haben: d. h. der Geist der Lästerung wird nicht verziehen, denn remittetur steht im Singular. Dies erweitert die griechische Masse in ἡ δὲ τοῦ πν. βλ. οὐκ ἀφεθήσεται τοῖς ἀνθρώποις, und das korrigiert die Pesch in den syrischen alten Text. Da B in Vs. 31 hat ἀφεθήσεται ὑμῖν τοῖς ἀνθρώποις, so ist es wichtig darauf hinzuweisen, dass dies auch der Hrs und zwar er allein hat. Sein Text ist כול סכלא ונדפין ישתבֿקון לכון לבֿנינשא. נדפיא די דעל רוחא דקודשא לא ישתבקון. ומן דיאמור מלא על ברה דגברא ישתבק לה. ומן דיאמור על רוחא דקודשא לא ישתבק לה וש'. Im folgenden Verse zeigt B die deutlichsten Spuren dogmatischer Redaktion, denn er schreibt: καὶ ὃς ἐὰν εἴπῃ λόγον κατὰ τοῦ υἱοῦ τοῦ ἀνθρώπου οὐκ ἀφεθήσεται αὐτῷ, worauf denn die zweite Hand das οὐκ gestrichen hat. — Statt des griechischen ὃς δ'ἂν εἴπῃ κατὰ τοῦ πνεύματος τ. ἁγ., das alle Griechen Memph Hrs Arm und Lateiner, auch Cyprian I 142 haben, zeigen Syrsin und Syrcrt ܢܓܕܦ = ὃς δ'ἂν βλασφημήσῃ,

---

[1] Dafür in q stupebant.

[2] Der Codex aur. hat dann durch Rückkorrektur spiritus autem blasphemia[e], in dem das blasphemia der Vulg durch Zusatz des kleinen [e] wieder auf die ältere Stufe gebracht wird. Der Rhedig (l) hat die Worte weggelassen; er hat nur [31] omne peccatum et blasphemia remittetur hominibus [32] et quicumque dixerit verba contra filium hominis remittetur ei. Das ist die Lesart in X al 6 und in ag¹l Victorin. Das sieht aus wie Streichung vor der Parallele in Vs. 32.

welches nach den Griechen von Pesch in ܢܐܡܪ = εἴπῃ korrigiert wird. In diesem εἴπῃ liegt eine bedeutende dogmatische Verschärfung, selbst das geringste Wort gegen den heiligen Geist ist eine unsühnbare Sünde, — nach Syrsin und Syrcrt ist aber nur das unsühnbar, wenn Jemand den heiligen Geist lästert. Mrk 3, 28 hat βλασφημήσῃ auch griechisch, ebenso Luk 12, 10, doch ist auch im Lukas von einer Reihe von Zeugen das βλασφημήσῃ entweder beseitigt, und dafür wie in Matth εἴπῃ eingestellt, wie in q spu autem sco qui dixerit non remittetur ei, dem iqebc und Tertullian contr. Marc 4, 28 ähnlich sind, — oder es ist durch Streichung des βλασφημήσῃ das Verbum des ersten Satzes für den zweiten benutzt, was D thut, der auch nach Matth kompletiert. Er hat: καὶ πᾶς ὃς ἂν ἐρεῖ λόγον εἰς τὸν υἱὸν τοῦ ἀνθρώπου ἀφεθήσεται αὐτῷ εἰς δὲ τὸ πνα τὸ ἅγιον οὐκ ἀφεθήσεται αὐτῷ. οὔτε ἐν τῷ αἰῶνι τούτῳ οὔτε ἐν τῷ μέλλοντι. Es wäre wunderbar, wenn sich an einer solchen Stelle der theologische Vorwitz nicht geltend gemacht haben sollte. Ich frage: Hängen diese Varianten mit den Kämpfen um die Lehre vom heiligen Geiste zusammen, die im dritten Jahrhundert geführt sind? Ist nicht vielleicht der ganze Vs. 31 und 32 eine Umarbeitung eines ältern einfacheren in Luk 12, 10 enthaltnen Wortes Ješu', das dort ohne Zusammenhang in der ältesten Form erhalten ist? Kuinoel sagte schon: Quae (Luc 12) versu 10 leguntur ea Christus haud dubie alio tempore dixit und De Wette stimmt dem zu.

Vs. 33. Die Logik fordert nach dem Zusammenhange den Bau so zu fassen: An den Früchten erkennt man den Baum, — ist die Frucht (hier die Dämonenaustreibung) gut, so ist der Baum (hier Ješu') gut. Dieser Forderung entspricht der griechische Text, in dem die Glieder umgestellt sind, nicht. Er lautet: Entweder setzt (= haltet, erklärt) den Baum gut und seine Frucht gut oder umgekehrt. Es müsste heissen: Setzt die Frucht, dann aber auch den Baum gut oder umgekehrt, denn nach der Frucht wird der Baum beurteilt. Trotz dieser logischen Schwierigkeit zeigte der Text keine Variante, bis der Syrsin statt ποιήσατε = ܥܒܕܘ (so Syrcrt Pesch) den Singular ܥܒܕ = ποίει oder ποιεῖ oder ἐποίησε aufwies. Da sich das Wort zweimal in dieser Form zeigt, hat man keine Ursache, es als nachlässige Orthographie für ܥܒܕܘ anzusehn. Danach drückt Syrsin den Text aus: ἢ ποιεῖ (oder ποίει) τὸ δένδρον καλὸν — καὶ οἱ καρποὶ αὐτοῦ (εἰσὶ) καλοί, ἢ ποιεῖ (oder ποίει) τὸ δένδρον πονηρὸν καὶ οἱ καρποὶ αὐτοῦ (εἰσὶ) πονηροί. So (πονηροί statt σαπροί) schreiben die Lateiner malum, der Arm չար, der Memph ϩⲱⲟⲩ d. i. πονηρός, und die Pesch hat wie Memph und Arm überall ܒܝܫܐ malus für σαπρός, nur Agsch 4, 29 setzt sie ܣܢܝܐ = exosus, und der Arm տգեղ.

Da die imperativische Fassung ποίει die logische Schwierigkeit bestehen lässt, so habe ich ποιεῖ gedeutet und danach übersetzt. Da mir aber auch das nicht genügt, habe ich die Vermutung gewagt, der Ausdruck decke εὖ πράττειν, da πράττειν nur bei Luk Paulus und Johannes, nicht aber in den übrigen neutestamentlichen Schriften vorkommt. Sinn: Entweder ist der Baum gesund, dann sind seine Früchte gut, oder umgekehrt, da meine Früchte gut sind, so ...

Vs. 34 griechisch τὸ στόμα λαλεῖ, aber Cyprian und k emittit und genau so Syrsin und Syrcrt ܡܦܩ, das dann Pesch durch ܡܡܠܠ mit dem Griechischen ausgleicht.

Vs. 35 haben Syrsin und Syrcrt beide Male θησαυροῦ τῆς καρδίας = ܕܒܠܒܗ = qui in corde ejus. So auch Arm Altlat und griechisch L nebst 1. 22. 33 al. Pesch streicht das ܕܒܠܒܗ. — Statt ἐκβάλλει πονηρά haben Syrsin und Syrcrt λαλεῖ πονηρά, das Pesch korrigiert.

Vs. 38 ist καὶ Φαρισαίων verdächtig, der Syrcrt zeigt im Verhältnis zu Syrsin und Pesch Spuren einer redigierenden Hand. Sodann: wir wollen von dir irgend ein Zeichen sehen. Vgl. 16, 1; 24, 3. Dies uns absonderlich scheinende Verlangen lag der Zeit Ješu' nahe, ich führe aus der Gemara Sanhedrin 98^a (unten) eine Parallele an. Den Rabbi Jose ben Qisma fragten seine Schüler: Wann wird der Davidide kommen? Er antwortete: Ich fürchte, dass ihr von mir ein Zeichen (אות) fordern werdet. Da sprachen sie: Wir fordern kein Zeichen von dir, er aber sagte: Wann dieses Thor eingefallen sein und wiedergebaut sein wird und noch einmal eingefallen und wiedergebaut sein wird, und wann es dann (zum dritten Male) einfällt, werden sie nicht Zeit haben es zu bauen, bis der Davidide kommt. Da sagten sie ihm: Unser Meister, gieb uns ein Zeichen! Er antwortete: Habt ihr mir nicht gesagt, dass ihr kein Zeichen von mir fordert? Sie aber sagten: Trotzdem! Da sprach er zu ihnen: Wenn er kommt, werden die Wasser (der Jordanquelle) in der Höhle von Paneas sich in Blut verwandeln. Und in seiner Todesstunde verwandelten sie sich in Blut. Dann befahl er ihnen seinen Sarg tief einzugraben, damit er nicht von den Kriegern im Kampfe Gogs und Magog's als Pferdekrippe gebraucht werde. — Hier wird also ein Zeichen gefordert, verweigert und gegeben, und zwar eines, an dem man die Ankunft des Messias erkennt.

Vs. 40 und wie Jaunan, alle andern Zeugen denn wie, was starke Anstraffung des Sinnes ist. Iren 5, 31, 1 hat kein enim, aber die Stelle ist nicht zwingend, er hat auch nur Jonas statt des Jaunan der Prophet im Syrsin. Dies und oder denn dürfte auf die Entscheidung über den strittigen Sinn der Stelle und über die Vermutung, dass hier ein „ungeschickter Zusatz“ vorliege, einen gewichtigen Einfluss ausüben. Luk 11, 30 hat Syrsin ganz richtig das γάρ ausgedrückt, das er hier nicht kennt.

Vs. 43. Auch hier leidet die Anknüpfung Not, Syrsin hat kein δέ, das Syrcrt und Pesch einsetzen. Dass hier gefeilt ist, ergiebt sich auch daraus, dass k und etliche andre Griechen das δέ auslassen, und dass Chrysostomus und die Handschrift Moskau 6 γάρ lesen.[1] Ich bemerke, dass ich die Vertauschung von δε = ܕܝܢ und γαρ = ܓܝܪ in der Pesch nicht angemerkt habe. Diese Partikeln haben den Syrern mehr Schwierigkeiten bereitet, als man sich heute denken kann. So ist ὅστις γὰρ Vs. 50 in Pesch als ὅστις δὲ ausgedrückt.

Vs. 46 liefert wieder ein Beispiel der Art, wie die lose Zusammenfügung des ersten Verfassers des Evangeliums von den Redaktoren durch eine künstliche Bearbeitung enger verknüpft und in genaueren Zusammenhang gesetzt ist. Der Syrsin hat nur: Und während er zu den (oder dem) Volkshaufen redet, siehe da stehen seine Mutter u. s. w. Nach dem Zusammenhange redet er aber von Vs. 24 und 38 an nur zu den Schriftgelehrten und Pharisäern, und Vs. 43 ff. schweben in der Luft. Aus dem Syrsin, der sich mit ℵB ἔτι αὐτοῦ λαλοῦντος ziemlich, mit g² et adhuc eo loquente genau deckt, wird dann in k und h: Während er dies (— also Vs. 43 ff.) redete, wodurch der Zusammenhang bedeutend angespannt wird. Die griechische Masse hilft mit δέ nach[2] und schreibt ἔτι δὲ αὐτοῦ λαλοῦντος, während DLZ das ἔτι nicht haben, aber mit δέ den Satz flüssig machen. Dabei steht diese Episode in Luk 8, 19 Mrk 3, 31 in gänzlich verschiedner Umgebung, denn Mrk springt direkt von Matth 12, 32 auf Vs. 46, Lukas aber lässt die Parabel vom Säemann und Matth 5, 15 vorangehen und hat das ἔτι αὐτοῦ λαλοῦντος überhaupt gar nicht. Die Textkritik, welche die Vernähung der Lücke wahrnimmt, schlägt in Kompositionskritik um. Dabei giebt sich denn Vs. 47 sofort als mechanische aus Vs. 48 herausgesponnene Ergänzung zu erkennen, die in Syrsin und Syrcrt noch nicht gemacht ist. Mit ihnen haben den Zusatz noch nicht ℵ*B 126. 225. 238. 400 und von den Lateinern kff¹. Der Zusatz erscheint aber in Pesch Memph Hieronymus und Armenier, ist also vor 350 rund gemacht worden. Es steht in D! und ist in ℵ zweiter Hand eingesetzt, natürlich hat ihn die griechische

---

[1] Das heisst der von Matthäi zu unsrer Stelle verglichne Codex von Chrysostomus Homilien. Gregory-Tischendorf III 250.

[2] Auch 13, 1 schwankt die Anknüpfung, Syrsin hat gar keine: An diesem Tage mit ℵBZ, Altlat und Arm, Memph; — der Syrcrt setzt und an diesem Tage; — die griechische Masse schiebt δὲ ein, und das bringt die Pesch in den Text, und E* setzt den Plural ἐν δὲ ταῖς ἡμερ. ἐκείναις. Auch ἐξελθὼν und ἐκ τῆς οἰκίας schwanken. Das letztere sieht wie rationale Ergänzung zu ἐξελθὼν aus. Es fehlt in Syrsin Dk und Altlat.

Masse ℵ[a]CEFGKMSUVXZΔΠ al. Hier zeigen sich die Schichten und D ist nicht rein geblieben. Epiphanius 30, 14 führt den Vers an, ob aber aus dem Evangelium der Ebionisten, das ist nicht sicher. — Der Schluss Vs. 59 lautet in Syrsin genau: der ist meine Brüder und meine Schwestern und meine Mutter.

XIII, 3 zu säen Samen. Dies σπόρον hat Syrsin hier, im Luk 8, 4 (und Mrk 4, 1) aber nicht. Syrcrt und Pesch tilgen es. Es kann in Syrsin nicht aus Luk stammen, da er es dort nicht hat. Es steht hier auch in einzelnen Griechen und bff[1] τὸν σπόρον αὐτοῦ. Aber Justin contra Tryphonem 125 hat nur τὸν σπόρον. — Das weil Sonnenaufgang war hat nur Syrsin.

Vs. 6 ܕܗܘܐ ܥܠܝܗ ist Femininsuffix ohne vorhergehendes Femininum, es sollte ܥܠܘܗܝ sein. Schreibfehler? Durchaus nicht, sondern Redaktionsspur, denn obwohl Pesch überall Maskulina hat, tauchen in Syrcrt Vs. 5 ܢܦܩܬ Vs. 6 ܝܒܫܬ, ܐܥܪܩܬ und Vs. 7 und 8 ܚܢܩܬ und ܢܦܠܬ ܘܐܪܥܬܐ auf, so dass er auch ܘܝܗܒܗ̇ schreiben musste. Wir sehen hier die Arbeit der syrischen Redaktoren mit eignen Augen. Zu ihr gehört auch, dass Syrcrt, ohne von andern Zeugen begleitet zu sein, in

Vs. 8 ܘܝܗܒܬ ܦܐܪܐ ܘܪܒܘ ܘܝܗܒܘ schreibt, also ergänzt: und es gab Früchte und die wurden gross und gaben — etliche hundert u. s. w.

Vs. 9. der Ohren hat höre, — es fehlt zu hören ἀκούειν, das die griechische Masse hat, und demgemäss die Pesch mit ܕܢܫܡܥ und noch exakter Syrcrt im Infinitiv ܠܡܫܡܥ einsetzt. Auch D hat es, nicht aber ℵBL. Vgl. 11, 15 und Tertullian contra Marc 4, 19.

Vs. 11 das Königreich, ohne der Himmel, das auch bei den Altlateinern abkff[2] fehlt. Irenäus 4, 45, 1 hat es im gedruckten Texte, Syrcrt und Pesch setzen es ein. — Vs. 12 fehlt durch Schreibversehn ܠܗ nach ܡܢ ܕܐܝܬ, ob aber das fehlende Wort für καὶ περισσευθήσεται irrtümlich ausgelassen ist, bleibt fraglich, zumal bei Irenäus der Schluss von Vs. 11 und der ganze Vs. 12 fehlt, der sich bei näherer Erwägung hier als überflüssig und den Zusammenhang durchbrechend erweist. Wieder hat ihn Luk 8, 18 in anderem Zusammenhange.

Vs. 13—15. Da Luk 8, 10 und Mrk 4, 12 die Verweisung auf das Wort des Jes 6, 9, dessen Erfüllung hier nachgewiesen werden soll, nicht haben, so wird diese schriftgelehrte Anmerkung von Haus aus nicht als Wort Ješu' überliefert sein. Seine Antwort war das tiefsinnige: Wer hat, dem wird gegeben, und dazu hat er einfach eine sehr feine Anspielung auf Jesajas gemacht. Unser Text ist als einer der vielfachen dem Matthäus eigentümlichen Erfüllungsnachweise anzusehen, die er mit den Worten einführt: Auf dass erfüllt werde das Wort .... 1, 22; 2, 15, 17, 23 u. s. w. Dann ist nur Vs. 13 ein Wort Ješu', Vs. 14—15 gehört dem theologisierenden Schriftsteller. Der Sinn ist: Ich rede in Parabeln, weil die Hörer die hüllenlose abstrakte Darstellung nicht verstehn würden. Nachdem aber der theologisierende Evangelist einmal Jesaj 6, 9 eingesetzt hatte, sind die Redaktoren unter dem Drucke ihrer Gelehrsamkeit weitergegangen und haben, die Griechen unter Vergleichung der Septuaginta, die Syrer unter Vergleichung der alttestamentlichen Peschita, zum Texte hinzugesetzt und gestrichen. Daraus erklärt sich der Befund der Handschriften. Der erste Zusatz ist die letzte Phrase in Vs. 13 μή πότε ἐπιστρέψωσιν, wodurch der Sinn der Stelle in vollkommnen Unsinn verkehrt wird. Welcher Vernünftige kann sagen, Ješu' habe darum in Gleichnissen geredet, damit die Hörer sich nicht bekehren.[1] Irenäus IV, 45 hat den Zusatz noch nicht[2], aber er ist sehr alt, denn er steht in Syrsin, Syrcrt kbc und so in D und etwa zwölf andern Griechen. Damit hängt dann die Schwankung in den Worten Vs. 13 οὐδὲ συνιοῦσιν zusammen. Soll Ješu' lehren, damit sie es nicht begreifen? Irenäus im echten Texte hat sie nicht, sie sind ihm aber eingesetzt und finden sich schon in Syrsin Syrcrt k D, und dann natürlich in den Spätern, dem Memph, Vulg, Arm nach der griechischen Textform, — aber das μή πότε ἐπιστρέψωσι fehlt in allen diesen Zeugen.

Gehn wir nun zum Zitate selbst, so ist aus Irenäus nur sein Umfang zu entnehmen, nicht sein genauer Wortlaut, weil Irenäus nach der Vulgata korrigiert, und von seinem echten Texte nur incrassatum stehen geblieben ist. Die Sachlage ist diese: Die hebräisch als Imperative traditionell vokalisierten Wörter Jes 6, 9

[1] Selbst wenn durch die Parabelvorträge nach Meyer-Weiss zu Mrk 4, 10 ff. nur die Scheidung der Empfänglichen und der Stumpfen bewirkt würde, so wäre das Wort: „damit sie sich nicht bekehren" unmöglich. Ist es denn aber wirklich für einen Zeitgenossen so schwer gewesen, diese Parabeln zu verstehen? Das glaube, wer Lust hat, — Matth 21, 45 verstehen die Pharisäer sehr genau, was Ješu' meint.

[2] Ich setze den Text, da er doch nicht Jedem zur Hand ist, hier her: Quare in parabolis loqueris eis? Respondit Dominus: Quoniam vobis est datum cognoscere [Harvey nosse] mysterium regni caelorum; illis autem in parabolis loquor, ut videntes non videant, et audientes non audiant, [intelligentes non intelligant] ut impleretur erga eos prophetia Esajae dicens: Incrassatum est [so die Mspp., aber lies incrassa] cor populi hujus et aures eorum obtura et oculos eorum excoeca. Vestri autem beati oculi, qui vident quae vos videtis, et aures vestrae, quae [Ms Arundel. quoniam] audiunt, quae auditis. So nach dem Msp. Claromontanum. Incrassatum hat Harvey nach den folgenden Imperativen logisch zwar richtig in incrassa, wie auch k hat, (wogegen q incrassatum) verbessert, aber die Sache hat einen Haken. Die Worte intelligentes non intelligant, die sich schon durch das fehlende et als Einschub erweisen, fehlen im Ms. Claromont. und sind unecht.

הַשְׁמֵן, הַכְבֵּד, הָשַׁע, verfette, verdicke, verstreiche, sind von der Septuaginta als Perfektum Hofal und Hifil gelesen הָשְׁמַן, הִכְבִּד, הֵשַׁע und daher übersetzt ἐπαχύνθη, und dann umschreibend אָזְנָיו הִכְבִּיד = τοῖς ὠσὶν αὐτῶν βαρέως ἤκουσαν, und analog עֵינָיו הֵשַׁע = τοὺς ὀφθαλμοὺς ἐκάμμυσαν, und dieser Septuagintatext ist in das griechische Evangelium aufgenommen. Dagegen hat Hieronymus nach dem Hebräischen geschrieben: excaeca cor populi hujus, et aures ejus aggrava et oculos ejus claude, also Imperative, wie sie der korrigierte Irenäus hat, der echte aber nicht gehabt haben kann, da sein Original die Septuaginta war, und darum sein Übersetzer den Septuagintentext übersetzt haben muss. Von diesem Übersetzer stammt dann noch incrassatum, — dessen Beseitigung durch Harvey also grade darum unzulässig ist, weil es nicht in die Konstruktion passt, also Rest der alten Übersetzung sein muss. Das folgende obtura und excoeca ist der Vulgata konformiert, aber echte altlateinische Lesart war nach qbff² Rhedig Aur und d diese: incrassatum (d ingrassatum) est enim cor populi hujus et auribus graviter audierunt et oculos suos gravaverunt (cluserunt richtig ff²d Rhedig, clauserunt Aur), was genau mit der Septuaginta übereinstimmt. In unserem Falle ist auch k durch Vulgata beeinflusst, da er Imperative zeigt und so liest: incrassa cor pori (lies populi) hujus · et auricula pejus (lies ejus) obtura · et oculis (lies los) eorum gravia (lies grava).

Hieraus ergiebt sich, dass wir aus Irenäus, der mit Hülfe der Altlateiner herzustellen ist, nur den Umfang des Zitates entnehmen können, das echt so lautete: incrassatum est cor populi hujus et auribus graviter audierunt et oculos suos cluserunt. Ist dies der Urtext des Evangelisten, so ist er bei Griechen und Syrern aus Jes 6, 9 durch Zusätze erweitert, aber ungleichmässig, so dass wir nur die mit Irenäus stimmenden Stücke als echt ansehn dürfen. Die Texte liegen so, dass man die verschiedenen gelehrten Kompletierungen aus Jesajas mit Händen greifen kann. Die Aufgabe ist, durch Vergleichung der Altlateiner und Syrer die stufenweise Entwicklung des Textes anschaulich zu machen und danach die Stufen der griechischen Redaktionen zu fixieren. Die Grundlage bietet der berichtigte Irenäus, ihm ist zu koordinieren qff² Rhedig Aur, die in entscheidenden Punkten mit der Peschita gehn, während k abweicht und mit Syrsin und Syrcrt in der Auffassung stimmt, aber diese Syrer sind noch mehr erweitert als die lateinischen Texte. Ich gebe die Syrer in lateinischer Übersetzung, um die Vergleichung übersichtlicher zu machen:

---

[1] Ich bemerke für diejenigen, die die Manier des Hieronymus nicht kennen, dass er bei seiner Übersetzung oft nur die Sept. nach dem Hebr. berichtigt.

Syrsin Syrcrt Armenier, letzterer griechisch beeinflusst

11 Ille vero [Ar om] respondit et dixit illis:
Quia vobis datum est scire
mysterium [Ar ia?] regni [Syrc Ar caelorum],
[et Ar] illis autem [Ar om] non est datum
[Syrc Ar add scire].

12 Cui est enim dabitur ei [Syrc et augebitur ei
Ar augebitur ohne ei], et cui non est
et [Syrc om et] etiam [Arm om etiam]
res quae ei est [Arm quod habet]
sumetur ab eo.

13 Propterea in parabolis loquor cum eis,
ut rem, quam vident, non videant,
[Ar nur ut videant et non videant]
et rem, quam audiunt, non audiant
[Ar et audiant et non audiant]
et non intelligant
ne unquam convertantur [Ar om]

14 **ut** compleatur [Syrc Ar et completur] super eos
[Syrc om Arm in eis] prophetia Iesajae Prophetae
[Ar om proph.], qui dixit [Ar dicit]:
Auditum [Syrc Ar audiendo] audietis et non
intellegetis, et videndo [Syrc visionem] videbitis
et non **videbitis**

15 Incrassatum **enim** est cor populi hujus
et aures suas aggraverunt [Ar et auribus
suis graviter audierunt] ut non audiant
[Ar om membrum] et oculos suos clauserunt
ne [Ar ne forte] videant oculis suis — [Ar om suis]
et audiant auribus suis [Ar om suis]
et intelligant corde ipsorum
[**Ar Syrc** add. **et convertantur et sanem eos**]

16 Vestri autem beati oculi, qui [Ar quod] vident
beatae [Ar et statt beatae] aures vestrae quae
[Ar quod] audiunt!

17 Amen enim [Ar om enim] dico vobis.

k

11 ille autem respondit et dixit:
Qui[a] vobis datum est cognoscere
sacramentum regni, — illis
autem non est datum,

12 qui enim habetur [leg. habet dabitur] illi,
et abundabit,
qui autem non habet, et quod habet,
autferetur ab eo.

13 Propterea in similitudinibus loquor illis
ut videntes non videant,
et audientes non audiant

et non intelligant,
ne forte convertantur.

14 **Et** tunc implebitur super eos
profetatio Iesaiae dicens:
. . . .
. . . .
. . . .
. . .

15 Incrassa cor pori [leg. populi] hujus
et auricula pejus [leg. las ejus] obtura,
et oculis eorum gravia
. . . .
. . . .
. . . .
. . . .
ne forte convertantur.

16 Vestri autem felices oculi, quoniam viden[t]
et aures vestrae, quoniam audiunt!

17 Amen enim dico vobis.

äus in Vs. 15 nach der igen Bemerkung be- richtigt	q Rhedig Aur Vulg	Peschita, die mit dem Memph auf gleicher Stufe
oniam vobis est datum cog- scere mysterium regni cae- um, **illis** autem . . .	11 Quia vobis datum est nosse mysterium [ia V] regni caelorum, illis autem non est datum,	11 et dixit illis: Vobis datum est scire mysterium [iaM] regni caelorum, illis autem non est datum
. . . .	12 qui enim habet, dabitur ei et abundabit [R vit] illi [RAV om illi], qui autem non habet et [A om] quod ha- auferetur ab eo. [bet	12 cui enim est, dabitur ei et cumulabitur ei, et cui non est, et etiam quod ei est auferetur ab eo.
- in parabolis loquor videntes non videant audientes non audiant.	13 Ideo in parabolis loquor illis [RAV eis], **quoniam** [RAV quia] videntes non vi- et audientes non audiunt [dent,	[cum illis 13 Propterea in parabolis loquor **quia** vident et non vident et audiunt et non audiunt
. . . .	neque intellegunt	et non intelligunt. . . . .
t impleretur erga eos phetia Esaiae dicens	[eis, 14 **et** completur illis [V et adimpletur in A et tunc implebitur in illis, R **ut** ad- impleatur in eis] profetiae aesaiae [RAV tia Esa] dicentis [V dicens]: Auditu [A aure] audietis et non intelligetis et vi- dentes videbitis et non **videbitis.**	14 **et** completur in iis prophetia Iesaiae [audietis dicentis [M=ἡ λέγουσα]: Auditum et non intelligetis et vi- dendo videbitis et non **scietis.**
[hujus ncrassatum [est cor populi auribus graviter audierunt oculos suos cluserunt]	15 Incrassatum est **enim** cor populi hujus et auribus graviter audierunt [erunt, et oculos suos gravaverunt [RV clus- A claus.] ne quando videant oculis [RA oc. vid.] et auribus audiant et corde intelligant et **convertantur et sanem eos**	[puli hujus 15 Incrassatum est **enim** cor po- et auribus suis graviter audi- et oculos suos clauserunt [erunt ne videant oculis suis et audiant auribus suis et intelligant corde ipsorum **et convertantur et sanem eos**
estri autem beati oculi, qui ent **quae vos videtis**, et es vestrae, quae [Arndl niam] audiunt **quae audi-** [Arndl audistis]	16 Vestri autem beati oculi quoniam [V quia] vident et aures quoniam [V quia] audiunt. 17 Amen autem [V quippe] dico vobis	[vident 16 Vestri autem beati oculi qui et aures vestrae, quae audiunt 17 Amen **enim** dico vobis.

Man sieht hier den Text auf dem Grunde der Jesajasbeziehung gradezu wachsen, Irenäus hat Vs. 12 noch nicht, der in k auftritt. Auch in Vs. 13 ist k gegen Irenäus um zwei Glieder vermehrt, die aus Jesajas stammen. In Vs. 14 stimmen beide, aber in Vs. 15 hat Irenäus im Eingange das et oculos suos cluserunt (die Handschriften haben dafür et oculos eorum excoeca) mehr als k, während k am Schlusse ne forte convertantur gegen Irenäus bietet. Vs. 16 zeigt k, dass bei Irenäus quae vos videtis und quae auditis unecht und dann wohl aus Luk 10, 23 entlehnt ist, ein Zusatz, den sonst keiner der zusammengestellten Zeugen hat.

Noch weiter ist die Ergänzung in Syrsin und Syrcrt etc. vorgeschritten, denn sie haben Vs. 14 mit dem Jesajaszitat ergänzt und in Vs. 15 das Zitat vervollständigt. Aber dabei ist ihnen das ne unquam convertantur, wie in k, nach Vs. 13 geraten, so dass sie es Vs. 15 weglassen, wo es k auch hat, bei dem es doppelt erscheint. Dieser Unzuträglichkeit macht der Armenier auf Grund der griechischen Vorlagen, nach denen er seine Umarbeitung ausgeführt hat, ein Ende, er streicht die Worte Vs. 13, setzt sie Vs. 15 ein und fügt das et sanem eos, das inzwischen bei den Griechen ergänzt worden war, bei. Nun steht da, dass sie nicht geheilt werden sollen, während Ješu' überall Heilungen ausgeführt hat. Diese letztere Ungeschicklichkeit ist Mrk 4, 12 wenigstens vermieden.

Die drei behandelten Texte sind durch die dogmatische Verwendung der Verstockungslehre, die sich in dem ut Vs. 13 und 14 zur Geltung bringt, unabtrennbar verbunden. Dieser Fassung steht prinzipiell die mit quoniam und quia in qRAV Pesch Memph entgegen, diese Zeugen folgen daher einer andern Schule und Exegese.

Das führt auf Irenäus zurück. Er benutzt die Stelle, um über die Verstockung des Pharao eine Erklärung abzugeben. Seine gnostischen Gegner sagen: Gott hat das Herz Pharaos und seiner Diener verstockt (induravit). Das aber erscheint dem Irenäus als eine Beleidigung Gottes, dem solches Verstocken nicht zugeschrieben werden darf. Er sagt daher: Qui ergo haec imputant, non legunt in Evangelio etc. d. h. die, welche Gott das imputieren d. i. zurechnen, Schuld geben, haben unsre Stelle im Evangelium nicht gelesen. Hier lehnt also Irenäus den gnostischen Vorwurf, Gott verstocke, ganz entschieden von Gott ab, er ist also weit entfernt davon, die Verstockung als etwas in Wahrheit von Gott Gewolltes und von Gott Gemachtes anzuerkennen. Dass sich das wirklich so verhält, beweist die Art, wie er es durch eine Vergleichung erläutert, denn er schiebt den Defekt bei der Verstockung in den Menschen, setzt dessen Freiheit voraus und findet das, was man Verstockung nennt, nicht als von Gott, sondern vom Menschen in sich selbst hervorgebracht, so dass Gott nur geschehen lässt. Seine Worte lauten: Unus enim et idem Deus his quidem, qui non credunt, sed nullificant eum [Ms Clarom. om eum], infert caecitatem, quemadmodum sol, qui est creatura ejus, his qui propter aliquam infirmitatem oculorum non possunt contemplari lumem ejus; his autem qui credunt ei et sequuntur eum, pleniorem et majorem illuminationem mentis praestat — und das heisst doch Nichts anderes als: Wie das kranke Auge von der Sonne geblendet wird, — woran die Sonne unschuldig ist, — so wird der glaubenkranke Mensch von Gott geblendet, — was nicht Gottes Schuld, Deo non imputandum est — während der Gläubige und Gehorsame durch die von Gott ausgehende Erleuchtung immer heller und besser erleuchtet wird. Die bewusste Willensaktion Gottes, die es bezweckt gewisse Menschen zu verstocken, ist gänzlich abgelehnt, und Selbstverstockung des Menschen an ihre Stelle gesetzt. Damit sind denn die Gnostiker widerlegt. Nach diesem Schema will er dann auch Paulus Ausdrücke 2 Kor 4, 4, Röm 1, 28, 2 Thess 2, 11 verstanden und gedeutet wissen, wie er III, 7, 1 schon angekündigt hat.

Hieraus ergiebt sich, dass Irenäus unsere Evangelienstelle Matth 13, 11—16 nicht zitiert um die Verstockung im landläufigen Sinne zu beweisen, sondern umgekehrt um sie abzulehnen. Da nun 1. der gegenwärtige Irenäustext diesem Zwecke nicht dient, sondern durch die Lesart Vs. 13 **ut** videntes non videant **et** audientes non audiant das Gegenteil beweisen würde, — da er 2. in der imperativischen Form, in der Vs. 15 gelesen wird mit obtura und excaeca, nicht aus der Septuaginta stammen kann, die diese Übersetzung nicht hat, wohl aber klärlich nach der hieronymeischen Übersetzung der hebraea veritas, die excaeca, aggrava, claude hat, korrigiert ist P. 212, so ergiebt sich, dass der ganze Text des Irenäus hier im Sinne der landläufigen Verstockungslehre verdorben ist. Nur der Umfang des noch nicht interpolierten Textes ist durch sein Zitat festgestellt. Das Anwachsen haben wir vor Augen, und Irenäus hat Vs. 13 nicht **ut** sondern quoniam oder quia geschrieben. Nur so entspricht sein Zitat dem Zwecke, für welchen es angeführt wird. Hieraus folgt dann schliesslich, dass auch Vs. 14 nicht **ut impleretur** seine Lesart war, sondern et implebitur, wie kq gerettet hat, was aber sachlich impletur sein sollte. Der Sinn der Stelle ist also nach dem ältesten erreichbaren Texte: Ich rede mit ihnen in Gleichnissen, weil sie stumpfsinnig sind, — das Wort des Jesajas, ihr Herz ist zugeschlossen, sie hören und sehen nicht, trotz der Augen und Ohren, wird an ihnen zur Wahrheit.

Von da aus gehen die theologasternden Erweiterungen, und diese haben schon sogar im Syrsin Platz erhalten. Wo, wann, durch wen?

Nun versteht man auch die Lage des griechischen Textes, D gehört zur Gruppe Pseudiren k Syrsin Syrcrt Arm, aber er ist noch mehr vervollständigt, als wir in q und Peschita den Text lesen, denn er ergänzt aus Jes 6, 9 noch πορεύθητι καὶ εἰπὲ τῷ λαῷ τούτῳ, was selbst in q Pesch Bא noch fehlt, aber wie in D so auch in abcdff2 erscheint. Daneben unterscheidet sich D und sein Gefolge aber von der Gruppe q Pesch Bא fundamental durch **ut** = ἵνα, das in Vs. 13 statt **quoniam** gesetzt, sachlich eine völlig andere Wendung giebt. Dagegen geht Bא mit dieser Gruppe auch betreffs des quoniam = ὅτι Vs. 13.

Weil der Fall für die Textkritik so höchst bedeutsam ist, da man auf einer der beiden Seiten in jedem Falle einen dogmatisch reflektierenden Fälscher (vulgo Redaktor) in flagranti ertappt,[1] so setze ich DBא hier komparativ ein und stelle dazu das lateinische Gefolge von D, nämlich abcdg[1]

D	ο	δε	αποκριθεισ	ειπεν	αυτοισ	οτι	ὑμειν	δεδοται	γνωναι	τα	μυστηρια
B	—	—	—	—	—	—	ὑμῖ	—	—	—	—
א	—	—	—	—	fehlt	—	ὑμιν	—	γνωνε	—	—

D	τησ	βασιλειασ	των	ουρανω̄	εκεινοισ	δε	ου	δεδοται	Οστισ	γαρ	εχει
B	—	—	—	—	—	—	—	—	—	—	—
א	—	—	—	—	εχινοις	—	—	—	—	—	—

D	δοθησεται	αυτω	και	περισσευθησεται	οστισ	δε	ουχ	εχει ·	και	ο	εχει
B	—	—	—	—	—	—	—	—	και	—	—
א	δοθησετε	—	—	περισσευθησετε	—	—	—	εχι	και	—	—

D	αρθησεται	απ	αυτου	δια	τουτο	εν	παραβολαις	λαλει[2]	αυτοισ	ἵνα
B	—	—	—	—	—	—	—	αυτοις	λαλω	οτι
א	αρθησετε	—	—	—	—	—	—	αυτοις	λαλω	οτι

D	βλεποντεσ	μη	βλεπωσιν	και	ακουοντεσ	μη	ακουσωσιν	και	μη	συνωσιν ·
B	βλεποντες	ου	βλεπουσιν	—	—	ουχ	ακουουσιν	ουδε		συνιουσιν[3]
א	—	ου	βλεπουσιν	—	—	ουχ	ακουουσιν	ουδε		συνιουσιν

[1] Er scheint hier nicht nur in D sein Wesen zu treiben, sondern auch in Bא, wofür auch τὰ μυστήρια statt τὸ μυστήριον, wo selbst in d noch mysterium, spricht. Aber wenn B hier relativ rein ist, so ist er doch darum prinzipiell nicht besser, er streicht 5, 22 das εἰκῇ und fälscht in 3 Joh 9 ganz erschrecklich. Das sind keine Schreibfehler, sondern dogmatische und kirchenrechtliche Fälschungen.

[2] Sachlich ist λαλεῖ unmöglich, aber ein Theologe konnte von Ješu' so sagen. Der Korrektor hat ἐλάλει daraus gemacht.

[3] Eine andre Hand setzt ω darüber, will also συνιῶσιν. Woher der Konjunktiv?

D μη ποτε επιστρεψωσιν και τοτε πληρωθησεται[1] επ αυτοισ η προ-
B fehlt fehlt fehlt και fehlt αναπληρουται fehlt αυτοις ἡ προ-
א fehlt fehlt fehlt και fehlt αναπληρουται fehlt αυτοις η προ-

D φητια του ησαϊου λεγουσα πορευθητι και ειπε τω λαω τουτω
B φητεια fehlt — η λεγουσα fehlt Alles
א φητια fehlt — η λεγουσα fehlt Alles

D ακοη ακουσεται και μη συνηται και βλεποντεσ βλεψεται · και
B ακοη ακουσατε και ου μη[2] συνητε — βλεπ̄οτες βλεψετε και
א ακοη ακουσετε και ου μη συνητε — βλεποντες βλεψητε και

D ου! μη ϊδητε επαχυνθη γαρ η καρδια του λαου τουτου και τοις
B ου μη ιδητε — — — — — — — — —
א ου μη ιδητε — — — — — — — — —

D ωσιν βαρεως ηκουσαν και τουσ οφθαλμους αυτων εκαμμυσαν
B — — — — — — — —
א ωσιν αυτων — — — — — — —

D μη ποτε ιδωσιν τοισ οφθαλμοισ και τοισ ωσιν ακουσωσιν · και τη
B — — — — — — — — — — —
א — — — — — — — — ακουσωσι — —

D καρδια συνωσιν και επιστρεψωσιν και ϊασομαι αυτους [16] υμων δε
B — — — — — — — — —
א — — — — — ιασομε — — —

D μακαριοι οφθαλμοι · οτι βλεπουσιν και ωτα ϋμων οτι ακουουσιν
B — οι οφθαλμοι — — — τα ωτα fehlt — —
א — οι οφθαλμοι — — — τα ωτα υμων — —

D [17] αμην γαρ λεγω ϋμειν
B — — — ϋμιν
א fehlt — ϋμιν.

Dazu kommt abcd, auch g[1] mit gleichgültigen Varianten, den ich fortlasse:

b Ad ipse respondens ait illis, quia vobis datum est nosse mis-
a — — — — — — — — — — mys-
c At — — — — — — — — — mys-
d qui autem respondens dixit eis quia — — — scire mys-

b teria regni, illis autem non est datum. Qui enim habet
a terium — — — — — — — — —
c teria regni caelorum illis — — — — — — —
d terium regni caelorum illis autem — — — — — —

[1] Dies καὶ τότε πληρωθήσεται = et tunc implebitur, k, ist sachlich sinnwidrig. Es soll nicht erfüllt werden, sondern ist oder wird erfüllt.

[2] Doppelnegation zur Verstärkung? Oder zur Wahl gestellt entweder μη mit D zu lesen oder οὐ allein?

b dabitur ei, et abundabit, qui autem non habet et quod habet
a davitur — — abundavit, — — — — — — —
c dabitur — — abundabit, — — — — — — —
d — — — — — — — — — — —

b aufertur ab eo. Ideo non! in parabolis loquor illis, ut videntes
a — — — Ideo in paravolis — — — —
c — — — — — — — om — —
d tolletur — — Ideo in — — eis — —

b non videant et audientes audiant et non intellegant, ne quando
a — — — audientes non audiant om om om om om
c — — et — — — et non intellegant ne quando
d — — et — — — — — — — —

b convertantur. Et tunc in illis sermo prophetae dicentis:
a om Et tunc impletur prophetia Eseiae dicentis:
c convertantur. — — complebitur — Isaiae —
d — Et tunc complebitur super eos proph. Esaiae dicentes

b vade et dic populo huic: aure audietis et non intellegetis, et
a — om — — — — — — — — om
c — et — — — auditu — — — — et
d vadae et dit — — aure — — — — et

b videntes videbitis et non videbitis. Ingrassatum est enim cor
a om om om om om Incrassa om om cor
c videntes — — — — — — — —
d videntes — — — — Ingrassatum — — —

b populi hujus et auribus suis graviter audierunt et oculos suos
a populi hujus om aures et oculos eorum grava ne
c — — — auribus suis graviter audierunt et oculos suos
d — — — auribus graviter — — — —

b gravaberunt, ne quando oculis videant et auribus audiant et corde
a quando om om om om om om om
c clauserunt ne quando oculis videant et auribus audiant et corde
d cluserunt — — videant oculis — — — — —

b intellegant et convertantur et sanem eos. Incrassatum est enim
a om om convertantur et sanem eos. Diese andre Über-
c intelligant et — — — illos. Desgleichen in c. ___
d — — — — sanabo —. Desgleichen in d. ___

b cor populi hujus et aures eorum obstrue et oculos eorum grava ne
a setzung fehlt in a. ___
c fehlt ___
d fehlt ___

b	quando convertantur et sanem illos dicit Dominus.	Vestri autem	beati
a	fehlt ————————————	. Vestri autem	—
c	fehlt ————————————	. Vestri autem	—
d	fehlt ————————————	. Vestri —	veati

b	oculi	qui	vident	et	aures	quae		audiunt.	Amen	—	dico	vobis
a	—	—	—	—	—	—		—	—	—	—	—
c	—	—	—	—	—	—		—	—	—	—	—
d	—	quia	—	—	—	vestrae	quia	audiunt.	—	enim	—	—

Man sieht die Wirkung der dogmatischen Reflexion. Auch der Syrsin ist davon affiziert. Was das alte Echte war, ist oben gesagt. Heutige Ausleger reden wieder davon, dass die Hörer nach göttlichem Willen nicht hätten hören und verstehen sollen. Warum wohl? Die Textkritik weist andre Wege, und man soll ohne Textkritik nicht auslegen. Jesus selbst sagt nicht, dass seine Hörer nach Gottes Willen nicht hätten hören sollen, er zitiert vielmehr: Jerusalem, ich wollte oft deine Kinder sammeln, aber ihr habt nicht gewollt.

Vs. 16, zum Ausdruck: Selig sind eure Augen u. s. w. vgl. אשרי עיני שכך ראו d. h. Selig sind meine Augen, die das gesehen haben Chagiga 14b.

Vs. 17 ff. Es ist nicht nötig auf den Text der Gleichnisse im Einzelnen genauer einzugehn, nur Vs. 33 ist auffallend. Sind diese Gleichnisse ursprünglich in einer Redensammlung vereinigt neben einander aufgezeichnet worden, so ist die natürliche Überschrift für jedes einzelne keine andre als: Ein andres Gleichnis = ܡܬܠܐ ܐܚܪܢܐ. Diese Redensammlung wird zur Erzählung umgebildet, wenn davor gesetzt wird, er sagte, er legte vor, und Ähnliches. Nun hat Syrsin und Syrcrt mit k übereinstimmend hier nur diese Überschrift ܡܬܠܐ ܐܚܪܢܐ = alia similitudo. Daraus entsteht dann, was sich in Dd zeigt ἄλλην παραβολήν, aliam similitudinem. Das sieht aus wie ein Rest aus der Urform der Logiensammlung, und darauf weist auch das Fehlen des πάλιν Vs. 44, das die griechische Masse hat, das aber in ℵBD k al. noch fehlt. In Pesch ist es dann eingesetzt. Die Logiensammlung ist dann schärfer in eine Erzählung umgearbeitet, und so sagen Vs. 33 auch BMemph abcq Rhedig Aur ἄλλην παραβολὴν ἐλάλησεν αὐτοῖς, wofür C 243 παρέθηκεν als Ausgleichung mit Vs. 24, 31 bieten. Schliesslich sagt ℵLMUX q Arm ἄλλην π. ἐλάλησεν αὐτοῖς λέγων. Die Lesart von B ist in die Pesch eingesetzt, die sonst nicht ܐܡܪ ܠܗܘܢ, sondern ܡܬܠܐ ܐܡܬܠ ܠܗܘܢ setzt Vs. 24, 31. Zu diesen Redaktionsspuren kommt noch in Syrcrt, dass er mulier sapiens statt des einfachen ein Weib bietet.

Stilistisch ist auffallend und begreiflich, dass Pesch vielfach das ursprünglich semitische und = ܘ in ܕܝܢ umgesetzt hat um dem griechischen δέ gerecht zu werden. Der Rückschluss ist der, dass ursprünglich auch im Griechischen καί gestanden hat, wo sich jetzt δέ zeigt, letzteres ist glatter. Eine wirklich sichere Herstellung der Urform in ihrer Gesamtheit ist natürlich unmöglich.

Von den Parabeln liegt bei Eusebius in der Theophanie noch ein alter syrischer Text vor, der sich zwar öfter mit Syrsin berührt aber auch vielfach der Peschita gleichlautet.[1] Er steht 13, 3 = Theoph 4, 33, — 13, 24 = Theoph 4, 34, 13, 47 = Theoph 4, 29. In Pesch ist das ܠܘܬ des Syrsin Vs. 28, 29, 30, 40 mechanisch durch ܗܟܢܐ ersetzt, das Syrsin erst Vs. 41 hat. In der Theoph ist ܠܘܬ erhalten.

Vs. 35 was im Propheten — ohne Jesajas — geredet ist. Hier liegen Spuren einer falschen Redaktionsgelehrsamkeit vor, denn sowohl Ἡσαίου als im Schlusse τοῦ κόσμου ist falsch. Das Zitat aus Ps 77, 2 LXX ist sachlich richtig mit τοῦ προφήτου eingeführt, denn die Psalmensänger galten als Propheten. Der Zusatz Ἡσαίου ist in א selbst zweiter Hand getilgt und findet sich ausser in einigen Minuskelhandschriften nur äthiopisch handschriftlich[2] und in Clemens Homilien 174, 16. Sein Alter ergiebt sich daraus, dass Eusebius und Hieronymus darüber sprechen. Das schliessende ἀπὸ καταβολῆς ist ohne κόσμου unverständlich, und es lesen demnach die Griechen fast durchgängig ἀπὸ κατ. κόσμου, und ihnen folgen Arm Memph Vulg Pesch. Das ܟܣܝܬܐ ܕܡܢ ܩܕܡ in Syrsin und Syrcrt so wie in Pesch Ps 78, 2 nach dem hebr. מני קדם, wäre griechisch κεκρυμμένα ἀπ' ἀρχῆς, so dass nur ein Wort nach ἀπό steht. Wenn B und der Korrektor in א, so wie 1. 22, nur ἀπὸ καταβολῆς ganz ungriechisch haben, so dürfte das Wort κόσμου gestrichen sein. Wo καταβολὴ κόσμου steht, umschreibt Syrsin ganz richtig. Luk 11, 50 hat er ܡܢ ܕܐܬܒܪܝ, ܥܠܡܐ und Joh 17, 24 ܡܢ ܩܕܡ ܕܢܗܘܐ ܥܠܡܐ, und im Lukas behält Pesch seinen Text bei, hier und im Johannes ändert sie in ܬܪܡܝܬܐ d. i. etymologisch gleich καταβολή. Urlesart war hier also ἀπ' ἀρχῆς[3] Syrsin, Syrcrt, was als vor der Schöpfung

---

[1] Z. B. 13, 30 haben Syrsin und Theoph übereinstimmend ܠܐܘܨܪܐ, Syrcrt setzt ܠܐܘܨܪܐ ܕܝܠܝ, Pesch ܠܐܘܨܪܝ, und dabei hat א εἰς τὴν ἀποθήκην μου, während in B das μου nicht ganz sicher ist. So hat Theoph mit Syrsin und Syrcrt Vs. 41 ܟܫܠܐ wo Pesch ܡܟܫܘܠܐ für σκάνδαλα einsetzt. Vs. 43 fehlt ὡς ὁ ἥλιος in Syrsin und Theoph, aber Syrcrt und Pesch haben es. Es ist unechte gelehrte Ausfüllung aus Dan 12, 4, wie wir oben die gelehrte Ausfüllung aus Jes 6, 9 gefunden haben.

[2] Die äthiopische Überlieferung ist, durch wiederholte Recensionen entstellt, zur Zeit unverwendbar.

[3] Vgl. Luk 1, 2 ܗܢܘܢ ܕܡܢ ܩܕܡ ܗܘܘ ܚܙܝܐ = οἱ ἀπ' ἀρχῆς αὐτόπται.

liegend, durch ἀπὸ καταβολῆς κόσμου vorsichtiger Weise ersetzt ist, weil der Prophet mit seiner profetia de praeteritis nicht über die Schöpfung zurückgehen kann und von dem im Anfange seienden Logos Nichts wusste. Zur Erläuterung setze ich hier aus Junilius I, 4 die Erörterung der Antiochener Schule über die profetia de praeteritis her: Δ Quid est prophetia? M Rerum latentium praeteritarum aut praesentium aut futurarum ex divina inspiratione manifestatio. ΔDa in praeteritis prophetiam. M „Verbo Domini coeli firmati sunt" et „quoniam ipse dixit et facta sunt" et „in principio fecit Deus coelum et terram". Die Schöpfungsgeschichte ist eine retro prophetia, darüber hinaus geht die Prophetie nicht, also nicht zur wirklichen ἀρχή, sondern nur zur καταβολή. — Das Zitat ist dogmatisch korrigiert.

Mechanische Streichung des κόσμου um die gleiche Wortzahl, welche der alte Text mit ἀπ' ἀρχῆς hatte zu erzwingen, führt dann zu ἀπὸ καταβολῆς in B, und das ist sicher kein neutraler Urtext. Das ab origine in ek dürfte ein Zeugnis für ἀπ' ἀρχῆς sein, nicht aber für καταβολῆς. Auch der Basler Äthiope mit seinem za emtĕkōt spricht für ἀπ' ἀρχῆς. Sirach 39, 24, Jes 45, 21.

Dass die hier vorgetragne Begründung für den Gebrauch der Gleichnisse eine Parallele und einen Gegensatz zu der in Vs. 11—15 bildet, leuchtet ein; eben darum müssen beide Stellen verschiednen theologisch reflektierenden Kreisen ihren Ursprung verdanken, beide sind eben nicht Worte Ješu', sondern wie oben P. 211 gesagt ist, theologisierende Pragmatik der Erzähler.

Vs. 39 ist der Böse, so ܒܝܫܐ = ὁ πονηρός schreibt Syrsin und Syrcrt; Pesch hat der Satan, während dem griechischen und lateinischen diabolus ܐܟܠ ܩܪ̈ܨܐ entsprechen sollte 4, 1, 5, 8, 10, wo die Namen in Syrsin, Syrcrt und Pesch inkonsequent schwanken. Den υἱοὶ τοῦ πονηροῦ sollte als der, der sie aussäet, ὁ πονηρός entsprechen, nicht ὁ διάβολος, wie die Griechen haben. Euseb. hat in der Theophanie IV, 34 ܐܟܠ ܩܪ̈ܨܐ = διάβολος.

Vs. 43 Ohren hat, dass er höre = ὦτα ἀκούειν hat mit der griechischen Masse sowie mit D, Origen III 444^d, c Hilar, auch Syrsin Syrcrt und die Theophanie gegen אB abek am for san und Hilarius handschriftlich. Vgl. zu 11, 15. — Ὡς ὁ ἥλιος vgl. P. 222[1].

Vs. 44 der in ein Grundstück gelegt ist statt κεκρυμμένῳ Syrsin Syrcrt, die Peschita drückt dann das κεκρ. genau aus, aber klarer ist der alte Text. Κρύπτειν ist im Griechischen in verschiedenem Sinne gebraucht, zuerst für das Vergraben eines Schatzes, dann für das Geheimhalten seitens dessen, der den Schatz später gefunden hat.

Vs. 48 die gut sind, sind gut, d. h. diese lässt man, ihr Geschick versteht sich von selbst. Dass hier redigiert ist, zeigt sich in der Schwankung der Zeugen in Betreff des καλά. Denn dies genügt den Spätern nicht, und so schreibt D κάλλιστα, d meliora, k collegerunt quae optuma sunt, ab optimos pisces, aber Vulg bonos in vasa. Es sind also sämtliche Komparationsstufen vertreten. Der Arm mit seinem ժողովեցին զբարի բարին յամանս = collegerunt bonum bonum in vasa hat eine auf dem in Syrsin Syrcrt sich findenden doppelten ܛܒܐ (ܕܛܒܐ ܛܒܐ) beruhende gemischte Lesart. Er zeugt für Syrsin, denn das զբարի բարին ist keineswegs ein Superlativ = optimos, wie bei Tischendorf VIII irrig gesagt wird, vielmehr ist der Arm nach dem griechischen τὰ καλὰ εἰς ἄγγη revidiert, und das alte doppelte բարի = ܛܒܐ = bonos dabei stehen geblieben. Auch der Memphite hat das welche gut = ܕܛܒܐ noch erhalten, das zweite ܛܒܐ = gut aber ist verschwunden; er schreibt nämlich ⲀⲨⲤⲰⲔⲒ ⲚⲚⲎ ⲈⲐ ⲚⲀⲚⲈⲨ=colligerunt eos qui boni sunt.

Vs. 54 in ihren Synagogen Mehrzahl, Syrsin Syrcrt Pesch und so in synagogis (d gas) bcdff[2] Rhedig Aur Vulg, bei Tischendorf übersehen. Die Griechen haben den Singular und damit eine falsche Beschränkung.

Vs. 55 Syrsin der Sohn Josef's, Syrcrt Josef's, des Zimmermanns, mit abff[2]g[1], endlich mit Streichung des Josef, Pesch nur: der Sohn des Zimmermanns, was nach der griechischen Masse korrigiert ist. Auch k Rhedig Vulg haben nur fabri filius, und diese jüngste Stufe hat Arm հիւսան որդի und Memphite ⲠϢⲎⲢⲒ ⲘⲠⲒⲀⲘϢⲈ. Gab es in Nazareth nur einen Zimmermann? Wie schief wird das kritische Urteil, wenn man vom Griechischen ausgeht, das blosse τέκτονος für original hält, und Josef für Zusatz ansieht! Die Griechen geben den ältesten Text eben nicht mehr. Weiter dass Ἰωσῆς statt Ἰωσήφ als Name eines der Brüder in ς Vulgärform ist, ist bekannt, Syrsin und Syrcrt haben sie nicht, aber Pesch korrigiert sie hinein (ܝܘܣܐ). Der Memphite hat noch Josef, aber der Arm յովսէս Joses. Auch Simon ist hellenisiert für Šim'eon.

Vs. 58. Statt ἀπιστία drückt Syrsin und Syrcrt ὀλιγοπιστία (ܒܨܝܪܘܬ ܗܝܡܢܘܬܗܘܢ) aus. Vgl. zu 17, 20.

14, 1—13. Die Verschiedenheiten des Syrsin und Syrcrt gegen die übrigen Texte sind 1. Vs. 2: darum ist seine Kraft viel, wogegen fast alle übrigen Zeugen ausdrücken: wirken in ihm die Kräfte, nur Z al. 12 lassen ἐν fort und bieten: wirken ihm Kräfte, d. h. er besitzt wirksame Kräfte. Dies ist dann in Pesch eingesetzt in der Form ܚܝ̈ܠܐ ܡܬܥܒܕܝܢ ܒܗ d. h. virtutes conficiuntur per eum, es geschehen Wunder durch ihn, während die Lateiner virtutes operantur in eo ausdrücken. 2. übergeht Syrsin das καὶ ἔδησεν αὐτόν, das schon Syrcrt und danach Pesch Philox haben. Dass dies sekundärer Natur ist, verraten noch die Schwankungen der

Griechen, von denen einige bloss ἔδησε haben, ℵ*B, wogegen andre ℵ^{ac}CD ἔδησε αὐτόν bieten, und D gar εδησεν αυτον εν τη φυλακη δι ηρωδιαδα mit Auslassung des και und απεθετο schreibt. — 3. hat Syrsin und Syrcrt mit ℵB Pesch τὴν γυναῖκα Φιλίππου. Da der Name falsch ist, — sie war die Gattin des Herodes Boethos[1] —

---

[1] Die Verwandtschaft ist, so weit sie von Belang, durch diese Tafel klargestellt, die ich aus Josephus zusammenstelle:

Herodes der Grosse vermählt mit 1. **Doris** (Sohn Antipater), dann mit

2. **Mariamne**, Enkelin Hyrcan's		3. **Mariamne**, Simon's Tochter	4. **Malthake** der Samaritanerin	5. **Kleopatra** von Jerusalem
1. Alexander † 8 v. Chr. Frau Glaphyra, Tochter des Archelaos von Kappadocien	2. Aristobul † 8 v. Chr. Frau Berenike, Tochter der Schwester Herodes des Grossen, die Salome hiess.	**Herodes Boethos** geb. circa 22 v. Chr. Frau **Herodias**	1. Archelaos der König bis 6 n. Chr.	1. Herodes verschollen
Alexander Tigranes	Herodes Agrippa I Aristobul Mariamne **Herodias**	**Salome**	2. **Antipas** Tetrarch von Galilaea und Peraea	2. **Philippos** Tetrarch der Trachonen † 34, Gatte der **Salome**, der Tochter der **Herodias**.
			3. Olympias	

I. **Antipas**, vermählt mit: 1. der Tochter des Aretas; 2. mit Herodias, der früheren Gattin Herodes' Boethos.

II. **Salome**, vermählt mit Philippos † 34, dann mit Aristobulos, dem Neffen ihres Oheims Agrippa. Kinder waren Herodes, Agrippa und Aristobulos. Vgl. Joseph. Antiq. 18, 5, 4.

so versteht man das Fehlen des Namens Φιλίππου in D aceff^{1}g^{1}k als die Streichung durch einen gelehrten Revisor. Ein solcher aber war Hieronymus, der es in seiner Übersetzung fortliess, und so ist das Fehlen in k und den andern Altlateinern auf Rechnung des Einflusses von Hieronymus zu setzen, nicht aber ein Zeugnis gegen das Alter der von Syrsin אB gebotenen Lesart Φιλίππου. — 4. Statt ἔχειν αὐτήν hat Syrsin juristisch ܠܡܣܒܗ = sie zu nehmen, λαβεῖν oder παραλαβεῖν 1, 20, was der Syrcrt und die Pesch in die noch bestimmter juristische Form bringt: Es ist dir nicht gestattet, dass sie dir Weib werde. Der Rechtspunkt ist nicht der *angebliche* doppelte Ehebruch, den Antipas, hier schlechthin Herodes genannt, nach den Kommentaren begangen haben soll, sondern der, dass er die (entlassene) Frau eines *Bruders*, die von ihm ein Kind hatte Dtr 25, 5, geheiratet hat, was Levit 18, 16 verbietet. Den Auslegern hat hier ihr christlich geschultes Bewusstsein einen Possen gespielt, wenn sie vom doppelten Ehebruche reden, nach jüdischem Rechte — ich rede nicht von Moral — hatte Antipas sowohl die Freiheit, sich neben der Tochter des Aretas noch andre Gattinnen, so viele er wollte, zu nehmen, auch rechtlich geschiedene Frauen, als auch die Freiheit, die Arete zu verstossen. Letzteres hat sich Herodias (Joseph XVIII 5, 1) ausbedungen. Das war kein Ehebruch, sondern sein unzweifelhaftes Recht, und wenn Herodias von ihrem Manne rechtlich entlassen war, was zur Eingehung einer neuen Ehe Vorbedingung ist, so hätte er sie vollkommen legal heiraten können, wenn nicht eben dieser Mann sein Bruder gewesen wäre. Das Moralische der Sache, dass Antipas bei einem Besuche seines Bruders mit Herodias vor seiner Reise nach Rom abgemacht hatte, dass sie sich nach der Heimkehr verheiraten wollten, kommt bei dem Ausdruck οὐκ ἔξεστίν σοι d. h. du hast nicht das Recht — gar nicht in Betracht. Herodias musste die Zwischenzeit benutzen, um ihre Scheidung durchzusetzen, die ihr Mann zugestanden haben muss, sonst hätte sie Antipas nicht heiraten können. Die stolze, willensstarke Herodias vertauscht den Privatmann Herodes Boethos mit dem Tetrarchen Antipas, wie sie diesen analog später reizte, sich gegen Agrippa I. aufzubäumen und beim Kaiser erfolglos Schutz zu suchen, — weil sie Rang und Stellung wollte. Die ebenso stolze Tochter des Aretas liess sich aber die Mitgattin (צרה) nicht aufdrängen und verliess ihren Mann, wozu sie *nicht* berechtigt war. Dass Johannes der Täufer im Sinne Ješu' Matth 19, 8, das jüdische Eherecht nicht als gültig anerkannt hätte, dass er Leute, die nach diesem Rechte lebten, als ein „ehebrecherisches Geschlecht“ bezeichnet hätte, das ist mit keinem Schein des Rechtes zu erweisen. Er gehörte der alten Ordnung an, von der aus er völlig richtig sagte:

Es ist dir nicht gestattet diese zu nehmen, (so Syrsin — schlecht die Griechen haben) wegen des verbotnen Verwandtschaftsgrades. Übrigens wurde diese Übertretung nicht mit dem Tode bestraft Levit 20, 21, sondern mit Prügelstrafe, die an dem Tetrarchen unausführbar, von Johannes moralisch vollzogen wurde. Dass Herodias aber eine ungewöhnliche Frau war, die sich nach der Trennung von Herodes Boethos erst in ihre richtige Sphäre versetzt sah, zeigt ihr Ende. Denn als Antipas von Caligula abgesetzt und nach Lyon in die Verbannung geschickt wurde, teilte sie freiwillig das Los ihres zweiten Mannes und wies die ihr angebotenen Schätze und die Zuflucht bei ihrem Bruder Agrippa I. zurück mit den Worten: Mir das anzubieten ist Deiner, o Kaiser, würdig, mich aber hindert die Liebe zum Gatten, deine Gnade anzunehmen. Bin ich die Genossin seines Glückes gewesen, so ziemt es mir nicht, ihn in seinem Unglück zu verlassen. Jos. Arch. 18, 7, 2. Übrigens giebt es noch einen Fall einer Ehe mit des Bruders Weibe in der Familie des Herodes, der dem von Johannes gerügten parallel ist: Der König Archelaus heiratete Glaphyra, die Witwe seines Bruders Alexander, obwohl sie von diesem zwei Söhne, Alexander und Tigranes hatte, die neue Ehe also völlig gesetzwidrig war. Die Herodianer nahmen es also damit nicht genau, Jos. B. J. 2, 7, 4, Arch. 17, 13, 1, 4. Aber auch hier sieht man, dass der Punkt der Ehe mit dem Bruder des gestorbenen Mannes Anstoss gab, und die Gewissen beunruhigte, denn in Glaphyras Traume, in dem ihr ihr erster Gatte erschien und den Tod verkündigte, sprach der Mann im Traumgesichte: Genügt dir selbst die zweite Ehe[1] nicht, dass du eine dritte eingegangen bist, „indem du in ungeziemender und schamloser Weise wieder in mein Haus eingetreten und mit Archelaos dich verbunden hast, deinem Manne und meinem Bruder? Trotzdem will ich deine Liebe nicht vergessen, sondern dich von jedem, der dich lästert, befreien, und dich wieder zur meinigen machen, wie du warest“. Dass der dritte Gatte der Bruder des ersten war, ist der Glaphyra selbst anstössig, ihre Reflexionen oder das Gespräch über ihre Handlung verdichtet sich im Traume zur Rede des ersten Mannes. Wenige Tage nach dem Traume starb sie.

5. schreibt Syrsin Vs. 6 nur „trat ein [und] tanzte die Tochter der Herodia und lässt das ἐν τῷ μέσῳ = in medio k, Rhedig, Aur, Memph oder in medio triclinio bcg¹q, das auch Arm 'ի մէջ բազմականին = in Mitte des Banketts hat, fort. Der Syrcrt hat dieselbe Deutung, ܡܨܥܬ ܡܫܬܘܬܐ = in der Mitte des Gelages, und die Pesch macht

[1] Glaphyra hatte in zweiter Ehe Juba von Mauretanien, und in dritter dann den Archelaus.

daraus ܣܡܟ̈ܐ ܩܕܡ ‎מִנֶּגֶד = vor den Gästen. Markus 6, 22 malt die Scene mit Absicht in vollen Farben: da sie dem Herodes und den Tischgästen gefiel, aber Luk 9, 9; 3, 19 sagt keine Silbe davon. Mit Recht, solche Tänze waren Sache der Prostituierten, δεικτηριάδες, diese zu liefern das Geschäft der Kupplerinnen, Pornobosken, und da soll eine stolze herodianische Prinzessin ihre Tochter in ein halbtrunkenes Männergelage geschickt haben, während sie selbst Vs. 11 draussen blieb! Das kann nur glauben, wer orientalische Solotänze nicht gesehen hat. Für die Rohheit, einen abgeschnittnen Kopf beim Schauspiele zu produzieren, hat Hausrath Zeitgesch. I, 333 ein Beispiel angeführt. Dass während eines Gelages die Feinde getötet und ihre Leichen gezeigt werden, kommt vor von Cyaxares bis Timur, dass aber eine stolze Frau im Oriente ihre Tochter als Tänzerin in ein Gelage schickt, um einen Wunsch erfüllt zu sehen, den der Gemahl auch ohne dies Mittel zu erfüllen sehr geneigt war Vs. 5, das ist unglaublich.[1] Wir haben es mit einer Volkssage zu thun, deren Ausschmückung sich verfolgen lässt. Schon der Name Philippus ist volkstümliche Ungenauigkeit,[2] dass Johannes gefesselt wird (ἔδησεν αὐτόν), rückt gegen die Thatsache freier Haft, in der er mit seinen Jüngern verkehrte, die Grausamkeit seiner Behandlung in das Licht, die Tanzscene, über deren Lokal und Zuschauer Matthäus im Syrsin noch Nichts ausdrücklich sagt, obwohl die Gäste den Schwur gehört haben müssen, wird schliesslich ausdrücklich in einen Speisesaal verlegt, und bei Markus freuen sich auch die Gäste über den Tanz. Die feinere hellenische Diktion des 8. Vs. ἡ δὲ προβιβασθεῖσα [nur noch bei Luk in D²HLP Apg 19, 33] ὑπὸ τῆς μητρὸς αὐτῆς· δός μοι, φησίν, ὧδε ἐπὶ πίνακι τὴν κεφ. Ἰω. verrät gegenüber dem Judengriechisch des Evangeliums die Feilung. Das προβιβασθεῖσα, von Syrcrt und Pesch durch „belehrt" ܡܠܦܐ übersetzt, ist in Syrsin unleserlich, ich habe nach Pesch ergänzt belehrt, die Philox und der Arm drücken „zuvor belehrt" = ܡܠܦܠ ܩܕܡܝܬܐ ܗܘܬ ܠܡܐ aus. Wird hier πρό als zuvor gefasst, so bleibt für βιβασθεῖσα übrig belehrt, und das ist falsch. Im Judengriechisch[3] heisst προβιβάζω einschärfen, שׁנן Exod 6, 7; vielleicht auch lehren הורת 35, 34, Suidas

[1] Plutarch erwähnt in den Tischgesprächen 1, 1, dass griechische Frauen zum Gelage nicht kamen, dagegen kamen persische Frauen, wie auch Konkubinen erschienen vgl. Herodot 5, 18. Nach der Vorrede des Cornelius Nepos waren Römerinnen zugegen, aber doch nicht als Tänzerinnen.

[2] Es ist daher falsche Kritik, ihn zu streichen oder mit Tischendorf einzuklammern. Wer das thut, verwechselt die historische Sachkritik mit der Frage, ob die erste Hand im Matthäus so geschrieben und nach der Sage berichtet hat oder nicht, verwechselt Sachkritik mit Textkritik.

[3] Nicht aber bei Aquila Ps 41, 5 Jes 38, 15, wo es vorschieben bedeutet.

erklärt es durch πείθειν, aber im klassischen Griechisch bedeutet es doch nur vorwärtsbringen Act 19, 33, fördern Plato Prot. 328 προβιβάσαι εἰς ἀρετήν. Die alten Übersetzer verstanden an unsrer Stelle unterwiesen, (das zuvor unterwiesen ist falsche Doppelung des πρό im Sinne), obwohl auch „von ihrer Mutter vorgeführt" allenfalls Sinn gäbe, wenn die Mutter im Saale gedacht wird.[1] Das haben aber die alten Übersetzer nicht gethan, und damit den Märchencharakter richtig innegehalten: die Tochter ist zuvor schon von der Mutter instruiert, obwohl diese doch nicht wissen kann, dass der Tanz den Märchenkönig so gewaltig affizieren wird. Es ist auch Sache eines Märchenkönigs, sich durch einen Eid selbst zu fangen, und wenn er gar als Forderungsgrenze im Markus die Hälfte seines Reiches setzt, so ist das nur stilgemässe Ausbildung der Vorlage durch Markus. Das gehört mit Esth 5, 3; 7, 2 zusammen, wo ein burlesker Purimkönig vorgeführt wird. Zur Verteidigung der Geschichtlichkeit des Tanzes ist Dio Cassius 53, 31; 55, 10 angezogen, wo Frauen und Männer aus dem Ordo equester in der Orchestra zu Neapel bei Festen zu Ehren des Augustus tanzen. Solotanz bei einem Gelage ist etwas ganz Anderes als ein Chorreigen auf der Bühne, und γυναῖκες ἐπίσημοι, angesehene Damen, sind noch lange keine herodianische Prinzessinnen, jenen verbietet die bürgerliche Sitte öffentlich zu tanzen, diesen aber der Rang und der Stolz.

6. Syrsin drückt Vs. 10 das Kopfabschneiden nicht aus, er sagt statt ἀπεκεφάλισε . . ἐν τῇ φυλακῇ: er liess den Kopf des Johannes aus dem Gefängnis holen, und den auf einer Schüssel ihr übergebenen Kopf bringt Salome ihrer Mutter, die danach nicht im Gemache war.

Der Umstand, dass keiner der Synoptiker den Ort nennt, wo Johannes gefangen gehalten und getötet worden ist, nämlich die Feste Machaerus im südlichen Peräa, dem von Galiläa abgelegensten Teile der Tetrarchie des Antipas,[2] zeigt ebenfalls, dass wir es mit einer ungenauen legendarischen Darstellung zu thun haben, während doch gleichzeitig die Fortsetzung, dass Ješu' nach Empfang der Kunde von der Ermordung des Johannes die Gestade des galiläischen Sees verliess und sich an einen „wüsten Ort" zurückzog, bemerklich macht, dass er für seine eigne Sicherheit bedacht war. Dann aber bestätigt sich die Darstellung des Josephus, Arch. 18, 5, 2,

---

[1] Ich bezweifle das ganze προβιβασθεῖσα wie Act 19, 33 so auch hier. Das Natürliche wäre συμβιβασθεῖσα nach dem Sprachgebrauch der Septuaginta.

[2] In der Luftlinie ist Machaerus von Tiberias 19 geogr. Meilen oder 30 Wegstunden entfernt, was etwa vier Tagereisen ausmacht. In der Praxis würde man von Machaerus über Jericho, Nablus, Jezreel nach Tiberias fünf Tage gebrauchen und auch bei einem graderen Wege nicht weniger.

nach welcher Antipas die Thätigkeit des Johannes — und dem entsprechend auch die Ješu' — für politisch[1] bedenklich ansah und es vorzog, dem Umsturz (μεταβολῆς γενομένης) durch Beseitigung des Täufers zuvorzukommen, um nicht hinterher zu bereuen. Dabei besteht der einzelne Zug der Legende, wie sie Markus darstellt, vollständig zu Recht, dass Antipas den Johannes fürchtete und ihm trotzdem gern zuhörte, es ist das der mit Angst und Abneigung gemischte Respekt des Tyrannen vor dem Propheten. Jer 37, 16—21, 1 Kng 22, 8. Das Ereignis selbst fiel in das Jahr 34, und war die Erinnerungsfeier an den Regierungsantritt[2] des Antipas, Hausrath Zeitgeschichte[2] I 334. Herodias war anscheinend schon vor dem Tode Herodes des Grossen mit Herodes Boethos vermählt, also vor 4 v. Chr., sie muss daher etwa 14 v. Chr. geboren sein und zählte demnach beim Tode Johannis 48 Jahre. Dass ihre Tochter Salome dann kein Mägdlein (κοράσιον) mehr war, sondern erwachsen, ist mehr als wahrscheinlich. Also auch dieser Zug ist legendarisch, umsomehr, als diese Salome Joseph Arch. 18, 5, 4 die Gattin des Philippus war, der nach siebenunddreissigjähriger Regierung (4 v. Chr. bis 33 oder 34 n. Chr.) starb, so dass Salome um 34 eine verheiratete Frau oder Witwe, aber kein Mägdlein war.

Folgt man statt der Legende dem geschichtlichen Berichte des Josephus, so versteht man, weshalb Ješu' entwich. Diese Verlegung seines Aufenthaltes bildet einen Wendepunkt im Leben nach allen Evangelien Matth 14, 13, Mrk 6, 31, Luk 9, 10, Joh 6, 1 und besonders Vs. 15, der die Sorge des Antipas rechtfertigt. Aber das Geschichtliche wird sofort wieder dunkel, da sich die Speisung der Fünftausend und das Wandeln auf dem Meere, und bei Mrk und Luk die Rückkehr der ausgesandten Apostel anschliesst, von der Matth schweigt. Hier folgen also die Synoptiker einer einheitlichen Überlieferungsform, an der Markus und Lukas gefeilt haben, sofern sie die Rückkehr der „Apostel" im Griechischen Mrk 6, 30, Luk 9, 10 einschieben. Nun lese man meine Bemerkung in I, 242 über die Apostel und die Textform von Mrk 6, 30 im Syrsin, und man wird erkennen, dass auch hier im Mrk wie im Matth 4, 25; 8, 1 die Textkritik und die höhere Kritik connex sind. Letztere ist meine Aufgabe nicht, ich halte meine Grenzen ein, aber andre werden hier reichliche Aufgaben für ihre Thätigkeit finden.

---

[1] Dabei ist Vs. 5 ἐφοβήθη τὸν ὄχλον nach Syrern und Lateinern in τὸν λαόν zu verbessern, worüber vgl. zu 27, 15.

[2] Die γενέσια sind als גיניסיא in Aboda zara technisch bekannt, wo 10ª Rabbi Jehuda erklärt, es bedeute den Tag, an welchem man den König einsetzt. Man darf also nicht sagen, dass γενέσια im Sinne von Feier des Jahrestages des Regierungsantritts nicht nachweisbar sei.

Vs. 13—17. Unter diesen Umständen ist es sehr zu beklagen, dass Vs. 13—17 in Syrsin nicht sicher ergänzt werden kann, sicher aber ist, dass er kürzer war als der Syrcrt und gar die Pesch. Das Verhältnis, welches zeigt, dass an den griechischen Vorlagen zwischen der Zeit der Urübersetzung, die bis zu einem gewissen Grade im Syrsin erhalten ist, und der Herstellung des Syrcrt geändert ist, stellt sich so dar:

Syrsin nach den Zeilen	Syrcrt	Pesch
13 ܚܘܘ ܠܝܫܘܥ. ܝܫܘܥ	ܘܚܘܘ ܠܝܫܘܥ.	13 ܚܘܘ ܠܝܫܘܥ. ܝܫܘܥ
ܕܝܢ	13 ܝܫܘܥ ܕܝܢ	ܕܝܢ
ܟܕ ܫܡܥ ܫܢܝ ܡܢ	ܟܕ ܫܡܥ ܫܢܝ ܠܗ ܡܢ	ܟܕ ܫܡܥ ܫܢܝ ܡܢ
ܬܡܢ ܠܐܬܪܐ	ܬܡܢ ܠܐܬܪܐ	ܬܡܢ ܒܐܠܦܐ
[ܚܘܪܒܐ]	[ܚܘܪܒܐ	ܠܐܬܪܐ ܚܘܪܒܐ
ܒܠܚܘܕܘܗܝ, [ܘܟܕ	ܒܠܚܘܕܝܗܘܢ. ܘܟܕ	ܒܠܚܘܕܘܗܝ. ܘܟܕ
ܫܡܥܘ]	ܫܡܥܘ	ܫܡܥܘ
ܟܢܫܐ ܕܡܢ [ܡ̈ܕܝܢܬܐ	ܟܢܫܐ ܕܡܢ ܡ̈ܕܝܢܬܐ	ܟܢܫܐ ܐܙܠܘ ܒܬܪܗ
[oder ܩܘܪ̈ܝܐ	ܘܩܘܪ̈ܝܐ.	ܒܝܒܫܐ
ܐܙܠܘ ܠܗܘܢ	ܐܙܠܘ ܠܗܘܢ ܒܬܪܗ	14 ܡܢ ܡ̈ܕܝܢܬܐ. ܘܢܦܩ
[ܒܬܪܗ]	ܒܪ̈ܓܠ.	ܝܫܘܥ
ܐܬܟܢܫ . . .	14 ܘܟܕ ܚܙܐ ܟܢ̈ܫܐ	ܚܙܐ ܟܢ̈ܫܐ ܣܓܝ̈ܐܐ
	ܣܓܝ̈ܐܐ.	
. . . . . .	ܐܬܪܚܡ ܥܠܝܗܘܢ	ܘܐܬܪܚܡ ܥܠܝܗܘܢ
. . . . . .	ܘܠܟܪ̈ܝܗܘܢ ܐܣܝ	ܘܐܣܝ ܟܪ̈ܝܗܘܢ
	❖ ❖ ❖	
. . . . . .	15 ܘܟܕ ܗܘܐ ܪܡܫܐ	15 ܟܕ ܗܘܐ ܕܝܢ ܪܡܫܐ
	ܩܪܒܘ	ܩܪܒܘ
. . . . . .	ܬܠܡ̈ܝܕܘܗܝ, ܘܐܡܪܝܢ	ܠܘܬܗ ܬܠܡ̈ܝܕܘܗܝ,
	ܠܗ	ܘܐܡܪܘ ܠܗ
. . . . . .	ܐܬܪܐ ܚܘܪܒܐ ܗܘ.	ܐܬܪܐ ܚܘܪܒܐ ܗܘ
. . . . . .	ܘܥܕܢܐ ܥܒܪ. ܫܪܝ,	ܘܥܕܢܐ ܥܒܪ ܠܗ
	ܟܢ̈ܫܐ	ܫܪܝ, ܟܢ̈ܫܐ
. . . . . .	ܗܠܝܢ ܢܐܙܠܘܢ	ܕܐܢܫܐ ܕܢܐܙܠܘܢ
	ܠܩܘܪ̈ܝܐ	ܠܩܘܪ̈ܝܐ
ܕܢܙܒܢܘܢ ܠܗܘܢ	ܘܢܙܒܢܘܢ ܠܗܘܢ	ܘܢܙܒܢܘܢ ܠܗܘܢ
[ܠܣܝܒܪܐ]	ܣܝܒܪܬܐ.	ܣܝܒܪܬܐ
16 ܐܡܪ ܠܗܘܢ [ܠܐ	16 ܘܐܡܪ ܠܗܘܢ ܠܐ	16 ܗܘ ܕܝܢ ܐܡܪ ܠܗܘܢ
ܡܬܒܥܐ]	ܡܬܒܥܐ	ܠܐ ܡܬܒܥܐ

Syrsin nach den Zeilen	Syrcrt	Pesch
ܠܗܘܢ ܠܡܐܙܠ	ܠܗܘܢ ܠܡܐܙܠ.	ܠܗܘܢ ܠܡܐܙܠ
[ܗܒܘ ܠܗܘܢ]	ܗܒܘ ܠܗܘܢ	ܗܒܘ ܠܗܘܢ
ܐܢܬܘܢ ܠܡܠܥܣ	ܐܢܬܘܢ ܠܡܐܟܠ	ܐܢܬܘܢ ܠܡܐܟܠ.
[ܐܡܪܝܢ]	17 ܐܡܪܝܢ	17 ܗܢܘܢ ܕܝܢ ܐܡܪܘ
17 ܠܗ ܠܝܬ [ܠܢ ܬܢܢ	ܠܗ ܠܝܬ ܠܢ ܬܢܢ	ܠܗ ܠܝܬ ܠܢ ܬܢܢ
ܐܠܐ]	ܐܠܐ	ܐܠܐ
ܚܡܫ [ܠܚ̈ܡܝܢ]	ܚܡܫ ܠܚ̈ܡܝܢ	ܚܡܫ ܠܚ̈ܡܝܢ
[ܘܬܪ̈ܝܢ ܢܘܢܝܢ ܐܡܪ]	18 ܘܬܪ̈ܝܢ ܢܘ̈ܢܝܢ. ܐܡܪ	18 ܘܬܪܝܢ ܢܘܢܝܢ. ܐܡܪ
ܠܗܘܢ ܐܝܬܘܐܢܘܢ	ܠܗܘܢ ܐܝܬܘܐܢܘܢ	ܠܗܘܢ ܝܫܘܥ ܐܝܬܘ ܐܢܘܢ
ܠܝ ܘܦܩܕ ܠܟܢܫܐ	ܠܝ ܘܦܩܕ ܠܟܢ̈ܫܐ	19 ܠܝ ܠܗܪܟܐ. ܘܦܩܕ ܠܟ̈ܢܫܐ

Hier lässt sich der Syrsin bis Zeile 6 einigermassen ergänzen, wie das in eckigen Klammern Eingesetzte zeigt. Für ܒܬܪܗ = post eum und ܒܪ̈ܓܠ = πεζῇ zugleich ist kein Raum, ich wähle ܒܬܪܗ = post eum, weil vom Schiffe auch im Syrcrt noch nicht die Rede ist, sondern erst in der Pesch, und das πεζῇ, das in Syrcrt schon eingesetzt ist, erst begründet erscheint, wenn gesagt ist, Ješu' sei zu Schiffe gefahren, die Menge aber zu Fusse gegangen.[1] Ob ܡܢ ܡܕ̈ܝܢܬܐ = „von den Städten" oder ܡܢ ܩܘ̈ܪܝܐ = „von den Dörfern" zu wählen ist, bleibt fraglich, für Letzteres spricht, dass Syrcrt und Pesch Vs. 15 ܠܩܘ̈ܪܝܐ ܢܐܙܠܘܢ lesen, aber entscheidend ist das nicht.

Mit dem ܐܬܪܚܡ in Vs. 14, (von Frau Lewis in den Some Pages mitgeteilt) setzt Syrsin aber ganz anders ein als Syrcrt und Pesch, und zählt man nun die Buchstaben bis zum Wiederzusammentreffen bei ܕܢܙܒܢܘܢ = ܘܢܙܒܢܘܢ in Syrcrt und Pesch, so hat Syrcrt 110 Buchstaben, für die bei dem abweichenden Anfange mit ܐܬܪܚܡ nur 6⅔ Zeilen im Syrsin zur Verfügung stehen. Hätte Syrsin den gleichen Umfang gehabt, wie Syrcrt, so müssten auf die Zeile 16½ Buchstaben fallen und das ist bei Weitem zu viel, Syrsin hat als Durchschnitt 14 Buchstaben in der Zeile, 16 sind so selten, dass ihr siebenmaliges Auftreten in unmittelbarer Folge ausgeschlossen ist. Aus diesem Grunde ergänze ich für ܣܝܒܪܬܐ = escas Vs. 15

[1] Mrk 6, 32 hat Syrsin sowohl das Schiff, als das „am Lande". Dabei fällt dann weiter auf, dass er Mrk 6, 32 ܒܠܚܘܕܝܗܘܢ hat, wie Syrcrt Matth 13, 14, wo Syrsin und Pesch den Singular ܒܠܚܘܕܘܗܝ, übereinstimmend bieten, und dass statt ܒܪ̈ܓܠ = πεζῇ in Mrk 6, 33 ܒܝܒܫܐ = „auf dem Trocknen" steht, wie hier Matth 14, 13 die Pesch liest.

Schluss ܠܚܡܐ, denn mit ܣܝܒܪܬܐ hat die Zeile 17 Buchstaben, mit ܠܚܡܐ aber 15, und ersteres ist geschraubter Ausdruck nach dem griechischen βρώματα, statt des natürlichen ܠܚܡܐ = Brot.[1] Endlich das ܠܡܠܥܣ statt ܠܡܐܟܠ ist auch sonst in Syrsin und Syrcrt erhalten, aber nicht gleichmässig, z. B. haben umgekehrt wie hier Pesch und Syrsin Luk 24, 41 ܠܡܐܟܠ und der Syrcrt ܠܡܠܥܣ.

Statt 110 Buchstaben enthielt Syrsin nur (7×14)—5 (für ܐܬܟܢܫ), also 93, die überschiessenden 17 Buchstaben ergeben etwa 4 Wörter also, abgesehen vom andern Eingange mit ܐܬܟܢܫ = „es versammelte sich“, muss der Text um etwa 4 Wörter kürzer gewesen sein, und lässt sich hier nicht divinieren, um so weniger, als die Kompositionskritik mit in Frage kommt. Das zeigt sich auch noch im Griechischen, wenn Vs. 14 καὶ ἐξελθὼν אBD k Arm beginnt. Syrcrt und ff² hat das noch nicht, aber Pesch hat es. Man fragt: Von wo kommt er heraus? Meyer-Weiss antwortet: Aus dem einsamen Aufenthaltsorte; andre sagen: Aus dem Schiffe, — mir ist beides gleich unpassend, es ist kein Anschluss da. Daneben steht noch die Lesart καὶ ἐξελθὼν ὁ Ἰησ. CE al. Pesch q. So sieht Vs. 13ᵇ—14 aus wie ein eingeklebtes Verbindungsstück, das eine Lücke überbrückt. Wir haben in Mrk 6, 30, 31 den analogen Riss, der in Syrsin klar hervortritt. Vgl. I, 242 ff. In der Markusstelle ist es von höchster Bedeutung, dass das καὶ συνάγονται οἱ ἀπόστολοι, das die Pesch hat, in Syrsin noch nicht da ist, sondern dass ܘܐܬܘ steht, also: καὶ ἦλθον, so dass von einem Versammeln aller ausgesandten Jünger keine Rede ist, und dass nun eben statt des Plurales ὅσα ἐποίησαν καὶ ἐδίδαξαν zwei Male (!) der Singular steht, also ὅσα ἐποίησεν καὶ ἐδίδαξεν, was nur auf Johannes gehen kann. Lukas ist hier ganz sekundärer Natur, er ruht auf Markus und verdeutlicht ihn.

Alles dies führt zur Einsicht, dass in der synoptischen Überlieferung hier eine Lücke hervortritt, die oberflächlich verklebt ist.

14, 17—21. Aus der Speisungsgeschichte ist von Einzelheiten zu bemerken, dass Vs. 16 zwei Fische den Raum vielleicht nicht ganz ausfüllt. Fehlt ein Adjektivum, etwa gebratene wie Luk 24, 42? — Weiter fehlt Vs. 18 das ὧδε in Syrsin Syrcrt ff², aber Pesch setzt es ein ܠܗܪܟܐ und so Philox Hrs Memph[2] Arm Vulg. Im Griechischen ist es Wanderwort, ὧδε αὐτούς lesen אB, die Mehrzahl der Zeugen aber αὐτοὺς ὧδε. Dieser Befund zeigt seine Unechtheit, zumal es

---

[1] Man vergleiche dazu die Lesarten in Mrk 6, 36 zu τί φάγωσι und Luk 9, 12 ἐπισιτισμόν (neben βρώματα Vs. 13), das in D fehlt.

[2] Tischendorf lässt es bei dem Memph fehlen, er hat aber ⲙⲛⲁⲓ = huc. — Der Arm, der ὧδε hat, lässt mit ff¹ das μοί fort. Eins von beiden ist überflüssig, das altbezeugte ist aber μοί.

auch in D abcg[1] fehlt. Der Anfang des Verses hat nach Syrsin Syrcrt Pesch Philox Memph Arm Vulg ein αὐτοῖς, also εἶπεν αὐτοῖς mit P. Bei der Wiedergabe von χόρτος tasten die Syrer, Syrsin ܝܘܪܩܐ Grünes, Syrcrt und Hrs ܥܣܒܐ Gras, Pesch ܐܪܥܐ Erde, genau wird dann die Philox ܥܣ̈ܒܐ, am Rande ܥܣ̈ܒܝܐ herba.

Vs. 19 brach das Brot (oder die Brote) haben Syrsin und Syrcrt, aber Pesch und Phil lassen Brot fort. Andrerseits lesen die Griechen ἔδωκεν τοῖς μαθηταῖς τοὺς ἄρτους, wo die drei Syrer kein ܠܠܚ̈ܡܐ = Brote haben, das aber Philox Hrs dann einsetzen. Syrsin und Syrcrt drücken also aus καὶ ἔκλασεν τὸν ἄρτον (τοὺς ἀρτ.?) καὶ ἔδωκεν τοῖς μαθηταῖς αὐτοῦ. Die Lücke Vs. 21—23 mit $7^2/_3$ Zeilen, reicht für den Text des Syrcrt und der Pesch mit 110 Buchstaben zur Not aus, hatte aber wahrscheinlicher einen kürzern Text, da sie auch syntaktisch anders anfängt.

14, 22—36. Das Wandeln auf dem Meere. Die Lücken in Vs. 23—25 lassen sich nach Syrcrt und Pesch so ausfüllen:

ܘܟܕ ܗܘܐ	et cum esset
ܪܡܫܐ ܠܚܘܕܘܗܝ [ܗܘܐ	vespera solus [erat]
ܬܡܢ [ܝܫܘܥ ܘ]ܐܠܦܐ	[ibi Iesus et] navis
[ܡܢ ܝܒܫܐ ܪܚܝܩܐ] ܗܘܬ	[ab arido[1] distans] erat
[ܐܣܛܕ̈ܘܬܐ ܣܓܝ̈ܐܐ]	[stadia multa]
ܘܐܬܢܟܝܘ [ܡܢ ܓ̈ܠܠܐ]	et vexati sunt ab undis
ܝܡܬܐ [ܪܘܚܐ ܓܝܪ ܗܘܬ]	lacus [ventus enim erat]
ܠܘܩܒܠܗܘܢ [ܡܛܪܬܐ]	contra eos. [Vigilia]
ܕܝܢ ܪܒܝܥܝܬܐ [ܕܠܠܝܐ]	autem quarta [noctis]
ܐܬܐ ܠܘܬܗܘܢ [ܝܫܘܥ]	venit ad eos [Iesus]
ܟܕ ܡܗܠܟ ܥܠ ܡ̈ܝܐ	ambulans super aqua.

Diese älteste Textform ist teilweis noch von B gegeben, doch ist in ihm das βασανιζόμενον schon auf das Schiff bezogen statt des auf die Menschen gehenden et vexati sunt in Syrsin und Syrcrt, das dann in Pesch ܟܕ ܡܬܢܟܝܐ ܣܓܝ = navis cum vexaretur multum nach griechischer Recension eingestellt ist. B hat: τὸ δὲ πλοῖον ἤδη σταδίους πολλοὺς ἀπὸ τῆς γῆς ἀπεῖχεν βασανιζόμενον ὑπὸ τῶν κυμάτων. Dem gleicht der Arm mit մեկնեալ էր 'ի ցամաքէն բազում ասպարիսօք ծփեալ = distabat ab arido multa stadia vexatum. Sein ցամաք aridum deckt ein syrisches ܝܒܫܐ. Dazu kommt die dritte Textschicht in D τὸ δὲ πλ. ἦν εἰς μέσον τῆς θαλάσσης βασανιζόμενον ὑπὸ τ. κ., dessen Vulgärgriechisch in ℵ verfeinert erscheint: τὸ δὲ

[1] So ܝܒܫܐ nach dem Armenier, in Syrcrt ist dann ܐܪܥܐ daraus gemacht.

πλ. ἤδη μέσον τῆς θαλ. ἦν βασανιζόμενον ὑπὸ τ. κ., was bei den Lateinern und in Philox Eingang fand, während unter Einfluss von Joh 6, 19 der Memphite eine noch andre Variation zeigt. Er hat ⲡⲓϫⲟⲓ ⲇⲉ ⲛⲉ ⲁϥⲟⲩⲉⲓ ⲉⲃⲟⲗ ⲙⲡⲓⲕⲁϩⲓ ⲛⲁⲩ ⲕ̅ⲉ̅ ⲛⲥⲧⲁⲇⲓⲟⲛ ⲉⲩϯⲟⲩⲃⲏϥ ⲛϫⲉ ⲡⲓϫⲟⲗ = navis autem distabat a terra circa XXV stadia dum pugnabant contra eam fluctus Ganz gemischt aus beiden Formen ist endlich Hrs אלפא די כבר הות רחיקא מן ארעא אסטדין סגי במצעה דימא מצטערא מן גלליא׃ = navis autem jam erat distans a terra stadia multa in medio maris vexata ab undis. Also: Grundform in Syrcrt und Syrsin, erste Umbildung in B Pesch Arm, zweite Umbildung in D, dann א Lat Philox, Nebenform Memph, Mischung Hrs.

Vs. 26. Es ist ein Dämon statt φάντασμα, das alle Griechen haben. Dämon ܫܐܕܐ bieten Syrsin und Syrcrt. Aber von Ješu' sagen, er sei ein Dämon, das geht gegen die orientalischen Anstandsbegriffe, auch wenn deutlich ist, dass dies eine Selbsttäuschung ist.[1] Daher ist es hier und Mrk 6, 49, wo Syrsin auch ܫܐܕܐ hat, durch das nur hier vorkommende φάντασμα ersetzt, das dann in Pesch durch ܚܙܘܐ Vision, in Hrs durch מחמי (von חמא videre), in Philox durch das gleichbedeutende ܡܬܚܙܝܢܘܬܐ ausgedrückt wird. Auch Memph Arm Hieron geben φάντασμα. Urlesart war λέγοντες ὅτι δαιμόνιόν ἐστιν. Luther schrieb Gespenst. Die Sache wiederholt sich Luk 24, 37, wo sie glauben einen „Geist" zu sehen und D wieder φάντασμα einstellt. Auch hier wird sowohl πνεῦμα als φάντασμα Ersatz für ursprüngliches δαιμόνιον sein, da nach Hieronymus im Hebräerevangelium incorporale daemonium gelesen wurde, was Ignatius Smyrn. 3 durch δαιμόνιον ἀσώματον bestätigt. Tischendorf zu Luk 24, 37, 39. Grade der Ignatiustext aber ist für unsern Fall höchst lehrreich, denn während griechisch δαιμόνιον steht, hat die syrische und die armenische Übersetzung dafür ܪܘܚܐ und ոգի d. h. spiritus eingesetzt.

Vs. 27. Das θαρσεῖτε der Griechen hat Syrsin hier und Mrk 6, 50 einfach durch ܬܪܣܘ translitteriert, dies aber im Syrischen sonst nicht als griechisches Lehnwort aufgenommene Wort in Syrcrt durch ܐܬܠܒܒܘ in Pesch durch ܐܬܠܒܒܘ ersetzt und erklärt. — Vs. 28 lass zu, dass ich zu dir komme auf dem Wasser = ܐܦܣ ܕܐܬܐ, in Syrcrt nur ܐܬܐ in demselben Sinne. Dafür haben alle Griechen κέλευσόν με (μοι) ἐλθεῖν, das als ܦܩܘܕ ܠܝ = κελ. μοι wie CΔ al[2] lesen, in Pesch Philox und analog in Arm Հրամայեա ինձ

[1] Über diese uns seltsam dünkende Scheu der Orientalen wäre viel zu sagen. Ich beschränke mich auf dies: Man meidet in der Anrede bei dem Bericht über Beleidigungen eines Dritten diese mit Du zu wiederholen, und sagt daher nicht: Er sagte zu mir (oder zu ihm) du bist ein Hund u. dgl. sondern formuliert: Er sagte zu mir, der Abwesende (البعيد) ist ein Hund.

eingesetzt ist. Das κέλευσον verdirbt den Sinn, — denn wenn Petrus auf einen Befehl handelt, den er provoziert hat, so wird sein Sinken bei der Angst unverständlich. Wenn er sich aber von selbst dazu drängt und der Accent nicht darauf liegt, dass er auf dem Wasser wandelt, wie das der griechische Text ergiebt, sondern darauf, dass er zu Ješu' kommt, wie der syrische Text sagt: Gestatte mir, dass ich zu dir komme — selbst wenn ich auf dem Wasser gehn muss, — so begreift man das Sinken in Folge des Kleinmuts. Daher ist die Variante κέλευσον oder ἐπίτρεψον, wie für ܐܦܣ gestanden haben mag (Matth 8, 21; 19, 8), von grosser Bedeutung. Sachlich betrachtet entwickelt sich die Erzählung nur so richtig: Gestatte, dass ich komme — Komm — Šim'on kommt glücklich auf dem Wasser vorwärts (καὶ ἦλθεν πρὸς τὸν I.) — er wird ängstlich und sinkt — schreit um Hülfe — wird gerettet, aber auch als Kleingläubiger getadelt. Tritt dagegen das Befehlen ein, so wird der Fortschritt unrein. Stehen nun Syrsin und Syrcrt mit ihrem ܐܦܣ = ἐπίτρεψον wirklich allein? Nein, denn Hrs hat dasselbe, das er durch שלט ermächtigen ausdrückt, wie die Vergleichung von Matth 8, 21; 19, 8, Luk 8, 32; 9, 59, 61 ergiebt.[1] Aber dazu kommt auch noch der Memphite, der sein ⲟⲩⲁϩⲥⲁϩⲛⲓ für ἐπιτρέπειν setzt Matth 19, 8, Mrk 5, 13; 10, 4, Luk 9, 59, 61 und bei dem Luk 8, 32 ⲁϥⲭⲁⲩ von ⲭⲱ zeigt, dass er ἐπιτρέπειν als erlauben, zulassen verstanden hat. Schon in Vs. 26 hat sich neben dem Hrs auch der Memphite in dieser Erzählung als Abkömmling der Textform des Syrsin Syrcrt B zu erkennen gegeben, hier bleibt er mit Syrsin und Syrcrt identisch, aber B mit κέλευσον springt ab. Sonach müssen wir auf eine Grundform schliessen, von der Syrsin, Syrcrt, Hrs, Memphite und B abstammen und die in Syrsin am reinsten erhalten ist, da Syrcrt in Vs. 28 κύριε mit B einsetzt.[2] Von dieser Grundform weichen mit φάντασμα alle ausser Syrsin und Syrcrt ab, das koptische ϩⲟⲣⲧϥ ist mir nicht sicher, mit κέλευσον aber nur B —, also ist B redigiert gegenüber dem Syrsin, und die griechische und lateinische Masse, auch D mit ἐν μέσῳ, εἰς μέσον zeigen noch weitergehende Änderungen.

[1] Matth 8, 31 bleibt ohne Einfluss, da die griechische Lesart schwankt. Auch ἐντέλλεσθαι kann nicht in Frage kommen, da dies allgemein durch פקד gegeben wird. Den Unterschied von κελεύειν ܦܩܕ und ἐπιτρέπειν = ܐܦܣ kann man aus Matth 19, 8 und dessen Umkehrung in Mrk 10, 3, 4 vortrefflich erkennen. Markus bildet hier Matthäus mit Bewusstsein um, der Gegensatz der Christen gegen Moses ist schärfer geworden.

[2] Man beachte hier die Feilung in א, denn B hat κύριε εἰ σὺ εἶ, wie Syrcrt, א aber εἰ σὺ εἶ κύριε, was feiner. Das κύριε ist aber dabei Wanderwort, und fehlt in Syrsin noch, ist aber in Syrcrt, Arm, Memph, Hrs, Pesch eingesetzt, und zwar wie in B, nicht wie in א in der Mitte des Satzes. Solche Kleinigkeiten sind lehrreich.

Man drehe die Frage einmal um: Würde von einem ursprünglichen φάντασμα, das oben drein nach Gelehrsamkeit riecht, ein δαιμόνιον gemacht sein, das durchaus volkstümlich ist? Ich sage: Niemals.

In die Reihe der Änderungen gehört nun aber vielleicht auch ὀλιγόπιστε Vs. 31. Syrsin übersetzt ἄπιστος Joh 20, 27 durch ܚܣܝܪ ܗܝܡܢܘܬܐ, d. h. wörtlich „des Glaubens ermangelnd“, und ist geformt wie ܚܣܝܪ ܪܥܝܢܐ als Übersetzung von ἄφρων. Daher wird τῇ ἀπιστίᾳ Röm 4, 20 durch ܐܝܟ ܚܣܝܪ ܗܝܡܢܘܬܐ = „wie ein Ungläubiger“ umschrieben. Nun schreibt der Syrcrt, wo er vorliegt, für ὀλιγόπιστος regelmässig ܚܣܝܪ ܗܝܡܢܘܬܐ Matth 6, 30; 14, 31; 16, 8; Luk 12, 28, wo Pesch Hrs und Philox die Umschreibung wörtlich mit ܙܥܘܪ = „klein“ machen. Syrsin hält zwischen beiden die Mitte, er hat Matth 16, 8 und Luk 12, 28 wie Syrcrt ܚܣܝܪ ܗܝܡܢܘܬܐ, aber Matth 14, 31, wo Petrus direkt angeredet ist, sagt er nicht wie dieser: Du des Glaubens Ermangelnder = ἄπιστος[1] sondern ܙܥܘܪ ܗܝܡܢܘܬܐ du Geringer an Glauben. Die Frage entsteht, ob nicht hier, wo Syrcrt auf ἄπιστε weist, Syrsin den Anfang der Umbildung in ὀλιγόπιστος zeigt, die bei den Griechen auch Matth 16, 8, Luk 12, 28 und Matth 6, 30 durchgeführt ist. In diesen Stellen, — auch Matth 6, 30 — werden immer die Jünger, beziehungsweise die Apostel, angeredet.

Dass in der ganzen Erzählung das syrische Šim'on Kefa des Syrsin und Syrcrt durch Petrus verdrängt ist, wofür dann in Pesch Kefa, in Hrs und Philox Petros erscheint, ist nach der Ausführung P. 161 selbstverständlich.

Schliesslich mache ich auf das εἰς τί Vs. 31 aufmerksam, das statt des griechischen διὰ τί sich sofort als Übersetzung von לְמָא zu erkennen giebt, und die aramäische Basis des Textes verrät. Die Stellen in Sophocles Trachin. 403 und Oedip. Col. 523, die zum Belege dieses angeblichen Griechisch angeführt werden, zeigen im Gegenteil, wie ungriechisch die Wendung ist. Denn Trach. 403 bedeutet es wie πρὸς τί quem in finem und Oed. Col. 523 in wieferne Schneidewin ad l. Das למא selbst ist Matth 27, 46 durch λεμα, λιμα, λημα (sprich lima) genau umschrieben, es ist nicht syrisch, sondern westaramäisch, denn syrisch sagt man לְמָנָא, das Syrsin dort auch dafür einstellt. Endlich ist Vs. 30 das ܐܚܝܢܝ, das nach gewöhnlichem Gebrauche für σῶσον με steht (Syrsin, Syrcrt) in Pesch durch ܦܪܘܩܝܢܝ ersetzt, wohl weil es sich um direktes Herausreissen handelt. Analog ersetzten Syrcrt und Pesch das

[1] Sonst wird ἄπιστος durch Umschreibung mit ܠܐ „nicht“ ausgedrückt in Syrsin, Syrcrt, Pesch, Hrs, Philox, Matth 17, 17, Mrk 9, 19, Luk 9, 41; 12, 46, Joh 20, 27. In letzterer Stelle weicht Syrsin ab.

ܚܝܝܢ Vs. 36 für διεσώθησαν durch das wörtliche ܐܬܐܣܝܘ sie wurden geheilt.

XV, 2 bedeutet, dass die Jünger ohne Handwaschung zu Tische gehn, nicht aber, dass sie sich nicht vor jedem Stück Brot, das sie essen, die Hände waschen. Das Nichtwaschen ist z. B. für die Fünftausend Männer ohne die Weiber und Kinder in der Wüste 14, 20 selbstverständlich, woher hätten sie das Wasser zur Handwaschung nehmen sollen? — Der scharf betonte Punkt ist das Händewaschen vor der Mahlzeit. Und damit verhält es sich so: Wie wir die Sabbathsruhe und die Ehescheidungsfrage, den Zinsgroschen und die Sadducäerfrage über die Wiederbelebung der Toten als Gegenstände der Parteidiskussion in der Zeit Ješu' kennen, der in diese Verhandlungen von seinen Feinden, die ihn für einen Rabbi halten, der „bindet und löst“ (zu Matth 5, 17), hineingezogen werden soll, damit er irgendwie sich eine Blösse giebt, so ist es auch mit dieser Frage einer jerusalemitischen Deputation. Sie betrachtet die Handwaschung vor Tisch als Gesetz der Alten und erweist sich damit als der strengsten Observanz angehörig, denn die Frage, ob man sich vor dem Essen die Hände waschen müsse, war damals streitig, nicht streitig aber war die Auktorität der alten angeblichen Tradition. Aus Berachot 19ª erlernt man, dass der Gerichtshof auf die Geringschätzung der Handwaschung vor der Mahlzeit, welche als eine Einsetzung Salomo's galt, den kleinen Bann (נדוי) gesetzt hat. Als Verächter der Handwaschung (מזלזל בנטילת ידים) wird 'Aqabja ben Mahalelel genannt, aber von andrer Seite wird das geleugnet, und statt seiner Eleazar ben Ḥanokh aufgeführt, auf dessen Sarg ein Stein gelegt wurde. Jenen untergeordneten rituellen Punkt ignoriert Ješu' vollkommen, wie er das auch sonst thut, und er pariert den Stoss durch die Prinzipienfrage: Was ist dieses Gebot der Ältesten wert im Verhältnise zum Worte Gottes, dem ein Gebot der Ältesten unter Umständen auch widerspricht. Damit aber wirft er ein ganz neues Prinzip von unendlicher Tragweite in den Streit der Meinungen, er schafft ganz Neues: Die Beurteilung der Tradition nach dem Worte Gottes! Für die Juden steckt dahinter die Frage, ob rabbinische Satzung (מדרבנן) überhaupt gültig sei, die nach einer gleich anzuführenden Mischna noch genauer als die Thora beobachtet werden soll.

Dass aber der Sinn der Frage eben jene Minutie der Waschung bloss nach oder auch vor Tische war, zeigt Sabb. 14ᵇ שמאי והלל גזרו טומאה על הידים d. i. Schammai und Hillel haben die Unreinheit für die Hände angeordnet. Daran hängt sich die Frage, was davon etwa ausgenommen sein könnte, und darauf antwortet Erub. 17ᵇ: Soldaten im Kriege; zugleich aber sieht man an dieser Stelle, dass die Streitfrage über das Waschen auch vor Tisch existierte, denn R. Abaje erklärt, dieser Dispens bezieht sich nur auf das Waschen vor Tisch (מים ראשונים), das Waschen nach Tisch (מים אחרונים) ist und bleibt obligatorisch (חובה). Bei Völkern, die mit den Händen ohne Löffel und Gabel essen, versteht sich das Waschen nach Tisch für den gesitteten Menschen von selbst; der hieratische Charakter haftet wegen des magischen Begriffes der Unreinheit und der Scheu, (vgl. auch סרך תרומה) mit unreinen Händen zu essen, wesentlich am Waschen vor dem Essen. Wer dies unterliess, opponierte im Grunde gegen den hieratischen Unreinheitsbegriff, und damit gegen ein ganzes System rabbinischer Satzungen. Nach Sanhedr. 11, 2 ist es strafbarer, sich gegen die Worte der Schriftgelehrten zu sperren als gegen die Worte der Thora! Die Unreinheit hatten die Ältesten ausgebildet, daher die prinzipielle Schärfe! Das ist auch im Zusammenhange des Evangeliums sofort betont, wenn Ješu' dem Volkshaufen Vs. 11 sagt, dass Speisen den Menschen nicht „unrein" machen, und das „Unreine" dann mit dem „Unsittlichen" vertauscht und ihm entgegenstellt. Daher die Schärfe des Konfliktes, deren man inne wird, wenn man Sota 4^b liest. Hier heisst es nämlich: „Wenn Jemand Brot isst ohne Handwaschung, so ist es, wie wenn er zu einer Buhlerin gienge" und weiter: „Wer die Handwaschung geringschätzt, wird aus der Welt ausgerottet", worauf die Ausführung der Waschung betreffs der Handhaltung angeordnet wird.

Aber dieses scharfe Gebot der Ältesten, hier des Hillel und des Schammai, ist nicht unbestritten geblieben. Die Räubersynode vom Jahre circa 67 p. Chr. hat es nötig befunden, neben andern Badebestimmungen auch die Handwaschung (ידים) anzuordnen. Jerus. Sabb. 3^c und noch Num. rab. Sect. 20 (P. 162^b der Stettiner Ausgabe) zeigt, dass das Waschen vor Tisch Manchen als רְשׁוּת galt, d. h. freiwillig war, während es Chullin 105^{ab} Pflicht (חובה) sein soll und das Waschen zwischen den einzelnen Gängen als freiwillig bezeichnet wird (מים אמצעיים רשות).

Und nun beachte man, dass Syrsin und Syrcrt sagen: Das Gebot der Greise = ܦܘܩܕܢܐ ܕܩܫܝܫܐ = ἐντολή τῶν πρεσβυτέρων[1] wozu

---

[1] Pesch verwandelt ܦܘܩܕܢܐ ܕܩܫܝܫܐ in ܡܫܠܡܢܘܬܐ ܕܩܫܝܫܐ, das für Tradition und Presbyter technisch ist, und daher auch in der Philox bleibt. — Wie merkwürdig ist es nun, dass Chullin 105^a R. Jisḥaq sagt, das Wasser vor dem Essen sei eine מצוה, d. h. direkt ἐντολή oder ܦܘܩܕܢܐ, genau wie wir es im Syrsin finden. Er scheidet dort מצוה, ἐντολή von חובה allgemeine Verpflichtung, מצוה aber wird in den Targumen durch תפקידתא oder פקודא wiedergegeben, Formen, die syrisch ungebräuchlich durch פוקדנא ersetzt werden Deuter 6, 1 Pesch.

Vs. 3 das Gebot Gottes = ܦܘܩܕܢܐ ܕܐܠܗܐ = ἐντολὴ τοῦ θεοῦ den richtigen Gegensatz bildet, wogegen der griechische Text mit seinem παράδοσις = Überlieferung der Ältesten die Schärfe des Gegensatzes abstumpft, was dann Vs. 6 völlig verdirbt, wo Syrsin und Syrcrt haben: Ihr habt das Wort Gottes vereitelt um eurer Gebote willen, die Griechen aber neben παράδοσις als Gegensatz νόμον, ἐντολήν und λόγον aufweisen, zum Zeugnis dafür, dass hier redigiert ist. Dass παράδοσις sachlich falsch ist, wenn es Überlieferung bedeuten sollte, ist klar, eine von Hillel circa 30 v. Chr. erlassene Anordnung, welche sofort bestritten war, kann um 30 p. Chr. nicht als alte Tradition bezeichnet werden, wenn sie für die Räubersynode um 67 p. Chr. noch einer Feststellung bedarf. Demnach ist παράδοσις entweder als Anordnung (מצוה) zu deuten, oder es ist jüngere Änderung, die allerdings vor Iren läge, und dann von Pesch mit ܡܫܠܡܢܘܬܐ bezeugt wird.[1] Ich bin geneigt, letzteres anzunehmen, weil Vs. 6 der Gegensatz zwischen νόμος oder λόγος θεοῦ und παράδοσις ὑμῶν schwächer ist als der von λόγος θεοῦ und ἐντολή ὑμῶν.[2] Und nun vergleiche man die Überlieferung für λόγος, νόμος und ἐντολή Vs. 6 bei den Griechen: λόγος bieten BD; abff[1 2]; Syrsin, Syrcrt, Pesch, Arm, Memph, Äth, dazu Irenäus 4, 19, 2 et frustrati estis sermonem Dei propter traditionem vestram. — Dies λόγος ist in ℵ vom ca Korrektor Saec VII hineingesetzt.

Dagegen haben νόμος ℵ*C 13, 124, 346 dazu Ptolemäus 33[4] aber kein alter Übersetzer(!) und ἐντολήν Δ allein, neben τὴν ἐντολὴν in der griechischen Masse Vulg (cfg[1]q) und armenischen Manuskripten զպատուիրան ա̃յ. Die Überlieferung für λόγος ist bei Weitem die stärkste, die Lesart mit ἐντολή nimmt der Rede ihren prinzipiellen Charakter, da dann ein Gebot gegen die gesamte Tradition steht,

---

[1] Es ist beachtenswert, dass auch Pesch 1 Kor 11, 2; 2 Thess 2, 15; 3, 6 für παράδοσις ܦܘܩܕܢܐ Anordnung setzt, das dann von Philox natürlich in ܡܫܠܡܢܘܬܐ geändert wird. Sonst hat Pesch für παράδοσις Gal 1, 14 und Koloss 2, 8 ܝܘܠܦܢܐ Lehre, versteht also gut griechisch darunter direkt den Lehrinhalt. Auch hier hat Philox mechanisch ܡܫܠܡܢܘܬܐ. Der Arm, der für παράδοσις ein genaues Wort սովորութիւն besitzt, verwendet es im N. T. nie, auch nicht Mrk 7, 3, 4, wo es der Syrsin als ܡܫܠܡܢܘܬܐ hat, sondern schreibt überall աւանդութիւն d. h. Depositum, Anweisung, also verstanden es seine Lehrmeister in Konstantinopel in diesem Sinne.

[2] Hier kann sich auch der lebhaft für Rückübersetzung in das Griechische eingenommene Forscher überzeugen, dass dabei noch ganz andre Fussangeln liegen, als die ν ἐφελκυστικά vor Konsonanten. Die Frage ist die: Stand im Originale παράδοσις, das Syrsin wie Arm als Gebot deutete, oder las er ein Wort dieses Sinnes, und dann: war es ἐντολή, ἔνταλμα oder ein anderes? Hic Rhodus hic salta.

nicht aber das ganze Recht der Tradition angegriffen wird, was nur durch den Gegensatz vom Wort Gottes und der Lehre der Presbyter zu Stande kommt. In der Reformation wiederholte sich diese Fragstellung.

Der Gedanke von Vs. 1—3 ist in Syrsin klar: Wenn ihr gegen Gottes Wort Gesetze macht, soll ich an diese Gesetze gebunden sein? Das Recht der Hierarchie ist praktisch ad absurdum geführt. Keim (Jesu von Nazara II 349) hat das sehr schön dargelegt.

Vs. 4. Wenn Ješu' das alte Testament anführte, so zitierte er es hebräisch, oder höchstens als Targum. So muss er hier also gesagt haben מקלל אביו ואמו מות יומת Exod 21, 17 vgl. Levit 20, 9. Das ist in diesem Falle um so sicherer, als das מות יומת sogar syrisch freilich als מות ימות ausgedrückt ist (ܡܡܬ ܢܡܘܬ), während Targume und Pesch dafür יתקטל anwenden. Die Griechen haben aber statt: Wer seinen Vater und seine Mutter schmäht soll des Todes sterben ὁ κακολογῶν πατέρα ἢ μητέρα θανάτῳ τελευτάτω, d. h. sie haben ἢ statt und, und das ist nach der Septuaginta gesprochen, welche liest ὁ κακολογῶν πατέρα αὐτοῦ ἢ μητέρα αὐτοῦ τελευτήσει θανάτῳ Dieser Wortlaut ist dann im Matth noch verfeinert durch Weglassung. von αὐτοῦ und durch Umstellung. So hat also Ješu' nicht gesprochen, was im Matthäus steht. Dies ἢ ist nun nichts weniger als harmlos, es ist juristisch raffiniert. Ein moderner Leser merkt das nicht, wenn er seine Augen nicht durch das Studium der rabbinischen Auslegung geschärft hat, aber schon die Septuaginta könnte ihn Exod 21, 15—17 auf den richtigen Weg weisen, denn Vs. 15 wird מות יומת durch θανάτῳ θανατούσθω, dagegen Vs. 16 durch τελευτήσει (! Futur) θανάτῳ übersetzt,[1] und Vs. 17 schwanken die Lesarten, B sagt θανάτῳ τελευτάτω, Lucian bei Lagarde mit Alexdr. und F aber θ. θανατούσθω. Der Leser sollte sich darum fragen, was es mit dieser verschiedenen Übersetzung auf sich habe. Die Umstellung

[1] Der Codex Alexandrinus, und F, die Aldina und die Complutensis lesen θανάτῳ τελευτάτω. Ist das Rückwirkung aus dem Matthäus, oder bezeugt Matth eine ältere Lesart als B? — Zur Sache selbst bemerke ich, dass die jüdischen Juristen Bedenken trugen auf den Fluch wirklich Todesstrafe zu setzen, wie die Mechilta und Sanhdr. 85[b] zeigt. Daher deutet die Septuaginta מות ימות d. h. er wird einen frühen Tod sterben = τελευτήσει θανάτῳ, und so wird die juridische Todesstrafe zur Ausrottung, Kerîtha, d. h. zur natürlichen durch Gottes Verhängnis eintretenden Vernichtung. Das liegt in der Septuaginta an dieser Stelle. Für die Kerîtha galt aber nach Makk 3, 15, dass wer Kerîtha verdiente, von dieser verschont wurde, wenn er von Gerichtswegen eine Geisselung für sein Vergehen empfangen hatte. Die Mischna Sanhdr. 4, 4 verordnet Steinigung für den, der Vater und Mutter verflucht, 7, 8 limitiert das auf den Fall des Fluchens mit unverhüllten Worten (בשם), während metaphorische Ausdrucksweise (כנוי) im Fluche mit Geisselung bestraft wird. Maimonides Hilkot Mamrim V.

der Verse in Septuaginta müsste ihn doppelt stutzig machen, kurz hier ist ein Memento für Septuagintenkritiker.

Um zu zeigen, um was es sich handelt, beginne ich mit Vs. 16, wo גנב איש mit ... ἐὰν κλέψῃ τίς τινα τῶν υἱῶν 'Ισραήλ ausgedrückt wird. Der Grund liegt auf der flachen Hand, statt die Strafe nur über den Räuber eines Mannes zu verhängen, sollen auch Weiber und Kinder der Israeliten gegen Menschenraub geschützt und die Verbrecher haftbar gemacht werden, und so wird für איש Mann erklärend gesagt τινὰ τῶν υἱῶν 'Ισρ., irgend ein Glied des israelitischen Volkes. Darum ist sowohl im Targum Jonathan als bei Onqelos dafür gesetzt נפשא מבני ישראל, wer eine Seele von den Israeliten stiehlt, und נפשא behält auch die alttestl. Pesch bei. Auch Hieronymus schreibt nach synagogaler Belehrung: Qui furatus fuerit hominem und nicht wörtlich virum. Wenn ich nun hieraus schliesse, dass die Septuaginta nach der juristischen Deutung auslegend — also als authentische Interpretation übersetzt, und weiter folgere, dass auch das πατέρα ἢ μητέρα statt אביו ואמו juridischer Vorsicht entstammt, so sollte Niemand widersprechen, da ich aber meiner etwaigen Gegner nicht sicher bin, so will ich nichts schliessen und folgern, sondern, soweit es unmittelbar erforderlich, die Quellen sprechen lassen.

Über das Menschenraubgesetz sagt die Mechilta (81^b ed. Friedmann)[1]: Unter dem Wortlaut „גונב איש = wer einen Mann stiehlt" kann ich nur den Fall befassen, wo ein Mann einen Mann stiehlt, — woher gewinne ich die Entscheidung für den Fall, dass ein Weib und ein Minderjähriger (קטן) geraubt ist? Antwort: Aus Deuter 24, 7, wo es heisst: Wenn ein Mann gefunden wird, der eine Seele (נפש) von seinen Brüdern stiehlt; — das dient dazu den Dieb eines Weibes und eines Minderjährigen unter das Gesetz zu befassen. Weiter, woher gewinne ich das Gesetz für ein Weib, das den Menschendiebstahl begeht? Antwort: Aus derselben Stelle, denn es heisst der Dieb stirbt, absolut. (Das Wort für Dieb gannâb hat keine Femininform, schliesst also die Frauen u. s. w. von selbst ein).

Das genügt um die Interpretationen zu verstehen, die sich an das Gesetz anhängen mussten, und die nun alle von der Septuaginta in den griechischen Text durch den Ausdruck ἐὰν κλέψῃ τίς τινα τῶν υἱῶν 'Ισραήλ κτλ. subsummiert sind. Genau so verhält sich's mit dem πατέρα ἢ μητέρα in Exod 21, 15, 17, es entstehen analoge Fragen, die parallel auch in der Mechilta gestellt werden. Die Frage lautet so: Der Wortlaut „wer seinen Vater und seine Mutter schlägt (beziehungsweise lästert)" berechtigt nur den zu strafen, der

[1] Vgl. dazu Jalqut Schimeoni § 329 ff. und die Gemara Sanhedr. 85^b.

Vater und Mutter (vereint) lästert; — woher erhalte ich das Recht den zu strafen, der nur den Vater und nur die Mutter schlägt (lästert)? — Hier erklärt denn R. Jonathan, dass dem Wortlaut nach ein solches „und" sowohl den Sinn beide zusammen, als auch den Sinn „den einen oder den andern" haben könne, ausser wenn der Text speziell das „zusammen" vorschreibt. Und nun verstehen wir wiederum, warum die Septuaginta hier πατέρα ἢ μητέρα setzt, sie interpretiert mit Bewusstsein in authentischer Weise. Die Targumen und die Peschita lassen das „und" unverändert, doch wohl nur darum, weil in ihren Bezirken die Interpretation des R. Jonathan die übliche war, und keine Textabweichung erforderlich schien. Auch die Übersetzung θανάτῳ τελευτήσει statt θανάτῳ θανατούσθω hängt mit der Strafrechtsentwicklung zusammen, aber das würde hier zu weit führen und mag auf sich beruhen.

Kehren wir zu Matthäus zurück, so haben alle Griechen eben das ἤ, welches Ješu' nicht gesagt haben kann, das auch im Targum nicht steht. Angesichts der Thatsache nun, dass in Vs. 4 und 5 der Syrsin beide Male Vater und Mutter hat, wo die Griechen und ihr Gefolge zwei Male ἤ, also Vater oder Mutter bieten, müssen wir erkennen, dass der griechische Matthäus in diesem Zitate nach der Septuaginta korrigiert ist und in seinem ursprünglichen Texte nicht so lautete, wie er jetzt steht. Das wird durch die Verhältnisse der andern syrischen Übersetzungen nun über allen Zweifel erhoben, denn es ist der Versuch gemacht, das ἢ auch in den syrischen Text einzuführen, aber der Versuch ist nicht geglückt. Man beachte: Syrsin hat zwei ܘ = καί Vs. 4, dafür setzt der Syrcrt einmal ܐܘ, ἤ, aber die Pesch behält ܘ, καί bei. Noch seltsamer gestaltet sich dann das Verhältnis in Vs. 5, wo sich Syrsin gleich bleibt, und ruhig zweimal καί bietet; die Pesch setzt nämlich das ἢ zweimal ein, wogegen der Syrcrt — wohl im Gefühl des geschraubten Ausdrucks der Phrase οὐ τιμήσει τὸν πατέρα ἢ (statt des natürlichen καὶ) τὴν μητέρα αὐτοῦ[1] — das letzte Glied ἢ τὴν μητέρα αὐτοῦ ganz fortlässt. Dies handgreifliche Redaktorenkunststück machen dann BℵDa mit, so dass es bei Lachmann und Westcott-Hort fehlt. In Wahrheit ist es von feinfühligen Griechen gestrichen, aber sie sind nicht durchgedrungen, die griechische Masse hat es behalten,[2] und die alten Übersetzer bezeugen es. Tischendorf hat es daher nicht getilgt. Den letzten Textstand bei den Syrern haben wir dann in

[1] Das doppelte αὐτοῦ verrät das semitische Original.

[2] Was ist leichter zu denken, die Streichung in ℵBD Syrcrt allein, oder das gleichmässige Eindringen in die Masse der Handschriften, und in Vulg Pesch Memph Arm Äth? Meyer-Weiss will den Ausfall durch Homoioteleuton erklären, also nicht durch Reflexion sondern mechanisch.

der Philoxeniana Vs. 4 τίμα τὸν πατέρα ÷ σου ✓ καὶ τὴν μητέρα, καὶ ὁ κακολογῶν πατέρα ἢ μητέρα ... ὃς ἂν εἴπῃ τῷ πατρὶ ἢ τῇ μητρὶ ... οὐ μὴ τιμήσει τὸν πατέρα αὐτοῦ ἢ τὴν μ. αὐτ.

Es ist von verschiedenen Seiten Wert darauf gelegt, dass im Matthäus die Septuaginta zitiert wird, und es sind daran wichtige Schlüsse gehängt worden. Wir sehen hier einen Fall, wo das angebliche Septuagintazitat im Urtexte des Matthäus nicht gestanden hat, sondern durch spätere griechische Redaktoren eingesetzt ist. Die ganze Frage bedarf daher einer Revision auf Grund des neuen Materiales, das durch die Textform des Syrsin geboten ist. Aus diesem Grunde sind Stellen wie Matth 3, 3; 13, 14 oben ausführlich erörtert. Die Griechen sind darin keine zuverlässigen Zeugen.

Vs. 5. Qorban sei, in Syrsin Syrcrt Pesch Philox, was die Griechen durch δῶρον übersetzen, ist das Original, und Γb zeigen noch, dass δῶρον die Glosse ist, die das ursprüngliche Qorban verdrängt hat, Γ liest κορβὰν, ὅ ἐστι δῶρον, ὁ ἐὰν ἐξ ἐμοῦ ὠφεληθῇς, b corbam quod est munus. Oder will man es als Einschub nach Mrk 7, 11 ansehen? Das ganz korrekt jüdische ܩܘܪܒܢ ܐܢ ܬܬܗܢܐ ܡܢܝ = Korban, wenn du eine Nutzung (הנאה) von mir hast, ändern Syrcrt u. Pesch in ܩܘܪܒܢܝ = Mein Qorban, (Philox in ܩܘܪܒܢܐ), und das ist innersyrischer aber unjüdischer Erklärungsversuch, in dem Sinne: mein Qorban sei, was du etc. Die jüdische Formel ist 1. קרבן מה נהניתי מינך = Qorban, was ich von dir gebrauche, dann bin ich gebunden (אסור) nichts zu geniessen, dann habe ich ein Gelübde übernommen (נדרתי) — 2. aber auch קרבן מה נֶהֱנֵית לי = Qorban ist, was du von mir gebrauchst, dann ist er gebunden nichts zu gebrauchen, er ist durch mein Gelübde (bei Todsünde würde man heute sagen) verpflichtet sich jedes Gebrauches meiner Güter zu enthalten. Er wird als הַמֻּדָּר הֲנָאָה מֵחֲבֵרוֹ bezeichnet, und das bedeutet: Wenn einem durch Gelübde — und Qorban ist eine Gelübdeform — aller Genuss von des Andern Gütern versagt ist. Hier wird dem „Anderen" durch mein Gelübde ein absoluter Zwang aufgelegt. Auf diesen letzteren Fall bezieht sich die Äusserung Ješu'; der Sohn macht durch die Formel[1] „Qorban sei, was du von mir geniessen magst" dem Vater unmöglich — selbst bei grösster Notlage sich an den Sohn zu halten. Ein solcher von den Ältesten juridisch gerechtfertigter Zustand annulliert das Gotteswort vom Ehren der Eltern.

Ob nun solche Gelübde wohl wirklich vorkamen? Die Mischna Nedarim 5, 6 zählt natürlich auch die Auswege auf, die man ein-

[1] Neben Qorban brauchte man auch die verketzerten Wörter Qonam, Qona, Qonas, sie dienen als Kinnujim d. i. Ausdrücke die Qorban ersetzen. Nedar. 1, 2.

schlug, um den übeln Folgen eines solchen Gelübdes zu entgehen,[1] und gelegentlich dieser Erörterung berichtet sie: In Beth Ḥoron war einem Vater durch Gelübde jeder Genuss von seinem Sohne versagt. Als er nun diesen seinen Sohn verheiratete, sprach der Sohn zu einem Dritten: Ich schenke Dir meinen Hof und das Hochzeitsmahl, sie gehören Dir aber nur, bis[2] mein Vater kommen und am Hochzeitsmahle Teil nehmen kann. Da sprach der so beschenkte Dritte: Wenn sie mein sind, so sollen sie Gott (לשמים oben S. 31) geweiht sein, der Sohn aber erwiderte: Dazu habe ich Dir mein Eigentum nicht gegeben, und erhielt dann die Antwort: Du hast mir das nur geschenkt, damit Du mit Deinem Vater essen und trinken kannst, und ihr euch unter einander versöhnt, und die Sünde dann auf ihm ruhe.[3] Daran hängen dann die Juristen (החכמים) den Lehrsatz: Jedes Geschenk, das nicht so gegeben ist, dass wenn der Empfänger es weiht, es auch wirklich geweiht ist, ist kein Geschenk d. h. nichtig.

Gelübde können und müssen oft gelöst werden, Grundbedingung dazu ist, dass man sie bereut חֲרָטָה, dann können die Juristen (חכמים) sie lösen. Darauf bezieht sich Nedar. 9, 1 wo von der Rücksicht auf die den Eltern schuldige Ehre die Rede ist. Es heisst dort: R. Eliezer sagt: Man kann mit der den Eltern schuldigen Ehrfurcht einen Ausweg öffnen, die Juristen aber erklären das für unerlaubt. (פותחין לאדם בכבוד אביו ואמו וחכמים אוסרים:). — Man darf dies aber nicht zu unsrer Stelle des Evangeliums in Beziehung setzen, denn der Sinn ist nach den Kommentaren ein ganz andrer, es bedeutet: Man giebt dem Menschen Veranlassung seine Gelübde zu bereuen, (damit die Juristen sie lösen können), indem man ihm die seinen Eltern schuldige Ehrfurcht vorhält, (für die es eine Schande ist, dass ihr Sohn sich Gelübde auflegt, was sündhaft sei). Darum fügt dort R. Ṣadoq bei, man solle ihm lieber die Ehre Gottes vorhalten, d. h. ihm das Sündhafte der Gelübde vorstellen.[4] — Das ist also ein ganz andrer Gedankengang als der im Evangelium, wo das Recht solche Gesetze zu machen, die mit dem Wort Gottes in Konflikt bringen, den Ältesten abgesprochen ist, wovon in der Mischna selbstverständlich nicht geredet wird. Einen andern Ausweg zeigt das Erbrecht in Baba qam. 9, 10, wo der Fall gesetzt ist, dass der Vater

---

[1] Solche Auswege waren z. B., dass man einer dritten Person ein Geschenk machte, damit sie es dem Abgelobten gebe, oder Speise öffentlich niederlegte, damit er sie sich aneignen könne.

[2] So עד שיבא im Jerus. Talmud, in dem babyl. Texte ist כדי שיבא gedruckt.

[3] Die Sünde besteht nach Raschi darin, dass der abgelobte Vater kommt um neben ihm zu essen, שיהא אביו מודר הנאה אוכל על ידו.

[4] Vgl. Levy Neuhebr. Wörterbuch unter פתח.

dem Sohne durch Qonam (d. i. Qorban) den Genuss seines Eigentums verwehrt. Der Sohn erbt nach des Vaters Tode sein Erbteil, — sollte aber der Vater gesagt haben, der Ausschluss vom Genusse gelte für Leben wie für Sterben, dann erbt der Sohn Nichts. Wohl aber kann er das ihm entgehende Erbteil seinen Kindern, — also den Enkeln des Erblassers — oder seinen Brüdern zuwenden. Hat der Sohn Nichts zu essen, dann kann er auf Borg leben, und seine Gläubiger können sich an sein Erbteil halten. — Hier ist der Bruch sogar des Prinzipes klar, das sonst so streng gehalten wird.[1] So viel zur Beleuchtung des Angriffs Ješu' auf die Gesetze der Alten.

Vs. 8 und mit seinem Herzen = καὶ τῇ καρδίᾳ in Syrsin und Syrcrt ist in Pesch nach gr. ἡ καρδία αὐτῶν korrigiert. — Das Zitat ist hier und in ℵBD (abgesehn von τῇ κ. statt ἡ κ.) nicht nach der Septuaginta gegeben, die griechische Masse aber ist nach der Septuaginta erweitert. Vgl. oben S. 244. Das Original wird in Syrsin liegen, erste Änderung (ἡ καρ.) ist in B und Genossen, letzte in CE und der Masse, die in die Philoxeniana aufgenommen ist. Die Syrer zeigen in historischer Folge die Veränderung.

Vs. 13 der Vater, der im Himmel, nicht ὁ πατήρ μου, während schon Syrcrt dies μοῦ zusetzt. Dass aber hier redigiert ist, zeigt sich an dem οὐράνιος vgl. oben P. 113[1]. Das μου ist falsch trotz ℵBD und Cyprian. Vgl. Gamaliel Act. 5, 38. Sie sind Führer der Blinden, nicht blinde Führer der Blinden. Durch den Zusatz blinde Führer geht die Spitze des Gedankens verloren, das Moment, dass bei ihrer Führung die Führer und die Geführten in die Grube stürzen, darf nicht hier schon anticipiert werden. Nach Syrsin ist der Gedanke: Sie nehmen am rein Sittlichen Anstoss — die Wurzeln ihrer Lehre sind ungöttlich — lasst sie — sie sind Blindenführer (— ein Sehender nimmt solche Führer nicht und braucht sie nicht) — aber selbst blind, werden sie auch die, welche sich von ihnen leiten lassen, in das Unglück führen. — So sind sowohl die Gelehrten als ungöttlich charakterisiert, als das Volk als blind bezeichnet, das sich von ihrer angeblichen Auktorität gegenüber dem sittlich Evidenten dupieren lässt. — Sobald aber das „blinde Führer der Blinden" vorausgeht, verliert der Gedanke seine scharfe Formulierung. Und nun ist τυφλοί im Griechischen Wanderwort, und τυφλῶν schwankt, denn B hat ἄφετε αὐτοὺς τυφλοί εἰσιν ὁδηγοὶ (ohne τυφλῶν), τυφλὸς δὲ κτλ., — ℵ hat ἀφ. αὐτ. ὁδηγοί εἰσιν τυφλοί, τυφλὸς δὲ κτλ. D hat

[1] Z. B. Nedar. 4, 4 wo der, dem der Genuss versagt ist, zwar im Sommer mit dem Andern auf einem Lager schlafen darf, nicht aber im Winter (בימות הגשמים im Neuarabischen schitta = סְתָו), weil er da von der Wärme Vorteil hätte. Vgl. Qohelet 4, 11.

ἄφετε τοὺς τυφλούς· (statt αὐτούς) τυφλοί εἰσιν ὁδηγοί τυφλὸς δὲ κτλ. Δ hat ἄφεται αὐτοὺς ὁδηγοί εἰσιν τυφλοὶ τυφλῶν, τυφλὸς δε κτλ. Unter den Syrern schreibt

Syrsin ܡܕܒܪ̈ܢܐ ܐܢܘܢ ܕܣܡ̈ܝܐ duces sunt caecorum = Memph in W. P I bei Schwarze

Syrcrt ܡܕܒܪ̈ܢܐ ܐܢܘܢ ܣܡ̈ܝܐ duces sunt caeci = ℵB

Pesch ܣܡ̈ܝܐ ܐܢܘܢ ܡܕܒܪ̈ܢܐ ܕܣܡ̈ܝܐ caeci sunt, duces caecorum = Arm կուրք են կուրաց առաջնորդք

Philox ܣܡ̈ܝܐ ܐܝܬܝܗܘܢ ܡܗܕ̈ܝܢܐ ܕܣܡ̈ܝܐ caeci sunt duces caecorum Δ und die Masse.

Diese Zusammenstellung ebenso wie die Sinnentwicklung spricht dafür, dass Syrsin das Original hat, es war ἄφετε αὐτοὺς, ὁδηγοί εἰσιν τυφλῶν, — ihr aber könnt selbst sehen. — Das können sie nun zwar auch nicht wirklich, denn Petrus versteht nicht, aber erhält auch den Tadel: Auch ihr versteht noch nicht!

Vs. 17 in der Entleerung = ܒܬܕܟܝܬܐ, das purgatio, nicht aber ἀφεδρών bedeutet Payne-Smith I, 896. Vgl. Mrk 7, 19.

Vs. 18. Syrsin hat wisset ihr nicht, dass was aus dem Herzen hervorgeht, aus dem Munde hervorgeht, analog 12, 34. Man beachte dabei, dass der im Deutschen und Griechischen durch die Unterschiede der Präpositionen fühlbar gemachte Gegensatz von Ausgehn und Eingehn, im Munde Ješu', der נפק und עלל gebrauchte, nicht lautlich hörbar wurde, so dass auf das εἰσπορεύεσθαι und ἐκπορεύεσθαι kein besondrer Wert zu legen ist. Der Gedanke schreitet so fort: Was aus dem Munde hervorgeht verunreinigt, — das verstehen die Jünger nicht, — sie erhalten die Erklärung: was in den Mund geht bleibt nicht, { und was aus dem Herzen / griechisch: aber was aus dem Munde } kommt, das geht aus dem Munde hervor / kommt, das geht aus dem Herzen hervor } und verunreinigt, denn aus dem Herzen kommen die bösen Gedanken, und diese verunreinigen.

So nach Syrsin. Jetzt drehe man nach den Griechen die Glieder um: was aber aus dem Munde hervorgeht, kommt aus dem Herzen heraus, und dies verunreinigt — und erwäge, wie der Gedanke schärfer fortschreitet? Es soll bewiesen werden, dass was aus dem Munde kommt verunreinigt, das thut Syrsin. — Die Griechen beweisen, dass was aus dem Herzen kommt verunreinigt, und führen denselben Gedanken als Grund an, beweisen also idem per idem. Griechisch übersetzt stellt sich Syrsin so: τὸ ἐκπορευόμενον ἐκ τοῦ στόματος, τοῦτο κοινοῖ τὸν ἄνθρωπον Vs. 11 — τὸ εἰσπορευόμενον ἐκβάλλεται Vs. 17 — τὰ δὲ ἐξερχόμενα ἐκ τῆς καρδίας ἐκ τοῦ στόματος ἐκπορεύεται κἀκεῖνα κοινοῖ τὸν ἄνθρωπον, ἐκ γὰρ τῆς καρδίας ἐξέρχονται und weiter διαλογισμοὶ κακοὶ φόνων, μοιχειῶν κτλ. im Genetiv wie Syrsin und Syrcrt noch richtig haben. Aus dem Herzen kommen nicht böse Gedanken und Mord und Ehebruch etc. sondern die bösen Gedanken des Mordes, des Ehebruchs u. s. w. alle, die dem fünften bis achten Gebote widersprechen. So stellt sich nach Syrsin und am Schlusse auch nach Syrcrt ein geschlossner Fortschritt her. Pesch ist nach den Griechen umgebildet in Vs. 18 und hat in Vs. 19 auch διαλογισμοὶ πονηροὶ, φόνοι, μοιχεῖαι κτλ. Kein Grieche hat hier den notwendigen Genetiv! Ist nun Syrsin nebst Syrcrt ganz allein mit dem Genetiv im Rechte, wird er es dann Vs. 18 nicht sein, auch wenn Syrcrt nach den Griechen alteriert ist?

Vs. 26 zeigt eine hochbedeutende für die Beurteilung des ganzen Evangeliums einflussreiche Variante. Statt des οὐκ ἔξεστιν λαβεῖν τὸν ἄρτον τῶν τέκνων καὶ βαλεῖν τοῖς κυναρίοις, wo für οὐκ ἔξεστιν, (D abcff²g¹ Clem. Hom. 2, 19) die griechische Masse, mit der auch ℵB gehen, οὐκ ἔστι καλὸν bietet, sagt Syrsin ܠܐ ܘܠܐ ܠܡܣܒ ܠܠܚܡܐ ܕܒܢܝܐ ܪܡܝܢ ܠܟܠܒܐ = non decet sumere panem, quem filii proiciunt cani oder canibus. In Syrcrt ist das ܪܡܝܢ korrigiert in ܘܠܡܪܡܝܗ, so dass er ausdrückt οὐκ ἔξεστι λαβεῖν τὸν ἄρτον τῶν τέκνων καὶ βαλεῖν D, worauf dann in Pesch durch ܠܐ ܫܦܝܪ = οὐκ ἔστι καλόν völlige Übereinstimmung mit der griechischen Masse hergestellt wird.

Der Satz in Syrsin giebt nur dann Sinn, wenn er als Fragesatz gefasst wird, also eine Überlegung Ješu' darstellt, so dass der Sinn der Erzählung so fortschreitet: Die Jünger sagen: Entlass sie, ob mit Heilung der Tochter oder ohne diese, wird nicht gesagt, aber Ješu' versteht es als Aufforderung sie zu befriedigen. Denn er antwortet ablehnend: Ich bin nur an Israeliten gesandt. Das Weib lässt sich nicht abschrecken, und Ješu' fragt: Soll man nicht das Brot, das die Kinder vor die Hunde werfen, wegnehmen, d. h. soll ich vor den Juden fliehend mich nicht der Heiden annehmen? Das ist nichts andres als eine Überlegung, ob er sich jetzt nicht auch um die Heiden kümmern und helfen soll. Das Weib bejaht die Frage, aber nicht wie die Griechen haben, dass „die Hunde von den Brocken essen, die von der Herren Tische fallen, also von gelegentlichen Wohlthaten, sondern mit charaktervollem Unterschiede: Ja, mein Herr, auch die Hunde essen von den Tischen ihrer Herren und leben = καὶ σώζονται, oder ζῶσι, d. h. sie sind berechtigt das zum Heile Notwendige zu empfangen. Aus der Bildersprache übersetzt heisst das: Auch die Heiden haben ein Recht an Gott, nicht nur die Israeliten. Dass die Heiden etwa als Hunde hier von Ješu' oder einer Heidin bezeichnet würden, ist nicht zutreffend, es folgt nur zufällig aus dem Ausdrucke Ješu', der voran geht. Das Weib meint Heiden und Juden stehn Gott gleich gegenüber, beide hängen von seinem Tische ab. Vgl. Keim, Jesu von Naz. II 406. Das ist der grosse Glaube, der ihrer Tochter die Heilung erwirbt.

Wenn man den Satz nicht fragend, sondern aussagend übersetzt: Es ist nicht geziemend, das Brot, das die Söhne den Hunden hinwerfen, zu nehmen — so entsteht kein Zusammenhang, der Satz ist sinnlos. Dass der Text des Syrsin hoch heidenchristlich ist, leuchtet ein, wie judenchristlich er umgebildet ist, wie thöricht der Tisch und die Brocken auf jüdische Speisegesetze beschränkt worden sind, das erlernt man aus Clemens Homil. 2, 19, bei Tischendorf abgedruckt. Die Verjüdelung des Textes ist nun allgemein bei Griechen, Lateinern, Armeniern und Memphiten, sie ist auch in die jüngern Syrer eingedrungen, die aber noch alle das „und leben" ausdrücken, das die Griechen weggelassen haben, aber der Syrsin steht im Hauptpunkte doch nicht allein, denn Aphraates bezeugt seinen Text, obwohl mit einem Fehler, der sich erst aus Syrsin korrigiert, Wright P. 149, Griffith Patrologia Syriaca I, 1, 350, Bert 125.

Der Zusammenhang bei Aphraates ist dieser: Jahwe's Wort an Gideon, er möge seine Krieger zum Wasser führen, ist ein Typus der Taufe mit ihren Wirkungen; nun heisst es weiter: Alle die das Wasser wie der Hund mit seiner Zunge lecken, die sollen mit Dir in den Kampf ziehen, und das veranlasst den Aphraates zu einem Exkurse über die Hunde. Ihrer Treue und Liebe zum Herren, ihrer Opferwilligkeit wird das höchste Lob gespendet. Solchen Hunden nun gleichen die, die von dem Wasser her, d. h. von der Taufe her abgesondert, also Christen geworden sind. Diese kämpfen für ihren Herren, bellen wie Hunde, wenn sie Tag und Nacht sein Gesetz studieren, lecken seine Wunden, wenn sie seinen Leib (im Abendmahle) nehmen. — Die sein Gesetz nicht studieren, werden Jes 56, 10 stumme Hunde genannt; die die Fasten nicht halten, werden gefrässige Hunde genannt, die aber, welche eifrig um Gnade flehen, die ܢܣܒܝܢ ܠܚܡܐ ܕܒܢܝܐ ܘܪܡܝܢ ܠܗܘܢ = empfangen das Brot der Söhne und werfen es ihnen hin. — Dieser Schluss ist sinnlos, das ܘܪܡܝܢ ist in ܪܡܝܢ nach Syrsin zu berichtigen,[1] es hiess ursprünglich: die empfangen das Brot, welches die Söhne ihnen hinwerfen. Über das Geschmacklose der Darstellung haben wir mit Aphraates nicht zu rechten, auch Sokrates schreibt in einer sinnigen Stelle in Platos Staate den Hunden φιλόσοφόν τι zu.

[1] Den Text mit ܘܪܡܝܢ hat schon der armenische Übersetzer des Aphraates gelesen.

Jetzt haben wir die Reihenfolge in der syrischen Textentwicklung:

Syrsin ܠܐ ܘܠܐ ܠܡܣܒ ܠܚܡܐ ܕܒܢܝܐ ܢܪܡܐ ܠܟܠܒܐ bezeugt von

Aphr ܫܩܠܝܢ ܠܚܡܐ ܕܒܢ̈ܝܐ [ܘ]ܪܡܝܢ ܠܗܘܢ

Syrcrt ܠܐ ܘܠܐ ܠܡܣܒ ܠܚܡܐ ܕܒܢ̈ܝܐ ܘܠܡܪܡܝܘ ܠܟܠ̈ܒܐ =

Dabcff[1.2]g[1] Clem. Hom. und Orig.

Pesch ܠܐ ܫܦܝܪ ܠܡܣܒ ܠܚܡܐ ܕܒܢ̈ܝܐ ܘܠܡܪܡܝܘ ܠܟܠ̈ܒܐ =

אBk und die Masse

Phil ܠܐ ܐܝܬܘܗܝ ܕܫܦܝܪܐ ܠܡܣܒ ܠܚܡܐ ܕܒܢ̈ܝܐ ܘܠܡܪܡܝܘ ܠܟܠ̈ܒܐ

= Pesch

Hrs ܠܚܡܐ ܕܒܢ̈ܝܐ ܠܡܪܡܝܘ ܠܟܠ̈ܒܐ . . . .

In Hrs fehlt der Anfang, sein ܠܡܪܡܝܘ ohne das verbindende ܘ zeigt letzte Kürzung, er hat bloss: das Brot der Söhne den Hunden vorzuwerfen.

In Vs. 27 hat nur Syrsin ἀπὸ τῶν ψιχίων τῶν πιπτόντων nicht, die übrigen Syrer drücken diese Worte aus, aber alle Syrer bezeugen das ܘܚܝܢ des Syrsin am Ende des Verses, lasen also καὶ ζῶσι oder σώζονται.

Der alte Text, dem wir die Glossierung überschreiben, lautete also:

οὐκ. ἔστι καλὸν. τῶν τέκνων. καὶ βαλεῖν.
οὐχὶ ἔξεστι λαβεῖν τὸν ἄρτον, ὃν τὰ τέκνα βάλλει τοῖς κυναρίοις;

γάρ τῶν ψιχίων τῶν πιπτόντων
ἡ δὲ εἶπεν· ναὶ κύριε, καὶ τὰ κυνάρια ἐσθίει ἀπὸ

ἀπὸ gestrichen.
τῆς τραπέζης τῶν κυρίων αὐτῶν καὶ ζῇ.

Das γάρ ist zwar in Syrcrt und Philox eingeschoben, aber Pesch und Hrs mit Syrsin gehend lassen es noch weg. — Summa: Konnte die Form des Syrsin aus dem griechischen Texte entstellt werden, wann, wo, und unter welchen Bedingungen? Man wird die Frage verneinen müssen. Welch anderes Bild von Ješu' entsteht, wenn man mit Hülfe des Syrsin die Übermalungen abnimmt, die sein Abbild erlitten hat? Man beurteile von hier aus Matth 5, 17 P. 76. Hätte Keim (Jesu v. Naz. II 409) diese Texte gekannt, er würde noch schärfer seinen Satz bewiesen haben, dass Ješu' selbst, wenn gleich langsam, auf dem Wege zum Heidentum war. — Der vorliegende griechische Text ist vollkommen unlogisch: Ješu': Es ist unerlaubt, das Brot der Kinder den Hunden zu geben, — das Weib: Ja(!) Herr, denn die Hunde essen von den Brocken — das ist kein gesunder Gedankenfortschritt. — Über die theoretische Umbildung der Erzählung bei Mrk 7, 24—30 vgl. Holsten, Die synopt. Evv. nach der Form ihres Inhaltes P. 44. Syrsin übersetzt im Mrk den vorliegenden griechischen Text, der zum Teil in den Matth hineingesetzt ist, z. B. das οὐκ ἔστιν καλόν statt des prinzipiellen οὐκ ἔξεστι.

Vs. 30 unter seine Füsse, richtig, denn durch das Aufsetzen des Fusses, unter den man die Kranken legte (= warf), erwartete man Heilung. Noch heute halten die Scheiche der Derwischorden den Kranken den Fuss auf den Körper, um sie zu heilen. So ὑπὸ τοὺς πόδας lesen D b und vielleicht der Memph (ϧⲁ ⲡⲉϥϭⲁⲗⲁⲩϫ Stern § 545), das παρά ist hellenische Politur, die in Syrcrt und Pesch eingesetzt.

Da ܚܓܡܐ bei Bar Bahlul اشلّ an der Hand verstümmelt und زمن gelähmt bedeutet, so deckt es griechisch κυλλός, obwohl ihm auch der Sinn اعرج الذى يخمع المقعد hinkend, der an der Hüfte gelähmt ist, erteilt wird, denn das χωλός ist in üblicher Weise durch ܚܓܝܪܐ ausgedrückt. Daher las Syrsin χωλοὺς (καὶ) τυφλοὺς (καὶ) κυλλοὺς (καὶ) κωφοὺς (καὶ) ἑτερ. mit א ab, das καὶ κωφούς fehlt in Dk und steht in Δ voran, es ist also Wanderwort und Erweiterung. Die Ordnung χωλ. τυφλ. κυλλ. steht fest. Folgendes ist das Bild der Überlieferung

Dk	Syrsin Nab	die Masse	Philox Vulg	B
χωλ.	χωλ.	χωλ.	+ κωφ.	χωλ.
τυφλ.	τυφλ.	τυφλ.	χωλ.	κυλλ.
κυλλ.	κυλλ.	+ κωφ.	τυφλ.	τυφλ.
fehlt	+ κωφ.	κυλλ.	κυλλ.	+ κωφ.

Danach war Grundform χωλ. τυφλ. κυλλ. die in B umgestellt ist, κωφ. ist unechter Zusatz. Er ist Ausgleichung mit der in Vs. 31 vorliegenden Reminiscenz aus Jes 35, 5; 61, 1; 29, 18 vgl. oben 11, 5, um derentwillen die Lahmen in Vs. 30 eingeschoben sind. Den umgekehrten Effekt hat die Verbindung beider Verse dann in Vs. 31 hervorgerufen. Bei Jes und Matth 11, 5 fehlen die κυλλοί, die Verstümmelten, an der Hand, oder die halbseitig Gelähmten und sie fehlen auch in Syrsin und Syrcrt noch jetzt an unsrer Stelle. Aber die mechanische Ausgleichung hat auf Grund von Vs. 30 das κυλλοὺς ὑγιεῖς in Vs. 31 eingeschoben. Dieser Einschub ist nicht aufgenommen in א 1, Vulg, auch k, er steht aber in BD Pesch. Dabei charakterisiert er sich als Einschub, weil er Wanderwort ist, denn der Arm schreibt in dieser Ordnung: κωφοὺς (համրք) λαλοῦντας, χωλοὺς (կաղք) περιπατοῦντας, κυλλοὺς (միակողմանիք) ὑγιεῖς, τυφλοὺς (կոյրք) βλέποντας, der Memphite aber so: κωφοὺς (ⲛⲓ ⲉⲃⲱⲟⲩ), χωλοὺς (ⲛⲓ ϭⲁⲗⲉⲩ), τυφλοὺς (ⲛⲓ ⲃⲉⲗⲗⲉⲩ) und dazu als viertes Glied ⲛⲉⲙ ⲛⲓ ⲕⲟⲩⲣ ⲉⲩⲥⲱⲧⲉⲙ = et surdos audientes. Er hat also die κυλλοὶ gar nicht und der Arm hat sie in andrer Ordnung. Hieraus ergiebt sich, dass in Vs. 30 die χωλοί, in Vs. 31 die κυλλοὶ um wechselseitiger Ausgleichung willen zugesetzt sind, und der Grundtext war demgemäss: [30] ἔχοντες μεθ' αὐτῶν χωλούς, τυφλούς, κυλλοὺς καὶ ἑτ. κτλ. . . . [31] ὥστε τὸν ὄχλον θαυμάσαι βλέποντας κωφοὺς λαλοῦντας καὶ χωλοὺς περιπατοῦντας καὶ τυφλοὺς βλέποντας. Syrsin mit א ist gegen D in Vs. 30 interpoliert, D gegen Syrsin und א in Vs. 31 gefüllt, B mit der Masse zeigt den Zusatz an beiden Stellen. Westcott-Hort setzen κυλλοὺς ὑγ. als alternative Lesart in Vs. 31 an den Rand, in Wahrheit ist es zu streichen. Ein Beispiel griechischer Redaktionskunst, das die Pesch und Philox natürlich aufgenommen hat!

Vs. 39 Magadan vgl. zu Mrk 8, 10.

XVI, 2—4. Den in der griechischen Masse, auch in D vorliegenden und den Zusammenhang anscheinend durchbrechenden Zusatz nach Luk 12, 54—56, hat mit אB auch Syrsin und Syrcrt nicht. Er fehlt auch im Armenier, wo ihn Wosgan nach der Vulgata eingesetzt hat. Unter dreissig von Zohrab verglichenen armenischen Handschriften hat ihn nur eine aus dem Griechischen ergänzt, welche ausdrückt: ὀψίας γενομένης λέγετε quod εὐδία futura est, quia rubuerunt turbati sunt (կարմրացան խռովեցան) coeli, πρόσωπον (ohne γὰρ) οὐρανῶν γινώσκετε διακρίνειν καὶ τὰ σημεῖα τῶν καιρῶν οὐ δύνασθε, γενεὰ πονηρὰ κτλ. Auch sie hat also nur die Hälfte des griechischen Zusatzes, der in Pesch und Memph mit ὑποκρίται, in Philox und im Basler Äthiopen aber ohne ὑποκρίται eingedrungen ist. Nach Mill bei Scrivener — von Schwarze nicht angeführt, — fehlt der Zusatz aber in memphitischen Handschriften. Aus G. H(orners) Ausgabe sieht man, dass der Text im Urmemphiten fehlte, dann aber in zwei Formen eingesetzt ist. Vgl. dort P. 137. — Der Zusatz fehlt in אBVXΓ und Minusk., darunter 13. 124 der Ferrargruppe, auch 157, Syrsin Syrcrt Arm — wie kommt er in die griechische Masse, Memph Äth Pesch Philox Vulg? Er muss an irgend einer kirchlichen Zentralstelle — Alexandrien? — eingesetzt sein. Westcott-Hort nennen das westlichen Text, Scrivener Introduction P. 572 vertritt die Echtheit, Abschreiber, deren klimatischen Verhältnissen die Aussage nicht entsprach, sollen die Worte weggelassen haben, — aber das wird man von den Altsyrern im Gegensatze zu Pesch und Philox kaum sagen dürfen. Innere Gründe sind für Echtheit und Unechtheit mit gleichem Gewichte vorzubringen. Nur äussere Zeugnisse können hier entscheiden, kann man Just. Tryph. 107 ein solches für Unechtheit nennen?

Vs. 12. Stellt man die Syrer zusammen, so hat man die Entwicklung des griechischen Textes im Spiegelbild vor sich. Der Urtext in Syrsin scheint nicht klar genug und so wird er in doppelter Weise glossierend erklärt, einmal in dem Syrcrt, das andre Mal in der Pesch und beiden korrespondieren griechische Gruppen. — Syrsin sagt ܗܝܕܝܢ ܐܣܬܟܠܘ ܕܠܐ ܗܘܐ ܡܢ ܚܡܝܪܐ ܐܡܪ ܕܢܙܕܗܪܘܢ ܐܠܐ ܡܢ ܝܘܠܦܢܗܘܢ ܕܦܪܝܫܐ ܘܕܙܕܘܩܝܐ = tunc intellexerunt quod non a fermento dixit cavendum esse sed a doctrina Pharisaeorum et Sadducaeorum ... Dieser gute und klare Satz wird höchst überflüssiger Weise von Syrcrt glossiert in ܕܠܐ ܗܘܐ ܥܠ ܚܡܝܪܐ ܕܦܪܝܫܐ ܘܕܙܕܘܩܝܐ ܐܡܪ ܠܗܘܢ ܕܐܙܕܗܪܘ = quod non de fermento Pharis. et Sadd. dixit illis: Cavete, etc. so dass nun die Phar. und Sadd. zweimal stehen. Das missfiel und so schreibt Pesch ܗܝܕܝܢ ܐܣܬܟܠܘ ܕܠܐ ܐܡܪ ܕܢܙܕܗܪܘܢ ܡܢ ܚܡܝܪܐ ܕܠܚܡܐ ܐܠܐ ܡܢ ܝܘܠܦܢܐ ܕܦ' ܘܙ' = tunc intellexerunt quod non dixit quod caveant a fermento panis sed a doctrina Phar. et Sadd. Wesentlich gleich ist die Philox. Auf der Stufe des Syrsin stehen D 124* abff[2] τότε συνῆκαν· ὅτι οὐκ εἶπεν προςέχειν ἀπὸ τῆς ζύμης ἀλλὰ ἀπὸ τῆς διδαχῆς τῶν Φαρ. καὶ Σ. Dazu kommt der Arm der für διδαχή Lehre աղանդ = Sekte näher auslegend schreibt. Die Stufe des Syrcrt zeigt ℵ: τότε συνῆκαν, ὅτι οὐκ εἶπεν προςέχειν (Syrcrt las προςέχετε) ἀπὸ τῆς ζύμης τῶν Φαρ. κ. Σ. ἀλλὰ ἀπὸ τῆς διδασκαλίας τῶν Φαρ. κ. Σ. So ediert Tischendorf VIII, nur wandelt er διδασκαλίας in διδαχῆς. Die Stufe der Pesch weist B auf, der aber Sadducäer voranstellt. Er hat: τότε συνῆκαν, ὅτι οὐκ εἶπεν προςέχειν ἀπὸ τῆς ζύμης τῶν ἄρτων (Pesch punktiert Sing.) ἀλλὰ ἀπὸ τῆς διδαχῆς τῶν Σαδδουκαίων καὶ Φαρ. Westcott-Hort setzen ἄρτων in eckige Klammer und stellen die Pharisäer wieder voran. Mit B gehn ℵ[c]L 157. 48[ev] y[scr]g[1 2] l Vulg Memph Äth, stellen aber die Pharisäer voran, — ebenso, aber noch mit dem Sing. τοῦ ἄρτου schreibt die griechische Masse. — Ein lehrreiches Beispiel zur richtigen Beurteilung von ℵB. Nachdem die Glosse τῶν ἄρτων dastand, schien τῆς ζύμης entbehrlich und es fehlt bei Origenes III, 519[d], Lachmann.

Vs. 13. Was sagen über mich die Leute, nämlich wer ist dieser Menschensohn. Dies, durch ܕܐܢܐ = quod sum erweitert, hat auch der Syrcrt. (ܕܐܢܐ +) ܡܢܐ ܐܡܪܝܢ ܥܠܝ ܒܢܝܢܫܐ ܡܢܘ ܗܘ ܒܪܗ ܕܐܢܫܐ = quid dicunt homines de me (+ quod sum), quis est nempe hic filius hominis. Die auf ihm ruhende Pesch zieht das so zusammen ܡܢܘ ܐܡܪܝܢ ܥܠܝ ܒܢܝܢܫܐ ܕܐܢܐ ܒܪܗ ܕܐܢܫܐ, und nach der Tradition wird manu gelesen, d. h. quis est. So wäre zu übersetzen: Wer [ist], sagen über mich die Menschen, dass ich sei, der Sohn des Menschen, und das hapert, klarer wäre mānau = quid est, also: was sagen d. M., dass ich sei, aber dann hängt das letzte, der Sohn des Menschen, in der Luft und besser wäre ܕܐܝܬܘܗܝ ܒܪܗ ܕܐܢܫܐ = quem dicunt, quod sit filius hominis. — Genau so hat der Arm զո՞ ոք ասեն զինէն մարդիկ՝ թէ իցէ որդի մարդոյ = quem dicunt de me homines, quod sit filius hominis. Sachlich ist der Syrcrt besser, der Syrsin am besten, d. h. in Wahrheit richtig. Kürzer noch hat Memph: (Quid) homines dicunt, quis sit filius hominis, aber er lässt das με fort.

Dem gegenüber sehe man die Schwankungen der Griechen: D τίνα με οἱ ἄνθρωποι λέγουσιν εἶναι υἱὸν τοῦ ἀνθρώπου was der griechischen Masse und Vulg (nach abg[1] Aur Rhediger Fuld quem me dicunt homines esse filium hominis), sowie mit dem Arm Syrcrt und Pesch verwandt ist. Fern davon und geglättet ist

B	ΤΙΝΑ ΛΕΓΟΥϹΙΝΟΙΑΝ ΘΡΩΠΟΙ ΕΙΝΑΙ ΤΟΝ ΥΙΟ̄ ΤΟΥΑΝΘΡΩΠΟΥ	und ℵ	..ΤΙΝΑΟΙ Α̅Ν̅Ο̅Ι̅ ΕΙΝΑΙ ΛΕΓΟΥϹΙ̅ ΤΟΝ ΥΙΟΝ ΤΟΥ̅Α̅Ν̅Ο̅Υ̅

In ℵ ist dazu noch die Wortstellung durch Ziffern verfeinert. Ihr τὸν υἱὸν τοῦ ἀνθρώπου, das D ohne den Artikel hat, ist in der griechischen Masse mit Artikel überliefert, das in D gebotene με, das ℵB weggelassen, steht in der Masse der Handschriften.

Alle ausser Syrsin und Syrcrt — denn Pesch ist zweideutig[1] — drücken τίνα aus, jene aber sagen τί λέγουσιν περὶ ἐμοῦ οἱ ἄνθρωποι, τίς ἐστιν ὁ υἱὸς τοῦ ἀνθρώπου d. h. was sagen sie, über mich, wer ich bin. Das ist eine allgemeine Frage, mit τίνα aber bedeutet es: für wen erklären sie mich. Die letztere Frageform hat im Hintergrunde die Idee: Erklären sie mich für Jeremias oder einen andern, das aber ist unnatürlich, und erst aus der Antwort der Jünger künstlich in den Text gebracht. Vgl. Syrsin in Mrk 8, 27, Luk 9, 18, der sich gleich bleibt und echt ist.

XVII, 12 dass auch Elias gekommen ist. Der Syrcrt lässt auch (ܐܦ) weg, und die Pesch ersetzt es durch ܗܐ = ecce = ἰδού, wie auch Matth 3, 10; 15, 32, Luk 14, 17, Joh 11, 39, wo Pesch ܡܢ ܟܕܘ einsetzt und anderswo ἤδη gegeben wird, wo Syrsin und Syrcrt dasselbe haben. Sonst wird ἤδη durch ܡܚܕܐ wiedergegeben Matth 5, 28; 24, 32 oder noch genauer durch ܡܢ ܟܕܘ Mrk 15, 44, Luk 12, 49. Häufig wird es gar nicht ausgedrückt Mrk 6, 35; 11, 11; 13, 28; Joh 13, 2; 21, 4, 14, Luk 19, 37; 21, 30, wo Pesch einmal ܡܚܕܐ einschiebt, das in Syrsin und Syrcrt noch fehlt. Da nun Luk 23, 44 bei den drei Syrern ἤδη fehlt, und in der griechischen Masse sowie im Arm Sahid und bei Origenes fehlt, dagegen in BLC Memph erscheint, so kommt man auf den Gedanken, dass ein solches ἤδη von griechischen Redaktoren als sprachliche Verfeinerung gelegentlich eingesetzt ist, und so könnte auch Luk 24, 29 die ganze Phrase κέκλικεν ἤδη ἡ ἡμέρα Zusatz sein, da Syrsin und Syrcrt sie weglassen, Pesch aber dem Griechischen angeähnelt ist. Denn das κλίνει ἡ ἡμέρα ist griechisch, wie κλίνει ὁ ἥλιος, und trotz Pesch

[1] Philox und Hrs stellen τίνα ebenfalls als ihre Vorlage fest.

Jud 19, 11, wo man מאן im Targum liest,[1] nicht wirklich aramäisch. Vgl. Tischendorfs Apparat zur Stelle. Warum fehlt denn ἤδη in Syrsin Joh 3, 18; 7, 14; 9, 22, 27 während es durch ܡܢ ܟܕܘ in 4, 35 ausgedrückt ist?

Sonach ist das Urteil über ἤδη schwierig, aber ich finde nirgend ܐܦ = auch für ἤδη gesetzt ausser hier, und das macht ganz verschiedenen Sinn. Wer ܐܦ = auch schreibt, sagt: auch die letzte Bedingung für das Eintreten des Himmelreichs ist durch Elias' Erscheinung erfüllt, der Einwand, Elias sei noch nicht gekommen fällt fort — wer ἤδη schreibt, der sagt: Die Bedingung ist schon erfüllt, jetzt muss er kommen. Das letzere passt schlechter als das erstere. Mrk schreibt 9, 13 ὅτι καὶ Ηλ. ἐλήλυθε, aber der Syrsin hat das καὶ (= ܐܦ) dort nicht ausgedrückt.

Vs. 15. Über den Mondsüchtigen (σεληνιάζεται), der syrisch eine ܪܘܚ ܠܠܝܐ hat, lassen uns die syrischen Wörterbücher im Stiche. Ich habe tastend Geist der Mitternacht geschrieben, da mir die syrische Form dieses Aberglaubens unbekannt ist, kann ich Nichts bestimmt sagen. Syrcrt und Pesch setzen ܒܪ ܐܓܪܐ = Dachgeist, was dann von Bar Bahlul als mondsüchtig erklärt wird. Hrs bietet בנת זהרין = Mondtöchter hier und Matth 4, 24.

Vs. 17. Bringe mir deinen Sohn hierher. So Syrsin, Syrcrt, Pesch, Arm, vielleicht auch Memph vollkommen richtig statt φέρετε vgl. zu Mrk 9, 19.

Vs. 20. Weil ihr keinen Glauben habt, — also nicht einmal soviel als ein Senfkorn. — Nachdem schon öfter die dreifache Redaktionsschicht nachgewiesen, in der אB in der Mitte erscheinen, was ich daraus erkläre, dass sie eine bestimmte Revision darstellen, die aber nicht im Stande war, die alten Texte wirklich zu beseitigen, was erst die neuern auf אB eingeschwornen Herausgeber thun, kann ich mich hier kurz fassen. Urlesart war nach Syrsin διὰ τὴν ἀπιστίαν ἡμῶν. Apostel aber können nicht ungläubig sein, also korrigieren vorsorgliche Theologen διὰ τὴν ὀλιγοπιστίαν. Das findet sich in אB 1. 13. 22. 33. 124. 346, darunter 13. 124. 346 zur Ferrargruppe gehörig. Die Korrektur war älter als der Syrcrt, denn er hat sie

[1] Es verhält sich Jud 19, 11 so, dass ἡ ἡμέρα προβεβήκει, wie B schreibt, bei Lucian in κεκληκυῖα geändert erscheint, das dann Codex A hat vgl. Lagarde's und Swete's Text. Vorher schwankt die Lesart mit κλίνειν in Vs. 9 ebenso, denn es steht dafür ἠσθένησε. Die Pesch hat ܪܡ nur Vs. 11, vorher hat sie ܢܓܗ und ܢܓܠܐ, das ܪܡ dürfte aus der Septuaginta stammen, wie sie von Lucian hergerichtet war. Eben weil ܪܡ vom Neigen des Tages den Syrern nicht geläufig war, ist es von Bar Bahlul und Bar Ali besonders notiert worden. Selbst ܢܓܠܐ das Pesch Luk 9, 12 hat, ist in Syrsin nicht gewählt, der ܢܛܝܒ schreibt.

durch ܒܙܥܘܪܘܬ ܗܝܡܢܘܬܟܘܢ acceptiert. Vgl. zu 13, 58, aber die Pesch hat das wieder verworfen, und die spätern Syrer teilen sich, Philox bleibt bei der Pesch, aber Hrs schwenkt zur ὀλιγοπιστία des Syrcrt ab.

Die ὀλιγοπιστία dringt nun ein in Memph ⲉⲑⲃⲉ ⲡⲉⲧⲉⲛⲕⲟⲩϫⲓ ⲛ̀ⲛⲁϩϯ und Sahid ⲉⲧⲃⲉ ⲧⲉⲧⲛ̄ⲕⲟⲩⲓ ⲙ̄ ⲡⲓⲥⲧⲓⲥ und in den gedruckten Arm թերահաւատութիւն, aber ein Mskpt. hat bei Zohrab doch անհաւատութիւն = ἀπιστία. Das bedeutet, dass bei den Memphiten der Einfluss der Schule, die sich in אB geltend gemacht hat, durchgedrungen ist, bei den Armeniern aber nicht, ebensowenig als in Pesch.

Dagegen ist D und mit ihm die Lateiner abcg[1]nq Rhed Aur Vulg bei der ἀπιστία geblieben und zu ihnen stehen EFGHLΓ unc [14], wonach Tischendorf früher ἀπιστία edierte. Mit dem Funde von א änderte sich das, und Westcott-Hort lassen die Leser nicht einmal ahnen, dass es so starke Zeugnisse für ἀπιστία giebt. Das ist die Konsequenz ihres Systemes.

Die Geschichte des Textes wird danach so:

1. Grundform ἀπιστία Syrsin, Altlateiner.

2. Korrekturversuch אB 1. 13 cet. eingedrungen in Syrcrt, Memph, Sahide, teilweis Arm.

3. Ablehnung der Korrektur, beziehungsweise Verharren bei dem alten Texte Pesch, Philox, Hieron, teilweis Arm und die Masse der Griechen.

Hiermit erledigt sich Tischendorf's Note. Wenn er meint, die Abschwächung zu ὀλιγοπιστία sei im spätern Zeitalter zu erwarten, nicht aber schon im ältern, das spätere Zeitalter aber zeige grade nicht die Abschwächung, sondern das kräftige ἀπιστία, so ist 1. nicht erwiesen, dass im 2. Jahrhundert ὀλιγοπιστία gelesen wurde, 2. müsste begreiflich gemacht werden, wie aus dem so einschmeichelnden ὀλιγοπιστία ein höchst unbequemes ἀπιστία hätte „verderbt" werden können. Die Scholien bei Tischendorf lehren, wie unbequem die Ungläubigkeit der Apostel war, und daraus ergiebt sich, dass es eine sehr festbegründete Tradition war, die trotz aller Neigung sich ihrer zu entledigen, die Lesart ἀπιστία bei den spätern Griechen gesichert hat. Kurz, die Entstehung von sehr früh bezeugtem ἀπιστία aus ursprünglichem ὀλιγοπιστία ist unannehmbar, der umgekehrte Gang ist der natürliche. Und nun ist ὀλιγοπιστία ein Hapaxlegomenon im Neuen Testamente!

Aber damit ist die Kritik des Textes noch nicht erledigt, das noch Bedeutendere liegt in dem ἐὰν ἔχητε ... ἐρεῖτε ... καὶ μεταβήσεται. Das bedeutet: Im Falle, dass ihr Glauben habt — wobei das ἐὰν ausdrückt, dass es nicht unwahrscheinlich ist, und dass darüber der Erfolg Gewissheit bringen wird, — werdet ihr durch euer Wort Berge versetzen können. Genau das drücken die Lateiner aus: Si habueritis fidem . . . dicetis . . . et transibit, Cyprian I 150. Ganz anders aber schreibt der Syrsin, er sagt ܐܠܘ ܐܝܬ ܗܘܬ ܒܟܘܢ . . . ܐܡܪܬܘܢ ܕܝܢ ܠܛܘܪܐ ܗܢܐ ܕܐܫܬܢܐ ܘܫܢܐ d. h. wenn in euch Glauben wäre [— das ist aber nicht der Fall —] ihr aber diesem Berge sagtet [— das ist auch nicht der Fall]: Begieb dich fort, so begäbe er [wörtl. und er begiebt] sich fort. Bei den Griechen ist der Nachsatz ἐρεῖτε . . . καὶ μεταβήσεται, zweigliedrig, der Vordersatz eingliedrig, bei Syrsin ist der Nachsatz nur: so begäbe er sich fort, und der Vordersatz ist zweigliedrig. Er lautet: Wenn ihr Glauben hättet und (ܕܝܢ) sagtet. Er hält sich im Zusammenhange der Erzählung, die Griechen aber stellen einen objektiven Lehrsatz auf: Der Besitz schon eines Minimum's von Glauben genügt um das Ausserordentlichste zu bewerkstelligen.

Hier ist also in zusammenhängender Redaktion — und das heisst diesmal bewusste Fälschung — aus ursprünglichem διὰ τὴν ἀπιστίαν ἡμῶν, ἀμὴν γὰρ λέγω ὑμῖν· εἰ εἴχετε πίστιν ὡς κόκκον σινάπεως, εἴπατε δὲ τῷ ὄρει τούτῳ μετάβα, καὶ μετέβαινεν· gemacht worden: διὰ τὴν ὀλιγοπιστίαν . . . ἐὰν ἔχητε . . . ἐρεῖτε . . . μετάβα καὶ μεταβήσεται. Die Änderung in ὀλιγοπιστία ist nicht durchgedrungen, die von εἰ in ἐάν ist allgemein geworden. Nur bleibt dabei noch ein Haken, denn nach Tischendorf schreibt H und viele andre Handschriften ἔχετε statt des unumgänglich notwendigen Konjunktivs ἔχητε, den ἐάν erfordert. Was bedeutet das?

Zunächst ist zu beweisen, dass Syrsin in der Wiedergabe von ἐάν mit Konjunktiv und von εἰ, ἄν mit historischem Tempus durchaus genau ist. Wo ἐάν nicht durch die Konstruktion z. B. mit man de = ὃς ἐάν zum Ausdruck kommt, wofür dann Syrcrt kull de ܟܠ ܕ und Pesch beides vereinigend kull man de schreibt wie Matth 5, 19, (anders 5, 32), sondern wo es buchstäblich übersetzt wird, da ist es in Syrsin 'en ܐܢ z. B. Matth 4, 9; 5, 13, 46, was der Syrcrt gelegentlich noch schärfer durch en hu de (ܐܢ ܗܘ ܕ) glaubt präcisieren zu müssen. Die Pesch hat 5, 13 ebenfalls en hu de, wo es Syrcrt grade nicht hat, sonst aber einfach en; ἐὰν μόνον ist Matth 9, 21 in Syrsin genügend durch ܐܦܢ = ofen übersetzt, Pesch glaubt noch μόνον durch zugesetztes ܒܠܚܘܕ ausdrücken zu müssen, Syrcrt fehlt hier. Dagegen wird εἰ, ἄν mit historischem Tempus genau durch ellu (ܐܠܘ) mit Perfektum im Vor- und Nachsatze ausgedrückt Matth 23, 30 Syrsin und Pesch (Syrcrt fehlt), ebenso 24, 43 Luk 7, 39; 10, 13; 12, 39, Joh 9, 41; 11, 21, 32 im Gegensatze zu 11, 12, es ist also über die sprachliche Genauigkeit des Syrsin kein Zweifel möglich. Das zeigt vor allem umgekehrt auch Mrk 11, 22, wo bei Syrsin dem εἰ ἔχετε von Dא 13. 69. 124 Arm und Altlat abi richtig entsprechend und in den Zusammenhang passend en ܐܢ erscheint. Ebenso wo ἐὰν ἔχητε πίστιν allein richtig ist, Matth 21, 21, drückt Syrsin eben dies durch sein· en ganz genau aus. Er ist also vollkommen genau und zuverlässig. Betrachten wir nun Luk 17, 6, wo Syrcrt fehlt, so hat Syrsin: . . . ܐܠܘ ܐܝܬ ܠܟܘܢ ܗܝܡܢܘܬܐ ܐܡܪܝܢ ܗܘܝܬܘܢ .. ܐܬܥܩܪܝ ... ܡܫܬܡܥ ܗܘܐ ܠܟܘܢ d. h. Wenn ihr Glauben hättet . . . so würdet ihr sagen . . .: Entwurzle dich — er würde euch gehorchen. Das lässt aber die Pesch[1] nicht gelten, sie setzt ܐܢ ܐܝܬ ܗܘܐ ܠܟܘܢ = wenn ihr habt, und das thut auch der Hrs, während sogar noch die Philoxeniana den Text mit Syrsin identisch giebt. Der alte und der junge Syrer drücken also aus: εἰ εἴχετε πίστιν . . . ἐλέγετε ἂν . . . ἐκριζώθητι . . . [καὶ] ὑπήκουσεν [ἄν?]. So εἰ εἴχετε lesen DEGH und viele andere. Dazwischen steht chronologisch die Pesch, und sie drückt aus ἐὰν ἔχητε mit M al[5] oder εἰ ἔχετε mit אAB. Dies Spielen der Lesart drückt sich auch bei den Lateinern aus, si haberetis .. diceretis cfs — si habueritis dicetis ai. — si habueritis . . diceretis bq Aur δ — si habueritis . . . dicitis Rhedig — si haberetis . . . dicebatis utique d.[2]

Da nun die Konstruktion εἰ ἔχετε — ἐλέγετε ἂν völlig ungriechisch ist, ebenso ungriechisch wie Matth 17, 20 das ἐὰν ἔχετε in H und vielen andern Handschriften — da die Altlateiner cfs neben d εἴχετε bezeugen, — da unter den Griechen DEGH und sehr viele, vielleicht die meisten (Tisch) ebenso lesen, — da auch der Memphite mit ⲉⲛⲉⲟⲩⲟⲛⲧⲉⲧⲉⲛ ⲛⲁϩϯ ⲙⲙⲁⲩ . . . ⲛⲁⲣⲉⲧⲉⲛⲛⲁϫⲟⲥ das εἴχετε und ἐλέγετε ἄν zum Ausdruck bringt (Stern § 630), wo es der korrespondierende Araber لو كان فيكم ايمان ... لكنتم تقولون ganz scharf ausdrückt, — da auch Ulfila mit jabai habaidedeiþ durch den Optativ des Präteritums εἴχετε (vgl. Joh 11, 21, 32) bezeugt — so wird dies das Original sein, für das Altsyrer, Altlateiner, Memph, Ulfila und die Gruppe D mit vielen andern griechischen Handschriften eintreten, und das ἔχετε wird in Lukas wie in Matth seine eigne Bewandtnis haben.

Ich wage hier eine Vermutung vorzulegen, die bei der ersten Äusserung seltsam erscheinen wird, die aber doch schon ihre Stütze in einer andern Seltsamkeit des griechischen Textes des neuen Testamentes hat. Die Vermutung ist die, dass wir es mit einem neu-

---

[1] Ihr folgt der arabische Tatian mit ان يكن ed. Ciasca P. 95.

[2] Das Spielen zeigt sich auch bei dem καὶ ὑπήκουσεν ἂν ὑμῖν, wo s liest et obaudisset utique — et utique oboediet vobis Rhedig — et oboediret vobis Vulg Aur. — Das ὑμῖν lässt s fort, was beachtenswert ist, aber Pesch, Philox, Hrs, Vulg, Arm, Memph d. i. die jüngere Schicht drückt es aus wie Syrsin.

testamentlichen Qere oder Tiqqun Sopherim zu thun haben. Wie die Leseanordnungen für das Qere im Texte des alten Testamentes dazu dienen, dem Geschmacke der Leser widersprechende Ungebührlichkeiten zu verhüllen, z. B. Gott „segnen" für Gott „fluchen" zu sagen, oder für „Jahveh schauen" einzustellen: vor Jahveh erscheinen, was zu der grammatisch unmöglichen Konstruktion יֵרָאֶה את פני יהוה führt, — so giebt auch das ἔχετε nach ἐάν Matth 17, 20 und vor einem Nachsatze mit ἐλέγετε ἄν Luk 17, 6 einen Fingerzeig, dass, um den Anstoss des Unglaubens der Apostel zu beseitigen, der Vorleser den Text ändern soll. Wie er lesen soll ist nicht gesagt, während das im alten Testament teils feststand, z. B. dass Adonaj für Jahveh gelesen werden sollte, teils durch Randnoten, z. B. תשכבנה statt תשגלנה, vorgeschrieben wurde, es blieb ihm die Form des vorzulesenden Satzes überlassen, wenn es nicht durch die Leseschule mündlich überliefert war, was auch möglich ist. Man vergleiche dazu trotz einzelner zu machender Vorbehalte die grundlegenden Untersuchungen von Geiger in seinem Werke Urschrift und Übersetzungen der Bibel Breslau 1857, P. 259 ff., besonders P. 367, wo die Ehre der Urväter, wie hier die der Apostel geschützt werden soll. Ich höre den Einwand: Aber das kommt doch im neuen Testamente nicht vor! Nun, was ist denn die Änderung von ὀλιγοπιστία in ἀπιστία anders? Wir haben ja auch 13, 13 Analoges gefunden. Aber da diese Fälle eben die umstrittenen sind, so führe ich sie nicht an, wohl aber die Textform von Röm 11, 4 οὐκ ἔκαμψαν γόνυ τῇ Βάαλ, wo alle Handschriften das unmögliche τῇ Βάαλ haben, ausser FG, die mit Septuaginta 1 Rg 19, 18 τῷ Βάαλ bieten. Hier hat Dillmann längst nachgewiesen, dass das τῇ ein vollständiges Tiqqun Sopherim (Schriftgelehrten-Bestimmung) ist, weil nicht Βάαλ ausgesprochen werden sollte, sondern τῇ αἰσχύνῃ, das sich, wie בשת für בעל im alten Testamente eintritt, für Baal auch in der Septuaginta findet 1 Rg 18, 19, 25. Mag es dort in der Zeit des Paulus auch 19, 18 gestanden haben, oder nicht, in jedem Falle haben wir hier ein neutestamentliches Qere. Ob auch in unsern Fällen Matth 17, 20 Luk 17, 6 ein solches Qere zu erkennen ist, mag man mit Ruhe prüfen. Eins steht fest, das ἔχετε der vielen Handschriften ist in beiden Fällen ungriechisch, so ungriechisch, dass es kein Schreiberversehen sein kann, und darum eher als eine Schreibermethode anzusehen ist, deren Sinn den alten Anagnosten bekannt war, und den ich hier wiedererkannt zu haben glaube.

Hiernach versteht sich von selbst, dass ich auch Matth 17, 20 die Textform des Syrsin für die echte ansehen muss. Die Geschichte des Textes zeigt sich in der Nebeneinanderstellung der Syrer, nachdem oben über en hu de und en geredet ist:

I. Syrsin ܐܠܘ ܐܝܬ ܗܘܬ ܠܟܘܢ = εἰ εἴχετε Urform, bei den Griechen verschwunden

II. Syrcrt ܐܢ ܗܘ ܕܬܗܘܐ ܠܟܘܢ } = ἐὰν ἔχητε Änderung, bei
III. Pesch ܐܢ ܬܗܘܐ ܠܟܘܢ } den Griechen herrschend[1].

Das Fehlen von Vs. 21, dieser Exorcistenregel, die in flagrantem Widerspruche mit dem steht, was Ješu' eben gesagt hat, und die aus Mark 9, 29 interpoliert ist, zeigt die Güte des Textes von Syrsin. Auch Syrcrt und Hrs haben die Interpolation noch nicht mit Bℵ* und dem Sahiden (bei Woide), — sie ist in die griechische Masse eingedrungen und folglich auch in die Pesch gelangt. Vgl. zu Mrk 9, 29.

Vs. 24—27. Šim'on ist in Πέτρος und der Rabb in διδάσκαλος verwandelt, dabei ist ܪܒܟ Syrsin und Syrcrt „dein Meister" noch obendrein zu ὁ διδάσκαλος ὑμῶν geworden, und so verallgemeinert. Vgl. zu 10, 1; 8, 19. Die Varianten ὅτε εἰσῆλθεν oder εἰσῆλθον, εἰσελθόντος oder εἰσελθόντων, wobei die Partizipialkonstruktion hier und Vs. 26—27 deutlich hellenistische Feilung zeigt, sind syrisch sichtbar. Syrsin hat ܟܕ ܥܠ = ὅτε εἰσῆλθεν, Syrcrt ܟܕ ܥܠܘ = ὅτε εἰσῆλθον, Pesch setzt zum Singular ܟܐܦܐ = Πέτρος, ܟܕ ܥܠ ܟܐܦܐ = ὅτε εἰσῆλθε Πέτρος, was kein Grieche hat.[2] Innerlich konsistent ist nur Syrsin, er lässt Šim'on allein gehen und heimkehren, und schreibt: als Šim'on in sein Haus eintrat. Schon Syrcrt hat, mit Rücksicht auf die Frage des Besitzes bei den Jüngern das sein fallen lassen.

XVIII, 1. An diesem Tage mit Altlateinern (abcg[1] n. Aur. Hilarius) Syrcrt Arm und 1. 33 al. gegen ℵBD al., Hieron (danach fq Fuld Rhedig) und beide Ägypter, die ὥρα ausdrücken. Diese Verschiedenheit, von Origenes erwähnt, ist ebendarum schon dem zweiten Jahrhundert zuzuschreiben. Die Pesch ändert das Tag, ܝܘܡܐ des Syrsin und Syrcrt in Stunde ܫܥܬܐ, aber sie findet bei Hrs keine Nachfolge, während die Philox mit ihr geht.

Die Variante hängt sichtlich mit der Komposition zusammen, BM glätten durch δέ, sie sagen ἐν ἐκείνῃ δὲ ὥρᾳ, was beide Ägypter mitmachen; da ὥρα höchst auffallend, ἡμέρα aber verwaschen ist, so hat ersteres den Anspruch, für original zu gelten, obwohl das vereinigte Zeugnis der Altsyrer und Altlateiner schwer wiegt.

---

[1] Im Matth hat auch der Memphite ἐάν = ⲉϣⲱⲡ, der im Luk noch εἰ εἴχετε rettet, obwohl er die ὀλιγοπιστία im Matth deutlich ausdrückt. Da auch die Altlateiner si habueritis geben, so ist die Änderung im Matth weiter gedrungen als im Luk. Sie ist vor 330 schon bei den Syrern vorhanden, da Aphraates P. 394 und P. 21 sie zitiert.

[2] Nur aus Johannes Damascenus Parallela sacra zitiert Tischendorf εἰσελθόντος δὲ τοῦ Πέτρου.

Vs. 4 denn wer seine Seele demütigt. So mit γάρ Syrsin und Syrcrt, g^1 quicumque enim, wogegen mit geringen Ausnahmen alle übrigen Zeugen οὖν = also ausdrücken, das eine notwendige Folge aus dem Vorhergehenden bezeichnet. Der Unterschied des Sinnes ist sehr gross, Syrsin und Syrcrt lassen die Worte: Wer seine Seele demütigt, wird gross sein, als Grund der vorangehenden Äusserung d. h. als anerkannte Wahrheit, aus der sich das zuvorgesagte mit Notwendigkeit ergiebt, erscheinen, wogegen die andern Zeugen diese Worte als Folgerung fassen: Ohne wie Kinder zu werden, werdet ihr nicht in das Reich der Himmel eingehen — daher, (also, folglich = οὖν) wird der sich demütigende eingehen. Weiter besser ist die Logik mit γάρ, sie ergiebt: Wer sich demütigt wird eingehn — Obersatz, von der anima naturaliter christiana ohne Weiteres anerkannt und begriffen, — also werdet ihr nicht eingehn, wenn ihr euren Sinn nicht wendet und den Kindern gleich werdet, — Folge aus der ausgesprochnen anerkannten Wahrheit. Diese Form des Ausspruchs scheint mir original, die andere Form: Wenn ihr euch nicht zur Demut umwendet, werdet ihr nicht eingehen, wer sich also demütig umwendet, wird eingehen, — lässt die Hauptsache vermissen, den positiven Lehrsatz nämlich, dass die Demut die Pforten öffnet. Pesch, Hrs und Philox korrigieren nach der Recepta ihrer Tage das οὖν in ihren Text hinein. Dagegen fehlt das οὖν in G, und 13 (Ferrar) ff^1 lesen καὶ ὅστις ohne οὖν.

Vs. 5. Zu ἐπὶ τῷ ὀνόματι, Z ἐπὶ τὸ ὄνομα (ita videtur) vgl. oben zu Matth 10, 41 und P. 39.

Vs. 6. Über den Eselmühlstein vgl. zu Mrk 9, 42.

Vs. 7 denn es steht bevor, dass. Genauer ist: denn sie stehen bevor, dass die Anstösse kommen. Das führt auf μέλλει γὰρ ἐλθεῖν τὰ σκάνδαλα statt ἀνάγκη γάρ. Schon Syrcrt und danach Pesch haben aber ἀνάγκη (ܐܢܢܩܐ) eingesetzt, das Philox beibehält. Wo ἀνάγκη vorkommt Luk 14, 18; 21, 23, da verwenden Syrsin, Pesch und Syrcrt Derivata von ܐܠܨ, für μέλλειν dient ܥܬܝܕ immer. Schreiben nun Syrcrt und Pesch hier statt ihres sonstigen ܐܠܨ für ἀνάγκη dies Wort selbst mit syrischen Buchstaben, so ergiebt sich, dass dies stilwidrige, also sekundäre Änderung ist, die in der alten Vorlage nicht war. Es bedarf keines Wortes darüber, dass die Lesung: Es müssen Anstösse kommen, höchst verschieden von der andern ist, die nur sagt: Sie werden kommen. Im letztern Falle sind sie zu vermeiden und erfolgen aus menschlicher Schuld, im andern Falle zieht sich die Exegese auf die gottgeordneten Anstösse (Verstockung) zurück, wird also prädestinatianisch. Wenn Meyer-Weiss das auf „in der Natur der Sache begründete“ fälschlich beschränkt, so sagt ihm sein richtiges Gefühl, dass ἀνάγκη falsch ist, er muss das μέλλει als original adoptieren. Mag man nun ἀνάγκη oder μέλλει für das Original halten, der Thatsache, dass die alten Texte „redigiert" d. h. nach dogmatischen Velleitäten gefälscht sind, kann man in keiner Weise entgehen. Auf Schreibfehler sollte man sich nicht mehr herausreden. Ich wüsste übrigens nicht, wie aramäisch ἀνάγκη könnte gelautet haben, weder צריך noch חשח deckt das Wort genau und Gen 22, 14; 38, 25 schreibt sogar das Targ. Jonathan und Jerus. schon אנניק, freilich mit dem Sinne Not, Bedrängnis.[1] Clemens Homil. 130, 34 hat mit einer vorderen Ergänzung: ὁ τῆς ἀληθείας προφήτης ἔφη· τὰ ἀγαθὰ ἐλθεῖν δεῖ, μακάριος δὲ δι' οὗ ἔρχεται· ὁμοίως καὶ τὰ κακὰ ἀνάγκη ἐλθεῖν, οὐαὶ δὲ δι' οὗ ἔρχεται.

Vs. 8 gelähmt oder verstümmelt, ܚܓܝܪܐ dann ܚܓܝܣܐ, entspricht griechischem χωλὸν ἢ κυλλόν. So edierte früher Tischendorf nach DE unc.[13], Altlat e q, Sahid, Memph, Syrcrt, Philox, Arm, Äth, Orig. Später gab er wie Lachmann und Westcott-Hort κυλλὸν ἢ χωλόν, nach ℵB 157 Altlat abcg[1]n Rhedig Fuld und Vulg. Wenn ℵB nicht wäre, hätte Niemand so ediert, und nun balancieren ℵB alle andern Zeugen! Es gehört kein übermässiger Scharfsinn dazu einzusehen, dass ℵB nach dem zweiten Teile des Verses korrigiert sind um steifleinene Uniformität herzustellen. Da im Schlusse des Verses zweihändig oder zweifüssig in das Feuer geworfen werden steht, so ist auch am Anfange κυλλός = an der Hand verstümmelt vorangesetzt. Es ist eine schulmeisterliche Korrektur. Den Beweis dafür liefert D, denn er ist, da er am Anfange χωλὸν ἢ κυλλὸν hat, am Schlusse korrigiert indem ἢ δύο πόδας vor ἢ δύο χεῖρας gestellt ist. So haben beide Klassen, ℵB sowohl als D, jede ihre Uniformität erzielt. Das Ganze erklärt sich aus der Grundform, die Syrsin und Syrcrt erhalten haben, und an der dann nach demselben Ausgleichungsprinzip, aber in verschiedner Art, die einen hinten, die andern vorne ihre Künste geübt haben. Die Pesch korrigiert den Text von Syrsin, sodass sie mit ℵB zusammengeht, aber nicht deutlich ܚܓܝܪ = χωλός zeigt, sondern ܦܫܝܓ, das nach Bar Bahlul wie nach Bar Ali auch nur auf die Hände geht, während Karmschedinoyo es als allgemeines Wort für Verstümmelte an Händen, Füssen und ähnlichem bezeichnet. Payne-Sm. s. v. So hat also Pesch jetzt eigentlich κυλλὸν καὶ κυλλόν im Texte. Das ist nun unmöglich, und es ist so zu korrigieren, dass für das erste Wort ܚܓܝܣ das ܚܓܝܪ

---

[1] Die hebräischen Übersetzer des neuen Testamentes sind sichtlich in Verlegenheit, die Londoner Bibelgesellschaft hat צרך, Salkinson-Ginsburg umschreibt durch אל-נכון = sicherlich.

[2] Hier liegt doch die Korrektur nach Vulg auf der Hand. Der Aureus hat clodum gar nicht, sondern nur ad vitam ingredi debilem quam duas manus etc. Auch so ist Ordnung geschaffen, denn debilis kann auf Hände und Füsse gehn.

hergestellt wird, das auch Syrsin und Syrcrt haben. Dies ergiebt sich aus dem die Pesch übersetzenden arabischen Tatian, welcher liest وانت اعرج او اشلّ = cum sis claudus vel debilis, sodass er in Pesch fand ܟܕ ܚܓܝܪ ܐܢܬ ܐܘ ܦܫܝܓ. Dazu stimmt dann die Philox mit ܚܓܝܪܐ ܐܘ ܦܫܝܓܐ = χωλὸν ἢ κυλλόν, die also ܦܫܝܓܐ nur von den Handverstümmelten genommen hat, und mit der Gruppe des Syrsin geht. Sonach ist die Korrektur in Pesch unfertig oder wieder geändert.

Wir haben hier an einer indifferenten Stelle ein Beispiel für diese mechanische Korrekturweise, die wir unter viel komplizierteren Bedingungen zu Matth 21, 28 gefunden und im Nachworte I, 237 eingehend erörtert haben. Hier stützt eines das andre, vgl. auch zu Matth 15, 30.

Vs. 9. Die allegorische Deutung des Wortes, die von Origenes in seiner ergreifenden Abhandlung über Matth 19, 12 (Tom. XV) verfochten wird, in der man seinen eignen zu spät begriffnen Irrtum als schmerzliches Motiv herausfühlt, veranlasst ihn aus Sextus Gnomen[1] den Satz mitzuteilen πᾶν μέρος τοῦ σώματος τὸ ἀναπεῖθόν σε μὴ σωφρονεῖν, ῥίψον· ἄμεινον γὰρ χωρὶς τοῦ μέρους ζῆν σωφρόνως, ἢ μετὰ τοῦ μέρους ὀλεθρίως.

Vs. 10. Syrsin und Pesch gehen zusammen, nur setzt letztere ܦܪܨܘܦܗ für das echtsyrische ܐܦܘܗܝ des Syrsin. Dagegen hat Syrcrt den fett gedruckten Zusatz: dass ihr nicht etwa eines dieser Kleinen, **die an mich glauben,** verachtet. Dies τῶν πιστευόντων εἰς ἐμέ — hat schon Origenes II, 627 und lateinisch III 358, 936 durch τῶν ἐν τῇ ἐκκλησίᾳ erklärt (Tisch.), aber im Matthäuskommentare Tom. XIII, 26 hat er es nicht. Es steht in D und Altlat $bcff^{1\,2}g^{1\,2}$ Hilar und dem Sahiden. Der wundervoll schöne Gedanke, dass die Kleinen als solche sich eines besondern Schutzes bei Gott erfreuen, den ihre Engel in den Himmeln vermitteln, ist durch das „die an mich glauben" auf eine kirchenrechtliche Note gestimmt, die Eusebius Psalm. 310 variiert, wenn er gar τῶν ἐν τῇ ἐκκλησίᾳ μου daraus macht. Zu dieser kirchlichen Richtigstellung gehört auch, dass ἄγγελοι αὐτῶν mit ἐν οὐρανοῖς (die griech. Masse) oder ἐν οὐρανῷ 33 oder ἐν τῷ οὐρανῷ (im Singular! B.) verbunden wird. Man soll wissen, wo die Engel sich aufhalten. Dogmatisch ist auch die Einschiebung von Vs. 11, der jetzt allgemein verworfen wird. Der aus Luk 19, 10 transferierte Vers ist im Syrcrt syntaktisch einbezogen, denn er lässt ihn von λέγω γὰρ ὑμῖν abhängen: Denn ich sage euch, dass ihre Engel . . . sehen, und dass der Sohn des Menschen gekommen ist, um das Verlorne zu retten. Die vielen andern Texte, darunter D, die den

[1] Vgl. Gildemeister Sexti Sentent. Nr. 428, 429, 449 und 101.

Einschub haben, lassen ihn noch ohne Verbindung stehn, er fehlt aber mit Recht in ℵBL* 1* 13 Ferrar, 33; Altlat eff[1]; Memph[1] Sahide; Syrsin Hrs und bei Origenes Hilar. Eus. (vgl. Lachm. und Tischendorf). Der Vers ist sichtlich eingesetzt um das „Nichtverlorengehen eines dieser Kleinen“ in Vs. 14 vorzubereiten, da ihretwegen der Sohn des Menschen — wenn Vs. 11 gelesen wird — gekommen ist. So wird der scheinbar nicht strenge Zusammenhang von Vs. 10—14 etwas fester gemacht. Alle diese Beobachtungen zu Vs. 4. 7. 10. 11 führen auf eine Überarbeitung, die die religiösen Worte Ješu' verkirchlicht hat.

Ješu' redet von den Engeln der Kinder als von einer bekannten Sache, wirklich haben die Juden diese Idee gehabt, aber nicht nur von Engeln der Kinder, sondern aller Menschen geredet, was astrologisch mit den leitenden Planeten (Mazzâl) verbunden ist. So steht Megil. 3[a] מזליהו חזו ihre Planeten = Schutzengel sahen, was die Männer (Haggai, Zacharja, Maleachi) nicht gesehen haben, Raschi erklärt hier Mazzâl als den Engel jedes Menschen im Himmel. Aus dem folgenden Ausspruche Rabbina's sieht man, dass diese Engel fast wie pneumatische Doppelgänger der Menschen gedacht werden, so dass ein unbegreifliches Erschrecken eines Menschen daraus erklärt wird, dass sein Mazzâl die Gefahr gesehn hat, die der Mensch nicht wahrnahm. Die abergläubischen Schutzmassregeln dabei lasse ich unerwähnt. Dagegen ist Sabbath 146[a] interessant, wo gesagt wird, dass die Mazzâls oder Engel der Proselyten mit Israel am Berge Sinai gestanden hätten, sodass sie wie die Israeliten selbst von dem Schmutze frei geworden seien, den die Schlange der Eva beigebracht habe, während er sonst an allen Menschen geblieben ist.

Vs. 12 ff. Ich mache darauf aufmerksam, dass πρόβατα im Syrsin durch ܥܢܐ = צאן im Sinne von Stücke Kleinvieh übersetzt, und das einzelne Tier dann femininisch konstruiert wird, nach berichtigtem Texte ܡܢܗܝܢ und ܚܕܐ ܛܥܝܐ, ܫܒܩܬ, ܕܛܥܝܬ ܗܝ, etc. Syrcrt und Pesch sowie Philox stellen für πρόβατα ܥܪ̈ܒܝܢ ein[2] und behandeln es maskulinisch, ܚܕ ܡܢܗܘܢ ܛܥܐ, ܫܒܩ, ܕܛܥܐ, ܠܗܘ. Man sieht hier deutlich, dass ܥܪ̈ܒܐ maskulin ist und genau Böcke bezeichnet. Es verhält sich damit umgekehrt wie mit dem deutschen Schaf, das sowohl die ganze Gattung als auch speziell die weiblichen Tiere im Gegensatze zum Widder bedeutet. Syrisch ist ܥܪ̈ܒܝܢ, wo das Geschlecht nicht beachtet wird, der Gattungsname, wo aber

[1] Die Diezische Handschrift bei Schwarze und andre bei Horner haben den Vers so: namque et venit filius hom. quaerere et servare eos qui errant. Aber Horner und die Mspte bei Scrivener P. 379 und 380 lassen ihn fort.

[2] Hrs schreibt אימרין Lämmer und behandelt das femininisch. Vgl. Joh 10, 26, 27.

das Geschlecht in Frage kommt, da bedeutet es im engern Sinne den Widder oder Bock, so dass es von den Lexikographen schlechthin durch كبش, Widder, erklärt wird. Das weibliche Tier ist ܢܩܝܐ, dessen Plural ܢܩܘܬܐ Luk 2, 8 für ποίμνη, Herde steht, wohl weil die weiblichen Tiere in der Mehrzahl sind. Joh 10, 26, 27 steht ohne Unterschied ܢܩܘܬܝ und ܥܪ̈ܒܐ ܕܝܠܝ nebeneinander für πρόβατα. Die Pesch und Philox streichen das erstere und setzen auch dafür ܥܪ̈ܒܝ ein. Wo neben den Lämmern die ܢܩܘܬܐ und die ܥܪ̈ܒܐ stehen, konnte kein Syrer etwas anderes als Schafe und Böcke verstehn. Darum schreibt Joh 21, 15 ff., der arabische Tatian P. 207 نعاج Schafe und كباش Böcke, und ebenso zwei armenische Handschriften ոչխար ovis und խոյ aries (Gen 15, 9 = ܕܟܪܐ und κριός). Dies ist wegen Joh 21, 15 ff. hier anzumerken.

Vs. 14 mein Vater gegen die griechische Masse, einschliesslich ℵ, die ὑμῶν bietet (D aber ἡμῶν) mit B al. Syrcrt und Pesch korrigieren euer Vater. Philox Text hat mein, am Rande aber euer. Man sieht die Redaktionsstufen 1. Syrsin ܠܐ ܨܒܐ ܐܒܝ, 2. Syrcrt ܠܐ ܨܒܐ ܐܒܘܟܘܢ, 3. Pesch ܠܝܬ ܨܒܝܢܐ ܩܕܡ ܐܒܘܟܘܢ, letztere = οὐκ ἔστιν θέλημα ἔμπροσθεν τοῦ πατρὸς ὑμῶν.

Vs. 15—20. Die textgeschichtliche Betrachtung dieses Abschnittes lehrt, dass eine Umbildung der ursprünglich rein sittlichen Anordnung Ješu' stattgefunden hat, welcher gebot, dem Beleidiger oder Verletzer erst unter vier Augen, dann in Begleitung von ein oder zwei Genossen Vorhalt zu thun, falls er nicht hören will, letztlich aber die (christliche) Gemeinschaft in Kenntnis zu setzen, worauf ihn der Verletzte bei der Fortdauer seiner Unversöhnlichkeit wie einen Heiden oder Zöllner ansehen soll. Das ist der Sinn, welchen der Syrsin bietet, er las ἐὰν ἁμαρτήσῃ εἰς σὲ und fand das ὕπαγε noch nicht vor. Mit ihm geht der Syrcrt, aber dieser hat schon das (überflüssige und nur exegetische) μόνου als μόνον = ܒܠܚܘܕ.

Indem nun das εἰς σὲ in ℵB 1. 22. 234* Sahide gestrichen wird — und nur in diesen(!), das demgegenüber bezeugt wird von DI unc[14] und den meisten griechischen Texten, dazu von Altlateinern abceff²g¹n Rhedig Aur Lucif Hilar und Vulg, von den Syrern aller Stufen, vom Arm (քեզ) und Memph (ⲉⲣⲟⲕ) — verwandelt sich die Anweisung Ješu' zur Begleichung persönlicher Verletzungen in eine polizeiliche Überwachung der Gemeindeglieder durch einander, — wenn einer sündigt, so . . . . Dazu gehört dann, dass ein solches Mitglied besonders aufgesucht wird, daher ὕπαγε, gehe hin und mache ihm unter vier Augen einen Vorhalt. Dies ὕπαγε fehlt noch in Syrsin, Syrcrt, ist aber in Pesch eingesetzt. Selbst der schon stark alterierte Aphraates P. 298 hat dies und das μόνου noch nicht; die Pesch folgt der Textform aller Griechen Altlat Vulg Arm Memph, und ihr ὕπαγε ist, weil εἰς σὲ gelesen wird, ganz harmlos, wenn εἰς σὲ aber gestrichen ist, so wird das ὕπαγε höchst bedeutungsvoll. Schon Jacob Capellus hat gesehen, wie unmöglich das ὕπαγε ist.

Ehe ich weiter gehe, muss ich aber eine Nachlässigkeit meiner Übersetzung verbessern, wo mir der gewohnte Textklang ein Verführer gewesen ist. Es ist anstatt „auf den Mund zweier oder dreier Zeugen" vielmehr zu lesen: damit auf den Mund zweier und dreier Zeugen jedes Wort stehe. Dann befiehlt Vs. 16 bei dem zweiten Sühneversuch einen oder zwei Genossen mitzunehmen — damit auf dem Munde von zwei Zeugen — das ist der Verletzte und ein Genosse — und von drei Zeugen — das ist der Verletzte und zwei Genossen — jedes Wort stehe.

Hier handelt sich's nun durchaus nicht um gerichtliche Zeugenschaft etwa vor der Synagoge, schon darum nicht, weil im ersten Falle, wo nur Einer mitgenommen ist, gar nicht zwei Zeugen, wie sie ein Gericht nach Deuter 19, 15 verlangen soll, vorhanden sind, sondern nur einer. Der Verletzte nämlich ist nicht Zeuge, sondern Kläger, ausser dem Angeklagten hätten wir dann nur noch eine Person, den Mitgenommenen, aber nicht die nötigen zwei Zeugen. Hieraus ergiebt sich, dass die Beziehung auf Deuter 19, 15 höchstens eine Anspielung ist, und dass darin nicht eine Anordnung zu sehen ist, durch welche dies Stück altjüdischer Prozessordnung in die christliche Gesellschaft übertragen werden soll. Zum Charakter einer Anspielung passt das und in den Worten zweier und dreier Zeugen, und dies lesen Syrsin, Aphraates und Syrcrt (ܘܬܠܬܐ), nebst dem Arm (և յերից), — als Anordnung für eine Prozessführung passt der genaue Wortlaut der Septuaginta besser, und ihm ist das ἢ τριῶν entnommen, er lautet in Lucianischer Redaktion ἐπὶ στόματος δύο μαρτύρων ἢ τριῶν σταθήσεται πᾶν ῥῆμα. Dies mit ἵνα angeschlossen ergiebt ἵνα ἐπὶ στομ. . . . . σταθῇ πᾶν ῥῆμα, wie ℵBD unc[11] lesen. Der Nerv der Sache steckt in dem ἵνα, damit, aber das grade macht die Schwierigkeit, da es eine Weiterführung der Verhandlung in Prozessform voraussetzt. Dabei ist dies ἵνα so gut wie einstimmig von der Überlieferung bezeugt. Nur e hat in ore enim und ff[1] et — stabit. Diese Schwierigkeit löst sich nur dann auf, wenn die Beziehung auf Deuter 19, 15 eine Anspielung ist, und dann ist das ἵνα = damit völlig unmöglich. Schon Origenes hat des lebhaft empfunden, dass hier Unmöglichkeiten vorliegen. Er fragt, ob man einen Verbrecher, (er liest eben nicht εἰς σὲ), der auf privaten Vorhalt hört, nun noch weiter denunzieren solle, und stellt unzulängliche Betrachtungen darüber an, und sagt dann: Was nun mit dem zweimal Vermahnten werden soll, sobald die Sache auf zweier oder dreier Zeugen Mund festgestellt ist, (welche Konfusion!) das hat

Ješu' uns zu erwägen überlassen.[1] — Ist das nicht der völlige Bankrott der Auslegung? Die Stelle ist nicht auszulegen, weil sie logisch falsch ist; bei der zweiten Vermahnung Leute mitzunehmen, „damit jedes Ding gebührend festgestellt werde“, das ist der Stein des Anstosses. Nun suchten ältere Ausleger dadurch zu helfen, dass sie das Gesetz Deuter 19, 15 hier nur als sprichwörtlich ohne strenge Anwendung zitiert, also als Anspielung auffassten wie Joh 8, 17; 2 Kor 13, 1; aber diese Fälle liegen anders. Zu lösen ist die Schwierigkeit nur durch Streichung der Worte ἵνα ἐπὶ στόματος δυῶν ἢ τριῶν μαρτύρων σταθῇ πᾶν ῥῆμα, ohne sie wird der Sinn klar, sie sind ein falscher Kommentar zu Ješu' Worten, der schon vor der Zeit des Origenes in den Text gedrungen ist und darum überall — auch in Syrsin Eingang gefunden hat. Man könnte zwar nach dem Texte bei Aphraates, der für ἐπὶ στόματος δυῶν κτλ. ausdrückt ἐναντὶ δυῶν κτλ. (ܩܕܡ ܬܪ̈ܝܗܘܢ ܣܗܕ̈ܘܬܐ), die Vermutung hegen, dass dies ἐναντὶ das Original sei, aber es ist doch wohl nur eine erleichternde Lesart, um die Zeugen vor Gericht loszuwerden, und sie in Zeugen der Verhandlung bei der zweiten Vermahnung zu verwandeln.

Dafür spricht der Fortschritt. Wenn er auch diese nicht hört, — das sind nicht Zeugen, sondern mit in die Mahnung eingreifende Begleiter des Verletzten, und deren Thätigkeit ist durch die Einschiebung von Deuter 19, 15 verdunkelt. Der richtige Fortschritt entsteht erst nach Streichung des Zitats: 1. Vermahne unter vier Augen, 2. Vermahne mit ein oder zwei Begleitern, — hört er auch diese nicht, dann teile es mit an — — —.

An wen? Was sagte Ješu' selbst? Syrsin ergiebt durch ܟܢܘܫܬܐ Synagoge, dafür bringen aber Syrcrt und Pesch das technische Wort für ἐκκλησία nämlich ܥܕܬܐ, das auch Aphraates schon hat. Die Pesch zeigt ܟܢܘܫܬܐ Synagoge zwar auch für griechisches Synedrion, z. B. Mrk 15, 1, und man könnte auf den Gedanken kommen zu übersetzen: so melde es dem Gerichte, — aber der Fall ist in der Pesch nicht so einfach, dass man sagen könnte, sie übersetze so. Vielmehr behält sie trotz des griechischen συνέδριον die alte Auffassung bei, die wir in Syrsin haben. In ihr ist ܟܢܘܫܬܐ Synagoge gleichbedeutend mit Volk, Volksversammlung Syrsin Mrk 15, 1, wo die Syrer nichts von συνέδριον haben. Ja Syrsin, Syrcrt und Pesch gebrauchen für [später?] griechisches συνέδριον sogar ܒܝܬ ܟܢܘܫܬܐ

[1] In Matth XIII, 30 τί οὖν μετὰ τὸ σταθῆναι πᾶν ῥῆμα ἐπὶ δυῶν ἢ τριῶν μαρτύρων ἔσται τῷ δεύτερον νουθετηθέντι ἡμῖν ἐννοεῖν (Huet εὐνοεῖν) καταλέλοιπε. — Diese Überlegung führt einen neuen Ausleger zu dem Satze, es bedeute, „dass auf dem gesetzlich geordneten Wege (Deuter 19, 15) die Aussage des Bruders, der ihn der Sünde überführte, ihm bestätigt werde“ — —?

= בית כנישתא Luk 22, 66 vgl. Mrk 13, 9 d. h. Versammlungshaus, Gemeindesynagoge. Höchst lehrreich ist Mrk 13, 9, wo die Griechen συνέδρια neben συναγωγαί haben. Hier findet sich statt: sie werden euch den Synedrien übergeben bei Syrsin: sie werden euch dem Volke und der Synagoge übergeben. Dafür schreibt dann Pesch den Richtern (ܕ̈ܝܢܐ) übergeben und in ihren Synagogen (das sind also Gebäude) werdet ihr gestäupt werden.[1] Somit führt Syrsin auf εἰπὲ τῇ συναγωγῇ, das dann durch ἐκκλησία ganz richtig erklärt ist, als legitime Volksversammlung im Gegensatze zu σύλλογος einer beliebigen Versammlung von Menschen. Ob nun Ješu' Ausdruck keništa oder qehala gewesen ist, das können wir nicht wissen, dass aber die syrische wie die griechische Wiedergabe die vereinte ortsanwesende (christliche) Gesellschaft bezeichnet, folgt aus der Natur der Sache. Der hartnäckig im Zustand des Vergehens gegen einen Bruder verharrende soll von diesem als nicht zur Genossenschaft gehörig wie ein Heide oder Zöllner betrachtet werden, wenn er auch auf die Gemeine nicht hört. Syrsin, Syrcrt und Aphraates haben ܢܬܚܫܒ ܠܟ er werde von dir angesehen. Es bleibt dahingestellt, ob dies nur Deutung des griechischen ἔστω σοι ist, oder andrer Urtext, von dem sonst keine Spur bekannt ist. — Von einem Excommunizieren durch die Gemeine ist nicht die Rede, ihr ist das Verhalten nicht vorgeschrieben. Noch Origenes erklärt das deutlich genug, wenn er sagt: Er wird also nicht gänzlich gewonnen und ist nicht gänzlich verloren, was ihm bevorsteht — — das dürfte Gott wissen, wir entscheiden es nicht nach dem Worte: Richtet nicht, damit ihr nicht gerichtet werdet.[2]

Da aber meine Leser diesem Worte sicherlich für die hier vorgelegte Auffassung weder folgen können noch sollen, so darf auch ich wohl richten, mein Urteil ist, dass die Streichung von εἰς σέ Vs. 15 sicher eine kirchenrechtliche Tendenzänderung ist, und dass das Zitat aus Deuter 19, 15 von Haus aus hier nicht gestanden hat. Das ὕπαγε ist ziemlich verdächtig, aber immerhin möglich. Man muss einen Köhlerglauben an אB haben, um den Text ohne εἰς σέ für korrekt zu halten, den neuen Herausgebern ist es vorbehalten geblieben, diese tendenziöse Änderung zu verbreiten, die die Masse der alten Auktoritäten verworfen hat. Vgl. zu Matth 5, 22 und für die Erweiterung aus der Septuaginta 13, 11.

---

[1] Die Philox schreibt für Synedrion ܟܢܘܫܝܐ, für Synagoge aber ܟܢܘܫܬܐ Mrk 13, 9. In Pesch und Syrsin ist auch Mrk 14, 55 bedeutend, da beide dort ܟܢܘܫܬܗܘܢ „ihre Versammlung" statt Synedrium ausdrücken.

[2] Origenes l. l. οὐ πάντως οὖν κερδαίνεται οὐδὲ πάντως ἀπολεῖται. Ἀλλ' ὅ, τί ποτὲ πείσεται . . . ὁ θεὸς ἂν εἰδείη· ἡμεῖς γὰρ οὐκ ἀποφαινόμεθα κατὰ τὸ· μὴ κρίνετε ἵνα μὴ κριθῆτε.

Vs. 19. Syrsin und Syrcrt drücken πάλιν ἀμήν aus mit B al. Altlat und dem ϩⲁⲙⲏⲛ ⲟⲛ = amen iterum in umgekehrter Ordnung bietenden Sahiden, — Pesch streicht ἀμήν mit ℵD al. Vulg Arm Memph — Philox flickt πάλιν δέ. Ist die Schwankung eine Folge des Gefühls dafür, dass der Zusammenhang brüchig ist? — Ist er wirklich brüchig, so wirft das ein eignes Licht darauf, dass ἐὰν und δύο ἐξ ὑμῶν im Syrsin nicht ausgedrückt und der letzte Satz in Vs. 20 in negativer Fassung gegeben ist: Nicht giebt es zwei oder drei, die in meinem Namen versammelt wären, dass ich nicht unter ihnen wäre. Dazu beachte man, dass ἐὰν συμφωνήσουσι im Indikativ, statt im Konjunktiv steht in ℵBD al., und dass ἐὰν δύο συμφ. ἐξ ὑμῶν neben ἐὰν δύο ὑμῶν συμφ. und δύο ἐὰν συμφ. ἐξ ὑμῶν D gelesen wird, dass also die Wortstellung genau der Wörter schwankt, die im Syrsin fehlen! Ist das Zufall oder Folge einer ungleichmässigen Überarbeitung eines brüchigen Textes? Dazu kommt noch περὶ παντὸς τοῦ πράγματος in D statt παντὸς πράγματος, wodurch die Möglichkeit gewonnen wird, diese „ganze Angelegenheit" auf die (ganz verkehrt gedachte) angebliche Prozessverhandlung mit den zwei oder drei Zeugen zu beziehen. — Da die Ausleger hier Zusammenhang unter allen Umständen erzwingen zu müssen glauben, so ist es ebenso natürlich wie verkehrt, das „wenn sie versammelt sind" auf die Gemeindeversammlung zu beziehen. Der wahre Gedanke kommt erst heraus, wenn man von diesem Pseudozusammenhange gänzlich absieht. In dies Dunkel kommt Licht durch die Einsicht, dass Vs. 19 nach Ausweis des Syrsin eigentlich keinen richtigen Anfang hat. Er ist aus dem Ende von Vs. 20 erschlossen, und in der Form ἐὰν δύο κτλ. vorn ergänzt, ist um einen Scheinzusammenhang zu gewinnen. Der Leser urteile. Diese Ergänzung ist schon vororigeneisch (Orig. in Matth XIV, 1) und steht daher in Syrcrt und Aphraates.

Die negative Fassung von Vs. 20 hat auch D noch genau so wie Syrsin. Der Gedanke ist: Die identische Bitte Aller wird sicher gewährt, denn nicht einmal bei zweien oder dreien fehle ich.

D ουκ εισι γαρ δυο η τρεις συνηγμενοι = ܠܝܬ ܒܢ̈ܝ ܬܪ̈ܝܢ ܐܘ ܬܠܬܐ
εις το εμον ονομα ܕܟܢܝܫܝܢ ܒܫܡܝ.
παρ οισ ουκ ειμει εν μεσω αυτων ܕܠܐ ܐܢܐ ܒܝܢܬܗܘܢ ܀

Das οὐκ κτλ. erscheint in B etc. als οὗ γάρ εἰσι, das παρ' οἷς οὐκ wird ἐκεῖ. Den alten Text hat noch Clemens Al. Vgl. Burkitt Texts and Stud. V, 5, P. XIV, der unabhängig von mir zu demselben Schlusse kommt. Kann man hier Störung und Zurechtstellung leugnen? Mir scheint das ganze Kapitel die Spuren der juridischen Überarbeitung, die wir P. 88 erkannt haben, aufzuzeigen. — Der Talmud bietet für die letzte Aussage eine merkwürdige Parallele: R. Benjamin sagte: Das Gebet der Menschen wird nur im Bethause erhört ... Dagegen sagt Rabin im Namen des R. Isḥaq: Woher steht fest, dass Gott im Bethause weilt? Antwort: Weil geschrieben steht: Gott steht in der Gottesgemeine Ps 82, 1. — Woher, dass er unter zehn Betern ist? Antwort, aus derselben Psalmenstelle. — Woher steht fest, dass er unter dreien, die zu Gerichte sitzen, weilt? Weil es heisst: Er richtet in der Mitte der Richter ib. — Woher, dass er unter zweien weilt, die sitzen und in der Thora studieren? Antwort: Weil es heisst: Die Gottesfürchtigen unterhalten sich mit einander und Gott hört zu Mal 3, 16. Endlich, dass er auch bei einem ist, der die Thora studiert, abgeleitet aus Exod 20, 21. So Berachoth 6ª vgl. Sabbath 63ª.

Vs. 21 beachte die Schwankung in der Stellung des εἰς ἐμὲ, das B. 96. 124. 346 nach ὁ ἀδελφός μου stellen. Nachwirkung der Streichung in Vs. 15, die hier versucht und wieder aufgehoben ist? — Syrsin und Syrcrt Šim'on Kefa, die Griechen nur Petrus, wonach Pesch Šim'on streicht. Vgl. zu Matth 10, 1 und das Zitat aus dem Evangelium der Nazarener, wo nur Simon in Hieron adv. Pelag 3, 2 bei Tisch gelesen wird.

Vs. 23—35 zeichnen sich durch flüssige Eleganz des Griechischen aus, die Abweichungen des Syrsin sind sachlich indifferent.

19, 1 ff. Der Sinn der Pharisäerfrage ist nicht, ob Ehescheidung erlaubt sei, darüber zweifelten sie nicht, — sondern sie fragen nach den besondern Bedingungen, unter welchen ein Mann das Recht habe, sein Weib zu entlassen. Das aber war die Schulfrage zwischen den Sekten der Schammaiten und Hilleliten, und so wollten die PharisäerJešu' „versuchen“, ob er sich nicht bei der Erörterung dieser Schulfrage nach einer Seite hin eine Blösse gebe als lösender und bindender Rabbi. Die charakteristischen Worte sind: Entlassen „auf jede Ursache hin“. Daher fragen sie Ješu' danach speziell, ob er annehme, dass die Entlassung der Frau dem Manne auf jede auch noch so kleine Ursache hin gestattet sei. Das stellt Josephus Arch. 4, 8, 23 als seiner Zeit gültiges Recht hin, wo er sagt: „Wer sich von dem mit ihm zusammenlebenden Weibe — auf welche Ursachen auch hin, καθ' ἃς δηποτοῦν αἰτίας — trennen will, (solche dürfte es aber für die Menschen viele geben), der stelle durch ein Schriftstück fest, dass er nicht mehr mit ihr zusammenkommen werde“. Aber dies war nicht die allgemeine Meinung, von Manchen wurde sie nach Maleachi 2, 15 verworfen, indessen dass man sein Weib wegen irgend etwas Schändlichen (בערות דבר) entlassen könne, das stand aus Deuter 24, 1 nun einmal fest, und die Beschränkung dieser Machtvollkommenheit des Mannes bezüglich der ersten Gattin, die er genommen, des Weibes seiner Jugend, hat mit unsrer Frage nichts zu thun. Wenn R. Elieser (Gittin Schluss) sagt, über die Entlassung der ersten Gattin vergiesse der Altar Thränen, so sind die andern gleichzeitigen Frauen (צָרוֹת) oder die successive genommenen nicht unter diese Auffassung zu bringen, sie konnten entlassen werden. Die Frage war, was ist das zur Entlassung berechtigende Schändliche, oder genauer wie ist 'erwat dabar (ערות דבר) zu interpretieren? Es ist eine Frage der Interpretation, die wir aber als nur im Hebräischen verständlich bei Seite lassen können. Das Ergebnis ist Gittin 9 Schluss: Die Schule Hillel's erlaubt die Verstossung, auch wenn die Frau dem Manne nur die Speise anbrennen lässt, wogegen die Schammai's nur eine schändliche Handlung, (— vgl. παρεκτὸς λόγου πορνείας) als Grund gelten lässt, später aber Aqiba meint, es genüge als Grund, wenn der Mann eine schönere findet.[1] Hieronymus folgt in der Vulgata der seiner Zeit anerkannten Synagogendeutung, indem er einfach jede foeditas Deuter 24, 1 setzt, während die Targumen durch ihre Deutung עבירת פתגם d. h. „Übertretung eines Wortes", d. i. Ungehorsam, den Umfang beschränken.[2]

So wird also Ješu', wie beim Händewaschen, sein Urteil über eine Tagesfrage abverlangt, und wie er dort ein unerwartet neues Prinzip an das Licht stellt, so thut er es auch hier wenigstens im Syrsin, nicht aber bei den Griechen. Das allein spricht laut für die hohe Originalität des Syrsin, das grosse in ihm vorgetragene Prinzip konnte abgemindert, nicht aber umgekehrt in der Kirche entwickelt werden, die vielmehr auf Beschränkung ausging.

Der Sinn der Antwort nach Syrsin ist: Das Weib ist eine Kreatur Gottes wie der Mann, sie ist ihm nicht untergeordnet, sondern die Geschlechter sind gleichberechtigt. Die Folgerung ist klar. Sind beide gleichberechtigt, so steht das Weib nicht unter dem Manne, so dass er sie nach Belieben entlassen kann. Weiter: Weil beide gleichberechtigt sind, so wird sich der Mann mit einem gleichberechtigten Wesen verbinden und seine Eltern, denen er nicht gleichberechtigt ist, aufgeben. Die so hergestellte neue Verbindung ist untrennbar, weil die zwei ein Fleisch geworden sind. Die Verbindung von Mann und Weib hat Gott eingerichtet, diese zu Eins Gewordnen soll der Mensch nicht trennen. — Diese Auffassung der

[1] Das Material ist zusammengestellt bei Selden Uxor hebr. im dritten Buche und bei Lightfoot Hor. heb. zu Matth 5, 31. — Den wirklichen Sinn von ערות דבר dürften übrigens die Qaräer getroffen haben, die ausser sittlichen und religiösen Vergehen auch Leibesfehler darunter rechnen, denn dem ist das islamische Recht entsprechend. Die qaräische Deutung teilt Levy (Neuhebr. Wörterbuch unter ערוה) mit. Man mag auch an die אילונית denken.

[2] Danach deutet Saadja عيب او فساد = Schande oder Verderbtheit.

Ehe als Verbindung zweier gleichberechtigten Personen ist absolut neu, im jüdischen Rechte war das Weib untergeordnet.

Die Ausdrucksweise: der den Mann geschaffen hat, der hat auch das Weib geschaffen, hat um die Gleichberechtigung der Menschen zum Bewusstsein zu bringen auch der grosse Revolutionär, der das Buch Hiob geschrieben hat, 31, 13 verwendet:

Verachtet' ich jemals meines Knechtes Recht,
Und meine Magd, so oft sie mit mir stritten,
Was wollt ich thuen, wenn sich Gott erhöbe,
Was ihm entgegnen, wenn er untersuchte?
Fürwahr, der mich erschuf, schuf ihn im Mutterleibe,
Derselbe hat im Schosse uns gebildet!

Die Argumentation in der Deduktion im Worte Ješu' ist eine doppelte: 1. Weil zwei gleichberechtigte einen Vertrag eingehen, so kann nicht einer einseitig ihn lösen. 2. Da die zwei aber eine völlige Einheit nach göttlicher Ureinrichtung geworden sind, so kann auch kein Dritter (z. B. ein Gericht) eine solche Lösung vornehmen. — Das gilt für die ideale Ehe, wie die Sätze der Bergpredigt für die ideale Gesellschaft. Die noch unter der Herrschaft der Sünde stehende Gesellschaft braucht zur Vermeidung grössern Übels das Sicherheitsventil der Scheidung. Kirchen, die sie verbieten, verwechseln den Realzustand der Welt mit dem Idealzustand des Reiches Gottes, mit dem sich solche Kirchen fälschlich identifizieren.

Ješu' Satz von der Gleichberechtigung der Geschlechter, der die verschiedene Stellung in der geschlossenen Gemeinschaft nicht aufhebt, sondern der weiblichen wie männlichen Individualität völligen Raum zur naturgemässen Spezialentfaltung innerhalb der Gemeinschaft lässt, wird nicht verstanden. Dass die durch die Sitte den Geschlechtern gegebne Bestimmung und Weisung über ihr Verhalten aus der Natur hervorwächst und das Prinzip der Gleichheit spezieller normiert, bleibt unbeachtet. „Wenn das das Verhältnis von Mann und Weib ist, so ist es besser kein Weib zu nehmen“, meinten schon die ersten Hörer, die zwölf Jünger. Der Gedanke, dass zwischen zwei für einen Zweck zusammengehörigen Individuen die Frage nach dem Vorrecht von Fall zu Fall entschieden wird, die gegenseitige Unentbehrlichkeit aber das gleiche Recht für beide im Prinzipe bedingt, wird verwechselt mit der Reflexion, wie soll da wohl die gewohnheitsmässige männliche Auktorität erhalten bleiben? Und so kommt man trotz des ausdrücklichen Wortes Ješu' dazu, den Satz: Der Mann ist des Weibes Haupt Eph 5, 22, über das Natürliche hinaus in das Rechtliche zu erweitern und das Weib in der Versammlung schweigen zu lassen. Das zeigt die Richtung der alten Kirche in Betreff ihrer Beurteilung der Stellung von Weib und Mann um so deutlicher, als der Passus, dem die Worte angehören, 1 Kor 14, 34—35, zweifelsohne unecht und nicht von Paulus, — eben darum aber nach der Denkweise einer sehr frühen Zeit der Urkirche eingeschoben ist. Vgl. Holsten, Das Evangelium des Paulus I S. 495.

Was im Korintherbriefe geschehen ist, das hat auch den Evangelientext betroffen, er ist kirchlich korrigiert, der Meister ist gemeistert worden. Man setze das im Griechischen über den Text von Syrsin Überschiessende in Glossenform über und man findet:

ἀπ ἀρχῆς αὐτοὺς
4 οὐχ ἀνεγνώκατε, ὅτι ὁ ποιήσας ἄρρεν καὶ θῆλυ ἐποίησεν;
καὶ εἶπεν ἄνθρωπος
5 ἕνεκα τούτου καταλείψει ὁ ἀνὴρ τὸν πατέρα αὐτοῦ καὶ τὴν μητέρα
εἰς μίαν σάρκα
αὐτοῦ καὶ κολληθήσεται τῇ γυναικὶ αὐτοῦ καὶ ἔσονται οἱ δύο μία σάρξ.
ὥστε οὖν
οὐκέτι εἰσὶν δύο, ἀλλὰ μία (ἐστὶν?) σάρξ. ὃ ὁ θεὸς συνέζευξεν ἄνθρωπος μὴ χωριζέτω. — Das hebräisch fehlende οἱ δύο der Sept. ist nach Trg. Jonathan תרויהון auch synagogale Exegese.

Hält man dagegen die Septuaginta Genes 1, 27, so sieht man, dass das αὐτούς am Schlusse von Vs. 4 nach ihrem Texte ergänzt ist. Noch Clemens Hom. 51, 16 hat αὐτόν, und das stimmt bei ihm sachlich zu Syrsin. Weiter ist das καὶ εἶπεν, das auf Adam geht,[1] — und bei dem man sich mit der Ausflucht hilft, alle Schriftworte könnten als Gottes direkte Worte angesehen werden[2] — hier fälschlich auf Gott bezogen, es stammt aus Sept. Gen 2, 23, ἄνθρωπος ist aus Vs. 24, εἰς σάρκα μίαν ist ebendaher. Statt des logisch unangemessenen ὥστε = so dass, ist syrisch (Syrsin, Syrcrt) ܡܟܝܠ von da an = من الان gesagt,[3] und das giebt den scharfen Sinn, der so fortschreiten muss: der Mann hängt dem Weibe an, und sie werden ein Fleisch. Von da an — höchstens noch daher — sind sie nicht zwei, sondern ein Fleisch. Die Pesch ändert, um die Folge auszudrücken, das ܡܟܝܠ in ܡܕܡ um. Das οὖν = nun ist in Syrcrt und Pesch durch ܗܟܝܠ ausgedrückt, aber es fehlt in Syrsin, weil er eine positive Anordnung, nicht ein Resultat oder eine konsekutive Koordination ausdrücken will.[4]

So ist die Gleichberechtigung der Geschlechter (durch Zusatz von αὐτούς) im griechischen Texte beseitigt; das ein Fleisch werden der Gatten ist in ihm nicht juridische Folge des Anschlusses des

---

[1] Der Altlateiner g[1] hat das εἶπεν gar nicht, sondern et benedixit, d. h. ihr Text ist auch aus Gen 1, 24 ergänzt, aber das sinnlose εἶπεν ist doch später.

[2] Wo das mit λέγει geschieht, ist aber nicht ὁ θεὸς sondern ἡ γραφή zu ergänzen. Für אמר setzt die Sept. εἰπεῖν und λέγειν, für דבר λαλεῖν.

[3] Danach ist bei Tatian فاذا d. h. und alsdann übersetzt.

[4] In Mrk 10, 9 drückt Syrsin das οὖν aus, man sieht seine Genauigkeit, — im Matth hat er es ebendarum nicht gelesen.

Mannes an das Weib, sondern es ist Wirkung eines göttlichen Ausspruchs (καὶ εἶπεν); das Verbot der Scheidung ist griechisch Folge des Umstandes, dass Gott sie verbunden hat, nicht Folge davon, dass sie selbst durch ihren Zusammenschluss ein Fleisch geworden sind. Gott hat Männlich und Weiblich ein für alle Male in der Schöpfung verbunden, wo sich das durch menschlichen Willen dann im Leben vollzieht, entsteht unlösbare Einheit, nicht aber hat Gott jeden Hans mit jeder Grete verbunden, so dass ihre Unzertrennlichkeit auf diesem besondern Akte beruht. Das ist der echte unalterierte Sinn, wie er aus dem Syrsin hervorgeht, im Griechischen ist das grosse Prinzip übertüncht. Fragten die Pharisäer, ob ein Mann sein Weib schon auf die geringste Ursache hin entlassen könne, so dass ihre rechtlose Lage als allgemein zugestanden vorausgesetzt war, so antwortet Ješu' mit dem neuen Prinzip: Mann und Weib sind gleich berechtigt, die griechische Bearbeitung aber lässt dies Prinzip nicht durchdringen, hält jedoch dabei die Unlösbarkeit der Ehe aufrecht.

Mrk 10, 2 hat die Hauptsache der Pharisäerfrage, das κατὰ πᾶσαν αἰτίαν = auf jede Ursache hin, wodurch die Erzählung auf das Genaueste in den historischen Rahmen gesetzt ist, fallen lassen. Dadurch wird die jüdische Frage eine unjüdische, eine allgemeine, nach der Zulässigkeit der Ehescheidung. Dies ist handgreifliche Umarbeitung aus der Urform in eine rein kirchliche Erörterung. Markus schreibt unter Verhältnissen, unter denen die jüdische Schulfrage kein Interesse mehr hatte. Er ist später als Matthäus.

Vs. 7. Der griechische Satz ist unvollständig. Den unvollständigen und genau genommen unklaren Sinn des Satzes: Warum nun hat Moses befohlen, einen Scheidebrief zu geben und sie zu entlassen, ergänzen Syrsin und Syrcrt richtig so: Was ist es, dass Mose geboten hat, dass wer beabsichtigt, dass er sein Weib entlasse, ihr den Brief der Scheidung geben soll? So schreitet der Gedanke richtig fort. Ješu' hat erklärt: Nach dem Willen Gottes soll der Mensch keine Ehe trennen, die Pharisäer wenden ein: Wie kann dann Mose die Anordnung aufstellen, dass wer eine Scheidung vornehmen will, einen Scheidebrief ausstelle, d. h. wie kann Mose eine förmliche Prozedur für eine göttlich verbotne Handlung bestimmen? Das notwendige ܕܡܢ ܕܨܒܐ ܕܢܫܪܐ ܐܢܬܬܗ in Syrsin und Syrcrt = dass wer will, dass er sein Weib entlasse, welches schon Irenäus IV, 26 nicht mehr hat, ist im arabischen Tatian P. 98 noch vorhanden, aber es ist dort in Mrk 10, 4 eingesetzt. Der Vers lautet: Sie sagten: Mose hat uns gestattet, dass wer es vorzieht, den Scheidebrief schreibe und sein Weib entlasse (موسى اطلق لنا ان من يؤثر فليكتب كتاب الطلاق ويخلى زوجته). Nach dem Zeugnis der Syrer gehört dies من يؤثر

= ܟܠ ܥܠܐ in den Matthäus hinein, in der Harmonie ist es mit dem Markustexte verbunden, da Mrk 10, 4 die Stelle vor Matth 19, 4 ff. einnimmt, und durch die Vorwegnahme des „wer es vorzieht" die ganze Fragstellung geklärt ist.[1] Sollte nun dieser Einsatz ein Werk des reflektierenden Syrsintextredaktor's sein, wo sich Syrsin in dem Markus so treu beweist? Oder sind die Griechen nachlässig, die auch sonst mit ἀπολύειν Verhältnisse bezeichnen, die die Syrer durch Entlassen (ܫܪܐ) und Verlassen (ܫܒܩ) klärlich unterscheiden?

Vs. 8—9. Mose hat ein — von Gott nicht gewolltes — Zugeständnis gemacht, das jetzt im Gesetze steht. Kann man da annehmen, dass Ješu' die ewige Dauer dieses Gesetzes Matth 5, 13 behauptet habe? Das Gesetz ist eben eingetreten Röm 5, 20, „von Anfang an war es nicht so". — Da die Frage der Pharisäer nur auf das Recht des Mannes geht, sein Weib zu entlassen, so antwortet Vs. 9 im Syrsin und Syrcrt auch nur auf diese Frage: Wer sein Weib ohne Ehebruch entlässt, bricht die Ehe. Statt Ehebruch (ܓܘܪܐ) wie auch Euseb Theoph. 4, 32 liest, haben die Griechen πορνεία, die Pesch korrigiert hier nicht nach dem Griechischen, aber 5, 32 hat sie das ܓܘܪܐ, Ehebruch, des Syrsin und Syrcrt durch ܙܢܝܘܬܐ d. i. πορνεία ersetzt. Die Frage ist, ob ܓܘܪܐ, Ehebruch, sachliche Interpretation von πορνεία ist, oder ob der dem Syrsin vorliegende griechische Text μὴ ἐπὶ μοιχείᾳ war. Wo μοιχεία und πορνεία neben einander stehen Matth 15, 19 da übersetzt Syrsin genau. Πορνεία würde ein fortgesetztes Handeln, μοιχεία aber unter Umständen nur ein einmaliges Thun bedeuten. — Der von Tischendorf VIII nach ℵD verworfne Zusatz καὶ ὁ ἀπολελυμένην γαμήσας aus Matth 5, 32 fehlt in Syrsin und Syrcrt, aber er erscheint in Pesch in der Form: Wer eine Verlassene (ܫܒܝܩܬܐ) nimmt, der bricht die Ehe, und das bietet Gelegenheit, die überarbeiteten Texte zu erkennen.

Überarbeitet ist vor allem B nach Matth 5, 31, ihm folgt zum Teil D, auf der andern Seite steht ℵ mit Δ, dieser aber hat den Zusatz. Die Texte sind:

B	λεγω	δε	υμιν		ος	αν	απολυση	την	γυναικα	αυτου	παρεκτος	λογου
D	—	—	—		—	—	—	—	—	—	—	—
ℵ	—	—	—	οτι	ος	αν	—	—	—	—	μη	επι
Δ	—	—	—	οτι	ος	αν	—	—	—	—	μη	επι

[1] Höchst charakteristisch ist die gegenseitige Vertauschung von ἐνετείλατο und ἐπίτρεψε in Matth und Mrk. Matth lässt die Pharisäer sagen τί οὖν M. ἐνετείλατο δοῦναι β. und Ješu' antworten: ὅτι M. ἐπέτρεψεν ὑμῖν ἀπολῦσαι und das ist richtig. Mrk macht daraus, dass Ješu' fragt τί ὑμῖν ἐνετείλατο Μωυσῆς und die Pharisäer erwiedern Μωυσῆς ἐπέτρεψε, und damit ist der Ursinn ihrer Frage, den Matth bietet, ganz verloren gegangen. Syrsin übersetzt den Mrk ganz wie ihn die Griechen haben, er ist also ein getreuer Zeuge.

B	πορνειας	ποιει	αυτην	μοιχευθηναι	και	fehlt	fehlt	fehlt
D	—	fehlt	fehlt	fehlt	και	γαμηση	αλλην	μοιχαται
ℵ	πορνια	fehlt	fehlt	fehlt	και	γαμηση	αλλην	μοιχατε
Δ	πορνεια	fehlt	fehlt	fehlt	και	γαμηση	αλλην	μοιχατε

B	ο απολελυμενην γαμησας μοιχαται
D	fehlt
ℵ	fehlt
Δ	και ο απολελυμενην γαμων (auch c) μοιχαται.

Mit Δ gehen Vulg, Arm, der Altlat c, Aur., der aber μὴ ἐπὶ πορνείᾳ durch nisi ob causam fornicationis ausdrückt, worin q g[1] mit ihm stimmen, während Vulg nisi ob fornicationem liest. Dazu kommen Pesch und Philox. Aus der Pesch ist der Zusatz καὶ ὁ ἀπολελ. γαμ. μοιχ. dann natürlich in den arabischen Tatian P. 99 gewandert فمن يتزوج مطلقة فقد فجر. Damit geht auch der Basler Äthiope. Mit B geht betreffs des παρεκτὸς λόγου π. der Hrs, dessen griechische Vorlage so lautete: λέγω δὲ ὑμῖν, ὅτι ὃς ἂν ἀπολύσῃ τὴν γυναῖκα αὐτοῦ παρεκτὸς λόγου πορνείας καὶ γαμήσῃ ἄλλην, ποιεῖ αὐτὴν μοιχᾶσθαι, καὶ ὁ ἀπολελυμένην (ὑπὸ τοῦ ἀνδρὸς αὐτῆς) γαμῶν μοιχᾶται. Ebenso verhält sich der Memph, ja wie Hrs statt des letzten μοιχᾶται genau sagt: est adulter, so thut es auch der Memph ϥⲟⲓ ⲛⲛⲱⲓⲕ = est adulter. Aber der Zusatz ὁ ἀπολελ. γαμ. κτλ. steht nicht in allen Handschriften, z. B. nicht in Dz, so dass als Grundtext des Memphiten angesehen werden muss ὃς ἂν ἀπολύσῃ τὴν γ. αὐτ. παρεκτὸς λόγου πορνείας ποιεῖ αὐτὴν μοιχευθῆναι. Der Sahide hat den Zusatz auch nicht, dafür aber das καὶ γαμήσῃ ἄλλην, so dass seine Vorlage lautete: ὃς ἂν ἀπολ. τὴν γυν. αὐτ. παρεκτὸς λόγου πορν. ut sedeat cum alia = καὶ γαμ. ἀλλ. μοιχᾶται (ϥⲟ ⲛⲛⲟⲉⲓⲕ). Mit ℵ geht altlat. abg[1]q. Dico autem vobis quia (q qūm) quicunque dimiserit uxorem suam nisi ob causam (= ἐπὶ) fornicationis et aliam duxerit, moechatur. Sachlich gleich ist feff[2]. Aber q hat noch den Zusatz et dimissam qui duxerit moechatur. Weiter gehen mit ℵ Syrsin und Syrcrt, der aber ܓܐܪ ܠܗ = μοιχᾶται αὐτήν hat.

Daraus ergiebt sich als Grundform der Text von Syrsin und Altlat, denen ℵ sich zugesellt. Die erstern sind unsre bekannte Kombination, mit der hier ℵ, anderswo B oder D geht.

Es folgt Überarbeitung 1. ΔB mit dem Zusatze ὁ ἀπολ. γαμ. μοιχᾶται am Schlusse, erhalten in Vulg Arm Pesch nebst Tatian und Philox. 2. Überarbeitung mit παρεκτὸς λόγου πορν. in BD, bezeugt vom Memph. Sie ist vororigeneisch. Orig in Matth XIV, 24. 3. Es entwickeln sich Mischungen aus den beiden Überarbeitungen in Hrs und im Sahiden.

Woher nun diese Variation, wenn nicht aus einer Überarbeitung, die dann von disziplinären Motiven angeregt war? Dass die alten Kirchenleiter die Stelle schwierig fanden und übertraten, sagt Origenes (in Matth XIV, 23) mit dürren Worten, und findet das selbst nicht ganz unvernünftig (οὐ μὴν πάντῃ ἀλόγως), ja im Folgenden erklärt er, ἑκατέρως ἐμφαίνεταί τι ἄτοπον, d. h. man möge sich wenden, wie man wolle, es bleibe etwas Absonderliches, möge man den Befehl Ješu' wörtlich durchführen oder auch sich so entscheiden, dass ein Mann sein Weib, die Mord oder Zauberei begangen hat, entlasse. — Noch absonderlicher ist es dann, dass Paulus 1 Kor 7, 15 die Religionsverschiedenheit als Grund für die freiwillige Ehetrennung ohne Bedenken zulässt, wenn der ungläubige Teil bei dem Gläubigen nicht bleiben will.

Vs. 10 τοῦ ἀνθρώπου. Dafür haben τοῦ ἀνδρός Syrsin Syrcrt Pesch und Altlat abcff²g¹hmq Arm und Dd. — Für ἀνθρώπου tritt ein Vulg, Philox, Memph mit BℵΔ. Ist dies jüngere Schicht, oder ist ἀνδρὸς Ergebnis einer Reflexion? Vgl. Vs. 5 ἄνθρωπος aus Sept. in BℵΔD Memph Altlat Vulg Philox, Orig. XIV, 16, gegen ἀνήρ in Syrsin Syrcrt Pesch Arm. Auch Gen 2, 27 hat Pesch und Arm ἀνήρ ausgedrückt.

Vs. 12. Die Mischna Jebam. 8, 4 hat für die künstlich Entmannten den Ausdruck סרים אדם, für die von Geburt an Impotenten סְרִים חַמָּה, diese Unterscheidung war also in Ješu' Zeit eine geläufige. Origenes (Tom. XV, 3) zitiert aus Philo's Schrift De eo quod deterius potiori insidiari soleat: ἐξευνουχισθῆναι μὲν ἄμεινον, ἢ πρὸς συνουσίας ἐκνόμους λυττᾶν, aber er setzt darauf begründeten wörtlichen Auslegungen der Stelle sein ἀλλ' οὐ πιστευτέον αὐτοῖς entgegen. Die Übersetzung: Jeder wer im Stande ist zu ertragen, der ertrage führt nicht auf andern Urtext, sondern ist authentische Interpretation des ὁ χωρῶν χωρείτω. Euseb Theoph IV, 32 liest dies ܡܣܝܒܪ mit Syrsin und Syrcrt.

Vs. 13—15 brachten sie ihm Kinder. Mit demselben Rechte kann man übersetzen: naheten ihm Kinder, und darüber vgl. zu Mrk 10, 13.

dass er seine Hand Syrsin, Syrcrt und Pesch, da aber die Griechen und Lateiner Plural haben τὰς χεῖρας, so setzt Philox auch ܐܝ̈ܕܝܐ ein. Dies ist nicht gleichgültig, der Sinn der Auflegung beider Hände ist ein andrer als der der Auflegung einer Hand. — Auflegen der Hände bedeutet Übertragung der Kraft oder der Wesenheit Num 27, 23, oder der Sünde Levit 16, 21, und so ist es Act 8, 17 verwendet. Das Auflegen einer Hand ist eine begleitende Aktion, durch welche die Person oder das Ding, an welchem die heilige Handlung, z. B. die Opferdarbringung Levit 1, 4 vollzogen, oder für die das Gebet gesprochen wird, ganz genau bezeichnet wird.

Es ist klare Bezeichnung der Intention, die der Talmud כַּוָּנָה nennt und fordert. Das Wirksame ist das Gebet, nicht die Handauflegung, welche Justin Apol. maj. 63 bei Schilderung der Taufe noch gar nicht erwähnt. Quod nunc quoque apud nos geritur, ut qui in ecclesia baptizantur praepositis ecclesiae offerantur et per nostram orationem et manus (Singular) impositionem spiritum sanctum consequantur et signaculo dominico consummentur sagt Cyprian Ep. 73, 9. Die Täuflinge sind wie ein Opfer den Kirchenvorständen dargebracht, dazu gehört die Auflegung einer Hand, den Geist vermittelt die Fürbitte, von der die Taufe begleitet war, die in Justin's Zeit durch Fasten des Täuflings und der Taufenden verstärkt wurde. Kurz zuvor erklärt Cyprian, dass Johannes und Petrus den getauften Samaritanern, die den Geist nicht bekommen hatten, das bei ihrer Taufe Fehlende ergänzten, nämlich dass unter erstens Gebet und zweitens Auflegung der Hand angerufen werde über sie der heilige Geist.[1]

Wo die griechische Apostelgeschichte den Plural χεῖρας hat 8, 17; 9, 12, 17, hat die Pesch den Singular ܐܝܕܗ = τὴν χεῖρα αὐτοῦ, und Cyprian ll. redet im Singular manus imposita. Die Philox und der Arm setzen dagegen den Plural ein, doch hat letzterer 8, 18 noch den Singular (Թէ ձեռն 'ի վերայ դնելով առաքելոցն = dass durch das apostolische Auflegen der Hand), wo dann andre Handschriften bei Zohrab den Plural korrigieren. Ich weise auf diese Varianten mit der Frage, ob sie mit dem rituellen Gebrauche im Zusammenhange stehen, ohne eine Meinung abgeben zu können. Die distributive Fassung von χεῖρας, als die Hände der verschiednen Leute ist 9, 17 ausgeschlossen. Bingham Origines IV, 303, Ritschl, Altkathol. Kirche[2] P. 379.

Vs. 16—17. I. Ein Blick auf die Varianten bei Tischendorf zeigt, dass hier eine grosse Schwankung vorliegt, die nach unsern bisherigen Erfahrungen ihren Grund in einem (diesmal dogmatischen) Anstosse haben müssen. Das hat schon Scrivener (Introduction[3] P. 17) offen ausgesprochen: Zu welchem Schlusse man auch über die wahre Lesart kommen möge, die Verschiedenheit kann kaum eine andre Ursache haben als vorgefasste dogmatische Meinung (doctrinal preconceptions). Wir mögen nun aber mit Lachm., Tisch., W.-H. lesen, oder mit der Recepta, der Text schreitet in keinem Falle logisch fort. Jene bieten: Lehrer, was soll ich Gutes thun, damit ich ewiges Leben habe? Er aber sprach zu ihm: Was fragst du mich über das Gute?

---

[1] Text: ut oratione pro eis habita et manu imposita invocaretur et infunderetur [fehlt in Cod. B, Saec XI] super eos spiritus sanctus. Die Unechtheit von infunderetur neben super eos leuchtet ein. — Auch Ep. 75, 18 ad 7 redet von manus impositio ad accipiendum spiritum sanctum (vgl. Act 8, 17) und von potestas baptizandi et manum imponendi et ordinandi.

Einer ist der Gute — und da passt „Einer ist der Gute“ in keinem Falle zu der Frage: Was soll ich Gutes thun. Die Antwort müsste nach dem Folgenden sein: Das Gute ist, dass du die Gesetze hältst. — Übersetzt man aber: Was fragst du mich über den Guten? — wozu die Antwort passt: Einer ist der Gute — so ist die Grundlage unangemessen, in der der Mann fragt, was er Gutes thun solle. Die Antwort auf diese Frage müsste sein: Was fragst du mich über das Gute, du kennst es, es ist die Haltung der fundamentalen Gesetze. — Liest man aber mit der Recepta: Guter Lehrer, was muss ich Gutes thun etc. so passt die Abweisung: „Was nennst du mich gut, Niemand ist gut ausser einem, Gott“, und in dem: Willst du aber in das Leben eingehen, so halte die Gebote, schreitet der Gedanke zwar richtig fort, aber das ist beschwerlich, dass er nicht fragt: Was muss ich thun, dass ich etc., sondern dass er sagt: Was muss ich „Gutes“ thun, dass ich etc. Hier ist das „Gutes“ nicht nur überflüssig, sondern wirklich vom Übel. Zugleich aber kommt der anstössige Punkt deutlich zu Tage, es ist der, dass Ješu' ablehnt gut zu sein, und diese Eigenschaft nur Gott zuschreibt. Das konnte die spätere Christologie nicht durchlassen. Überlegt man dies, so kommt man zur Vermutung, dass die Urform war: Guter Lehrer, was muss ich thun, um das Leben zu erwerben? Antwort: Zuerst, was heissest du mich gut? — Niemand ist gut ausser Gott; — sodann, willst du aber zum Leben kommen, so halte die Gebote. Gegenfrage: Welche, z. B. auch Händewaschen? Antwort: Nein, die Grundgebote für den Verkehr von Mensch und Menschen, und daran hängt sich die Anweisung zur Vollkommenheit, Verzicht auf Besitz. Diese Textform bezeugen wesentlich Lukas nnd Markus.

II. Es ist nicht meine Schuld, dass dieser aus dem Zusammenhange erschlossenen Urform die ältesten Anführungen wirklich entsprechen, — ich bitte also die objektiven Kritiker um Verzeihung für den Apriorismus,[1] — denn Justin Dial. 101 und Iren I, 13, 2 lesen: Διδάσκαλε ἀγαθὲ . . . τί με λέγεις ἀγαθόν; εἷς ἐστὶν ἀγαθὸς, ὁ πατήρ μου ὁ [Iren om. μου ὁ] ἐν τοῖς οὐρανοῖς. Dazu kommt Iren IV, 23, 2 Si vis in vitam introire (= εἰςελθεῖν) custodi praecepta . . . Quae? . . . Non moechaberis, non occides, non furaberis, non falsum testimonium reddes, honora patrem et matrem et diliges proximum tuum tamquam te ipsum . . . Omnia feci . . . Si vis perfectus esse, vade, vende omnia quae habes et divide pauperibus et veni sequere me. Die von

[1] Wie unmöglich es ist, aus dieser universalen Verderbnis ohne die inneren — jetzt immer unterschätzten — Gründe herauszukommen, kann man aus Scrivener Indroduct.[3] P. 575 erlernen. Mit aller objektiven Kritik kommt man nur bis an einen gewissen Punkt, hinter ihm muss das Urteil sein Werk thun.

der Ordnung des Dekalogs abweichende Stellung des: „Du sollst nicht ehebrechen, du sollst nicht töten“, forderte zur Regulierung heraus, die Kleinmeisterei konnte sich das nicht entgehen lassen, aber noch Origenes XV, 13, trotzdem er im Übrigen einer korrigierten Textform folgt, hat hier οὐ μοιχεύσεις· οὐ φονεύσεις· οὐ κλέψεις und εἰςελθεῖν. Zu diesen Zitaten gesellt sich noch die Form: μή με λέγε ἀγαθόν, ὁ γὰρ ἀγαθὸς εἷς ἐστίν bei Clem. Hom. 52, 2; 160, 5, die 168, 22 zu εἷς ἐστιν, ὁ πατὴρ ὁ ἐν τοῖς οὐρανοῖς vervollständigt wird.[1]

Diese Stellen lassen ungewiss, ob der Grundtext war, τί ἀγαθὸν ποιήσω (ποιήσας) während wir dies ἀγαθόν anstössig gefunden haben. Clemens Hom. 169, 22, 175, 8 zitiert zweimal τί ποιήσας ζωὴν αἰώνιον κληρονομήσω, er hat also das anstössige ἀγαθόν nicht. Ich lege auch Wert auf das κληρονομήσω, das auch unten Vs. 29 steht, denn obwohl Origenes XV, 10 zuerst ἵνα σχῶ hat — vermutlich nach einer hellenisch feilenden Korrektur — so schreibt er doch in der Diskussion nachher selbst τί — ἀγαθὸν — ποιήσω, ἵνα ζωὴν αἰώνιον κληρονομήσω, und teilt zugleich mit, Matthäus — d. h. seine Ausgabe des Matthäus — habe τί ἀγαθὸν ποιήσω im Texte, obwohl er exegetisch mit diesem ἀγαθόν ins Gedränge kommt. Das τί ποιήσας κληρονομήσω erweist sich neben dem τί ποιήσω ἵνα κληρονομήσω als hellenische Feilung.

III. Unter diesen Umständen ergiebt sich als Grundtext, was die unkorrigiert gebliebnen Texte bei Markus und Lukas bestätigen: Διδάσκαλε ἀγαθέ, τί ποιήσω ἵνα ζωὴν αἰώνιον κληρονομήσω; . . . τί με λέγεις ἀγαθόν; ὁ ἀγαθὸς εἷς ἐστίν (oder aber εἷς ἐστιν ἀγαθός), ὁ πατήρ [μου?] ὁ ἐν τοῖς οὐρανοῖς. εἰ [δὲ] θέλεις εἰς τὴν ζωὴν εἰσελθεῖν, τήρησον τὰς ἐντολάς κτλ. Solch ein Arianismus, Subordinatianismus, Ebionitismus, kurz eine solche „grundstürzende“ Ketzerei konnten die Hüter der Rechtgläubigkeit in Ješu' Munde nicht dulden, sie handelten nach dem Beispiele des ungerechten Haushalters und korrigierten das Anschreibebuch, damit die Rechnung stimme. Aber Clemens Hom. 52, 2; 160, 5 hat noch μή με λέγε ἀγαθόν, ὁ γὰρ ἀγαθὸς εἷς ἐστίν, das unser τί με λέγεις interpretiert.

Die Mischung der verschiednen Korrekturen in den Handschriften ist nachträglich so bunt geworden, dass Alles durcheinander geraten ist, und nur logische Analyse, der Prozess der Gegenreflexion gegen die Reflexionen der Redaktoren (vgl. P. 162) hier Licht schaffen kann. Der einfachste Weg war scheinbar der, dass man διδάσκαλε

[1] Die Ausflucht, dass dies nicht aus Matth sei, sondern aus Mrk oder Luk oder gar einem unbekannten Evangelium, ist durch ὁ πατήρ μοῦ ὁ ἐν τοῖς οὐρ. ausgeschlossen, da dieser Ausdruck dem Matth 18, 10, 14, 19; 12, 50 (Mrk θεοῦ); 10, 32; 16, 17 eigentümlich ist. Für ein unbekanntes Evangelium müsste man einen Beweis bringen. Dies gegen Westcott-Hort.

ἀγαθὲ, τί ἀγαθὸν ποιήσω herstellte, dann fragte der Mann nach dem Guten, das er thun sollte, und stellte man dann noch gar für τί με λέγεις ἀγαθόν die Form her τί με ἐρωτᾷς περὶ τοῦ ἀγαθοῦ oder selbst περὶ ἀγαθοῦ — so schien der rechte Glaube gesichert. Schrieb man dann für διδάσκαλε ἀγαθὲ noch einfach διδάσκαλε so war es noch glatter, aber leider passt die Fortsetzung εἷς ἐστιν ὁ ἀγαθός wie die Faust aufs Auge, und wem die Faust das Auge noch nicht ausgeschlagen hat, der sieht, dass die Korrektur kindisch ist. Mit diesem unsinnigen Texte müht sich Origenes, natürlich ohne zum Ziele zu kommen, wenn er anmerkt: „Matthäus hat geschrieben, wie wenn der Erlöser über ein gutes Werk gefragt wäre, Markus und Lukas aber überlieferten nicht τί με ἐρωτᾷς περὶ [τοῦ?] ἀγαθοῦ sondern sie böten τί με λέγεις ἀγαθόν". Aus diesem Sumpfe ist nicht herauszukommen, mir scheinen die Zitate bei Origenes selbst noch alteriert, obwohl er sicher schon den korrigierten Text hatte.

IV. Diesen Stand der Überarbeitung zeigen ℵBD, jedoch so, dass ℵ durch ποιήσας für ποιήσω ἵνα glättet aber κληρονομήσω erhält, so dass ihm der Text der Clementinen nahe steht. Ihr Text lautet: Διδάσκαλε τί ἀγαθὸν ποιήσω, ἵνα σχῶ ζωὴν αἰώνιον (ℵ ποιήσας ζωὴν αἰώνιον κληρονομήσω); . . . τί με ἐρωτᾷς περὶ τοῦ (D om. τοῦ vgl. Origenes) ἀγαθοῦ; εἷς (in B ergänzt) ἐστὶν ὁ (D om. ὁ) ἀγαθός. εἰ δὲ θέλεις εἰς τὴν ζωὴν εἰσελθεῖν (D ελθεῖν) τήρησον (BD τήρει) τὰς ἐντολάς. Genau dasselbe hat die Vulg, aber sie hat noch διδάσκαλε ἀγαθά, (die Mischung in den Lateinern lege ich sofort unten vor) und zu ℵ nahe steht der Memph mit ἵνα κληρονομήσω, der daneben aber auch das διδάσκαλε ἀγαθέ noch erhalten hat. Interessant ist, dass er περὶ τοῦ ἀγαθοῦ neutrisch fasst (ϧⲉⲃⲉ ⲡⲓⲁⲅⲁⲑⲟⲛ) und damit die ganze Beziehung auf die Person Ješu' ausschliesst. Der Armenier hat διδάσκαλε ἀγαθέ . . . ἵνα σχῶ . . . τί με ἐρωτᾷς περὶ (τοῦ?) ἀγαθοῦ; εἷς ἐστὶν ἀγαθός· εἰ θέλεις εἰς τ. ζ. εἰσελθεῖν ohne das überleitende δέ. Man sieht die Streichung von ἀγαθέ in ℵBD und und einer schwachen Zeugenzahl bei Tisch. hat gegen sich Vulg Sahid Memph Arm d. h. die schwersten kirchlichen Auktoritäten, und dazu kommt noch, dass das ἀγαθὸν des Satzes τί ἀγαθὸν ποιήσω im Sahiden nicht da ist, der nur ⲟⲩ ⲡⲉϯⲛⲁⲁⲁϥ = quid quod faciam bietet, und dass auch im Memph handschriftlich das ἀγαθόν fehlt, denn einige Mss haben nur ⲟⲩ ⲡⲉϯⲛⲁⲁⲓϥ, so dass beide Ägypter gegen ℵBD διδασκ. ἀγαθέ τί ποιήσω ausdrücken, dann aber der Memph mit ℵ κληρονομήσω, der Sahide mit BD ἵνα σχῶ (ϫⲉⲕⲁⲥ ⲉⲓⲉϫⲓ) bezeugt.[1] Die

---

[1] Aus dem kritischen Apparate in der Ausgabe von G. H(orner) Oxford 1898 sieht man, wie sich die alten Kritiker mit der Stelle geplagt haben.

Streichung des ἀγαθέ ist aber auch weiter in die meisten griechischen Zeugen nicht eingedrungen, denn CEFGHKMSUVΓΔ haben ἀγαθέ, das einzusetzen, — wenn sie es nicht vorgefunden hätten, wie es schon Justin, Irenäus und Clemens vorfanden — sie wahrlich keinen Grund hatten. Wenn irgend etwas, so ist dies ἀγαθέ echt, und ℵBD sind korrigiert, zurechtgemacht, gefälscht. Und da sehen Westcott-Hort das ἀγαθέ als die älteste der Corruptelen an!

V. Der zweite Hauptpunkt ist die Korrektur des τί με λέγεις ἀγαθόν in τί με ἐρωτᾷς περὶ τοῦ ἀγαθοῦ. Hier finden sich — (anders als bei dem ἀγαθέ) als Eideshelfer für ℵBD und die paar Zeugen bei Tisch. ein Vulg, Arm, Memph. Das bedeutet, dass sie im Strome des korrigierten Textes schwimmen, nicht aber, dass dieser Text original ist, um so mehr als in der lateinischen und ägyptischen Zeugenreihe der hellste Widerspruch herrscht.

Denn 1., wo der Memph hat: ⲉⲑⲃⲉⲟⲩ ⲕϣⲓⲛⲓ ⲙⲙⲟⲓ ⲉⲑⲃⲉ ⲡⲓⲁ-ⲅⲁⲑⲟⲛ = weswegen fragst du mich wegen des (neutrisch) Guten, also die Korrektur mit ἐρωτᾷς bietet, da hat der Sahide ⲁϩⲣⲟⲕ ⲕⲙⲟⲩⲧⲉ ⲉⲣⲟⲓ ϫⲉ ⲡⲁⲅⲁⲑⲟⲥ = cur tu mihi clamas bonus, also λέγεις ἀγαθόν, und dann in der Fortsetzung nicht positiv εἷς ἐστὶν (ὁ?) ἀγαθός sondern negativ ⲙⲛ̅ ⲁⲅⲁⲑⲟⲥ ⲛ̅ⲥⲁ ⲟⲩⲁ ⲡⲛⲟⲩⲧⲉ = οὐδεὶς ἀγαθὸς εἰ μὴ εἷς, ὁ θεός wie z. B. Δ griechisch liest. 2., wo Vulg hat quid me interrogas de bono, unus est bonus, Deus (so auch abcff2 Rhedig Aur) da liest qf mit dem Sahiden quid me dicis bonum, nemo bonus nisi unus Deus, — und Fuld und g1 sind gemischt: quid me interrogas de bono, nemo bonus nisi unus, Deus.

So geht also die hieronymeisch korrigierte Vulgata und der jüngere Ägypter mit ℵBD, der Altlateiner und der Sahide aber gegen sie mit CEFGHKMSUVΔ, der eben gefundnen Zeugenreihe. Dabei ist nun das Verhalten von Γ und Δ charakteristisch, denn Γ lässt den Satz τί με λέγεις ἀγ. ganz fort, während Δ das λέγεις auslässt, als ob ein Zweifel darüber dem Schreiber bekannt gewesen wäre, und auch der lateinische Text in Δ kein dicis aufweist. Nachträglichen Einsatz des τί με ἐρωτᾷς κτλ. zum τί με λέγεις zeigt Cod. 251 bei Tisch.

Hieraus ergiebt sich, dass der in ℵBD, — dazu kommt noch L 1. 22 bei Tisch. — vorgenommene Gewaltstreich, den Memph, Hieron und Arm anerkannt haben, in die Masse der Handschriften keinen Eingang gefunden hat, deren Alter durch die Altlateiner und den Sahiden feststeht. Diese Masse nähert sich der aus Justin, Irenäus und Clemens erhobenen Lesart, aber durch Zusatz des ἀγαθόν nach τί ποιήσω lehrt sie, welchen Weg der Auslegung die altkirchlichen

Lehrer einzuschlagen für gut befunden haben. Die Differenz trifft dann noch den Schluss. Er lautet

bei Justin Irenäus: εἷς ἐστὶν ἀγαθὸς, ὁ πατήρ μου ὁ (Iren om. μ. ὁ) ἐν τοῖς οὐρανοῖς vgl. e: unus est bonus pater · si autem
bei Clemens: ὁ γὰρ ἀγαθὸς εἷς ἐστιν, ὁ πατὴρ ὁ ἐν τοῖς οὐρανοῖς
in Δ al: οὐδεὶς ἀγαθὸς, εἰ μὴ εἷς ὁ θεός mit Umarbeitung
in ℵBΔ: εἷς ἐστὶν ὁ (D om. ὁ) ἀγαθός ohne das ὁ θεός.[1]

Über die subordinatianischen Gründe dieser Störungen ist jedes Wort überflüssig.

VI. Wir haben hier unsre gewöhnliche Methode, die textgeschichtlichen Vorgänge aus den gleichsam photographischen Momentbildern, die sie in den fünf aufeinander folgenden syrischen Übersetzungen hinterlassen haben, zu erheben und die gewonnene Einsicht zur Beleuchtung der übrigen Zeugen zu verwenden umgedreht, weil hier auch unser Syrsin mit in den Korrekturprozess einbezogen ist, während τι με λεγ. ἀγ. und die negative Schlussformel aus Δ und Genossen in Pesch und Philox geboten wird. Ich stelle die Texte in deutscher Translitterierung hier zusammen:

Syrsin	Lehrer guter,	was soll ich thun,	was gut,	dass ich erbe
Syrcrt	Lehrer guter,	was soll ich thun,		dass ich erbe
Pesch	Lehrer guter,	was das gut soll ich thun,		dass werde mir
Philox	Lehrer guter,	welches Gute soll ich thun,		damit ich habe
Hrs	Lehrer guter,	was[2] soll ich thun,		dass ewiges Leben

Syrsin	(κληρονομεῖν)	ewiges Leben?	Sprach er zu ihm:	Was fragst
Syrcrt	—	ewiges Leben?	Sprach zu ihm Ješu':	Was fragst
Pesch	(ἔχω)	ewiges Leben?	Er aber sprach zu ihm:	Was nennst
Philox	—	ewiges Leben?	Er aber sprach zu ihm:	Was sagst
Hrs		erbe?	Er aber sprach zu ihm:	Was fragst

Syrsin	du mich über das (oder	den) Guten,	denn	einer ist der Gute!
Syrcrt	du mich über das (oder	den) Guten,	denn	einer ist der Gute,
Pesch	du mich,	den Guten,		nicht ist der Gute
Philox	du zu mir	der Gute,	da doch	Niemand der Gute
Hrs	du mich über den[3]	(das) Gute?		Einer ist der Gute.

[1] So hat hier auch der Arm, während der Memph ὁ θεός ausdrückt, und der Sahide durch negativen Ausdruck mit Δ geht.

[2] Cod. AC haben Gutes zugesetzt, das in B fehlt.

[3] Der Text מא את שאל לי על טב טבא scheint durch טבא = der Gute neben טב = das Gute eine alternative Interpretation anzudeuten.

Syrsin		Wenn du aber willst, dass du kommest
Syrcrt	Gott!	Wenn du aber willst, dass du eingehst
Pesch	ausser einem, Gott.	Wenn du aber willst, dass du eingehest
Philox	ausser einem, Gott.	Wenn du aber willst eingehen
Hrs		Wenn du aber willst, dass du eingehst

Syrsin	(ἐλθεῖν)	zum Leben, halte die Gebote.
Syrcrt	(εισελθεῖν)	zum Leben, halte die Gebote.
Pesch		zum Leben, halte die Gebote.
Philox		zum Leben, halte die Gebote.
Hrs		zum Leben, halte die Gebote.

Syrsin, Syrcrt, Hrs gehen zum Teile mit אBD, Pesch und Philox aber mit Δ und der Masse. Dass Syrsin hier einem Texte folgt, der dem Origenes vorlag, steht nicht allein, er hat Joh 1, 28 auch das origineische Bethabara. Wir lernen daraus, dass er, obwohl auf uraltem Texte ruhend, nicht frei geblieben ist von Einflüssen, die nach der Zeit des Irenäus und vor Origenes, also 180—253 sich geltend gemacht haben. Dass der Urtext allein aus Irenäus und Justin in Verbindung mit den Clemenszitaten gewonnen werden muss, gilt mir als sicher, also folgere ich auch dass alle Handschriften hier alteriert sind. Wer hier einfach nach Bא ediert, bietet eine handgreifliche Fälschung als Text. Westcott-Hort haben zur Stelle keine alternative Lesart angedeutet, in den Noten aber mussten sie sich nach ihren kritischen Prinzipien für B entscheiden. Dass die Korrektur in Mrk und Luk nicht eingedrungen ist, mag aus dem Mangel an Konsequenz in der Arbeit hervorgegangen sein, Matthäus als der erste ist korrigiert, die Durchführung unterblieb wie öfter. Vgl. sofort die Korrektur des Syrsin in Vs. 16, wo er Mann ܓܒܪܐ setzt, aber das nicht einmal in ein paar Versen durchführt, denn Vs. 20, 22 hat er selbst den Jüngling, νεανίσκος, durch ܥܠܝܡܐ bezeugt. Wer hier sich vom Aberglauben an אB nicht löst und ἀγαθέ für die älteste Verderbnis ansieht, der wird die Stelle weder kritisch noch exegetisch lösen können. Hier geben innere Gründe den Ariadnefaden um aus dem Labyrinth der äusseren Zeugnisse herauszukommen.

Syrsin und Syrcrt schreiben Vs. 16 ein Mann, die Pesch streicht es und setzt: es kam einer, die Griechen schreiben teils einer, εἷς, teils ein Jüngling, νεανίσκος. Luk 18, 18 macht daraus einen ἄρχων, Mrk 10, 17 εἷς πλούσιος oder bloss εἷς. Syrsin legt Vs. 20, 22 unwillkürlich Zeugnis für νεανίσκος ab. Das Alles ist kein Zufall, wie tief das greift, muss man bei Holsten, Die synopt. Evgl. P. 78 nachlesen. Hier ist bei der Wichtigkeit der Fragen arg überarbeitet.

Vs. 18. Syrsin lässt fort: du sollst nicht stehlen, das Syrcrt und Pesch ergänzen. Ich finde das höchst auffallend weil in der Bergpredigt Matth 5, 28, 33 das siebente Gebot ebenfalls und zwar allgemein übergangen ist. Das ℵ οὐ μοιχ. οὐ κλεψ. auslässt ist sonderbar.

Vs. 20 siehe seit ich Knabe war = ἐκ νεότητος μου (in D fehlt μου) bezeugt von ℵ[cb]CD unc[11], Altlat abcefff[2]hnq, allen Syrern, Arm, beiden Ägyptern und Origenes XV, 14. Trotzdem gilt es jetzt für unecht und aus Mrk Luk ergänzt, weil es in ℵBL 1. 22 ff[1]g[12] und einigen Lateinern fehlt. Soeben haben wir ℵBL 1. 22 und g[1] kennen gelernt in Vs. 16 und 17, und diese sollen nun alle andern Zeugen ausstechen. Irenäus kommt als Zeuge gegen das ἐκ. νεοτ. μ. nicht in Betracht, er lässt sowohl dies ἐκ. νεοτ. μ. als das τί ἔτι ὑστερῶ weg, zitiert also abkürzend. Grade das: Was fehlt mir noch = τί ἔτι ὑστερῶ fehlt nun aber in Syrsin und erscheint in Syrcrt, obwohl es sachlich schlecht begründet ist und ohne allen Schaden fehlen kann, ja besser fehlt. Erst die tiefsinnige Erörterung des Origenes XV, 14 hat mir, obwohl er das τί ἔτι ὑστερῶ im heutigen Texte hat, klargemacht, wie falsch und flach es ist. Zudem übergeht er es vollkommen in seiner Behandlung der Stelle, so dass ich keineswegs davon überzeugt bin, dass es in seinem Texte wirklich stand.

Origenes macht darauf aufmerksam, dass Mrk und Luk die vorangehenden Worte: Liebe deinen Nächsten wie dich selbst — nicht bieten, und dass im Matth eine Insufficienz vorliege, wenn der „welcher das ganze Gesetz gehalten habe“, nun doch nicht vollkommen sei. Ja er fragt, ob man diese Schwierigkeit nicht etwa dadurch lösen könne, dass man annehme, dass die Worte: Du sollst deinen Nächsten lieben wie dich selbst unecht und der Zusatz eines Mannes sein, der den genauen Sinn der Erzählung nicht begriffen habe.[1] Für die Annahme eines Zusatzes spreche das „Eins fehlt dir noch“ in Mrk 10, 21 Luk 18, 22, denn wenn er auch die Liebespflicht erfüllt habe, so fehle ihm in Wahrheit Nichts.

Wie aber, wenn man mit Syrsin das: „Was fehlt mir noch“

[1] Man lernt hier, wie ein Origenes zu der Frage nach Interpolationen im Texte stand. Er war Zeitgenosse der Redaktionsthätigkeit und musste wissen, was ihr möglich war. Seine Worte sind: Πρόςχες οὖν, εἰ δυνάμεθα πρὸς τὴν προκειμένην ζήτησιν καθ' ἕνα μὲν τρόπον οὕτως·ἀπαντῆσαι, ὅτι μήποτε τό· ἀγαπήσεις τὸν πλησίον σου ὡς σεαυτόν· ὑπονοεῖσθαι δύναται ὡς οὐχ ὑπὸ τοῦ Σωτῆρος ἐνταῦθα παρειλῆφθαι ἀλλ' ὑπό τινος τὴν ἀκρίβειαν μὴ νοήσαντος τῶν λεγομένων προςτεθεῖσθαι. — Die Fortsetzung der Stelle ist im Griechischen verdorben, so dass Huet anmerkt: locum . . . insigni trajectione deformatum esse ex veteris interpretationis et ex sententiae obscuritate liquet.

weglässt? Alsdann fliesst der Gedanke richtig fort: Willst du zum Leben eingehen, so halte die Gebote, etwas Ausserordentliches ist dazu nicht nötig. — Darauf die Erklärung: Das habe ich von Jugend auf gethan. — Dann die Steigerung: Willst du vollkommen sein, so entsage den irdischen Gütern, dann hast du einen Schatz im Himmel, und folge mir nach. Der Gegensatz besteht im Eingehen zum Leben und in der Vollkommenheit, die Unvollkommenen sind nicht verloren, aber erst das Aufgeben der Güter zu Gunsten der Armen ist die rechte Erfüllung des Gebotes der Nächstenliebe. — Durch die Einsetzung des: „Was fehlt mir noch, nämlich um zum Leben einzugehen" zerbricht die Steigerung und die Vertiefung des Gebotes der Nächstenliebe. Die vorgetragene Deutung der Stelle ist schon in Clemens Homil. 132[9] gegeben: „Wer das Gebot den Nächsten wie sich selbst zu lieben erfüllt (ἀποδεδωκώς), der fürchtet die Armut nicht, sondern wird durch Verteilung seiner Güte an die Besitzlosen selbst arm". — Bei alledem bleibt die Stelle kritisch und exegetisch höchst schwierig, weil die behandelte Frage ethisch so verschiedne Reflexionen angeregt hat.

Vs. 23. Als es Ješu' sah, in Syrcrt weggelassen, stellt erst die richtige Motivierung her. Kein Grieche hat eine Spur davon. Etwa gestrichen, weil der Herzenskündiger es nicht nötig haben durfte, zu sehn was der Erfolg seiner Rede war?

Vs. 24. Das ἤ wird hier durch ܐܘ gegeben. Vgl. zu Matth 11,22. Ferner hat Syrsin und Syrcrt das Königreich der Himmel, wie Lachmann und Tischendorf βασ. τῶν οὐρανῶν edierten, nach Z 1. 33. 124. 157 al dazu abcen Vulg al. — Nach ℵBCD schreiben Westcott-Hort τοῦ θεοῦ. Da nun Pesch den Syrsin korrigiert und τοῦ θεοῦ anstatt τῶν οὐρανῶν ausdrückt, so ist dies die jüngere Textstufe, die in Arm, Sahid und Memph recipiert ist, aber dem Sprachgebrauche des Matth fremd und dem Luk eigen ist. Ist hier ℵB original? Sicherlich nicht! — Sachlich ist längst aus Berach. 55[b] der Ausdruck פילא דעייל בקופא דמחטא d. h. ein Elefant, der durch das Loch einer Nadel geht, beigebracht, durch den dort, wie durch den parallelen Ausdruck דקלא דדהבא d. h. eine goldene Dattelpalme, eine Unmöglichkeit bezeichnet wird. Dazu kommt Bab. mes. 38[b] der höhnische Ausdruck: Bist du vielleicht aus Pumpeditha, dessen Bewohner (durch ihre Spitzfindigkeit) einen Elefanten durch das Loch einer Nadel bringen? Hier ist der Sinn: Das Unmögliche möglich machen. Erscheint hier der Elefant, so finden wir in einem andern höhnischen Sprichworte auch das Kamel. Zu einem Manne, der nicht nach seinen eignen Lehren handelt, sagte man: גמלא במדי אקבא רקדא d. h. in Medien tanzt ein Kamel auf einem Scheffel! Hier ist der Scheffel, hier ist das Kamel, hier ist Medien, — aber es tanzt nicht Jebam. 45[a].

Der Sinn ist: Bringe deine Lehre auch zur Ausführung, und der Schluss erinnert wenigstens an: hic Rhodus, hic salta.

Vs. 27. Syrsin Šim'on Kefa, das in Syrcrt bleibt, wogegen Pesch das Šim'on streicht, so dass sie nun dem griech. Petrus entspricht. Vgl. zu 10, 3.

Vs. 28. Syrcrt und Pesch ersetzen das erste ܟܘܪܣܝܐ Thron durch ܡܘܬܒܐ, das zweite lassen sie stehen. Syrsin schreibt beide Male das echtsyrische Wort, jene aber korrigieren wieder bloss halb. — In der neuen Geburt. So geben Syrsin und Syrcrt die Palingenesie wieder, die Pesch stellt dafür in der neuen Welt ein, sie interpretiert wie der Arm mit ’ի միւսանգամ գալստեանն d. h. in der zweiten Parusie.

Vs. 29 oder Mutter oder Söhne. Die Gattin darf [nach 19, 9] nicht dabei stehen, wie schon Origenes angemerkt hat, und so bieten BD. Aber Syrcrt und Pesch sagen oder Mutter oder Gattin oder Söhne, denn das behagte der asketischen Richtung. Daher fand es Eingang in ℵ!CKX Unc[11] und in die spätern Übersetzungen, Arm, beide Ägypter, Hieronymus. Ist das Tendenz oder nicht? Ist das der schlafende Kopist? Die Kopisten schlafen hier durchaus nicht, denn das hundertfältige Wiederempfangen, das schon Iren III, 39 und Hilar. hat, und das alle Syrer und ℵD haben, und das sie arithmetisch genau nehmen, macht ihnen Sorge, es ist zu bestimmt. Daher erscheint das völlig lendenlahme vielfältig πολλαπλασίονα in B!L so wie im Sahid und Hrs. Und nun sehe man ℵ mit ἢ γυναῖκας und B mit πολλαπλασίονα, dem Hapaxlegomenon in Matth, das Syrsin und Syrcrt auch Luk 18, 30 verwerfen[1] für neutralen Urtext an! Ich bin auf kein textkritisches System eingeschworen, ich halte es mit Scriveners trefflichem Satze, dass man den wahren Text nicht in ℵ oder B, nicht in ℵB oder BD oder BL oder in einer ähnlichen Kombination einiger wenigen ausgelesenen Auktoritäten zu suchen hat, sondern dass man in jedem sich bietenden Falle von Neuem frei und unparteiisch das ganze Material zu Rate zieht Scrivener Introd.[3] P. 552. Wir haben hier in ℵCKX unc[11] Arm, Ägypter und Hieronymus die disziplinäre Revision.

XX, 17 mit Übergehung der geringfügigen Differenzen in der Parabel 1—16 weise ich nur auf die Anknüpfung, die Syrsin und Syrcrt wie ℵD Philox bieten, während B durch μέλλων δὲ ἀναβαίνειν = als er im Begriff war hinaufzugehen einen scharfen Ab-

[1] Da sie hundertfältig auch Luk 18, 30 haben, so dürfte das επταπλασιονα in D nur alter Schreibfehler für ε̅κ̅ταπλασιονα d. i. ἑκατονταπλασίονα sein. Dieser Fehler wäre dann D und der Philox marg. gemeinsam. Aus der Vorlage von D d haben ihn dann auch andre Lateiner abceff²ilq. Hieronymus schreibt multo plura.

schnitt markiert. Die Pesch folgt B und verschärft noch mehr: Es war aber Ješu' im Begriff hinaufzugehen und er nahm. Sachlich besser stellen Syrsin und Syrcrt das κατ' ἰδίαν an den Schluss des Verses: er nahm seine Zwölf mit sich auf dem Wege — aber andre giengen auch noch mit — und dann redete er mit seinen Zwölf privatim. Damit stimmt D al κατ' ἰδίαν ἐν τῇ ὁδῷ καὶ εἶπεν αὐτοῖς dem Sinne nach überein, und so schreibt auch die Pesch und Philox im Gegensatze zu ℵB, die κατ' ἰδίαν καὶ ἐν τῇ ὁδῷ εἶπεν αὐτοῖς lesen.

Vs. 19. Ich weise mit allem Nachdruck darauf, dass Syrsin hier wie Mrk 10, 33 sagt, die Hohenpriester und Schriftgelehrten werden ihn „*dem Volke*" d. h. den Juden übergeben, und nicht den Völkern, d. h. den Heiden. Die Singularform ܠܥܡܐ ist hier absolut sicher von der Pluralform ܠܥܡ̈ܡܐ zu unterscheiden, was bei andern Wörtern im Syrsin wegen Undeutlichkeit der Pluralpunkte nicht immer möglich ist. Syrcrt, Pesch und Philox bieten den Plural also τοῖς ἔθνεσι d. h. den Heiden. *Die Lesart des Syrsin steht allein, ist aber von der höchsten Bedeutung*, da Syrsin auch 27, 27—30 die Volkshaufen Ješu' verspotten lässt. Dieser Text wälzt die Schuld ganz auf die jüdischen Auktoritäten und das Volk ... und entlastet Pilatus und die römischen Soldaten. Judenchristliche Neigungen zeigt dieser Text hier ebensowenig als in der Geschichte vom kanaanäischen Weibe. Dass er sich aber des Unterschiedes von Volk und Völker völlig bewusst ist, beweist seine Übersetzung Mrk 10, 33, 42; 11, 17, und dass er nicht der heidenfreundlichen Richtung zu Liebe ändert, sondern getreu übersetzt, sehen wir aus der Parallele in Luk 18, 32 wo er die Völker d. i. Heiden getreulich ausdrückt. Hier liegen zwei verschiedene Beurteilungen des Prozesses Ješu' im Hintergrunde. Das Subjekt zu „sie werden ihn verspotten" u. s. w. ist materiell vielleicht das Volk, als Kollektivwort mit dem Plural konstruiert, genau genommen aber gehört das Verbum logisch als Prädikat zu den Hohenpriestern und Schriftgelehrten.

Vs. 21, 22 *in deinem Königreiche*. Der Zusatz *und in deiner Herrlichkeit*, den Syrcrt hier aus Mrk 10, 37 hat, erkennt Syrsin und Pesch nicht an. Weiter schreibt Syrsin *sprach zu ihnen*, statt *zu ihr*, der Mutter, die gefragt hatte. Diese auf die Sache gehende Form, da es sich doch auch um die mitgekommenen beiden Zabdaisöhne handelt, wird bei genauer Formalprüfung anstössig, daher schreibt Syrcrt und e *zu ihr* (ܠܗ statt ܠܗܘܢ), gründlicher streichen die Griechen das anstössige Wort, und die Pesch und Philox thun dasselbe. Nun haben aber die Altlateiner b c ff[1] [2] g[2] Fuld wieder αὐτοῖς ausgedrückt, so dass Altsyrer und Altlateiner den ungeglätteten Text erhalten haben gegen den geglätteten in

BאD. Also die übliche Textlage an einer ganz harmlosen Stelle. — Der Zusatz: und mit der Taufe getauft werden, mit der ich getauft wurde, hier und Vs. 23 ist in Pesch und Arm eingedrungen. Syrsin und Syrcrt haben ihn nicht, sie gehen mit אBD zusammen.

Vs. 23 dass ich ‥ euch gebe. Dies euch ܠܟܘܢ hat Syrcrt auch, die Pesch streicht es, aber die Altlateiner abcg[1] und andre wie auch Vulg haben es, es ist also uralt. Aber mit oder ohne dies euch ist die Stelle logisch verworren, daher sich denn die Tüftelei der Ausleger erklärt, die hier ein „Reservatrecht des Vaters“ wittern, das sie doch wieder wegdeuten wollen. Seit mir klar ist, wie schwer die Stelle, in der Ješu' sagt: Was nennst du mich gut — aus dogmatischen Rücksichten entstellt ist, werde ich auch hier den Gedanken nicht los, dass die schlechte Logik der Stelle das Ergebnis einer kecken Diorthose ist, wie ja auch 19, 17 logisch verkehrt worden ist. In diesem Falle aber sind alle Auslegermühen umsonst. Ich weise noch darauf, dass statt: denen es bereitet ist von meinem Vater (ἀλλ' οἷς ἡτοίμασται ὑπὸ τοῦ πατρός μου) der Arm hat: sondern denen es gegeben von m. V. (*տուեալ է*), sowie, dass statt ὑπὸ τοῦ πατρ. L ἀπό liest und 126. 131 al[5] gar παρά, d. h. wenn man τῷ πατρί voraussetzt, bei meinem Vater. Von hier fällt ein Licht auf die absonderliche Lesart des Syrcrt ܡܢ ܠܘܬ ܐܒܝ = de chez mon père. Cureton übersetzt einfach, als ob das hiesse „von meinem Vater“; wie aber, wenn es contaminierte Lesung ist, die aus ܡܢ ܐܒܝ = ὑπὸ τοῦ π. μ. und aus ܠܘܬ ܐܒܝ παρὰ τῷ πατρί μου erwachsen wäre? Oder sollte ܡܢ ܠܘܬ ܐܒܝ genaue Übersetzung von παρὰ τοῦ πατρός μου sein, was sprachlich auch möglich ist?

XX, 24—XXI, 20 ist durch Verlust eines Blattes, auf dem vier Kolumnen zu 29 Zeilen gestanden haben, im Sinaisyrer nicht vorhanden. In diese Lücke fällt 20, 28 im Syrcrt ein Zusatz, der so lautet: 28 . . . und seine Seele gebe als Errettung für viele. Ihr aber suchet, dass ihr aus der Kleinheit gross werdet und nicht von der Grösse klein werdet. Sobald ihr aber eingeladen seid zu einem Mittagsmahle, legt euch nicht nieder an dem höchsten Platze, damit nicht einer kommt, der höher ist als du, und dir der Gastgeber (wörtl. der Herr des Mittagmahles) sagt: Ziehe dich nach unten zurück, und du in den Augen der (zu Tische) Liegenden beschämt wirst. Wenn du dich aber an dem geringen Orte niedergelegt hast, und ein Geringerer als du kommt, und der Gastgeber zu dir sagt: Ziehe dich zurück und erhebe dich (zum höheren Platze) so wird dir höheres Lob in den Augen der (zu Tisch) Liegenden. — 29 Und als sie von Jericho auszogen u. s. w.

Der Zusatz findet sich auch in D, in Altlateinern und daraus in vier angelsächsischen Manuskripten und am Rande der Philoxeniana nach Adler (Novi Test. versiones syrr. Hafniae 1789 P. 90), Cureton hat ihn auch am Rande eines Peschitamanuskripts (Add. 14456 im britischen Museum) aus dem achten Jahrhundert gesehn.[1] Der Text war Juvencus (circa 330) und Hilarius bekannt. Er ist bei Griesbach, Lachmann, Tischendorf und Westcott-Hort abgedruckt. Lässt sich nun entscheiden, ob ihn der Syrsin enthalten hat oder nicht?

Eine Berechnung nach der Buchstabenzahl und dem zur Verfügung stehenden Raume zeigt, dass er ihn nicht enthielt. Die Zahl der Buchstaben von ܘܩܪܐ ܐܢܘܢ = et vocavit eos in 20, 25 bis zu ܘܟܕ ܚܙܘ = et cum viderent 21, 20, welche der Lücke im Syrsin entsprechen, beträgt im Syrcrt 1970. Der Zusatz hat 254 Buchstaben. Es bleibt also als Buchstabenzahl für das Evangelienstück 1970—254=1716. Nun hat im Syrcrt die Kolumne höchstens 29 Zeilen, so grade in Matth 21, vorher in Matth 20 hat sie nur 25 Zeilen. Nehmen wir nun selbst die höchste Zahl an für die Lücke, so haben wir vier Kolumnen zu 29 Zeilen, also 116 Zeilen. Dies ergiebt 1716 geteilt durch 116 als Durchschnittszahl der Buchstaben für die Zeile, d. i. 15 Buchstaben; und das ist das höchste was angenommen werden kann. Durchschnittlich enthalten die Zeilen weniger als 15 Buchstaben. Hätte das Zusatzstück im Syrsin gestanden, so müssten $^{1970}/_{116}$ d. h. 17 Buchstaben durchschnittlich auf die Zeile gekommen sein, und das ist bei Weitem zu viel.

Das sicherlich alte Stück ist Parallele zu Luk 14, 7, wo ihm ein tiefer symbolischer Sinn inne wohnt. Hier wäre es eine, obendrein im Zusammenhange sehr abfallende, gesellschaftliche Klugheitsregel, und als solche ist es an dieser Stelle unpassend. Dass es auch bei Luk eine Kombination zweier Dinge ist, — der Mahnung an die Gäste und der an die Gastgeber, zeigt sich durch die Verschiedenheit von γάμος Vs. 8 und von δεῖπνον Vs. 12. Das frei schwebende Stück der Überlieferung ist verschieden eingesetzt worden. Der erste Teil des Zusatzes hat im Syrcrt noch eine Negation, die D nicht hat, und das berührt den Sinn höchst empfindlich, D liest υμεις δε ζητειτε εκ μεικρου αυξησαι και εκ μειζονος ελαττ. ειναι, Syrcrt dagegen drückt aus καὶ μὴ ἐκ μείζονος ἐλάττονα εἶναι. Der Leser entscheide sich selbst. Die Lateiner haben: Vos autem quaeritis de minimo crescere et de magno minui. Sollte Ješu' das μέσον als Tugend empfohlen haben?!

XXI, 21. Wenn in euch Glauben ist, drückt die Lesart ἐὰν ἔχητε aus (vgl. sofort Vs. 25), worüber zu 17, 20 gehandelt ist. —

[1] Wright Catal. I, 56 bringt keine Notiz darüber.

Wie dieser Feigenbaum ist abgekürzte Vergleichung (wie nach hebr. כ), also denke: dem an diesem Feigenbaum Geschehenen Ähnliches thun. Das ܐܝܟ ܗܕܐ ܬܐܢܬܐ korrigiert Syrcrt in ܐܝܟ ܗܕܐ ܕܬܐܢܬܐ und Pesch streicht dann noch ܐܝܟ, so dass ܗܕܐ ܕܬܐܢܬܐ = τὸ τῆς συκῆς wird. Ähnlich ist der Stufengang in so wird es also werden = ܘܢܗܘܐ ܗܟܢܐ in Syrsin, denn Syrcrt ändert in ܢܗܘܐ ܠܟܘܢ ܗܟܢܐ = wird es euch so geschehen, und Pesch hat bloss noch ܬܗܘܐ = γενήσεται.

Vs. 23—32. An der kritischen Auseinandersetzung über die Textgeschichte des Gleichnisses von den beiden Brüdern in I, P. 237 habe ich trotz der gemachten Einwürfe keine Silbe zu ändern, wohl aber einen kleinen eigentlich selbstverständlichen Zusatz zu machen.

Der Einwand ist gegen meine Worte gerichtet, dass der Bau der Parabel peremtorisch fordert, dass der zuerst aufgeforderte Sohn erklärt, dass er nicht gehen wolle, weil nur dann der Vater Ursache hatte, den zweiten Sohn zu schicken.[1] Er lautet: Es kann ja im Weinberge für mehr als eine Person Arbeit gewesen sein, und der Vater wollte von vornherein beide Söhne schicken. Dieser Einwand beruht auf völliger Verkennung der Kunstform der Parabel, und wer diese Kunstform nicht begreift, der thut besser, Parabeln nicht auszulegen. Die Kunstform ist die, dass Alles zum Verständnis der Sache Notwendige in der Parabel selbst gesetzt wird, dass also keine ausserhalb der Parabel liegenden Indikationen zugelassen werden dürfen, wenn man auslegt. Wer aber meint, es sei für mehrere Arbeiter Raum gewesen, trägt etwas nicht Gesetztes ein, und damit ist er auf dem falschen Wege. Eine Parabel kann der Ausmalung dienende überschiessende, individualisierende Züge enthalten, die dann bei der scharfen Deutung zu ignorieren sind, es darf aber nie Etwas zur Auslegung herbeigezogen werden, was nicht in der Parabel selbst als Prämisse gesetzt ist. Wie gross in unserm Falle der Weinberg war, ob beide Söhne, ihre Esel eingeschlossen, oder noch mehr Arbeiter darin zu thun hatten, das ist gänzlich gleichgültig, und es hineinzuziehen ist eine exegetische Todsünde. Solch einen Einwand sollte daher mein Kritiker nicht machen.

Wäre der Sinn der Parabel einfach der, dass sie den Wert von Wollen und Thun in ihrem gegenseitigen Verhältnisse betrachten sollte, so wäre die formal richtige Darstellung diese: Ein Vater hatte zwei Söhne, und er sprach zu ihnen: Gehet in meinen Wein-

[1] Ich bemerke nachträglich noch, dass auch Origenes die Stellung der Antworten wie Syrsin ℵD las, er sagt in Matth Tom. 17, 13 εἶπεν ὁ δεύτερος υἱὸς ἐγὼ κύριε καὶ οὐκ ἀπῆλθεν. Codex B dreht das aber um.

berg.[1] Der eine antwortet Ja und geht nicht, der andre sagt Nein und geht. Welcher hat den Willen des Vaters gethan? Sagen sie: der Letztere. — Aber dieser stilgerechten Formulierung gegenüber erwacht auch sofort das Bewusstsein von der Trivialität der ganzen Sache. In der wirklich gebotnen Parabel ist aber von Trivialität keine Spur, und Ausleger, die diesen Sinn darin finden, geben sich nicht Rechenschaft darüber, warum der erste und der zweite Sohn scharf einander entgegengestellt sind, nach ihrer Fassung der Sache könnten sie ruhig nebeneinander genannt werden. Sie machen sich auch keine Skrupel darüber, durch welche Ursachen die textkritische Lage der Parabel herbeigeführt sein könnte, deren logische Auflösung ich I 238 gegeben habe. Variationen wie diese sind kein Ergebnis des Zufalls, des Schlafes der Abschreiber, und mit welchen andern Ausflüchten man sich trösten mag, sie sind das Ergebnis bewusster Reflexionen von Diaskeuasten, und diese wieder würden solche Reflexionen nicht angestellt haben, wenn nicht eine besondre Schwierigkeit des Textes sie dazu gezwungen hätte, die nach der eben wiederholten billigen Auffassung aber gar nicht vorläge. Diese Auffassung unterschlägt die durch die Textgeschichte bewiesene enorme Schwierigkeit der Parabel und setzt an ihre Stelle eine Trivialität. Weiter aber hilft sie sich betreffs der Fortsetzung mit ihren vernichtenden Worten gegen und über die jüdischen Gesetzeslehrer mit der Annahme hinweg, dass die Parabel selbst bei andrer Gelegenheit gesprochen sei, und meint, man habe darin einen „wenig glücklichen Versuch des Evangelisten, die Parabel für den Kampf zwischen Ješu' und der jüdischen Obrigkeit zu verwerten". So wäre also eine der „einfachsten" Parabeln, deren Tertium comparationis lediglich die Wertung der Discrepanz von Reden und Thun war, durch den ungeschickten Evangelisten an eine Stelle gesetzt, wo die Fortsetzung Vs. 32 mit der Parabel selbst gar Nichts mehr zu thun hat. Vgl. Jülicher, Gleichnisreden II, P. 381 ff., der dabei von der Anschauung ausgeht, dass Markus der ältere Darsteller ist.[2] — Leider kann man nun aber Vs. 32 ohne die Parabel gar nicht verstehen, man kann ihn auch nicht an Vs. 27 anschliessen, und er fehlt mit der Parabel in Mark 11, 33 und Luk 20, 8. Also müsste der ungeschickte Evangelist neben die Parabel noch diesen Vers, Gott weiss woher, eingesetzt haben, und dann hätten wir Vs. 28—31 und Vs. 32 dazu

[1] Hier könnte ein individualisierender aber für die Deutung gleichgültiger Zug angebracht werden, z. B. er sprach am Morgen, oder er sprach im Frühjahr u. dgl. Man sieht sofort, wie nebensächlich das ist, weil man es ohne Schaden vertauschen oder weglassen kann.

[2] Von philologischer Bedeutung ist es, dass er darauf aufmerksam macht, dass in den Handschriften ὕστερος, αἴσχατος und δεύτερος schwankt.

als zusammenhanglose Brocken, obwohl doch der in Mrk und Luk fehlende Vs. 32 deutlich mit Vs. 25—27 irgendwie zusammengehört. Ist das glaublich?

Da Holsten (Die synopt. Evang. P. 90) dem Markus bei seinem Weglassen der Parabel nebst Vs. 32 schwerlich das richtige Motiv abgelauscht hat, wenn er der Parabel eine judenchristliche Grundanschauung zuschreibt, so hören wir Keim, der von der Voraussetzung des Alters des Matthäus aus, und noch dazu nach dem Texte, der πρῶτος bietet, so deutet: „In einem ersten Gleichnis, welches nur Matthäus überliefert, und zwar in zweifelloser Echtheit, zeigt er die Sünden der letzten Zeit, indem er anknüpfend ans Vorige die Haltung der Pharisäer und des Volkes vergleichend gegenüberstellte und jene nötigte, gegen sich ein Nein, für Johannes und das Volk ein Ja zu sprechen". Damit ist der Kern der Sache getroffen, die Pharisäer müssen sich verurteilen, weil sie, obwohl den Worten nach im strengsten Gottesdienste, der Wahrheit nach Gottes Willen nicht erfüllen. Darum heisst es dann am Schlusse, dass Zöllner und Huren ihnen in das Himmelreich zuvorkommen, weil diese sich bekehren, wie die Johannestaufe beweist, und obwohl erst widersätzlich, nachträglich den Willen Gottes thun. Derjenige, der Ja sagt und nicht geht, bildet die Pharisäer und Schriftgelehrten ab, der andre die übrigen, die schliesslich zur Bekehrung kommen.

Die Pharisäer müssen natürlich die pharisäische Praxis billigen, und darum lässt Syrsin sie richtig antworten: Wer sagt, er wolle den Willen des Vaters thun, und ihn nicht thut, — der thut ihn. Das ist das Hervortreten der innern Verkehrtheit, das ist die Selbstcharakteristik jener Schriftgelehrten, die Alles nach dem Buchstaben halten und dabei das Wesentliche lassen. Ich habe I, 238 gesagt, dass man das Treffende dieser Charakteristik der herrschenden Richtung der Gesetzeslehrer aus dem kanonischen Rechte erst wirklich verstehen könne, ich gebe hier Beispiele, die zugleich dazu dienen sollen, Luk 10, 27—37 zu beleuchten. Dort fragt ja ein Lehrer des Gesetzes: Wer ist mein Nächster, es war also nicht so ohne Weiteres klar, dass jeder Mensch der Nächste (rea') sei.[1]

Nun lese man Bab. qam. 4, 3, wo vom Schadenersatz die Rede ist, den Jemand für das von seinem stössigen Ochsen angerichtete Unheil zu leisten verpflichtet ist: 1. Stösst der Stier eines Israeliten einen dem Tempel geweihten Stier oder umgekehrt, so wird kein

[1] Die heutigen jüdischen Religionslehrer erklären rea' so, dass es alle Nebenmenschen bedeuten soll. Das macht ihrer Einsicht sittlich alle Ehre, aber historisch richtig ist, wie oben gezeigt ist, diese Auslegung nicht. Sie gehört zu den religionsgeschichtlich unvermeidlichen Umdeutungen, da ja uralte Texte für spätere Generationen als bindend erhalten werden sollen.

Schadenersatz geleistet, denn das Gesetz redet vom Stiere des Nächsten (שור רעהו 2 Mos 21, 35) und nicht vom geweihten Stiere. 2. Stösst der Stier eines Israeliten den eines Götzendieners (Akkum), so leistet der Israelit keinen Schadenersatz [weil der Götzendiener nicht sein Nächster ist]. 3. Stösst der Stier eines Götzendieners den eines Israeliten, so muss jener den ganzen Schaden bezahlen. [Hier wird der Satz, dass der Heide nicht der Nächste des Israeliten ist, plötzlich rechtzeitig vergessen]. Ganz analog wäre die Gesetzeslehre beim Depositum zu fixieren, dass das verlorengegangne Depositum eines Heiden bei einem Juden nicht ersetzt werden muss, weil er nicht sein Nächster ist, umgekehrt aber müsste der Heide das bei ihm deponierte Gut eines Juden diesem ersetzen, wenn es verloren geht. So ist aus Maimonides Jad Hilk. Sechir. 2, 1 zu schliessen. Ähnlich steht es mit dem Begriffe des Nächsten, sogar wo es sich Bab. qam. 9, 11 um Proselyten (גרים) handelt, sie stehen dem gebornen Juden rechtlich nicht gleich. Denn was einem Proselyten geraubt ist, wird, wenn der Räuber es nach dem Tode seines Opfers gesteht, nicht an die (unbekehrten) Verwandten des Proselyten zurückerstattet, sondern mit 20% Agio den Priestern gegeben, während das einem Israeliten Geraubte, wenn es zu Tage kommt, Bab. qam. 9, 5 seinen Verwandten bis ans Ende der Welt, — der Text sagt bis nach Medien — nachgetragen werden muss. Dies die Religionsunterschiede in Betracht ziehende jüdische Erbrecht hat Justinian gegen Ketzer und Samaritaner adoptiert, es war ein gutes Mittel, Bekehrungen zu erzielen. — Neben dem rea', dem gemeinen Manne in Israel, steht der Chaber (חבר) d. h. Genosse, aber es heisst auch ein vornehmer Herr. Mischna Sota 9, 15.

Kann man diese und ähnliche Bestimmungen schärfer brandmarken, als indem man sagt, ihre Vertreter begnügten sich mit der Erklärung, den Willen Gottes zu thun, thäten ihn aber in Wahrheit nicht? Eine solche Charakteristik steht daher mit Fug und Recht an der Spitze der endgültigen Auseinandersetzung Ješu' mit den Gesetzeslehrern, welche Matthäus 21, 23—23, 39 darstellt.

Aber allerdings, die Vertreter dieses pseudogöttlichen Rechtes werden das Alles nicht zugestehen, und darum habe ich zu I, 238 einen Zusatz zu machen. Wenn ich dort sage, nirgend charakterisiere Ješu' den verkommenen Teil des Judaismus so scharf wie hier so wäre es besser gewesen, wenn ich statt Ješu' das Evangelium geschrieben hätte, denn das Evangelium lässt hier jene Leute sich selbst charakterisieren. In Wahrheit würden sie nicht so geantwortet haben, wie sie wirklich antworten, die ihnen in den Mund gelegte Antwort ist eine tötliche Satire. Die Geschichte ist nicht so vorgefallen, wie sie erzählt wird, daraus folgt aber nicht, dass sie der Evangelist nicht so geschrieben hat, wie sie in Syrsin, D und den Altlateinern abeff[1,2]hg[1] Rhed. Fuld. Amiatin. San. Tol. Harl. Palatin und danach angelsächsisch überliefert ist. Vielmehr zwingt die Lage der Überlieferung diesen Text als die Urform zu behalten, von der aus sich alle Variationen mit logischer Notwendigkeit von selbst ergeben. Für die Art, wie dieser Urtext aus Umbildung einer Parabel oder sonstwie entstanden sein mag, steht es jedem frei sich eine Hypothese zu bilden, das ist für die Sache ganz gleichgültig, die Textform selbst darf man aber nach den Regeln philologischer Kritik durchaus nicht antasten, sie ist keineswegs sinnlos in sich, und erhält den Schein der Sinnlosigkeit nur dann, *wenn man die Darstellung als historischen Bericht über eine wirklich erteilte Antwort fasst*, während es eine satirische Verhöhnung ist wie die von Schiller: Das thut ihr Alles nach dem Wort, denn ihr tragt Alles offen fort. Es gab zudem noch eine dritte Möglichkeit, die Pharisäer hätten sagen können, dass keiner von beiden Söhnen genau genommen den Willen des Vaters gethan habe, und damit hätten sie die Fragstellung eludiert. Es wäre ja so einfach gewesen, den Text des Syrsin dem gewöhnlichen Verständnis anzupassen, man hätte in Vs. 31 nur eine Negation einzuschieben brauchen, dann lautete er: „Welcher hat den Willen seines Vaters — [nicht] — gethan? Sprachen sie zu ihm: der Letzte", — und Alles wäre in der gewünschten Ordnung gewesen. Aber das ist nirgend geschehen, das Oberste ist in der Stelle zum Untersten gekehrt, Interpolation, Missverständnis und was sonst noch ist angenommen, woraus Nichts weiter folgt, als dass von Haus aus ein schwerer Stein des Anstosses vorlag, der einige sogar zu der tollen Auslegung gebracht hat, dass der „Letzte" hier den Sohn bedeute, der sich „zuletzt" noch entschlossen habe, des Vaters Willen zu thun. Scrivener P. 578. Den gesuchten und unentbehrlichen Stein des Anstosses haben wir in Syrsin D und den alten Lateinern richtig erhalten.

Um aber die Untersuchung zu Ende zu führen, ist noch Vs. 32 zu berücksichtigen, der in Syrsin sachgemäss das Schlussurteil Ješu' über die Gesetzeslehrer enthält: Jene glaubten, ihr aber bereutet, dass ihr ihm beinahe geglaubt hättet, d. h. eure Verhärtung ist so gross, dass euch selbst die attritio eurer Seele wieder leid wurde. — An diesem Texte ist durch Einschiebung einer Negation gesündigt, die die meisten vorne, die Altlateiner aber hinten einsetzen, wodurch ein wesentlich verschiedner Sinn entsteht. Ich zeige zuerst, wie aus der Form des Syrsin sowohl der Syrcrt als auch Pesch und aus dieser die Philoxeniana geworden ist, durch einfache Nebeneinanderstellung:

Syrsin ܐܢܬܘܢ ܕܝܢ ܟܕ ܚܙܝܬܘܢ ܒܐܚܪܝܬܐ ܬܘܒܬܘܢ
ܢܦܫܟܘܢ ܕܬܗܝܡܢܘܢ ܒܗ

Syrcrt — — ܐܦܠܐ — — ܬܘܒܬܘܢ ܢܦܫܟܘܢ ܒܐܚܪܬ
ܕܬܗܝܡܢܘܢܝܗܝ

Pesch — — ܐܦܠܐ — — ܐܬܬܘܝܬܘܢ ܒܚܪܬܐ
ܕܬܗܝܡܢܘܢ ܒܗ

Philox — — ܟܕ ܚܙܝܬܘܢ ܐܦܠܐ ܠܚܪܬܐ ܐܬܬܘܝܬܘܢ
ܠܡܗܝܡܢܘ ܠܗ

Wie sich hier Syrsin einerseits durch ܬܘܒܬܘܢ ܢܦܫܟܘܢ im Syrcrt, andrerseits durch ܕܬܗܝܡܢܘܢ ܒܗ in Pesch als die Grundform erweist, in welche dann ܐܦܠܐ in den übrigen als Ausdruck für οὐδέ eingeschaltet ist, so ist auch in den übrigen Texten, wie die verschiedne Einsetzung der Negation zeigt, der Text von Syrsin Dd die Unterlage, deren letztes Glied von den Altlateinern abce durch Einschub von non umgebildet ist:

I. D ὑμεις δε ειδοντες μετεμεληθητε υστερον· του πιστευσαι αυτω
d vos autem videntes paenituistis postea · ut(!) crediderítis ei .

Syrsin vos autem ubi vidistis in fine paenituit anima vestra quod credituri fuistis in eum

Daran schliessen sich die Altlateiner abce mit:

Ib. vos autem videntes [c add. haec] paenitentiam habuistis postea quod **non** credidistis [e add. ei]

Dies ist völlig sinnlos, es kann im Zusammenhange nicht lauten: Nach späterer Erfahrung habt ihr bereut, ihm nicht geglaubt zu haben, und ebendarum kann vor dieser Form nicht die an sich verständige von B minusc. liegen, die die Negation vorn hat, und mit der dann Memph Arm Vulg (Fuld Aur Rhedig g¹q) gehen. Sie lautet mit dem Sinne: Sogar nachdem ihr gesehen habt (was?), seid ihr nicht andern Sinnes geworden und habt ihm geglaubt:

II. ὑμεῖς δὲ ἰδόντες οὐδὲ μετεμελήθητε ὕστερον τοῦ πιστεῦσαι αὐτῷ

und das wird dann in ℵCLXΔΠ unc⁹ durch Ersatz des οὐδέ vermittels des einfachen οὐ:

IIb. ὑμεῖς δὲ ἰδόντες οὐ μετεμελήθητε ὕστερον τοῦ πιστεῦσαι αὐτῷ

so dass der glatte Sinn entsteht: Jene glaubten ihm, ihr, die ihr dies saht, habt euch nicht umgestimmt, ihm zu glauben. Endlich

III. Codex Δ lässt das ganze Glied fort. Ob, weil er das οὐ und οὐδέ nicht fand, und dann den Sinn nicht verstand?

Was ist der Leser nun geneigt als das Original anzusehen, die von tiefster Verachtung diktierte Ausdrucksweise von Syrsin D Altlat: Da ihr nachher — nach Syrsin ist es sogar möglich, statt

„nachher" zu deuten den Ausgang (des Johannes) — gesehn habt, bereutet ihr, dass ihr an ihn[1] hättet glauben mögen — oder die abgeplattete Lesart: Ihr habt euch nicht einmal nachher reuig dazu wenden mögen, ihm zu glauben? Daneben besteht die genetische Frage: Ist die Abplattung aus Syrsin abzuleiten, oder lässt sich der Textstand in Syrsin aus dem von B begreifen? Ich sage: Das Letztere ist unmöglich.

Den Sinn der Parabel zu finden ist schon Hilarius auf dem richtigen Wege gewesen, er hat aber durch die Einbeziehung des Evangeliums und des Glaubens an Christus seine richtigen Ansätze verdorben. Ich ziehe seine Worte hier in möglichster Kürze aus: Es ist der filius senior, qui iturum se ad opus negavit et per paenitentiam emendatus, dann doch geht, es ist der junior, qui iturum se spopondit und dann doch nicht geht. Von diesem sagen die Pharisäer, dass er voluntati obedivit. Somit legt er die Form der Erzählung in Syrsin zu Grunde. Nun deutet er den älteren Sohn als Sinnbild des populus ex Pharisaeis [das letztere ist verkehrt] in praesens a Deo per Johannis prophetiam monitus, der aus Vertrauen auf das Gesetz [verkehrt] vorläufig das Evangelium [davon ist keine Rede] abweist, dann aber nach der Auferstehung des Herren es annimmt. Der jüngere Sohn, der in Wahrheit die Pharisäer abbildet, stellt bei Hilarius die plebs publicanorum et peccatorum dar, die dem Johannes zwar geglaubt hat, aber nicht zum Evangelium gelangt ist. Dabei entschuldigt er diese plebs, es habe nicht an ihrem Willen gelegen, sondern sie habe nicht gekonnt, „in eo enim necessitatis mora sine crimine voluntatis ostenditur". Die Antwort der Pharisäer sucht er materiell als richtig zu erweisen, es liege in ihr eine necessitas prophetiae, sie sagten wider Willen die Wahrheit, der jüngere Sohn sei seinem Bekenntnis gehorsam, vermöge den Gehorsam aber zu der Zeit nicht zur Ausführung zu bringen, quia fides sola justificat. Sein Schluss ist dann aber damit nicht in Übereinstimmung, denn nun sollen doch wieder die Zöllner und Huren zum Himmelreich Eingang haben, weil sie von Johannes getauft und Christus bekannt hätten, während die Pharisäer verloren gehn. — Die Auslegung ist auch darum interessant, weil sie vom Gegensatze der Juden und der Hellenisten mit Recht Nichts wissen will, den Origenes hier gefunden und in die Exegese eingeführt hat.

Vs. 33 hat Syrsin nach ܫܡܥܘ ܡܬܠܐ. einen Punkt. Soll man fassen: Versteht das Gleichnis? Dann wäre ܐܚܪܢܐ Überschrift

[1] So Syrsin und es ist in Pesch erhalten, dagegen hat D und die Lateiner ihm glauben. Mit Syrsin hat τοῦ πιστεῦσαι ἐν αὐτῷ auch Origenes in Matth Tom. XVII, 4.

für das folgende Gleichnis vom Weinberge in dem Sinne: Ein anderes. Vgl. zu Matth 13, 17 P. 221.

Vs. 43 hat auch Syrsin Königreich Gottes, βασιλεία τοῦ θεοῦ statt Königreich des Himmels. Dieser Ausdruck ist dem echten Matthäus fremd, vgl. Vs. 31 und 19, 24 P. 286, so dass man aus ihm lernt, dass hier eine fremde redigierende Hand thätig gewesen ist.

Vs. 44 bei Luther: Und wer auf diesen Stein fällt, der wird zerschellen; auf welchen aber er fällt, den wird er zermalmen — fällt aus dem Zusammenhange. Er ist aus Luk 20, 18 entlehnt und falsch eingereiht. Er fehlt in Syrsin, D 33, abeff$^{1\,2}$, in der Handschrift die Origenes benutzte (Tischendorf), und wahrscheinlich auch in Iren 4, 58, 1 so wie Eusebius Theoph IV, 14—15.

Er findet sich in אB und vielen andern Uncialen, dann in cfg$^{1-2}$hq Rhedig, Aur, Fuld, Hieron, Memph, Arm, Syrcrt, Pesch, Philox. Aber Syrcrt und Pesch enthalten zwei verschiedene Übersetzungen, also ist die Ergänzung zweimal ohne Einfluss der einen auf die andre ausgeführt. Die Ergänzung im Griechischen fällt nach Origenes, also nach circa 250, und vor Hieronymus, also vor circa 380. Wenn Tischendorf den Vers gegen אB mit D streicht, so hat er ganz Recht, aber nach diesem Vorgange müsste auch anderwärts D nebst den Altlateinern und Syrsin gegen אB den Ausschlag geben. Das aber wird nicht zugegeben!

XXII, 1—13 einem Manne, einem Könige,[1] wie 18, 23. Meine Randnoten weisen darauf hin, dass hier und Vs. 7 ein Gleichnis vom Könige, der mit einem Heere die Stadt zerstört, mit einem andern Gleichnisse von einem Manne, der seinem Sohne eine Hochzeit giebt und Sklaven aussendet, kombiniert ist. Lukas, den wir schon öfter als den Erhalter sehr alter, ihm schriftlich vorliegender Textformen kennen gelernt haben, hat auch hier die einfache Parabel gerettet 14, 15, aus deren Vergleichung sich ergiebt, dass der König mit allem was von ihm und der Sklavenmisshandlung gesagt wird, (also Vs. 6^{b}, 7 und 11 das Wort βασιλεύς) und der Schluss Vs. 13, 14 mit seiner Andeutung zukünftiger Verdammnis, der Urform der Parabel fremd ist. Da der König, der die Mörder vernichtet und ihre Stadt mit Feuer zerstört, vernünftiger Weise nur auf Rom, Titus und die Zerstörung Jerusalems bezogen werden kann,[2] so sind die Gemordeten Ješu' und etwa Ja'qob,

[1] Schon Origenes macht sich darüber Skrupel Tom. 17, 17 und teilt mit, einer seiner litterarischen Vorgänger habe es auf die gottmenschliche Natur bezogen.

[2] So schon Origenes in Matth Tom. 17, 15: Εἴτε προφητεύεται ὁ κατὰ Ἰουδαίων πόλεμος καὶ ἡ ἀναίρεσις τοῦ λαοῦ μετὰ τὴν Χριστοῦ ἐπιδημίαν. Dann wird das Folgende natürlich auf die Berufung der Heiden bezogen. Das ist im Sinne des gegenwärtigen Matthäustextes ganz richtig, aber dieser selbst ist eine jüngere Erweiterung einer älteren Parabel.

Stephanus und andre frühe Märtyrer, nicht aber die alten Propheten, die Jerusalem tötete. Darum muss die Zeit der Verbindung der Elemente in der Parabel oder ihre Erweiterung nach 70 p. Chr. liegen, während Lukas eine ältere Quelle hatte. Der Schluss von der Finsternis ist aus einem bei Matthäus öfter wiederholten Diktum Ješu' gebildet Matth 8, 12; 13, 50; 24, 51; 25, 30, das sonst nur Luk 13, 28 verwendet ist.

Nach Ausschluss von Vs. 6—7, erweist sich dann auch Vs. 11—12 als nicht ursprünglich. Der Verfasser kennt die christliche Gesellschaft, die von allen Orten und Ständen zusammengelesen ist, und darum verlangt er in ihr das „hochzeitliche Gewand", wer dies nicht hat wird ausgeschlossen, gebannt. Lukas hat das noch nicht, es spricht sich hier schon kirchlicher Sinn aus, während in der Urform die Erstgeladenen, d. i. die Gesetzesmänner der Juden die zuletzt Geladenen das arme Volk bezeichnen, die Parabel also innerhalb der Grenzen der unmittelbaren Gegenwart Ješu' verharrt.

Zum Einzelnen bemerke ich: Vs. 2 lässt Irenäus 4, 58, 5 den Mann fallen, er hat nur den König in den Worten regi nuptias facienti filio suo. Umgekehrt hat Clem. Hom. 92, 22 nur den πατὴρ υἱῷ τελῶν γάμους und Nichts von einem Könige. Vs. 4 in zum Hause des Hochzeitsmahles ist das Haus wie in Vs. 9 nicht zu pressen, es ist gleich mit δεῦτε εἰς τοὺς γάμους. Weiter lässt Syrsin Vs. 4 die detaillierte Schilderung der Zurüstungen weg und begnügt sich mit dem „jegliches Ding ist bereit" = πάντα ἕτοιμα. Hier zeigt auch Iren 4, 58, 5 im Arundelmanuskript noch eine einfachere Textform als ℵB, indem er die Worte prandium meum paravi = τὸ ἄριστόν μου ἡτοίμακα noch nicht hat. Vs. 13 hat statt δήσαντες αὐτοῦ πόδας καὶ χεῖρας, das schon von Origenes Matth Tom. 17, 24 bezeugt ist, der Syrsin mit D Altlateinern (abceff²hq): Fasset ihn bei seinen Händen und Füssen = ἄρατε αὐτὸν ποδῶν καὶ χειρῶν und so las auch Irenäus: tollite eum a pedibus et manibus, und das ist die vernünftige Anordnung, wenn man Jemand hinauswerfen will.[1]

Da somit die Parabel im Matthäus überarbeitet ist, so lohnt es eine Parallele aus Babli Sabbath 153ᵃ mitzuteilen, die sich hier auf die unbekannte Zeit des Todes bezieht, für den man doch bereit sein soll. Sie hält die Mitte zwischen der Parabel von den weisen und thörichten Jungfrauen und der hier den Schluss bildenden Frage nach dem hochzeitlichen Gewande, und ist sehr alt, da sie auf Joḥannan ben Zakkaj (circa 70) zurückgeführt wird. Sie lautet:

---

[1] Jülicher Gleichnisreden II 425 meint umgekehrt, ἄρατε sei „am spätesten bezeugt", und doch hat es schon Irenäus.

Das unvorhersehbare Eintreten des Todes gleicht der Geschichte von einem Könige [andere Lesart von einem Menschen, grade wie im Matthäus erfordert wird], der seine Sklaven zum Mahle einlud, ohne die Zeit zu bestimmen. Die Klugen unter ihnen schmückten sich und sassen an der Thür des Palastes und sagten: Fehlt etwas für den Palast? [Matth πάντα ἕτοιμα]. Die Thoren unter ihnen giengen an ihre Arbeit [Matth ἀπῆλθον εἰς ἄγρον — ἐμπορίαν] und sagten: Giebt es ein Mahl ohne Mühen? Plötzlich verlangte der König nach seinen Sklaven, die Klugen traten im Schmucke ein, die Thoren aber besudelt. Da freute sich der König über jene und ärgerte sich über diese und sprach: Die sich geschmückt haben sollen sich zum Mahle setzen, essen und trinken, die sich nicht für das Mahl geschmückt haben, die sollen daneben stehen und zusehen. — Daran wird dann noch weiter variiert. Man sieht die Parabelelemente, das Gastmahl, die Einladung, das richtige Kleiden, das Ausgeschlossenwerden sind mehrfach benutzt und gewendet worden. Höchst auffallend ist dabei, dass Origenes in Matth Tom. 17, 24, wo er das Gastmahl dann anagogisch auf das letzte Gericht deutet, zu dem Hochzeitsgewande das Wort des Qohelet 9, 8 zitiert: „Alle Zeit mögen deine Kleider weiss sein", denn genau dieselben Worte liefern in der angeführten Stelle des Talmud im Zusammenhange die Veranlassung die Parabel von der Bereitschaft für den Tod vorzutragen. Auch im Qohelettargum ist diese Stelle von Vs. 7 an auf das Weltgericht bezogen.

Vs. 15—22. Dieses Stück ist für das Verhältnis von Syrsin zu Syrcrt und Pesch höchst lehrreich, der Syrcrt hält ungefähr die Mitte, steht aber doch dem Syrsin näher. Ich hebe hervor: Sie sandten ihm seine Jünger in Syrsin, wofür Syrcrt Pesch und die ganze übrige Zeugenmasse (deutlich auch Origenes) haben: Sie sandten (senden) ihm ihre Schüler. Dadurch verändert sich aber die ganze Situation, und wie mir scheint zum Bessern, denn die Pharisäer hielten das Zahlen des Census im Prinzipe für verboten, die Herodianer,[1] — die doch in jedem Falle nicht Pharisäer, sondern der herodianischen Dynastie ergebne Personen gewesen sein müssen, und als solche sowohl den Pharisäern als den Römern nicht hold gesinnt waren, — aber konnten schwanken, ob bis zum Auftreten ihres erhofften herodianischen Restitutionskönigs die Zahlung des Census angemessen sei. Schon Origenes merkt an, dass nur, wenn die Frage

[1] Der Syrsin sagt hier gradezu die Knechte (Sklaven) des Herodes. Sonst vgl. Keim in Schenkels Bibellexikon s. v. Die Kombination mit dem zu Herodes übergegangenen Schulhaupte Menahem stammt übrigens aus Lightfoot's Anmerkung zu dieser Stelle, der sie auf Grund von Juchasin fol. 19ᵃ beibringt.

unentschieden war, eine Falle daraus gemacht werden konnte. Daher fragen Herodianer zusammen mit Ješu' Jüngern, auf Anregung der eine Falle stellenden Pharisäer, während die Schüler der Pharisäer, die die Griechen auftreten lassen, nicht am Platze sind. — Weiter fragen sie nicht prinzipiell, ob es berechtigt sei = εἰ ἔξεστιν, den Census zu zahlen, sondern sie sagen: geziemt es **uns** den Census zu zahlen, denn das syrische ܘܠܐ ܠܢ ܕܢܬܠ = decetne nos dare ist nicht Wiedergabe von ἔξεστι δοῦναι, weil ἔξεστι überall durch שלים übersetzt ist und niemals durch ולא gegeben wird.[1] Daher hat Syrsin in Mrk 12, 14 Luk 20, 23, wo er שלים hat, sicher gelesen ἔξεστιν δοῦναι, im Matthäus aber hat er sicher nicht ἔξεστι vor sich gehabt, sondern δεῖ ἡμᾶς δοῦναι wie Matth 26, 54, Luk 2, 49; 4, 43; 11, 42. Damit aber ist der Sinn der Erzählung bei Syrsin vollkommen verschieden von dem der Griechen. Nach diesen fragen Pharisäer prinzipiell: Ist die Zahlung des Kopfgeldes gesetzlich dem Juden erlaubt, berechtigt, oder nicht; — nach dem Syrsin fragen die Herodianer politisch: Ist es angemessen, dass wir das Kopfgeld zahlen oder nicht? Das Dilemma wird für Ješu' dadurch politisch, sagt er nein, so antwortet er im Sinne der Pharisäer und verdirbt es mit den Herodianern, sagt er ja, so wird er dem Volke als Verräter am Gesetze denunziert. Wenn die Herodianer fragen, wird auch die schmeichlerische Anrede begreiflich und motiviert, sie sind weder Pharisäer noch Sadducäer, sie misstrauen beiden, oder geben es doch vor, also können sie zu Ješu' sagen: du bist zuverlässig, bei dir können wir endlich die Wahrheit einmal erfahren. Ješu', der die Falle sieht, erklärt sie für eine Versuchung, die Versucher aber — hier die vorgeschickten von den Jüngern herangebrachten Herodianer (vgl. Joh 12, 20) nennt er Heuchler, denn dass es ihnen um die Wahrheit nicht zu thun ist, das weiss er genau.

Man vergleiche die Schärfe der Wiedergabe in Mrk 12, 14 und Luk 20, 22 beim Syrsin, der doch D nahe steht, und man wird zu dem Schlusse kommen, dass er auch im Matth nur ausdrückte was er griechisch vorfand, und eben dies ist älter und schärfer zeitgeschichtlich als die Darstellung der beiden andern Evangelien, die die Herodianer, die Lukas gar nicht hat, gegenüber den Allerweltspharisäern zurücktreten lassen. Sieht man nun aber gar noch, wie Matthäus erst die Pharisäer 21, 45; 22, 15 nennt, dann die Herodianer und endlich die Sadducäer 22, 23 auftreten lässt, so wird deutlich, dass es sich hier um eine Abrechnung mit drei vorhandnen Richtungen handelt, woraus sich ergiebt, dass Vs. 16 die Schüler der Pharisäer unrichtig stehen, — die sind abgefunden, — und dass die

[1] Die Philoxeniana setzt שלים für ἔξεστι, für δεῖ aber זדק ein.

Jünger Ješu' nach Syrsin das echte sind, die jene Herodianer bei Ješu' einführen, wie das Gleiche Joh 12, 20 von Philippus und Andreas erzählt wird. Daraus aber folgt, dass Matthäus das Zeitgeschichtliche richtig bewahrt, welches die übrigen preis geben, er ist der originale. Ješu' eignes Verhalten zu der Steuerfrage wird durch die Geschichte vom Stater im Fische Matth 17, 27 deutlich genug bezeichnet.

Spuren des Textes, die Syrsin bietet, liegen im Armenier vor, vielleicht auch bei den Lateinern, denn das mittunt ei discipulos suos cum Herodianis der Lateiner ist zweideutig, es könnte in diesem Latein für discipulos ejus stehen = τοὺς μαθητὰς αὐτοῦ, und somit dem Syrsin gleich sein, aber das lässt sich nicht erweisen; — dagegen das ἔξεστι = licet, wofür Syrsin δεῖ ausdrückt, hat auch der Armenier nicht, der schreibt պարտ է հարկս տալ կայսեր թէ ոչ = debitum est tributum dare Caesari nec ne. Das Wort պարտ (bard) ist genau debitum, es steht für syrisch ܚܘܒܬܐ Euseb. H. E. arm. 249 und im N. T. durchschnittlich für δεῖ Matth 16, 21; 17, 10; 18, 33; 24, 6; 25, 27; 26, 54, Mrk 8, 21, Luk 2, 49 etc. Hingegen wird ἔξεστι gewöhnlich durch արժան (arǰan) übersetzt Matth 12, 2 ff.; 14, 4; 19, 3; 27, 6, oder wo es der Sinn erfordert, umschrieben Matth 12, 4 (օրէն); 20, 15 իշխանութիւն. Ich will dabei nicht verschweigen, dass ἔξεστι, das syr. durch שלים gegeben wird, im Arm Matth 12, 10 bard = δεῖ ist, während umgekehrt für δεῖ Matth 23, 23, wo Pesch genau וָלֵא (wole) bietet,[1] im Armenier արժան (arǰan) steht.

Betrachtet man nun folgende Gleichung:

Matth 22, 17	ἔξεστι =	שלים Pesch Syrcrt	= ולא	Syrsin	= bard Arm
Mrk 12, 14	ἔξεστι =	שלים Pesch	= שלים	Syrsin	= arǰan Arm
Luk 22, 22	ἔξεστι =	שלים Pesch Syrcrt	= שלים	Syrsin	= arǰan Arm

so sieht man, dass Syrsin und Arm nicht ἔξεστι übersetzen, sondern δεῖ, und wir finden wieder im Arm eine Urlesart aus dem Syrischen erhalten, welche der Revision um 450 entgangen und obendrein in Syrcrt und Pesch selbst sogar beseitigt ist. Demnach bezeugen beide ein ursprüngliches griechisches δεῖ ἡμᾶς δοῦναι für Matthäus und dagegen ein ursprüngliches ἔξεστι für Markus und Lukas.[2] Ein

---

[1] Syrsin und Syrcrt übergehn hier in ταῦτα ἔδει ποιεῖν das sachlich höchst bedenkliche ἔδει völlig, das dann Pesch einstellt. Daher ist das arǰan = ἔξεστι hochinteressant.

[2] Einen weiteren Beweis für das Konservieren der altsyrischen Lesarten im Armenier trotz der über ihn ergangnen Revision haben wir in betreff des δεῖ auch Matth 26, 35, Mrk 14, 31, wo das ἐὰν δέῃ με σὺν σοὶ ἀποθανεῖν umschrieben wird durch ܐܢ ܢܗܘܐ ܠܝ ܠܡܡܬ ܥܡܟ = si erit mihi mori tecum, also δέῃ wegfällt. Denn hier lässt auch Arm das δέῃ fort und hat wie die Syrer թէ և մեռանել հասանիցէ ընդ քեզ = si mori acciderit tecum. So zeigt sich Verwandtschaft im feinsten Geäder der Diktion, und das kann doch nicht Zufall sein.

Skeptiker könnte sagen, das ist zwar scharfsinnig kombiniert, aber nicht zwingend, ich bleibe bei meinem ἔξεστι und behaupte, man dürfe es mit der Exaktheit des Syrers und des Armeniers nicht so streng nehmen, — und ich könnte ihm entgegnen: Wer gestattet Dir, Dich von den Gesetzen der Kritik willkürlich zu dispensieren? — Aber ich habe bessere Mittel ihm den Mund zu schliessen, er lese Justin Apol. major. 17 ἠρώτων αὐτόν, εἰ δεῖ Καίσαρι φόρους τελεῖν, und als Zeugnis für die Altlateiner, die Anführung bei Hilarius zur Stelle: an videlicet reddi tributum Caesari **oporteret**, und er wird zugestehn müssen, da oportet bei den Lateinern δεῖ deckt, dass das älteste griechische Zitat, dazu ein altlateinischer Text, der Armenier und der Syrsin δεῖ als uralt erweisen, er wird auch nicht leugnen können, dass der Ersatz des δεῖ durch ἔξεστιν in ℵBD die feine, zeitgeschichtlich so bedeutungsvolle Form der Erzählung im Matth vernichtet, und sie den verwaschenen jüngern Textformen im Mrk und Luk fälschlich anähnelt. Man fahre also fein säuberlich mit dem Sinaisyrer! Hier hat er sicher den Urtext, er war Vs. 16 καὶ ἀπέστειλαν[1] πρὸς αὐτὸν τοὺς μαθητὰς αὐτοῦ μετὰ τῶν Ἡρωδιανῶν und Vs. 17 τί σοι δοκεῖ· δεῖ ἡμᾶς δοῦναι κῆνσον Καίσαρι, ἢ οὔ; — Die Folgerungen für die Geschichte Ješu', so wie für die Schichtungsverhältnisse der Überlieferung in Markus und Lukas überlasse ich Andern zu ziehen, es ist nicht meine Aufgabe hier, nur darauf weise ich noch, dass das bedeutungsvolle Pronomen in δεῖ ἡμᾶς δοῦναι statt des bloss abstrakten unpersönlichen δοῦναι im Lukas auch griechisch erhalten ist, wo die Griechen zwischen ἡμᾶς und ἡμῖν schwanken, während im Markus ausser in D d keine Spur mehr davon zu finden ist. Wie er hier die letzte Stufe bietet, so ist es auch mit den Pharisäern, die bei ihm mit fragen (ἀποστέλλουσι πρὸς αὐτόν τινας τῶν Φαρισαίων καὶ τῶν Ἡρωδιανῶν), während Lukas in Übereinstimmung mit Syrsin in Matthäus keine Pharisäer bei der Frage auftreten lässt, sondern nicht näher bezeichnete Leute, die von den Hohenpriestern und Schriftgelehrten angestiftet sind. Das ergiebt für diese Erzählung die Entwicklungsstufen: Matthäus nach Syrsin, dann Lukas ohne Herodianer endlich Markus ohne ἡμῖν. Der Ausgangspunkt ist, dass sie τοὺς μαθητὰς αὐτοῦ schickten, was dann in τοὺς μαθητὰς αὐτῶν ℵBD gewandelt ist. Diese Umänderung ist vor Origenes Zeit schon eingetreten, der den heute üblichen Text ausdrückt.

Vs. 23—33. Wir haben zu Matth 19, 3 gezeigt, dass die speziell der Zeit Ješu' und den Streitfragen, die sie bewegten, angehörige Frage nach den zur Entlassung der Frau berechtigenden Gründen, in Mark 10, 2 ihres zeitlichen und lokalen Charakters entkleidet und

[1] Die Altlat ac wie der Syrsin, Syrcrt, Pesch miserunt, Hieron aber mittunt.

in die prinzipielle Frage nach dem Rechte der Ehescheidung überhaupt umgebildet ist. Eine analoge Umbildung einer jüdischen Streitfrage jener Zeit haben wir auch hier vor uns, wo die Auferstehung der Toten behandelt wird, aber mit Abstreifung der specifisch jüdischen Form des Problems, und diesmal ist die Umbildung auch in den Matthäus eingedrungen, der mit Hülfe des Syrsin als stark überarbeitet erkannt wird, und der diesmal jüngere Darstellung enthält als Markus und Lukas. Der Kürze halber gebe ich nicht die Induktion, die mich zu diesem Ergebnis geführt hat, sondern stelle die Entwicklung gleich historisch dar, die sich, wenn einleuchtend, von selbst empfiehlt und der heuristischen Darstellung dann nicht bedarf.

Die Streitfrage zwischen Sadducäern und Pharisäern war nicht, wie gewöhnlich gesagt wird, schlechthin die, ob es eine Wiederbelebung der Toten (תחית המתים) überhaupt gäbe, sondern sie war näher bestimmt diese: Wird die Wiederbelebung der Toten im Pentateuche gelehrt? So ist der Streit erst auf seine richtige Form gebracht, und so waren auch die Mittel zur Entscheidung geboten, denn wenn gezeigt werden konnte, dass der Pentateuch die Wiederbelebung lehre, so war die Frage entschieden, da auch die Sadducäer sich dem Pentateuche gefügt hätten. Zugleich sieht man, welch wichtige Stellung in solchen Fragen der jüdischen Hermeneutik den 7 Regeln Hillels und den 32 haggadischen Regeln des Jose ha Gelili (c. 120), zukam, nach welchen solche dogmatischen Fragen schriftmässig erwiesen werden mussten, man sieht auch, dass die sadducäische Exegese von der pharisäischen verschieden gewesen sein muss, da jene das als unbewiesen ansah, was dieser für exegetisch bewiesen galt. Sagten die Pharisäer, die Wiederbelebung sei exegetisch aus der Thora zu erweisen, so leugneten dies die Sadducäer und lehnten damit zugleich die exegetische Methode der Gegner ab. Hätte man sie exegetisch überführen können, so hätten sie das Dogma angenommen, von einer lediglich philosophischen, materialistischen Skepsis ist zwischen diesen beiden Parteien nicht die Rede. Die Kritik konnte erst Boden gewinnen, wenn man über das Wie der Fortdauer der Wiederbelebten zu fragen begann. Dachte man die Fortdauer als Fortsetzung des irdischen Lebens, so entstanden Einwände, wie der unsrer Sadducäer. Sie schlossen so: Nach unsrer Exegese enthält die Thora Nichts von einer Wiederbelebung, ja Gesetze wie das über die Leviratsehe schliessen eine solche Wiederbelebung aus, da im genannten Falle die sieben Ehen nicht fortgesetzt werden können, ohne zur Polyandrie zu führen. Dieser Betrachtungsweise tritt die der Pharisäer entgegen, die so schliessen mussten: Steht die Wiederbelebung exegetisch fest, so kann sie doch keine direkte Fortsetzung des irdischen Daseins sein, sondern es müssen unirdische Leiber (σώματα ἐπουράνια 1 Kor 15,40) sein, mit denen Tod und Geburt Nichts mehr zu thun hat. Nach den Pharisäern erhalten die guten Seelen einen neuen Leib. Jos BJ. II, 8, 14.

Dieser pharisäischen Vorstellungsweise widerspricht auf das Schärfste das Zukunftsbild des Ezechiel, das man in jener Zeit nur als eine Beschreibung des αἰών ὁ μέλλων fassen konnte, wie es auch später die Kirche (Gregor M. Homiliae in Ezechielem) gefasst hat. War in Ezechiel 40 ff. eine Schilderung jener Zukunft gegeben, so hatte das Judenreich der Zukunft einen Fürsten (Nasî), der Söhne erzeugte, starb und eine Erbteilung vornahm Ez 46, 16, und das liess sich nicht wegallegorisieren. So begreift sich's, dass Ezechiel in dem Munde Ješu' nie zitiert wird, ja es scheint unter diesem Gesichtspunkte fraglich, ob seine Kanonizität von den Pharisäern schon anerkannt war,[1] die Sadducäer hätten ihn benutzen können, sie entstammen ja seinem Ideenkreise, ob sie es gethan haben wissen wir nicht. Sicher ist, dass ihre Lehre von der der Pharisäer überwunden worden ist, und dass Ezechiel — stark überarbeitet — trotzdem kanonisiert ist. Ein Monument, oder ein Nachhall dieses Kampfes um die Wiederbelebung ist in der Mischna erhalten, die in einer Zeit zusammengestellt ist, als dieser Kampf längst beendet, und die Wiederbelebung als unantastbares jüdisches Dogma festgestellt war. Dieser Nachhall lautet: Ganz Israel hat Teil am αἰών ὁ μέλλων, ausgenommen wer behauptet, dass die Wiederbelebung der Toten nicht aus der Thora hervorgehe, und wer nicht glaubt, dass die Thora von Gott (wörtl. vom Himmel) stammt, und endlich der Epikuräer. Snhdr. XI, 1. Wir sehen hier, dass der Streitpunkt nicht die Wiederbelebung an sich allein war, sondern die Wiederbelebung im Zusammenhange mit ihrer Beweisbarkeit aus der Thora, denn die rein philosophische Negation der Fortdauer ist in dem Epikuräer noch speziell getroffen, der wie Lucrez III 417 ff. die Fortdauer der Seelen leugnete. Dies ist die eine Seite des Streites. Die andre betrifft die Art des Fortlebens der wiederbelebten Toten, wie es sich die Pharisäer im Gegensatze zur Eschatologie Ezechiels und der Sadducäer vorstellten, und auch hier bietet uns der Talmud Aufklärung. Nach Berachot 17[a] ist es ein oft ausgesprochner Satz (מרגלא) des Rab, der uns darüber belehrt, er lautet: In der zukünftigen Welt, עולם הבא = αἰών ὁ μέλλων) giebt es kein Essen und Trinken, keine Fortpflanzung und Vermehrung, kein Kaufen und Verkaufen, nicht Eifersucht, Hass und Streit, sondern die Gerechten sitzen mit Kronen auf ihren Häuptern (vgl. Apokal 4, 4) und geniessen den Glanz der göttlichen Erscheinung (Schechina). Dies deckt sich mit Ješu' Wort Vs. 30, sind die Wieder-

[1] Matthäus und Markus haben kein Ezechielzitat, die angeblichen Zitate Luk 19, 10, Joh 10, 16 (Ezech 34, 16, 23; 37, 14) sind Selbsttäuschung

belebten wie Engel, so haben sie keine irdischen Leiber mehr, sie sind verwandelt 1 Kor 15, 51. Paulus, selbst ein Schüler des Pharisäismus, bezeichnet die Fragestellung ganz genau, wenn er 1 Kor 15, 35 schreibt: Es dürfte Jemand fragen, wie werden die Toten auferweckt, in was für einem Leibe aber kommen sie? Ja sogar sein γυμνὸς κόκκος hat im Talmud seine Parallele,[1] und sein Ausdruck, dass Fleisch und Blut das Königreich Gottes d. h. den αἰὼν ὁ μέλλων nicht ererbt, ist streng jüdisch, da Fleisch und Blut nichts bedeutet als ein irdischer Mensch und oft, z. B. in der Phrase מלך בשר ודם d. h. ein menschlicher König, vorkommt.

Auch der nach Analogie eines juristischen Schulfalles von den Sadducäern vorgetragne Fall von den sieben Brüdern, von denen die sechs letzten nach einander dasselbe Weib heiraten mussten, wenn sie nicht ihre Ehre verlieren wollten Deuter 25, 9 lag jener Zeit mit ihren Diskussionen sehr nah. Die Tendenz der sadducäischen Erzählung ist zu zeigen, dass durch das Gesetz über die Leviratsehe die von den Pharisäern als Gesetzeslehre behauptete Wiederbelebung der Toten ausgeschlossen ist, weil sie zur gesetzwidrigen Polyandrie führt. Grade die Leviratsehe gab zu einer reichen casuistischen Erörterung Anlass, wir finden sie im Traktat Jebamot, wo das Spiel mit den mehrfachen Brüdern oft genug vorkommt, weil die Leviratsehe dabei zum Konflikte mit andern Gesetzen führte. Einige Beispiele werden das erläutern: Von drei Brüdern heiraten zwei zwei Schwestern, der dritte bleibt ledig (מופנה). Nun stirbt einer der Verheirateten, und der ledige Bruder sagt der Witwe die Leviratsehe zu,[2] dann stirbt auch der zweite verheiratete Bruder. Daraus entsteht die Frage: Muss der überlebende dritte Bruder auch diese zweite Witwe nehmen — man vergesse nicht, dass die Polygamie normaler Zustand ist, — oder aber darf er sie als Schwester seiner Gattin Levit 18, 18 nicht nehmen? Die Antwort wird von den Schulen verschieden gegeben, Schammai entscheidet so: Er behält sein angelobtes Weib, darf die zweite nicht heiraten als Schwester der Gattin, diese zweite aber hat auch keine Chalîṣa[3] zu vollziehen,

[1] R Meir sagt: wie der Weizen, nackt begraben, mit vielen Hüllen aufgeht, so haben auch die Auferstandenen Hüllen. Sanhedr. 90b

[2] Nach P. 9 oben bedarf schon diese Verbindung einen Scheidebrief.

[3] Chalîṣa, das Ausziehen des Schuh's, die Entziehung der eheherrlichen Gewalt, ist das Rechtssymbol, durch welches die verwitwete Schwägerin ihren Schwager von der Pflicht sie zu heiraten entbindet. Da der Mann zu dieser Ehe verpflichtet ist, so wird umgekehrt das Weib verpflichtet ihren nicht heiratsfähigen Schwager formell los zu geben, die Chalîṣa ist der umgekehrte Scheidebrief, die Entlassung des Mannes aus seiner Pflicht zur Ehe. Da das Weib in dem hier diskutierten Falle wegen verbotnen Verwandtschaftsgrades unfähig ist in die Ehe zu treten, so entfällt auch für sie die Pflicht der Chalîṣa oder Freigebung des Mannes. Nach

weil die Ehe mit ihr ausgeschlossen ist. Dagegen entscheidet Hillel's Schule: Er hat sein angelobtes Weib scheidebrieflich zu entlassen, und beide Frauen, die angelobte wie die als Schwester der Gattin ausgeschlossene, müssen die Chalîṣa vollziehen, oder wie rabbinisch gesagt wird, er muss sie beide durch Chalîṣa freigeben, worin eine juridische Missbildung steckt Jebam. 3, 5. Analog wird gefragt, wie es stehe, wenn der verstorbne Bruder zwei kinderlose Frauen hinterlässt, da beide Frauen das Recht haben geheiratet zu werden, — oder wie in diesem Falle zu entscheiden sei, falls etwa eine dieser Frauen mit dem überlebenden Bruder in Folge von Ehehindernissen (vgl. oben S. 9) nicht verbunden werden kann. Oder es wird erörtert wie der Fall zu lösen ist, wenn von vier Brüdern zwei zwei Schwestern geheiratet haben und starben u. dgl. m. Eine andre kasuistische Frage betrifft den Hohenpriester gegenüber der Witwe seines kinderlosen Bruders, da ihm verboten ist eine Witwe zu heiraten Levit 21, 14, und hier wird ihm die Ehe mit der Schwägerin verboten, so dass Gesetz mit Gesetz in Konflikt gerät.

Wo Fragen dieser Art auf den Schulbänken und in Synagogen verhandelt wurden, war es kein Kunststück den von den Sadducäern fingierten Fall zu ersinnen, er liegt völlig in der Atmosphäre der Zeit. In unsern Evangelien aber ist das für die Christen bedeutungslos gewordene „aus dem Gesetze“ weggelassen, wie in Mark 10, 2 das κατὰ πᾶσαν αἰτίαν, das Matth 19, 3 noch hat, fortgefallen ist. Beachtet man den Wortlaut des Syrsin, mit Kenntnis des hier ausgeführten, so fühlt man, dass die Worte „aus dem Gesetze“ fehlen. Ich schiebe sie in Klammern ein, und man wird die ganze Darstellung sofort begreifen, nach welcher die Sadducäer ihren Fall anführen um ihren Satz: Die Wiederbelebung der Toten widerspricht dem Gesetze und ist nicht aus ihm zu erweisen, Ješu' gegenüber zu rechtfertigen. Der Text lautet dann: Und an diesem Tage nahten sich die Sadducäer und sprechen (= λέγοντες) zu ihm: Es giebt kein Leben der Toten [nach dem Gesetze], und fragten ihn (darüber) und sagen: Lehrer, Moses hat — die Leviratsehe geboten, — nun waren einmal sieben Brüder . . . wem sollte, (wenn es eine Wiederbelebung gäbe) dies Weib zugehören? Mit dieser Konstruktion wollen sie ihren Lehrsatz erweisen, indem sie auf eine Schwierigkeit hinweisen. Es ist was technisch אַקְשִׁי, einen Einwand machen, genannt

---

altem richtigen Sprachgebrauch vollzieht das Weib die Freigebung, im Talmud ist das verkehrt worden, dort vollzieht der Mann die Chalîṣa (החולץ ליבמתה), was ein vollständiges Vergessen des eigentlichen Sinnes des Instituts voraussetzt. Grade hier aber gebraucht Hillel diese ganz verwaschene Ausdrucksweise מוציא אשת אחיו בחליצה d. h. der Mann lässt die Schwägerin durch Chalîṣa los. Vgl. auch אילנית שחלצו לה אחין לא פסלוה.

wird, und wovon z. B. gesagt wird אקשי להו כל הני קושייתא אשתיקו er trug ihnen alle diese Schwierigkeiten = Fragen vor, da schwiegen sie. Sachlich deckt das „fragten ihn darüber" ἐπηρώτησαν αὐτόν das talmudische אקשיו עלוהי = sie trugen ihm den Einwand vor.

Der Vortrag enthält ein doppeltes, erstens die Leugnung der Wiederbelebungslehre in dem Gesetze, zweitens die Voraussetzung der Fortführung der irdischen Daseinsform in der Wiederbelebung, und auf diesen zweiten Punkt antwortet Vs. 30 übereinstimmend mit der pharisäischen Lehre, die oben aus Paulus und aus Rab belegt ist. Den ersten Punkt aber, — welcher jetzt fehlt, nämlich dass die Wiederbelebung nicht Gesetzeslehre ist, erkennen wir noch aus der Antwort Ješu': „Ihr kennt die Schrift nicht" und aus dem Zitat von Exod 3, 6: Ich bin der Gott Abrahams, der Gott Israels u. s. w., mit dem er aus der Thora das Leben nach dem Tode erweist. Diese Worte dienen nach pharisäischer Exegese als Beweis dafür, dass die Wiederbelebung der Toten Lehre des Pentateuch ist. Über das Wie dieser Exegese erhalten wir keinen Aufschluss, ebenso bleibt dunkel, wie daraus ein Beweis für eine Wiederbelebung abgeleitet werden kann, die doch erst zukünftig ist, diese Dunkelheit fällt aber der pharisäischen Methode zur Last, die über Stock und Stein springt, und die Origenes XVII 36 so nachbildet: Gott nennt sich ὁ ὤν Exod 3, 14, der Seiende aber kann nicht ein Gott des Nichtseienden sein, also **sind** Abraham, Isaak und Jakob, und da sie gestorben sind und doch **sind**, so müssen sie wieder belebt sein. Diese Exegese bringt die Sadducäer zum Schweigen, das Volk zur Bewunderung und ist den Pharisäern aus dem Herzen gesprochen. Aus dem zweiten Teile der Antwort Ješu' folgt unweigerlich, dass die Sadducäer über die Beweisbarkeit der Wiederbelebung aus der Thora gesprochen haben müssen, und dann bewegt sich die ganze Erzählung vollkommen in der Atmosphäre der Zeit Ješu'.

Aber diese Streitfrage interessierte die Christen nicht, sie mochten auch wohl den Beweis aus der Thora nicht mehr nötig haben, und so ist das Lokale und Zeitliche abgestreift, wie Mark 10, 2 das κατὰ πᾶσαν αἰτίαν, — durch die Streichung der Worte [**aus dem Gesetze**] ist aber der Text in ein Schwanken geraten, und eben diese Schwankung führt zur Einsicht, dass redigiert ist, und dies im Verein mit der Kenntnis der damaligen Tagesfrage zu der hier vorgelegten Rekonstruktion. Ohne diese hat Vs. 31 keinen Grund und schwebt völlig in der Luft. Ich erörtere kurz die Schwankungen des Textes:

1. ἀνάστασις Vs. 23, 28, 30, 31 griechisch ist in Syrsin nicht so ausgedrückt, der nur Vs. 31 ἀνάστασις genau durch קימתא wiedergiebt, während er Vs. 23 und 30 ܚܝܐ ܕܡ̈ܝܬܐ = תחית המתים Leben (Wiederbelebung) der Toten hat, und Vs. 28 das Wort gar nicht las, sondern

[ܗܟܝܠ] ܒܚܪܬܐ = am Ende [also] (das ܗܟܝܠ ist nach Pesch ergänzt)[1] ausdrückt. Da er nun in den Parallelen bei Mark und Luk und hier Vs. 31 ἀνάστασις ohne allen Anstand ausdrückt, so ist deutlich, dass er dies Wort in Vs. 23 und 30 nicht las, sondern ein Wort, das „Wiederbelebung der Toten" bedeutete. Josephus Arch. 18, 1, 3 hat ἀναβιοῦν = החיה, ܐܚܝ, aber ob hier ein Derivat dieses Verbums dereinst gestanden hat, lässt sich nicht sicher erkennen. 'Αναβίωσις ist bei Plutarch und 2 Macc 7, 9 vorhanden, umgekehrt aber ist bei den Juden קְיָמְתָא für Auferstehung schlechthin unerhört, vgl. Buxtorf s. v., und bei den Syrern ist es Nachbildung des griechischen Wortes. So ergiebt sich, dass im Griechischen Vs. 23 und 30 ἀνάστασις redaktioneller Einsatz für ein dem hebräischen besser entsprechendes nun getilgtes Urwort ist. Dasselbe muss auch Vs. 31 gestanden haben, war aber als Syrsin übersetzt wurde schon getilgt, oder ist in ihn hineinkorrigiert, während Vs. 23, 30 verschont geblieben sind.

2. Eine Folge der Umbildung ist, dass ein griechisches προςῆλθον Σ. λέγοντες αὐτῷ μὴ εἶναι κτλ., das Syrsin und Pesch voraussetzen, oder das in BDd vorliegende προςῆλθον αὐτῷ Σ. λέγοντες μὴ εἶναι κτλ. = accesserunt ad eum S. dicentes non esse, was bedeutet, sie kamen zu ihm mit der Rede, und das die Erzählung im Ursinne richtig einleitet, — geändert ist in αὐτῷ Σ. οἱ λέγοντες womit die

[1] Die Lücke von einem Worte am Ende der Zeile lässt kaum eine andre Ergänzung zu, dies also deckt οὖν der Griechen. Zu ܚܝܬ ܡܝ̈ܬܐ, תחית מתים bemerke, dass dieser Ausdruck, der hier in Syrcrt und Pesch beseitigt ist, in der Pesch 1 Cor 15, 12, 13, 21, 42 vorliegt, d. h. wie mir scheint, erhalten ist, da er den pharisäischen Lehrbegriff, den Paulus mit Emphase Act. 23, 6 für sich in Anspruch nimmt, genau deckt, also auch im griechischen Urtexte des Paulus zum Ausdruck gebracht sein wird. Der jüdisch-pharisäische Ausdruck, mag es ἀναβίωσις oder ein andrer gewesen sein, ist durch den griechisch von Alters her (Aeschyl. Eumen. 648) gebräuchlichen Ausdruck ἀνάστασις ersetzt, durch Griechen für Griechen. Dass die Pesch hier den jüdischen Ausdruck erhalten wird nun doch kein Verständiger für Zufall erachten! Mir erscheint es höchst staunenswert. — Selbstverständlich ist es, dass die Philoxeniana das ܚܝܬ ܡܝ̈ܬܐ tilgt und dafür ܩܝܡܬܐ einstellt. — Um aber diese Anmerkung über ἀνάστασις zu Ende zu führen, weise ich auf Joh 11, 24, 25 wo ܢܘܚܡܐ in Pesch steht, in Syrsin aber ܩܝܡܬܐ wie natürlich auch in Philox. Beide egalisieren mechanisch, der etymologisch viel feinere Ausdruck ist ܢܘܚܡܐ, das auch ein jüdischer Ausdruck ist, der als נְחָמָה von Levy s. v. aufgeführt und von mir in der Form נחמתא auch im Targum 2 Sam 23, 14 erkannt ist. Dort heisst es לסוף עלמא ליומי נְחָמְתָא = auf das Ende der Welt, die Tage der (zwei) Auferstehungen, die dem ersten und dem zweiten Tode entsprechen. Vgl. meine Chrestomath. targum. P. 238 und Bereschith rab. Fol. 72, 1 (Stettin) wo יום הנחמה, der Tag der Auferstehung nach Jes 60, 22 בעתה אחישנה begründet wird. Weiteres hat Payne-Smith. — An allen übrigen Stellen des N. T. ist in Pesch ܩܝܡܬܐ für ἀνάστασις verwendet.

ganze Sache verschoben und unverständlich gemacht ist. Dies geht in die breite Masse der Überlieferung. Lat, Sahid, Memph, Philox, Arm, viele Griechen, aber noch Ephraem arm. P. 177 stimmt mit Syrsin Pesch buchstäblich überein եկին և ասեն ցնա = venerunt et dicunt (Präsens) ei. Die Stufen der Änderung sind 1. Syrsin, Pesch, Ephr., 2. BD d., 3. die Masse. Eigen ist es, dass ℵ αὐτῷ weder nach προςῆλθον noch nach λέγοντες hat. In Δ ist Vs. 23 gekürzt.

3. Vs. 24 dass das Weib seinem Bruder werde, d. h. sie soll heiraten, bei ihr liegt die Rechtsforderung. Hier ist das Weib Subjekt, bei den Griechen mit ἐπιγαμβρεύσει ὁ ἀδελφὸς αὐτοῦ ist der Mann das Subjekt, was gegen den urspünglichen Rechtssinn verstösst. ܬܗܘܐ ܠܓܒܪܐ ist γαμεῖσθαι nicht γαμεῖν, wie gleich Vs. 30 lehrt, γαμεῖν ist syrisch ܢܣܒ ܐܢܬܬܐ, und ἐπιγαμβρεύειν wird daher weder von Syrsin noch von Syrcrt bezeugt. Pesch auch Ephr. arm., Arm, Memph sagen: er soll nehmen, ebenso Lateiner nach Hieronymus: ut ducat frater ejus, sie machen also den Mann zum Subjekt.

4. Das Wort ἐπιγαμβρεύειν ist hier technisch für die Leviratsehe vollziehen gebraucht, Mrk und Luk kennen es nicht. Diesen Sinn hat ἐπιγαμβρεύειν aber nicht von Haus aus, es heisst in Wahrheit als Schwiegersohn (חָתָן) in eine Familie hineinheiraten (התחתן). So Theodt 1 Sam 18, 21 f., 1 Makk 10, 54, Gen 34, 9 vgl. 2 Chr 18, 1 nach 2 Kng 8, 26, 18. Dieser spezielle Begriff erschlafft, es heisst dann auch sich in Eheverbindung einlassen Ezr 9, 14, wo B nur γαμβρεῦσαι liest. Erst auf diesem Umwege wird der Sinn Leviratsehe eingehen möglich, aber die Septuaginta verwendet im Grundgesetze Deuter 25, 5 das Wort nicht, erst Aquila hat, weil γαμβρός auch Schwager bedeutet, ἐπιγαμβρεύω in dem Spezialsinn die Schwagerehe eingehen gebraucht, so dass er es für יבם setzt.[1] Da nun syrisch יבם gebräuchlich ist, hier aber nicht steht, da ferner in Syrsin und Syrcrt nicht der Mann, sondern das Weib Subjekt ist, was die Griechen ändern, so hat Syrsin und Syrcrt ἐπιγαμβρεύειν, ein Hapaxlegomenon im N. T., noch nicht gelesen, wie es auch Luk und Mrk nicht kennen. Dies wird um so gewisser weil יבם = ἐπιγαμβρεύειν nur vom Manne gebraucht wird, während vom Weibe התיבם gesagt wird, so dass die Vertauschung des Subjektes bei den Griechen mit der Einsetzung von ἐπιγαμβρεύω sachlich zusammenhängt.[2] Nun steht

[1] Vgl. Deuter 25, 5, 7 mit den Noten in Field's Hexapla. Man lernt dort, dass Aquila ἐπιγαμβρεύω für יבם verwendet, während er für התחתן 1 Sam 18, 21 νυμφεύειν gebraucht, und umgekehrt Theodotion ἐπιγαμβρ. für התחתן einsetzt, wo ein andrer Übersetzer ἔσῃ γαμβρός hat. Danach dürfte Gen 38, 8 A γάμβρευσαι oder ἐπιγάμβρ. der Sixt. unter Einfluss Aquilas stehen.

[2] Vgl. für den Gebrauch vom Weibe השניה חולצת ולא מתיבמת d. h. das zweite Weib vollzieht die Chaliṣa und wird nicht in Schwagerehe genommen Jeb. II, 1.

aber neben Syrsin und Syrcrt die das Weib zum Subjekte machen, auch noch d mit ut nubat fratri suo, diese zusammen bezeugen also als ihren Urtext γαμεῖται τῷ ἀδελφῷ αὐτοῦ, wo alle andern Zeugen bieten ἐπιγαμβρεύσει ὁ ἀδελφὸς αὐτοῦ, und eben dies ἐπιγαμβρεύω ist erst Sprachgebrauch des Aquila um 130 p. Chr. Das ut nubat fratri suo fügt sich in keinen griechischen Text, wo der Mann Subjekt ist, und erklärt sich darum nur aus dem Texte des Syrsin, wo das Weib Subjekt ist, sein ܘܬܗܘܐ ܐܢܬܬܗ ܠܐܚܘܗܝ ist genau et nubat uxor ejus fratri ejus (= suo in diesem Latein).

5. Josephus um 90 p. Chr. gebraucht bei Schilderung der Leviratsehe das ἐπιγαμβρ. noch nicht, Arch. 4, 8, 23, Origenes kennt es in unsrer Stelle XVII, 29, folglich ist die Umarbeitung zwischen Aquila und seiner Zeit erfolgt 130—230. Die Spuren der Umarbeitung sind aber auch weiter sichtbar. Zu ihnen gehört διδάσκαλε für Rabban (vgl. S. 141), ebenso ἀναστήσει σπέρμα, eine nach Deuter 25, 7, ἀναστῆσαι τὸ ὄνομα τοῦ ἀδελφῷ αὐτοῦ gemachte höchst überflüssige Ergänzung, da es hier auf die Kinder gar nicht ankommt, sondern auf die eheliche Angehörigkeit, sodann das γήμας und ἀφῆκεν τὴν γυν. τῷ ἀδελφῷ αὐτοῦ, das nur eine für griechische Leser dienliche Verdeutlichung enthält. Desgleichen ist Vs. 28 ἐν τῇ ἀναστάσει, das im Syrsin keinen Platz hat, ganz überflüssig, und nur der Deutlichkeit wegen eingefügt, wie der Syrsin zeigt, der trotz des Fehlens klar ist, und endlich ist Vs. 30 ἐν τῷ οὐρανῷ sichtlich auch redigiert, denn Matthäus schreibt sonst ἐν τοῖς οὐρανοῖς im Plural, das Mrc. 12, 25 hier noch hat. Dalmann Worte Jesu 161. Im Ganzen ist der Text nachgeglättet worden.

Das Wichtige an diesem Ergebnis ist, dass wir die Redaktionsthätigkeit, deren Spur wir nun so oft gefunden haben, zeitlich feststellen können. Sie benutzte Aquila, liegt also nach 130, und da sie Origenes kennt, ist sie in den jüngern Textzeugen nicht auffallend.

Von Vs. 29 an geht Syrsin wieder mit den Griechen zusammen, aber er wird sich selbst untreu, denn Vs. 31 schreibt er für ἀνάστασις nicht mehr ܚܝܐ ܕܡܝ̈ܬܐ = Leben der Toten, sondern direkt ܢܘܚܡܐ Auferstehung, und dieser Vers hat keinen Anschluss!

Vs. 35 ff. Statt Gesetz ist Thora (ܐܘܪܝܬܐ) zu verbessern. Syrsin und Syrcrt haben zweimal ܐܘܪܝܬܐ, die Pesch lässt es Vs. 40 stehen, ändert es aber Vs. 35 in ܢܡܘܣܐ. Man sieht die Revision war nachlässig, erst im Hrs und in der Philox steht beide Male ܢܡܘܣܐ (נימוסא Hrs). — In Vs. 35 fehlt νομικός im Arm und im lateinischen Origenes ebenso wie im Syrsin. Es fehlt auch griechisch in den Minuskeln 1[1] und zwei andern, sowie in e (Palatinus Vindobonensis).

[1] Von 1, einer Basler Handschrift des zehnten Jahrhunderts, sagt Tischendorf:

Es ist eine höchst überflüssige, genau betrachtet störende Glosse, die in der Form ܣܦܪܐ = γραμματεύς in Syrcrt und als ספר in Hrs erscheint, wofür in Pesch ܝܕܘܥ ܢܡܘܣܐ = legis peritus, Hieron legis doctor auftritt. Eben diese Glosse ist nun in allen griechischen Majuskeln da (אBDΔ) und sie wird in FGH al. durch νομικός τις noch völlig verdorben, da dies nach εἷς ἐξ αὐτῶν unmöglich ist. Mit der hier vorliegenden Überarbeitung gehört auch ἐπὶ τὸ αὐτό zusammen, d. h. convenerunt in unum Orig., fanden sich auf einer Stelle zusammen, wofür D bietet ἐπ αὐτόν d. h. versammelten sich zu ihm, — nicht ohne Weiteres in feindlichem Sinne. Mit D geht Syrsin, Syrcrt und Altlateiner (ad eum) bceff²h, deren Vorlage Hilarius mit adversus eum bestätigt.[1] Die Schichtung der Überlieferung ist: Altsyrer, Altlateiner, D gegen Jungsyrer (Pesch, Philox, Hrs), Arm, Memph und die griechische Masse, mit der hier auch der lateinische Origenes geht, während umgekehrt der hier mit Syrsin gehende Hilarius vorher gegen Syrsin den νομικός als legis doctor hat, grade wie D. Hieraus ergiebt sich als Urform 1. συνήχθησαν ἐπ' αὐτὸν καὶ ἐπηρώτησεν εἷς ἐξ αὐτῶν πειράζων αὐτόν Syrsin. — 2. mittlere Form a συνηχθ. ἐπ' αὐτὸν καὶ ἐπηρ. εἷς ἐξ αὐτῶν νομικὸς πειράζων αὐτόν D Hilar. — 3. mittlere Form b συνηχθ. ἐπὶ τὸ αὐτὸ καὶ ἐπηρ. εἷς ἐξ αὐτῶν πειράζων αὐτόν Origenes. — 4. letzte Form συνηχθ. ἐπὶ τὸ αὐτὸ καὶ ἐπηρ. εἷς ἐξ αὐτῶν νομικὸς πειρ. αὐτ. אB und die Masse, in FGH al. durch νομικός τις noch verschlimmert.

Die Frage nach dem grossen Gebote in der Thora, wird in andrer Form auch vorJešu' Zeit dem Hillel und dem Schammai vorgelegt Sabb. 31ª, wo ein Heide von Schammai verlangt, dass er ihn als Proselyten annehmen solle, wenn er ihn das ganze Gesetz total lehren könne in so viel Zeit als er (der Frager) auf einem Fusse stehen könne. Es erinnert an Horaz, wo Lucilius zweihundert Verse improvisiert stans pede in uno (Satir. I, 4, 10). Der erzürnte Schammai jagte ihn fort, Hillel aber nahm ihn als Proselyten an, und fasste das Gesetz so zusammen: דעלך סני לחברך לא תעביד זו היא כל התורה כלה ואידך פירושה הוא זיל גמור d. h. Was dir verhasst ist thue deinem Nächsten nicht, das ist die ganze Thora in ihrer Totalität, das Weitere ist ihre Erläuterung, geh, lerne — nämlich auch die Erläuterung.

Ješu' sagt weit mehr, er stellt die Gottesliebe als Grund, die Menschenliebe als Ergänzung hin, — vom Lernen der Erläuterungen,

---

in evangeliis insignis est textus, qualem fere repraesentat Origenis in Mt. commentarius. Vgl. Scrivener⁴ I, 190.

[1] Interessant ist f, wo beides steht, also das alte ad eum durch das jüngere in unum erweitert ist, so dass zwei Stufen vereinigt sind.

das wären die Ritualien, sagt er Nichts. Da liegt Unterschied und Verwandtschaft zwischen Hillel und Ješu' klar zu Tage.[1]

In dem Zitat aus Deuter 6, 5 hat Syrsin und Syrcrt: aus deinem ganzen Herzen, aus deiner ganzen Seele und aus deiner ganzen Kraft. Die Pesch schiebt als viertes Glied dazu: und aus deinem ganzen Bewusstsein (= διάνοια). Dieselbe viergliedrige Form hat auch in der Ordnung schwankend der Hrs מן כולה לבך . . . נפשך . . . חילך . . . חשבתך, wogegen Philox dreigliedirg ist und nichts mehr von „aus deiner ganzen Kraft", erhalten hat. Da Ješu' den hebräischen Text zitiert haben muss, der לב, נפש und מאד bietet, so ist das griechische διάνοια im dritten Gliede unter allen Umständen falsch, denn מאד ist nicht διάνοια sondern δύναμις und ἰσχύς. Aber die Variante erklärt sich leicht, da in Septuag. das לב durch διάνοια übersetzt ist. Auf Grund einer Vergleichung mit der Septuag. ist der alte Matthäustext, der καρδία hatte, durch διάνοια glossiert, die Glosse dann eingesetzt, und dieser Einsatz, der ein viertes Glied bilden würde, hat das echte ἰσχύς verdrängt. Man sieht hier die Spur einer Kollation mit der Septuag., die das Werk gelehrter Arbeiter sein muss, wenn man nicht den Ausweg ergreift zu sagen, dass διανοίᾳ aus δυνάμει (Sept.) verdorben ist. Wer aus der Form der alttestamentlichen Zitate im Matthäus geschichtliche Schlüsse über den Ursprung dieses Evangeliums ableiten will, der möge von dieser Thatsache Notiz nehmen. Er hat einen revidierten Text vor sich. Wann fand diese Kollation Statt? Zur Beantwortung der Frage diene folgende Zusammenstellung:

I. Grundform mit καρδία, ψυχή, ἰσχύς erhalten in Syrsin, Syrcrt, Altlat c in omni virtute tua, Cyprian 323 de tota virtute tua, Origen. lat. III, 30, IV, 618, Cyrill in der koptischen Catene (Lagarde Catenae in Evv. aegyptiacae, Göttingen 1886, P. 61) ⲡⲉⲕϩⲏⲧ . . . ⲧⲉⲕⲯⲩⲭⲏ . . . ⲧⲉⲕϫⲟⲙ; abweichend ist 146, 8. Interessant ist, dass bei Pseudocyprian de rebaptismate, A 86, die angeführte Lesart nicht erscheint, sondern statt de tota virtute tua zu lesen steht in tota cogitatione tua. Die Grundform ist bei allen Griechen, so viele bekannt sind, verloren! Also haben אB u. s. w. einen überarbeiteten Text.

II. Glossierung durch das der Septg. entlehnte διάνοια, das als Wanderwort den Platz wechselt, nämlich: 1. καρδία, ψυχή, ἰσχύς, διάνοια Pesch, Hrs Cod. A, Altlat e in omni justitia (!) et in tota cogitatione

[1] Geringfügige Redaktionsarbeit liegt darin, dass D griechisch emphatischer schreibt: ποία ἐντολὴ ἐν τῷ νόμῳ μεγάλη, und dass δε in δευτέρα δὲ ὁμοία ταύτῃ von vielen eingesetzt ist, wo Syrsin, Syrcrt, Arm bloss et secunda haben, wie auch Cyprian I, 323 las. Redaktion zeigt auch B, wenn er δευτέρα ὁμοίως schreibt, und αὐτῇ oder ταύτῃ weglässt.

tua, Memph Mspt. ⲡⲉⲕϩⲏⲧ ... ⲧⲉⲕⲯⲩⲭⲏ ... ⲧⲉⲕϫⲟⲙ ... ⲛⲉⲕⲙⲉⲩⲓ, Basler Äth ḫaileka ... ḥalînâka = virtute tua, ... cogitatione tua. Das steht in griechischen Texten Θ^b 13. 68. 69. 124, also in der Ferrargruppe, und 26 Evangeliarien, die also von ihr abhängen.

2. καρδία, ψυχή, διάνοια, ἰσχύς im Altlat Fuldensis, corde .. anima .. mente .. virtute. Hält man diesen lateinischen Abkömmling des Tatian neben den arabischen Tatian P. 130, so findet man dort die ausdrückliche Angabe, dass ex toto corde tuo et ex tota anima tua aus Mark 12, 30 entlehnt ist, dass aber ex tota mente et ex tota virtute aus Matth 22, 37 stammt. Also hat der Text des Tatian ἰσχύς (wie Pesch) im Matth gehabt, (virtus und قوة deckt es), wo es die Uncialen Griechen heute nicht mehr haben.

III. Reduktion auf drei Glieder mit falschem Ersatze des echten ἰσχύς durch das falsche διάνοια, so dass καρδία, ψυχή, διάνοια eintreten, wobei διάνοια und καρδία Ersatz für לב sind. So Hieronymus und danach q, Aur, Rhedig al. mente, Arm, Memph (wo ⲧⲉⲕϫⲟⲙ weggelassen) Philox, Origenes I, 85, III, 830—32, Hilar. An Origenes sieht man, dass die Texte der Väter partiell überarbeitet sind, da er an andern Stellen den Grundtext hat.

IV. Kritische Bedenken zeigen sich in g^1, der nur toto corde et tota anima hat, also die in der Überlieferung schwankenden fehlenden zwei Ausdrücke fortlässt. (Tatian!) Analoge Auslassung bei kritisch unsicherer Textlage haben wir in k zu Matth P. 203 wahrgenommen.

Die Zeit der Überarbeitung liegt zwischen der der Vorlage von Syrsin und der der Peschita. Endlich ist darauf hinzuweisen, dass Mrk 12, 30 ebenfalls revidiert ist, er steht auf der Stufe II, d. h. διάνοια ist zugesetzt (auch in Syrsin). Aber k hat nur zwei Glieder: de toto corde tuo et de totis viribus tuis und stimmt darin mit des Eusebius Zitat im contra Marcellum im Cod. Venetus zusammen, der ἐξ ὅλης καρδίας καὶ ἐξ ὅλης ἰσχύος bietet, und D d haben drei, wie es richtig ist, καρδία, ψυχή, ἰσχύς, worin sie mit Hrs לבך, נפשך, חילך zusammentreffen. Mehr vgl. bei Tischendorf. Dass in A διάνοια im Mrk. Wanderwort ist, hat schon Lachmann gezeigt.

Vergleicht man dazu die Wiederholung in Vs. 33, wo sich σύνεσις sofort als stilwidrig und darum als hellenistisch verrät, so sieht man aus Syrsin, dass auch im Mrk. der Urtext καρδία, ψυχή und ἰσχύς gehabt hat, deren Änderung zu den aus Tischendorfs Note ersichtlichen Textschwankungen die Veranlassung gegeben hat. Wo aber bleibt unter diesen Umständen die Auktorität der Mustercodices ℵB und Genossen? Kann man diese zur entscheidenden Instanz für die Feststellung des Evangelientextes machen? Jedenfalls gehört dazu viel Blindheit und viel Mut. Meyer-Weiss bemerkt zu unsrer Stelle Matth 22, 37 lakonisch, Ješu' zitiere ganz nach den LXX, nur sei dem Urtext entsprechender für ב ἐν statt ἐξ gesetzt. Zuckt denn dem Ausleger nicht die Feder in der Hand, wenn er Ješu' „ganz nach den LXX" zitieren lässt? Merkt er nicht, dass das unmöglich ist, und dass er überkorrigierte Texte vor sich hat? Daneben sind doch wahrhaftig Varianten wie ἔφη und εἶπεν, die besprochen werden, höchst gleichgültig, die Mücke wird geseigt, das Kamel verschluckt. Ich halte übrigens den ganz unnützen Satz: ἄκουε Ισρ. κυρ. κτλ. also das שמע bei Mrk auch für gelehrten Zusatz eines Überarbeiters, wie wir einen solchen auch in Mrc 7, 2 finden werden. Aber damit verlasse ich den sichern Boden der Textkritik, auf dem mich zu halten hier meine Aufgabe ist.

Vs. 40. Der Zusatz von „die Propheten" in dem Satze: In diesen beiden Geboten hängt die Thora „und die Propheten", ist nicht recht passend, da die Frage nur auf das Gesetz geht, aber Ješu' erweitert auch sonst seine Antworten, und ein gewohnheitsmässiges Verbinden von „Gesetz und Propheten" ist als Bezeichnung für die alttestamentliche Offenbarung nicht nachzuweisen. Vgl. zu 5, 17. Ist aber auch der wesentliche Inhalt der Prophetie von Ješu' auf diese beiden Gebote beschränkt, so sieht man, dass für ihn das „Voraussagen", worin Spätere die Hauptsache der Prophetie irrig erblickten, ganz zurücktrat. Er hat damit das Wesen der Prophetie richtig gefasst, und dann muss man umgekehrt fragen, ob er prophetische angebliche Prädiktionen wirklich angenommen und gar auf sich selbst bezogen hat. Eine solche Benutzung der Propheten liegt z. B. Matth 13, 13 ursprünglich nicht vor, wir haben aber dort gesehen, wie sie eingeschmuggelt ist.

Vs. 41—46. Ist nun auch die folgende Aporie über den Messias als Sohn und doch Herren Davids, welche er auf Grund der üblichen Schulexegese den Pharisäern entgegenhält, zugleich auf Grund dieser richtigen Auffassung der Prophetie entwickelt? Soll sie sagen, dass der Messias gar kein Davidide zu sein braucht? Soll sie sagen, dass Ješu selbst als Messias nicht Davidide ist, und dass er selbst mit dem landläufigen politischen Davididenmessias nichts zu thun haben will, dass er obwohl Volksretter, diese Rettung ganz anders denkt als die vom Davididen erwartete? Man setze, dass Ješu' in dem Bewusstsein Davidide und jüdisch politischer Messias zu sein, seine Frage an die Pharisäer richtete, und frage sich dann, was er damit bezweckt habe, — als Antwort bleibt nichts, als er habe ihnen zeigen wollen, dass sie schlechte pneumatische Exegeten sein. Ist nun dies ganz unannehmbar, so wird die Frage nicht von dem bezeichneten Bewusstsein aus gestellt sein, dann aber hat sie keinen anderen Zweck, als die pharisäische Davididenlehre nach den pharisäisch-exegetischen Prinzipien als haltlos aufzuweisen und abzulehnen, nicht aber sie zu veranlassen irgend eine halsbrechende Auskunft zu erdichten, die das Davidswort an seinen Sohn und zugleich Herren rechtfertigt.

Im Texte habe ich ein schweres Versehen meinerseits zu berichtigen, denn Vs. 43 steht im Syrsin nicht ܒܪܘܚܐ = im Geiste, sondern nur: Und wie nennt David ihn „der Herr", das griechische ἐν πνεύματι fehlt. Es scheint griechisch zugesetzter, theologisch erläuternder Ausdruck, denn das blosse ברוח ist kein im Hebräischen geläufiger Kunstausdruck, wo ברוח הנבואה und dafür (später?) ברוח הקדש gesetzt zu werden pflegt, so dass es im Munde Ješu' nicht wahrscheinlich ist. Das einfache ἐν πνεύματι wird dann in 61 und Syrcrt (nicht aber in Hrs) zu ἐν πνεύματι ἁγίῳ wie Mrk 12, 36 vervollständigt. Das Ursprüngliche ist dann nur in Syrsin erhalten. Die jüdische Ausdrucksweise findet man z. B. Hoheslied 1, 1 im Targum: Lieder und Lobpreisungen, welche Salomo der Prophet, der König Israels, im Geiste der Prophetie (ברוח נבואה) vor dem Herrn der Welt gesprochen hat, was Erklärung des לשלמה ist. Kürzer wird gesagt בנבואה = ἐν προφητείᾳ 2 Sam 22, 1; Ps 18, 1 aber ברוח = ἐν πνεύματι finde ich nicht. Dagegen steht wie hier im Matth in der LXX Zacharja 1, 6 ἐν πνεύματί μου, ohne dass dort ein hebräisches Äquivalent wäre, so dass es auch dort ein hellenistischer theologisierender Zusatz ist. Der Altlateiner hat es, Hieronymus hat es nicht.

So erweist sich im ganzen Abschnitte von Vs. 36 an nur Syrsin als auf der ältesten Stufe verblieben.

XXIII 4. — und binden schwere Lasten, — das δυσβάστακτα fehlt in Syrsin Syrcrt Pesch — sodann bei Irenäus IV, 23, 1 und in abeff2h — beim Memphiten, — in L 1. 209, und die blosse Wortform ist so hellenisch, dass es nicht original sein kann. Der Hellenist Luk braucht es 11, 46, wo es Syrsin Syrcrt Pesch einfach durch ܝܩܝܪܐ = gravia ausdrücken. Wie nun Luk hier durch βαρέα και in einigen Handschriften erweitert ist, das aber nicht durchgedrungen ist, so ist umgekehrt Matth durch (καὶ) δυσβάστακτα glossiert, das die genannten alten Zeugen nicht kennen. Den Beginn der Erweiterung zeigt א mit μεγάλα βαρέα, das καὶ δυςβάστακτα erscheint in B und dann bei Hieron, dem Arm, Philox und dem Sahiden ⲉⲩⲙⲟⲕϩ ⲉ ⲃⲓⲧⲟⲩ, D macht dann ἀδυσβάστακτα daraus, und so zeigen sich אBD überarbeitet. Der lateinische Origenes ad. l. hat es, aber ist das echt? Aus IV P. 199 Lommatzsch sieht man, dass es unecht ist, Origenes sagt: alligant onera gravia et, sicut Lucas ait, importabilia, et imponunt super humeros etc., woraus folgt, dass es Matthäus nicht sagt, so dass es in Origenes Exemplare noch nicht stand, und dass sein heutiges inkonsequentes Vorkommen auf Einschiebung beruht.

Da Syrsin weiter nur sagt: aber sie nahen sich ihnen nicht

d. h. sie berühren sie nicht, fassen sie nicht an, wogegen Pesch ܒܨܒܥܗܘܢ τῷ δακτύλῳ αὐτῶν zusetzt, wofür Syrcrt ܒܚܕܐ ܡܢ ܨܒ̈ܥܬܗܘܢ ἑνὶ τῶν δακτύλων αὐτῶν Luk 11, 46 bietet, so ist, obwohl Irenäus l. l. nec digito quidem hat, dennoch die Originalität zweifelhaft; etwas mit dem Finger bewegen ist keine hebräische oder aramäische Ausdrucksweise.[1] Die Varianten mit δέ und γάρ, die sich hier finden übergehe ich.

Die Schaufäden ihrer Ṭallit, ܬܟ̈ܠܬܐ ܕܡܪ̈ܛܘܛܝܗܘܢ Syrsin, Syrcrt, Pesch, צנפתהון דמאניהון Hrs ܚܘ̈ܛܐ ܕܟܪܐܣܦܝܗܘܢ Philox steht für das einfache τὰ κράσπεδα, was eben sowie vorher Tephillin (ܬܦܠܝܗܘܢ) jüdisches Sachverständnis des Urübersetzers zeigt. Man braucht nur das Targum Onqelos zu Num 15, 38 vorzulegen, um zu zeigen, dass der syrische Ausdruck auf Kenntnis der jüdischen Sitte und Ausdrucksweise beruht. Für das hebräische: „Sie sollen sich Ṣiṣith (Quasten) an den Zipfeln ihrer Kleider (כנפי בגדיהם) machen und an die Quaste des Zipfels einen purpurblauen gedrehten Faden (פתיל תכלת) anbringen", — sagt Onqelos: Sie sollen sich κράσπεδα (כרוספדין) anbringen[2] und an das κράσπεδον des Zipfels (כרוספד כנפא) einen blauen Faden (חוטא דתכילתא) setzen. Man sieht die ציצית, Ṣiṣith, Quaste hiess bei den Juden selbst κράσπεδον, und eben dies wird von dem blauen Faden unterschieden, der als besondrer Bestandteil zur Quaste hinzukommt. Dieser Faden heisst חוטא דתכילתא, und grade diese Schaufäden gehören, wie ein Blick in das Targum Jonathan und Jeruschalmi zeigt, nicht an jedes Gewand, sondern an die גולתא, den grossen Mantel, (und das Tallith, jüdisch Tallis gesprochen), den die Gelehrten und Gemeindehäupter trugen, während Quasten (κράσπεδα) überall angebracht werden konnten. Um die Quasten als solche handelt sich's also nicht, sondern um die blauen daran angebrachten Schaufäden. Das Wort תִּכְלָא oder תִּכִילְתָּא, Tikla oder Techilta, wird im Targum Jon. gradezu technisch für Schaufaden, wenn es heisst, sie sollen an die Zipfel (Jon zwar אנפא, aber Jrs צנפא wie Hrs) einen Tiklafaden (einen Faden von Blau שׁזיר דתכלא) anbringen, und diesem Sprachgebrauche folgen die drei ältern Syrer in ihrer Wiedergabe von κράσπεδον, wenn sie die Tikla's ihrer Mäntel (ܬܟ̈ܠܬܐ ܕܡܪ̈ܛܘܛܝܗܘܢ) setzen, was ich durch die „Schaufäden ihrer Tallit"

[1] Der arabische Tatian geht hier absonderlicher Weise gegen Pesch mit Syrcrt, während Victor von Capua im Fuld nur digito suo = Pesch hat.

[2] Genau so gebraucht hier und Deuter 22, 12 die LXX das κράσπεδα, an die sie ein κλῶσμα ὑακίνθινον ansetzen sollen, das Hieronymus durch vittae ausdrückt, während die Pesch einen Faden von Blau (ܚܘܛܐ ܕܬܟܠܬܐ) setzt, wie Onqelos. Über die Farbe, die durch תכלת bezeichnet wird, Purpurblau, besteht ein Zweifel, daher es Barhebräus zu Matth 23, 5 als ܐܣܘܪ̈ܝܩܬܐ deutet d. i. Scharlach, Karmoisin.

sachlich übersetzt habe. Philox behält die Fäden ihrer Gewänder für κράσπεδα bei, aber die spezifische Sachkenntnis schwindet, während der Hrs mit צנפתהון den Ausdruck anwendet, den Trg. Jer als צנפת דגולתהון zur Wiedergabe von כנפי בגדיהם benutzt hat, und das darum Zipfel bedeuten muss. Während so im griechischen τὰ κράσπεδα μεγαλύνειν ein verwaschner Ausdruck vorliegt, haben die Syrer schärfste Lokalfarbe zum Bilde des glaubensstolzen Pharisäers gewählt, breite Gebetskapseln und langhängende Schaufäden, wie Qohelet rab. zu 4, 1 von dem Manne redet, der in seinen Schaufadenmantel gehüllt die Gebetskapseln auf das Haupt gelegt hat.

Vs. 8. Ihr sollt nicht Rabbi sagen Syrsin, Syrcrt, dagegen Pesch ܬܬܩܪܘܢ d. h. nicht Rabbi genannt werden = μὴ κληθῆτε ℵBD. Der Unterschied ist bedeutend; wenn Christen nicht Meister sagen sollen, dürfen sie auch ihre Häupter nicht Doktor, Sanctitas u. s. w. nennen, — wenn sie aber sich nicht so nennen lassen sollen, dann können die Häupter deprecieren, ohne dass darum das gemeine Volk aufhört sie Doktor und Sanctitas anzureden, was ja dann nicht verboten ist. Ein altes Beispiel solchen Deprecierens liefert der Zachäus in den Clementinischen Homilien 53, der sich nicht ἄρχων nennen lassen will, und dem Petrus den Titel καθεστώς aus Matth 24, 45 aufkomplimentiert. Wie ernst die Alten unsere Stelle verstanden haben, lernt man aus Origenes: Quidam ... plurima machinantur, ut episcopi vocentur ab hominibus quod est Rabbi etc.. Sie verstanden sie also von klerikalen Strebern, und wendeten die Worte auf die kirchlichen Verhältnisse an: Sicut super cathedram Mosis quidem sedebant Scribae et Pharisaei . . . sic et super cathedram ecclesiasticam sedent quidam dicentes quae facere oporteat unumquemque, non autem facientes (ed. Lommatzsch IV 195) und weiter 204: Quod utinam omnes quidem audirent, maxime autem diaconi et presbyteri et episcopi. Nun vergleiche man die Zeugnisse: 1. In ℵ fehlt der ganze Satz, der am Rande nachgetragen ist, möglicher Weise ist der Ausfall aber durch Homoioteleuton bewirkt, doch stimmt der Sahide mit diesem Texte des ℵ. 2. Origenes sagt μὴ καλέσητε διδάσκαλον III, 182[b], IV, 5[c]; 3. Cyprian Test. III, 5 hat nach Codex WLM ne vocaveritis, das in A zu ne vocemini, in B zu nolite vocari nach dem Vulgatatexte, geworden ist; 4. hat der Arm wohl aus seiner syrischen Grundlage aktiv մի զոք կոչէք վարդապետ = ne quem dicitote doctorem. 5. Euseb in Ps bei Tischendorf hat μὴ καλεῖν διδάσκαλον ἐπὶ τῆς γῆς, ebenso sachlich Gregor von Nyssa ad Eunom. 10; 6. noch der Hrs hat denselben Text wie Syrsin. Also Altsyrer, Altlateiner, Altgriechen haben aktiv, die jüngern Schichten mit Memph, Pesch, Philox, Hieron passiv. Das Motiv der Änderung liegt auf der flachen Hand. Was folgt daraus für ℵBD?

Die Ungeschicklichkeit dieser Umarbeitung[1] kommt auch Vs. 10 zu Tage, denn nach ihr ist Vs. 8 und 10 völlig identisch, während ohne sie der Gedanke zweiteilig wird: Ihr sollt weder Rabbi sagen, noch euch Rabbi nennen lassen. Ich bezweifle aber die Echtheit des ganzen Vs. 10, schon wegen der Glosse ὁ χριστός = ܡܫܝܚܐ in Syrsin, zumal dieselbe Glosse auch in Vs. 8 eingedrungen ist, wo sie sogar Syrcrt hat, während sie in Syrsin und Pesch, Hrs, Arm dort keine Aufnahme gefunden hat[2]. Zu den Zeichen der Überarbeitung gehört auch οὐράνιος ℵBL in Vs. 9, wo Lateiner (Hieron) Hrs, Memphite und Arm, noch ὁ ἐν (τοῖς) οὐρανοῖς ausdrücken wie DΔΘ^{b} al.

Nachdem wir so die Thätigkeit unberufener Hände in diesem Textstücke wahrgenommen haben, sind wir vorbereitet auch den horrenden Widerspruch Vs. 3 aufzudecken, an dem die Ausleger — ich nehme Keim, Weizäcker und Schenkel aus — mit verbundnen Augen vorüber gegangen sind. Sie sagen, der Sinn ist: Alles Richtige, welches sie lehren, thut, — „dass sie auch Falsches lehren könnten, daran denkt Ješu' hier nicht" (de Wette) — oder: „Darin liegt von selbst die Beschränkung, dass nur sofern und so weit sie wirklich das Gesetz Mosis treiben und nicht etwa willkürliche Menschensatzungen hinzufügen, man ihnen folgen soll" Meyer-Weiss. Wirklich? Wenn Ješu' sagt: Alles, so liegt darin von selbst die Beschränkung: Nicht Alles! Es ist höchste Plattheit zu sagen, der Sinn sei: Thut nach ihren Worten und nicht nach ihren Werken. Lieber sollte man mit Pfleiderer (Urchristentum 527) die Echtheit des Wortes verwerfen.

In einem Augenblick, wo Ješu' die radikale Verkehrtheit dieser Leute enthüllt und züchtigt, soll er nicht daran denken, dass sie auch Falsches lehren könnten! — Wer das sagt, der mutet Ješu' Unmögliches und dem Leser viel Urteilslosigkeit zu. Ješu' erklärt eben, dass die Schriftgelehrten schwere Lasten wie Garben zusammenbinden und sie den Menschen auflegen, und das heisst doch nichts andres, als dass sie Gesetz auf Gesetz häufen, was sie nur durch

---

[1] Sie ist so gross, dass Keim (Jesu III 169) bemerkt, solche Einlage von Mahnungen an die Jünger in eine Volksrede sei unmöglich, und er will aus diesem Grunde die ganze Rede in drei Reden zerlegen, eine an das Volk, eine an die Jünger, eine an die Pharisäer. Erkennt man hier die Redaktorenthätigkeit, so fällt das fort, die Rede ist eine, Volk, Pharisäer und Jünger sind gleichzeitig die Hörer.

[2] In der Philox steht sie unter Asteriskus, sie fehlt in ℵBD und steht in E*FGHKMSUVΓΔ. Der Hrs zeigt in Vs. 8 eine volle Dopplung: Vos autem ne dicatis cuiquam Domine mi (רבי); unus est enim Dominus vester (רבכון), et ne dicatis vobis: Doctor, unus est enim Doctor vester, vos omnes vero fratres estis. Den wahren Sinn hat die erste Form, Dominus vester ist Gott. Da aber Rabbi dann durch καθηγητής gedeutet ist, ergab sich die zweite Fassung, die dann noch weiter durch χριστός glossiert ist.

Lehren und Reden können. Was reden sie denn ausser: Du musst dies und danach das und das in infinitum thun? Und so lehren sie die Thoren, die ihnen glauben. Sie sagen: Du darfst nicht mit ungewaschnen Händen essen, nicht am Sabbath heilen, du darfst dein Weib entlassen, sie lehren die Qorbanheiligung 15, 5, sie ehren Gott mit den Lippen und lehren Menschengebote statt der Gottesgebote 15, 7, sie machen das Joch schwer, das Ješu' leicht macht, und da soll Ješu' sagen, dass man Alles, was sie sagen, thun soll! Das wäre ein vollkommener Widerspruch, gleich geheimnisvoll für Weise wie für Thoren.

Diesen Widerspruch zeigen nun alle Texte, also sind sie alle falsch, aber die falschen Zeugen sind unter sich nicht eins, und zeigen die Spuren davon, dass sie gestempelt sind.

I. Der scheinbar älteste, in Wahrheit schon zerstörte, Text ist in Syrsin und lautet griechisch καὶ πάντα ἃ (ὅσα) λέγουσιν (Hilarius dicunt)[1] ὑμῖν ποιεῖτε, wofür Origenes omnia quaecunque dixerint (= ὅσα ἂν εἴπωσι) vobis facite bietet Lommatzsch IV P. 192. — Dagegen ist P. 195 wieder alteriert vgl. sub. IV.

II. Es erscheint οὖν und τηρεῖτε zugesetzt in D, ersteres ist klärlich Hellenismus, die Weglassung von ὑμῖν giebt dem Ausspruch noch mehr den prinzipiellen Charakter: πάντα οὖν ὅσα ἂν εἴπωσιν ποιεῖτε καὶ τηρεῖτε d. h. Alles, was sie auch sagen mögen!! thut and behaltet.

III. Es schwankt die Stellung von τηρεῖτε und ποιεῖτε, denn es wird gelesen:

a) πάντα οὖν ὅσα ἂν (ἐὰν ℵZ) εἴπωσιν ὑμῖν ποιήσατε καὶ τηρεῖτε ℵB Arm, Memph, Hrs, Hieron, Aur. In ℵ ist καὶ τηρεῖτε Nachtrag.

b) τηρεῖτε καὶ ποιεῖτε = custodite et facite Iren, IV, 23, 1. Hilar, bcg[1], Fuld, Rhedig.

IV. Es wird ein Infinitiv zugesetzt, und zwar 1. τηρεῖν in der Form πάντα οὖν ὅσα ἐὰν εἴπωσιν ὑμῖν τηρεῖν τηρεῖτε καὶ ποιεῖτε ΔΘ[b] Π Unc. 9, Altlat q und wohl f, Pesch, (Tatian arab.) Philox, 2. ποιεῖν bei Origenes (P. 195 Lom.) secundum omnia quaecunque dixerint vobis facere facite. Vgl. sub. 1.

Alles dies sind Spielarten eines Textes, der Gehorsam gegen die Aussprüche der Gesetzeslehrer vorschreibt. Keim redet dabei von einem merkwürdigen Widerspruche und sucht ihn als einen Widerspruch der Sachlage zu begreifen, der darin bestehe, dass Ješu' gleichzeitig die Verkehrtheit des Systems und die Notwendigkeit seiner Aufrechterhaltung begriffen habe. Die Textkritik wird ein besseres Mittel bieten, der Widerspruch entstammt einer Redaktorenthätigkeit, der Urtext enthielt ihn nicht, die Disziplinredaktion, die wir P. 88, 92 aufgezeigt haben, trägt die Schuld, weil sie die Aussage über die

---

[1] Hilarius Mauriner Ausg. Paris 1693.

verkehrten Gesetzeslehrer so umgestalten wollte, dass daraus gegen schlechte Kirchenvorstände kein Kapital geschlagen werden konnte, wie wir oben aus Origenes gelernt haben.[1] Er ist der erste Ansatz zu der Lehre, dass der persönliche Charakter der Kleriker auf die Wirksamkeit ihrer geistlichen Handlungen keinen Einfluss ausübt.

Ich fasse mich kurz: Die Urlesart war ἀκούετε statt ποιεῖτε. Der Text lautete ἐπὶ τῆς καθέδρας Μωϋσέως ἐκάθισαν οἱ γραμματεῖς καὶ οἱ Φαρισαῖοι· πάντα ὅσα ἐὰν λέγωσιν ὑμῖν ἀκούετε [αὐτῶν??] κατὰ δὲ τὰ ἔργα αὐτῶν μὴ ποιεῖτε und das bedeutet: Die Gesetzeslehrer und Pharisäer haben die Autorität des Moses usurpiert, was sie euch auch sagen mögen, hört es an, aber handelt nicht wie sie, denn sie selbst thun nicht was sie sagen. Das einfache ἀκούετε ohne αὐτῶν hat den Sinn Etwas anhören, ohne es darum anzunehmen, so steht es in der Septuaginta Qoh. 12, 13 τέλος λόγου, πᾶν ἄκουε = סוף דבר הכל נשמע d. h. Summa Summarum, man hört sich Alles an, — aber behält sich sein Urteil vor.

Diesen Text hat Clemens Hom. 41, 8 (Lagarde) erhalten, bei dem das αὐτῶν zu streichen, da es bedeuten würde: Gehorchet ihnen, und derselbe Text (ohne αὐτῶν) liegt dem Syrcrt zu Grunde, ist aber schon durch καὶ ποιεῖτε erweitert resp. glossiert, er lautet ܗܘܝܬܘܢ ܫܡܥܝܢ ܘܥܒܕܝܢ = audite et facite, im Syrsin ist dann das ܫܡܥܝܢ ܘ = audite et weggelassen, der Parasit hat den Stamm verzehrt. Aber Syrcrt und Syrsin verwerfen beide das αὐτῶν neben ἀκούετε. Als dritter Zeuge, der auf der Stufe des Syrcrt steht, ist endlich Origenes III 382 Delar. zu nennen, der hier audite et facite liest. Diese seine wirkliche Lesart ist später im Matthäuskommentare übertüncht, aber die eben zitierte Auslegung bringt die Urlesart zu Ehren, — bei der et facite übergangen ist, — mit den Worten: Quorum quidem doctrina est audienda, non autem est et conversatio imitanda.

[1] Hier der zwingende Beweis: Discimus d. h. ich, Origenes, sage, quoniam per haec ostendere voluit, quosdam in ecclesia esse, qui quantum ad verbum quidem potentes sunt docere mirabilia ... non autem volunt secundum quod dicunt agere; quorum quidem doctrina est audienda, non autem est et conversatio imitanda. Reprehendit ergo hujusmodi praeceptores, qui non solum quae docent non faciunt, sed etiam crudeliter et sine misericordia et non secundum existimationem virium uniuscujusque audientis, sed majora virtute ipsorum injungunt: utputa prohibent nubere ... abstinere a cibis et alia hujusmodi, ad quae omnino non oportet cogere homines fideles. Alligant per verbum expositionis suae onera gravia citra voluntatem Christi etc. ... Illi sunt tales qui diligunt ... vocari ab hominibus Rabbi, aut aliquid quod simile est Rabbi huic: utputa qui volunt vocari episcopi aut presbyteri aut diaconi, cum deberet unusquisque eorum, etiamsi vocaretur ab aliquo, vel conscientiam suam ostendere Deo, quoniam non vult hoc nomine vocari, etc. Lom. IV 196. Hier wird κληθῆτε und nicht καλεῖτε kommentiert.

Zu dem disciplinär in ποιεῖτε verfälschten Grundtext tritt dann das τηρεῖτε noch verstärkend, und schliesslich entwickeln sich die sub IV vorgelegten Textformen. In א stand ursprünglich wie in Syrsin nur ποιήσατε, wozu erst die dritte Hand καὶ τηρεῖτε nachgetragen hat, dagegen hat B das καὶ τηρεῖτε schon von erster Hand. Liebhaber von Übersetzungsfehlern können auf den Gedanken kommen, dass das ursprüngliche Wort Ješu' שמעו verdorben sei in שמרו, und dass dies dem τηρεῖτε zu Grunde liege, die Textgeschichte empfiehlt aber solche Spekulationen nicht. Auch ist שמר zwar hebräisch aber nicht aramäisch. Sachlich haben wir nun auch die von Keim beobachtete Rücksicht Ješu' auf die thatsächlichen Verhältnisse, die Verkehrtheit des Systems wird gebrandmarkt, daneben aber nicht Gewalt, sondern Ignorieren als Heilmittel empfohlen. Mit Übergehung des ganz ungehörigen Vs. 10 und Zurückführung des Wortes „Lehrer" auf Rab, Meister (vgl. oben S. 141) ist der Sinn der Einleitung: Irrlehrer haben sich die Auktorität des Moses angemasst, lasst sie reden und richtet euch nicht nach ihnen, sie belasten euch mit falschen Konsequenzmachereien, und spielen dabei vor den Leuten die geschäftsmässig Frommen, wobei sie auch für ihr Wohl und Ansehen trefflich zu sorgen wissen. Ihr aber erkennet solche „Meister" und „Väter" nicht unter euch an, ihr seid einander gleich und Brüder, euer Meister ist Gott allein (Origenes!) und keine Schriftgelehrten; je mehr einer dem andern dient, um so höher steht er. — Über die Pharisäer ergeht dann ein doppeltes Wehe, eins, weil sie das Himmelreich für andere sperren, das andere, weil sie für ihre Lehre zu Lande und zu Wasser Proselyten machen, die mit ihren Grundsätzen auch nicht in das Himmelreich eingehen können, und dabei nach Proselytenart noch fanatischer werden, zweifach so heftige Höllensöhne, wie die Pharisäer selbst. Vs. 14 von den Häusern der Witwen stört diese Disposition, er ist aus Luk 20, 47 Mrk 12, 40 entlehnt, und wird jetzt allgemein verworfen. Um so geeigneter ist der Vers um daran die Handschriftengruppierung zu studieren, und da stellt sich die verwunderliche Erscheinung heraus, dass während noch Origenes, Eusebius und Hieronymus den Vers nicht anerkennen, Hilarius ihn hat, und der Einschub in allen Kirchenprovinzen durchdringt, in denen er früher nicht war. Nur im Armenier findet er sich nach Zohrab's Angabe nicht, doch ist das nur eine vorläufige Ansicht, neue Kollationen können ein andres Ergebnis bringen.[1] Es ist nämlich der Vers von der Witwenplünderung

---

[1] Wosgan (Oskan) hat ihn in der Amsterdamer Ausgabe von 1666 nach der Vulgata eingeschaltet.

nicht vorhanden in		vorhanden in	
Griechisch	ℵBDLZ. 1. 28. 33 al	Griechisch	ΔEFGH al. auch Θ^b
Syrisch	Syrsin	Syrisch	Syrcrt, Pesch, Philox, Hrs.
Lateinisch	a(SaecIV?)deff^{1}g^{1}g^{2}am· emm·for·fu·gat·harl· ing·mm·san (sax) Aur	Lateinisch	b (Saec V) f cff^{2}h, Vulg, edita.
Memphitisch	den Mspp. bei AHorner und in Lagardes Catene	Memphitisch	Mspp. in verschiedener Ordnung.
Armenisch	allgemein.	— — — —	— — — —

Ist nun dies schon verwunderlich, dass ein, irgendwann an einem Punkte z. B. im griechischem Gebiete gemachter Einschub nachher in den fremden Gebieten auch Aufnahme findet, so wird die Sache noch seltsamer dadurch, dass der Einschub keine feste Stelle hat und auch dies sich in den Übersetzungen reflektiert, denn es ordnen:

A in dieser Weise: 1. Schlüssel, 2. Witwen, 3. Proselyten der Syrcrt, Hrs, — die memphitischen Mspp. HK*N, — die Lateiner Hilarius, bcff^{2}h, Rhedig, Fuldens, also Victor von Capua — Griechische Minuskeln in geringer Zahl, wenn ich Tischendorf's Note richtig verstehe;

B in dieser Weise: 1. Witwen, 2. Schlüssel, 3. Proselyten die Pesch, und danach der arabische Tatian, Philox, — die koptischen Mspp. A^m Γ etc. — der Lateiner f. (Brixiensis Saec VI) — die Griechen ΔE etc. also die Masse.

Dabei bemerken dann Glossen in den memphitischen Handschriften, der Vers sei eigentlich im Koptischen nicht da, er sei im Griechischen (und Arabischen) zugesetzt, und in Cod. K ist auch die verschiedene Stellung erwähnt.

Alles dies scheint sich nur aus der Annahme zu erklären, dass in einem uralten griechischen Exemplare am Rande Mrk 12, 40; Luk 20, 47 in einer Beischrift kombiniert worden sind, und dass diese Randbemerkung in verschiedener Weise eingeordnet ist und das ergiebt diese Filiation: 1. die reine Form bewahrt in ℵBD al, Syrsin, Altlat und auch Hieronymus, Armen und die alten Memphiten, 2. die interpolierte Form A erscheint in griechischen Minuskeln, Syrcrt, Hilarius, 3. die Form B in der griechischen Masse, Pesch und Philox. — Unter den Syrern ist Syrsin rein, Pesch und Syrcrt aber verschieden beeinflusst und unter sich widersprechend, die Form B ist weil die relativ erträglichere aus der Form A durch Reflexion hergestellt.

Und wie steht es mit Tatian? Hatte er die Glosse oder nicht? Man kann das weder aus Victor noch aus dem Araber entscheiden, der armenische Ephraem aber schweigt. Sonach müssen wir den

Einschub vor 300 setzen, da Syrcrt ihn hat, ob er aber vor Tatian gehört bleibt ungewiss.

Vs. 13 ihr haltet ohne Äquivalent für ὅτι und qui (Hilar.) und das scheint kräftiger im Ausdruck. Das ܐܚܝܕܝܢ hat auch Pesch, aber wie im Griechischen Nichts von Schlüsseln da steht, so sind die Schlüssel auch dort gestrichen, so dass ein Sprachfehler entsteht, da verschliessend aktiv ܐܚ̈ܕܝܢ sein müsste, wie auch Syrcrt hat. Daher glossiert Barhebräus und Payne-Smith sagt rectius ܐܚܝܕܝܢ. Warum findet sich der Ausdruck: „Ihr Pharisäer haltet die Schlüssel" bei keinem Griechen? Ist ܐܚ̈ܝܕܝܢ in Pesch ein Rest von .. ܐܚܝܕܝܢ ܐܩܠܝ̈ܕܐ? Zur Sache bemerke ich Folgendes: In diesem Verse erscheinen die Schriftgelehrten als Inhaber des Schlüssels, der die Thür zum Gottesreiche öffnet, dieser Schlüssel könnte daher etwa die Gesetzeskunde sein, die sie haben. Der Ausdruck Ješu' ist möglicher Weise höchste Satire, bei der wahre Gottesfurcht und Gesetzeskunde in einen Gegensatz zu einander gebracht werden, er lässt aber auch die andere, unten angedeutete Auffassung zu. Wir finden denselben Gegensatz mit dem Bilde vom Schlüssel verbunden, Sabbath 31ᵃ extr.: „Rabbah der Sohn des Rab Huna sagte: Jeder Mensch der thorakundig ist (שיש בו תורה), und in dem keine Gottesfurcht ist, der gleicht einem Schatzmeister, dem man die inneren Schlüssel eingehändigt hat, die äusseren Schlüssel aber nicht. Von wo soll er hineingehen?" Der Sinn ist klar, die äusseren Schlüssel bedeuten die Gottesfurcht, mit ihr geht man ein, die einzelnen Abteilungen im Hause sind dann mit den innern Schlüsseln, d. h. der Thorakenntnis zu öffnen. Der folgende Ausspruch des Rabbi Jannai kommt auf dasselbe hinaus, welcher predigte: Wehe dem, der keinen Hof (d. h. Gottesfurcht) hat und eine Thür zu dem Hofe macht. Und eine dritte Erzählung stellt die Begriffe eines Mannes, der die Sünden fürchtet (דחיל חטאין), und eines, der die Thoroth kennt (בר אוריין), gegenüber. — Während aber die Talmudlehrer die Gesetzeskunde ernstlich als Schlüssel für sich in Anspruch nehmen, dürfte Ješu' die Art der Gesetzeskunde der Pharisäer nicht gebilligt haben. Oder sollte er die Thora selbst meinen, die den Schlüssel bildet, deren Verständnis aber die Schriftgelehrten in falsche Bahnen lenken? Die Schlüssel endlich, die die Griechen hier fallen lassen, sind durch Luk 11, 52 als uralt erwiesen. Dazu kommt noch weiter Justin Dial. 17 extr: οὐαὶ ὑμῖν γραμματεῖς ὅτι τὰς κλεῖς ἔχετε, καὶ αὐτοὶ οὐκ εἰσέρχεσθε καὶ τοὺς εἰσερχομένους κωλύετε, ὁδηγοί τυφλοί. Dass bei κλεῖς ein τῆς βασιλείας τῶν οὐρανῶν fehlt, ist unzweifelhaft. Beispiele der falschen Bahn werden im Folgenden gegeben. Die Schlüssel der Pharisäer sind disciplinär gestrichen, weil das Amt der Schlüssel den Aposteln und ihren Nachfolgern verliehen ist, die Juden also keine Schlüssel haben. Welch reflectierter Eingriff der Redaktoren!

Vs. 16 der sündigt nämlich, wenn er falsch schwört, wogegen ein Schwur beim Tempel eine blosse Redensart ist. Für οὐδέν ἐστι hat Syrsin und Syrcrt ܠܐ ܡܢܟܐ, von ܢܟܐ also genau: das schadet nichts, dagegen für ὀφείλει (d. i. חייב), er sündigt. Pesch hat beide Male nach dem Griechischen korrigiert. — Der Schwur beim Golde d. h. Schatze des Tempels erläutert sich aus dem über Qorban P. 244 Gesagten, denn der Schatz ist ein Qorban.

Vs. 23 statt das Schwere des Gesetzes lies, der Thora, also des Gesetzbuches. Für Minze = ἡδύοσμον, steht ܗܕܝܘܣܡܐ, wofür die Jüngern ܢܢܥܐ setzen, bei Galen (DMZ 39, 258) im Index. Löw Pflanzennamen P. 259 fragt, ob es aus ἡδύοσμον entstellt ist? In diesem Falle würde Alles vermutlich auf unsre Stelle zurückgehen, und das ist nicht wahrscheinlich, auch kennt Barhebräus das Wort.

Vs. 25—26 hat Syrsin statt παροψίδος mit Syrcrt πίνακος und statt ἀκρασίας mit 66, 71, ff[1]g[1]g[2] Memphite Hieron, die freilich πάσης nicht haben, πάσης ἀκαθαρσίας (so ܛܢܦܘܬܐ Röm 6,19). Weiter geht er mit c Pharisaei caeci mundate, steht aber allein, indem er das ἵνα γένηται übergehend ausdrückt: καθαρίσατε πρῶτον τὸ ἔντος τοῦ ποτηρίου, καὶ τὸ ἐκτὸς αὐτοῦ καθαρόν. Letzteres entspricht dem symbolischen Sinne wirklich, das recipierte ἵνα γένηται giebt einen in eigentlicher Fassung verkehrten Sinn, und macht den Gedanken in symbolischer Fassung schwächer, als wenn es nicht steht. Dem scheinbaren Defekte, dass im Vordersatze von Becher und Schlüssel die Rede ist, im Nachsatze aber nur vom Becher, welchen D. 1. 209. 21 Evgl. a. e teilen, helfen ℵB und die griechische Masse ab, indem sie auch im zweiten Satze καὶ τῆς παρόψιδος einschieben, das dann in Pesch, Arm, Philox, Hrs und Memph eingeschoben ist, und zwar so, dass man im Hrs und im Memphiten das Unechte noch an der Wortstellung merkt.[1] Der Einschub erfordert dann im Schlusse τὸ ἐκτὸς αὐτῶν καθαρόν im Griechischen wie in den den Einschub aufnehmenden Übersetzungen. Und nun vergleiche man ℵ mit ἵνα γένηται κε τὸ ἐντὸς (sic!) αὐτῶν καθαρόν und B mit ἵνα γ. κ. τ ἐκτὸς αὐτοῦ καθ., wo dann eine jüngere Hand αὐτῶν korrigiert hat, um sich zu überzeugen, dass auch in diesen Musterhandschriften ein Einschub vorliegt, den das αὐτοῦ in B deutlich verrät. Solche jüngere Diorthosen sind vor Origenes gemacht, der πάροψις kennt, und später wie wir oben P. 320, 251 gezeigt haben, auch in die Übersetzungen eingeschmuggelt. Für das Alter des αὐτῶν könnte sich Jemand auf Clemens Hom 116, 8 berufen wollen, die Note dort wird ihn belehren, dass der Ottobonianus ebenfalls αὐτοῦ hat, dass also auch in den Clemenstext sowohl das αὐτῶν

[1] Hrs hat (וקצעא Minisc.) גוה דכסא קמאי ובצעא und der Memphite ⲥⲁϧⲟⲩⲛ ⲙ̀ⲡⲓⲁⲫⲟⲧ ⲛ̀ϣⲟⲣⲡ ⲛⲉⲙ ϯⲡⲁⲣⲟϯⲥ, wozu schon G. H(orner) bemerkt, die Stellung des ⲛ̀ϣⲟⲣⲡ zeigt, dass ⲛⲉⲙ ϯⲡⲁⲣⲟϯⲥ ein Nachtrag sei.

als die πάροψις eingeschmuggelt ist. Ich merke das an, weil ich oben P. 321 trotz des clementinischen ἀκούετε αὐτῶν das blosse ἀκούετε als echt angenommen habe, Clemens ist eben nicht rein geblieben. Ich hege übrigens gegen das ganze πάροψις Zweifel, die Philoxeniana erkannte es nicht an und zieht πίναξ vor, aber das ist Konjekturalkritik, die ich hier nicht zu üben habe.

Sachlich verweise ich wegen des Äussern und Innern des Bechers auf Kelim 25, 8, wo man folgende erbauliche Erläuterung findet: Wenn die Hände rein sind und die Aussenseite des Bechers unrein, und man fasst ihn an der zum Anfassen dienenden Stelle an, so braucht man nicht zu fürchten, dass die Hände durch die Aussenseite des Bechers verunreinigt werden. Trinkt einer aus dem Becher, dessen Aussenseite unrein ist, so hat er nicht zu fürchten, dass die Flüssigkeit, die in seinem Munde ist, durch die Aussenseite des Bechers verunreinigt wird und dann ihrerseits wieder den Becher verunreinigt. Siedet ein von aussen verunreinigter Kessel, so hat man nicht zu fürchten, dass die überkochende Flüssigkeit die Aussenseite berührt und dann wieder nach innen zurückgelaufen ist. Nach 8, 1 ist bei jedem Geräte, auch bei Säcken, die Aussen- und die Innenseite zu unterscheiden, nur bei den heiligen Gefässen gilt diese Scheidung nicht 8, 9.

Vs. 27 Syrsin drückt nur aus τάφοις, κεκονιαμένοις ἔξωθεν καὶ ἔσωθεν γέμουσιν ὀστέων κτλ. Dann aber ist οἵτινες μὲν φαίνονται ὡραῖοι verdächtig, und wie ich annehme eine noch dazu irreleitende Glosse. Mit der Glosse sagt der Satz: Die Pharisäer gleichen einer besondern Klasse von Gräbern, nämlich den getünchten, da diese äusserlich schön, innerlich hässlich sind, und das ist ungehörig, da Gräber zu tünchen allgemeiner Brauch war. Ohne die Glosse sagt der Satz: sie gleichen Gräbern im Allgemeinen, nicht einer besondern Art, denn die Gräber sind alle äusserlich getüncht und verhüllen einen abschreckenden Inhalt. Von einem besondern Schönsein der weiss angestrichnen Grabkammerthür kann doch verständiger Weise nicht die Rede sein. Diese irreleitende — von Griechen die den Gebrauch des Tünchens missverstehend es für ein Schmücken ansahen, ersonnene — Glosse findet sich allgemein bei den Griechen und in den Übersetzungen, aber die Redaktionsspuren sind trotzdem sichtbar, wenn man mehrere Überlieferungsketten vergleichend neben einander hält. Ich stelle Syrsin, Aphraates P. 307 und Pesch zusammen und man sieht sofort die Glosse:

Syrsin	monumentis	quae a foris dealbata	et ab
Aphr	sepulchris	quae a foris dealbata (et apparent pulchra)	et ab
Pesch	monumentis	calceo inductis, quae a foris apparent pulchra,	ab
Syrsin	intus plena ossibus mortuorum		
Aphr	intus plena ossibus mortuorum		
Pesch	intus vero pl. etc.		

Man sieht Aphraates hat den Text des Syrsin vor sich, der durch et apparent pulchra schlecht verdeutlicht wird, in Pesch ist dann das κεκονιαμένοις schärfer wörtlich übersetzt, und das ἔξωθεν zu φαίνονται gezogen und dadurch die Natur der Glosse verhüllt, die in D noch klar, und von mir hier eingeklammert, hervortritt. D hat: ταφοις κεκονιαμενοις εξωθεν [ο ταφος φαινετε ωραιος] εσωθεν δε γεμι [— das ist aus γέμουσι gemacht als die Glosse zum Texte gezogen war] οστεων κτλ. Diese Textform ist zu Irenaeus gedrungen, resp. in ihn interpoliert, wie sich aus dem Wechsel von monumentum und sepulchrum ergiebt, das darum nicht von derselben Hand sein kann wie jenes. Er hat IV, 31, 2 quoniam similes estis monumentis dealbatis a foris [enim sepulchrum apparet formosum] intus autem plenum est — also sogar das γεμι von D liegt hier vor, trotzdem das monumentis vorausgeht — ossibus mortuorum etc. Das dealbatis deckt genau das syrische ܡܟܠܣܝܢ des Syrsin und des Aphraates, plena sunt, wie es heissen muss, ist nach Einbeziehung der eingeklammerten Glosse in den Text zu plenum est entstellt und das a foris falsch bezogen. Die Entstehung sowohl der Glossierung als der durch sie veranlassten Contaminierung des Textes macht endlich Justin Dial 12 extr, 112 extr klar. Wenn ἔξωθεν dort richtig zu κεκονιαμένοι gezogen wird, so ist in dem Ausruf τάφοι κεκονιαμένοι ἔξωθεν, [φαινόμενοι ὡραῖοι] ἔσωθεν δε γέμουσι ὀστέων νεκρῶν das Eingeklammerte eine Erklärung zu ταφ. κεκον. für Leute, die die hebräische Sitte nicht kannten. Ich stelle dazu nur noch den Text des Clemens Alex. nach Barnard (Texts and Stud. V, 5 P. 26): τάφοις κεκονιαμένοις ἔξωθεν ὁ τάφος φαίνεται ὡραῖος, ἔνδον δὲ γέμει (!) ὀστέων νεκρῶν καὶ πάσης ἀκαθαρσίας. Dass hier ὁ ταφ. φαιν. ὡρ. Glosse ist leuchtet ein Burkitt l. l. P. XVI hat schon gesagt, die griechische Glätte auch von B sei Wirkung chirurgischer Operationen.

Der Gebrauch die Grabstätten zu weissen, damit sie kenntlich waren, und man es vermeiden konnte, sich durch Tote zu verunreinigen, was die umständliche Ceremonie der Reinigung mit der Asche der roten Kuh nötig machte 4 Mos 19, 16, ist Schekal 1, 1 als allgemein üblich vorausgesetzt. Am Ende des Winters wurden die Gräber geweisst, die im Winter vom Regen verdorben sein konnten, das gehörte zu den öffentlichen Aufgaben: Man bessert Wege und Plätze aus, man bringt die öffentlichen Tauchbäder (מקואות) in Ordnung und sorgt für die öffentlichen Notwendigkeiten (עושין כל צרכי הרבים) und markiert die Gräber (מציינין את הקברות) und zwar mit Kalk, den man löscht und daran giesst (בסיד וממחה ושופך Maaser Scheni 5, 1), aus welcher Anordnung man ersieht, dass es sich nicht um künstlerisches Schmücken handelt, und dass eben darum das griechische ὡραῖος grundverkehrt ist. Es ist דברת חוורן, d. h.

es verhält sich mit diesen gezeichneten Gräbern wie mit dem Aussätzigen, der Unrein, Unrein vor sich her rufen soll um Alle vor sich zu warnen 3 Mos 19, 45. Die Gräber sind gezeichnet, damit man sie vermeide. Lightfoot hat das schon Alles beigebracht, doch hat es Niemand ernstlich erwogen, De Wette hat sogar diese rabbinische Erklärung des Weissens für falsch erklärt, es sei, meint er, ein Schmücken pietätvoller Natur gewesen, so stark hat die falsche Glosse von den äusserlich schönen Gräbern das Urteil verwirrt. Hat man das erst begriffen dann versteht man auch das Wort Ješu', er sagt: Ihr seid wie die mit Kalk gezeichneten Gräber unrein und weithin kenntlich, ihr seid zu meiden wie die unreinen Gräber, die mit ihrem Inhalt von Totenbein und Moder verunreinigen.

Eine völlig andere Wendung giebt Luk 11, 44 dem Worte Ješu', wenn er die Pharisäer μνημεῖα ἄδηλα nennt, d. h. Örter in denen eine Leiche liegt ohne, dass man es weiss. Solche Stellen nennen die Rabbinen קבר תהום Abgrundsgrab, und definieren es so, dass ein Abgrundsgrab eine Leichenstelle ist, deren Überdachung man nicht entfernen kann. Leichen also die im Wasser, in dunkeln Orten oder in Höhlen liegen, haben kein Abgrundsgrab, da man sie wahrnehmen kann, aber nicht zu entfernende Massen von Stoppeln, Stroh, Steinen, unter denen man die Leichen nicht bemerkt, schaffen ein Abgrundsgrab, ein μνημεῖον ἄδηλον. Die verunreinigende Kraft der Abgrundsgräber ist zweifelhaft, ein abgelaufnes Naziraeat wird durch solche Verunreinigung z. B. nicht hinfällig Nazir 9, 2. Darum bedeutet das Wort des Lukas, dass die Pharisäer eine Unreinheit bergen, die man nicht kennt, und sein Ausdruck beruht auf Kenntnis jüdischer Bestimmungen. Also sagt Matth, sie seien gezeichnete, Lukas, sie seien unbezeichnete Gräber. Wo ist hier das Originalwort Ješu'? Oder hat er beide Aussprüche gethan? Ältere Ausleger, wie Polus, suchen die Differenz der Ausdrücke zu beseitigen, aber nicht mit Glück, und zieht man die Fortsetzung in Betracht so wird die Stelle immer rätselhafter. Denn wenn bei Matth Vs. 28 eine scheinbar ganz zutreffende Erklärung für Vs. 27 ist, nach der die weisse Färbung die scheinbare Gerechtigkeit ausdrücken soll, so ist zu beachten, dass erstens dies nicht zutrifft, weil das Weissen grade den Zweck hatte die Unreinheit zu markieren und nicht die Gerechtigkeit zu symbolisieren, was nur durch das falsche ὡραῖον hineinkommt, zweitens, dass Ješu' das äussere Auftreten der Pharisäer nach Vs. 5ff nicht als ein Gerecht erscheinen gelten lassen kann, nachdem er schon Matth 5, 20 eine höhere Gerechtigkeit als die der Pharisäer gefordert hat, drittens, dass diese ganze Erklärung in dieser Rede allein steht und höchst überflüssig, weil selbstverständlich wäre und sich in den falschen Bahnen der Glossierung durch ὡραῖον bewegt, endlich viertens, dass Lukas eine ganz andre Erklärung folgen lässt, die fünftens obendrein in der ältesten Textüberlieferung bei Syrsin und Syrcrt schwankt. Nach Lukas griechisch ist der Sinn: Ihr seid unerkannte Gräber, die Menschen merken nicht, dass in euch ein so unlauterer Inhalt ist.

Alle diese Schwierigkeiten lösen sich durch die Einsicht, dass Vs. 28 unecht ist, eine hellenistische und in diesem Falle falsche Erläuterung des schon durch die ὡραῖον Glosse verunstalteten Vs. 27. Die Urform von Vs. 27, in Syrsin erhalten, verband sich direkt mit Vs. 29.

Vs. 28 und Verwirrung. Die Griechen schwanken zwischen ἀνομίας, ℵBDC Memph, ἀδικίας Arm, Hrs, Philox und δόλου Γ, während ὑπόκρισις feststeht. Die Syrer haben 1. ܥܘܠܐ ܘܫܓܘܫܝܘܬܐ = Frevel und Verwirrung Syrsin. 2. ܥܘܠܐ ܘܡܣܒ ܒܐ̈ܦܐ = Frevel und Heuchelei ἀδικίας καὶ ὑποκρίσεως in Umstellung Pesch, womit Irenaeus IV, 31, 2 malitia et hypocrisi stimmt. Man sieht, hier schwankt Alles, Iren. IV, 21, 4 hat gar hypocrisi et cupiditate et omni malitia, und der Äthiope 'amaṣâ wahaida waadlewo = Gewalt und Raub und Heuchelei, also drei Glieder. Meine Ansicht, dass Vs. 28 eine spätere Einschiebung sei, wird dadurch unterstützt.

Vs. 29. Das Bauen der Gräber und das Errichten von Stelen wird auch in Palmyrenischen und Nabatäischen Inschriften בנא genannt,[1] wie hier οἰκοδομεῖν, für das „Schmücken" fehlt mir die jüdische Analogie, die Juden kennen keinen Gräberschmuck, der Ausdruck ist daher als Hellenisierung von ציין Weissen anzusehen. Für das Instandhalten der Grabhöhlen durch die Frommen liefert Bab. bathr 58[a] einen trefflichen Beleg, der zugleich die massiven Vorstellungen von der physischen Fortdauer der Abgeschiedenen in den Höhlen kennzeichnet, die im Judentume zur Zeit Ješu' existiert haben, und in Palästina noch heute existieren. Diese Vorstellungen hängen mit der Wiederbelebung der Toten und dem Berichte über einzelne Revenants Matth 27, 52 eng zusammen, so dass es nützlich ist, die von Wagenseil und Schöttgen mitgeteilte Geschichte hier aufzunehmen. Grade diese Revenants kennt aber nur Matthäus, Markus und Lukas haben sie fortgelassen. Warum? Weil Hellenisten die Voraussetzung der

[1] De Vogué Syrie centrale Inscriptions semitiques Paris 1868 P. 38, 89. Die Form der Stele, נפשא, ist ein gemauerter Würfel, auf dem eine kleine Pyramide steht, es konnten auch mehrere Stelen auf einem Grabe sein, das sehen wir aus einer Inschrift vom Jahre 37 p. Chr. die in Medaba gefunden ist דא מקברתא ותרתי נפשתא די עלא מנה = hoc sepulcrum et duae stelae quae super eo. Corpus Inscrpt. semit. Pars II Tom I No. 196. Ib. 332 steht נפשא ... די בנה. Das sogenannte Grab Absalom's im Qidronthale, ist auch nichts als ein in barbarischem Geschmack verzierter monolithischer Würfel mit einer Spitze darauf, die über einer Trommel gebaut ist.

Darstellung, die den Juden geläufig war nicht teilten? Oder aus Rücksicht auf 1 Kor 15, 20, 23? Holsten bemerkt: Da für den Pauliner Markus Christus der Erstling der Entschlafenen ist, so sondert er in dogmatischer Erwägung Matth 27, 53 und seine Vorbereitung Vs. 51^{b} und 52 aus. Meyer-Weiss lehrt, ein Widerspruch mit der Korintherstelle existiere nicht, weil es sich nur um ein „Zeichen“ handle, — aber wen tröstet das? Mich nicht. Ich schliesse vielmehr, dass die Worte μετὰ τὴν ἔγερσιν αὐτοῦ, die genau betrachtet im Zusammenhange ganz widersinnig sind, eine in Hrs fehlende uralte Cautel sind, um nicht jene Leiber vor Jesu auferstehen zu lassen, der dann nicht mehr der Erstling der Entschlafenen sein konnte. Das hat schon Hieronymus in seiner Weise bemerkt, wofür er bei Meyer-Weiss die Censur „willkürlich“ erhält, die ich mir also auch anziehen darf. Und was wurde aus den Auferstandnen? Ältere Ausleger haben sie gleich mit Christus in den Himmel fahren lassen, für Juden existierte aber diese Schwierigkeit gar nicht, sie dachten, dass diese Auferstandnen, nachdem sie in der Stadt gesehen waren, einfach wieder in ihre Gräber zurückgingen, wie in der folgenden Erzählung Eliezer, der Sklave Abrahams Gen 15, 2, vor der Grabhöhle sitzt, also herauskommt, und ebenso wieder hineingeht, um Abraham eine Anmeldung zu machen. Die Erzählung selbst ist diese:

R. Bannaja pflegte die Grabhöhlen zu weissen (צײן, κονιᾶν, κοσμεῖν). Als er an die Grabhöhle des Abraham (das ist also das bekannte Monument Abrahams in Hebron, das noch heute hoch verehrt wird[1]), kam, fand er Abrahams Sklaven Eliezer, welcher vor der Eingangsthür stand. Da sprach er zu ihm: Was treibt Abraham? Er erwiderte: Er liegt in den Armen der Sara und sie schaukelt seinen Kopf.[2] Da befahl ihm der Rabbi: Geh und sage ihm, dass Bannaja an der Thür steht, — Abraham aber erklärte: Mag er hineinkommen, es ist ja weltbekannt, dass in dieser Welt die böse Begierde (יצר) nicht vorhanden ist (vgl. Matth 22, 30). Da trat er ein, betrachtete (d. h. mass) und ging wieder hinaus, [wo er dann, wie Raschi erläutert, die gleiche Entfernung abmass, um in dieser Distance das Weissen vorzunehmen. Nun waren aber in der Höhle Makphela zu Hebron nicht nur Abraham und Sara bestattet, sondern auch die Paare Adam und Eva, Isaaq und Ribqa, Ja'qob und Lea, denn Qirjath Arba' bedeutet die Stadt der vier — nämlich dort bestatteten patriarchalischen Ehepaare Erubin 53^{a}. Es ist also ganz natürlich, dass unsre

[1] Ich rede aus eigener Anschauung.

[2] So, von עײן wägen abgeleitet, scheint וקא מעײנה ליה ברישיה gedeutet werden zu müssen. Meist übersetzt man: sie kraut ihm die Haare. Ein Arabist dürfte an تفلى denken. Geistesverwandte Geschichten hört man noch heute in Hebron von Juden und Moslimen.

Erzählung von Rabbi Bannaja so weitergeht:] Da kam er zur Grabhöhle des Adam harischon und da ertönte eine Stimme vom Himmel (בת קול), die sagte: Du siehst das Abbild meines Ebenbildes [d. i. Ja'qob], aber mein Ebenbild selbst [d. i. der Adam harischon] sollst du nicht sehen, — nämlich, wenn du in diese Höhle eintrittst. Bannaja sagte aber: Ich will die Grabhöhle weissen, wie das äussere Mass so ist das innere .... und dann berichtet er: Ich habe seine (des Adam harischon) zwei Fussspuren gesehen, gleichwie zwei Sonnenräder. Im Vergleich mit Sara ist Alles gleichwie ein Affe im Vergleich mit Adam. Sara verhält sich zu Eva wie ein Affe zu Adam, Eva verhält sich zu Adam, wie ein Affe sich zu Adam verhält, und Adam verhält sich zur göttlichen Schechina wie ein Affe zu Adam. — Solche Vorstellungen hatte man also vom Leben in den Gräbern,[1] und die Gräber der Rabbinen zu weissen war daher ein frommes Geschäft, dem sich auch Resch Laqisch widmete, der aber die Höhle des R. Hijja nicht finden konnte Bab. mez. 85^b. Es ist bisher nicht beachtet worden, dass bei den Juden des Orients noch heute ein Gräberkult und damit verbunden eine Heiligenverehrung existiert. Sie ist nach diesen Zeugnissen uralt, ebenso alt wie die nirgend in der Litteratur erwähnte Verehrung der Makphelahöhle in Hebron, deren Bedeutung erst durch Rosen[1] ans Licht gezogen ist und die doch schon unser oben erwähnter R. Bannaja gekannt hat. Dass aber die Prophetengräber ein Interesse hatten, sieht man aus der in den apokryphen Legenden vorkommenden Erwähnung der Bestattungsplätze. Davids Grab war in der Zeit Ješu' noch bekannt, da es Hyrcan öffnen liess, Joseph. B. I. 1, 2, 5, und Herodes das wiederholte, Arch. 16, 7, 1, der dann zur Sühne ein μνῆμα aus weissem Stein darüber bauen liess.

Vs. 32 werdet voll machen, so gleich πληρώσετε Syrsin, B. 60 und sachlich eine memphitische Recension, die Präsens тетенхек d. h. ihr machet voll, impletis hat, wie unter den Lateinern f.gat.mm. lesen. Pesch korrigiert ܡܠܘ imperativisch = πληρώσατε, wie die zweite Hand in B, und so א mit der griechischen Masse, Philox, Hrs, Arm, denen sich die zweite memphitische Form хек anschliesst. Das ist dann bei Lateinern die übliche Lesart, die auch Origenes hat. Da πληρώσετε von Syrsin B. f. und indirekt vom Memphiten bezeugt ist, ist es wie sachlich die beste, so auch historisch die ältest bezeugte Lesart, Ješu' sagt ihnen voraus, was aus ihrem Treiben wird. Wenn

[1] Ganz anders denkt Origenes: Corpora quidem eorum erant in sepulcris, animae autem et spiritus in regione vivorum. In Matth Comm 4, 232.

[2] Rosen in Berliner Ztschft für allgemeine Erdkunde 1863 P 386. Dazu Goldziher in Ztschft des deutschen Palästinavereins XVII, 117.

DHal[15] fere ἐπληρώσατε, d implestis bieten, so besagt das, dass sie es schon ebenso arg getrieben haben als ihre Väter, und das passt nicht her, die Lesart ist vermutlich aus der unverstanden sekundären Lesart πληρώσατε abgeleitet. Richtig schreitet der Gedanke so fort: Ihr ehret die alten Propheten und Gerechten — und behauptet, ihr würdet, wenn ihr in den Tagen eurer Väter gelebt hättet, nicht wie eure Väter an deren Verfolgungen Teil genommen haben; — damit gesteht ihr, dass ihr Söhne eben dieser Väter seid, und so werdet ihr es denn noch eben so weit bringen, als sie es gebracht haben, d. h. den Untergang des Staates herbeiführen wie jene, — wie solltet ihr dem Gerichte der Gehenna entgehen? Das ist die Wiederholung der Predigt des Johannes 3, 7, es ist das Mitgefühl für sein Volk, das hier wie Vs. 37 bei Ješu' durchbricht, und dem er nicht helfen kann, weil es sich von blinden Führern nicht lossagen will. Die Ausleger gehen hier in die Irre, weil sie den Ausdruck πληροῦν τὸ μέτρον τῶν πατέρων ὑμῶν nach deutscher und nicht nach semitischer Weise verstehen. Hebräisch heisst עול וזקן ימלא ימיו bei Jes 65, 20 soviel als: Ein Säugling und ein Greis wird seine Tage vollmachen, er wird die von Gott gesetzte höchste Lebenslänge erreichen. Man setze nun für ימיו seine Tage ein ימי אביו die Tage seines Vaters, und man erhält den Sinn: Er wird vollmachen die Tage seines Vaters, d. h. er wird so lange leben, als sein Vater gelebt hat, er wird das Alter seines Vaters erreichen. Danach heisst πληρώσετε τὸ μέτρον τῶν πατέρων ὑμῶν ihr werdet das Mass eurer Väter füllen, ihr werdet so viel füllen als eure Väter gefüllt haben, ihr werdet das Mass erreichen, das sie erreicht haben, hier also, ihr werdet eben so viel sündigen, als sie gesündigt haben. Das ist der semitische Sinn des Ausdrucks, ungehörig ist es, wenn man daraus macht: Das Mass, das eure Väter noch nicht voll gemacht haben, nun ganz voll machen, und auf diesen Hellenismus, den schon Origenes anwendet, beruht die übliche, aber unzutreffende Auffassung, die das Verständnis des ganzen Schlusses der Rede verdirbt. Es ist also verkehrt, darin den Sinn zu finden, dass Ješu' sie auffordere ihre prophetenmörderische Abkunft nun thatsächlich zu bewähren und durch die Tötung Ješu' und seiner Gesandten das Mass der Schuld vollzumachen, damit das Gericht kommen könne. Von diesen irren Phantasien enthält der Text Nichts, es muss darum aber auch πληρώσετε gelesen werden. Ješu' bittet 26, 39 dass der Kelch womöglich an ihm vorübergehe, die Ausleger lassen ihn hier die Pharisäer auffordern ihn zu töten. Welcher Widerspruch!

Vs. 34 auch Syrsin hat διὰ τοῦτο ἰδοὺ ἐγὼ ἀποστέλλω und löst somit die Schwierigkeit der Stelle nicht, die solange unlösbar bleiben wird, als sich die Auslegung dagegen sperrt, 1. aus Luk 11, 49 zu lernen, dass hier ein Zitat aus einer uns unbekannten prophetischen oder apokalyptischen Schrift σοφία genannt vorliegt, 2. zu merken, dass im Matth eben dies jüdische Schriftwort alteriert ist, in dem Sinne, dass es auf die ältesten Verfolgungen der Apostel bezogen ist, die auch Matth 10, 17 ff schon kennt und voraussetzt. Mit der Umarbeitung hängt denn auch der falsche Zusatz „Sohn des Berechja" zusammen, den Lukas nicht hat.[1] Der Anfang: Ich sende Propheten etc. ist jüdisch, Ješu' hat keine Propheten gesandt, das war das Werk Jahve's, die Fortsetzung ist christianisiert, besonders das Geisseln in den Synagogen 2 Kor 11, 24 und das Verjagen von Stadt zu Stadt Matth 10, 17, 23. Diese ganze Christianisierung[2] hat Lukas in seinen uralten Quellen noch nicht gehabt, aus ihm ist also der ursprüngliche Sinn des Ausspruches zu gewinnen. Danach sagte Ješu': „Ihr seid wie eure Väter Prophetenmörder und darum hat Gott gesagt: Ich sende Propheten u. s. w. die Juden verfolgen und töten sie, von dieser Generation aber wird all das Blut gefordert werden, das von Abel bis Zecharja vergossen ist. Diesen Ausspruch der alten Sophia über ihre Zeit wendet Ješu' dann auf seine Zeitgenossen an mit den Worten: Wahrlich ich sage Euch, über die jetzt lebende Generation wird sich das Gericht, das jene Sophia angekündigt hat, entladen. Die Zeitbestimmung für Blutvergiessen seit Gründung der Welt, nämlich von Abel bis Zecharja — aber ohne „der Sohn des Berechja" — ist jüdisch. Abels Streit mit Qain war nach der im jerusalemischen Targum aufgenommenen Legende der Streit über die

[1] Verbessere in der Übersetzung „der" Berechja in „des". Luk hat nur Zecharja im Syrsin, dagegen hat alte Pseudogelehrsamkeit im Syrcrt hinzugesetzt, des „Sohnes des Berechja". Die Pesch und Philox haben das aber nicht anerkannt, während die Memphiten sich teilen, und die Mehrzahl der Mss. den Zusatz bietet. Da auch D nebst 73 251 den Zusatz enthält, so sehen wir ihn auch hier wieder in seiner wahren Natur, d. h. er ruht auf sehr alter Grundlage, ist aber überarbeitet. Dieser Überarbeitung verdankt er auch die Streichung des καὶ ἡ σοφία τοῦ θεοῦ λέγει, der Redaktor fand das in der ihm bekannten Sophia nicht und glich den Text mit Matthäus aus, er konnte ein solches Zitat in Ješu' Munde nicht dulden. Man stelle einmal die Frage so, wie sie gestellt werden muss: Ist es annehmbar, dass Lukas ohne in seinen Vorlagen die Erwähnung der Sophiaschrift zu finden, sie aus eignen Mitteln erdichtet habe? Die Antwort wird Nein lauten. Umgekehrt: Ist es begreiflich, dass solch Zitat in dem Munde Ješu' als ungehörig und unannehmbar beseitigt wird? Die Antwort wird Ja lauten! In Codex D haben wir den handgreiflichen Beweis. — Dann aber ist Matthäus überarbeitet.

[2] Weizsäcker Apost. Zeitalter 1886 erkennt die Beziehung auf die Apostelzeit völlig klar: „gesprochen aus dem Leben Ješu', aber ebenso seiner ersten Jünger, der Urgemeinde. . . . Das Urteil Ješu' wurde erst recht zu einem Lehrstück für die Gemeinde, wenn man mit demselben Sprüche verband, welche an die Jünger selbst gerichtet sind" u. s. w. Vgl. dazu besonders Vs. 10 und was oben aus Origenes über die Benutzung dieser Stellen in der altkirchlichen Gemeindedisciplin beigebracht ist.

sittliche Weltordnung, die Qain leugnete, und so starb Abel als erster Verkündiger derselben, von Qain im Streite erschlagen, also als der erste Gerechte. Zecharja's Blut aber führte den Untergang zahlloser Juden herbei wie Gittin 57ᵇ in folgender Weise erzählt wird:

Ein Greis aus Jerusalem erzählte dem R. Josua ben Qorḥa: Im Thale von Bitter hat Nebuzaradan, [der hier mit dem römischen im Barkochbakriege kommandierenden Feldherrn Julius Severus zusammengeworfen wird] zweihundert und eilf Myriaden und in Jerusalem vier und neunzig Myriaden auf einem Steine (Richt 9, 5) getötet, bis dass ihr Blut lief und auf das Blut des Zecharja traf, um das Wort Hosea's (4, 2) zu erfüllen: Blut berührt Blut. Da fand Nebuzaradan das Blut Zecharja's siedend und emporsteigend und fragte, was das sei, liess Blut kommen, das aber nicht gleich war.[1] Da sagte er: Wenn ihr mir das sagt, gut, wenn nicht, so kämme ich euer Fleisch mit eisernen Kämmen. Da antworteten sie: Was sollen wir dir sagen, — es war ein Prophet unter uns, der uns mit den Worten Gottes züchtigte, da sind wir gegen ihn aufgetreten und haben ihn getötet und nun sind es schon viele Jahre, das sich das Blut nicht beruhigt. Da sprach er: Ich werde es befriedigen, — und dann tötete er nacheinander das grosse und das kleine Synhedrion, dann Jünglinge und Jungfrauen, dann Schulkinder ohne dass das Blut still wurde. Da rief er aus: Zecharja, Zecharja die Besten unter ihnen habe ich getötet, schafft es dir Ruhe, wenn ich sie alle töte? Als er das sagte, da wurde das Blut ruhig." Das veranlasst ihn denn Proselyt zu werden. Eine Variation dieser Erzählung findet sich noch Babli Sanhedr. 96ᵇ und Jerus. Taanith 69ᵃ unten, wo auch nach der Stätte der Ermordung[2] gefragt wird, die nicht der Vorhof der Israeliten oder der der Frauen gewesen sein soll, sondern im Vorhofe der Priester, wo dann kein Staub (Levit 17, 13) darauf gestreut sei. Darum gilt für dies Blut Ezechiels (24, 7) Wort von dem auf den kahlen Fels gefallenen Blute, das ewig um Rache schreit. Die beiden zuletzt genannten Stellen hat Lightfoot beigebracht, die aus Gittin aber nicht. Abel und Zecharja sind Anfang und Ende des alten Testaments.

Nun beachte man, dass in diesen Stellen, wie in Lukas einfach Zecharja ohne den Namen des Vaters steht, so wie dass der Zecharja von 2 Chr 24, 20, gemeint ist, da er Sanhedr 96ᵇ כהן ונביא Priester

---

[1] Dies אייתי דמי ולא אידמי ist unverständlich, in den Parallelen steht es nicht.

[2] Sie wird in Lukas und Matthäus zwischen Altar und Tempel verlegt, wofür in dem Zitate bei Euseb. Theoph. IV, 17 aber ܒܝܬ ܩܣܛܪܘܡܐ ܠܡܕܒܚܐ steht, also zwischen dem κατάστρωμα und dem Altar, worüber Payne-Smith sub ܩܣܛܪܘܡܐ zu vergleichen.

und Prophet genannt wird. Dann bedeutet von Abel bis Zecharja soviel als von Gen 3 bis zum Schluss der Chronik, also die ganze Zeit von der Schöpfung (καταβολὴ κόσμου) bis zur Zerstörung des ersten Tempels. Die Sophia sagte also, dass über die von ihr bedrohte Generation alles Blut kommen werde, das die Juden während ihres Reichsbestandes vergossen hätten. Nun aber hängt sich die Pseudogelehrsamkeit bei den Matthäusbearbeitern daran, und sie fragen — ohne Kenntnis der den Juden geläufigen Geschichte, — was für ein Zecharja damit gemeint sei. Dasselbe thut auch Origenes und der jüdische Targumist in Thren 2, 20. Da trifft es sich doch gewiss sehr seltsam, dass der Targumist den Zecharja einen Sohn des 'Iddo (זכריה בר עדו) nennt, der im Matthäus Sohn des Berechja heisst, weil der biblische Prophet genannt wird Zecharja, Sohn des Berechja, Sohnes des 'Iddo[1] und es bekanntlich längst vermutet ist, dass er in Wahrheit Zecharja Sohn 'Iddo's war, und dass Berechja Einschub nach Jes 8, 2 ist, der von Manchen auf die Prophetie Zach 9—11 bezogen ist, deren Verfasser eben der Sohn Berechjas aus Jes 8, 2 sein soll.[2] Dann verfallen die Matthäusergänzer und der Targumist auf denselben, den bekanntesten Zecharja, beide falsch, und die jüdischen Erklärer berichtigen den Targumisten, indem sie Zecharja, Sohn des Jojada' nach 2 Chron 24, 20 einsetzen. So schon Echa rabbathi (Stettin 1863, P 110ᵇ) und dann Raschi. Was ist nun vom Nazarenerevangelium zu halten, das wie die Juden richtig Zecharja Sohn des Jojada hat? Dass in dem ursprünglichen Zitate der Sophia eben dieser gemeint war, ergiebt sich auch daraus, dass bei Abel gesagt wird, sein Blut heische Rache, und bei Zecharja, er sei mit den Worten gestorben ירא יהוה וידרש = Gott möge es sehen und heimsuchen, eben dies Heimsuchen דרש hat Lukas mit ἐκζητήσεται unverkennbar im Auge.

So kommen wir zu dem Schlusse, dass Lukas hier wie anderwärts, z. B. betreffs der Schlüssel 11, 52 = Matth 23, 13 Syrsin, die älteste Form eines Ješuwortes bewahrt hat, die in seinen Quellen noch vorlag, und dass es im Matthäus, wie wir ihn jetzt haben, zuerst umgebildet und diesmal noch in zweiter Instanz von den nachfolgenden Redaktoren durch den Zusatz „Sohn des Berechja" verschoben worden ist. Diese Redaktion liegt vor Syrsin, vor Origenes und vor Irenäus

---

[1] Der Text im Targum lautet: כמה דקטלתון ית זכריה בר עדו כהנא רבא ונבייא מהימן בבית מוקדשא דיי' ביומא דכפוריא על דאוכח יתהון דלא תעבדון דביש קדם יי d. h. wie ihr den Zech. bar 'Iddo den Hohenpriester und glaubwürdigen Propheten im Heiligtume Jahves am Versöhnungstage ermordet habt, weil er sie (euch?) vermahnte: Thut nichts Böses vor Jahve.

[2] Die wunderbare jüdische Deutung von Jes 8, 2 die durch die Punktation וְאָעִידָה statt Qameṣ als uralt bezeugt und im Targum ausgedrückt ist, ist von Lightfoot herbeigezogen, aber das liegt ausserhalb unsres Weges.

V, 14, 1, wenn dessen Text unverdorben erhalten ist, was bei seiner Mischung aus Lukas und Matthäus keineswegs gewiss ist.

Wenn nun im Matth υἱοῦ Βαραχίου in א und im Lectionarium 222 (Z[scr]) sowie in 6. 13. 59 (vgl. Scrivener Introd.[3] P. 294 und Introd.[4] I, 17) fehlt, so könnte Jemand auf den Gedanken kommen, hier sei der alte Text bewahrt, aber das ist doch nicht ohne Weiteres zulässig, א streicht vielleicht, um eine Schwierigkeit los zu werden. (Scrivener[3] P. 593, 514) und das Ganze ist reflektierte Sekundärkorrektur. Die syrische Theophanie hat 4, 17 die fraglichen Worte, Euseb ist also kein Zeuge gegen sie, wie schon Westcott-Hort richtig anmerken. Für Origenes wäre es bequemer gewesen, sie nicht zu lesen, da er in dem Zecharja den Vater Johannes des Täufers erkennen möchte, dessen Grossvater unbekannt ist, aber er las sie, so dass er bemerkt: Nec tamen est mirum si contigit ejusdem nominis esse et utrumque Zachariam et patres eorum.

Da die Worte aber in Wirklichkeit sicherlich unecht, so liegt die Überarbeitung vor 200 p. Chr.

Vs. 37—39. Ich stelle die sachlichen Fragen voran, zu denen diese Verse Veranlassung geben: 1. Kann Ješu', der bei den Synoptikern nur einmal nach Jerusalem kommt und hier also zum ersten Male seit einigen Tagen da ist, ausrufen: Wie oft wollte ich sammeln? 2. Ist für einen Mann der Vergleich mit einer Henne, unter deren Flügel die Küchlein kriechen, natürlich? 3. Ist es erlaubt die Kinder Jerusalems, die hier besonders bezeichnet sind, vom jüdischen Volke zu verstehen? 4. Kann vor der Kreuzigung Ješu' sagen: Ihr werdet mich nicht wiedersehen? Wer diese Fragen nicht allesamt guten Gewissens bejahen kann, der kann diese Worte nicht als echte Aussage anerkennen, er muss zum Mindesten eine Alterierung voraussetzen. Meyer-Weiss erklärt mit Recht, der Ausruf setze ein mehrmaliges Weilen Jesu in Jerusalem voraus, was mit den johanneischen Festreisen stimme. Hilgenfeld und Keim wollen unter den Jerusalemiten die Juden allgemein verstehen. Baur-Strauss nehmen eine Quelle an, in der sich das „Wie oft“ auf die Reihe der im Namen Gottes gekommenen Propheten bezog. Auf das Auffallende im Bilde von der Henne hat Niemand geachtet.

Weiter scheint es nicht unwichtig, daran zu erinnern, dass schon Origenes sich Skrupel macht über das Töten der Propheten in Jerusalem, was doch vor schriftkundigen Pharisäern nicht gesagt werden könne, da davon in den gelesenen Büchern der Juden sehr wenig stehe. Propterea videndum, ne forte oporteat ex libris secretionibus d. h. aus Apokryphen, qui apud Iudaeos feruntur, ostendere verbum Christi, et non solum Christi sed etiam discipulorum ejus . . Stephani et Pauli — auch Hebr 11, 37. Er führt dann die Zersägung Ješa'jas an, hat also vielleicht das alte noch nicht christlich erweiterte Anabatikon im Auge.[1]

Betrachten wir nun den Text, so hat Syrsin welche gesandt waren zu euch, — Pesch zu ihr = πρὸς αὐτήν ℵB etc. Hrs, Memph, Arm, was zum folgenden τέκνα σου nicht passt, — daneben steht zu dir fem. ܠܘܬܟܝ Euseb. Theoph 4, 18 = πρός σε Dd Iren. 4, 58, 10, Cypr, Orig, Hier. — Die Lesart zu euch hat im Griechischen selbst ihre Stütze, denn ihr entspricht Vs. 37 οὐκ ἠθελήσατε, wie meist gelesen wird. Aber auch daran ist gefeilt, Iren, Cypr, Orig, Hier haben noluisti, doch zeigen bei Cypr 44, L 16 die Mss. BV noluistis, L non voluistis als die Urlesart. Wichtiger noch ist, dass Vs. 39 ἔρημος in Syrsin fehlt, während es Pesch, Hrs, Philox und die meisten andern Zeugen haben. Aber es fehlt in BLff[2], Iren nach Codex Claramontanus, Cyprian nach Codex BV und im Memphiten, der ϩΗΠΠΕ ϯΝΑΧⲰ ΜΠΕΤΕΝΗΙ ΝⲰΤΕΝ = ecce relinquam vestram domum vobis bietet, d. h. ich will euch euer Haus überlassen, wobei ein Ms. ausdrücklich bemerkt, im Griechischen stehe ἔρημον, im Memphitischen aber nicht, das jedoch ὑμῖν ausdrückt.

Vergleicht man nun die vier Zeugen, die ἔρημον nicht haben, so stellt sich heraus, dass zwei davon auch ὑμῖν noch nicht haben.

Nämlich Syrsin bietet:	ἰδοὺ ἀφίεται ὁ οἶκος ὑμῶν.
Irenäus Codex Claramont:	ecce dimittetur[2] domus vestra.
Dagegen hat der Memphite und B:	ecce dimittam domum vestram vobis
	ἰδοὺ ἀφίεται ὑμῖν ὁ οἶκος ὑμῶν.

worauf denn Origenes, ℵ und die griechische Masse, nebst Altlateinern, die aber gegenüber Irenäus sich als korrigiert erweisen, Hieron, Arm, Pesch, Philox, Hrs noch das ganz irreführende, auf die Zerstörung Jerusalems deutende ἔρημος hinzufügen. Damit ist dann jedem wirklichen Verständnis Thür und Thor geschlossen. 'Αφίημι heisst hier wie 4, 20 aufgeben, Preis geben, in B Memph müsste es heissen: Ich überlasse, resp. es wird überlassen euer Haus euch, — ihr sollt allein darin schalten ohne mich[3] — in der griechischen Masse

---

[1] Vgl. Dillmann Ascensio Iesaiae Lpzg 1877 P. X.

[2] Vgl. die kritische Note bei Harvey II 284, 289, aus der sich auch ergiebt, dass das Arundel und Vossische Ms. remittitur hat, während die Drucke mutig nach dem Griechischen korrigiert haben relinquetur. Nun ist es doch sicher höchst seltsam, dass sich diese Varianten im Zitate bei Cyprian 44, 14 wiederholen, denn B hat dimittetur, LM remittetur AV relinquetur. Das sind keine Schreibfehler, sondern Interpretationen.

[3] Meyer-Weiss deutet das freilich so: „Die Zeit der göttlichen Gnadengegenwart und damit seiner Obhut für eure Stadt ist nun vorüber." Sachlich ist das richtig, aber in dem griechischen Texte, der hier interpretiert wird, ist es absolut nicht enthalten.

heisst es: siehe es wird euch euer Haus wüst gelassen, es bleibt wüst liegen, was natürlich erst nach der Tempelzerstörung so geformt sein kann.

Und nun? Ich habe oben gesagt, dass die Stelle solange nicht begreiflich wird, als man nicht von Lukas lernen will, dass in Vs. 34 die Sophia redet, diese Bemerkung gilt auch für die Fortsetzung bis zum Schlusse der Rede, das ganze ist ein Citat aus einem Apokryphon. Wenn Origenes daran keinen Anstoss nahm, brauchen auch wir es nicht zu thun. Ich stelle nun den Text sachlich — mit Verzicht darauf jede Silbe der Urschrift zu treffen — so weit her, als nötig ist, um ihn zu begreifen. Der Gedankengang der Rede in der Urform war:

Die gesetzgebende Gewalt des Moses haben Schriftgelehrte und Pharisäer usurpiert, was sie reden hört euch mit Gleichmut an, aber richtet euch nicht nach ihren Werken, die darin bestehen, immer mehr Lasten durch gesetzliche Konsequenzmacherei zu ersinnen. Vs. 2—5. Dabei spreizen sie sich als besonders fromm und begehren das höchste Ansehn im Volke. — Ješu' Genossenschaft soll aber im Gegenteil demütig sein. — Vs. 6—12 mit Ausschluss von Vs. 10. Über diese heuchlerische Gesellschaft ergeht ein Wehe, weil sie den Zugang zum Königreiche der Himmel, das hier also sicher nicht der αἰὼν ὁ μέλλων ist, — durch ihre Gesetzlichkeit sperren, und dabei auf Proselytenjägerei ausgehen, wobei die Proselyten noch ärger werden als ihre Meister. Vs. 13, 15 mit Ausschluss von 14. Ihre juristisch formalistischen Prinzipien werden an ihren Eidesformeln und Reinheitsgesetzen charakterisiert, über denen sie das Wichtigere, Gericht, Erbarmen und Glauben vergessen, indem sie auf das Äussere sehn, und das Innere unrein lassen Vs. 16—26. Sie sind unrein, wie die gezeichneten Gräber, die Totengebeine und Fäulnis bergen, und dabei ehren sie die alten Frommen durch Erbauen von Erinnerungssäulen und thun, als ob sie besser wären als ihre Väter, welche die Propheten ermordet haben. Vs. 27—31 mit Ausschluss von Vs. 28. „Ihr werdet es ebenso weit bringen, wie es eure Väter gebracht haben, Schlangen, Gezücht von Ottern, wie solltet ihr dem Gerichte der Hölle entfliehen?“ Ihr werdet es nicht,

Διὰ τοῦτο [καὶ ἡ σοφία τοῦ θεοῦ εἶπεν· aus Luk 11,49[1]] ἰδοὺ ἐγὼ ἀποστέλλω πρὸς ὑμᾶς προφήτας καὶ σοφοὺς καὶ γραμματεῖς	darum hat auch die Sophia Gottes gesagt: „Siehe ich sende zu euch Propheten und Weise und Schriftgelehrte,

[1] Wäre nicht Contamination möglich, so würde ich auf den arabischen Tatian verweisen, der hier ausnahmsweise von der Pesch abweichend Matth 23, 34 so hat لهذا ها انا حكمةالله مرسل اليكم الانبيا d. h. ideo, ecce ego Sapientia Dei mitto ad vos prophetas etc. P. 154. Die Sapientia Dei wird aber aus Lukas stammen, woher ich sie auch nehme.

die ihr aber verfolgt und tötet — hier ist der Wortlaut kirchlich Matth 10, 22 umgebildet — so dass über euch alles Blut der Gerechten von Abel bis Zecharja kommt — oder gefordert wird ἐκζητήσεται, ידרש — ich (die Sophia) versichere euch, dass Alles auf die gegenwärtige Generation — von Jerusalemiten, für welche die zitierte Sophia geschrieben war — kommt. Jerusalem, wie oft habe ich, — die Sophia Gottes — deine Kinder sammeln wollen gleich einer Henne — die Sophia ist ein Weib, kann sich also mit einer Henne vergleichen, wie die Schechina auch damit verglichen wird — und ihr[1] (Jerusalemiten) habt nicht gewollt! Siehe euer Haus (Tempel?) ist aufgegeben — von mir verlassen — und ihr werdet mich — die aus Jerusalem ausgezogene Sophia vgl. Ezech 11, 22 neben 43, 4 — nicht wieder sehen, bis der zukünftige Aeon mit dem Messias eintritt."

Damit sind die oben gestellten vier Fragen gelöst, das Ganze geht nicht auf eine Wiederkunft Ješu', sondern auf den Wiedereinzug der Sophia, die mit dem Messias wieder in Jerusalem einziehen wird, das sie aufgegeben hat, nachdem alle ihre Lockungen, die Jerusalemiten unter ihre Flügel zu sammeln, d. h. weise zu machen, vergeblich geblieben sind. Dies Bild hat für Juden nichts Bedenkliches, da sie gewohnt sind zu sagen, sie treten תחת כנפי השכינה unter die Flügel der Schechina. Dass Jerusalem am Pharisäismus untergegangen ist, weiss jetzt jeder, in Ješu' Zeit aber stellte Niemand die richtige Diagnose ausser ihm, und das talmudische Zeitalter konnte das nach seinen Prinzipien nicht begreifen und hat es nicht begriffen, noch Sabb 119ᵇ wird von R. Juda angeführt, er habe gesagt: לא חרבה ירושלם אלא בשביל שביזו בה תלמידי חכמים d. h. Jerusalem ist nur untergegangen, weil man in ihm die Gelehrten verachtete. Das ist das genaue Gegenstück vom Urteile Ješu'.

XXIV, 1 ff. Der Text ist in dem ganzen Kapitel verhältnismässig sehr fest, der Syrsin steht bei Varianten immer mit den ältesten Zeugen Seite an Seite. Im Einzelnen ist zu bemerken, dass die vorhandenen Varianten tief in die Exegese eingreifen.

Vs. 2. Ihr sehet alle diese Steine. Das braucht durchaus nicht als Frage genommen zu werden, und diesen Text hat abgesehen von den Steinen DLX al³⁰ fere. unter den Griechen. Dazu kommt die identische Überlieferung bei Clemens Hom 40, 10 und den Altlateinern (ausser q) und die des Hieronymus, des Memphiten, Armeniers, sowie der lateinische Origenes.[2] Pesch, Philox und Hrs schieben οὐ vor mit ℵBCΓΔΠ unc.⁹, und innerhalb der syrischen Reihe erweist

[1] So die alten Texte des Irenäus und Cyprian.

[2] Ich glaube, dass der lateinische Text nach der Vulgata rectificiert ist. So ist Vs. 3 κατ' ἰδίαν durch secreto wie in den Lateinern übersetzt III, 851.

sich das οὐ als jünger. Das πάντα ταῦτα statt „alle diese Steine“, Clemens Hom. ὁρᾶτε τὰς οἰκοδομὰς ταύτας, dürfte auf Reflexion beruhen, nicht die Steine allein, sondern die ganze Tempelzurüstung soll „zerstört“ werden, wie Pesch, Philox, Hrs statt des „Hinwerfens“ des Syrsin haben, womit sie καταλυθήσεται zur Geltung bringen. Aber Clemens Hom 40, 10 hat ὃς οὐ μὴ καθαιρεθῇ wie Syrsin, wogegen καταλύειν (vgl. P. 73) Auflösen bedeutet. Er redet von καθαίρεσις auch sofort weiter. Die Steine hat nur Syrsin. Sie sind in zweiter Instanz gestrichen, in der dritten ist ου vorgesetzt und ein Fragesatz gebildet, der nach Vs. 1, wo die Jünger auf den gewaltigen Bau hinweisen, nicht am Platze ist. — Bewährt sich hier nicht Syrsin als der älteste und beste Zeuge?

Vs. 3. Syrsin hat κατ' ἰδίαν nicht. Er steht bis jetzt allein, ebenso wie mit den „Steinen“; ist er darum zu verwerfen, da doch der Zusatz eine ganz überflüssige Erweiterung giebt? Er wird aus Mrk 13, 3, wo eine andere Darstellung gegeben ist, eingeschoben sein.

Vs. 6 ist in meiner Ergänzung das Wort „Alles“ zu streichen und dafür „es“ zu setzen, wie griechisch δεῖ γὰρ γενέσθαι gelesen wird. Das Wort hat im Syrischen keinen Platz, die Zeile wird durch ܘܠܐ ܓܝܪ ܕܢܗܘܘܢ, wie auch Euseb Theoph 4, 36 bietet, grade gefüllt, ܟܠܗܝܢ wäre zu viel. Aber dies ܟܠܗܝܢ ist in Pesch, Philox eingedrungen. Sonach geht Syrsin mit אBDL Origen Cyprian 335 etc. Hieraus ergeben sich drei Textstufen: 1. die richtige δεῖ γὰρ γενέσθαι d. h. lasst euch nicht irre machen, das ist notwendig. Und damit ist sachlich fast gleichwertig δεῖ γὰρ ταῦτα γενέσθαι Hrs, Memph, Hieron, aber nicht der echte Cyprian. — 2. δεῖ γὰρ πάντα γενέσθαι Pesch, Philox, CΓΔΠ — 3. die Kombination δεῖ γὰρ ταῦτα πάντα γεν. f. Arm. Auch „Kämpfe“ und „verwirret“ ist unsicher, es kann ebenso gut „Kriege“ und „erschüttert“ gedacht werden.

Vs. 7 drückt Syrsin nur λιμοὶ καὶ σεισμοὶ aus, die Pesch setzt mit ܡܘܬܢ̈ܐ voraus λιμοὶ καὶ λοιμοὶ καὶ σεισμοί, wie schon Origenes und Euseb, Theoph 4, 36 bieten. Da λοιμοὶ in אBD fehlt, steht Syrsin wieder bei den besten Zeugen. Dass λοιμοὶ Einschub ist, zeigt sich auch darin, dass es Wanderwort ist. Nämlich von Haus aus steht λιμοὶ καὶ σεισμοί BD Syrsin gegen σεισμοὶ καὶ λιμοί in א. Daraus wird λιμοὶ καὶ λοιμοὶ καὶ σεισμοὶ in Δ Origenes lat., Euseb Theoph, Pesch, Philox, Arm, dann aber λοιμοὶ καὶ λιμοὶ καὶ σεισμοί in Hrs, Vulg, endlich noch σεισμοὶ καὶ λιμοὶ καὶ λοιμοί, Memph nach א σεισμοὶ καὶ λιμοί. So ist λοιμοί Doppelgänger zu λιμοί (λειμοι in Δ und sonst), der sich verschieden festsetzt und in dem auf א gestützten Memphiten konsequenter Weise am Ende, erscheint. Diesen Doppelgänger hat nun aber Syrsin noch nicht, während er in Pesch nachgetragen ist und bei Euseb, Theoph 4, 36 vorliegt. Dass das auch bei Lateinern geschehen ist, lehrt Cyprian 335 L. 12 wo die Ordnung: fames et terrae motus et pestilentiae das letzte Wort sofort als Nachtrag erkennen lässt.

Vs. 9 hassen wird euch jeder Mensch, in Syrsin aktiv und auf individuellen Hass bezogen Matth 10, 21, ist in Pesch, wie in den Griechen passiv und universell gewendet: gehasst werden von allen Völkern. Die textgeschichtlichen Erscheinungen erklären sich alle von der Voraussetzung aus, dass ἐθνῶν ein erklärender Zusatz zu ursprünglicherem πάντων ist, dann ist die Unterlage μισούμενοι ὑπὸ πάντων, wie ausser Syrsin und C. 1. 131. al. noch Philox aufweist, in der ܫܒ̈ܥܝܢ unter Asteriscus steht, und der memphitische Codex B (vom Jahre 1179) mit ⲛϫⲉ ⲟⲩⲟⲛ ⲛⲓⲃⲉⲛ = unus quisque bezeugt. Die memph. Handschrift O_1 hat daneben einen contaminierten Text, der ursprünglich wie in B war, und der arabische Text in J_1 mit seiner Glosse weist auf dieselbe Lesart. Diese wird glossiert durch ἐθνῶν, daher hat D das ganz ungriechische (vgl. Vs. 14) ὑπὸ πάντων ἐθνῶν, woraus dann ὑπὸ τῶν ἐθνῶν in ℵ d. h. von den Heiden und ὑπὸ πάντων τῶν ἐθνῶν — dabei sind auch die Juden — in BΔ Euseb Theoph 4, 36 zurechtgemacht ist. Dies wird dann allgemein angenommen Arm, Hrs, Pesch, aber Mrk 13, 13, Luk 21, 17 haben den Urtext bewahrt.

Vs. 10. Die Pesch stellt um: sie werden einander hassen und einander überliefern. Reflexion, dass der Hass dem Überliefern als Ursache vorausgehen muss, also willkürliche Änderung.

Vs. 15. Die älteste Form des Textes ist auch zu Mrk 13, 14 besprochen. Für die Beurteilung des Aufbaues und Zusammenhanges der Rede ist der Anschluss dieses Verses von Bedeutung, und hier hat Syrsin ὅταν δὲ ἴδητε, welches die Pesch beibehält, und welches bei Iren 5, 25, 2, als quum autem videritis ebenso wie beim Memph ⲉϣⲱⲡ ⲇⲉ ⲛⲧⲉⲧⲉⲛⲛⲁⲩ erscheint. So lasen ℵ^cL. al[8] fere, emm. — Dafür setzt die Masse ὅταν οὖν| Bℵ und die Lateiner ergo, Cyprian 335.

In meiner Übersetzung ist das „der Verwüstung“ zu streichen, es hat keinen Raum im Syrischen, lies [ܗܘ] ܕܥܘܠܬܐ ܐܬܐ ܕܐܬܐܡܪ wodurch 15 Buchstaben in die Zeile kommen, in der mit ܕܚܘܪܒܐ 19 Buchstaben stehen würden, was unzulässig ist. Ich habe es falsch aus Mrk 13, 14 genommen. Das maskulinische ܗܘ ܕܐܬܐܡܪ geht nicht auf das fem. ܐܬܐ sondern auf die Sache, das Stehen des Zeichens, aus welchem Grunde ich „davon gesagt ist“ übersetzt habe. — Es ist sehr zweifelhaft, ob Syrsin τὸ βδέλυγμα τῆς ἐρημώσεως in seiner griechischen Vorlage gefunden hat, sicher ist, dass er das ἑστὸς ἐν τόπῳ ἁγίῳ nicht gelesen hat.[1] Er drückt aus

[1] Man kann bei Irenäus 5, 25, 2, wo stantem in loco sancto gelesen wird,

ὅταν δὲ ἴδητε τὸ σημεῖον τοῦ βδελύγματος, τὸ ῥηθὲν διὰ Δανιὴλ τοῦ προφήτου — ὁ ἀναγινώσκων νοείτω — τότε κτλ. wie eine Vergleichung von Mrk 13, 14 ergiebt, wo er ܐܬܐ ܕܛܢܦܘܬܐ ܕܚܘܪܒܐ = τὸ σημεῖον τοῦ βδελύγματος τῆς ἐρημώσεως bietet. Das σημεῖον = ܐܬܐ hat kein andrer Text, dass es aber altsyrisch ist, zeigt die Pesch, die es beidemal erhalten hat, trotzdem sie ἐρημώσεως = ܕܚܘܪܒܐ auch im Matth nachgetragen hat, im Verhältnis zu Philox, wo es beide male gestrichen ist. Pesch hat nämlich hier wie im Markus ܐܬܐ ܛܢܦܘܬܐ ܕܚܘܪܒܐ = signum impurum desolationis, Philox ܛܢܦܘܬܐ ܕܚܘܪܒܘܬܐ = βδέλυγμα ἐρημώσεως. Sowohl dieser letzte Ausdruck, als auch ἑστὸς ἐν τόπῳ ἁγίῳ, das sicher nicht heisst „auf **dem** heiligen Lande", obwohl Meyer-Weiss versichern, dass nur dies gemeint sein könne, während es doch wirklich heisst „an **einer** heiligen Stelle" — bereitet der Auslegung unüberwindliche Schwierigkeiten, und beides hat der Syrsin nicht! Dazu kommt nun noch das ὁ ἀναγινώσκων νοείτω, von dem es durchaus zweifelhaft ist, ob es ein Wort Ješu' sein soll, der auffordert den Geheimsinn des Daniel zu bedenken, oder ein Wort der Evangelisten, das zur Beherzigung des Vorangehenden auffordert, oder endlich ob es eine spätere Glosse ist, die mit der Rede Ješu' an sich gar nichts zu thun hat. Die Varianten des Syrsin greifen hier also auf das Tiefste in die Exegese ein. Der einfache logische Sinn ist: Wenn ihr das Zeichen der Verunreinigung seht, so sollen die in Judäa befindlichen Anhänger Ješu' diesen Landstrich schleunigst verlassen. Was ist nun das Zeichen der Verunreinigung? Wer mit mir die Ansicht teilt, dass Lukas seine Quellen richtig verstanden hat, und daher der berufenste aller Ausleger ist,[1] der kann nicht zweifeln, dass damit der Beginn der Belagerung Jerusalems gemeint ist, denn Matth 24, 15—21 ist in Luk 21, 20—24 erklärt. Da nun der in Syrsin erhaltne älteste Text βδέλυγμα ἐρημώσεως gar nicht hat, und das bei Lukas stehende τότε ἤγγικε ἡ ἐρήμωσις αὐτῆς mit dem βδέλυγμα ἐρημώσεως = שקוץ שמם absolut nichts zu thun hat, so brauchen wir uns nicht um die Deutung (etwa auf Bildsäulen des Caligula, Titus, Hadrian) zu mühen, Zeichen der Verunreinigung heisst nach Lukas römische Truppen um Jerusalem, und da sind es doch die Legionsadler, die die Juden mehr noch hassten, als die Bilder auf den Münzen. — Ob Ješu' diese Anschauung geteilt hat, steht dahin, er kann sich aber eines volkstümlichen Ausdrucks bedient haben, sein Ausspruch über die Münzen lässt nicht darauf schliessen, dass die Legionsadler ihm als besondre Unreinheit

---

auf Grund von § 4, wo es fehlt, die Echtheit bezweifeln. Es ist dann aus Vulg. ergänzt, Cyprian hat es aber auch.

[1] Vgl. oben die Anmerkung über οὐρανοί und θεός P. 31.

erschienen. Dieser Ausdruck war dann שִׁקּוּץ, das griechisch durch βδέλυγμα von der Septuginta und von Theodotion und syrisch durch ܦܣܘܠܬܐ übersetzt wird Dan 12, 11; 11, 31; 9, 27, genau wie wir es im Evangelium finden. Dann hat Ješu' aber von Zeichen des Greuels, schiqqûṣ, geredet und schiqqûṣ heisst in der jüngern Sprache einfach Götzenbild 1 Knge 11, 5; 2 Knge 23, 13, Targ. Der Sinn ist: Wenn ihr die Legionen mit dem Adlergötzen seht, so verlasset Judäa. Aber man hüte sich, das Zeichen (ܐܬܐ = σημεῖον) etwa für Feldzeichen, Signum, zu nehmen, das ist nicht gemeint, es ist Vorzeichen, aber hier mit der Sache so gut wie identisch. Vgl. über die Vorzeichen zu Matth 12, 38.

Woher dann aber das Wort ἐρημώσεως, das ὁ ἀναγινώσκων νοείτω, das ἑστὸς ἐν τόπῳ ἁγίῳ, deren zweites auch Syrsin bietet? Die Antwort ist nach dem zu Matth 13, 11 dargelegten nicht schwer zu geben, wir haben gelehrte Erläuterungen, die spätere Theologen auf Grund von Daniel gemacht haben, vor uns. Das σημεῖον τοῦ βδελύγματος ist mit Daniel 12, 11 etc. kombiniert und daraus τὸ βδέλυγμα τῆς ἐρημώσεως korrigiert, das Zitat ist direkt daneben geschrieben: τὸ ῥηθὲν διὰ Δ. τοῦ προφήτου[1], und das ὁ ἀναγινώσκων νοείτω ist bei dieser Gelegenheit nach Dan 9, 23 beigefügt. Dort hat Septuaginta καὶ διανοήθητι τὸ πρόσταγμα was nicht passt, — aber Theodotion καὶ ἐννοήθητι ἐν τῷ ῥήματι καὶ σύνες ἐν τῇ ὀπτασίᾳ, was für unser ὁ ἀναγινώσκων, νοείτω die Vorlage bildet. Vgl. Apocal. 1, 3 μακάριος ὁ ἀναγιγνώσκων.

Ist Theodotion die Vorlage, welche der erweiternde Theologe nach Lukas benutzt hat, so hat er nach c. 160 gearbeitet, weil Theodotion erst um diese Zeit geschrieben worden ist. Zwar setzt Epiphanius De pond. 17 den Theodotion in das zweite Jahr des Commodus also 181, aber Irenäus zitiert in Danielstellen den Theodotion und nicht die Septuaginta, während Justinus Martyr Contra Tryph. 31 die Septuaginta zitiert, die in seinem Texte nachträglich ab und zu nach Theodotion verändert ist. Also fällt Theodotion nach Justin und vor Irenäus, und die von mir supponierte Matthäusbearbeitung läge demnach um 160 p. Chr. Irenäus steht ihr zeitlich sehr nahe und braucht sie gar noch nicht vollständig gekannt zu haben. Daher habe ich das stantem in loco sancto, das zur Überarbeitung gehört für Iren 5, 25, 2 als unecht verdächtigt,[2] weil es sogar noch im Syrsin fehlt, und in seiner allein

[1] Daniel ist den Juden kein Prophet. Erst in der Anordnung der Septuaginta kann er als ein solcher erscheinen. Wie sollte Ješu' ihn Daniel der Prophet nennen, der im Buche selbst nie Nabî' genannt wird?

[2] Es scheint der Mühe wert, hier anzumerken, dass Cyprian's altlateinischer, von der Vulgata ganz abweichender Text ebenfalls eine Übersetzung der Septuaginta ist und keine Übersetzung aus dem kirchlich rezipierten Theodotion. Dies

richtigen Deutung auf den Tempel sachlich absolut unpassend, und darum eine späte unverständige nach 160 gemachte Exegese sein muss. Standen die römischen Legionszeichen auf dem Tempelplatze, dann war es für die Flucht der Christen zu spät. Als objektives Zeichen der in dieser Rede vorgenommenen Überarbeitung oder Verschmelzung verschiedenartiger Stücke dient, den Zweiflern gegenüber, der Gebrauch von οὐρανός neben dem Matthäus geläufigen οὐρανοί, wo der Gebrauch des Singulars die fremden Hände zeigt. Man liest jetzt nebeneinander — und die Lateiner und der Memphite, die den Numerus hier genau scheiden können, was der Armenier und Syrer nicht kann, stimmen damit ganz genau —

24, 29 Die Sterne fallen ἀπὸ τοῦ οὐρανοῦ — gegen die Kräfte τῶν οὐρανῶν
35 ὁ οὐρανὸς καὶ ἡ γῆ gegen 36 ἄγγελοι τῶν οὐρανῶν

und Vs. 30 schwankt der Text, denn ℵBΔ haben „das Zeichen des Menschensohnes ἐν [Δ add. τῷ] οὐρανῷ, dagegen liest D ἐν οὐρανοῖς, während alle ἐπὶ τῶν νεφέλων τοῦ οὐρανοῦ bieten, weil dies buchstäblich aus der Septuaginta (nicht aus Theodotion) des Daniel 7, 13 entlehnt ist, und eben aus diesem Grunde nicht so von Ješu' zitiert sein kann, der hebräisch עם ענני שמים = mit den Wolken des Himmels = μετὰ τῶν νεφ. Theodotion gesagt haben würde. Wie lässt sich diese Erscheinung begreifen, ausser von der Voraussetzung der Überarbeitung oder der Quellenverschmelzung aus? Dann aber ziehe man daraus auch die Konsequenzen für die Auslegung. Der Urtext war: ὅταν δὲ ἴδητε τὸ σημεῖον τοῦ βδελύγματος, τότε οἱ ἐν τῇ Ἰουδαίᾳ φευγέτωσαν, — und Lukas hat Recht mit seiner Beziehung auf den römischen Krieg. Die Grundconception des Stückes muss daher vor 70 liegen. Wenn es aber Lukas auf die Belagerung Jerusalems direkt deutet, so widerspricht er seinem eignen Zusammenhange, denn wenn die Stadt umzingelt ist Luk 21, 20, so können die μέσῳ αὐτῆς, d. h. die Eingeschlossenen nicht mehr hinausfliehen, was doch Vs. 21 fordert. Und grade dieser Zug fehlt im Mrk 13, 14, 15 und ist eben darum im Lukas aus einer älteren Form benutzt.

Vs. 20. Aus der Erwähnung des Sabbaths folgt, dass dies Stück der Rede auf jüdischer Grundanschauung beruht. Teilte Ješu' diese

---

ergiebt sich evident aus Dan 2, 31—35 = Cypr. 84; Dan 3, 25 = Cypr. 260; Dan 7, 13—14 = Cypr. 92; Dan 9, 4—7 = Cypr. 260; Dan 14, 5 = Cypr. 337, 661 und Dan 14, 35 = Cypr. Appendix 148. — Dagegen sind aus Theodotion entnommen Dan 3, 51 = Cypr. 271; Dan 4, 24 = Cypr. 277; Dan 6, 24—28 = Cypr. 137; Dan 7, 9—10 = Cypr. Append. 67; Dan 9, 24—27 = Cypr. Appd. 261. — Zweifelhaft ob aus Septuaginta oder Theodotion sind Dan 3, 16—18 = Cypr. 127, 337, 483, 660 identisch angeführt und Dan 12, 4, 7 = Cypr. 42. — Es entstehen die Fragen: 1. Hat Cyprian selbst schon den Theodotion neben oder nach der Septuaginta benutzt, oder ist 2. sein Text später durch Theodotionszitate alteriert? Vgl. Swete Introd. to the O. T. in Greek Cambridge 1900 P. 47, 395.

Anschauung? Man sagt sich zur Beruhigung, der Evangelist werde schwerlich noch so gedacht haben. Genügt es zur Erklärung zu sagen, Ješu' setze voraus, dass seine Jünger sich seine freiere Auffassung nicht so leicht aneignen würden? Wie stand Jakobus und Petrus zu Paulus Gal 2, 11? Welche Dunkelheiten! Und nun ziehe man als Zeugen für die Texte, wie sie zu seiner Zeit gelesen wurden, Luk 21,23 herbei, wo direkt gesagt wird, dass der grosse Zorn τῷ λαῷ τούτῳ, also Israel gelte, nicht der ganzen Welt, und wo der Sabbath fehlt, den Mrk 13, 18 auch weglässt!

Vs. 24 enthält eine sehr bedeutsame Variante. Nach Syrsin ist der Sinn: Die Messiase und Propheten werden so grosse Zeichen thun, dass sie selbst die Auserwählten täuschen, wenn dies möglich ist, d. h. wenn sie urteilslos genug sind, das Trügerische jener Verführer nicht zu erkennen. Ich habe euch das vorausgesagt — damit ihr euch nicht von ihnen verlocken lasst, den Behauptungen, dass irgend wo der Messias sei, Glauben zu schenken und ihnen Folge zu geben. — Dann ist hier verkündigt, dass sie die Auserwählten täuschen werden,[1] also δώσουσιν σημεῖα μεγάλα καὶ τέρατα ὥστε πλανῆσαι, εἰ δυνατόν, καὶ τοὺς ἐκλεκτούς, so dass Syrsin mit BΔ Arm, Hrs, Philox, Memph geht. Aber, dass diese so grosse Zeichen thun und die Gläubigen dadurch täuschen können, — das ist höchst anstössig. Also die Auserwählten täuschen sich selbst, schreibe daher πλανᾶσθαι oder πλανηθῆναι, streiche auch das μεγάλα, dann wird die Sache weniger bedenklich. Nun lese man:

D	δώσουσιν	σημεῖα	μεγάλα	καὶ	τέρατα	ὥστε	πλανηθῆναι,	εἰ δυνατόν,
d	—	—	—	—	—	ut	seducantur	si possibile
ℵ	—	σημῖα	om.!	—	—	ὥστε	πλανηθῆναι	— —
δ	—	—	—	—	—	ita ut	errent	si fieri

D	καὶ	τοὺς	ἐκλεκτούς.
d	est	et	electos!
ℵ	—	—	—
δ	potest	etiam	electi!

und man sieht die Wirkung der Reflexion, bei der Δ mit δ in Widerspruch kommt, während umgekehrt d liest: ut seducantur [statt seducant] si possibile est et electos, wo schon dieser Accusativ den richtigen Weg weist. Die Altlateiner zeigen auch die Wirkung, denn Cypr. hat noch ad errorem faciendum, also aktiv πλανῆσαι, dafür erscheint aber in errorem inducantur, also πλανηθῆναι in

[1] Dazu vgl. Justin Contra Tryph. 82, wo zusammenfassend gesagt wird: καὶ ἔτι ψευδοπροφῆται καὶ ψευδόχριστοι πολλοὶ ἐπὶ τῷ ὀνόματι (vgl. oben P. 39) αὐτοῦ παρελεύσονται καὶ πολλοὺς πλανήσουσι mit aktivem Verbum. Ebenso Apocal. 19,20 der Pseudoprophet, der durch seine Zeichen täuscht.

Vulg. abg¹q. Auch bei den Syrern zeigen sich analoge Schwankungen, da Pesch καὶ τέρατα streicht, während der auf Pesch ruhende arabische Tatian μεγάλα weglässt, dass der lateinische Tatian im Codex Fuld. hat, das aber Mrk 13, 22 allgemein fehlt. Auch bei dem Memph macht sich das geltend, da Codex B μεγάλα übergeht. Ist daneben das εἰ δυνατόν echt? — Lachmann ediert πλανῆσαι, Tischendorfs πλανηθῆναι, Westc. H. beides alternativ. Da sieht man die prinzipienfeste Textkritik!

Vs. 25—27 ich habe es euch zuvor gesagt, dass, wenn sie ... ihr nicht glaubt, oder gesagt: Wenn sie ... so glaubt nicht. Diese sachgemässe Begründung der Voraussagung als einer Warnung — nicht als einer Vielwisserei — zerstören mit Mrk 13, 23, doch schlimmer als dieser, die jüngern Texte, indem sie statt προείρηκα ὑμῖν, [ἵνα ἐὰν εἴπωσι] .. μὴ ἐξέλθητε κτλ. nach ὑμῖν den Satz schliessen. Aber sie sind uneins, BD schreiben ἐὰν οὖν εἴπωσιν — die Altlateiner abc etc. haben autem = ἐὰν δέ, — Cypr. App. 84 und Origen. (Lom. 4, 294) bieten tunc si quis dixerit, und ℵ lässt es fort und hat nur ἐὰν εἴπωσι. Das spiegelt sich in den Memphiten ab, von denen einige δὲ, das sie also griechisch fanden, andre οὖν ausdrücken, während die jüngeren Syrer alle (Pesch, Phil, Hrs) οὖν bieten, wie schon Euseb Theoph 4, 35 schreibt.

Sachlich verdient Syrsin den Vorzug, der Gedanke entwickelt sich so: Falsche Messiase werden kommen und durch ihre Wunder selbst die Auserwählten täuschen, — ich habe euch das zuvor gesagt, damit ihr ihnen nicht glaubt, wenn sie euch sagen, der Messias stecke in irgend einem Winkel, denn die Erscheinung des Messias wird wie die eines Blitzes sein, der über den ganzen Himmel fährt. — Dass der hier genannte Menschensohn Ješu' selbst sei, der seine Wiederkehr verkündigt, ist aus dem Matthäustexte in keiner Weise zu entnehmen, Ješu' kann die Erscheinung des danielischen Menschensohnes ausmalen, ohne sich etwa darum mit ihm zu identifizieren, weil er auch von sich die Bezeichnung „Menschensohn“ gebraucht. Erst durch den in BD 220, abcdei Syrsin Syrcrt fehlenden Einschub, bei Luk 17, 24, wird die Identität festgestellt, und dadurch die alttestamentliche Messiaserwartung mit der zweiten Parusie Ješu' verknüpft. Das ist aber auch im Markus noch nicht geschehen, und vollends Johannes hat die ganze Danielische Beziehung nie und nirgend, er zitiert diesen „Propheten“, den kein Jude als Propheten anerkannt hat, niemals.

Diejenigen Gelehrten, die annehmen Ješu' habe sich für den Messias der Juden erklärt, zugleich aber den Inhalt des Messiasbegriffes völlig verändert, also ein Spiel mit Worten getrieben, — und das ist heute wohl die allgemeine Meinung, der sich erst wenige entziehen — werden gut thun, sich hier die Frage zu stellen: Kann

Ješu' seine Angehörigen vor dem Glauben an die falschen politischen Messiase warnen, nachdem er ihnen einen ganz andern Messiasbegriff beigebracht und sich als dessen Verkörperung dargestellt hat? — Die Ausrede wird sein, er habe ihren Kleinglauben oder Unglauben gefürchtet und sie darum noch einmal besonders vermahnt. Diese Ausrede lässt wenigstens an Gemütlichkeit Nichts zu wünschen übrig.

Vs. 28. Obwohl Syrsin πτῶμα in Mrk 6, 29 durch ܫܠܕܐ auszudrücken scheint, dürfte es nicht geraten sein, aus seinem ܦܓܪܐ an dieser Stelle und Luk 17, 37 einen Schluss, sei es auf πτῶμα oder σῶμα zu ziehen. — Der im Zusammenhange nicht verständliche Ausspruch ist, grade weil seine Abzweckung undeutlich ist, um so sicherer echt. Nach Luk 17, 37, wo er auch zusammenhangslos steht, ist er die Antwort auf eine Frage der Jünger die einfach Wo? lautet, und das spricht gegen die sonst naheliegende Deutung von der Sammlung römischer Adler auf dem Leichnam des Judentums, oder die Deutung: Wo Schuld, da ist Strafe. Das Wort bleibt vorläufig ein Rätsel. — Und nun beobachte man die Schwankung im Anschlusse, da Syrsin BℵD Memph, Hrs, Origenes gar keine Verbindungspartikel haben, dagegen Arm, Philox Δ ὅπου γὰρ zeigen, und Pesch gar ὅπου δέ bietet. Man sieht die Redaktoren an der Arbeit.

Vs. 30 ihr werdet den Sohn des Menschen sehen. Ihr?! Aber die angeredeten Jünger sind notorisch gestorben, ehe der Menschensohn erschienen ist. Das haben die alten Redaktoren nicht dulden können. Die ganze Rede führt die zweite Person mit „ihr" und „euch" durch Vs. 15, 20, 23, 25, 32, 33, nur in Vs. 30 steht ausser im Syrsin die dritte Person: τότε κόψονται, ὄψονται, das bedeutet, dass Vs. 30 überall ausser bei Syrsin korrigiert ist. Dieselbe Erscheinung findet sich Mrk 13, 14—28, wo stets die zweite Person steht, ausser in Vs. 26 mit seinem καὶ τότε ὄψονται, und hier im Mrk drückt auch Syrsin gewissenhaft das ὄψονται aus, der im Matth ihr werdet sehen bezeugt.[1] Folgt man seinem Texte, so stellt sich das klein übergeschriebene als glossierende Erweiterung heraus, und der Grundtext war:

καὶ τότε φανήσεται τὸ σημεῖον τοῦ υἱοῦ τοῦ ἀνθρώπου ἐν οὐρανῷ
κόψονται πᾶσαι αἱ φυλαὶ τῆς γῆς καὶ ὄψονται
[τοῖς οὐρανοῖς] καὶ — — — — — — — — — ὄψεσθε τὸν υἱὸν τοῦ ἀνθρώπου ἐρχόμενον κτλ. und man erkennt sofort, abgesehen vom

[1] Auch Luk 21, 7—36 steht durchgehend die zweite Person, ausser Vs. 27, wo sich das ὄψονται neben dem ἀνακύψατε und ἀπάρατε und ἀπολύτρωσις ὑμῶν sofort als unmöglich zu erkennen giebt. Natürlich hat es hier auch der Syrsin, wie er es im Markus hat. Daraus folgt aber nichts andres, als dass er es im Matthäus nicht las, denn er übersetzte, wie wir oft gesehen haben, getreu was er vorfand.

falschen Gedankenfortschritte, am Gebrauch der Verbalpersonen, dass die Glosse wörtlich aus Apocalypse 1, 7 entlehnt ist. Sie ist in verschiedner Weise eingefügt, א hat nur καὶ κοψονται, D bietet καὶ κόψονται τότε, die Masse mit B aber καὶ τότε κόψονται, und was dies Wehklagen aller Stämme der Erde hier bedeuten soll, darüber beobachten die Kommentatore ein höchst beredtes Schweigen, sie wissen es nämlich nicht. Die Glosse ist völlig sinnlos. Es liegt also nicht so, dass Mark und Luk das Glied in ihrer Vorlage gefunden und gestrichen haben, sondern so, dass Matthäus aus und nach Apocal. 1, 7 ergänzt ist. Diesen Eindruck hat auch Bousset zu Apoc 1, 7 gewonnen, aber die Sache nicht weiter verfolgt. In der griechischen Vorlage des Syrsin war diese Ergänzung noch nicht enthalten. Auch Origenes (Lommatzsch IV 310ff) kannte den Zusatz nicht.

Das eigentlich Auffallende bei dem Texte in der Apocalypse ist nun aber das, dass er wörtliches Zitat ist, während sonst, so viel ich sehe, in der ganzen Apocalypse trotz der zahlreichen Benutzungen alttestamentlicher Stellen nicht ein einziges wörtliches Zitat vorkommt. Aber was zitiert er? Nicht die Septuaginta, sondern anscheinend Theodotion! Man vergleiche, und man findet Matth 24, 30 ὄψονται τὸν υἱὸν τοῦ ἀνθρώπου ἐρχόμενον ἐπὶ τῶν νεφελῶν τοῦ οὐρανοῦ entspricht Sept. Dan 7, 13, καὶ ἰδοὺ ἐπὶ τῶν νεφελῶν τοῦ οὐρανοῦ ὡς υἱὸς ἀνθρώπου ἤρχετο, aber Apocal 1, 7 mit ihrem ἰδοὺ ἔρχεται μετὰ τῶν νεφελῶν gleicht Theodotion ἰδοὺ μετὰ τῶν νεφελῶν τοῦ οὐρανοῦ ὡς υἱὸς ἀνθρώπον ἐρχόμενος. Wenn hier der Apocalyptiker selbst direkt nach dem Chaldäischen עם ענני שמיא sein μετὰ τῶν ν. gebildet haben sollte, so müsste man sofort für Zach 12, 10 dieselbe Annahme machen, wo er ἐξεκέντησαν statt des Hapaxlegomenon der Septuaginta κατωρχήσαντο bietet, das diese doch wohl für רקדו gesetzt haben,[1] wo der hebräische Text דקרו hat. Die Septuaginta ist hier sicher nicht zitiert, sie hat ἐπιβλέψονται πρός μὲ ἀνθ' ὧν κατωρχήσαντο καὶ κόψονται ἐπ' αὐτὸν κοπετόν κτλ. aber Theodotion bot ἐπιβλέψονται πρός μὲ ὃν [oder εἰς ὃν Field] ἐξεκέντησαν καὶ κόψονται αὐτόν κτλ. was der Apocalyptiker durch Zusatz von πᾶσαι αἱ φυλαὶ τῆς γῆς im Widerspruche mit Zacharja 12, 10, 12 interpretiert hat. Da dieser Zusatz im griechischen Matthäus — nicht aber in Syrsin — steht, so ist

---

[1] Andere nehmen an, Sept. hätte nach dem Sinne übersetzt und „verspotten“ ausdrücken wollen, was κατορχεῖσθαι bedeutet. Aber sie schreibt für דקר wie Aq. Sym. und Theodt. ἐκκεντεῖν Jud 9, 54; 1 Chron 10, 4 Jerem 37, 10 Thren 4, 9 neben ἀποκεντεῖν 1 Sam 31, 4; Num 25, 8 und κατακεντεῖν Jer 51, 4. Auch Jes 13, 15 wird es vom Töten (ἡττᾶσθαι) gebraucht. Und da soll die Septuaginta hier κατορχεῖσθαι setzen, die auch Zach 13, 3, wo „nachäffen“ sehr gut passen würde, συμποδιοῦσι setzt, also gar nicht דקר gelesen hat, sondern etwa עקר oder etwas Ähnliches.

er eben der Apocalypse entlehnt, wo er guten Sinn hat, während im Matthäus das ganze Stück beziehungslos ist.

Wer nun nicht annehmen mag, dass in zwei Zeilen der Apocalyptiker zweimal vom Septuagintentexte abweichend und mit Theodotion zusammentreffend, dies von selbst so übersetzt habe und mit Theodotion zufällig zusammengetroffen sei, der wird eben einen Einfluss der jüdischen Schule, die Theodotion — eventuell die Aquila repräsentiert, — annehmen müssen. Dem scheint aber entgegenzustehen, dass schon Justin Apol. maj. 52 unter dem Namen Zecharja's zitiert κόψονται φυλὴ πρὸς φυλὴν καὶ τότε ὄψονται εἰς ὃν ἐξεκέντησαν. Durch Versehen wird Contr Tryph. 14 dies Zitat, das dort direkt wie in der Apocalypse 1, 7 auf die zweite Parusie bezogen wird, dem Hosea zugeschrieben, und dass nicht die Apocalypse die Quelle ist, zeigt dort Kap. 32, wo auch die Fortsetzung Zach 12, 12 benutzt ist. Sonst hat Justin die Stelle Contr Tryph. 64, 118 und 126 noch verwendet, und aus der letzten Anwendung sieht man, dass er πᾶσαι αἱ φυλαὶ τῆς γῆς nicht von der Heidenwelt wie der Apocalyptiker, sondern speziell von den Juden verstanden hat (ὑμῶν αἱ δώδεκα φυλαί). Die Stelle ist bei ihm also, obwohl er die Apocalypse als Werk des Apostels Johannes kennt, kein Zitat aus der Apocalypse, sondern direkt aus Zecharja, und sie dient ihm zum Beweise für die zweite Parusie, also die Wiederkunft Ješu', nebst der dann eintretenden Klage aller jüdischen Stämme über ihre frühere Ermordung des zuerst erschienenen Messias. Dann hätte aber Justin in seiner Septuaginta (deren Gebrauch bei ihm wir für Jes 7, 13 sogleich sehen werden,) eben das gelesen, was wir jetzt bei Aquila, Symmachus und Theodotion finden, während es in unsrer Septuaginta anders — und zwar für den Zecharjatext an sich richtig steht, da mit ἐκκεντεῖν = דקר der hebräische Text besagen würde, dass die Juden Jahveh gestochen hätten, was völlig ausgeschlossen ist.[1] Der Text des Theodotion passt für die Zusammenhang im Zecharja nicht, wohl aber der der Septuaginta, — dagegen passt für den Zusammenhang der Apocalypse nur der Text des Aquila, Symmachus und Theodotion, also die junge Schicht der Überlieferung, nicht die ältere alexandrinische.

Danach entstehen zwei Fragen 1, kann Justin eine jetzt von den jüngern Juden angenommene Übersetzung, die für uns zuerst von Aquila fixiert ist, gekannt und benutzt haben, 2 wie kommen die Juden jüngerer Schule zu ihrer Deutung, und was wollen sie mit ihrem Durchbohren דקר, das sie für רקד eingesetzt haben?

[1] Man löst dies jetzt meist nach Hitzig's Vorgang durch die Identifizierung des Senders und des Gesandten; getötet ist der von Jahve gesandte gute Hirt. Vgl. O. H. H. Wright Zecharjah and his Prophecies London 1879, P. 386.

Die erste Frage ist zu bejahen. Aus seiner Erörterung über Jes 7, 13 sieht man, dass Justin (Trph 43) die Übersetzung der alten Alexandriner mit ihrem παρθένος für עלמה gegen die der jüdischen Gelehrten seiner Zeit, die dafür νεᾶνις setzten, verteidigt, diese neue jüdische Übersetzung also kannte. Nun ist νεᾶνις der Text des Aquila, den Justin wohl gekannt haben kann, aber darum nicht gekannt haben muss, weil Aquila keine private Übersetzung lieferte, sondern die synagogale Auffassung aufzeichnete, welche auch die der Justin bekannten jüdischen Lehrer war. Jedenfalls kannte also Justin — mündliche oder schriftliche — Auslegungen neben der Septuaginta. So mag er neben der Septuagintendeutung von Zach 12, 10 auch die andre jungtraditionelle mit ἐκκεντεῖν = דקר gekannt haben, die er ebenso annahm, wie er die Aquiladeutung von Jes 7, 14 verwarf, einfach weil sie ihm in seine Deduktion passte, und er nicht darauf ausgieng philologische genaue Zitate einer Übersetzung zu geben, wie dann z. B. auch Gregor der Grosse in den Moralia in Jobum die altlateinische Übersetzung neben Hieronymus ganz unbefangen gebraucht ut comprobationis causa exigit, wie er selbst wörtlich sagt. Diese synagogale, von Aquila, Symmachus und Theodotion aufgezeichnete Deutung von Zech. 12, 10 ist aber direkt messianisch, obwohl das in den Zusammenhang des Zecharja gar nicht passt, und damit kommen wir zur zweiten Frage.

Die Juden haben, wie wir zwei griechische Übersetzungen, die alexandrinische und die des Aquila bei ihnen finden, so auch zwei diesen parallele chaldäische Auslegungen, von denen die jüngere die ältere ausgelöscht hat. Liest man das gedruckte Targum Zech 12, 10, so wird der Text gedeutet: „Ich werde auf das Haus Davids und die Bewohner Jerusalems den Geist der Gnade und der Erbarmung ausgiessen, und sie werden von mir bitten (יבעון), weil sie vertrieben herumirren (על דאטלטלו), und sie werden trauern über ihn — [man möchte gern wissen, über wen?] — wie Eltern trauern über den Eingeborenen, und bittere Empfindung haben über ihn wie sie bittre Empfindung haben über den Erstgeborenen.“ — Logik in unserm Sinne muss man von einem Targumisten nicht absolut erwarten, den Zusammenhang der Vorlage lässt er oft fallen, aber man sieht durch seine Travestie hindurch, was er vorfand. Hier sehn wir, dass er הביטו אלי = „sie schauen auf mich“ durch יבעון מן קדמי = „sie bitten von mir“ ausgedrückt hat, und dass sein על דאטלטלו = „weil sie vertrieben herumirren“ das את אשר דקרו deckt. Und da ist es handgreiflich, dass er nicht דקר „stechen“ sondern רקד „hüpfen“ zum Ausdruck bringt und zur Vorlage hatte, also grade so las wie die Septuaginta. Dasselbe wiederholt sich 13, 4, wo der Targumist für ודקרהו schreibt ויחדון ביה = sie freuen, amüsieren sich, was harmloser ist als das hier ganz sinnlose Totstechen; er las also auch hier nicht דקר sondern רקד, während für die Septuaginta mit συμποδίζειν auf עקד geschlossen wird.[1] Dass רקד in Zach 12, 10 zuerst Anspruch auf Echtheit hat zeigt die Verbindung mit ספד, denn diese ist solenn Qohel 3, 4.

Während also dies Targum vom Stechen nichts weiss, lautet die Erklärung in dem von Lagarde aus dem Codex Reuchlinianus[2], mitgeteilten jerusalemischen Targum folgender Massen: ואשרי על בית דוד ועל יתבי ירושלם רוח נבואה וצלותא דקשוט ומן בתר כדין יפק משיח בר אפרים לאגחא קרבא עים גוג ויקטול יתיה גוג קדם תרעא דירושלם ויסתכלון לוותי ויבעון מיני מטול מא דקרו עממיא למשיח בר אפרים ויספדון עלוהי כמא דספדין אבא ואמא על בר יחידאי ויתמררון עלוהי כמא דמתמררין על בוכרא d. h. „ich werde über dem Hause Davids und den Bewohnern Jerusalems weilen lassen den Geist der Prophetie und das Gebet der Wahrheit. Und darnach wird der Messias, der Sohn des Ephraim, hervorkommen um den Krieg mit Gog zu führen, und Gog wird ihn vor den Thoren Jerusalems töten. Und sie (die Juden) werden zu mir schauen und mich fragen: „Warum haben die Heiden[3] den Messias, den Sohn des Ephraim gestochen? Und sie (die Juden) werden über ihn (des Ephraim's Sohn) Trauerklage halten, wie die Eltern über einen Eingebornen, und bittern Schmerz empfinden, wie man über den Erstgebornen bittern Schmerz empfindet.“

Hier ist die Lesart דקרו „sie haben gestochen“ zum Ausdruck gebracht und gedeutet. Da die Juden zwei Messiase erwarteten, den Sohn Ephraim's oder Joseph's der im Kampfe fallen soll, und den ihm folgenden Sohn David's der ewig regieren soll[4], ist die Prophetenstelle auf den Tod des ersten Messias und die Trauer über ihn bezogen, welche gehalten werden wird, wohl wenn der zweite Messias kommt. Doch das bleibt unklar. Diese targumische Deutung ist in die definitive Redaktion des Targum nicht aufgenommen, jedoch im Judentume immer bekannt geblieben. Raschi erwähnt sie, aber Qimḥi sagt: Ich wundre mich über diese Erklärung; wie müsste

---

[1] Die Targumisten übersetzen רקד nicht mechanisch gleichmässig, sondern nach dem Sinne חייך Jes 13, 21, טפו Ps 114, 4 Job 21, 11, קפץ Joel 2, 5 Nah 3, 2. Hier steht חדי sich freuen, amüsieren, wie Septgt 12, 10 κατορχεῖσθαι.

[2] Lagarde Prophetae chaldaice Leipzig 1872, P. XLII.

[3] Hier stechen (דקרו) die Heiden, — in der Apocalypse haben die Juden den Messias den Sohn David's bei seiner ersten Parusie gestochen. Es werden zu דקרו verschiedene Subjekte supponiert. Qimḥi führt auch von seinem Vater eine Auslegung an, in der דקרו von den Feinden der Juden verstanden wird, die in der Endzeit Juden töten, worüber die Überlebenden ein Trauerfest halten.

[4] Dies ist hier nicht zu erörtern, vgl. darüber meine Abhandlung „Ein samaritanisches Fragment über den Messias“ in den Verhandlungen des Stockholmer Orientalistenkongresses und Hilgenfeld's Zeitschrift 1894 P. 233.

der Prophet seine Gedanken verschlossen und nicht klar ausgesprochen haben! Sie wird Succah 52ª ganz kurz berührt[1], noch kürzer freilich in Jerus. Succ. 55ᵇ. Dort heisst es bei einer Auslegung von Zach 12, 12: Was hat es mit dieser Trauer für eine Bewandtnis? Und es wird geantwortet: darüber stritten R. Dosa und die Rabbinen, einer sagte, es gehe auf den Messias den Sohn Joseph's, die andern, es gehe auf den bösen Trieb. Die erstere Ansicht wird gebilligt, sie sei in Zach 12, 10 begründet, auf den bösen Trieb könne die Trauer nicht bezogen werden, denn die Vertilgung des bösen Triebes müsste mit einem Freudenfeste gefeiert, nicht aber betrauert werden.

So ergiebt sich: Zwei Auffassungen liegen vor, eine mit רקד in Septuaginta und dem offiziellen Targum, die andre mit דקר im jerusalemischen Targum, Aquila, Symmachus und Theodotion. Die letztere Auffassung bezieht die Stelle auf die Ermordung des Messias, des Sohnes Joseph's oder Ephraim's, was dasselbe bedeutet, dem dann der Messias aus Davids Stamm, d. h. der Messias oder Löwe aus Juda Apoc 5, 5 nachfolgen wird.

Ist es denn nun zu kühn, zu schliessen, dass der im tiefsten Strome jüdischer Apocalyptik schwimmende christliche Apocalyptiker das jüdische Dogma vom Tode des ersten Mannes mit dem Kreuzestode kombiniert und darum die Zecharjastelle auf diesen bezogen hat? Darum nahm er die Deutung und Lesung von דקר an, die wir freilich erst aus Aquila kennen, die er aber nicht aus Aquila zu lernen brauchte, für deren Dasein vor Aquila grade der Apocalyptiker selbst ein unanfechtbarer Zeuge ist. Er machte dann zum Subjekte, welches stach die Juden, wo die Juden die Heiden als Subjekt angesehen hatten, und Justin teilt mit ihm diese Auslegung, für die darum auch bei ihm eine Bekanntschaft mit dem niedergeschriebenen Aquila noch gar nicht nötig ist, da auch er sie von Juden mündlich erfahren haben kann. Warum zitiert er dazu nur Zecharja und erwähnt des Apocalyptikers grade hier mit keiner Silbe? Beachtenswert ist dabei noch, dass in der Apocalypse „alle Völker der Erde" bei Justin aber noch ganz jüdisch die zwölf Stämme Israels klagen sollen. In die apocalyptische Rede des Matthäus passt das aber nicht hinein, es ist aus der Apocalypse eingeschoben — und nur der Syrsin ist unalteriert geblieben, auch in Betreff der zweiten Person ὄψεσθε, ohne ihn würde das ganze Verhältnis unbekannt geblieben sein. Überschätze ich nun den Syrsin?

Zeichen ist hier נישא, oben Vs. 15 אתא. Das bedeutet, dass Syrsin, und Pesch behält das Wort bei, kein Vorzeichen damit meint,

[1] Der talmudische Text hat hier merkwürdiger Weise die Lesart הביטו אליו statt אלי sowohl gedruckt als auch zur Voraussetzung.

sondern ein Symbol wie ein Panier, eine Fahne. Jes 11, 12 Jer 4, 21. Die alte Deutung auf ein Kreuz hat hier auch Barhebräus als Auslegung von נישא, Bousset zu Apocal 1, 7 hält sie nicht für unwahrscheinlich. Es ist auffallend, dass im alten Testamente die Pesch נס nicht durch נישא sondern durch אתא ausdrückt. Hrs und Philox stellten mechanisch auch hier אתא ein. Die folgende Anmerkung wird das Zeichen in ein andres Licht stellen.

Vs. 31 mit einer grossen Posaune (Horne) = μετὰ σάλπιγγος μεγάλης wie ℵ und Memph, Arm und Cypr. cum tuba magna. Dagegen B μετὰ σ. φωνῆς μεγάλης, wobei φωνῆς Glosse, die nun wandert. Es liest nämlich Philox μετὰ※φωνῆς ✓σαλπ. μεγ. und so auch Hrs, dagegen macht es D durch μετὰ σαλ. καὶ φωνῆς μεγάλης glatt, und das haben die Lateiner abcd Vulg. Also hat Syrsin gegen B und D den ältern Text. Streichung des σαλπ. (Blass) ist falsch.

Zur Sache ist zu bemerken, dass nach jüdischer Eschatologie bald Jehova selbst, bald ein Engel die Posaune bläst und die zerstreuten Israeliten sammelt, hier thun es Engel für den Menschensohn, aber beachte, dass der Menschensohn, wie jüdisch Jahveh, selbst sammelt, da Syrsin καὶ συνάξει ausdrückt, nicht καὶ ἐπισυνάξουσι, womit er wegen des hohen Alters seines Textes allein stünde, wenn nicht Hilarius et congregabit und ℵ επισυναξι gerettet hätte.[1] Hier wiegt dies Zusammentreffen die ganze übrige Zeugenmasse auf. Aber schon Matth 13, 49 sieht man die Textform entstehen. Ich setze zur Vergleichung den zehnten Absatz des Achtzehnergebetes hier her: „Blase mit einer grossen Posaune für unsere Erlösung (genau Freiheit חרותנו) und erhebe ein Panier zur Sammlung unsrer Zerstreuungen, [und versammle uns zuhauf[2]] von den vier Zipfeln der Erde", — und ich frage, ob nicht von hier auf das Zeichen (נישא) des Menschensohnes Vs. 30 ein klares Licht fällt, wenn man für die christliche Variation Menschensohn das jüdische Jahve einsetzt? Aber auch sonst findet sich die Posaune des Endgerichtes bei den Juden. Ich will mich nicht auf junge Kompilationen aus alten Stoffen berufen, wie der Midrasch über die

---

[1] Noch Mark 13, 27 hat den alten Text und auch Hippolytus Antichr. 34 liest: ἐπισυνάξει. Tisch.

Hilarius zitiert in Psalm 146 auf die Frage: Ex qua ergo dispersione Israel congregabitur so: nempe de ea, de qua ait Dominus: Emittet angelos suos cum tuba et voce magna et congregabit electos a quatuor angulis ventorum. Die Worte et voce stimmen mit Dabc. — Ja man muss sich fragen ob im Syrsin nicht das electos suos gegenüber den blossem electos des Hilarius schon Entstellung ist, da im jüdischen Midrasch einfach הצדיקים הברורים gesagt wird.

[2] Das Eingeklammerte fehlt in der babylonischen alten Recension, die jerusalemische hat nur: Blase die grosse Posaune für unsre Freiheit und errichte ein Panier um unsre Zerstreuungen zu sammeln. Dalman Messianische Texte 20. 22.

Zeichen des Messias[1] ist, in welchem die drei letzten Vorzeichen sind, dass Michael, der jüdische Schutzengel, dreimal in die Posaune bläst. Beim ersten Blasen offenbart sich der Messias, der Sohn Davids, und Elias den lautern Gerechten (הצדיקים הברורים = ἐκλεκτοί), die in die Wüste geflohen sind, und dann sammelt sich ganz Israel, das den Ton hört, zur Erlösung in Jerusalem, Armillus erscheint und wird von Jahve selbst geschlagen, der Messias braucht sich nicht zu bemühen, weil er zur Rechten Gottes sitzen soll. Beim zweiten Blasen werden die Gräber geöffnet, und der Davidmessias erweckt den Josephmessias, der vor Jerusalem gefallen ist, und sammelt dann alle in den Ländern zerstreuten Exulanten. Beim dritten Blasen, das das zehnte und letzte Vorzeichen ist, erscheint dann Jahve selbst, die Israeliten kommen zusammen, hinter ihnen her verbrennt eine Flamme alle Nahrung der übrigen Erdenvölker, und in Jerusalem wird grosse Herrlichkeit eingerichtet. — Ich verweise statt dessen auf unanfechtbar alte Stellen, und eine solche ist IV Ezra 6, 22 ff. lateinisch ed. Bensly[2], wo die Zeichen (נישא = Նշան im Armenier) des eintretenden Gerichtes aufgezählt werden. Nach andern Zeichen für das Ende der Erniedrigung Sion's und für das Weltende heisst es: et tuba canet cum sono, quam cum omnes audierint subito expavescent, dann bekämpfen sich selbst Freunde unter einander etc. und wer das übersteht, der sieht die Erlösung und das Ende der Welt. Weiter kann ich aus jüdischer Litteratur anführen schon Zephanja 1, 16, wo sich der wesentliche apokalyptische Apparat findet, der dann durch Jes 34, 4 Joel 2, 1; 3, 3—5 vervollständigt wird, und den Paulus 1 Thess 4, 16 voraussetzt, bei welchem Ješu' Gottes Gehülfe bei der Auferstehung ist. — Die Posaune ist im Texte nötig.

Vs. 32—35. Wer dies sagt, der lehrt, dass man auf die Zeichen achten, und darum aus den gemachten Wahrnehmungen seine Schlüsse ziehen soll. Vgl. 16, 1—4 Luk 12, 54. Da er die Vollendung eintreten lässt, bevor die jetzt lebende Generation vergangen ist, so fragt sich, ob er die Vollendung auf die Zerstörung Jerusalem's bezieht, — dann hat er Recht gehabt — oder auf das Ende der Welt, — dann hat er sich geirrt. Ich begreife nicht, welches falsche Interesse für das geschriebene Wort, das die geläufigsten Inventarstücke jüdischer Apokalyptiker zusammenschweisst, die Theologen bestimmt, Ješu' mit Gewalt einen totalen Irrtum anhängen zu wollen, wo ein Wenig Textkritik und ein Wenig höhere Kritik genügen, um uns Ješu' statt als einen sich täuschenden Schwärmer als einen die wahren bewegenden Kräfte der Geschichte untrüglich erkennenden und verkündenden

[1] Jellinek Bet hamidrasch II, 61.
[2] Robinson Texts and Studies III, 2 P. 22.

Seher erkennen zu lassen. Und dabei werden viele Theologen von dem peinigenden Gefühle verfolgt, dass diese Pseudoeschatologie in das reine Bild Ješu' so unreine phantastische Züge einfügt! Wenn Ješu' auf die Frage: Wann wird dies — nämlich die Zerstörung des stolzen Tempelbau's 24, 3 — eintreten antwortet: Lasst euch nicht durch falsche messianische Schwärmereien täuschen Vs. 4—6, so ist das sehr begründet, da jene Zeit dazu geneigt war. Der Inhalt dieser Schwärmereien aber war stets derselbe, nämlich der Beginn des jüdischen Universalreiches. Somit sagt der Anfang der Rede, dass dies jüdische Universalreich nicht kommen wird, sondern vielmehr die Zerstörung des Tempels, um den sich jenes Universalreich nach der Idee der Juden konzentrieren sollte. Statt der Judenherrschaft werden Kriege kommen — Ješu' Anhänger werden (man könnte sagen als die Indifferenten in diesen Kämpfen) verfolgt werden, — das Weltende aber wird erst kommen, wenn Ješu' Evangelium trotz der erkaltenden Liebe vieler seiner Anhänger der ganzen Welt verkündigt sein wird. So universalistisch ist der echte Gedanke Ješu', und der ist jetzt eingebettet in die engherzigste jüdische Apokalyptik! In diesem Idealismus erklärt er seine Lehre für universell Vs. 14, hätte er diese apokalyptischen sachlich ganz vagen Prädictionen gemacht, so wären seine Worte nicht wahr, sondern längst widerlegt. Inzwischen aber entzieht euch dem bevorstehenden Elend in Jerusalem, und wenn ihr das Vorzeichen der Zerstörung seht Vs. 15—18, so verlasset eilig den dem Verderben geweihten Ort. Die Juden suchten den Ort als schützendes Bollwerk auf,[1] die Christen sollen ihn verlassen, das war Ješu' vorausschauende Anweisung. Geheimnisse über das Weltende hat Ješu' nicht zu enthüllen, er kennt Zeit und Stunde nicht, die kennt nur der Apokalyptiker. Das Gericht kommt unerwartet und plötzlich wie die Sintflut, das Nachdenken über das Gericht soll sich nicht auf Zeitrechnung und Vorzeichen richten, sondern sich in der sittlichen Sphäre halten: Seid wach, da ihr nicht wisset, wann euer Herr kommt. In dieser Sphäre hält sich das Gleichnis vom Hausherrn und das von den zehn Jungfrauen, jenes betont das Wachsein und die Bereitschaft, die nicht einen Augenblick aufhört, dieses das Plötzliche und Unerwartete, da beim Eintreten des Gerichtes, wer nicht vorbereitet ist, keine Zeit mehr findet das Fehlende zu ergänzen. Dass der Menschensohn, der kommt, Ješu' selbst ist, das ist im Matthäus mit keinem Zuge angedeutet, diese phantastische Idee von Ješu' fern zu halten ist das wichtigste Ergebnis der Analyse. Der kommende Menschensohn ist der des

[1] Euseb H. E. 3, 5, 4 οἱ ἐπ αὐτὴν Ἱερουσαλὴμ ὡσὰν ἐπὶ μητρόπολιν ὀχυρωτάτην καταπεφευγότες δεινὰ καὶ πέρα δεινῶν ἑωράκασι.

Daniel, nicht aber der auferstandene himmlische Ješu', worüber zu 25, 31. Das ist der Kern der Rede, an den die jüdisch apokalyptischen Elemente angelehnt sind in Folge der unzweifelhaften apokalyptischen Grundstimmung der ersten Christen, die wir aus Paulus kennen, und die im Judas und 2. Petrusbriefe sich geltend macht, die aber darum noch keineswegs die Grundstimmung Ješu' selbst gewesen sein muss, den seine Jünger notorisch vielfach nicht verstanden haben Matth 15,16. Die Spätern haben dann noch mehr verdorben, wie wir aus 13, 13 gelernt haben. So ist uns manches seiner Worte, abgerissen und zusammenhangslos überliefert, das erst durch unser pneumatisches Verständnis deutlich wird. Noch Act. 1, 6 stellt die Jünger dar, als von der Hoffnung bewegt, dass Ješu' die βασιλεία den Israeliten herstellen werde. Wollte das der historische Ješu' jemals thun, dann war er ein Schwärmer. Man muss absolut feststellen, das Ješu' sich nicht als den Messias im Sinne der Israeliten bezeichnet hat, der nichts war als einer, der ihnen das Königreich, d. h. die Weltherrschaft, herstellen sollte. Hie Ješu' hie Theudas, hie Welf hie Waibling. Hätte er sich für den Messias erklärt oder erklären lassen, so würde er ein trügerisches Spiel mit Worten getrieben haben. Über die Echtheit von Vs. 35 vgl. zu 5, 17 P. 80.

Vs. 36. Es ist höchst auffallend, dass hier die Worte οὐδὲ ὁ υἱὸς, auch nicht der Sohn fehlen, und auf den ersten Blick wird mancher geneigt sein, darin eine Streichung etwa mit antiarianischer Tendenz zu erblicken.[1] Aber dieser erste Anschein trügt. Die Lage der Überlieferung ist diese: 1. Syrsin und Pesch sowie Philox haben das οὐδὲ ὁ υἱὸς nicht. — Dagegen erscheint es in Hrs. — 2. bei den Memphiten und Sahiden, die sonst hier leicht verschieden sind, fehlt es auch. — 3. es fehlt bei den Altlateinern g¹ Rhedig und bei Hieronymus, aber es ist in andre Altlateiner abcqe al. und selbst in Hieronymusmspte eingedrungen. — 4. Der Armenier hat es. Demnach hat die syrische, ägyptische und altlateinische Kirche — hier darf man wohl Hieronymus trauen, der sagt: in quibusdam Latinis codicibus additum est neque filius — die Worte nicht gelesen, und ebenso wenig finden sie sich in der griechischen Masse EFGHKLMSUVΓΔΠ al. plerique, nach der sie in ℵ, wo sie der erste Schreiber hat, von der zweiten Hand getilgt und von der dritten wieder hergestellt sind.

---

[1] Hieronymus sagt zur Stelle: In quibusdam Latinis codicibus additum est neque filius, cum in graecis et maxime Adamantii et Pierii exemplaribus hoc non habeatur adscriptum. Sed quia in nonnullis legitur, disserendum videtur. Gaudet Arius et Eunomius, quasi ignorantia magistri gloria discipulorum sit etc. Hiernach hätte Origenes die Worte nicht gehabt, und grade dieser ist der stärkste Zeuge für sie!!

Alles das soll aufgehoben werden durch das Zeugnis von BD und 13. 28. 86. 124. 346, also Ferrargruppe nebst dem Hrs, Arm und Aeth! Diese beiden letzten müssten aber erst selbst in ihrer Überlieferung geprüft sein, ehe sie zählen können. Diese schwache Stütze sucht man durch Iren II, 42, 3 zu verstärken, wo er zitiert: De die autem illa et hora nemo scit, neque Filius, nisi solus Pater, und auch das solus des Matth bietet, aber das neque angeli coelorum weglässt. Aber Irenäus sagt nicht, dass er Matthäus zitiert, er hat Mrk 13, 32 im Auge, wo alle Texte, Syrsin eingeschlossen, das οὐδὲ ὁ υἱός ausdrücken. Also beweist Irenäus trotz Tischendorf nichts, und nur Origenes bleibt als alter Zeuge übrig,[1] dem gegenüber aber seltsamer Weise Hieronymus mitteilt, in den Exemplaren des Origenes und Pierius habe der Zusatz gefehlt. So widerspricht Origenes im Kommentar den Behauptungen des Hieronymus über den origenischen Text, die Tischendorf daher als irrig bei Seite schiebt. — Vgl. Wordsworth-White Nov. Test. I, P. 658.

Westcott-Hort finden die Bezeugung der Worte sehr stark, das Eintreten des Syrsin gegen sie bricht aber diese Kraft. Sind sie im Interesse der Antiarianer gestrichen? Tischendorf erkennt an, dass im vierten Jahrhundert die Worte in den meisten griechischen Handschriften gefehlt haben, und das ist richtig, wenn er aber fortfährt und angiebt, im zweiten Jahrhundert sei die Lesart mit diesen Worten allgemein verbreitet gewesen, und daraus dann gar einen schwerwiegenden Beweis für das hohe Alter von אBD ziehn will, so muss Einspruch erhoben werden. Für das zweite Jahrhundert ist entweder nichts, oder aber durch Syrsin ihr Fehlen bewiesen. Dass ganze Kirchen, wie die syrische und ägyptische die Worte stets verworfen haben spricht auch nicht für ihre allgemeine Annahme im zweiten Jahrhundert. Aber wer kann sie dann zugesetzt haben? Da sie späterhin so unbequem wurden, muss der Zusatz ein sehr alter sein. Der Zusatz selbst ist aber nichts als eine Exegese, ein Schluss, der aus dem ungeänderten Urtexte gezogen ist. Wenn Niemand — auch die Engel der Himmel, ἄγγελοι τῶν οὐρανῶν, man beachte den Ausdruck, den Markus durch οἱ ἐν τῷ οὐρανῷ ersetzt, und beides ist im Syrsin scharf wiedergegeben[2] — vom Ende etwas weiss, ausser dem Vater — so schliesst man: Also auch nicht der Sohn. Wer so schliesst, sieht in dem Vater nicht den „Vater unser in den Himmeln," sondern den Vater Ješu', während doch den ἄγγελοι τῶν

[1] Denn der armenische Ephraem, der P. 197 den Zusatz hat, ruht auf Tatian's Harmonie, in die hier Markus verflochten ist, wie der arabische Tatian 160—161 ausweist.

[2] Danach ist in meiner Übersetzung zu verbessern, „die Engel der Himmel".

οὐρανῶν nur der πατὴρ ὁ ἐν τοῖς οὐρανοῖς entspricht, d. h. er lebt in einer Zeit, wo Sohn und Vater ohne Zusätze geläufige kirchliche Terminologie war,[1] und gehörte einer Richtung an, die dem Vater den Sohn unterordnete, und dies als ein Corollarium oder einen Schluss aus dem Ausspruch Ješu' festzustellen für gut befand. Sucht man unter den bekannten Richtungen der Zeit 150—200 eine passende, so bieten sich die Monarchianer der Richtung des Gerbers Theodotus, welche starke Exegeten waren, und die Bibelhandschriften einer Diöthose unterzogen, wie sie sagten, oder fälschten, wie die Gegner behaupteten. Euseb. H. E. 5, 28. Vgl. Harnack Dogmengeschichte[2] I 623 ff. Genau was dort von ihnen gesagt wird, dass sie darauf „sinnen, was für eine Schlussform zum Beweise ihrer Gottlosigkeit gefunden werden könne" — wäre dann hier am Matthäus zur Ausführung gekommen. — Unter diesen Umständen wäre die in dieser Zeit gemachten authentische Exegese, die der Orient nicht annahm, partiell bei den Lateinern und in ℵBDΦ nebst der Ferrargruppe eingedrungen, in die griechische Masse aber nicht, was durch die Entwicklung der Doctrin nur begünstigt werden konnte. Es nähmen dann ℵBD wieder die mittlere Stelle in der Handschriftengruppierung ein, in der wir sie schon so oft getroffen haben. — Aber wie erklärt sich dann, dass der Zusatz in Markus angeblich allgemein, ausser X prag[2] erhalten ist? Aber er fehlt im Mrk auch im Hieronymus (Codex J) während DEPLQ filius hominis lesen. Vgl. Wordsworth zu 13, 32. Das μόνος des Matthäus ist mir aus innern Gründen verdächtig, es ist eine passende Verstärkung, nachdem οὐδὲ ὁ υἱός eingesetzt war, ohne dies ist es überflüssig, und den Engeln in den Himmeln entspricht besser der Vater in den Himmeln ohne den Zusatz von „allein". Im Syrischen riecht das blosse ܒܠܚܘܕ im Syrsin und Pesch sehr nach stilloser später Einsetzung, selbst Hrs und Philox glätten es in ܒܠܚܘܕܘܗܝ. Und nun fehlt dies μόνος im Mrk fast allgemein, taucht aber in Δ und der Ferrargruppe 13. 124 und in Memph Mspp. auf. Als Urform ist nur οὐδεὶς οἶδεν, οὐδὲ οἱ ἄγγελοι τῶν οὐρανῶν, εἰ μὴ ὁ πατὴρ anzusehen.

Vs. 40 zwei im Gebirge statt ἐν τῷ ἀγρῷ ist nur in Syrsin und Hrs vorhanden. Ist es reflektierte Korrektur auf Grund von 24, 16, da beim Erscheinen der Vorzeichen die Christen auf die Berge fliehen sollen, sich also beim Eintreten des Gerichtes dort

[1] Selbst Hilarius lässt das einfache filius nicht durch, sondern setzt filius hominis 781 d im codex Vatican (vgl. Lachmann) und die griechische Masse nebst f sagt ὁ πατήρ μου, woraus zu ersehen, wie bedenklich hier im Evangelium der blanke Gegensatz von Vater und Sohn ist. In ς steht daher ὁ πατήρ μου μόνος also beides.

[2] Mir ist X prag unklar. Soll es der for sein? Dann ist es lat J. Tisch. III 986, Scrivener [4] II, 84.

befinden müssen? Man schreibt dem Worte טורא im Hrs den Sinn „Feld“ zu, er hat das Wort für ἀγρός hier und 13, 44; 27, 7 Luc 8, 34; 15, 15, 25; 17, 7, und es erscheint Genes 2, 5, 19 im Lectionarium,[1] doch dürfte das Exegese resp. Lokalidiotismus sein, weil in Palästina alles Land bergig ist. Seltsam ist allerdings hier das Zusammenstimmen des Syrsin mit dem Hrs.

Vs. 42. Als Ergänzung der Lücke von einem Worte denke ich ܐܢܬܘܢ, so dass die Zeile 15 Buchstaben bekommt, und ܐܢܬܘܢ ܗܘܘ ܥܝܪܝܢ = „ihr sollt wach sein“ lautet. Für οὖν ist kein Raum. Für Vs. 43 vermag ich zur Ergänzung keinen Vorschlag zu machen.

Mit Vs. 42 schliesst die eigentliche Beantwortung der drei Fragen, die Vs. 3 gestellt sind. Auch Mrk 13, 33 und Luk 21, 34 macht hier den Einschnitt, denn mit Matth 24, 3—42 gehn Mrk 13, 3—33 und Luk 21, 7—34 parallel, von da ab trennen sie sich, hier also liegt ein Endpunkt. Die folgende Parabel wie Luk 12, 39 berücksichtigt die Verhältnisse der kirchlichen Obern in ihrer Verwaltung. — Jene drei Fragen sind, erstens wann wird Jerusalem zerstört, zweitens wann kommt der Sohn des Menschen, womit sich drittens die Frage nach dem Ende der Welt verbindet. Statt nach der Ankunft des Menschensohnes fragt der Matthäustext aber: deine Ankunft, und setzt damit den Wolkenmann mit Ješu' identisch. Markus und Lukas thun das nicht — man sagt weil sie nach der Zerstörung Jerusalem's schon erfahren hatten, dass der Menschensohn nicht gekommen sei. Aber hat sich denn der geschichtliche Ješu' wirklich mit dem Danielschen Menschensohne identifiziert? Wo ist der Beweis dafür? Der Matthäustext in der Rede deckt die drei Fragen nicht, und lässt vor allem Ješu' über seine eigne Wiederkehr sich gar nicht äussern. Vielmehr giebt er für die Zerstörung Jerusalems als Zeitmass die Dauer der gegenwärtigen Generation, und für das Weltende, an dem der Menschensohn kommen soll, erklärt er, das wisse Gott allein, des Menschen Sache sei es sich bereit zu halten. Ein Versuch die Rede in ihre Urbestandteile zu zerlegen ist nicht meine Aufgabe, doch gestatte ich mir darauf aufmerksam zu machen, dass Vs. 5 sachlich dasselbe sagt wie Vs. 23—27, dass Vs. 7—8 als Wehen des Messias und Vs. 21—22, 29—31 bekannte Elemente der jüdischen Apokalyptik sind, die sich mit dem Worte, Tag und Stunde wisse der Vater allein, schlecht reimen. Nach Abzug dieser Stücke bleibt als Ješu' wirkliches Wort übrig Vs. 4—6, 9—14, 15—20 auf den jüdischen Krieg bezogen, 32—42. Diese Ausscheidung ist eine ungefähre, einzelnes wie Vs. 27 kann auch zur Urform gehören, ist aber

---

[1] Studia Sinaitica Nr. VI. A. Palestinian Syriac Lectionary ed. by Agnes Smith Lewis London 1897.

jetzt ebenso wenig einzureihen als Vs. 28 das Wort vom Leichnam und den Adlern. In dieser Form der Rede ist deutlich die Zerstörung Jerusalems vom Weltende geschieden, es ist nur von der Ankunft des Danielischen Menschensohnes die Rede, Ješu' identifiziert sich nicht mit ihm. Vs. 27 denkt anders als Vs. 30.

Wenn ich in Matth Vs. 7 ein fremdes Stück erkenne, so beweist das Lukas 21, 10, der mit seinem τότε ἔλεγεν αὐτοῖς eine Zusammensetzung verrät, und dann Vs. 12 = Matth Vs. 9, wie Mark 13, 9 eine auf spätere Erfahrung weisende Erweiterung bietet, worauf beide von dem Erkalten der Liebe nichts mehr sagen, wohl aus der Erfahrung der Treue der Gläubigen heraus, die sich dem Martyrium nicht entzogen, worauf auch Luk 21, 14, 15 = Mrk 13, 11 hinweisen. — Den Einschnitt bei Vs. 20 markiert Luk 21, 24 der das jüdisch apokalyptische Stück von der Kürzung der Tage Matth 24, 22 = Mrk 13, 20 ganz fallen lässt, und damit zugleich die Repetition der Warnung vor den Pseudomessiasen nicht enthält. Man fragt sich, ob er diese Stücke beseitigt oder noch nicht vorgefunden hat. Auch ist bei ihm statt des jüdisch apokalyptischen Stückes (Matth Vs. 21) klar gesagt, dass die Androhung des Unglücks τῷ λαῷ τούτῳ (Luk Vs. 23) gilt, also auf den jüdischen Krieg, nicht auf das Weltende geht, und die blitzartige Erscheinung des Menschensohn's wird im Lukas wie im Mrc ganz übergangen. Daher hat man mit der Möglichkeit zu rechnen, dass Stücke aus jüdischer Apokalyptik als Erweiterung in Worte Ješu' eingeflochten sind, die den Zweck hatten, Ješu' doppelte Aussage, erstens über das baldige Ende der jüdischen Herrlichkeit in Jerusalem, und zweitens über seine Unwissenheit über das Weltende in eine wirkliche christliche Apokalypse umzubilden. Die so erweiterte Voraussagung folgt dem Schema: I a) Pseudomessiase und Kämpfe b) Kämpfe, Hungersnöte, Erdbeben, c) Christenverfolgungen, die allgemeine Verkündigung des Evangeliums und Ende. II a) Vorher (als Episode! Vs. 15) Zerstörung Jerusalems und Flucht der Christen, b) Kürzung dieser Notzeit, c) abermals falsche Messiase. III Vs. 29 a) Revolution der himmlischen Lichter und Kräfte, b) das Zeichen des Menschensohnes, c) seine Erscheinung, d) Posaune und Sammlung der Auserwählten zum — es ist nicht gesagt wozu. IV Vs. 34 a) Dies alles — also auch das Ende — tritt in der Zeit der lebenden Generation ein, — b) Tag und Stunde des Weltendes, denn darauf geht Vs. 36, weiss Ješu' nicht.

Wer diese Konfusion sieht, muss zur Erkenntnis kommen, dass hier eine klare Grundlage durch Interpolationen entstellt ist. Nach der ungefähren Ausscheidung klärt sich die Lage, auf die Frage nach der Zerstörung des Tempels wird geantwortet, vor dem Aussterben der eben lebenden Generation, aber die Antwort auf die Frage nach der Zeit der Erscheinung des Menschensohnes und des

Endes der Welt wird abgelehnt. Von einer zweiten Erscheinung Ješu' selbst, ist nichts gesagt, man kommt zu dieser Anschauung nur dann, wenn man die Erscheinung des Menschensohnes aus Daniel mit Ješu' als Menschensohn identisch setzt.

Vs. 45 und weise Sklave. Dafür ist zu verbessern und getreue Haushalter. Da Syrsin ... ܐ hat und nicht ܠ(ܥܒܕܐ), so ist „Sklave" nicht richtig. Die Griechen schwanken nicht, aber Irenäus 4, 41, 2 schreibt: Quis igitur erit fidelis actor bonus et sapiens, während er Vs. 46 dagegen servus hat, also mit Syrsin identisch das griechische δοῦλος ausdrückt. Actor bedeutet οἰκονόμος, der Verwalter eines städtischen Hauswesens, der ländliche Verwalter heisst villicus. Das syrische . . ܐ führt daher auf ܐܦܛܪܘܦܐ ܡܗܝܡܢܐ als Ergänzung, also auf griechisches τίς ἄρα (oder οὖν?) ἐστὶν ὁ πιστὸς οἰκονόμος.[1] Der Sinn wird präciser, aber οἰκονόμος ist nur dem Lukas eigen, die andern Evangelien benutzen das Wort nicht. Dass Syrsin hier οἰκονόμος las, wie Luk 12, 42 ist so auffallend, dass es Fragen über das Verhältnis von Luk 12, 41—46 zu Matth 24, 44—51 anregt, da nach Syrsin beide Evangelien mit οἰκονόμος beginnen, dann aber mit δοῦλος weitergehen, während im griechischen Matthäus der οἰκονόμος nicht steht.. Ist hier der Syrsin nach Lukas geändert? Oder ist im griechischen Matth der οἰκονόμος nach dem folgenden δοῦλος beseitigt und Zusammenhang geschaffen? In jedem Falle geht die Rede auf das Verhalten der Gemeindevorstände der ersten Christen, die sich gelegentlich sehr übel benommen haben müssen, vgl. 3 Joh 10 und Didache XV. Dann aber hat sie in der apokalyptischen Rede keinen Platz und liegt ausserhalb ihrer Grenzen, grade so gut wie die Parabel von den zehn Jungfrauen, die Lukas 12, 35—36 im Zusammenhange mit unsrer Rede vom Haushalter auch kennt und kurz zusammenzieht. Wie kommt es, dass Lukas hier wie weiter 12, 54, das sachlich gleich Matth 24, 32 ist, sich ganz in dem Stoffe von Matth 24, 32—25, 13 bewegt, den er 21, 36 fallen lässt, was auch Mrk 13, 37 gethan hat? Und welchen Widerspruch legt man den Worten Ješu' bei, wenn man ihn im Matth glaubt sagen lassen zu dürfen, dass unmittelbar nach der Zerstörung des Tempels auch das Weltende kommen werde, und ihn dann trotzdem damit fortfahren lässt, dass er Weisungen über die Wachsamkeit giebt, weil man das Weltende und Gericht nicht wisse! Das Ende hat er eben nicht direkt an die Zerstörung Jerusalems angeschlossen, sondern

[1] Aus Clemens Hom. 53, 33 μακάριος ὁ ἄνθρωπος ἐκεῖνος könnte man für οἰκονόμος auch ἄνθρωπος erschliessen. Aber das syrische ܡܗܝܡܢܐ . . ܐ erlaubt das nicht, da ἄνθρωπος ܒܪ ܢܫܐ oder ܠܒܪܢܫܐ sein würde, während das fehlende Wort mit ܐ beginnt.

unbestimmt gelassen, daher Raum und Ursache für die Mahnungen und die Voraussicht über das Leben der künftigen Gemeinden.

Über seine Genossen = ܟܢ̈ܘܬܗ so für ἐπὶ τῆς οἰκετείας B, θεραπείας D, familiam abcd Hilar Iren, οἰκίας א, domum q. Auch Luk 12, 42 hat Syrsin „Genossen“ statt θεραπεία. Da „seine Genossen“ seine Mitsklaven sind, so ist der Ausdruck für den Gemeindevorstand bezeichnender als die griechischen Wörter, und so erklärt sich die griechische Schwankung aus einer Beseitigung des ursprünglichen σύνδουλος, das man von den Vorständen nicht sagen mochte, die vornehm geworden waren. Wir finden ܟܢ̈ܘܬܐ für σύνδουλοι Matth 18, 28f. und 24, 49, wofür Iren 4, 60, 1 conservi setzt, 4, 41, 1 aber nach Lukas 12, 45 servi et ancillae gebraucht. Vs. 49 legt Zeugnis für σύνδουλοι als Urlesart auch in Vs. 45 ab, wo die Griechen schwanken. — Aus dem Ausdrucke μετὰ τῶν μεθυόντων, das bei Lukas bezeichnender Weise in μεθύσκεσθαι umgewandelt ist, lernt man, dass schon die Urgemeinden Trunkenbolde in ihrer Mitte hatten, mit denen gelegentlich herrschsüchtige Vorstände zusammenhielten. Solche Vorstände lässt Matthäus Vs. 51 zu den Heuchlern, Lukas aber Vs. 46 zu den Ungläubigen, d. h. Nichtchristen gestellt werden. Sehr merkwürdig! Unter diesen Umständen verdient die von Clemens Hom. 53, 34 aufbewahrte und nach dem Zusammenhange in das Futurum καταστήσει umgebildete Textform unsres Verses die höchste Beachtung. Sie ist die älteste, älter als Syrsin, aber durch θεραπεία, das wir jetzt in D finden, interpoliert, während der Urtext bloss σύνδουλοι hatte. Ich setze die Interpolation in eckige Parenthese, und man liest: μακάριος ὁ ἄνθρωπος ἐκεῖνος[45], ὃν καταστήσει ὁ κύριος αὐτοῦ ἐπὶ [τῆς θεραπείας] τῶν συνδούλων αὐτοῦ τοῦ διδόναι αὐτοῖς τὰς τροφὰς ἐν καιρῷ αὐτῶν . . . .[48] ἐν τῇ καρδίᾳ αὐτοῦ, χρονίζει ὁ κύριός μου ἐλθεῖν[49] καὶ ἄρξηται τύπτειν τοὺς συνδούλους αὐτοῦ, ἐσθίων καὶ πίνων μετά τε πορνῶν [sic!] καὶ μεθυόντων[50], καὶ ἥξει ὁ κύριος τοῦ δούλου ἐκείνου ἐν ὥρᾳ, ᾗ οὐ προσδοκᾷ, καὶ ἐν ἡμέρᾳ ᾗ οὐ γινώσκει, καὶ διχοτομήσει αὐτὸν καὶ τὸ [ἀπιστοῦν, aber Codex P ἀπιστὸν] αὐτοῦ μέρος μετὰ τῶν ὑποκριτῶν θήσει. Hier ist der Schluss durch ἀπιστοῦν = ἀπιστῖν = ἀπιστῶν verdorben, das als Glosse steht und für ὑποκριτῶν zu denken ist, wie es Lukas für ὑποκριτῶν aufweist. Die sinnlose Einsetzung des ἀπιστοῦν vor μέρος bedingte die Umstellung aus ursprünglichem τὸ μέρος αὐτοῦ, d. h. ihm sein Los zuweisen. Nun steht die Textgeschichte in vollem Lichte, die σύνδουλοι sind in θεραπεία oder οἰκετεία umgesetzt, der Umgang eines Gemeindevorstandes mit πόρναι ist schon im Matth gefallen, im Luk sind auch die Trunkenbolde weggeblieben und die ἄπιστοι des Lukas zeigen einen anderen dogmatischen Horizont als die Heuchler des Matthäus, und erweisen sich grade bei Clemens, dem sie nachträglich verkehrt eingemischt sind, als sekundär neben den Heuchlern. Wie gänzlich semitisch aber die Konstruktion erhalten ist, das beweist das καὶ ἥξει, das den Nachsatz einleitet und zu übersetzen ist: so wird kommen. Das ist das ו im Nachsatze, das im griechischen Matth früh gestrichen ist und daher auch in Syrsin nicht mehr erscheint.

XXV, 1 entgegen dem Bräutigam und der Braut. So erfordert es die Natur der Sache umsomehr, als die Empfangenden hier Jungfrauen sind, die nicht den Bräutigam, wohl aber die Braut zu erwarten und in ihr Gemach zu begleiten haben. So lesen ausser Syrsin, Pesch, Altlat, Hieron, Arm nebst DX und Minuskeln, von denen wenigstens 124 zur Ferrargruppe gehört, so wie Origenes (lat. et sponsae) und Hilarius, der sponsus et sponsa als Dominus noster in corpore Deus deutet, und motiviert, dass nachher Vs. 6 nur dem sponsus entgegengegangen wird, — erant enim jam ambo unum. — Dieser enorm starken Bezeugung gegenüber stehn nun אB und andre Uncialen, nebst dem Memphiten, Sahiden (nach Münter), dem Hrs und der Baseler Äthiope. Liest man die Randnote der Philoxeniana, welche καὶ τῆς νύμφης unter Asteriscus beifügt, so löst sich das Rätsel. Die Note besagt: καὶ τῆς νύμφης findet sich nicht in allen Exemplaren, namentlich in dem Alexandrinischen.[1] Die Kopten sind doch wahrhaftig Hauptzeugen für alexandrinische Texte und grade bei ihnen fehlt es, auch Hrs dürfte auf ein melchitisches d. h. ägyptisches Original hinweisen. Was die Mss im Äthiopischen haben, ist unbekannt. Dann aber dürfte die Streichung der fraglichen Worte ein Werk der alexandrinischen Redaktion sein. Warum strichen sie? War der Bräutigam Christus, so war die Kirche die Braut, Apcal 21, 9, und der konnte man nicht am Weltende zum Empfange entgegengehen. Daher die Streichung der Braut ebenso wie die absonderliche ausweichende Deutung bei Hilarius. Unter der Wirkung dieser Reflexion steht אB, ist das neutraler Urtext? Wäre es so, dann bliebe zu erklären, warum die νύμφη hier falsch eingesetzt ist, die sich doch in die spätere Deutung der Symbolik absolut nicht einfügen lässt, die aber unentbehrlich, weil die erwartenden nicht Männer, sondern Jungfrauen sind.

Vs. 2—12 Syrsin ordnet die Thörichten vor den Weisen, Pesch und Phil drehen das um; mit Syrsin geht das Memphite, Arm, Altlat ausser dem Brixianus f. Hieron, Hrs dazu אBD — mit Pesch gehen Δal δf, und das ist jüngere Form, wie das chronologische Verhältnis von Syrsin zu Pesch beweist. Nun schwankt die An-

[1] Der Text ist ܠܝܬܝܗ ܠܗ ܒܟܠܗܘܢ ܨܚ̈ܚܐ ܘܡܝܬܪܐܝܬ ܒܐܠܟܣܢܕܪܝܐ. Barhebräus zitiert das, und deutet Bräutigam und Braut auf Christus und Kirche.

knüpfung, da αἱ γὰρ μωραί אB, αἱ δὲ μωραί Zbc Hier, αἱ οὖν μωραί D, αἵτινες μωραί Δ al, nebeneinander überliefert sind. Logisch passt weder γάρ noch δέ, höchstens οὖν. Der Memphite hat γάρ mit אB. Das ist also alexandrinisch. Logisch ist Syrsin richtig, und aus seiner einfachen Anknüpfung mit „und die thörichten — aber die klugen“, entwickeln sich die griechischen Umbildungen aus Rücksicht auf Eleganz, die in verschiedener aber nicht glücklicher Weise angestrebt ist. Auch das δὲ in αἱ δὲ μωραί Vs. 8 ist hellenische Feilung, die in Pesch, Philox, Memph eingesetzt, griechisch allgemein angenommen, dennoch in Syrsin, Arm, Hrs (בכן אמרין = tunc dicunt) noch fehlt. — Vs. 11 sagt Syrsin nicht: Zuletzt kamen auch die übrigen (καὶ αἱ λοιπαί) Jungfrauen, sondern nur: kamen auch diese Jungfrauen, Pesch aher schiebt sowohl καὶ als λοιπαί ein. Nun fehlt καὶ noch im Memph Altlat, auch f, wie in DHZ, und ohne das καὶ ist auch das αἱ λοιπαί überflüssig und vom Übel. Es ist schlechte Verbreiterung des Textes. Dahin dürfte auch die Verdoppelung des κύριε gehören, die Syrsin nicht hat.

Vs. 14 ff. Da schon Meyer-Weiss deutlich lehrt, dass sowohl der Abschnitt von den Talenten, als der vom Weltgericht Parabeln entstammt, die der Evangelist aufgenommen und umgebildet hat, während die erste „ursprünglich mit der Wiederkunft nichts zu thun“ hatte, und die zweite von der „Bruderliebe als der Norm der Scheidung der echten und der unechten Jünger Ješu’“ handelt, so trete ich in die höhere Kritik nicht ein, und betone nur, dass Vs. 34 ὁ βασιλεὺς aus der Parabel stehen geblieben ist und nun notgedrungen mit dem Menschensohne identifiziert werden muss, was trotz alledem den Bruch in der Darstellung nicht einmal maskieren, geschweige denn beseitigen kann, zumal sich Ješu’ sonst nicht als König bezeichnet, wohl aber 1 Cor 15, 24 als ein solcher gedacht wird. Eine genaue Ausscheidung der Parabel ist in dem zweiten Stück jetzt nicht mehr mit Sicherheit vorzunehmen, man muss sich wie bei der Ausscheidung in Kap. 24 mit dem Ungefähr begnügen, indem man hier wie in Kap. 24 den unklaren Gang der Entwicklung als Kriterium nimmt. Mit einer treu erhaltenen Rede Ješu’ haben wir es nicht zu thun, sondern mit einer in hohem Masse alterierten, bei der sich die jüngere in den Gemeinden entwickelte apokalyptische Vorstellungsreihe um den alten Stamm der Parabel herum gelegt hat. Ich beschränke mich daher auf die blosse Behandlung des Textes nach Syrsin.

Vs. 14, die lockere Anknüpfung, bei der das Tertium comparationis nicht ausdrücklich festgestellt ist, und bei der die strenge grammatische Konstruktion nicht zur Ausführung kommt, ist auch im jüdischen Midrasch gebräuchlich.

Vs. 15—18. Die Lücke in Syrsin ergänzt sich aus Pesch mit vollkommener Sicherheit so:

ܘܐܚܬ ܕܬܪ̈ܬܝܢ ܘܐܚܬ ܕܚܕܐ [ܐܢܫ ܐܢܫ ܐܝܟ] [ܚܝܠܗ ܘܫܢܝ ܐܙܠ]
[ܕܝܢ ܗܘ ܕܢܣܒ ܚܡܫ] [ܘܐܬܬܓܪ] ܘܡܘܗܒܬܗ [ܐܦ] ܗܘ ܕܬܪ̈ܬܝܢ
[ܢܣܒ]. [ܐܬܬ]ܓܪ ܒܬܪ̈ܬܝܢ ܗܘ ܕܝܢ ܕܢܣܒ.

wonach die Übersetzung gemacht ist. Vergleicht man das mit dem Griechischen, so fehlt εὐθέως und die antizipierte Mitteilung über den Gewinn, den jeder gemacht hat. Dadurch wird die Erzählung lebhafter und spannend, es ist nicht schon vorweggenommen, was Vs. 20 erst am Platze ist. Wir haben dieselbe pedantische Ausgleichung nach vorn, die wir auch P. 251 schon bemerkt haben. Griechisch ist das: ᾧ δὲ δύο, ᾧ δὲ ἕν, ἑκάστῳ κατὰ τὴν [ἰδίαν?] δύναμιν καὶ ἀπεδήμησεν, πορευθεὶς δὲ ὁ τὰ πέντε λαβὼν ἠργάσατο — oder ἠγόρασεν? — καὶ ὡσαύτως καὶ ὁ τὰ δύο λαβὼν ἠργάσατο [ἠγόρασεν?] ἐν τοῖς? δυσί κτλ. Dieser Text ist bei allen Zeugen durch die Überarbeitung beseitigt. Wo bleibt das καὶ ἐκέρδησεν der אBCD in Vs. 16 und 17, das dann in ἐποίησεν stilistisch noch einmal dissimiliert ist?

Vs. 31—46. Zur Sache gestatte ich mir kurz anzudeuten, dass in diesem Abschnitt eine jüdische apokalyptische Einleitung, in der alle Völker = כל הגוים[1] vor den danielischen Menschensohn gebracht werden, mit einem Parabelstoffe, daher der βασιλεύς Vs. 34, 40, verknüpft[2], und daran eine Schilderung des VerhaltensJešu' im Reiche seines Vaters zu seinen treuen und untreuen Anhängern geschlossen ist, die sich ihrem Grundgedanken nach als Ergänzung und Parallele zu Matth 10, 32 und 40 erweist, und eben darum den Anspruch hat, echte GedankenJešu' zu überliefern. Lukas 12, 8 hat dies Stück, und er führt in Kap. 12, 51, wo sich vorher 42ff mit Matth 24, 45 deckt, die Fortsetzung von Matth 10, 34 an, sodass in ihm hier Stoffe von Matth 10 und 25 nebeneinander erscheinen, die auch sachlich zusammengehören. — Die ursprüngliche Verschiedenheit der Stücke zeigt Vs. 32 das αὐτούς, das sachlich ebensowenig als grammatisch auf πάντα τὰ ἔθνη gehen kann, denn nicht um eine Auslese einzelner Völker als gut und eine Verwerfung andrer als schlecht handelt es sich, sondern um eine Auslese einzelner Menschen. Darum passt die Einleitung nicht zum Folgenden, zwischen συναχθή-

---

[1] Hrs übersetzt das hier und sonst, auch im Lectionar, כולהון מיניא alle Minim.

[2] Der βασιλεύς wird jetzt daraus erklärt, weil Christus nun in seiner βασιλεία erschienen sei. Aber wer kann solche exegetische Sprünge noch gutheissen? Eher erklärt es sich nach der Hypothese, dass dies einer jüdischen Schilderung des Gerichtes entstammt, in der der Messias redet und dann מלכא משיחא genannt war, wovon hier das βασιλεύς übrig geblieben wäre.

σονται πάντα τὰ ἔθνη und καὶ ἀφοριεῖ αὐτούς ist keine Vereinigung möglich, es ist eine Zusammennähung ursprünglich zusammenhangsloser Stücke, die nicht mehr sicher gelöst werden kann. Die Inkoncinnitäten des Abschnittes können exegetisch nicht vertuscht werden, die Lösung liegt in der Einsicht, dass heterogene Stoffe verbunden sind. Abgetrennt von einander werden sie verständlich, und mit Streichung des βασιλεύς, der stehenden Figur in den Parabeln, in Vs. 40 lässt sich Vs. 35—46 wohl als Rede Ješu' verstehen, die darstellt, welches Gericht die Lieblosen bei der Auseinandersetzung zwischen ihnen und ihrem Herrn dereinst vor Gott finden werden.

Vs. 32 die Schafe von den Böcken. Da hier für Böcke gedayā gesagt ist, so müssten 'erbe die Schafe sein, so die nächstliegende, aber falsche Meinung. Es fragt sich nämlich, ob die Böcke Ziegenböcke oder Schafböcke sind, und daran haben die Ausleger nicht gedacht. Obwohl Meyer-Weiss richtig Ziegenböcke übersetzt, so zieht er doch nicht die Konsequenz, und de Wette schreibt gar: Böcke (Widder) seien wertloser(!) und weniger leicht zu führen, obwohl doch ἔριφος gewiss nicht Widder ist, denn Widder heisst griechisch κριός. Der Text bedeutet in Wahrheit, dass der Richter die Gojim scheidet, wie der Hirt des Kleinviehs (צאן) die Ziegenböcke von den Schafen (oder Schafböcken) trennt, dass die einen gut, die andern, etwa die Ziegenböcke zur Linken, schlecht sind, ist gar nicht gesagt, und aus dem Folgendem nicht hierher zu übertragen. Es ist nur das Thun der Hirten beschrieben und als ein Beispiel benutzt. Wer in Palästina die Kleinviehherden gesehen hat, weiss, dass Schafe und Ziegen mit einander vereinigt eine Herde bilden, in der der Hirt gelegentlich die Tiergattungen trennt. So haben alle Alten den Text verstanden, die ἔριφοι sind lateinisch haedi, Ziegenböcke, die D Luk 15, 29 sogar durch ἔριφον ἐξ αἰγῶν = haedum de capris d, d. h. einen Bock aus der Ziegenherde, gegen alle Zweifel sichert. Der Armenier setzt dafür այծիք d. h. Ziegen und der Memphite ⲃⲁⲉⲙⲡⲓ, das caper, capra bedeutet. Für πρόβατα sagen die Lateiner ovis, der Arm ողիք Herde von Schafen und Lämmern, der Memphite ⲉⲥⲱⲟⲩ Schafe. Der Gegensatz ist nicht Männlich und Weiblich, sondern Schaf und Ziege. Darum ist nun auch für das syrische ܥܢ̈ܐ durchaus nicht der Schluss zu ziehen, dass es die weiblichen Schafe bedeute, sondern es ist Gattungsname, wie Schaf, hat aber im Gegensatz zum deutschen Schaf, welches das weibliche Tier bedeutet[1], wenn das Geschlecht in

[1] Das griechische ὄϊς verschwindet in der jüngern Sprache gegen πρόβατον, welches wie Schaf im Deutschen, die Gattung bezeichnet, wenn aber das Geschlecht in Frage kommt, die weiblichen Tiere allein ausdrückt, z. B. Aristoteles Hist. anim. 523ᵃ, 5; 545ᵃ,24 πρόβατον ὀχεύεται und τίκτει 545ᵇ, 31, gegen κριοὶ ὀχεύουσι 546ᵃ, 4.

Frage kommt, den Sinn männliches Tier, Widder, wo es auf das Geschlecht ankommt. Das beweisen die syro-arabischen Wörterbücher, die es durch kabsch Plur. kibâsch d. h. Schafböcke, Widder übersetzen, und der von Payne-Smith s. v. beigebrachte Umstand, dass ein Mann in der Taufe den Namen ܐܪܒܐ = 'erba empfängt d. h. Widder, während ein Weib ܢܩܝܐ = neqya bei der Taufe genannt wird, welches das weibliche Schaf bezeichnet. So übersetzt denn auch der arabische Tatian P. 165 die 'erbe richtig durch kibâsch d. h. Widder und die gedajā durch جداء = ğidâ, männliche Ziegenlämmer (a male kid Lane), während die weiblichen Ziegenlämmer عناق = 'anâq heissen. Wo also das Geschlecht in Frage kommt, ist 'erba das männliche, neqya das weibliche Tier. An unsrer Stelle ist es an sich indifferent, will man aber darauf bestehen, so müsste man als richtigen Gegensatz zu den Ziegenböcken (ܬ̈ܝܫܐ) auch die 'erbe mit Widder, Schafböcke, übersetzen. Dies zu erörtern ist wegen Joh 21, 15—17 notwendig, wo in der Entgegensetzung der neqawātā d. h. die weiblichen Schafe gegen die 'erbe d. h. die Widder eben der Grund liegt, dass dort der Unterschied zu betonen und nicht zu verwischen ist. Vgl. Protestantische Monatshefte 1898 S. 359. Der Sinn der Stelle ist: wie der Hirt die Schafe, im Griechischen und Syrischen indistinct, scheidet von den Ziegenböcken, syrisch und griechisch geschlechtlich bestimmt. Die revidierte englische Bibel unterscheidet hier richtig sheep und goats (mit Randlesart kids Ziegenlämmer), ignoriert aber dabei, dass der Syrer ὁ ἔριφος männlich versteht, das im Etymologium magnum ἡ ἐρίφη neben sich hat.

Vs. 34. Für die Lücke von sechs Zeilen bietet der Peschitatext nur 58 Buchstaben, also $58 : 6 = 9\,^2/_3$ auf die Zeile. Das ist nicht genug, und es mag eine nicht auffindbare Differenz im Syrsin vorgelegen haben. Das gilt auch für die Lücke Vs. 37, wo auch Pesch das λέγοντες nicht hat. In ihrem ܗܝܕܝܢ ܐܡܪܝܢ ܗܘܢ ܙܕ̈ܝܩܐ ist ܗܘܢ sicher zuviel für den Syrsin, steht aber in der Philox.

Vs. 40 fehlt in Syrsin wie in a und dem Corbejensis ff[1] bei Bianchini das ὁ βασιλεύς! Es ist Wanderwort, denn übereinstimmend mit d schreibt D ἀποκριθεὶς ἐρεῖ αὐτοῖς ὁ βασιλεύς, während ℵBAΔ al. mit bfg[1]q et respondeus rex = dicit ἀποκρ. ὁ βασιλεὺς ἐρεῖ αὐτοῖς haben, und die Konstit. Apost. V, 1 nach Turrianus (Lagarde 125[8]) es mit dem Syrsin weglassen. Man fragt sich, ob es falsche auf Vs. 34 beruhende Glosse ist? Es könnte aber auch im Interesse des Zusammenhanges ausgelassen sein. Man sieht, dass schon die Alten hier anstiessen.

In Vs. 43 lässt Syrsin aus: Ich war ein Fremdling und ihr habt mich nicht aufgenommen, was in Pesch steht. Dazu kommt weiter, dass ℵ* 124, also ein Codex der Ferrargruppe, und 127* hier γυμνὸς ἤμην καὶ οὐ περιεβάλετέ με weglassen. So hat jede Vershälfte, und damit das ganze Glied ein starkes Zeugnis gegen sich. Ist das Fehlen nun Nachlässigkeit der Abschreiber, oder aber das Vorhandensein mechanische Kompletierung nach Vs. 44 und 36 von Seiten der Redaktion, die je zur Hälfte in ℵ und in Syrsin eingedrungen ist? Ich halte es für pedantische Ausgleichung wie Vs. 15—18, die in der Urschrift fehlte. Vgl. P. 365. Die Frage ist, ob nicht auch V. 44 durch die zwei Glieder „Fremdling“ und „nackt“ erweitert ist. Der Text gewinnt, wenn er von diesem Schematismus entlastet wird. Die Anführung in der syrischen Didascalia, Apostolorum (ed. Lagarde Leipzig 1854 anonym) 77, 24 hat von Vs. 37 an diese Ordnung: Wann haben wir dich gesehen 1. hungrig, 2. durstig, 3. nackt, 4. krank, 5. fremd, 6. gefangen, aber vorher in Vs. 35 ordnet sie 1. hungrig, 2. durstig, 3. fremd, 4. nackt, 5. krank, 6. gefangen, was mit den übrigen Texten stimmt. Man schliesst hier auf eine Nachtragung von „fremd“, das im Syrsin Vs. 43 auch fehlt. Wer die Stelle der Didascalia liest, bekommt einen Kommentar darüber, was in den Zeiten der Christenverfolgung diese Worte bedeutet haben. Die Ordnung in Vs. 35 stand fest (auch bei Irenäus), das Folgende ist mechanisch danach gerichtet worden.

Vs. 45 was ihr einem von diesen Kleinen, wonach ich Vs. 40 ergänzt habe „was“. Die Griechen haben beidemale ἐφ ’ὅσον, das der Memphite translitteriert, und die Pesch durch ܟܡܐ ܕ = quantum also Massbestimmung deutet. Meyer-Weiss merkt an, ἐφ’ ὅσον stehe 9, 15 vom Zeitmasse, hier vom Mass der Leistung, Syrsin hat denn auch 9, 15 richtig ܟܡܐ ܕ, woraus e contrario folgt, dass er hier nicht ἐφ’ ὅσον sondern einfach ὅ gelesen hat. Leute, die das Griechische praktisch verstanden, wie die Altlateiner und Hieron, haben hier ἐφ’ ὅσον nicht in dem Sinne „bis zu welchem Masse es möglich ist“ verstanden, was es Plato Politicus 268[b] heisst, sondern quamdiu = „so lange als“ übersetzt, aber weder dies noch jenes giebt wirklich Sinn. Der Gedanke: „Soweit ihr diesen Gutes thut, soweit thut ihr es mir“ ist höchst geschraubt. Der ebenfalls Griechisch praktisch verstehende Hrs deutet ebenso עד [כול] אמתי d. h. bis zu jedem Wann = quamdiu. Wir sehen hier, was die Worte für den Griechisch Sprechenden in Wahrheit für einen Sinn hatten, aber wir können ihn nicht gebrauchen. Auch der in Konstantinopel geschulte Armenier fasst es nicht als Mass der Leistung, sondern setzt որով հետև d. h. worauf, von wo an, und der Memphite behält es unübersetzt bei. Sonach war für des Griechischen praktisch Kundige nur die sachlich unbrauchbare Fassung „so lange als“ die sprachlich mögliche, die Lateiner sind des so sicher, dass sie auch

Rom 11, 13 quamdiu bieten, wo der Arm ցորքան ժամանակս = bis auf welche Zeit, wie lange hat, und der Memphite wieder ⲉⲫⲟⲥⲟⲛ beibehält. Demzufolge ist die Deutung auf das Mass der Leistung sprachwidrig. Die Didaskalie der Apostel 78, 3 hat auch nicht ἐφ' ὅσον, sondern omne, quod.

26, 3 versammelten sich die Hohenpriester. Meine Randnote, es sei für die Schriftgelehrten kein Platz in der Lücke der Handschrift, ist falsch. Es ist möglich zu ergänzen:

ܗܝܕܝܢ ܐܬܟܢܫܘ ܪ̈ܒܝ tunc congregati sunt magni
[ܟܗ̈ܢܐ ܘܣܦ̈ܪܐ] ܘܩܫ̈ܝܫܐ [sacerdotes et scribae] et presbyteri
[ܕܥܡܐ] ܠܕܪܬܗ ܕܪܒ [populi] ad aulam magni etc.

Syrsin stimmte alsdann mit Pesch, Philox, Arm, Origen lat. ΓΔΠ, cfg²h, während Hieronymus „et scribae" gestrichen hat, das in ℵABD und im Memphiten und Hrs fehlt. — Das in Syrsin allein fehlende „der Kajafa genannt werde", dürfte gelehrte Anmerkung sein, die sehr alt sein muss, weil sie überall aufgenommen ist ausser in Syrsin. Das in B fehlende τοῦ λαοῦ scheint von der ersten Hand selbst dort nachgetragen zu sein.

Vs. 4 und nicht am Feste = ܘܠܐ, aber man könnte an ܘ̇ܠܐ denken, nämlich ܘ̇ܠܐ ܕܒܥܐܕܐ ܠܐ = es ziemt sich, dass am Feste nicht (ein Tumult entstehe).

Vs. 6—13. Textlich sind nur Kleinigkeiten anzumerken. Vs. 7 drückt Syrsin βαρύτιμος aus, das B hat, und das in Philox erscheint, und das Armenische mit ծանրագին bewahrt hat. Pesch las dafür πολύτιμος mit ℵAD, das Memph mit ⲛⲁϣⲉ ⲛⲥⲟⲩⲧⲉⲛϥ ausdrückt. Letzterer ist der geglättete Ausdruck. Die Glättung wiederholt sich Mrk 14, 3, wo Syrsin ebenfalls βαρύτιμος las, jetzt aber in allen Griechen das abgeblasste πολυτελής steht. — Vs. 8. Es sahen es aber seine Jünger und sprachen, das Unwillig werden derselben, (ἠγανάκτησαν) fehlt in Syrsin. Es ist eine grobe und vulgäre Ausmalung, die die Feinheit der Szene verdirbt. Eine solche That, wie die des Weibes, kann nicht von Ješu' Jüngern mit Murren betrachtet werden, es ist schon philisterhaft genug, wenn sie die Verschwendung zwecklos finden. Darin allein liegt für das Weib, das ja reich gewesen sein muss, etwas Betrübendes, das Ješu' mit feinfühligem Sinne abwehrt. Das ἀγανακτεῖν ist ganz überflüssig und grob. Aber im Markus ist die Szene brutal umgestaltet, das Weib salbt dort nicht aus dem Alabastergefässe, sondern sie zerbricht es, — man möchte wohl wissen weshalb — und die Jünger werden ganz beseitigt, denn nicht sie, sondern Irgendwelche (τινές) schelten unter einander. Johannes endlich setzt statt der Jünger einen einzelnen ein, den Judas den Skarioten, hat aber das geschmacklose Zerbrechen der Alabasterbüchse nicht adoptiert. Erwägt man dies,

so wird man zu der Einsicht kommen, dass die Darstellung im Syrsin die einfachste, dem Standpunkte armer Fischer, wie die Jünger waren, angemessene ist, dass Luk 7, 38 von dem Zerbrechen der Büchse und dem Unwillen der Jünger nichts weiss, dass Markus den Jüngern den Vorwurf abnimmt, dass nach ihrer Meinung für den Herrn irgend Etwas zu kostbar sein könnte, und dass Johannes den Lukas benutzt hat, wie diese Parallele zeigt:
Luk 7, 38 στᾶσα ὀπίσω παρὰ τοὺς πόδας αὐτοῦ κλαίουσα τοῖς δάκρυσιν ἤρξατο βρέχειν τοὺς πόδας αὐτοῦ καὶ ταῖς θριξὶ τῆς κεφαλῆς ἐξέμασσεν καὶ κατεφίλει τοὺς πόδας αὐτοῦ καὶ ἤλειφεν τῷ μύρῳ.
Joh 12, 3 ἤλειψε τοὺς πόδες... καὶ ἐξέμαξε ταῖς θριξὶν ἑαυτῆς τοὺς πόδας αὐτοῦ.

Nur trocknet sie bei Johannes die Salbe, bei Lukas die Thränen von Ješu' Füssen, und salbt dann erst die mit ihren Thränen gewaschnen Füsse. Was ist hier das Sinnigere? Nun stelle man sich die synoptischen Berichte nach Syrsin zusammen, und man hat die Umbildungen vor sich, bei denen sich das ἠγανάκτησαν als eine Rückwirkung aus dem Markus selbst verrät. Auch der Salbenname nach Syrsin bestätigt das, Matthäus hat nur ἀλάβαστρον μύρου βαρυτίμου, Mrk bringt dazu ἀλάβαστρον μύρου — νάρδου πιστικῆς — βαρυτίμου und Joh mit ἀλάβαστρον λίτρας μύρου — νάρδου πιστικῆς πολυτίμου, bestimmt noch das Mass auf eine Litra. Matth fixiert den Preis nicht, Markus schätzt auf mehr als dreihundert Denare, Judas bei Johannes weiss genau, dass der Preis einer Litra Pistike Narde auf dreihundert Denare steht, Lukas lässt sogar das ganze βαρύτιμος als für seine Darstellung irrelevant aus. Im Matth und Mrk ist von dem Weibe nichts Bestimmtes gesagt, im Lukas wird sie eine Sünderin, im Johannes wird sie zur Maria, Schwester des Lazarus. Dazu lohnt es denn wohl die Bemerkung des Origenes der Gegenwart wieder vorzuführen, die er im Matthäuskommentare macht: Ex his ergo et aliis ... certum est quoniam aut sibi contraria dicunt Evangelistae ... aut necesse est dicere, non de eadem muliere omnes conscripsisse Evangelistas, sed aut de tribus aut de quatuor. Dicet autem aliquis paullo audacior: forsitan secundum historiam una quaedam mulier fuit ... pone autem et alteram et si vis tertiam, tamen principaliter Evangelistarum propositum fuit respiciens ad mysteria, et non satis curaverunt, ut secundum veritatem enarrarent historiae, sed ut rerum mysteria, quae ex historia nascebantur, exponerent. So schrieb ein Theologe des dritten Jahrhunderts. Im sechsten war er ein Ketzer!

Vs. 10 ein schönes gutes Werk, wo Pesch das gute ܛܒܐ nicht hat. Ich erachte das nicht für Doppelübersetzung für καλόν, sondern das „gute" = ܛܒܐ als die richtige Urübersetzung, die verdorben ist durch Einschub von „schön“ = ܫܦܝܪܐ, welches für καλόν als Korrektur des ܛܒܐ zugesetzt ist. Wir haben hier in dieser Glosse ein Zeugnis dafür, dass die syrische Urübersetzung nach den Griechen revidiert ist, und dass das auch auf Syrsin Einfluss übte, der daher die Urübersetzung nicht mehr rein repräsentiert. In Pesch ist das ܫܦܝܪܐ allein, aber in Philox ist das uralte ܛܒܐ ohne ܫܦܝܪܐ erhalten! Dass dem Aramäischen Sprachgefühl nur ܛܒܐ entspricht, wie die Urübersetzung bot, und dass ܫܦܝܪܐ d. h. das formelle Schöne eine ungeschickte Pedanterie ist, beweist der Hrs, der nach richtigem Sprachgefühl wieder עובד טב bietet.

Vs. 12. auf meinen Leib. Für das ܦܓܪܝ, des Syrsin setzen Pesch und Philox ܠܓܘܫܡܝ wodurch synonymisch die Substanzialität im Begriffe Leib mehr betont wird. Hrs hat פוגרי gewählt. In Vs. 13 ergänze ܕܥܒܕܬ [ܐܢܬܬܐ] ܗܕܐ in der Lücke, Pesch hat das nicht, aber der Memphite bietet verschieden vom Sahiden, der nur αὕτη hat, ⲧⲁⲓⲥϩⲓⲙⲉ = haec femina, also ἃ ἐποίησεν αὕτη ἡ γυνή.

Vs. 13—16 stimmt Syrsin mit D abc, der Vs. 14 καὶ εἶπεν αὐτοῖς liest, aber auch D hat schon τί θέλετέ μοι δοῦναι, wo Syrsin das μοι noch weglässt, was feiner ist, das Pesch aber nachträglich zusetzt. Auch οἱ δὲ ἔστησαν ist Feilung für „und sie bestimmten“.

Vs. 17—19. Am ersten Tage aber des Ungesäuerten. Bei der Streitfrage, die sich an diese Worte knüpft, und die zuletzt von Chwolson (Das letzte Passamahl Christi in den Mémoires de l' Académie impériale de St. Pétersbourg Tome XLI Nr. 1, 1892) behandelt ist, führe ich an, dass Pesch, Memph,[1] Arm und D ganz dasselbe ausdrücken. Hingegen hat in Mrk 14, 12, wo diese Zeugen καὶ τῇ πρώτῃ τῶν ἀζύμων, ὅτε τὸ πάσχα ἔθυον übereinstimmend bieten, der Syrsin: Am ersten Tage des Ungesäuerten, während das Passa verzehrt wurde, und das scheint auf den ersten Blick verkehrt, es scheint, es müsse heissen an dem das Passa verzehrt zu werden pflegt, ein Sinn, den die syrische Phrase ܕܒܗ ܡܬܐܟܠ ܗܘܐ ܦܨܚܐ aber nicht hat. Da ist es denn merkwürdig, dass auch die Pesch vom Griechischen abweicht, indem sie schreibt ܕܒܗ ܕܒܚܝܢ ܝܗܘܕܝܐ ܦܨܚܐ = ᾗ θύουσι οἱ Ἰουδαῖοι τὸ πάσχα, und dass auch der Memphite präsentisch übersetzt ϩⲟⲧⲉ ⲉⲩϣⲱⲧ = wann sie schlachten (when they slay) Stern Kopt. Gr. § 416. Nun darf man nicht übersehen, dass ὅτε ἔθυον zweideutig ist, es kann heissen, an dem Tage, an dem die Juden das Passah zu schlachten pflegten, — dann aber müsste genaugenommen Präsens stehen, denn sie pflegen das auch später so zu thun, und damit ist die Lesart der Pesch und des Memphiten

---

[1] Dagegen drückt der Sahide statt τῶν ἀζύμων (ⲛⲧⲉⲛⲓⲁⲧⲕⲱⲃ des Memphiten) aus τοῦ πάσχα, worüber unten.

erklärt, — oder aber ὅτε ἔθυον ist zu übersetzen: Und am ersten Tage des Ungesäuerten, während, als[1] die Leute das Passah schlachteten, sprachen die Jünger etc. Das hiesse am ersten Tage des Ungesäuerten zur Stunde der Schlachtung, die die Juden בין הערבים nennen. Dieser grammatischen Fassung folgt Syrsin, mit seinem: während der Passah ge— man erwartet geschlachtet wurde, er aber sagt: gegessen wurde. Die Schlachtstunde war nach Joseph B. jud. 6, 9, 3 von 3—5 Uhr Nachmittags, die Essensstunde später. Ješu' brauchte gar nicht selbst für die Schlachtung zu sorgen, er und seine Jünger konnten bei einer Gesellschaft Teil nehmen, und wo diese gesucht werden sollte, danach fragen die Jünger. Nach dem Texte mit ὅτε ἔθυον fragten sie Nachmittags zwischen drei und fünf, nach dem Text mit: während es gegessen wurde fragen sie zu späterer Stunde, und Matth 26, 20 widerspricht dem nicht absolut. Auch die Lateiner und Hieronymus haben ὅτε ἔθυον so verstanden, da sie et primo die azymorum, quando Pascha immolabant schreiben, was auch der Arm. mit յորժամ զենուին thut[2]. Dies quando immolabant wäre klassisch cum immolarent, und genau diesen Sinn giebt Codex k im Markus: et prima die azimorum, cum pascha sacrificarent, dicunt illi discip. etc. Die Textdifferenz dürfte griechisch auf ὅτε ἤσθιον statt ὅτι ἔθυον hinauskommen.

Im Lukas endlich haben 22, 7 zwar die griechischen Handschriften ℵBA etc. ἦλθεν δὲ ἡ ἡμέρα τῶν ἀζύμεν, ἐν ᾗ ἔδει θύεσθαι τὸ πάσχα, aber Altlateiner abdeff²ilr, Altsyrer nämlich Syrsin und Curet geben mit D ἦλθεν δὲ ἡ ἡμέρα τοῦ πάσχα ᾗ ἔδει, wobei die Syrer für ἔδει noch dazu bieten, wo die Gewohnheit war. Da bei richtiger und genauer Fassung des jüdischen Festkalenders der erste Tag des Ungesäuerten der 15. Nisan war und ist, das Passah aber am 14. Nachmittags geschlachtet wurde, der 14. Nisan also nicht in Wahrheit als der erste Tag des Ungesäuerten bezeichnet werden kann, sondern der Tag vor dem Ungesäuerten ist,[3] so sind diese Varianten nicht harmlos, sondern höchst bedeutungsvoll. Der Lukastext nach D und Genossen ist jüdisch kalendarisch korrekt, Matthäus und Markus sind inkorrekt, werden aber als volkstümlich ungenau mit Joseph Arch 2, 15, 1 verteidigt und erklärt, wo das Fest

[1] Ich erinnere nur an das Skolion ἐν μύρτου κλαδὶ τὸ ξίφος φορήσω, ὥσπερ Ἁρμόδιος κ' Ἀριστογείτων, ὅτε τὸν τύραννον κτανέτην. Syrsin schreibt in solchen Fällen das Participium mit ܗܘܐ Mrk 7,17; 11,19, und so ܟܕ ܡܬܐܟܠ ܗܘܐ in unsrer Stelle.

[2] Bei Oskan ist das in յորում geändert, und dann ist der Sinn: primo die, quo immolabant.

[3] Nach heutigem jüdischen Ritus ist der Genuss von Maṣṣoth, ausser in zerriebenen und nachher gekochtem Zustande bis zum Abend des 14. Nisan d. h. bis zum Pesaḥmahle streng untersagt.

des Ungesäuerten statt auf sieben Tage (15—21te Nisan) auf acht Tage erstreckt, also der 14. Nisan eingerechnet zu werden scheint. Nimmt man Joh 13, 1 hinzu, so findet man bei allen Zeugen ἑορτὴ τοῦ πάσχα, aber Syrsin schreibt „Vor dem Ungesauerten“ ܩܕܡ ܡܢ ܦܛܝܪ̈ܐ, und somit erscheint sowohl im Lukas als im Johannes eine korrigierende Hand, mag das Original πάσχα oder ἄζυμα gewesen sein. Indem ich auf diese textgeschichtliche Thatsache hinweise, habe ich mich meiner Aufgabe entledigt, die Behandlung der ganzen Frage gehört in eine historische Kritik und Würdigung der Quellen der Evangelien.

Die Textänderung selbst muss aus Accommodation an eine bestimmte Ausdrucksweise hervorgehn, und darum ist anzumerken, dass der Ausdruck „Passahfest“ (חג הפסח) jedenfalls wenig gebräuchlich war, biblisch kommt es nur Exod 34, 25 vor, und dies Hapaxlegomenon darf man billig anzweifeln,[1] da der Ausdruck Fest zum Sinne des Passah (Verschonungsopfer) nicht passt. Erst in jungen Stücken (wie im Piut des Machsor) kommt der Ausdruck Pesachfest vor. Dagegen ist der Ausdruck Maṣṣothfest (חג המצות) gradezu normal, Levit 23, 6, 7, Num 28, 16, 17, und im Gebetbuch heisst es חג המצות Fest des Ungesäuerten, aber nicht Passahfest. Daher ist Luk 22, 1 ἑορτὴ τῶν ἀζύμων richtiger Ausdruck und der Zusatz ἡ λεγομένη πάσχα eine nachträgliche Erläuterung aus dem vielleicht erst bei den Christen gewöhnlichen Sprachgebrauche, aber der bestimmte Pesaḥtag, d. h. der 14. Nisan ist damit nicht bezeichnet, dagegen ist Vs. 7 allein richtig ἦλθεν δὲ ἡ ἡμέρα τοῦ πάσχα, wie D Altlat und Syrsin bieten, jede andre Lesart ist verkehrt. Analog liegt es in Joh 12, 1 und 13, 1, wo Syrsin Fest des Ungesäuerten = חג המצות hat, die übrigen Zeugen aber alle πάσχα ausdrücken; das ist eine unhebräische, aus christlichem Gebrauche erklärbare Änderung, aus der nicht zu entnehmen ist, dass damit genau der 14. Nisan gemeint ist. Und das Spiel wiederholt sich Matth 26, 17 bei den ägyptischen Übersetzern, da der Sahide πάσχα, der Memphite ἄζυμα ausdrückt, so dass man die Mühen der Interpretation vor Augen hat.

Ferner ist damit zu rechnen, dass diese Varianten im Zusammenhange mit der alten Chronologie der Leidenswoche stehen, die ich darum hier aus der Didaskalia Apostolorum P. 88 entnehme und der aus den Evangelien, und zwar für Johannes 18 nach der Versanordnung des Syrsin zu erhebenden Reihenfolge der Ereignisse beifüge. Die einzelnen Unterschiede in den Evangelien z. B. die Voraussage von Petri Verleugung bleiben unberücksichtigt, die festen Coincidenzpunkte sind hervorgehoben.

---

[1] Im Targum Jonathan steht auch nicht Fest, sondern einfach תרבי נכסת פסחי das Fett des Passahopfers. Beachtenswert ist der Ausdruck im Jerusalemer Targum dieser Stelle לילי יומא טבא קדמיא דפסחא d. h. die Nacht des ersten Feiertages des Passah, womit der Abend des 14. Nisan gemeint ist.

Johannes — Kap. 18 nach Syrsin	Matthäus	Markus	Lukas	Wochentage n. d. Didascalia Apostolorum P. 88ff
Ješus' in Bethanien gesalbt, sechs Tage vor dem Maṣṣothfest 12, 1 vgl. Matth 26, 6	An andrer Stelle	desgl.	desgl.	
Einzug in die Stadt, fünf Tage vor dem Maṣṣothfeste 12, 12	Einzug 21, 1 Reden	11, 1 Markus spezialisiert die Tage	19, 29 Luk hat mehrere Tage 20, 1	[Der Einzug müsste auf Sonntag fallen.]
Abendmahlzeit vor dem Maṣṣothfeste 13, 2	Beratung der Priester zwei Tage vor dem Passah 26, 1. Salbung 26, 6	14, 1, 3		Montag Beratung der Priester, Ješu' war im Hause Simon's des Aussätzigen Didasc. 91, 29. Es war das 10. Nisan Didasc. 92, 26.
Schon vorher gieng Satan in Judas 13, 2, 21	Judas verabredet mit den Priestern 26, 14	14, 10	22, 3	
Beim Abendessen wird Petri Verleugnung verkündigt 13, 38, die Matth 26, 33 nach dem Essen ansetzt Reden beim Abendessen bis 18, 1	Passahmahl und Abendmahlsstiftung am ersten Maṣṣothtage [Da liegt der Fehler, lies vor dem Tage] 26, 17	14, 12	22, 7 am Tage des Passa.	Dienstag Abend. Die Priester hatten das Fest drei Tage früher auf Dienstag den 11. Nisan angesetzt. Vgl. unten Didasc. 92, 16, 20.
Gang nach dem Garten 18, 1	Gang zum Ölberge 26, 30 Gethsemane 26, 36	14, 26	22, 39	
Gefangennahme unter Judas Leitung 18, 12	26, 47	14, 43	22, 47	Mittwoch, in der Nacht von Dienstag auf Mittwoch.
„Der Jünger" und Petrus folgen 18, 15	Alle fliehen 26, 56	14, 50	22, 55	
Verhör bei Kayyafa 18, 13, 24, 14 [Nicht Ḥannan!!] „Der Jünger" ist zugegen, Petrus draussen	Vorhör bei Kayyafa 26, 57 [Die vorläufige Verbringung zu Ḥannan übergangen]	14, 53	22, 66	Mittwoch bei Kayyafa in Haft.
Der Inhalt des Verhörs dem Gedanken nach 18, 19—21 = Matth 26, 55	[Matth 26, 55]			
Petrus eingelassen verleugnet 18, 16	Petrus im Hofe verleugnet 26, 57	14, 66	22, 55	
Ješu' nach dem Hahnenschrei in das Prätorium gebracht 18, 28	Am Morgen Beschluss Ješu' zu töten, Ablieferung an Pilatus 27, 1, 2	15, 1	23, 1	Donnerstag in Haft bei Pilatus.
Die Juden treten nicht ein 18, 28	Vakat	vakat	vacat	
Pilatus eröffnet die Untersuchung 18, 29. Lücke in Syrsin	Pilatus fragt 27, 11	15, 3	23, 3	Freitag Fest des Ungesäuerten, früh Prozess bei Pilatus Kreuzigung.

Hochwichtig ist in dieser Aufzählung der Ereignisse nach dem Johannes bei Syrsin, dass er durch Versetzung von Vs. 24 vor Vs. 14 das ganze Verhör bei Ḥannan nicht hat, dessen Schwierigkeit Keim III, 323 bespricht.

Ich bemerke hierzu noch, dass die sechs Tage, welche Johannes angiebt von Markus buchstäblich genau aufgezählt werden, nämlich:

Tag 1 Mrk 11, 1 Einzug, Abends Rückkehr nach Bethanien.

Tag 2 Mrk 11, 12 Gang zur Stadt, der Feigenbaum verflucht, Tempelreinigung, Rückkehr 11, 19.

Tag 3 Mrk 11, 20, 27. Der Feigenbaum trocken, Gang zur Stadt, die grossen Disputationen, Abends nach Rückkehr vom Tempel auf dem Ölberge die apokalyptische Rede 13, 1, 3.

Tag 4 Mrk 14, 1, 10, das Ungesäuerte (Maṣṣoth)[1] fiel zwei Tage später, Salbung und Verrat.

Tag 5 Mrk 14, 12, 43. Einsetzung des Abendmahls, Gefangennahme, wo 14, 12 τῇ πρώτῃ ἡμέρᾳ τῶν ἀζύμων ein falscher Ausdruck ist.

Tag 6 Mrk 15, 1. Erster Tag des Maṣṣothfestes.

Wer hier den 6. Tag auf den (Kar)freitag verlegt und diesen als den 15. Nisan ansieht, kann den Kalender leicht abzählen, aber die Angabe der Didascalia, dass das letzte Mahl Ješu' auf einen Dienstag fiel — die sicherste chronologische Marke sind stets die Wochentage — kann dabei nicht bestehen. Diese Angabe ist aber uralt, die Didascalia selbst ist 200—230 redigiert, d. h. aus damals altem Stoffe hergestellt, und später hat man es nötig gefunden, diese Angabe zu beseitigen. Denn die nach X. Funks Untersuchungen im Anfange des fünften Jahrhunderts aus der Didascalia umgearbeiteten Constitutiones Apostolorum lassen den ganzen Passus, dem wir die Wochentage entnommen haben, ausfallen und bieten dafür nur καὶ τῇ πέμπτῃ φαγόντες παρ' αὐτῷ τὸ πάσχα P. 142, 14 ed Lagarde, lassen also das Passahmahl am Donnerstag gegessen werden, womit sie in die später allgemein angenommene Chronologie eingelenkt haben, Die Didascalia teilt als katholische, nicht haeretische Schrift mit,

---

[1] Syrsin schreibt das Ungesäuerte des Passah, ܦܛܝܪ̈ܐ ܕܦܣܟܐ, wobei die griechische Form פסכא statt פצחא sofort die Glosse kenntlich macht. Diese Glosse führt auf τὰ ἄζυμα τοῦ πάσχα, wobei letzteres der allgemeine, aber jüngere Name des Festes ist. Diese Glosse drückt auch Codex k in umgekehrter Folge aus pascha azumorum, wie auch Pesch ܦܨܚܐ ܕܦܛܝܪ̈ܐ bietet, statt des griechischen τὸ πάσχα καὶ τὰ ἄζυμα, in dem der richtige Sinn stecken könnte, der Pesaḥtag = 14. Nisan und der Maṣṣothtag = 15. Nisan, wenn nicht die Tagesaufzählung hier und der Wortlaut Vs. 12 diese Auslegung ausschlösse. Aus Syrsin einerseits und Pesch k andrerseits ergiebt sich als Grundform einfaches ἦν δὲ τὰ ἄζυμα ohne die Beifügung von πάσχα in irgend einer Form.

was damals nach der jährlich sich wiederholende Fastenpraxis als Chronologie der Leidenswoche galt, diese praktische Tradition hat aber neben der schriftlichen der Evangelien allen Anspruch auf sorgsamste Beachtung. Ich übersetze daher für die des Syrischen unkundigen Leser die bezüglichen Stellen:

Und es kam Judas mit den Schriftgelehrten und mit den Priestern des Volkes und überlieferte unsern Herren Ješu'. Dies aber war am Mittwoch. Denn als wir das Passah gegessen hatten am Dienstag Abend, zogen wir hinaus zum Ölberge, und in der Nacht nahmen sie unsern Herrn Ješu' gefangen. Und den folgenden Tag, der Mittwoch war, blieb er in Haft im Hause des Kayyafa, des Hohenpriesters. An diesem Tage versammelten sich die Häupter des Volkes, und hielten über ihn eine Beratung. Und wieder am folgenden Tage, welcher Donnerstag ist, brachten sie ihn zum Hegumenos Pilatus. Und abermals blieb er in Haft bei Pilatus in der Nacht nach dem Donnerstag. Und als der Morgen anbrach am Freitag verklagten sie ihn viel bei Pilatus u. s. w. 88, 5—14.

Es ziemt sich also, o Brüder, in den Tagen des Passahfestes, dass ihr sorgsam nachforscht und euer Fasten mit aller Genauigkeit haltet. Ihr sollt es aber beginnen zur Zeit, da eure Brüder aus dem [jüdischen] Volke das Passah begehen[1], weil während unser Herr und Lehrer mit uns das Passah ass, er von Judas überliefert wurde. Nach dieser Stunde und zwar sofort, begannen wir betrübt zu sein, weil er von uns genommen war. Nach der Mondzahl, wie wir gezählt haben nach der Zählweise der gläubigen Hebräer, am Zehnten nach dem Monde, am Montage, versammelten sich und kamen die Priester und Ältesten des Volkes [Matth 26, 3] zum Hofe des Kayyafa, des Hohenpriesters, und bedachten sich Ješu' zu fangen und zu töten. Aber sie fürchteten sich und sprachen: Nicht am Feste, damit nicht das Volk erregt werde . . . Ješu' war aber an diesem Tage im Hause Šim'on's des Aussätzigen, und wir waren mit ihm zusammen, und er erzählte uns, was ihm begegnen werde. Judas aber war im Verborgnen (= heimlich) aus unsrer Gesellschaft herausgegangen, in der Meinung, er werde unsern Herrn täuschen, und hatte sich zum Hause des Kayyafa begeben, allwo die Hohenpriester und die Ältesten, versammelt waren, und er sagte ihnen: Was gebt ihr mir, und ich überliefere ihn euch, sobald ich Gelegenheit finde. Sie aber schlossen mit ihm ab und gaben ihm dreissig Silberlinge. Da sagte er ihnen: Haltet junge Mannschaft bereit und zwar bewaffnet, wegen seiner Jünger, denn wenn er in der Nacht nach einem wüsten Orte hinausgeht, werde ich kommen und euch abholen. Sie aber machten junge

[1] Wie uralt muss das sein!

Mannschaft bereit, und waren gerüstet ihn zu fangen. Judas aber wartete darauf, wann er Gelegenheit finden würde ihn zu überliefern. — Wegen der Haufen aber des ganzen Volkes, das von jeglicher Stadt und von allen Dörfern war, die zum Tempel hinaufzogen um das Passah in Jerusalem zu halten, berieten die Priester und Ältesten und befahlen und bestimmten, dass man das Fest sofort begehen solle, damit sie ihn ohne Volkserregung fiengen. Denn die Bewohner Jerusalems waren mit dem Schlachten und Essen (vgl. P. 371) des Passah beschäftigt, und wiederum das ganze auswärtige Volk war noch nicht gekommen, weil sie [die Schriftgelehrten] die Tage trüglich verschoben hatten [ܡܛܠ ܕܐܘܚܪܘ ܐܢܘܢ ܠܝܘܡܬܐ], damit sie bei Gott überführt werden möchten, dass sie in jeder Sache trügliche Verschiebungen vornehmen. Deshalb haben sie das Passah früher gegessen um drei Tage, 11. nach dem Monde, am Dienstag, denn sie sagten: Weil ihm das ganze Volk nachirrt, wollen wir ihn jetzt, da Gelegenheit ist, gefangen nehmen, und ihn alsdann, sobald das ganze Volk angelangt sein wird, Angesichts Aller töten, damit dies bekannt werde, und wir das ganze Volk von seiner Nachfolge abwenden. — Und so überlieferte er ihnen unsern Herrn beim Tagesanbruche des Mittwoch Den Lohn aber hatten sie dem Judas am 10. im Monate, am Montage übergeben. 91, 23—92, 26. Und sie vollendeten ihre Bosheit am Freitag 92, 28.

Ich teile dies mit, nicht weil ich die Zeitrechnung und weiter die Fastenordnung und den Paschastreit diskutieren wollte oder könnte, sondern darum, weil hier mit dürren Worten gesagt ist, dass das Fest vorgerückt und nicht am gesetzlichen Tage gefeiert ist, der Donnerstag gewesen sein würde. Gegen diese Angabe wird sich natürlich sofort das Verdikt: Unmöglich, Fabel, Tendenz erheben, und wer das gesagt hat, glaubt mit der Sache fertig zu sein, aber er frage sich doch einmal, ob eine so exorbitante Angabe in einer Zeit, wo die Christen noch von „ihren Brüdern aus dem Volke" reden, also mit Juden zusammenhängen, möglich wäre, wenn nicht in Wahrheit solche Kalenderunregelmässigkeiten vorgekommen wären. Mit einem Worte, die Darstellung der Didaskalia setzt voraus, dass der Festkalender nicht so strikt gehandhabt wurde[1] als wir jetzt anzunehmen geneigt sind, weil wir den spätern jüdischen Kalender schon für die Zeit Ješu' massgebend sein lassen. Das war er ohne

[1] Die Verschiebung des Festes um einen Monat, d. h. die Interkalation eines Monats am Schlusse des Jahres, die Gamaliel in dem bekannten Briefe anordnet, hat damit nichts zu thun, aber sie lehrt, dass in der Datierung der Feste Latitude waltete. Der jetzige jüdische Kalender ist erst vom Nasi Hillel II 330—365 eingeführt, vielleicht noch später. Hamburger Realencyklopd; für Bibel und Talmud P. 628. Das Buch der Jubiläen Cap. 6 hat einen andern Kalender. Rönsch Jubil. P. 409.

allen Zweifel nicht, wenn der 15. Nisan im Jahre des Todes Ješu' ein Freitag war, während doch nach der Kalenderregel בדו der 15. Nisan niemals auf einen Freitag fallen darf. Wer nun glaubt, dass die Frage des Passahs Ješu' am Dienstage mit der Beiseiteschiebung der Didaskalia abgethan sei, welche ja auch von den apostolischen Konstitutionen verworfen werde, dem muss ich entgegenhalten, dass dies Passa am Dienstage noch von Epiphanius Haeres LI (Aloger) Kap. 26 vollkommen anerkannt wird. Er sagt: „Ješu' litt a. d. XIII Cal. April [— das ist der 20. März Julian —] indem sie einen Abend überschritten (vorgeschoben?) hatten, das ist in der mittleren Nachtstunde des vierzehntägigen Mondes. Sie hatten also anticipierend das Passah gegessen, wie das Evangelium sagt, und wir oft gesagt haben. Sie assen also das Passah zwei Tage vor dem dass es gegessen werden sollte, d. h. am Dienstag Abend, was sich am Donnerstag Abend (zu essen) gebürte. Denn so fällt der Donnerstag auf den Vierzehnten." Er hängt daran folgende Kalendergleichstellungen: Ješu' wurde gefangen am

Dienstag spät —	elfte Nacht d. Mondes —	a. d. XVI Kal. April.	17. März
Mittwoch fr. —	zwölfte N. d. Mondes —	a. d. XV Kal. April.	18. März
Donnerstag	dreiz. Tag und vierz. Nacht des Mondes	a. d. XIV Kal. April.	19. März
Freitag	vierz. Tag d. Mondes	a. d. XIII Kal. April.	20. März
Sabbath	fünfz. Tag d. Mondes	a. d. XII Kal. April.	21. März
Sonntag früh	fünfz. Nacht d. Mond.	a. d. XI Kal. April.	22. März

Dieser Sonntag ist Tag- und Nachtgleiche, um derentwillen sie irrig einen überschüssigen (ὑπέρβατον) Tag gemacht haben.[1]

Dies genügt für meinen Zweck, denn es zeigt, dass die Chrono-

[1] Der Originaltext lautet: Πάσχει πρὸ δεκατριῶν καλανδῶν Ἀπριλλίων, ὑπερβεβηκότων αὐτῶν μίαν ἑσπέραν, τουτέστιν ἐν τῇ τεσσαρακαιδεκαταίας σελήνης νυκτερινῇ μέσῃ. Προέλαβον γὰρ καὶ ἔφαγον τὸ πάσχα ὥς φησι τὸ εὐαγγέλιον, καὶ ἡμεῖς πολλάκις εἴπαμεν. Ἔφαγον οὖν τὸ πάσχα πρὸ δύο ἡμερῶν τοῦ φαγεῖν, τουτέστι τῇ τρίτῃ ἑσπέρᾳ ὅπερ ἔδει τῇ πέμπτῃ ἑσπέρᾳ. Τεσσαρακαιδεκάτη γὰρ οὕτως ἡ πέμπτη.

Συλλαμβάνεται δὲ τῇ τρίτῃ ὀψὲ, ἥτις ἦν ἑνδεκάτη τῆς σελήνης νυκτερινὴ πρὸ δεκαὲξ καλανδῶν Ἀπριλλίων. Τετρὰς ἐπιφώσκουσα δωδεκάτη νυκτερινὴ πρὸ δεκαπέντε καλανδῶν Ἀπριλλίων.

πέμπτη τρισκαιδεκάτη ἡμερινὴ, νυκτερινὴ δὲ τεσσαρεσκαιδεκάτη, πρὸ δεκατεσσάρων καλανδῶν Ἀπριλλίων.

προσάββατον τεσσαρεσκαιδεκάτη ἡμερινὴ πρὸ δεκατρίων καλανδῶν Ἀπριλλίων

σάββατον πεντεκαιδεκάτη ἡμερινὴ πρὸ δεκαδύο καλανδῶν Ἀπριλλίων

ἐπιφώσκουσα κυριακὴ πεντεκαιδεκάτη νυκτερινὴ, ὅπερ ἦν φωτισμὸς Ἅιδου καὶ γῆς καὶ οὐρανοῦ καὶ νυκτὸς καὶ ἡμέρας, διὰ τὴν πεντεκαιδεκάτην τῆς σελήνης καὶ τὸν τοῦ ἡλίου δρόμον, ὅτι ἀνάστασις καὶ ἰσημερία πρὸ ἕνδεκα καλανδῶν Ἀπριλλίων, δι' ἣν πλανηθέντες ὑπερβατὸν μίαν ἡμέραν ἐποίησαν ὡς προεῖπον κτλ. Petavius berichtigt den Text.

logie der Didaskalia in der alten Kirche verbreitet und anerkannt war. Sie aufzuklären übersteigt meine Kraft, Petavius sagt davon: Nulla Sibyllae folia neque Sphingis aenigmata cum eorum quae sequuntur obscuritate conferri possunt. Wie fest das alles aber für Epiphanius war, das zeigt sich in seiner den apostolischen Glauben zusammenfassend darstellenden Schrift de Fide 22, wo er das Fasten am Mittwoch bis zur neunten Stunde als apostolische Anordnung bezeichnet, da am Mittwoch früh der Herr gefangen worden sei. Durch die Annahme, dass das Fest vordatiert worden sei, dass die Opferung des Passahlammes schon am dreizehnten statt am vierzehnten statt gefunden habe, versucht denn auch Chwolson wieder[1] die Schwierigkeiten der Karwochenchronologie zu lösen, worauf ich den Leser verweise. Meine Aufgabe ist nur zu zeigen, dass die variierenden Lesarten der Evangelien an dieser Stelle und den Parallelen Ergebnisse der Reflexion der alten Gelehrten sind. Wie diese gearbeitet haben lehrt des Epiphanius' Harmonie und Chronologie in der Darstellung der Aloger. Ich schliesse mit der Bemerkung, dass wer hier eine Untersuchung führen will zuerst die Kalenderregeln der Jerusalemer Priesterschaft in der Zeit Ješu' genau erforscht haben muss, und das hat bis jetzt niemand gethan, es ist eben sehr schwierig. Eines aber ist sicher, nämlich dass der sichere Wochentag der Kreuzigung, also der Freitag, nicht der 15. Nisan gewesen ist, und die Regel בדו darum gar nicht in Frage kommt, nach welcher der 15. Nisan nie auf Montag, Mittwoch und Freitag fallen darf. Denn für diesen ersten Tag des Ungesäuerten ist absolute Sabbathsruhe 3 Mos 23, 7 vorgeschrieben, so dass Arbeiten, wie eine Gerichtsverhandlung und eine Hinrichtung völlig ausgeschlossen waren. Aber hebt nicht das Passah nach Pes. 95[b] die Sabbathsruhe auf? Das ist freilich zu bejahen, aber nur für die zur Bereitung des Passahmahles nötigen Arbeiten, nicht für sonstige geschäftliche Thätigkeit, also nicht für Rechtsprechung und Exekution.

Da Ješu' Verurteilung in die Verwaltungszeit des Pilatus fällt, welcher von Vitellius seiner Funktionen enthoben, nach Tiberius' Tode (16. März 37 aer. Dion) erst in Rom anlangte, so kann Pilatus sehr wohl noch Ostern 36 in Jerusalem gewesen sein. Joseph Arch 18, 4, 2. Ich lege daher eine Berechnung der Vollmonde und der Wochen und Monatstage, auf welche sie fielen, von 31—36 bei, da nach dieser Tafel aus den Wochentagen versucht werden kann das Todesjahr Ješu' zu bestimmen. Sein Todestag der Freitag darf wegen der Sabbathsruhe nicht auf den 15. Nisan fallen. Ich verdanke

---

[1] Über die Möglichkeit einer Festverschiebung hat schon Petavius in dem Excurse zu Epiphanius Haeres LI P. 180 gehandelt.

III. Modern ab Mitternacht = jüdisch ab Sonnenuntergang

N	31 n. Chr.	12. März	vormittags-früh	1^h. 1 =	12. März =	Montag
V		27. „	nachmittags	1. 6 =	27. „ =	Dienstag
N		10. April	„	2. 1 =	10. April =	„
V		25. „	abends	10. 7 =	26. „ =	Donnerstag
N	32 n. Chr.	29. Febr.	nachmittags	12. 9 =	29. Febr. =	Freitag
V		15. März	abends	10. 7 =	16. März =	Sonntag
N		29. „	„	10. 9 =	30. „ =	„
V		14. April	vormittags	11. 4 =	14. April =	Montag
N		28. „	„	9. 5 =	28. „ =	„
N	33 n. Chr.	19. März	nachmittags	1. 3 =	19. März =	Donnerstag
V		3. April	„	5. 2 =	3. April =	Freitag
N		17. „	abends	9. 7 =	18. „ =	„
N	34 n. Chr.	9. März	morgens	6. 1 =	9. März =	Dienstag
V		23. „	nachmittags	5. 4 =	23. „ =	„
N		7. April	„	2. 1 =	7. April =	Mittwoch
V		22. „	vormittags	9. 7 =	22. „ =	Donnerstag
V	35 n. Chr.	12. März	abends	8. 1 =	13. März =	Sonntag
N		28. „	morgens	6. 6 =	28. „ =	Montag
V		11. April	vormittags	10. 5 =	11. April =	„
N		26. „	nachmittags	2. 5 =	26. „ =	Dienstag
V	36 n. Chr.	1. März	morgens	5. 4 =	1. März =	Donnerstag
N		16. „	abends	6. 1 =	17. „ =	Samstag (od. Freit. 16.)
V		30. „	nachmittags	4. 5 =	30. „ =	Freitag
N		15. April	früh	5. 2 =	15. April =	Sonntag
V		29. „	„	4. 7 =	29. „ =	„

Die Dezimalen sind Stundenzehntel, 1. 1 ist 1 Uhr 6 Minuten u. s. w.

Über die grosse Finsternis am Mittag des Todestages Ješu', welche mit einer partiellen Mondfinsternis am 3. April 33 in sicherlich unzulässige Verbindung gesetzt ist, und deren Ende in Jerusalem sichtbar war, lehrt Ginzel in seinem Speziellen Kanon der Sonnen- und Mondfinsternisse Berlin 1899 P, 200 Folgendes:

Partielle Mondfinsternis 33 n. Chr. April 3.

Bei den Erklärungsversuchen der biblischen Finsternis bei Christi Tode haben einige ältere Chronologen die Mondfinsternis nicht ausser Acht gelassen, die auf den 14. Nisan des Jahres 33 n. Chr. (3. April) fällt, welches Datum mit dem kirchlichen der Kreuzigung völlig kongruent ist. Die Mondfinsternis ist u. a. schon von Riccioli (I 361) Wurm (in Bengels Archiv für Theologie und ihre neuste Litteratur Tübingen 1818 II, 1—78, 261—364) angezeigt; Riccioli giebt als Grösse 7″, 9, gegen Abend in Jerusalem sichtbar, Calvisius 8″, 5 (Struyck p. 99). Der Tag ist Freitag. Da es sich hier um keine beobachtete historische, sondern um eine berechnete Finsternis handelt ... so soll nur noch darauf hingewiesen werden, dass es von den 9 zwischen 29—33 n. Chr. möglichen Mondfinsternissen die einzige ist, die für Jerusalem auf den Nachmittag fällt ... und dass meine „empirischen Korrektionen“ den Verlauf der Finsternis wie folgt ergeben:

Anfang	15^h	$44^m, 4$	mittlere Zeit Jerusalem
Mitte	17	10, 7	„ „ „
Ende	18	37, 0	„ „ „
Grösse		7″ 1	

Vs. 25. Du hast es gesagt = σὺ εἶπας in allen Zeugen. Die übrigen Evangelien haben dies Wort nicht. Meyer-Weiss erklärt den Ausdruck für eine „rabbinische Formel nachdrücklicher Bejahung ohne alttestamentlichen und griechischen Gebrauch.“ Richtig daran ist, dass diese Bejahungsform im alten Testamente und bei den Griechen nicht gebraucht wird, falsch, dass es eine „rabbinische Bejahungsformel“ sei. Es ist vielmehr durchaus nicht rabbinisch gebräuchlich oder Bejahungsformel, statt dass ein Ausleger dem andern diesen Irrtum nachschreibt, hätten sie doch ein Paar Belege aus rabbinischer Litteratur beibringen sollen. Aber das ist aus dem zureichenden Grunde unterblieben, weil es solche Belege nicht giebt. Kurz, das Du hast es gesagt, ist keine rabbinische Formel. — Früher behaupteten die Erklärer mit Berufung auf Wetstein[1], es sei auch ein bei Griechen und Lateinern üblicher Ausdruck, alle Belege Wetsteins sind aber unzutreffend, so ist also in Meyer-Weiss das Griechische mit Recht abgelehnt. Lukas Brugensis hat schon ziemlich richtig interpretiert: Ex ore ejus judicat eum — tua verba hoc habent, multoque magis conscientia tua.

Das Nichtvorkommen des Ausdrucks in rabbinischer Litteratur ist von Chwolson (das letzte Passahmahl Christi P. 88) besprochen, er erörtert dort die von Wetstein ebenfalls beigebrachten Stellen Qohelet Rabba zu Qoh 7, 11; 9, 11 und die Parallelen Jerus. Kilajim 9, 4, 32ª, Babli Ketuboth 104ª Sabb. 134ª, wo אתון אמריתון = ihr sagt, in keinem Falle eine Bejahungsformel ist. Lightfoots beredtes Schweigen hätte die Ausleger warnen sollen, mögen sie nun Chwolson lesen. Sie haben alle Schöttgen I, 225 im Auge, wo nichts zu

[1] Eine Vergleichung von Polus ergiebt, dass schon ältere Vorgänger die Stelle Euripides Hippol. 352, Aristophanes Plutus 92, 153 und Xenophons Memorabilien III beigebracht haben. — Auch das καλῶς εἶπας im Hippolyt 715 heisst nicht „du hast Recht“, oder „ja“, sondern es ist gut, dass du den Schwur geleistet hast. Da auch Plautus als Zeuge dafür zitiert wird, dass dixisti einfach Ja bedeute, so bemerke ich, die Formel „scheint in diesem Sinne nicht bei ihm vorzukommen. In der Verbindung: A dixisti? B dixi ist es nur die Anerkennung durch Wortwiederholung“. So auf meine Frage ein Plautusspezialist.

finden ist als der Text, den auch Chwolson anführt, und der nichts beweist, den Lightfoot aber sehr wohl gekannt hat.

In der alten Kirche war man sich bewusst, dass das σὺ εἶπας durchaus nicht den direkten Sinn von „Ja" hatte, das zeigt sich in den apostolischen Konstitutionen, wo 142, 8 (Lagarde) gesagt wird: Als Ješu' ankündigte, einer werde ihn verraten, aber den Namen nicht nannte, „stand ich, einer der Zwölf und mehr von ihm geliebt als die übrigen, auf, und warf mich an seine Brust und bat ihn zu sagen, wer es sei, der ihn verraten werde. Aber auch so sagte uns der gute Herr seinen Namen nicht, sondern gab zwei Kennzeichen des Verräters (σημεῖα τοῦ προδότου), eines, indem er sprach: ὁ ἐμβαπτόμενος μετ' ἐμοῦ ἐν τῷ τρυβλίῳ, das andre mit den Worten ᾧ ἐγὼ βάψας τὸ ψωμίον ἐπιδώσω. Und da nun auch jener [Judas] sagte μήτι ἐγὼ ῥαββί, so sprach der Herr nicht ναί, sondern σὺ εἶπας, und indem er ihn daraufhin (ἐπὶ τούτῳ) erschrecken wollte, sprach er: Wehe dem Menschen, durch welchen u. s. w. — Dass Origenes ebensowenig das σὺ εἶπας als ein Ja verstand — und Origenes hat doch wohl Griechisch verstanden, — zeigt die unten P. 392 zu 26, 63 angeführte Stelle. Hier ist ein Unterschied zwischen schlichtem Ja = ναί und dem σὺ εἶπας gesetzt, der Zusatz von σὺ, auch syrisch ܐܢܬ, betont obendrein das Du, und fordert den Gegensatz: Nicht ich; σὺ λέγεις ist etwas anderes als ὀρθῶς λέγεις, und bedeutet in Wahrheit die Ablehnung eines bestimmten Ja wie eines bestimmten Nein. Es heisst, ich sage nichts mit Bestimmtheit, du wirst es wissen. Nur wenn das der Sinn ist, kann der Text fortfahren, Ješu' habe den Judas erschrecken (φοβῆσαι) wollen, das heisst doch zur Besinnung bringen, von seinem Plane abbringen wollen. Wäre der Gedanke: Es ist unabwendbar, einer wird mich verraten, und zwar Judas, dann wäre von Sinnesänderung nicht mehr zu reden gewesen. Das hat schon Lucas Brugensis begriffen, welcher sagt: Ex vi verborum ambigua est haec responsio, **nam et de aliis Apostolis idem dici posset,** sed ex circumstantiis determinatur. Das gilt auch für Matth 26, 64; 27, 11, Mrk 15, 2, Luk 22, 70; 23, 3, Joh 18, 37. Die Deutung im Sinne eines schlichten „Ja" glaubt man aus Mrk 14, 62 Luk 23, 70; 23, 3 in einer mir allerdings sehr fragwürdig erscheinenden Weise bewähren zu können. Joh 18, 34 fragt Ješu', ob dem Pilatus in dem Prozesse etwas suggeriert sei, danach beurteile man dort Vs. 37, wo Ješu' von dem Königtum schweigt und es durch seine Erklärung, er sei gekommen die Wahrheit zu zeigen, direkt ablehnt. Um Judenkönig zu sein, bin ich nicht gekommen, sondern um Wahrheit zu verkündigen. Bei Mrk 14, 62 stellt sich direkt die Frage: Hat Markus nicht eine starke Willkür walten lassen oder aber, ist nicht sein Horizont von dem des Matthäus völlig verschieden?

Wie kommt er dazu, das σὺ λέγεις durch das ἐγώ εἰμι zu ersetzen? Warum that das kein andrer Evangelist? Weil Markus nicht für Juden schrieb, sondern für Heiden! Für diese hatte der Messiasbegriff einen ganz andern Inhalt, als für die Juden. Jenen war er vergeistigt, darum erklärt bei Markus Ješu' gradezu, er sei der geistige Retter und Befreier von Sünde und Tod, für jüdische Leser konnte das nicht so gesagt werden, denn ihr Messiasbegriff gieng nicht auf einen geistigen Retter, sondern auf einen materielle Herrschaft herbeiführenden König. Zwischen Matthäus und Markus steht die ganze von Paulus vollzogene Umbildung des jüdischen Messiasbegriffs. Wie fern aber Paulus von dem jüdischen Messiasbegriffe abstand, das lehrt die exegetische Thatsache, „dass sich in Paulus kein Anklang an das Messiasideal der apokalyptischen Prophetie des Daniel findet, weder positiv noch negativ. Vgl. Rom 9, 1 und 1, 3“. Holsten Evangelium des Paulus P. 98. Das vollständige Aufgeben jüdisch-messianischer Ideen in der ältesten Zeit der christlichen Gemeinde lehrt Matth 28, 18 Luk 24, 46 auf das Unzweideutigste, von Mrk 16, 9 ganz zu geschweigen.

Dass die richtige Deutung des σὺ εἶπας grosse Konsequenzen nach sich zieht, dessen wird sich der Leser bewusst sein. Hier aber haben wir es nur mit der richtigen Deutung nicht mit den Konsequenzen zu thun. Keim kommt III, 263 zu dem Schlusse, Ješu habe den Judas nicht genannt oder bezeichnet, die Darstellungen, nach welchen er Juda bezeichnet habe, seien Dichtung, Matth 26, 25 könne ohne Schaden aus dem Texte fortfallen. Die richtige Deutung des σὺ εἶπας lässt den Text unverändert, er ist alt, und sie erst befriedigt die Ansprüche der forschenden Biographen. Ješu hat die Antwort abgelehnt.

Vs. 26. Aus dem Syrischen ist für λαβὼν ἄρτον oder τὸν ἄρτον, welches dann das bei der jüdischen Passahfeier am Schlusse zum Verteilen bestimmte Brot wäre, nichts mit Sicherheit zu entnehmen. Am Schlusse der Mahlzeit findet eine Brotverteilung nach dem heutigen Ritus statt, bei der der Hausherr das Brot bricht, selbst ein Stück isst und es den Gästen austeilt. Das ist der Nachtisch (Aphiqoman), hinter dem der dritte Becher und der Gesang des zweiten Teiles des Hallel folgt. Aber ebenso möglich wie die Vergleichung des Abendmahlbrotes mit diesem Nachtisch, ist die Vergleichung mit dem bei der Eröffnung gebrochenen Brote, davon der Hausherr abbricht und austeilt. Für letzteres ist eine Segensformel vorgeschrieben, für den Nachtisch aber nicht, und darum spricht das εὐλογήσας für die zweite Möglichkeit. Dann wäre das Brotbrechen Ješu' der Beginn der Mahlzeit, der Kelch der Schluss. — Aber zu Gunsten der Vorstellung, dass es sich beim Brotbrechen um den

Nachtisch handelt, spricht, einmal, dass die Mahlzeit schon Vs. 21 begonnan hat, nach dem Gespräche also bis Vs. 26 schon weit vorgeschritten sein muss, sodann auch, dass in diesem Falle Brotbrechen und Kelchausteilen in unmittelbare Folge kommen, denn nach dem Aphiqoman folgt ein Schlussgebet, an dessen Ende der dritte[1] Passahbecher getrunken wird mit dem Segensspruche: Gesegnet seist du Herr, unser Gott, König der Welt, der du die Frucht des Weinstockes schaffest. Auch dass der Text sagt, „**als sie assen**" spricht zu Gunsten der Ansicht, dass das Brot dem jüdischen Aphiqoman entspricht. Vgl. zu Luk 22, 1 ff.

Die Lesart τὸν ἄρτον und τὸ ποτήριον, die in allen drei Synoptikern neben ἄρτον und ποτήριον steht, lässt die jüdische Unterlage der Abendmahlseinsetzung durchblicken, die Lesart ohne Artikel verhüllt das, darum wird jene andre die ursprüngliche sein.

Das ἐστίν ist Vs. 26 und 28 in Syrsin ausgedrückt, so auch Luk 22, 19, 17, während es im Mrk 14, 22, 24 nicht in Syrsin erscheint.

Vs. 28. **Dies ist mein Blut, der neue** (oder **ein neuer**) **Bund**, auch Luk 22, 20 in Syrsin, also nicht τὸ αἷμα μου τῆς διαθήκης, sondern τὸ αἷμα μου, διαθήκη καινή, τὸ ἐκχυν. oder ἡ διαθήκη ἡ καινή, wovon sich nach Tischendorfs Noten zu schliessen keine Spur findet bei den Zeugen, die er verglichen hat. Aber diese Lesart steht bei Aphraates P. 221 in Codex A so: ܗܢܘ ܕܡܝ ܕܝܬܩܐ ܚܕܬܐ und in der armenischen Übersetzung desselben: այս արիւն իմ, նոր կտակարանք d. h. **hic est sanguis meus, novum testamentum** und höchst auffallender Weise, weil im Widerspruch mit unsrer Peschita, der er sonst zu folgen pflegt[2], auch beim arabischen Tatian P. 170—171 هذا دمى العهد الجديد = τοῦτο τὸ αἷμα μου ἡ διαθήκη ἡ καινή, und in der syrischen Anaphora der zwölf Apostel (Cod. syriac. Parisin. 71 fol. 133b), wie in Graffins Patrologia Syriaca I (Ausgabe des Aphraates P. 517) angemerkt ist. Es ist also eine spezifisch syrische Lesart, die ägyptische[3] hat den Genetiv mit dem Artikel wie der Memph zeigt. Er bietet ⲫⲁⲓ ⲅⲁⲣ ⲡⲉ ⲡⲁⲥⲛⲟϥ ⲛⲧⲉ ϯⲇⲓⲁⲑⲏⲕⲏ ⲙⲃⲉⲣⲓ = hoc

[1] Der vierte Becher wird nach dem Singen wenigstens heute, getrunken, kann also nicht in Frage kommen. Die Reihenfolge siehe zu Vs. 30.

[2] Selbst hier thut er es sofort wieder, denn er drückt Vs. 29 nicht mit Syrsin und den Griechen ἐν τῇ βασιλείᾳ τοῦ πατρός μου aus, sondern τοῦ θεοῦ, wie die Peschita an dieser Stelle bietet.

[3] Von dem sahidischen Texte giebt Schwartze nur eine lateinische Übersetzung Woides nach dem Codex Ackerblads: Quod hic est sanguis foederis, quem effundent (das ist Umschreibung des Passivs) pro vobis ad remissionem peccatorum vestrorum. Im koptischen Ḫulagi d. i. Euchologium, das die Liturgie des Basilius enthält, steht genau der oben zitierte Text. (Ed. von Kairo Anno 1603 Aer. Martyr P. 97.) Der Arm. und der Messcanon (Jerusalem 1884) hat den Genetiv: hoc est sanguis meus novi foederis.

enim est sanguis meus testamenti novi. אB haben nicht καινῆς, AD haben es, wer ist nun theologisch rezensiert? Lachmann und Tregelles edieren τὸ αἷμά μου τῆς καινῆς διαθήκης, Tischendorf und Westc. H. τὸ αἷμά μου τῆς διαθήκης.

Vs. 30. Nach heutigem Ritus ist die Reihenfolge der Lobgesänge diese: Nach dem Nachtisch (Aphiqoman) folgt 1. ein kurzes Responsorium, 2. ein längeres Dank- und Bittgebet, 3. das Trinken des dritten Bechers, 4. eine Verwünschung der Heiden aus Ps 79, 6, Jer 10, 25 5. Füllung des vierten Bechers, 6. Gesang von Ps 115—118, dem zweiten Teile des kleinen Hallel, 7. das grosse Hallel, d. i. Psalm 136, mit einem langen Schlussgebete, das mit der messianischen Hoffnung schliesst: „Das kommende Jahr in Jerusalem“, was natürlich so zur Zeit Ješu' noch nicht im Rituale war. Unser Vers fasst das alles zusammen mit dem Worte: Nachdem sie gesungen hatten. Der Ausspruch Ješu', er werde fortab keinen Wein trinken, macht die Deutung des Abendmahlskelches auf den dritten Becher unsicher. Aber ist der vierte so alt? Ich schliesse so, dass der vierte damals nicht im Rituale stand. Den ganzen Aufbau des Rituales findet man in der Mischna Pesaḥim X, die Grundzüge sind wie noch heute, aber im Einzelnen, z. B. in der Abgrenzung des Vortrags des kleinen Hallel hatten Hillel und Schammaj, Tarphon und Aqiba verschiedne Praxis. Vgl. Greenburg. The Haggadah Heidelberger Dissert. P. IV und zu Lukas 22, 17.

Vs. 31 ist πρόβατα durch Lämmer ܐܡܪ̈ܐ gegeben, das Pesch und Phil in ܥܢ̈ܐ korrigieren, während es der Hrs weglässt, der 25, 32 ܐܡܪ̈ܐ statt des ܥܢ̈ܐ die Syrsin hat.

Vs. 33 ff. beachte man den Gebrauch von Sim'on (Kefa), wo die Griechen nur Πέτρος haben. Siehe Pag. 168.

Vs. 34. Sollte für ܟܕ ܠܐ nicht ܥܕ ܠܐ zu lesen sein? Hrs hat עד לא, vgl. 47, wo wieder beide עד haben.

Vs. 36 Gusmani ܓܘܣܡܢܝ. Das Missale Antioch. Rom 1843 hat P ܢܣܐ wie Bar Bahl ܓܘܣܡܐܢܝܣܐ. Der Hrs schreibt ניסמנין, Pesch setzt ܓܕܣܡܢ, bis endlich der Phil mit ܓܗܬܣܡܐܢܝ völlig graecisiert. Vgl. Mrk 14, 32.

Vs. 39 aber nicht mein eigner (so zu bessern) Wille u. s. w. scheint wie Mrk 14, 36 nur feinere Wiedergabe des πλὴν οὐχ ὡς ἐγὼ θέλω κτλ. zu sein, Luk 22, 42 erscheint allerdings dieselbe Ausdrucksweise. Über den Text der Ferrargruppe vgl. zu Mrk 14, 41, Luk 22, 43.

Vs. 46 wir wollen von hier gehen. Dies scheinbar unpassende von hier ܡܟܐ ist in Pesch, Syrcrt, Philox in ܗܐ = ἰδοὺ gewandelt, während in Syrsin das ἰδοὺ fehlt. Es steht aber in G al plus[5] ἐντεῦθε(ν) in a hinc und im Armenischen աստի = von hier. Da das Fortgehen nach der Ergebung Vs. 42 nicht verständlich ist, so begreift sich die Streichung, aber woher stammt das „von hier“

im Griechen, Altlateiner, Armenier und Syrer? Über die ganze Geschichte der Redaktion an dem Berichte über Gethsemane vgl. das zu Mrk 14, 41 Dargelegte.

Vs. 47 und Stöcken, ܫܘܛܪ̈ܐ statt ξύλα. Vgl. zu 10, 10. — Nach allem, was vorher erzählt ist, erscheint der Ausdruck Judas einer von den Zwölf höchst auffallend. Er kann kein junger Zusatz sein, sondern stand in einem Urberichte, der die vorangehenden Mitteilungen über Judas Verrat nicht so enthielt, wie wir sie jetzt lesen. Ebenso auffallend ist, dass Vs. 48 Syrsin wieder Judas zusetzt, wo es kein andrer Zeuge hat.

Vs. 49 lässt Syrsin das dramatische εὐθέως aus[1], zum Vorteil der Sache, und dreht die Reihenfolge um, erst Kuss, dann Gruss, wo die andern Zeugen erst den Gruss und dann den Kuss haben. Letzteres sieht aus wie eine reflektierte Zurechtstellung. Bei Hrs fehlt das „er küsste ihn“ in Cod. A ganz, und das muss falsch sein, kann aber auf Schwankung in der Textüberlieferung hinweisen.

Vs. 51. Einer von den Jüngern Ješu', statt εἷς τῶν μετὰ Ἰησοῦ wie dann Pesch herstellt. Da Syrsin Mrk 14, 47, Luk 22, 50 mit den Griechen εἷς hat, und nicht ein Jünger, so hat er hier εἷς τῶν μαθητῶν gelesen. Ist das Urtext oder auf Grund von Joh 18, 10 eingesetzt?

Vs. 57 und es ergriffen ihn jene und geleiteten klingt wie das Ergebnis eines Kampfes, zumal Vs. 50 das Handanlegen und Fassen nicht ausschliesst, dass die Jünger sich dazwischen warfen. Das Fliehen der Jünger ist sachlich sehr begreiflich, durch die theologische Erörterung über die Notwendigkeit der Erfüllung prophetischer Voraussagen aber keineswegs praktisch begründet. Die Engellegionen sollten ja nicht kommen, sie waren also schutzlos. Aber warum werden sie nicht mit verhaftet? Alles wird begreiflich, wenn sie während eines Handgemenges im Dunkel sich aus dem Staube machen. Das griechische οἱ δὲ κρατήσαντες τὸν Ἰησοῦν ἀπήγαγον lässt sich richtig übersetzen: Nachdem sie aber sich Ješu' bemächtigt hatten, führten sie ihn, — das will Syrsin sagen, und so hat es auch der Memphite übersetzt.

Vs. 59 die ganze Versammlung (= συνέδριον) suchte .... Ješu' Zeugen. Es scheint ein Adverbium wie „eifrig“ zu fehlen. Dann ergänzt sich die Lücke

ܘܟܠܗ ܟܢܘܫܬܐ ܒܥܝܢ
ܗܘܘ [ܚܦܝܛܐܝܬ ܥܠ]
ܝܫܘܥ ܣܗܕ̈ܐ ܐܝܟ ܕܢܡܝܬܘܢܝܗܝ،

[1] Ueber εὐθέως vgl. zu Mrk 1, 21, wo gezeigt ist, dass dies Wort vielfach secundär ist.

Für ܡܫܐܠܢܬ könnte auch ein andres Wort z. B. ܡܣܟܐܢܬ vermutet werden, die Idee wird aber getroffen sein. Nun beachte man erstens, dass οἱ ἀρχιερεῖς (wofür Origenes 4, 386 cod; 1, 315 ὁ ἀρχιερεὺς hat, das dann in den Sahiden und einzelne Mss des Memphiten und altlat in a n Aur. gedrungen ist) καὶ οἱ πρεσβύτεροι (das ℵB auslassen, AΔ al. bieten) fehlt, natürlich aber in Pesch nachgetragen ist. Es ist ganz überflüssig, wenn das „ganze Synhedrion" genannt ist. Zweitens beachte man, dass Syrsin hat: sie suchten Zeugen. Das ist das natürliche, dass sie, wie die Griechen sagen, ψευδομαρτυρίαν, falsches Zeugnis, suchen ist sinnlos. Warum sollen sie falsches Zeugnis suchen, wenn sie von Ješu' Schuld überzeugt sind? Falsches Zeugnis verschafft man sich vorher, um seiner sicher zu sein, hier wäre alles auf den Zufall hinausgekommen. Orientalen wissen sehr genau, wie man sich Zeugnis, auch falsches, verschafft. Das ψευδομαρτυρία ist eine uralte in alle Griechen und Lateiner auch Arm und Memphiten eingedrungene tendenziöse Fälschung. Die syrische Überlieferung ist sehr fest, denn auch Pesch hat hier das schlichte „Zeugen" ܣܗ̈ܕܐ des Syrsin beibehalten und nicht korrigiert, das dann in Philox und Hrs umgeändert ist. Die Fälschung kommt auch sofort durch die Fortsetzung zu Tage, wenn es heisst, sie fanden es nicht. Denn die falschen Zeugen kommen ja wirklich, sie fanden sie also, oder vielmehr, sie stellten sich bei der Gelegenheit ein, denn bis zu welchem Grade im Orient Bestechlichkeit und Vorführung falscher Zeugen wenigstens in unsrer Zeit getrieben wird, das ist einem ehrsamen Abendländer kaum glaublich[1]. Das οὐχ εὗρον wäre sachlich falsch, die Folge davon ist, dass es im Texte schwankt, und dadurch der griechische Text ausser Rand und Band ist. Dies Urteil ergiebt sich aus folgender Nebeneinanderstellung:

Syrsin ergänzt	Pesch
ܘܟܠܗ ܟܢܘܫܬܐ ܒܥܝܢ	ܘܟܠܗ ܟܢܘܫܬܐ ܒܥܝܢ et omne synhedrium quaerentes
ܗܘܘ [ܡܫܐܠܢܬ ܥܠ]	ܗܘܘ * * ܥܠ erant [aegre de Syrsin]
ܥܠ ܝܫܘܥ ܣܗܕܐ ܐܝܟ	ܥܠ ܝܫܘܥ ܣܗܕܐ ܐܝܟ Iesu testes ita ut
ܕܢܡܝܬܘܢܝܗܝ ܘܠܐ ܐܫܟܚܘ	ܕܢܡܝܬܘܢܝܗܝ ܘܠܐ ܐܫܟܚܘ interficerent eum et non invenerunt
ܘܐܬܘ ܣܓܝܐܐ ܣܗܕܝܢ	ܘܐܬܘ ܣܓܝ̈ܐܐ ܣܗ̈ܕܐ Et venerunt multi testes
ܫܘܩܪܐ ܘܠܐ ܐܫܟܚܘ	* * ܕܫܘܩܪܐ mendacii (et non invenerunt, Syrsin)

[1] Lane, Sitten und Gebräuche der heutigen Ägypter I, 119.

ܠܒܪܐ [ܕܠܐ] ܫ[ܘܐ ܣܗܕܘ]ܬܐ * * * * (eo quod non aequale testimonium Syrsin)
ܒܐܚܪܝܬܐ ܐܬܘ ܬܪܝܢ ܐܚܪܝܬ ܕܝܢ ܩܪܒܘ ܬܪܝܢ Postremo venerunt duo
ܐܚܪܢܝܢ ܣܗܕܐ ܕܫܘܩܪܐ * * * * (alii testes mendacii Syrsin)
ܘܐܡܪܝܢ ܗܢܐ ܐܡܪ ܘܐܡܪܝܢ ܗܢܐ ܐܡܪ et dicunt: Hic dixit.

Dem steht am nächsten D, bei dem τὸ ἑξῆς nichts ist als et caetera, also eine Anweisung, dass etwas dahin gehört, was nicht dasteht, etwa was der Schreiber hat streichen sollen nach der Angabe eines wissenschaftlichen Auftraggebers. Der Urschreiber hat das nicht ausgeführt, der Kopist aber die wissenschaftliche Direktive mechanisch mit abgeschrieben. Es lautet in D

ὅπως αὐτὸν θανατώσουσιν	dass sie ihn töteten.
καὶ οὐκ εὗρον τὸ ἑξῆς	Und sie fanden nicht u. s. w.
καὶ πολλοὶ προςῆλθον· ψευδομάρτυρες	und viele kamen. Pseudozeugen
καὶ οὐκ εὗρον τὸ ἑξῆς	und sie fanden nicht u. s. w.
ὕστερον δὲ ἦλθον δύο ψευδομάρτυρες	Zuletzt aber kamen zwei Pseudozeugen.

Das sind Anweisungen des Gelehrten an den Abschreiber darüber, wie er aus seiner Vorlage kopieren soll. Das erste ψευδομάρτυρες, das dann in ℵB etc. eingefügt ist, ist durch einen Punkt abgetrennt, es ist ein Stichwort, das von Haus aus nicht in den Text gehört. Das zweite τὸ ἑξῆς zeigt neben Syrsin gehalten sofort, was fehlt, nämlich die aus Mrk 14, 56 stammende Bemerkung eo quod non aequale testimonium. Wir schauen mitten in die gelehrte Redaktionsarbeit hinein, sie führte schliesslich auch zu einem Ergebnis, das in ℵB vorliegt: ὅπως αὐτὸν θανατώσωσιν, καὶ οὐχ εὗρον πολλῶν προσελθόντων ψευδομαρτύρων. ὕστερον δὲ κτλ. Dieser Text ist von Hieronymus, Arm, Memph acceptiert. Aber daneben ist ein anderes Ergebnis in Syrsin erhalton , der aus Mrk 14, 56 kompletiert ist, und endlich ist auch die alte Konfusion weiter überliefert in Δ al. ὀπ. θαν. αὐτ. καὶ οὐχ εὗρον καὶ πολλῶν ψευδομαρτύρων προςελθόντων οὐχ εὗρον. ὕστερον δὲ κτλ. und das καὶ vor πολλῶν erscheint dann in q. ut eum morti traderent et non invenerunt, et multi falsi testes accesserunt et non invenerunt Novissime autem etc.

Das Ergebnis ist, dass durch Einsetzung der ψευδομαρτυρία, die im Mrk 14, 55 noch nicht steht, und der ψευδομάρτυρες eine starke Störung der Überlieferung hervorgerufen ist. Lukas 22, 66 hat kein Wort davon. Man kann sich hier mit historischer Sachkritik eine wahrscheinliche Berichtsform erschliessen, den Urtext aber nicht wiedergewinnen. Praktisch fragt man sich, wie wohl in einer Nacht dies Suchen nach Zeugen möglich gewesen sein möchte.

Vs. 61. Tempel zerstören, καταλῦσαι in Syrsin ܣܬܘܪ in Pesch Phil, Hrs ܫܪܐ, worüber zu vergleichen P.! 73. Die Griechen sagen fast einstimmig τὸν ναὸν τοῦ θεοῦ und so Pesch, Philox, Hrs, Arm, Memph — aber mit Syrsin drücken aus „diesen Tempel" die Altlat bcdff²h Aur. templum hoc dei, woraus man nun erkennt, dass dei unecht, und aus Hieron eingesetzt ist. Tischendorf notiert aus C² auch griechisch τὸν ναὸν τοῦτον. Diese alte Lesart lässt den symbolischen Ursinn durchscheinen, wogegen die Lesart τὸν ναὸν τοῦ θεοῦ das Wort sofort direkt auf den herodianischen Tempel zu beziehen zwingt. Wurde Ješu' ein solcher Ausspruch über den Herodestempel nachgesagt, so wurde er damit in die Reihe der Zauberer und Goeten gerückt wie jener Theudas bei Gamaliel Act 5, 36 und das wäre kein Verbrechen gewesen, daher verurteilt ihn das Gericht nicht, als er es unter seiner Würde fand, darauf zu antworten. So bleibt denn nur die direkte Frage unter Schwurzuweisung als Mittel übrig, um die gewünschte Verurteilung herbeizuführen.

Vs. 63 ff. Syrsin und Pesch haben nur: der Messias, der Sohn Gottes, Philox und Hrs sagen: des lebendigen Gottes, wie Memph Sahide, ff² und C*Δ al., was nach Lage der syrischen Texte jüngere Lesart ist. Ferner hat Syrsin das πλὴν in Vs. 64 nicht ausgedrückt, die Pesch setzt ܐܡܪ ܐܢܐ ܠܟܘܢ ܕܝܢ = dico vobis autem, das voranstehende πλήν kommt erst im Philox ܒܪܡ und Hrs ברין zum entschiedenen Ausdrucke — Vs. 65 hat Syrsin: Siehe ihr habt aus seinem Munde die Lästerung gehört, was in Matth kein andrer Zeuge hat, was aber vom Zusammenhange verlangt wird. In Mrk 14, 64 hat Syrsin diesen Text nicht, aber dort hat ihn die Pesch, der Arm ի բերանոյ դորա = ex ore hujus, der Sahide ⲉⲃⲟⲗϩⲓⲧⲛ ⲧⲉϥⲧⲁⲡⲣⲟ (ex ejus ore) und die Philox am Rande, wovon in D al. nebst Ferrargruppe 13. 69. 124 mit τὴν βλασφημίαν αὐτοῦ eine Spur stecken könnte, die auch in q. gat. mt. blasfemiam ejus erscheint[1]. Luk 22, 71 liegt keine Variante vor. — Vs. 66 ist das τί ὑμῖν δοκεῖ in Syrsin und Pesch nicht gegeben, sie schreiben ܡܢܐ [ܗܟܝܠ] ܨܒܝܢ ܐܢܬܘܢ, wo ich für Syrsin ܗܟܝܠ vermutungsweise ergänze = quid [igitur] vultis, was andre Zeugen nicht haben. Ich möchte in Syrsin nach D die Lücke füllen [ܟܠܗܘܢ] ܫܪܘ ܘܐܡܪܘ = da huben [sie alle] an und sagten. — Das fehlende Wort nach sie züchtigten ihn ist nicht leicht zu ergänzen. Ob mit Stöcken, oder auf seinen Kopf?

---

[1] Die Lesart τῆς βλασφημίας in ℵB zeigt schon durch den Genetiv die hellenistische Feile.

Zur Sache bemerke ich über das Wort: aus seinem Munde, dass die dramatische Steigerung der Darstellung dies Wort verlangt. Die Entwicklung ist diese: Die Versammlung sucht Zeugen, die ein todeswertes Verbrechen beweisen können, und findet sie nicht. Zwar drängen sich falsche Zeugen (עדים זוממים) heran, aber wegen mangelnder Übereinstimmung der Aussagen, — dies nur in Syrsin stehende, von mir aus Mrk 14, 56 nach den in Syrsin in der Lücke erhaltenen Spuren der Buchstaben ergänzte Zwischenglied ist unentbehrlich — ist ihr Zeugnis ungenügend, denn es müssen mindestens zwei Zeugen vorhanden sein. Dass bei allen diesen Zeugen die Sanhedrin 4, 5 vorgeschriebene ernste Zeugenvermahnung erfolgt sei, ist bei der Kürze der Zeit der Verhandlung sehr unwahrscheinlich. Die Prozessordnung verlangt sorgsame Prüfung der Zeugnisse. Snhdr 5, 1 sagt: Je schärfer in der Untersuchung der Zeugenaussagen, um so lobenswerter ist der Mann. — Endlich erscheinen die gewünschten zwei Zeugen mit einer identischen Angabe, auf die Ješu' nichts antwortet, die aber gar keine Lästerung enthält, und auf die hin der Hohepriester kein Urteil fällt. Schliesslich folgt die Beschwörung, welche eine kurze Erörterung verlangt, so viel aber sieht man sofort, dass die Zeugenaussagen nicht Grund zur Verurteilung waren, denn der Hohepriester sagt: Was haben wir noch Zeugen nötig, da ihr aus seinem Munde die Lästerung gehört habt? Das Zeugnis aus seinem Munde ersetzt die ungenügenden Zeugnisse aus fremdem Munde, und damit ist die Unentbehrlichkeit der nur von Syrsin gebotenen Worte: „aus seinem Munde" statt des griechischen νῦν = jetzt erwiesen. Durch dies „jetzt" entsteht der Schein, als ob die Worte Ješu': Von jetzt ab werdet ihr den Sohn des Menschen sehen u. s. w, die Lästerung enthielten, auf welche die Verurteilung folgte, — obwohl sie doch an sich keine Lästerung irgend welcher Art enthalten.

Das Beschwören השביע bedeutet jemand durch Eid verpflichten, irgend etwas zu thun Exod 13, 19, 2 Chr 36, 13. Zum Eide kann eine Selbstverfluchung kommen (שבועת אלה), vermöge deren man eidlich anerkennt, dass man die Folgen des Fluches auf sich herabziehen will 1 Sam 14, 28. Hierher gehört der Eid der wegen Ehebruchs verdächtigten Frau Num 5, 19, die durch ihr Amen, Amen die Folgen der auf das zu trinkende Wasser gelegten Flüche auf sich herabzieht[1]. Die Erklärung, dass sie es zufrieden ist, dass diese Folgen sie treffen, also die Annahme des zu leistenden Eides, erfolgt durch Amen. Amen = γένοιτο, γένοιτο. Wirklich parallel dem Gebrauche des Wortes im Evangelium ist 1 Kön 22, 16, wo es heisst: Ich habe dich oft eidlich verpflichtet mir nur reine Wahrheit zu sagen. Das

[1] Dies Amen wird Sota 2, 5 besonders erörtert.

ist auch hier der Sinn, strengste Aufforderung, die Wahrheit zu sagen. Wer diese Stelle in der LXX vergleicht, wird dort ein οὐχ οὕτως eingeschoben finden, das nur eine der jüdischen Eidesscheu entsprechende Ablehnung des Eides bedeuten kann. Der Prophet nimmt den Eid nicht an, und bevor er seine Rede wahrheitsgemäss beginnt, da er vorher ironisch, aber dem Könige ganz verständlich, Unheil verkündigt hatte, weist er mit dem οὐχ οὕτως = לא כן = nicht also[1] die stillschweigend vorausgesetzte Annahme des Eides zurück. Da σὺ εἶπας nach P. 383 sicher keine einfache Bejahungsformel ist, so liegt hiernach die Möglichkeit vor, dass Mth 26, 64 durch σὺ εἶπας wie hier in LXX durch οὐχ οὕτως der Eid abgelehnt wird. Der Sinn ist dann: Ich beschwöre dich, dass du die Erklärung abgiebst, worauf die Antwort folgt: Das hast du gesagt, d. h. ich nehme diese Eidesleistung nicht auf mich. Die zweite Möglichkeit, die praktisch auf dasselbe hinauskommt, wäre die: Ich überlasse deinem eigenen Gewissen die Antwort auf die Frage, dagegen sage ich, dass ihr von jetzt ab den Messias d. h. das Gericht werdet kommen sehen. So hat Origenes den Text verstanden, der dabei ausdrücklich erklärt, das σὺ εἶπας sei weder eine Bejahung noch eine Verneinung. Er führt richtig aus, dass durch die Beschwörung dem Beschworenen ein Zwang für seine Aussagen auferlegt wird, und fährt dann fort: Es war ungeziemend, dass unser Herr gegen seinen eignen Willen, vom Beschwörenden gleichsam gezwungen, auf die Beschwörung des Hohenpriesters antwortete. Propter quod n e c n e g a v i t se Christum filium Dei esse, n e c m a n i f e s t e c o n f e s s u s e s t, sed quasi ipsum testem accipiens adjurantem, quoniam ipse est, qui in interrogatione sacerdotis pronuntiatus est Christus Dei filius, d i x i t (so wird für dicens zu lesen sein): tu dixisti. Orig. ed. Lommatsch V. p. 7.

Die im Traktat Schebu'oth erhaltnen Beschwörungsformeln, die sich sämtlich entweder auf Zeugen oder auf Depositen (als Manifestationseid) beziehen, geben keine Parallele, am nächsten steht die Vereidigung der Zeugen, wie hier Ješu' vereidigt werden soll, um über sich selbst Zeugnis abzulegen[2]. Ich setze daher zur Vergleichung, bei der man sieht, dass die Annahme des Eides mit Amen, nicht mit einem Ausdrucke wie „Du sagst es" vollzogen wird, einige Beispiele aus Schebu'oth hier her:

---

[1] So dürfte es hebräisch zu formulieren sein, nicht aber לא אמן oder אַין, da אמן durch γένοιτο gegeben wird.

[2] In Zivilklagen schliesst die Mischna das Selbstzeugnis eines Menschen zu seinem eignen Schaden ein, aber R. Schim'on lässt das nicht gelten: אינו משלם קנס על פי עצמו d. h. er bezahlt nicht eine Strafsumme auf Grund seines eignen Bekenntnisses.

Wie ist ein Zeugeneid? Wenn Jemand zu zwei Leuten sagt: Kommt und bezeugt mir, sie aber antworten: Wir schwören, dass wir kein Zeugnis für dich wissen, oder auch blos, wir wissen für dich kein Zeugnis, und er dann ausspricht: Ich beschwöre euch, worauf sie Amen sagen, so sind sie verpflichtet (als Zeugen zu dienen) IV, 3 — Wendet jemand — wie hier der Hohepriester — in der Beschwörungsformel die Worte Adonaj, יה, Schaddaj, Zebaoth, der Gnädige und Barmherzige etc. und alle übrigen üblichen Bezeichnungen an, so sind die Zeugen verpflichtet. — Der Gotteslästerer (המקלל) ist nach Rabbi Me'ir durch alle diese Formeln verpflichtet, aber die andern Gelehrten sprechen ihn frei IV, 13. Und hieraus lässt sich eventuell das Vorgehen des Hohenpriesters erklären, der die eidliche Aussage erzwingen will.

Vs. 65 er hat gelästert, und zwar im Prozesse selbst nicht vorher, der Rechtsgrund seiner Verhaftung und Prozessierung ist nicht Lästerung gewesen. Auf welches Verbrechen die Anklage, die durch Zeugnisse nicht bewährt werden konnte, von Haus aus gegangen ist, das wird nirgend gesagt. Auf diese erste Anklage hin ist Ješu' nicht verurteilt worden, vielmehr hat der zur Tötung Ješu' von vornherein entschlossene Kayyafa, jene fallen lassen, und hier die Gelegenheit ergriffen Lästerung zu konstatieren, auf Grund deren er in einem tumultuarischen Verfahren dem Synhedrium das Todesurteil gewaltthätig entrissen hat. Von einem wirklichen Prozesse ist hier nicht mehr die Rede, es ist das Eiferrecht, das eintritt.[1]

Neuerdings ist vermutet, Ješu' sei als Mesît (מסית) angeklagt, weil Luk 23, 5 von der Erregung der Volksmengen die Rede ist. Aber der Begriff des Mesît passt nicht, denn der Mesît ist der Verführer eines Einzelnen zum Götzendienste, wie Sanhedr. 7, 10 breit auseinander gesetzt wird. Dem Mesît gegenüber gestattet das jüdische Recht auch ein vollkommenes Spitzeltum, das nur diesem Verbrechen gegenüber in Anwendung gebracht werden darf. Ješu' verführte aber nicht zum Götzendienste. Ebenso wenig konnte er als Maddîaḥ angeklagt werden, d. h. als Verführer einer grösseren Menge zum Götzendienst. Eher könnten die Vorschriften über den Zaqēn mamre d. h. über den sich vom Consensus der übrigen Gelehrten und der Autorität des Synhedrimus emanzipierenden Rechtslehrer auf Ješu' angewendet sein, der Matth 23, 2 das Synhedrion für eine die Gewalt des Moses usurpierende Genossenschaft erklärt hat, der man nicht

[1] Sanhedr. 9, 6 ist vorgesehen, dass gewisse Verbrechen, darunter das des מקלל בקוסם d. h. der Fluch über Gott unter einem Götzennamen von Zeloten (קנאין) durch sofortige für sie straflose Tötung gesühnt werden dürfen. So machte es ja schon Pinchas Num 25, 8.

zu folgen brauche, vgl. zu 23, 3 P. 321. Da aber das Judentum, das das geistliche Gericht und kanonische Recht im orthodoxesten Sinne ausgebildet hat, einen solchen dissentierenden Lehrer zwar so lange ertrug, als er seine Lehre nicht in die Praxis umsetzte, ihn aber sofort zum Tode durch Erdrosselung verurteilte, wenn er nach seiner Lehre handeln liess,[1] so musste Ješu' nach diesem Rechte zur Erdrosselung verurteilt werden, weil er und seine Anhänger auch nach ihren Handlungen Sabbathsschänder u. s. w. waren. Mag die Formulierung dieses Rechtes auch jünger sein als die Zeit Ješu', die Grundgedanken waren damals sicher schon anerkannt. Verwandt wäre die Anklage als Lügenprophet, aber obwohl Matth 21, 11, 46 das Volk Ješu' für einen Propheten hielt, — das war seine Kategorie für den ausserordentlichen Lehrer, — so hat er doch 11, 13 sich direkt von den Propheten unterschieden, wie er ebenso auch die Funktionen des Bindens und Lösens, die den Schriftgelehrten zukamen Matth 5, 17, P. 80 von sich abgelehnt hat.[2] Dafür aber, dass sich Jemand für den Messias erklärte hat das Gesetz kein Verbot und keine Vorschrift, das war nicht verboten, und hätte höchstens einen geistlichen Prozess veranlassen können, in dem zu konstatieren gewesen wäre, ob die in der Zeitdogmatik anerkannten Kennzeichen des Messias auf ihn passten.[3] Davon ist im ganzen Prozesse Ješu' aber nie die Rede, um so weniger, als sich Ješu' nicht für den Judenmessias erklärt hat, und denen die es thaten, verboten hat es Jemand zu sagen. 16, 20. Vgl. zu 11, 2 P. 186,

Das Verbrechen der Lästerung, das Kayyafa plötzlich einstellt, ist mit Steinigung bedroht. Dem Pilatus ist es gar nicht als Grund der Verurteilung vorgetragen. Joh. 18, 30 ist dabei sehr charakteristisch, die Juden sagen da: Sein Verbrechen steht fest, es ist eine abgeurteilte Sache, wäre er kein Übelthäter, so hätten wir ihn dir, o Pilatus, gar nicht vorgeführt. Er soll nicht inquirieren, und lehnt das Urteil demgemäss ab, indem er den Synhedristen überlässt ihn

[1] Das Nähere steht Sanhedrin X (XI, 1), wo auch der Instanzenzug vorgeschrieben ist, durch den in dreifacher Steigerung bis zum höchsten Gerichtshofe in der Steinhalle (לשכת הגזית) der rebellische Charakter solcher Lehren festgestellt werden sollte. Alles das ist aus Deuter 17, 8 abgeleitet, und noch durch den unglaublichen Lehrsatz gestützt, das es „strafbarer ist gegen die Worte der Schriftgelehrten (סופרים=γραμματεῖς) zu lehren als gegen die Worte der Thora selbst" XI, 3.

[2] Aus Deuter 18, 22 folgt, dass ein Lügenprophet nicht sofort verurteilt werden konnte, man musste warten um ihn zu erkennen. Deut 13, 2 ff. gehört gar nicht hierher.

[3] Diese Anschauung findet sich Sanhedr 93[b] wo Bar Kochba sagt, er sei der Messias, und die Rabbinen erklären, sie wollten sehen ob Jesaj 11, 1 auf ihn passe. Es passt nicht, und da töteten sie ihn.

„nach dem Gesetze“ zu richten,[1] die sich darauf hin das Recht zur Vollziehung der Todesstrafe von Pilatus verschaffen 19, 6. Ješu' war dem Pilatus als Revolutionär, als Judenkönig (vgl. Luk 23, 2), als Messias denunziert, Ješu' lehnt mit einem: Du sagst es — die Bejahung der Frage ab Matth 27, 11 und Joh 18, 38 erachtete ihn Pilatus für frei von diesem Verbrechen,[2] aber er liess das Synhedrium walten. Es war die Praxis römischer Prokuratoren das Edictum praetoris in den Provinzen nicht anzuwenden, sondern dem lokalen Rechte seinen Lauf zu lassen.

Die Lästerung zu erweisen war nicht nötig. Kayyafa sagt ja direkt, das Gericht habe sie (eben) aus seinem Munde gehört. Somit hat es kein Interesse, die Gesetzesbestimmungen über Lästerer Sanhedr VII, 5 herbeizuziehen, aber man fragt sich: In welchen Worten Ješu' lag die Lästerung? Über das Zerreissen der Kleider, wissen die Ausleger allerhand nach Sanhedr. VII, 5 beizubringen, worin die Lästerung bestand, das lehrt uns keiner. Keim verweist unpassend auf Levit 24, 16, Meyer-Weiss findet sie in der Anmassung der Messiaswürde und der Gemeinschaft göttlicher Ehre und Herrschaft. Er vermag jedoch nicht zu zeigen, dass die Anmassung der Messiaswürde juristisch ein Verbrechen der Lästerung enthalte, abgesehen davon, dass er das σὺ εἶπας zu Unrecht für eine Bestätigung nimmt. Dass aber der in Vs. 64 erwähnte Menschensohn identisch mit Ješu' in der zweiten Parusie ist, das ist eine ebenso verbreitete wie unbegründete Auslegung. Der Sinn ist, dass das Gericht über dieses Volk und seine Leiter nahe bevorsteht, Matth 21, 42 ff. Ješu' hat sich in diesem Zusammenhange nicht einmal Sohn Gottes genannt, während doch jeder Israelit von seinem Vater im Himmel, seinem Könige redete in den Gebetsformeln אבינו מלכנו und אבינו שבשמים, und Israel Gottes Sohn genannt wird Hos 11, 1, Jer 31, 9, 20, ja Jes 1, 2 sogar die einzelnen Individuen als Söhne von Jahve bezeichnet werden. Das Attribut Sohn Gottes ist hier dem Messias (Ps 2, 7) vom Hohenpriester beigelegt, und dessen Frage hat Ješu nicht bejaht. Wo also ist die Lästerung? Vs. 68 besagt nicht, dass Ješu' sich für den Judenmessias erklärt hat, sondern dass er vom Volke und den Synhedristen für einen Spottmessias erklärt wurde.

Vs. 69—74. Man beachte, dass Syrsin durchweg Šim'on bietet, wo Pesch Kefa hat, also griechisches Petros wiedergiebt, vgl. P. 168.

XXVII Vs. 4 das Blut des Gerechten, Cyprian 80, 4 Hilar, Lucif und abcdg¹q. Hieron, Arm, Hrs, Sahid, Memph haben sanguinem

[1] So liest statt κατὰ τὸν νόμον ὑμῶν der Syrsin.

[2] Hier hängt alles von dem richtigen Verständnis des σὺ λέγεις Vs. 37 ab. Das ist der Eckstein für das Begreifen des ganzen Prozesses. Man lese unbefangen Luk 23, 2—4.

justum statt ἀθῷον, streng logisch entspricht der Lage (im Gegensatz zu 27, 24) nur die Lesart des Syrsin. In Pesch und Philox ist ἀθῷον eingesetzt. Auch in B zeigt die Zufügung von δίκαιον am Rande, dass die ältere Lesart bekannt war, die Origenes I 396[c], IV 445[d] neben ἀθῷον bewahrt hat, während I 396[b] IV 435[c] letzteres steht. Syrsin steht also zu den ältesten Zeugen und ist doch selbständig durch den Genetiv sanguinem justi. — In den (oder dem) Tempel. Aus Syrsin ist über εἰς τὸν ναόν oder ἐν τῷ ναῷ nichts sicher zu entscheiden, letzteres aber ist wahrscheinlicher, weil εἰς gleich darauf mit ܒܝܬ übersetzt ist. Dann geht Syrsin mit A al. Hieron, abcdf, Arm, dessen Text aber schwankt. Das hieng sich auf und erstickte = ἐκρεμάσθη καὶ ἀπήγξατο des Syrsin steht allein. Es könnte umschreibende Übersetzung sein, wie bei Hieron laqueo se suspendit.

Vs. 6 nahmen das Geld, ܫܩܠܘ, nicht ܢܣܒܘ, d. h. hoben es vom Boden auf und verhinderten so, dass es in den Tempelschatz geworfen wurde.

Vs. 7. Der Text des Syrsin: „sie kauften von ihm (ܡܢܗ in Pesch korrigiert in ܒܗ = damit) das Töpfergrundstück der Grabstätte der Fremden“ lässt die Sache so erscheinen, als ob eine Fremdengrabstätte schon vorhanden gewesen und durch das Töpfergrundstück erweitert wäre. Das setzt Sachkenntnis voraus, und das Vorhandensein einer Grabstätte für Fremde schon vor diesem Ankaufe ist nur natürlich, wo sollten sonst ihre Leichen bleiben? Die Fremden werden übrigens Heiden sein, nicht Juden, und für die Beerdigung solcher minderwertigen Menschen war dies Blutgeld gut genug. Der Beschluss ist die Folge einer Form jüdischer Scheu vor Berührung mit irgend wie unreinen Dingen, deren Unreinheit oder Schuld magisch übertragen wird. Ich füge als Parallele bei, dass ein arabischer Mystiker sich weigerte Trauben zu essen, die an einem Kanale gewachsen waren, zu dessen Herstellung die Bauern mit Gewalt gezwungen waren. Die Gewalt klebt am Graben, am Wasser und schliesslich an dem davon getränkten Weinstock, darum scheut der fromme Mann dies Gewächs. In Aboda zara wird verboten Früchte zu essen, die von einem heidnisch heiligen Baume (אשרה genannt) beschattet worden sind, das ist dieselbe Grundanschauung, und analog ist es, wenn jüdische Grabstätten nicht für ein Blutgeld angekauft werden sollen. Heidnische Grabstellen sind für den Juden ein so indifferentes oder aber verächtliches Ding, dass sie nicht verunreinigen. Es heisst in einer Baraitha von R. Simeon b. Joḥai, dass er sagte: קברי ע"א אין מטמאין die Gräber der Götzendiener verunreinigen nicht. Der dort erwähnte Fremdenfriedhof ist hier nicht zu verwerten, da die Szene zwischen Elias und Rabba bar Abuha in amoräische Zeit fällt Bab. mes. fol. 114. — Kein andrer Zeuge hat etwas andres als εἰς ταφήν, denn auf das in sepultura statt in sepulturam einiger Vulgatentexte bei Wordsworth wird kein Wert zu legen sein, obwohl es eine Deutung im Sinne des Syrsin möglich macht. Die Orientalen (Syr, Arm, Memph) verstehen ταφή nicht vom Bestatten, sondern direkt vom Bestattungsplatze, vom Friedhof, im Griechischen ihrer Zeit hat es daher den Sinn von κοιμητήριον gehabt. Griechisch würde Syrsin lauten τὸν ἀγρὸν τοῦ κεραμέως τῆς ταφῆς (= τοῦ κοιμητηρίου) τῶν ξένων. An den vorhandnen Namen, und nur an einen solchen lehnt sich die Benutzung des Zacharja, in dem ja obendrein יוצר = Töpfer ein Schreibfehler für אוצר Schatz ist.

Vs. 9. Das falsche „Jeremias", da das Zitat auf Zacharja 11, 13 geht, fehlt in Syrsin, Pesch und daher im arab. Tatian[1] in den Altlat. ab, in den Minusk. 33, 157, beide hochgewertet. Augustin Consens evgl. 3, 29, beruft sich gegenüber der Voraussetzung, dass das Ιερεμίου Zusatz sei, darauf, dass trotz seines Fehlens in manchen lateinischen Mss. seiner Zeit, die alten griechischen Handschriften es enthielten. Das Streichen sei ja leicht begreiflich, der Zusatz aber nicht. Origenes III 916 hält für möglich, dass die Worte in secretis Jeremiae, d. h. in einem Apokryphon Jeremia's gestanden haben, und Hieronymus hat die Stelle in einem hebräischen Buche — Jeremiae apocryphum — gesehen, das ihm ein Jude, der zur Nazarenersecte gehörte, gebracht hat, nimmt aber trotzdem an, sie stamme aus Zacharja. Eusebius aber hält auch die Annahme eines einfachen Abschreibefehlers 'Ιερεμίου statt Ζαχαρίου für ganz unbedenklich, obwohl ja das Stückchen im echten Jeremias könnte verloren gegangen sein. Die griechischen Mss. haben ausser den genannten 33. 157 allgemein Ιερεμίου, daneben steht noch 22 mit Ἡσαΐου, das sich dann in dem per esaiam prophetam des Rhedigerianus wiederfindet.

Die Frage kann nicht nach der Zahl der Handschriften entschieden werden, es muss vielmehr zunächst allgemeiner gefragt werden, ob die Stellen, in denen davon die Rede ist, dass ein Wort des Propheten erfüllt ist, nicht etwa von Haus aus den Namen des Propheten überhaupt gar nicht enthielten, wegen des Gedankens, dass die Prophetie eine Einheit sei, bei der es auf den Namen des einzelnen Redners gar nicht ankomme. Dann wären die Namen erst später in gelehrter Diaskeue hinzugesetzt, wobei dann auch Fehler vorgekommen sein können, eventuell in unserem Falle statt des kanonischen Jeremias jener nazarenische Jeremias benutzt sein könnte.

Von den leitenden kritischen Grundanschauungen der Alten, die von den unsrigen sehr weit abweichen, wird man sich Rechenschaft geben können, wenn man liest, was Augustin zu unsrer Stelle sagt:

---

[1] Dagegen steht es im Fuldensis bei Victor von Capua.

Es konnte geschehen, dass sich Matthäus täuschte und ihm der Name Jeremias statt Zacharias vorschwebte. Er würde das, von andern darauf aufmerksam gemacht, berichtigt haben, wenn er nicht gemeint hätte, dass ihm ein solcher Gedächtnisfehler, da doch sein Gedächtnis vom heiligen Geiste regiert wurde, keineswegs ohne höhere Absicht (frustra) begegnet sei, sondern weil Gott gewollt habe, dass er so schreibe. Der höchste Grund für diesen göttlichen Willen liege darin, dass auf diese Weise die Einsicht vermittelt werde, dass alle Propheten in demselben Geiste sprechen und in wunderbarer Übereinstimmung miteinander sind. Cum igitur .. quae dicta sunt per Zachariam tam sint Jeremiae quam Zacharjae ... quid opus erat ut emendaret Matthaeus, cum aliud pro alio sibi nomen occurrens a se scriptum relegisset? Geister die so denken, sind für die Anforderungen historischer Genauigkeit nicht zu haben, auf Autornamen kommt es nicht an. Ich glaube Spuren davon zu finden, dass zu ursprünglichen Ausdrücken, wie das Wort des Propheten 27, 35, später der Name hinzugefügt ist, und dadurch die Textform in Schwankung geraten ist, in der ursprünglich der Prophet ohne Namen stand. Dieser Zusatz ist dann fast allgemein rezipiert in Matth 2, 17, wo aber lateinische Codices bei Wetstein den Namen auslassen. Tischendorf. — Er steht 3, 3 allgemein, aber die ganze Stelle ist retouchiert vgl. P. 32. Das memph. Mss א lässt Jesajas fort, in etlichen armenischen Mss. fehlt dagegen Prophet, und wiederum Irenäus III, 9, 1 zitiert nur: qui dictus est a Domino per prophetam. — In 4, 14 steht Jesajas der Prophet allgemein. — In 8, 17 lässt das memph. Mss E, den Propheten aus, und in 12, 17 den Namen Jesajas. — In 13, 35 ist eine grosse Controverse über den falschen Namen des Jesajas, den Syrsin nicht hat, worin er mit BD Arm, Hieron übereinstimmt, während א und 33. 1. 13. 124 (Ferrar) 253 nebst Clemens Hom 174, 16 den Namen haben, und die Schwankungen der Memphiten die Unsicherheit zeigen, — 24, 15 ist Daniel der Prophet allgemeine Lesart, aber die Stelle ist gelehrt bearbeitet. — Der Name ist 1, 22 in D Syrsin. Syrcrt, Hrs, Philox, Arm vorhanden, fehlt aber in אB Iren III, 17, 1. Memph, Pesch — und er fehlt 2, 5, wird aber in einzelnen Mss. wie 4 und Philox Memph E_1 margo beigefügt. — Von diesen neun Stellen zeigen sechs (2, 17; 8, 17; 12, 17; 13, 35; 1, 22; 2, 5) Schwankungen, zwei (3, 3; 24, 15) sind überhaupt retouchiert, und 13, 35 wie 27, 9 geben positiv falsche Namen. Von der Voraussetzung der spätern Zufügung des Eigennamens aus lassen sich diese Erscheinungen verstehen. Zugleich fällt von hier ein Licht auf Mrk 1, 2, wo der Name Jesajas pseudogelehrter Einsatz ist, wobei das Maleachizitat zu kurz kommt. Ohne den Namen und mit ἐν τῷ προφήτῃ, das wir gemäss dem eben aus Augustin Mitgeteilten zu verstehen haben, ist der Text völlig klar. Sehr früh ist dann ἐν τοῖς προφήταις korrigiert, was ganz überflüssig war, aber schon von Iren III, 11, 6, 8 und 17, 3 geboten wird, woneben III, 11, 11 ἐν 'Ησ. τῷ προφ. erscheint. Diese Schwankungen spiegeln sich bei dem Arm und Memph in den Varianten und in Philox am Rande wieder. Da Markus nirgend einen Propheten namentlich zitiert, auch 13, 14 nicht, so haben wir es hier handgreiflich mit Redaktion zu thun. Wer sich durch solche Generalbetrachtung der Frage nicht überzeugen lässt, dass hier Retouchen vorliegen, der wird mit allem Zählen und Wägen der Handschriften nicht aus der Unsicherheit herauskommen.

Vs. 11 zu Du hast es gesagt vgl. oben P. 382.

Vs. 12 die Hohenpriester und Pharisäer, statt und die Ältesten. Hier dürfte ܦܪ̈ܝܫܐ = φαρισαῖοι statt ܩܫ̈ܝܫܐ = πρεσβύτεροι zunächst verdächtig erscheinen, da es sonst unbezeugt ist, aber man vergleiche Vs. 41 und 62, und es entsteht ein anderes Bild. In Vs. 62 ist allgemein die Hohenpriester und die Pharisäer überliefert und in Vs. 41 zeigt sich die bedenklichste Schwankung. Denn dort findet sich: οἱ ἀρχιερεῖς ἐμπαίζοντες μετὰ τῶν γραμματέων καὶ πρεσβυτέρων ἔλεγον in ABL Hrs — $ff^1g^{1\,2}$ — Memph in einzelnen Mss. — Sahide, wofür μετὰ τῶν πρεσβυτέρων καὶ γραμματαίων in ℵ erscheint.

Daneben steht . . . μετὰ τῶν γραμματέων καὶ πρεσβυτέρων καὶ Φαρισαίων ἔλεγον in Δ al plus 150 Pesch Philox und in den memph Mss C_2 r D_4 al und . . . μετὰ τῶν γραμματαίων καὶ Φαρισαίων λέγοντες in D al^{10} fere—abcdff^2 h q gat. Syrsin — endlich bloss καὶ οἱ ἀρχιερεῖς ἐνέπαιζον μετὰ τῶν γραμματέων καὶ ἔλεγον im Arm, wozu sich Γ $6^{pe\ sem}$ gesellen. So bietet Syrsin an drei Stellen die Pharisäer als in dem Prozesse Ješu' thätig, D hat sie zweimal, ℵB nur einmal Vs. 62, Bei der Stellung Ješu' zu den Pharisäern ist es eine ernste Frage, die durch die neuen Forschungen Chwolsons über die Pharisäer nur noch wichtiger wird, ob diese sich am Hohn und Lästern beteiligt haben oder nicht. Chwolson übertreibt zu Gunsten der Pharisäer. Dazu vgl. man die Textlage in Mrk 15, 31 und Luk 23, 35, wo D völlig abweichend die ἄρχοντες weglässt, und tol al cum Pharisaeis, gat mm cum Sadducaeis bieten. Ich bin nicht in der Lage, schon hier eine Entscheidung zu treffen, aber ich werfe die Frage auf: Ist solcher Textzustand nicht die Folge der urältesten Parteitendenzen der Judenchristen, die die Pharisäer entlasten oder belasten wollten? Die Antwort wird sich der Leser nach dem zu 27, 20 P. 403 gesagten selbst geben. Die Textform Hohepriester, (sie waren damals Sadducäer) und Pharisäer bedeutet, dass das Gesamtvolk in seinen beiden Parteien Ješu' anklagte. Vgl. unten die Untersuchung über λαός und ὄχλος zu 27, 20.

Vs. 14. Die Worte πρὸς οὐδὲ [ἓν ῥῆμα], die Syrsin weglässt und die Pesch und so der arabische Tatian dann einschiebt, fehlen auch in D, der sachlich mit Syrsin stimmend καὶ οὐκ ἀπεκρίθη αὐτῷ ἓν ῥῆμα ὥστε θαυμάζειν κτλ. bietet, woran sich dann Altlateiner schliessen. Der griechische Text erstrebt eine emphatische Steigerung.

Vs. 15 dem Volke, die Griechen[1] alle τῷ ὄχλῳ statt τῷ λαῷ = ܠܥܡܐ wie Syrsin, Pesch und die Lateiner populo haben. In Philox und Hrs ist dann ὄχλος hergestellt. Vgl. zu Vs. 20.

Vs. 16, 17. Ješu' bar Abba. Diesen Namen hat Syrsin erhalten, und aus der altsyrischen Vorlage ist er vom Armenier gerettet (Յեսու բար աբբայ). Er stand auch in der griechischen Vorlage des Hrs, doch statt des richtigen Βαρ-αββα drückt er aus בר רבן (Sohn eines Meisters) in demselben Sinne, da אבא den Lehrer bedeutet. Er hat also vermutlich Βαρραββαν vorgefunden. Der Lexicograph Bar Bahlûl (Saec. IX; ed. Duval P. 423) teilt folgendes mit: „Bar Abba d. h. Ješu', dieser hiess Bar Abba. So aber ist geschrieben im Evangelium damepharresche, (der getrennten Evangelisten[2] ܐܘܢܓܠܝܘܢ ܕܡܦܪܫܐ), und das wird auch daraus erkannt, dass Pilatus Vs. 22 sagt: und dem Ješu', der Messias genannt wird, was soll ich dem thun? So hiess Bar Abba demnach Ješu'." — Wir haben hier das direkte Zeugnis, dass unser Evangelientext das Evangelium der Getrennten ist. Von richtigem Gefühle geleitet, aber nicht völlig zu Ende gedacht ist der Schluss seiner Anmerkung: „Der Evangelist wollte seinen Namen nicht schreiben, damit er nicht in der Schrift dem Herren nach dem Namen gleich werde". Richtig hätte er sagen sollen, dass der Evangelist zwar den Namen richtig geschrieben habe, dass aber eine spätere Redaktion aus dem angeführten Grunde den Namen gestrichen hat, dessen ehemaliges Vorhandensein auch jetzt noch aus der Ausdrucksweise des Pilatus in Vs. 22 erkennbar ist[3]. Auch Ischodad Saec IX und Dionysius Barsalibi (Saec XII) bezeugen die Namen Ješu' bar Abba.

Für die griechische Vorlage des Hrs ist es entscheidend, dass Anastasius Sionita, Bischof von Antiochien (starb 598) nach einem aus Codex S vom Jahre 949 und aus 20 andern Codicibus von Tischendorf mitgeteilten Scholion die Lesart Ἰησοῦν τὸν Βαραββαν in παλαιοῖς πάνυ ἀντιγράφοις ἐντυχὼν d. h. in sehr alten Abschriften gefunden hat.

---

[1] Wie sie gefeilt sind zeigt die Wortstellung in אAB ἕνα τῷ ὄχλῳ δέσμιον ὃν ἤθελον, wo D noch die alte Wortstellung ἕνα δέσμιον τῷ ὄχλῳ behalten hat.

[2] D. h. dem Evangelienbuche, das nicht ein Diatesseron, eine Harmonie ist, sondern die vier Evangelien als getrennte selbständige Schriften enthält.

[3] Der von Tischendorf nach Adler angeführte Salomon von Baṣra hat eine Notiz darüber wohl direkt aus Bar Bahlul. Aber Salomon Basr. The bee ed. Budge ist mir eben unzugänglich.

Was war denn im 6. Jahrhundert eine sehr alte Handschrift? Dazu kommt Origenes III, 918 mit den Worten: In multis exemplaribus non continetur quod Barabbas etiam Iesus dicebatur, et forsitan(!) recte etc. Das bedeutet für jeden, der lesen kann, dass die grosse Masse der Handschriften Jesus hatte, dass aber viele das wegliessen, und Origenes ist freimütig genug hinzuzusetzen, das sei vielleicht(!) richtig, so dass man sieht, dass für ihn die äussere Bezeugung für das Gegenteil sehr stark war.

Wir sehen so Ἰησοῦν τὸν Βαραββαν bezeugt von Origenes, von Syrsin und Hrs, vom Arm und dazu von den griechischen Minuskeln 1. 118. 209. 241. 299. — Die Tendenz in der Kirche gieng auf Beseitigung des Ješu', wie wir schon bei Origenes finden, der einen Zusatz von Häretikern, — oder aber ein Mysterium darin erkennen möchte, so dass ihm die Hypothese von dem häretischen Zusatze selbst nicht recht geheuer vorkommt. — Darum ist der Einschub des Namens Ješu' im höchsten Masse unwahrscheinlich, am wenigsten ist anzunehmen, dass es aus dem Hebräerevangelium stammt, da aus Hieronymus (ad loc.) nicht einmal mit Sicherheit hervorgeht, dass er dort stand[1]. Trotzdem hält Tischendorf das in merkwürdiger Verblendung für hochwahrscheinlich! Mit den Minuskeln findet sich Westcott-Hort mit der Bemerkung ab, es sei gegen alle Analogie, dass eine wahre Lesart in keinen bessern (!) Handschriften erhalten sei als dem Original von 1. 118. 209. Wer aber nicht a priori von der Güte von ℵB überzeugt ist, sondern in ihnen die vielfachen Spuren der Überarbeitung gesehen hat, die wir im Verlaufe unsrer Untersuchungen bemerkt haben, der wird diese Bemerkung nicht für genügend erachten. Grade darum erörtern wir die Stelle genau, weil sich aus ihr die tendentiöse Redaktion der grossen Fundamentalhandschriften deutlich ergiebt. Dagegen aber sperrt man sich, weil dann die Fundamente des jetzigen Textaufbaus in Wanken geraten.

Dass Vs. 20 und 26 nur Bar Abba steht, zeugt nicht gegen das Ješu' bar Abba in Vs. 16 und 17, schon Barhebräus hat im Scholion (ed Spanuth P. 63) richtig ausgeführt: Dieser hiess Ješu', aber damit durch die Namensgleichheit kein Irrtum entstehe, wird er mit dem Patronymikum genannt.

Die Griechen selbst zeigen nun noch in dem Setzen und Fortlassen des bestimmten Artikels die deutlichsten Spuren der Streichung, während der Einschub des τῶν δύο (gegen Syrsin, aber mit Hrs) eine verdeutlichende Tendenz hat. Es liest nämlich in Vs. 16:

---

[1] Die Worte: iste in evglio, quod scribitur juxta Hebraeos filius magistri eorum intrepretatur führen auf die Form בר רבהון, die verkehrt ist. Es muss בר אבא sein und schon בר רבן des Hrs ist Missdeutung, denn es hiesse richtig übersetzt ein Lehrersohn.

Syrsin vinctum insignem, cui nomen erat Iesu bar Abba

D δέσμιον ἐπίσημον τὸν λεγόμενον om Βαραβ.

wo das τὸν in D sofort bemerklich macht, dass vorher ein andrer Name fehlt, wie nachher τὸν λεγόμενον Χριστόν zu demselben Ergebnis führt, wo alle Zeugen das τὸν erhalten haben. Jenes τὸν wird dann in ℵB gestrichen: δέσμιον ἐπίσημον λεγόμενον Βαραββαν und alles ist künstlich geebnet. In Vs. 17 dreht sich die Zeugenreihe um, denn D streicht τὸν, das in B erscheint:

B Vs. 17 ἀπολύσω ὑμῖν; τὸν Βαραββαν ἢ Ιησ. τὸν λεγ. Χρ.

D ὑμῖν ἀπολύσω om. om. Βαρ. ἢ ιην τὸν λ. Χ.

ℵ ἀπολύσω ὑμῖν om. Βαρ. ἢ ιν τὸν λ. Χ.

Folgt man hier nur den Spuren des Artikels, so sieht man, dass beidemale Ιησοῦν gestrichen ist, vorn ergiebt sich das aus D, hinten aus B. Mit ℵ, der beidemale den Artikel streicht, geht der Memphite. Die von dem Scholion des Anastasius gebotene Erweiterung mit τῶν δύο bei gleichzeitiger Streichung der Artikel hat dann Δ nebst a Pesch, Philox unter Asteriscus, Memph τίνα θέλετε τῶν δύο ἀπολύσω ὑμῖν Βαρ. ἢ 'Ιησ. τὸν λεγ. χρ. und das hat buchstäblich auch Hrs. Das τῶν δύο erscheint auch im Arm und 1. 118. 209 neben dem Ješu' Barabba. Nach alledem dürfte unzweifelhaft Ješu' bar Abba in beiden Versen die Urlesart sein, ℵBD u. s. w. sind einer Diorthose unterzogen, von einem Einschub des Namens Ješu' ohne historischen Grund kann weder bei Häretikern noch Katholikern die Rede sein.

Vs. 20—46. Die Textverschiedenheiten in diesem Abschnitte müssen in einheitlichem Zusammenhange betrachtet werden, da sie alle auf dasselbe Ziel zusteuern. Syrsin entlastet mit seiner Darstellung den Pilatus und die römische Obrigkeit um alle Schuld unter Beteiligung der Pharisäer auf die (sadducäische) Priesterschaft zu häufen, die andern Texte belasten den Pilatus so gut sie können, aber können die Priester doch nicht unschuldig machen. Hier ist also auf der einen oder auf der andern Seite tendentiös überarbeitet. Auf welcher? Sollte die Entlastung des Pilatus das ursprüngliche sein, so würde das zu einem spezifisch „judaistischen“ Charakter des Evangeliums schlecht stimmen. — Der Text des Syrsin steht der Konstruktion des Prozesses Ješu', die Keim III 367ff giebt, durchaus feindlich gegenüber, ich entscheide hier nicht, da ich kein Leben Jesu, sondern Textkritik schreibe, jeder künftige Biograph Ješu' muss sich aber mit Syrsin auseinandersetzen. Noch Orosius VII, 4, 13 macht die Juden für alles allein verantwortlich, da er schreibt: Iesus . . . impie a Judaeis apprehensus et patibulo affixus est.

Im einzelnen ist auf folgende Punkte aufmerksam zu machen:

1. Volkshaufen und Volk, ὄχλος und λαός.

Schon Vs. 11—18 lässt Pilatus nicht geneigt erscheinen, Ješu' dem priesterlichen Hasse auszuliefern. Vs. 19 zeigt auch seine Gattin (Procula im Evgl. Nicodemi genannt) Ješu' wohlgesinnt, gleichsam als einen Erstling gläubiger Heidinnen. Nun bearbeiten die Priester und Schriftgelehrten Vs. 20 nicht die beliebig zusammengelaufenen Volksmassen (τοὺς ὄχλους) im Syrsin, sondern τὸν λαὸν = ܠܥܡܐ, d. h. also die Gesamtheit des jüdischen Volkes, und das ist auch pragmatisch notwendig, sonst hat Vs. 25 keine Unterlage. Soll hier die weltgeschichtliche Selbstverurteilung des „Volkes" dargestellt werden, es ist in Vs. 20 das richtige τὸν λαὸν, nicht die Volkshaufen, die dort zufällig zusammengekommen waren. Diese können Ješu' Blut nicht auf das „Volk", das lebende wie das künftige, kommen lassen, sondern nur auf sich selbst.[1] Vgl. Vs. 17 alle Juden!

Nun betrachte man in diesem Lichte die Textbezeugung: Syrsin schreibt ܐܦܝܣܘ ܠܥܡܐ = ἔπεισαν τὸν λαὸν, und das liegt vor in abcg¹q (nebst E*R bei Wordsworth) persuaserunt populo[2], was bei Tischendorf nicht angezeigt ist. Höchst wahrscheinlich, ja so gut wie sicher liegt es auch vor im Arm հաւանեցուցին ժողովրդեան, denn die gewöhnliche Übersetzung für λαός ist ժողովուրդ, das hier auch im Singular steht, wofür nur in einigen Mss der Plural eintritt. Zwar wird auch ὄχλος durch dasselbe Wort ausgedrückt, wo aber wüste Haufen bezeichnet werden sollen, ist ամբոխ gebräuchlich 26, 47, 55, Mrk 2, 4; 3, 9, und hier bezeugt Arm also entweder ὄχλον im Singular, was kein Grieche hat, oder aber τὸν λαὸν, was Syrsin bietet, dessen Verwandtschaft mit dem Urarmenier wir seit 1, 18 kennen. — Die jüngeren Syrer, Pesch, Philox und Hrs haben dann τοὺς ὄχλους korrigiert.

Weiter ist Vs. 15 zu betrachten. Bei den Griechen war der Statthalter gewohnt, den Gefangenen dem „Volkshaufen" τῷ ὄχλῳ loszugeben, beim Syrsin aber dem „Volke" τῷ λαῷ. Letzteres ist das sachlich angemessene. Hier hat auch Pesch noch ܠܥܡܐ erhalten, also τῷ λαῷ beibehalten, während die jüngeren Syrer sich dem — inzwischen geänderten — griechischen Texte mit τῷ ὄχλῳ (ܠܟܢܫܐ Phil, לאוכלוסא Hrs) konformieren. Die Lateiner haben auch hier populo und nicht turbae, was sie für ὄχλος setzen[3], und der Arm hat sein ժողովուրդ wieder.

---

[1] Luthers guter Instinkt hat ihn geleitet, er übersetzt ὄχλος immer durch Volk, philologisch schlecht, intentionell richtig.

[2] Dagegen bietet D τοὺς ὄχλους und d turbis, steht also auf der Redaktionsstufe der Peschita.

[3] Man vgl. z. B. auch 14, 5, wo griechisch τὸν ὄχλον steht, wofür Philox richtig ܟܢܫܐ hat, und lateinisch turba zu erwarten wäre. Aber es steht nicht in den Lateinern abcg¹q Rhed. Aur. f, die populum haben, und so hat an dieser Stelle auch Syrsin, Hrs und Pesch nicht ܟܢܫܐ, sondern ܥܡܐ. Dann fürchtet

Endlich wird Vs. 25 allgemein das ganze Volk, πᾶς ὁ λαός gelesen. So sind also die Griechen mit ὄχλος Vs. 15 und 20 in Widerspruch mit ihrem eignen λαός in Vs. 25, wogegen Syrsin hier überall λαός bezeugt, wobei ihm Lateiner und Arm zur Seite stehen, während Pesch Vs. 15 und 25 λαός, dazwischen aber inkonsequenter Weise Vs. 20 ὄχλος ausdrückt. Sie ist nach den spätern Griechen korrigiert, aber nicht gründlich, so dass erst in Philox und Hrs wirklich Vs. 15 und 20 ὄχλος, Vs. 25 λαός erscheint. — Nur nach Lat, Arm und Syrsin wird das Volk als Ganzes verführt, und ist die Selbstverdammung Vs. 25 gerechtfertigt, nach den Griechen nicht, da bei ihnen der λαός gar nicht da ist, und Vs. 23 nur zufällig versammelte Scharen schreien.

Aber selbst Syrsin ist schon nicht mehr rein geblieben, denn er hat Vs. 24 ܩܕܡ ܟܠܗ ܟܢܫܐ = coram omni turba. Die Pesch streicht dann noch ܟܠܗ = omni und nun ist sie gleich dem griechischen κατέναντι τοῦ ὄχλου, wie auch Philox und Hrs lasen. Dagegen ist bei den Lateinern populus allgemein, sie lasen also λαός, wo wir jetzt ὄχλος finden[1], und c hat sogar omni populo, so dass auch das omni des Syrsin seine Stütze findet. Urlesart der Syrer war ܩܕܡ ܟܠܗ ܥܡܐ = coram omni populo, aber sie ist dem ܟܠܗ ܟܢܫܐ = omni turba gewichen in Syrsin, worauf dann endlich auch noch das ܟܠܗ = omni gefallen ist.

Die Urform entlastete Pilatus vor dem gesamten Israel. So verstand es noch die Didaskalia Apost. P. 93, dass Pilatus an der Bosheit keinen Gefallen hatte, und der Ausdruck: „Ich bin rein von diesem Blute“ in Syrsin BD al. Orig. III, 917, 919 II 245 besagt viel mehr als der Ausdruck „vom Blute dieses Gerechten (א Lat c g[1] q al. Hieron, Pesch, Philox, Hrs, Arm), er besagt: Ich habe mit diesem ganzen Prozesse nichts zu schaffen, — und deshalb schliesst er: Ihr wisst es [jetzt] oder: Ihr sollt das wissen, Syrsin, Pesch, Arm դուք գիտասջիք = vos scietis, was dann von Phil, Hrs nach ὑμεῖς ὄψεσθε geändert ist in: Ihr werdet sehen.[2] Man fragt sich, ob

Herodes dort nicht eine Revolte, sondern die Opposition des ganzen israelitischen Bewusstseins. — Und doch haben an derselben Stelle dk wieder turbas! Welche Textgeschichte! Zweifler an der Exaktheit von Syrsin mögen P. 303 erwägen.

[1] Man liest in D κατέναντι τοῦ ὄχλου woneben d ganz unbefangen coram populo bietet.

[2] Dieselbe Variante erscheint auch Vs. 4, wo Syrsin, Pesch, Arm du weist es haben, die Griechen σὺ ὄψῃ, die jungen Syrer, du wirst sehen. Der Memph setzt beide Male ⲣⲱϣⲓ sufficere, also du und ihr genügt für die Angelegenheit, ihr könnt das allein besorgen. Diesen Sinn hat ὄψεσθε αὐτοί Act 10, 15 wo Pesch wieder ܐܢܬܘܢ ܝܕܥܝܢ ܒܝܢܬܟܘܢ = vos scitis inter vos hat, der Arm aber sich anders als im Evgl. von der Pesch trennt und wie Philox „sehen“ übersetzt.

das eine prophetische Hinweisung auf die Strafe sein soll, die das Volk erleiden wird, oder ob dessen Sinn ist: Das ist eure Angelegenheit, in die ich mich nicht mische, ὑμῖν μελέτω, und man fragt sich ob das ܐܢܬܘܢ ܝܕܥܝܢ gleich ὑμεῖς οἴδατε oder ἴστε ist, oder ein syrisch idiomatischer Ausdruck. Sachlich identisch wäre dann Joh 18,31.

Diese schwerwiegende Veränderung von λαός in ὄχλος oder umgekehrt reicht aber viel weiter, als wir bisher hier bemerkt haben. Sie liegt auch Matth 20, 19 vor, wie dort P. 288 angedeutet, und Mrk 10, 33, wo Syrsin ܠܥܡܐ = τῷ λαῷ statt der griechisch rezipierten Lesart τοῖς ἔθνεσι bietet, derselbe Syrsin, der Luk 18, 32 als ganz ehrlicher Übersetzer das τοῖς ἔθνεσι der Griechen durch ܠܥܡܡܐ zum Ausdruck bringt. Syrsin fälscht also nicht, sondern übersetzt was er in seiner Vorlage findet. Das aber führt uns

2. auf die Verspottung.

Man beobachte nach Syrsin, dass Ješu' Matth 20, 19 voraussagt, er werde „dem Volke" übergeben, das ihn verhöhnen und geisseln werde, — dass 27, 15 ein Gefangener „dem Volke" losgegeben wird, — dass 27, 20 die Hohenpriester „das Volk" überreden Ješu' Tod zu fordern, — dass Vs. 24 wenigstens noch nach den Lateinern Pilatus sich vor „dem (nach c Syrsin ganzen) Volke" vom Prozesse lossagt — dass Vs. 25 „das ganze Volk" Ješu' Blut auf sich nimmt, — und da sollen die römischen Soldaten ihre Kohorte versammeln Vs. 27 und das 20, 19 vom Volke Vorausgesagte zur Ausführung bringen! Ich stelle dazu Mrk nach Syrsin: Ankündigung der Verhöhnung durch das Volk 10, 33, Überredung „des Volkes" durch die Hohenpriester 15, 11, wo auch k noch populo liest, die andern Lateiner aber schon turbae, turbis haben, — und man kann die identische Grundanlage nicht verkennen. Aber wie Matth 27, 24 nicht rein geblieben, und ὄχλος eingedrungen ist, so ist es auch mit Mrk geschehen, denn 15, 15 hat auch Syrsin schon ὄχλος vorgefunden[1], in einer interpolierten Phrase, wie zu dieser Stelle nachgewiesen ist.

Auf der hier blosgelegten Grundlage hat eine Verhöhnung Ješu' durch römische Soldaten weder im Matthäus noch im Mrk Platz, Lukas weiss an dieser Stelle gar nichts davon, und zu Luk 23, 36 muss man fragen, wie römische Soldaten, — die etwa die Ordnung zu erhalten gehabt hätten, — wohl dazu kommen sollten, einen Gekreuzigten durch die Inschrift „Judenkönig" zu verhöhnen. Im Lukas höhnt das Volk, die Beamten und die Tempelsoldaten.[2]

---

[1] Das Vordringen von ὄχλος und ἔθνη zeigt hier auch der Armenier, denn 10, 33 hat er τοῖς ἔθνεσι = հեթանոսաց 15, 11 ամբոխն = den wüsten Haufen, und ebenso 15, 15. Er geht also ganz mit den Griechen. Ebenso hat es der Memphite.

[2] Luk 23, 13 beruft Pilatus „das Volk" Vs. 18 schreit „das Volk", daher ist

Im Matth weiss Syrsin von einem Versammeln der ganzen Kohorte (σπεῖρα) nichts! Wo er es aber in seiner Vorlage fand Mrk 15, 17, da übersetzt er es getreu. Um so sicherer hat er es im Matth nicht gelesen. Und im Matth lahmt die griechische Konstruktion, denn παραλαμβάνειν εἰς τὸ πραιτώριον, — so ist zu verbinden, — im Sinne von Mitnehmen in das Praetorium ist ungriechisch und durch 4, 5, 8 nicht zu erweisen. Es fehlt ein Verbum für „geleiten". Syrsin hat kein παραλαβόντες, dafür aber ܐܥܠܘܗܝ = introduxerunt, etwa εἰσήγαγον.[1] Die Entscheidung liegt aber erst in den folgenden Worten, wo Syrsin das ὅλην τὴν σπεῖραν fortlässt, und einfach fortfährt ܘܟܢܫܘ ܥܠܘܗܝ ܟܢܫܐ, was mit absolut gleichem Rechte übersetzt werden kann: congregaverunt (scil. milites) contra eum turbam (oder turbas), wie es übersetzt werden kann: convenerunt (congregatae sunt) contra eum turbae = συνήχθησαν ἐπ' αὐτὸν ὄχλοι vgl. Mrk 5, 21 Joh 18, 2.[2] Und selbst wenn man συνήγαγον übersetzt, so ist noch lange nicht gesagt, dass die Soldaten Subjekt sind, mit gleichem Rechte können die „sie" dafür angesehen werden, denen Ješu' Vs. 26 im Syrsin übergeben wird. Diese „sie" (ܠܗܘܢ) sind „das Volk" und die Priester im Syrsin, — die Griechen aber haben dies αὐτοῖς gestrichen! Natürlich streicht es danach auch die Pesch um sich den Griechen zu konformieren, aber noch der Arm legt indirekt Zeugnis dafür ab, dass hier αὐτοῖς = ܠܗܘܢ gestrichen ist, denn sein Text ist sprachlich brüchig. Man kann nicht sagen, ետ 'ի ձեռս զի խաչ-եսցի, nach 'ի ձեռս εἰς χεῖρας ist ein Genetiv nötig, es fehlt նոցա = εἰς χ. αὐτῶν. Vgl. 'ի ձեռս մարդկան 17, 22. Lässt man den Text des Syrsin unbefangen auf sich wirken, so ergiebt sich aus Vs. 15, 17,[3] 20, 22, 25, 26, dass Ješu' den Juden übergeben ist, und dass die römischen Soldaten[4] ihn interemistisch in das Praetorium führten, worauf — nicht die Soldaten als Organe der Ordnung — sondern die Juden Volkshaufen versammelten, — oder mit gleichem

---

Vs. 23 und 21 „das Volk" im Subjekte mit einbegriffen, „sie", (das Volk ist dabei), führen ihn fort Vs. 26, und kreuzigen ihn, teilen seine Kleider und verhöhnen ihn Vs. 33—35.

[1] Selbstverständlich ist es, dass die Pesch dann das παραλαμβάνειν durch ܕܒܪ zum Ausdruck bringt, über welches Wort ich zu Matth 2, 21 gehandelt habe. Das Wort schmeichelt sich hier ein, weil es sowohl nehmen, cepit, sumsit, als führen duxit bedeutet.

[2] Zum Wechsel von ܟܢܫ und ܐܬܟܢܫ vgl. Syrsin und Pesch in Mrk 7, 1, wo grade Peschita das einfache ܟܢܫ bewahrt hat. Vgl. Euseb. Hist. eccl. syr. Pag. 97 Note 5.

[3] Hier versammeln sich nach Syrsin „alle Juden", was in Pesch gestrichen ist und in den Griechen nicht steht, und darum auch in den abhängigen Texten des Memphiten und Arm sich nicht findet.

[4] Über die römischen Soldaten vgl. die Erörterung zu Mrk 15, 16ff.

Rechte und gleichem Ergebnis, diese Volkshaufen sich versammelten und die Verspottung ausübten. Die Elemente der Verspottung sind alle aus dem jüdischen Vorstellungskreise entnommen, wie sollen römische Soldaten auf diese Art des rohen „Soldatenspasses mit dem Judenkönig“ verfallen? Dass die griechische Darstellung in Grund und Boden verschieden ist, liegt auf der Hand, aber wo ist das ältere, wo ist korrigiert? In dieser Beziehung ist zu beachten, dass die griechische Textform selbst noch mit hinreichender Sicherheit erkennen lässt, dass Pilatus Ješu' für ganz schuldlos hielt, denn er wusste, dass er nur „aus Neid“ ihm übergeben war Vs. 18, und darauf hinzuweisen, dass Vs. 17 die Griechen in der Weglassung des Namens Ješu' bar Abba, und in der Streichung des Wortes „alle Juden“, wofür sie αὐτῶν einsetzen, die wichtigsten Beweise dafür liefern, dass sie überkorrigiert sind.

Im Lichte dieser Erkenntnis betrachte man nun Vs. 26 in D, der das von den übrigen gestrichne zweite αὐτοῖς, das Syrsin und indirekt der Arm bezeugen, hat: Das „Volk“ schreit, sein Blut komme über uns und unsere Kinder, τότε ἀπέλυσεν αὐτοῖς τὸν Βαραββαν, τὸν. δὲ Ἰησοῦν φλαγελλώσας (sic!) παρέδωκεν *αὐτοῖς*, *ἵνα σταυρώσωσιν* αὐτόν, und man hat die Übergabe an die Juden, damit sie ihn kreuzigen. Buchstäblich gleich schreibt auch der Hrs in Doppelabschrift למרא יסום די נגד ומסר יתה להון דיצלובון יתה, und das ist der formal richtige Abschluss der Darstellung nach den in Syrsin und zum Teil bei den Lateinern vorliegenden Prämissen. So schreibt auch d Iesum autem flagris caesum tradidit eis ut crucifigerent eum, und nichts anderes meint Lukas griechisch mit τὸν δὲ Ἰησοῦν παρέδωκε τῷ θελήματι αὐτῶν. Sachlich schreibt auch der Memph so. Diese Urform ist schon in Syrsin durch Anwendung des Passivs ἵνα σταυρωθῇ geschädigt, er hat aber wenigstens noch παρέδωκον αὐτοῖς, so dass man weiss, wer kreuzigen soll, wogegen die Griechen mit passivem σταυρωθῇ und ohne αὐτοῖς ganz verwaschen sind. Das αὐτοῖς ist griechisch in DFL. 1. 209 al. erhalten, in ABℵ aber getilgt, sie stehen also auf jüngster Stufe, und ℵ ist besonders charakteristisch, da man in ihm die Schwankung noch sieht. Denn ℵ^ca hat αὐτοῖς nachgetragen, das ℵ^cb wieder beseitigt hat, beide Korrektoren gehören dem siebenten Jahrhundert an. Das ἵνα σταυρώσωσιν bezeugen auch abcff²h gat.

Sonach ist Ješu' in der partiell anderweitig gestützten Darstellung des Syrsin von Pilatus widerwillig, aber nach der Praxis der Provinzialbeamten, die dem Lokalrecht seinen Lauf liessen (Luk 23, 25 παρέδωκε τῷ θελήματι αὐτῶν) und nicht eingriffen, den Juden übergeben und von diesen verhöhnt und an das Kreuz geschlagen. Sie sind es, die sich in seine Kleider teilten, nicht die römischen Soldaten. Sie sitzen und beobachten sein Ende, sie schreiben die Inschrift am

Kreuze, der römische Centurio aber mit seinen Soldaten hat Vs. 54 den Eindruck gewonnen, dass „dieser wahrhaftig Gottes Sohn ist“. Soll dieser Centurio mit seinen Soldaten, die dem rein menschlichen Empfinden so zugänglich sind, die Verspottung seitens seiner Mannschaften geduldet haben, oder diese sie barbarisch ausgeübt haben? — Im Mrk 15, 16 tritt die Kohorte als verspottend auf, aber sie geht nachher im Zusammenhange wieder verloren, doch wird sie von da in den nachsyrsinaitischen Matthäustext interpoliert sein. Selbst der jetzige Markus entlastet noch den Pilatus in der Redaktion des Syrsin, denn er will 15, 15 nicht etwa τὸ ἱκανὸν τῷ ὄχλῳ thun, d. h. satisfacere, einen Gefallen thun, sondern den Willen des Volkes ausführen, d. h. dem jüdischen Rechte den Lauf lassen, und darum übergiebt er ihnen (ܠܗܘܢ=αὐτοῖς)Ješu'. Den Juden ist er übergeben, die Soldaten, (es ist nicht einmal wie im Matth zugesetzt des Landpflegers[1]), treten nur episodisch ein. Und dabei fehlt in Ddff²k das ganze Glied βουλόμενος ποιῆσαι τὸ ἱκανὸν τῷ ὄχλῳ, wodurch das dem Pilatus imputierte Motiv wegfällt.

Nach Syrsin handeln also im Matth bloss die Juden, ebenso stellt es Luk 23, 25, 26, 35 dar. Die Stelle Joh 19, 1—15 ist zum Mindesten sehr sonderbar, und die Verhöhnung Ješu' durch Herodes Antipas Luk 23, 10—12 kennt Syrsin gar nicht, sie ist ganz späte Erfindung, die aber in ℵBD längst aufgenommen ist. Justin der Märtyrer (Apol maj 35) weiss nur, dass die Juden Ješu' gekreuzigt und verspottet haben, von römischen Soldaten weiss er nichts, und denen die ihn gekreuzigt haben, also den jüdischen Henkersknechten, schreibt er das Verteilen der Kleider zu. Er sagt: σταυρωθεὶς ὑπὸ τῶν Ἰουδαίων .... καὶ μετὰ τὸ σταυρῶσαι αὐτὸν ἔβαλον κλῆρον ἐπὶ τὸν ἱματισμὸν αὐτοῦ καὶ ἐμερίσαντο ἑαυτοῖς οἱ σταυρώσαντες αὐτόν. Die älteste erreichbare Überlieferungsschicht steht mit der landläufig gewordenen Darstellung in flagrantem Widerspruch. Dazu beobachte man den Text von D in Actor. 13, 28.

3. Die Geisselung.

Wenn Pilatus Ješu' den Juden übergab, hatte er keine Veranlassung, ihn geisseln zu lassen, was nach römischer, nicht aber nach jüdischer Sitte vor der Kreuzigung geschah, welche ihrerseits selbst keine legale jüdische Todesart war. Die Geisselung מכות ist für Juden eine selbständige Strafe, nicht die Zugabe zu einer Todesstrafe. Matth 20, 19 Mrk 10, 34 sollen nach Syrsin nicht die Heiden, sondern „das Volk“ Ješu' geisseln, wogegen Luk 18, 33 in Syrsin wie bei den Griechen seine Peiniger Heiden sein sollen. Wie seltsam nun, dass im Lukas 23, 25, 16 die Geisselung durch Pilatus nicht steht,

[1] Die Echtheit des τοῦ ἡγεμόνος habe ich zu Mrk 15, 16 in Frage gestellt.

während im Matth und Mrk die Geisselung durch Pilatus der Voraussagung in 20, 19 widerspricht! Nur die Darstellung im Joh 19, 1 ist widerspruchsfrei, weil die Voraussagung, die Matth 20, 19 parallel wäre, gänzlich fehlt.

Die ganze Geisselung durch Pilatus ist mit dem einen Partizipium φραγελλώσας in Matth 27, 26, Mrk 15, 15 eingesetzt, lässt man es fort, so entsteht keine Lücke und kein Bruch. Syrsin fand den Einschub schon vor, er ist bei ihm unablösbar. Dass die Ausdrucksweise römisch ist, ist längst bekannt, lateinisch bedeutet cecîdit er hat geisseln lassen Cicero Verr. 5, 53 neben hominem nudari ac deligari ac virgas expediri jubet 5, 62, und verberatos crucibus affixit nach vollzogner Geisselung kreuzigen lassen Livius 33, 36, eine Wendung die Josephus B. J. II, 14, 9 kopiert, wo Florus μάστιξιν προαικισάμενος ἀνεσταύρωσεν d. h. zuvor geisseln, dann kreuzigen liess. Wirklich griechisch oder aramäisch ist diese Diction nicht, dass aber Pilatus eigenhändig Ješu' gegeisselt habe, das wird niemand im Ernst denken. Man darf vermuten, dass das eine Wort φραγελλώσας eine Glosse ist, die ein der römischen Sitte und Ausdrucksweise Kundiger zugesetzt hat, als die Tendenz auf die Belastung des Pilatus schon waltete.

Ich berufe mich auf Lukas, der „die Dinge sorgsam einzeln aufgeschrieben hat, welche die frühern Augenzeugen und Diener des Wortes überliefert haben, damit man die Wahrheit der Worte wisse“. Eben dieser Lukas hat von einer Geisselung keine Silbe [1], und was sollte ihn denn veranlasst haben, diese schauderhafte Misshandlung Ješu' in seiner Darstellung zu unterdrücken, wenn er sie in seinen Vorlagen gefunden hätte? Das erklärt sich nicht aus Paulinismus oder irgend einer andern Parteistellung, es erklärt sich nur daraus, dass diese Vorlagen den römischen Zug in der Leidensgeschichte nicht hatten. Zwar meint Keim III, 379, Lukas suche die Schuld der Sanhedristen zu steigern, indem er neben Pilatus auch noch den jüdischen Landesherren Ješu' als Zeugen für seine Unschuld aufführe, und erklärt das für antijüdische Tendenz, — an der Hand des Syrsin aber haben wir gesehen, dass auch Matth und Mrk den Pilatus entlasten, dass also die wirklich älteste Textform mit Lukas stimmt, wie auch sonst vgl. P. 46. Und weiter wäre die Beseitigung

[1] Man lese Luk 23, 25—56, und man wird in dieser Reproduktion der ältesten Quellen, die er sich zur Aufgabe gestellt hat, keinen sachlichen Anstoss finden. Nur das Zerreissen des Thürvorhangs Vs. 45 und eventuell, wenn man an eine Sonnenfinsternis denkt, die Verdunklung der Sonne ist sagenhaft. Vgl. oben P. 381. Alles übrige ist zum Mindesten vollkommen möglich. Der Ausspruch vom Paradiese Vs. 43 verträgt sich genau genommen nicht mit dem Berichte von der Auferstehung, und das spricht für seine Echtheit.

der Geisselung zwar eine Entlastung des Pilatus, aber darum noch keine Belastung der Sanhedristen. Der Hauptpunkt bei Keim, dass Antipas „sich einen Zeitvertreib zurecht machte“ und Ješu’ misshandelt und mit einem weissen Kleide angethan an Pilatus zurücksandte, fällt durch Syrsin zu Boden, da in ihm Luk 23, 10—12 fehlt. Keim findet diese Verse nur scheinbar historisch, und verwirft den Bericht vollkommen, — dann aber ist Syrsin frei von einer jüngeren Erfindung. Gegen das, was Syrsin wirklich sagt, dass Pilatus Ješu’ Landesherren um seine Ansicht gefragt habe, ist kein Grund von Keim beigebracht. In der Entlastung des Pilatus ist Lukas mit der alten Darstellung, die wir mit Hilfe von Syrsin im Matth und Mrk erkennen, völlig einig, und selbst Johannes 19, 12, 16, 17 stimmt zu, obwohl er die Geisselung und die Verhöhnung durch römische Soldaten hat, die im Zusammenhange gar nicht passt. Übrigens lässt Johannes Ješu’ ausdrücklich den Juden 19, 16 übergeben werden. Von der sonstigen lehrhaften Umbildung bei Johannes müssen wir hier absehen. Die Frage ist, ob Matth, wie er in Syrsin erscheint, oder wie אB u. s. w. ihn zeigen, älter ist.

Welche Wichtigkeit alle diese Erwägungen für die Biographie Ješu’, und für unsere Einsicht in die geistige Arbeit der Richtungen in der Urkirche haben, das sieht der Leser selbst, die Textkritik verwandelt sich unter der Hand in historische Kritik, beide sind korrelat, jene aber sollte der Ausgangspunkt sein. Meine Arbeit ist nur eine waldräutende Vorbereitung.

4. Die Ausführung der Verspottung.

In Vs. 28 schwanken die Griechen höchst auffallend, B bietet συνήγαγον ἐπ’ αὐτὸν ὅλην τὴν σπεῖραν καὶ ἐνδύσαντες, dagegen hat א καὶ ἐκδύσαντες, und D hat dann statt des einfachen ἐνδύσαντες αὐτὸν χλαμύδα κοκκίνην περιέθηκαν αὐτῷ doppelt ἐνδύσαντες αὐτὸν· εἱμάτιον πορφυροῦν καὶ χλαμύδαν κοκκίνην περιέθηκαν αὐτῷ. Diese Dopplung von Purpurgewand und Scharlachchlamys haben auch Altlateiner abcfff[2] al., sie ist Origenes (Interpres) bekannt: et induerunt eum chlam. coccin. et purpuram circumdederunt ei, und q liest: et induerunt eum clamidem coccineam. circumdederunt eum et purpurem. Den die Doppelung verschuldenden Zusatz des ἱμάτιον πορφυροῦν glaubt man aus Joh 19, 2 ableiten zu sollen. In Wahrheit darf aber der Purpur bei einem Königsgewande nicht fehlen, und schon darum sind אB ungenügend, wir gebrauchen notwendig etwas von D q und Syrsin zeigt die Grundform, es war etwa ἱμάτια κόκκινα καὶ πορφυρᾶ, wobei Syrsin weder ἐκδύσαντες noch ἐνδύσαντες gelesen hat. Hrs mit seinem וחלשו יתה די ist in Vs. 28 ebenfalls sichtlich gestört. Die jüngeren Texte des Arm und Memphiten drücken ἐκδύσαντες und χλαμὺς aus und haben die Verdopplung nicht.

Sachlich passt ἐνδύσαντες absolut nicht, da περιέθηκαν allein genügt und vom Wiederankleiden nach der Geisselung hier nicht die Rede sein kann. Ist Ješu' Vs. 26 vor Pilatus gegeisselt, so muss er um von den Soldaten abgeführt zu werden schon wieder bekleidet gewesen sein. Die Bemerkung, sie hätten ihn wieder angekleidet, kommt Vs. 28 zu spät. Sachlich passt nur ἐκδύσαντες, dann hätten sie ihn entkleidet, aber nicht zur Geisselung, denn die ist längst vorbei, sondern um ihm die Spottgewänder überzulegen. Aber diese Einzelnheit ist ganz überflüssig, es kommt gar nichts darauf an, ob man ihm die Chlamys über sein Gewand anzog, oder ihn dies erst ausziehen liess. Die Sache löst sich Vs. 31 als eine mechanische vorn eingesetzte Kompletierung. Man zieht ihm dort seine eignen Kleider wieder an, darum muss man sie ihm vorher ausgezogen haben. Das war nicht mit deutlichen Worten gesagt, ein Redactor der mechanischen Art, die wir P. 262 kennen gelernt haben, half dem vermeintlichen Fehler ab[1]. Vielleicht wollte er den ungenähten Rock, den Origenes erwähnt, retten. Den Beweis liefert Syrsin, der weder ἐκδύσαντες noch ἐνδύσαντες kennt, und doch ganz vollständigen Sinn giebt. Er löst auch die Verdopplungsschwierigkeit. Sein Text, in dem der Plural von ܢܚ̈ܬܐ ausdrücklich bezeichnet ist, ist ܘܐܠܒܫܘܗܝ ܢܚ̈ܬܐ ܕܙܚܘܪܝܬܐ ܘܕܐܪܓܘܢܐ = et induerunt eum vestimentis cocci et purpurae. Er ist grade durch seine Unbestimmtheit, bei der nicht besonders angegeben wird, dass es eine Chlamys war, worauf nichts ankommt, aber der Purpur erwähnt wird, worauf alles ankommt, als original zu erkennen. Spätere mochten fragen, was für ein Kleid er erhielt, und bei der Verspottung durch Soldaten war die Chlamys das natürliche. Aber nach Syrsin haben die Soldaten nicht verspottet, sondern die Juden, und die hatten nicht ohne weiteres eine Chlamys zur Hand. Daher gehört die Chlamys der nacharbeitenden Redaktion an. Diese liegt vor der Zeit der Pesch, welche ἐκδύσαντες . . χλαμύδα κοκκίνην bietet[2], doch war die Chlamys kein Königskleid und ist somit unpassend. So wirkt die Kritik, die wir an ὄχλος statt λαός geübt haben, bis hierher, das Fehlen der Chlamys in Syrsin ist kein Zufall, ihre Einsetzung vielmehr eine Folge davon, dass die Spötter zu Soldaten gemacht sind. Noch Euseb schreibt Theoph 5, 42 nicht schlechthin Chlamys, sondern ein Gewand von Scharlach, das in der Form einer Chlamys war.

---

[1] Solange man diese Redaktionsmechanik nicht kannte, konnte man mit Scrivener 3 P. 480 sagen, das ἐκδύσαντες werde durch τὰ ἱμάτια αὐτοῦ absolut erfordert, seit man sie kennt, erweist sich das sachlich Notwendige als ein kleinlicher Zusatz eines nacharbeitenden Ciseleurs.

[2] Aus Barhebraeus ad l. und der Randnote der Phil sieht man, dass die Pesch ܘܐܠܒܫܘܗܝ ܐܫܠܚ̈ܘܗܝ las, wo jetzt ܐܫܠܚܘܗܝ fehlt.

Der Zug in Vs. 29, dass sie ihn mit seiner Rechten ein Rohr fassen liessen (ܘܐܘܚܕܘ), was das sachlich Notwendige ist, hat von jeher grossen Anstoss erregt, weil dieser Ausdruck eine active Beteiligung Ješu' einschliesst, musste er doch dann das Rohr halten, während es seiner unwürdig war, sich thätig an dieser Komödie zu beteiligen. Holsten hat darum zur Parallele in Mrk 15, 17 richtig bemerkt, dass es ein feiner Zug des sinnigen Nacharbeiters Markus ist, dass er von dem Königsaufputz des Matth das Königsszepter weglässt. Es widerstrebte ihm Ješu' an der Königskomödie selbstthätig mitwirken zu lassen. Dem entspricht es, wenn die Pesch das ܐܘܚܕܘ = sie liessen fassen beseitigt und das Verbum sie legten sowohl auf die Krone als das Szepter bezieht. Sie folgt damit den Griechen, diese selbst aber geraten in sprachliche Schwierigkeiten, wenn sie στέφανον ... ἐπέθηκαν ἐπὶ τῆς κεφαλῆς αὐτοῦ καὶ κάλαμον ἐν τῇ δεξιᾷ αὐτοῦ formierten, da ἐπέθηκαν zu ἐν τῇ δεξιᾷ sich absolut nicht fügt. Diesem Übelstande helfen dann die gemachten Glättungsversuche durchaus nicht ab, sie sind aber als Beispiele verlorner Mühe lehrreich. Denn ℵD hat ἐπέθηκαν ἐπὶ τῆς κεφαλῆς, B περιέθηκαν ἐπὶ τῆς κεφ., und beide dann καὶ καλ. ἐν τῇ δεξιᾷ αὐτοῦ — Δ(KNΠ) setzen einfaches ἔθηκαν ein, wodurch sich die Sache erleichtert und gleichen aus ἐπὶ τὴν κεφαλὴν καὶ καλ. ἐπὶ τὴν δεξιάν, wobei das letztere verkehrt ist. Auch ἐπὶ τῇ κεφ. wird gelesen, das für uns gleichgültige Detail bietet Tischendorf. Dies alles zeigt nur, dass hier der Text in uralter Zeit gestört ist, die Urform liegt in Syrsin zu Grunde, bei dem man aber auch ܐܘܚܕܘܗܝ mit Suffix d. h. sie liessen ihn fassen, erwartet, was wegen des eben berührten Anstosses beseitigt sein dürfte. Man stelle sich hier unsre immer wiederkehrende Probefrage: Kann aus dem Griechischen der Text des Syrsin hervorgebildet sein? Oder erklärt sich aus der Urform, die Syrsin hat, die Geschichte des griechischen Textes mit aller seiner Unsicherheit? In den Afterübersetzungen verschwindet dann diese Unsicherheit.

4. Die Einzelheiten der Kreuzigung.

Vs. 31 und 27. Es ist oben auf die sprachliche Inconcinnität des παραλαβόντες Vs. 27 hingewiesen, wofür Syrsin ܐܥܠܘܗܝ = introduxerunt eum (in Prätorium) bietet. Pesch, Phil und Hrs bringen dann das παραλαβόντες durch ܕܒܪܘܗܝ und דברו יתה zur Geltung, doch ist für sie das דברו je nachdem es als Peal oder Pael gelesen wird (was sich nur durch Aussprache als ב oder בּ unterscheidet) zweideutig. Praktisch verstanden sie sicher Pael und deuteten: sie geleiteten Ješu' in das Prätorium. In Vs. 31 dreht sich das nun um, Pesch, Phil und Hrs setzen für ἀπήγαγον ܐܘܒܠܘܗܝ und אובלו יתה[1]

[1] Wer Hebräisch versteht mag sich das nach הוביל verständlich machen.

d. h. sie geleiteten ihn, Syrsin aber hat ܘܐܙܠܘ ,ܕܒܪܘܗܝ, das ich übersetzt habe: sie führten ihn und giengen. Mit demselben Rechte hätte ich übersetzen können: sie ergriffen ihn und giengen, = καὶ παραλαβόντες ἀπήγαγον αὐτόν, wo dann vor ἀπήγαγον ein καὶ keinen Platz hat. Wie kommt es nun, dass in Dd dies καὶ und et wirklich fehlt? Der Text ist nämlich καὶ ἐνέδυσαν αὐτὸν τὰ εἱμάτια αὐτοῦ ἀπήγαγον αὐτὸν εἰς τὸ σταυρῶσαι und: et vestiverunt eum vestimenta sua· duxerunt eum ut crucifigerent. Das gewünschte καὶ und et setzt die zweite Hand dann zu. Hier haben wir die Spur der Redaktion, παραλαβόντες ist weggefallen, das Opferlamm geht freiwillig. Dazu kommt, dass auch im Sahiden (bei Schwarze) und in einem memphitischen Ms. (B) die Kopula καὶ fehlt. Der Arm schreibt Vs. 27 sie nahmen (առին) Ješu' in das Prätorium, Vs. 31 aber: und sie schleppten (տարան) ihn zum Kreuzigen, worin eine Nachwirkung der ursyrischen Vorlage des Arm stecken dürfte. Man beobachte dabei den verschiedenen Gebrauch von ածել, առնուլ und տանել für das ἀπάγειν der Griechen, an den verschiedenen Stellen, wo es vorkommt.

Vs. 33 lässt Syrsin wie Vs. 46 die Übersetzung der aramäischen Worte, die die Griechen geben mussten, verständiger Weise fort. In Vs. 33 schiebt Pesch, Philox und Hrs diese Erklärung ein, was Vs. 46 nur in der Philox geschehen ist.

Vs. 34 hat Syrsin mit Galle gemischten Wein, nicht Essig, während Mrk 15, 23 in allen Texten Wein mit Myrrhen (resp. Aromen) gemischt bietet, Lukas aber die ganze Sache übergeht. Syrsin stellt sich mit Sahid, Memph und Arm zu ℵBD, aber Pesch hat statt des Weines den Essig ܚܠܐ eingestellt und geht mit ΑΔ al. Das Eindringen von Essig ܚܠܐ zeigt nun auch Philox, die es im Texte hat, wozu am Rande ܚܡܪܐ = Wein beigesetzt ist, und Hrs, der die Stelle in doppelter Abschrift enthält und einmal Wein (חמר), das andre Mal Essig (חל) bietet. Auch die Lateiner teilen sich, a b g[1] haben vinum, c q acetum, Hieronymus selbst schreibt vinum. Da schon der Barnabasbrief 7 den Essig hat, und Origenes (bei Tischd.) diese Lesart für Matth bezeugt, so ist sie obwohl unzulässig, doch sehr alt. Bei Johannes 19, 29 ist sowohl die Galle als der Ysob (der Weihwedel, durch den ein ῥαντισμός bewirkt wird) symbolische Deutung, denn mit Ysopweihwedeln besprengten die Juden Exod 12, 22 die Schwellen und Pfosten beim ersten Passah mit Blut. Da der Trank hier unmittelbar vor dem Akte des Kreuzigens geboten wird, so ist es der nach jüdischer Sitte — wiederum ist hier sachlich vorausgesetzt, dass nicht Römer sondern Juden kreuzigen — vor Hinrichtungen gebotene narkotische Würzwein, der den Schmerz mildern sollte[1], genau wie Mrk angiebt. Mit Recht weist Meyer-Weiss den Versuch zurück die Galle aus diesem Grunde hier als Wermut (לענה) oder eine andre narkotische Substanz (ראש, Mohn) zu deuten, χολή ist Galle und nichts anderes, und nur so auch von den alten Übersetzern verstanden. Aber grade dann entsteht die Frage, woher so früh in der Textgeschichte schon Galle statt Weihrauch und Myrrhen? Ist die Lesart von Syrsin ℵBD etwa die mittlere Stufe, so dass ursprünglich Wein mit Myrrhen (ober Weihrauch) geschrieben war, wie Mrk hat, dass in zweiter Linie in Wein mit Galle und zuletzt in Essig mit Galle gewandelt ist, wie schon Barnabas las? Oder ist diese Lesart eine Mischung aus zwei uralten, nämlich einmal Wein und Myrrhe, das andre Mal Essig und Galle? Essig an sich wäre im Orient (Ruth 2, 14) nichts Böses, er könnte gesetzt sein, weil Ješu' nach Matth 26, 29 keinen Wein mehr kosten soll, aber die Galle ist Bosheit. — Am wahrscheinlichsten bleibt die Umarbeitung des ursprünglich wie im Mrk lautenden Textes nach Ps. 69, 22, aus dem χολή und ὄξος (ראש und חמץ) stammt, so dass Syrsin ℵBD eine mittlere halb zurückredigierte Form darstellen.

Vs. 37 wird die Schrift „Ješu' König der Juden" noch ohne das unpassende οὗτός ἐστιν, nicht vom römischen Statthalter oder seinen Soldaten sondern von Juden verfasst, also auch nicht dreisprachig, was Syrsin selbst Luk 23, 38 nicht hat.[2] Joh 19, 20 fehlt leider in Syrsin; man beachte dabei den ungeheuren Unterschied, dass hier Pilatus selbst schreibt, was mit der Symbolik des Johannes zusammengehört, aber im griechischen Matth 27, 37 die Soldaten blos gelegentlich wie zum Zeitvertreib. Und diese Soldaten sollten nach Lukas gar dreisprachig schreiben! Meyer-Weiss hat die Bedeutung der Sache gefühlt. Er nimmt an, die Darstellung sei ungenau, eigentlich sei die Inschrift vor Aufrichtung des Kreuzes angebracht, die Ansicht, dass die Soldaten hier nachträglich die Anheftung des Titulus vollzogen hätten, sei gänzlich zu verwerfen. Zur Beleuchtung der Sache stelle ich zwei Punkte fest: Erstens der Gebrauch einer Tafel, die die Schuld und den Namen des Verurteilten enthielt (σανίς, λεύκωμα, πίναξ, titulus) ist nur für Römer bezeugt, nicht für Juden, — zweitens in den ausführlichen Anordnungen der Mischna (Sanhedr. 6, 1 ff.) über die Steinigung, die man als Analogie herbeiziehen könnte, ist naturgemässer Weise von solcher Tafel nicht die Rede, was sollte

[1] Sanhedrin 43ª R. Ḥasda sagte: Wenn Jemand hinausgeht um getötet zu werden, so tränkt man ihn mit einem Stück (קורט) Weihrauch in einem Becher Wein, damit sein Bewusstsein benommen werde.

[2] Syrsin geht mit B, Syrcrt, Sahid, Memph und Altlat a, die die Dreisprachigkeit nicht erwähnen, gegen Pesch, Phil, Hrs, Arm, Hieron nebst AℵDΔ al, welche sie erwähnen, und sichtlich die jüngere Textschicht bilden.

sie wohl nützen, wenn die Steine dagegen flogen? Ebenso wenig wird eine solche Inschriftentafel bei den drei übrigen jüdischen Todesstrafen, Verbrennung, Schwert und Erdrosselung erwähnt. — Nach Syrsin haben die Juden die Inschrift geschrieben und dadurch löst sich die Schwierigkeit, sie ist nicht vorher an das Kreuz gesetzt, sondern nachträglich, als ein Zeitvertreib der Juden, während sie auf den Tod warteten, denn so sagt Syrsin: „Sie sassen und sie beobachteten dort, und während sie sassen, schrieben sie das Verbrechen auf.“ Sie machten zu ihrer Unterhaltung in ihrer spöttischen Stimmung den römischen Brauch nach. Die Darstellung ist also nicht ungenau, wie Meyer-Weiss annehmen musste, da er Syrsin noch nicht kannte, sondern im Gegenteil höchst charakteristisch.

Zum Zeitvertreib gehört auch das Würfelspiel um die Kleider, nachdem sie ihn gekreuzigt hatten, was sich so ganz ohne Ps. 22, 19 erklärt. Denn das Entkleiden vor der Steinigung war jüdischer Brauch, wie Mischna Sanhedr 6, 3 lehrt: Vier Ellen vor dem Platze der Steinigung entkleidet man den Verurteilten, Männer werden nackt, Weiber aber nicht nackt gesteinigt. Nur R. Jehuda verlangte, dass die Männer vorn, die Weiber vorn und hinten verhüllt würden. Wurde ein Gesteinigter nachträglich noch auf einen Galgen gebracht (נתלה), so wurde sein Gesicht gegen das Volk gerichtet, war es aber ein Weib, so drehte man sie um und richtete ihr Gesicht gegen das Holz. (Das dürfte aber auf Nacktheit deuten.) Ausdrücklich wird bemerkt, dass in Betreff eines Lästerer's (vgl. 26, 65) kein Zweifel darüber herrsche, dass er nach der Steinigung an den Galgen gebracht werde. Darin liegt die Analogie zur Kreuzigung, denn verurteilt war Ješu' als Lästerer, und Paulus sieht das Kreuzigen als gleichwertig mit dem an den Galgen bringen (תלה) an, wenn er Deuter 21, 22 auf Ješu' anwendet Gal 3, 14.

War so das Entkleiden Gebrauch, dann versteht man wie die Wächter, die mehrere Stunden hindurch warten mussten, dazu kamen, die Kleider in einzelne Lose zu verteilen und darüber dann das Los zu werfen, es ist ein Zeitvertreib. Keim III 421 zeigt, dass das spätere römische Recht den speculatores die spolia nicht zufallen liess, dass es aber früher so üblich war. Daraus folgt aber noch lange nicht, dass der Bericht über die Aneignung der Kleider seitens der Juden falsch sein muss, auch sie werden die Kleider der Hingerichteten irgend Jemand zugewiesen haben. Die Mischna schweigt darüber. Die Darstellung ist nur im Joh mit Rücksicht auf Ps. 22, 19 verkünstelt, die übrigen Evangelien haben diese Beziehung nicht herorgehoben, auch Matth nicht, der sonst sein „auf dass erfüllt werde“ so leicht anbringt. Das Zitat in Matth geboten von Δ, 1, abc al. Arm, ist unecht, am Rande der Philox wird ausdrücklich bemerkt, es finde sich im alten Syrer d. h. in Pesch und in zwei griechischen Mss. (von denen, die der Verfasser benutzte,) nicht, für Hieronymus vgl. Wordsworth's Anmerkung zu Vs. 35.

5. Die Kreuzigung als Ganzes.

Wenn in Syrsin als Forderer und Ausführer der Kreuzigung, die Juden erscheinen, denen Pilatus Ješu' überliefert, und dann gefragt wird, ob diese Darstellung die ältere sei, oder ob sie jünger sei, als die in sich nicht widerspruchsfreie der Griechen, in der römische Soldaten handeln, so wird gegen Syrsin die bekannte Ansicht in das Feld geführt werden, dass nur Römer Ješu' gekreuzigt haben können, weil die Kreuzigung keine jüdische Todesstrafe war. Damit scheint dann der Anspruch der Darstellung in Syrsin auf höheres Alter gründlich abgewiesen zu sein.

Indessen sollte, wer diese Beweisführung billigt, sich doch fragen, ob man in der Zeit der Textbildung des Syrsin — also wesentlich vor Cyprian und Irenäus — nicht auch gewusst hat, dass das Kreuzigen römische, nicht jüdische, Hinrichtungsart war, und deshalb vorsichtig werden, wenn man trotz dieser Kenntnis, die jener Zeit gewiss nicht fehlte, den Juden eine Kreuzigung zugeschrieben findet. Ist es denn glaublich, dass gegenüber der offenkundigen Thatsache, dass Juden nicht kreuzigten, ein Redaktor des Berichtes der Evangelisten gegen alle juristische Wahrscheinlichkeit den griechischen Bericht verdreht hat, um die Juden schwerer zu belasten? So stehen wir wieder vor unsrer Kapitalfrage: Ist eine Umbildung des Textes von dem Standpunkte aus, den die Griechen mit ihrer Gefolgschaft einnehmen, in denjenigen, welchen uns Syrsin bietet, denkbar und wahrscheinlich, oder ist es wahrscheinlicher, dass die durch die Griechen weltläufig gewordne Darstellung aus derjenigen umgestaltet ist, welche der Syrsin erhalten hat?

Der Nerv des Beweises ist der Satz: Das jüdische Strafrecht kennt keine Kreuzigung. Dazu wird als Untersatz suppliert: Ješu' Prozess ist nach jüdischem Rechte geführt. Das ergiebt den Schluss: Ješu' ist von den Juden zwar zum Tode verurteilt, — aber die Hinrichtung selbst, die sie nicht vollziehen durften Joh 18, 31; 19, 7, hat Pilatus als Exekutor ihrer Verurteilung und ihres Willens ausgeführt Joh 19, 1. Und das steht doch mit dem Wortlaut von Joh 19, 16, 17 Luk 23, 25, Matth 27, 26 mit dem αὐτοῖς in DFLNא^{ca} 1. 209, vielen Evangeliarien, Hieron, August. cons. Syrsin, Hrs, Äthiop. in flagrantem Widerspruche.[1]

[1] Auch der Memphite drückt genau diesen Sinn aus ohne αὐτοῖς zu haben, denn ⲁϥⲧⲏⲓϥ ⲉⲑⲣⲟⲩⲁϣϥ heisst: er übergab ihn, damit sie ihn hängten. Stern Kopt. Gram. § 463.

Widerspruchsvoll wäre es auch, wenn es Thatsache wäre, dass Pilatus den Schuldtitel geschrieben haben soll Joh 19, 19, den Lukas nicht kennt, den Matth von Juden geschrieben werden lässt, und dessen Urheber Mrk 15, 26 zu nennen umgeht, indem er eine Passivkonstruktion gebraucht.

Ich beleuchte zunächst den Untersatz, dassJešu' nach jüdischem Strafrecht verurteilt sein soll. Zum Strafrecht gehört die Prozessordnung des Kapitalverbrechens. Wie steht es damit?

Was war der Klagepunkt? Lautete die Anklage auf Lügenprophetie, so fiel der Prozess unter die Kompetenz des grossen Synhedriums von einundsiebenzig Mitgliedern, war sie dagegen auf ein andres Kapitalverbrechen gerichtet, so gehörte sie vor das kleine Synhedrium von dreiundzwanzig Richtern Sanhedr 1, 5. Nach Matth 26, 57, 59 möchte man das erstere annehmen, aber dann konnte das grosse Synhedrion nicht über Lästerung aburteilen, wie schliesslich geschah, denn der Lästerer, mit Steinigung zu strafen, fiel als Kapitalverbrecher unter die Kompetenz der dreiundzwanzig Richter. Sanhedr 7, 4, 5. Konnte sich nun das grosse Synhedrium ohne Weiteres in ein kleines verwandeln und die Klage auf Lästerung verhandeln?

Aber nehmen wir auch an,Ješu' sei vor das kleine Synhedrium von dreiundzwanzig geführt, wie kam denn das mitten in der Nacht noch vor Hahnenschrei zusammen? Und woher hätte man die Zeugen in aller Eile schaffen sollen? Das ist nicht vorstellbar, hingegen ist aber wohl vorstellbar, dass der gefürchtete Gegner der jerusalemer Autoritäten und der Pharisäer in der Nacht aufgegriffen und sofort zu einem Verhör geschleppt wurde, bei dem der eigentliche Anklagepunkt erst festgestellt werden sollte. So ist es von Lukas 22, 54, 66 erzählt, der nun erst am Morgen das eigentliche Gericht sich versammeln lässt, zu demJešu' in das Versammlungshaus[1] geführt wird, wogegen bei Matth diese beiden Akte wenigstens nicht klar auseinandergehalten sind. Aber er kennt sie doch, denn Matth 26, 57—68 ist die Voruntersuchung im Hause des Kayyafa, während der eigentliche Prozess im Gerichtslokal 27, 1 nur mit den Worten angedeutet wird: Da der Tag anbrach, fassten sie einen Rat, ... dass sie ihn töteten, worauf er an Pilatus abgeführt wurde. Hält man das nebeneinander, so zeigen sich die beiden Akte, die Voruntersuchung in der Nacht und die eigentliche Gerichtsverhandlung, die Lukas scheidet, auch noch im Matthäus, und Mrk 14, 53 und 15, 1 stimmt zu. Aber

[1] Das wäre die Quadersteinhalle (לשכת הגזית) gewesen, falls Ješu' vor das grosse Synhedrium gebracht wurde, oder die vierzig Jahre vor der Tempelzerstörung bezogne Halle bei den Kramläden am Tempel, wo heute das Bâb el qattânîn liegt Sabb 15^a.

in diesen beiden Berichten ist der Inhalt der Gerichtsverhandlung und der entscheidende Beschluss schon in die Voruntersuchung verlegt. Das ist die wahre Differenz der Erzählungen. In der nächtlichen Voruntersuchung sucht man die Anklagepunkte zu gewinnen, die der Gerichtsverhandlung zu Grunde gelegt werden sollten. Aber es werden keine Klagepunkte gefunden, so ändert der vorsitzende Hohepriester die Taktik und sucht eine Lästerung zu konstatieren, die wir nicht finden können. Vgl. zu 26, 65. Nach Sanhedr 7, 5 müsste die Gotteslästerung obendrein ohne כנוי d. h. ohne verhüllenden Wortgebrauch gesprochen sein, eine Frage, die hier gar nicht aufgeworfen wird.

Das Ergebnis ist, dass ein bestimmt formulierter Klagepunkt nicht angegeben wird, auf den sich ein Zeugenverhör aufbauen lässt. Die Zeugenaussagen sollen protokolliert werden, die Art des Protokolles ist verschieden angegeben Sanhedr 4, 3. In den Evangelien deutet nichts auf ein solches geordnetes Verfahren. Eben so wenig lassen sie von der ernsten Zeugenvermahnung Sanhedr 4, 5 etwas ahnen, wogegen in der Angabe, die Zeugnisse hätten nicht mit einander gestimmt, eine Wirkung der Instruktion über das Zeugenverhör liegt, die Sanhedr 5, 1 gegeben wird. Beim Kapitalprozess muss im Gerichte der Dreiundzwanzig mit den Aussagen der Entlastungszeugen begonnen werden (דיני נפשות פותחין לזכות Sanhedr 4, 1), es muss also eine formulierte Anklage vorliegen. Davon sehen wir im Prozesse nichts, und von einer geordneten Abstimmung, bei der zur Verurteilung zwei Stimmen Majorität verlangt werden, was bei dreiundzwanzig Richtern praktisch auf drei Stimmen Majorität hinauskommt, ist vollends keine Rede. Kayyafa fragt, was die Richter meinen, und sofort — das Gesetz verlangt bei Todesverurteilungen eine zweite Sitzung am folgenden Tage — rufen sie: Er ist des Todes schuldig, während doch nach erfolgter Lästerung der Prozess formal erst beginnen könnte, aber gar nicht geführt worden ist. Vgl. zu 26, 65.

Abgesehen aber von allen diesen mehr oder minder unsichern Punkten schreibt die Prozessordnung vor, dass Kapitalverbrechen an den Tagen vor einem Sabbath oder einem Feste gar nicht verhandelt werden dürfen. Bei der Wichtigkeit dieses Punktes führe ich den Text an: דיני נפשות גומרין בו ביום לזכות, וביום של אחריו לחובה. לפיכך אין דנין לא בערב שבת ולא בערב יום טוב d. h. Man urteilt Kapitalverbrechen, die mit Freisprechung enden, an demselben Tage ab, solche aber, die mit Verurteilung enden, am Tage darauf. *Daher hält man kein Gericht am Tage vor einem Sabbath und am Tage vor einem Feste* Sanhedr 4, 1. Sonach sind in der Verurteilung Ješu' an demselben Tage, an dem der Prozess geführt ist, und noch dazu an einem Freitage, zwei schwere Formfehler begangen worden. Diese jüdische Prozessordnung ist für ihn nicht in Wirksamkeit gewesen. Ješu' ist von dem sadducäischen Hohenpriester vergewaltigt worden. Dass es Sadducäer waren, zeigt Act 5, 17 ausdrücklich. Ich lasse dabei die übrigen Vorschriften der Mischna über die Abführung des Verurteilten zur Richtstätte ganz ausser Betracht, die alle dem Zwecke dienen, bis zum letzten Augenblicke noch die Möglichkeit zu erhalten, dass ein etwaiger Rechtsirrtum beseitigt werden kann. Sie beweisen die Scheu vor der Exekution eines falschen Urteiles, gehören aber nicht mehr zum Prozesse.

Die hier herbeigezogene Prozessordnung ist unter pharisäischem Einfluss um 190 p. Chr. kodificiert, wie viel davon in der Zeit Ješu' bereits feststand, kann im Einzelnen nicht bestimmt werden. Das sadducäische Synhedrium hat sich jedenfalls nicht danach gerichtet, denn im Gegensatze zur pharisäischen Tendenz zur Milde [1] waren die Sadducäer blutige Richter, περὶ τὰς χρίσεις ὠμοὶ παρὰ πάντας τοὺς Ἰουδαίους sagt Arch 20, 9, 1 Josephus.

Ist nun im Prozesse die jüdische Prozessordnung, wie wir es kennen, ignoriert, was berechtigt uns dann zu der Behauptung, dass sich die verurteilende Priesterschaft an die später normalen [2] Todesstrafen des jüdischen Codex gehalten hat oder hat halten müssen? Ist es wirklich ausgeschlossen, dass die Sadducäer ebenso wie die Römer die Kreuzigung anwandten? Welches mosaische Gesetz verbietet denn die Kreuzigung? Und welches ordnet die Erdrosselung und die Hinrichtung mit dem Schwerte an, die der jüdische Strafcodex in Anwendung bringt? Es ist keine nach mosaischen Bestimmungen geregelte Strafvollziehung, welche die Mischna enthält, sie ist aus unmosaischer Praxis entstanden. Die Schwertstrafe wird Sanhedr 7, 3 einfach nach Weise der römischen Regierung (בדרך שהמלכות עושה) ausgeführt, man nahm also römische Strafweisen einfach an. Es ist lediglich eine Thatfrage, ob von Juden die Kreuzigung ausgeübt worden ist, und diese Frage ist zu bejahen. Man braucht nicht auf das הוקע = ἀνασκολοπίζειν 2 Sam 21, 6, Num 25, 4 zurück-

1 Dass ihre Praxis, wenn sie die Gewalt hatten, anders war, lehrt Geiger Urschrift P. 139 ff. Joḥannan ben Zaqqai riss einem sadducäischen Hohenpriester eigenhändig das Ohr ab, um ihn dienstunfähig zu machen, weil er nicht pharisäisch korrekt amtierte. Tosephta ed. Zuckermandel Para 3, 8.

2 Darüber sind auch allerhand Vorbehalte zu machen. Die angebliche Verbrennung ist gar keine Verbrennung, — der Verbrecherin soll vielmehr flüssiges Blei eingegossen werden, während sie erdrosselt wird. Und das Herabstürzen von einer Höhe, die der Grösse zweier Männer gleich ist, durch den ersten Zeugen bei der Steinigung ist auch seltsam genug. Erst wenn der Verurteilte durch diesen Fall nicht stirbt, soll der erste Zeuge den Stein werfen. In Sanhedr 45ᵇ wird erzählt, dass ein Rabbi achtzig Zauberinnen תלה d. i. aufhieng. eine Strafe, die die Mischna auch nicht kennt, während doch von dem Modus des Aufhängens die Rede ist, ob nackt, ob bekleidet. Vgl. P. 415 und Targ. Ruth 1, 17, Levy sub צלב.

zugreifen, nicht an das Beispiel der Römer zu erinnern, die zahllose Kreuzigungen in Palästina vornahmen, wir haben das direkte Zeugnis des Josephus, dass der Sadducäerfreund Alexander Jannäus 800 gefangne Juden, sicherlich Pharisäerfreunde, mitten in der Stadt hat kreuzigen lassen B. J. I, 4, 6. Warum soll dann ein Ḥannas oder Kayyafa sich darüber Skrupel gemacht haben? Sie fordern von Pilatus die Kreuzigung, und als er ablehnt sie auszuführen, aber Ješu' ihnen übergiebt, da besorgen sie das selbst. Darin ist kein Widerspruch, keine Unmöglichkeit. Die Emmausjünger sprechen es Luk 24, 20 mit klaren Worten aus. Die Sadducäer hatten einen eignen Strafcodex, ספר גזירתא, dessen Abschaffung zu einem freudigen Ereignis wurde, so dass am Abschaffungstage, dem 14. Tammûz, nicht gefastet werden sollte (Megillat Ta'anit Cap. IV), und ihre Ultra's, die Boethusianer, waren gewaltthätige Leute.

Damit aber ist gezeigt, dass die mit so viel Sicherheit aufgestellte Behauptung, die Juden hätten in der That nicht kreuzigen können, unbewiesen ist. Alexander Jannäus hat es gethan, und die sadducäischen Strafvorschriften sind uns unbekannt. Daraus aber ergiebt sich, dass die Darstellung von der Kreuzigung Ješu' im Syrsin, nach der die Hohenpriester und ihre Genossen die Kreuziger gewesen sind, wobei Pilatus nur konzedierte und sich vom Prozesse zurückzog, durchaus keine Unmöglichkeit enthält. Pilatus hatte mit der jüdischen Halsstarrigkeit seine Erfahrungen gemacht Joseph B. J. II, 9, 3, 4, er liess die Juden ihren innern Streit unter sich ausmachen. „Ich bin doch kein Jude" rief er Ješu' zu Joh 18, 35, „dein Volk hat dich mir übergeben". Pilatus machte sich nicht zum Exekutor der Juden.

Damit dürfte die Behauptung, dass Syrsin, der in sich höchst konsequent ist, eine Unmöglichkeit berichtet, erledigt sein. Für die Biographie Ješu' steht die Frage so: Welche Darstellung ist richtig, die der Griechen oder die des Syrsin? Bei dem radikalen Gegensatze muss man sich für eins von beiden erklären, es ist nichts zu vermitteln.

Ich berühre dazu noch einen Punkt. Mit Ješu' werden zwei Übelthäter gekreuzigt. Von wem? Hier hat Meyer-Weiss richtig gesehen, dass durch das Passivum τότε σταυροῦνται die Gleichzeitigkeit ausgedrückt wird [1], und dass diese gleichzeitige Kreuzigung von andern Soldaten, — da liegt das Problem — vollzogen gedacht wird. Sicher will der Text beide Akte als unabhängig von einander be-

[1] Die syrischen Übersetzungen Pesch, Syrsin, Hrs haben Perfekt, da die präsentische Übersetzung kaum möglich und sicher höchst steif ist. Aber die Philox bringt das Particip als Ausdruck für das Präsens. Arm und Memph lassen die Konstruktion fallen und geben aktiv: Damals kreuzigten sie, aber die Lateiner teilen sich, Hier setzt cruci fixi sunt, was mit Präsens sachlich zusammenfällt, andre wie c Rhedig g[1]q haben cruci fixerunt. Vgl. Wordsworth.

zeichnen, es sind aber nach Syrsin nicht andre Soldaten, zu denken, vielmehr bei den Übelthätern handelt die römische Obrigkeit, die bei Ješu' nicht handelt, sondern nur polizeilich die Ordnung überwacht. Syrsin bleibt widerspruchsfrei, auch wenn man sein Perfektum für eine sprachliche Ungenauigkeit ansehen muss, denn er erhält die passive Ausdrucksweise.

6. Der Tod.

Vs. 41. Die bedeutende Abweichung des Textes hängt mit dem Umstande zusammen, dass Syrsin das ganze Volk haftbar macht, also mit den P. 403 erörterten Thatsachen. Die Textlage ist diese:

1. Syrsin nennt nach den vorübergehenden Spöttern weiter die Hohenpriester, das sind Sadducäer, und die Schriftgelehrten und die Pharisäer, also beide Volksparteien ausdrücklich, während die Schriftgelehrten jeder der beiden Parteien angehören können, aber als Auktoritäten namhaft zu machen waren. Dabei hat er statt des einfachen ἐμπαίζοντες zwei Verba ܡܒܙܚܝܢ ܗܘܘ ܘܡܨܥܪܝܢ für Spotten = verhöhnten ... und schmähten, ohne darum λέγοντες auszulassen. Die Verbindung der Hohenpriester mit beliebigen Vorübergehenden markiert die Würdelosigkeit ihres Benehmens. Griechisch würde sein Text etwa lauten: καὶ οἱ ἀρχιερεῖς ὁμοίως τοῖς γραμματεῦσι καὶ τοῖς Φαρισαίοις ἐνέπαιζον κτλ.

Dazu stellt sich D d nebst zehn andern Uncialen, die Altlat abcff²hq gat allerdings mit Umstellung des ὁμοίως in dieser Form ὁμοίως δὲ καὶ οἱ ἀρχιερεῖς ἐνπαίζοντες μετὰ τῶν γραμματαίων καὶ Φαρισαίων λέγοντες, wobei das Verbum finitum vermisst wird, das abcdf etc. durch dicebant herstellen, andre aber dicentes behalten (Wordsworth). Auch Eusebius (Ps 82) und Cassiodor haben hier die drei genannten Klassen: Hohepriester, Schriftgelehrte und Pharisäer, aber in verschiedner Ordnung.

2. Dagegen fehlen die Pharisäer und werden durch die Ältesten ersetzt in BA. 1. 124. Hier, Hrs ὁμοίως καὶ οἱ ἀρχιερ. ἐμπαίζοντες μετὰ τῶν γραμματέων καὶ πρεσβυτέρων ἔλεγον und umgestellt in א: ὁμοίως οἱ αρχ. ἐμπέζοντες μετὰ τῶν πρεσβυτ. καὶ γραμματαίων ἔλεγον.

3. zeigt Pesch die Kombination: die Hohenpriester mit den Schriftgelehrten und Ältesten und Pharisäern. So las auch Philox und einzelne Memphiten, aber mit der Randglosse, die Pharisäer fehlten im Griechischen, so dass Memph mit B geht. — Diesen Text haben EFGHKMSUVΔΠ und noch mehr als 150 Mss. Origenes III, 921. Der Memph drückt dabei aus ἐνέπαιζον λέγοντες aus.

4. drückt Arm aus ὁμοίως καὶ οἱ ἀρχιερεῖς ἐνέπαιζον μετὰ τῶν γραμματέων καὶ ἔλεγον, was wegen der Auflösung der Participien syrischen Einfluss verrät. Tischendorf stellt Γ und 6 Petersburger Mss dazu.

5. Die in D al vorliegende Konstruktion ἐμπαίζοντες .... λέγοντες

ist als brüchig das Resultat einer unvollkommen gebliebenen Recensionsthätigkeit. Auf Grund dieser ungefügen Vorlage macht אB al ἐμπαίζοντες ... ἔλεγον, hingegen zeugt Memphite durch ⲁⲩⲥⲱϭⲓ ... ⲉⲩϫⲱ und Pesch, Philox, Arm für ἐνέπαιζον λέγοντες. Mit dem Zählen der Mss oder dem Dekret, man müsse אB folgen, die untereinander uneins sind, ist es also nicht gethan, die Realerwägung muss eintreten. Nun ergiebt sich aus dem Verhältnis von Syrsin, der mit D stimmt, zur Pesch, dass die ܩܫܝ̈ܫܐ = πρεσβύτεροι eingeschoben und nicht etwa die Pharisäer nachgetragen sind, es zeigt sich weiter, dass Markus 15, 31, dem die echt palästinisch jüdischen Lokalfarben gleichgültig sind, und der das spezifisch Jüdische fallen lässt (vgl. zu 19, 3), hier nur Hohepriester und Schriftgelehrte hat, also die Rücksicht auf die Parteistellung der Sadducäer und Pharisäer ignoriert, und dass Lukas 23, 35 ganz verwaschen nur Archonten bringt[1]. Damit ist der Weg zur Entscheidung gegeben: Die Pharisäer sind früh als unerheblich ausgelassen oder mit Ältesten vertauscht. Die alte Stufe wahren Syrsin, D, Altlat, — die Auslassung zeigt der auf altsyrischem Boden stehende Armenier — die für das Kolorit indifferenten Ältesten erscheinen in den hellenistisch gefeilten אBAL etc. Durch kritische Vergleichung und Kombination beider Texte entsteht die viergliedrige Form, Hohepriester, Schriftgelehrte, Älteste und Pharisäer, die ungemein weit verbreitet ist, und die Origenes interpr. III, 921 schon kennt. — Echt ist Syrsin D Altlat, sie geben den Text, in dem auch das Volk in seinen beiden Parteien spottet, wie es in beiden Parteien den Tod verlangt hat. Genau so ist auch 27, 62 zu verstehen, wo allgemein die Pharisäer gelesen werden, und mit unserm später verdorbenen Verse ist die Lesart des Syrsin (Pharisäer statt Älteste) in 27, 12 zusammenzuhalten. Glaubt da noch jemand an Schreibfehler und Zufälle in der Textformierung des Syrsin? Die Änderung von λαὸς in ὄχλος zeigt, um was es sich handelt. Es ist mit Bewusstsein redigiert worden und zwar auf Seiten der Griechen. Vgl. zu 20, 19.

Vs. 42 setzt Pesch: damit wir sehen und an ihn glauben, und Ulfilas damit wir sehen, und wir glauben ihm = jah galaubjam imma, was sonst unbezeugt aus Mrk 15, 32 stammt. Kein Grieche hat das, und doch muss es im 4. Jahrhundert gelesen sein, wie käme es sonst in Pesch und Ulfilas? Die Nachwirkung des ἵνα zeigt sich in dem ganz unmotivierten πιστεύσωμεν in א, wofür

[1] Die Sadducäer sind für Mrk und Luk so gut wie verschwunden, nur je einmal Mrk 12, 18 und Luk 20, 27 kommen sie auf Grund von Matth 22, 23 vor. Das zeigt, wie gleichgültig ihnen die in Matth gewahrten Lokalfarben sind, und wie fern sie der Urdarstellung gerückt sind. Nur im Matth atmet man palästinische Luft. P. 274.

BD richtig πιστεύσομεν, A al indifferent πιστεύομεν bieten. Dagegen scheint αὐτῷ d. h. wir werden seiner Angabe Glauben schenken in AD Altlat abc Ulfilas Hieron, Arm richtig, denn das Glauben an ihn, was für ἐπ' αὐτόν Syrsin, Pesch, Philox, Hrs mit ℵBL haben, ist helle Dogmatik. Meyer-Weiss im Aberglauben an ℵB sagt zwar es sei ausreichend bezeugt, aber 1. kommt πιστεύειν ἐπί τινα ausser an dieser Stelle, wo die Lesart schwankt, in den Evangelien nicht vor[1], auch Joh 3, 15, 16 nicht, und es ist in dem Sinne an jemand glauben total ungriechisch (und unhebräisch, denn האמין verbindet sich nie mit על sondern nur mit ב und ל) 2. steht daneben in der Masse der Handschriften ἐπ' αὐτῷ. Das aber heisst auch nicht an jemand glauben, selbst Luk 24, 25 nicht, wo τοῦ πιστεύειν in D gänzlich fehlt[2], und wo es zu verstehen ist: Ihr Unverständigen, denen es so schwer wird auf Grund alles von den Propheten Gesagten zum Glauben zu kommen. Das ἐπὶ c. Dat ist wie ἐπ' ἐλπίδι Rom 4, 18, und so haben es schon ältere Exegeten als post omnia quae locuti sunt gedeutet. Vielmehr ist πιστεύειν ἐπ' αὐτῷ höchstens „auf Grund von ihm glauben", aber nicht an ihn glauben. So giebt nur αὐτῷ Sinn, ἐπ' αὐτῷ ist daraus glossiert in dem Sinne „auf Grund von ihm gläubig werden", und endlich ist dies seltsame Griechisch der Masse in einigen gefeilten Mss. in ἐπ' αὐτὸν geglättet, das dann wie εἰς αὐτόν von Syrsin und Genossen gedacht und übersetzt ist.

Vs. 43 verwandelt D abhl Arm, Memph, Hrs in einen Konditionalsatz: Wenn er sein Vertrauen setzte. Syrsin geht nicht mit, aber er schreibt genau οὗτος πέποιθεν, betont also das **er** im Sinne von: Der da hat Gott vertraut, — damit wird die innere Irreligiosität der Redner hervorgehoben, die vom Gottvertrauen nichts erwarten.

Vs. 46. Das Zitat aus Ps. 22, 2 wird allgemein in palästinischem Dialekte, aber nicht in der Form des Targums gegeben אלי אלי למא שבקתני, das Targum hat מטול מא. Die griechischen Mss. und ihr Gefolge zeigen orthographische Unterschiede in der Umschrift, die gleichgültig sind. Dahin gehört λεμα, λαμα, λιμα, λημα. Die Syrer (Syrsin, Pesch, Hrs) ähneln den Ausruf ihren Spezialdialekten an, jene stellen für למא (lema) ein ܠܡܢܐ (lemana), weil sie nur dies Wort gebrauchen, lema aber nicht verwenden, der Hrs behält lema nach seinem Lokaldialekt, setzt aber für schebaqtani ein שבקת יתי = schebaqt yati. Das auslautende **i** von Eli ist in der Pesch nicht

[1] Act. 11, 17; 16, 31; 22, 19 dürfte πιστεύειν ἐπί τινα bedeuten sein Vertrauen auf jemand setzen, aber nicht an jemand glauben. Denselben Sinn hat es Rom 4, 5. Vgl. Blass Gram. P. 133 Anm.

[2] Syrsin setzt hier für ἐπί gar ܕܝܢ = de ein, und das hat auch der Curetonianer.

geschrieben, weil schon im zweiten Jahrhundert n. Chr. die Syrer die Auslautsvokale nicht mehr sprachen.[1]

Wirklich bedeutungsvoll ist bei allen Varianten nur D, weil er sich hier charakterisiert. Er schreibt sowohl in Matth als Mrk ηλει ηλει λαμα ζαφθανει, sprich Ili, Ili lamā 'azafthani, und hier sieht Jedermann, dass ζαφθανει (Korrektor D[e] σαφθ.) nicht etwa graphische Verderbnis von σαβαχθανει ist, sondern dass es hebräisch אלי אלי למה עזבתני ist. Sonach hat D in gelehrter Weise das aramäische Zitat durch das hebräische Original ersetzt, er hat auf Grund seiner Sprachkenntnisse eigenmächtig geändert, er zeigt die Spuren gelehrter Überarbeitung. Vgl. P. 389. Ihm folgen dann Altlateiner mit zapthani dh, zaptani b, sapthani ff[2], zeptani for[2], zahthani a, die also eine gemeinsame Vorlage gehabt haben. Es ist noch Wert darauf zu legen, dass auch k zu dieser Gruppe gehört, dessen verdorbener Text in Mrk 15, 34 heli heliaῦm · et zaphani lautet, was auf ζαφθανει zurückweist. Hierher ist dann auch die Übersetzung des ζαφθανει in D Mrk 15, 34 zu rechnen, wo er εἰς τί ὠνείδισάς με bietet, was höchstens heissen könnte: Warum hast du mich zur Schmach gemacht = quare me in opprobrium dedisti wie i deutet.[2] Selbst d verleugnet das ὠνείδισας und sagt dereliquisti. — Wenn nun hier k mit seinem zaphani im Fahrwasser von D sich findet, so gehört sein maledixisti wie das exprobrasti von c dieser Textklasse von D an, wo christologische Anstösse die Veranlassung zu einer sogenannten Übersetzung gegeben haben, die ebenso falsch ist wie die gelehrte Behandlung des Namens Ischarioth in D, Vgl. zu Mrk 15, 34.

Eine analoge Pseudogelehrsamkeit im Hebräischen zeigt D nämlich auch in der Behandlung des Namens Ischarioth, den er σκαριωτης neben σκαριωθ Mrk 3, 19 Luk 6, 16 Joh 6, 71 schreibt, woneben eine falsche Deutung nach dem Hebräischen steht: Der von Karyot (ἀπὸ καρυώτου), wobei er für Ισ an איש = Ισ, Mann gedacht hat. Joh 12, 4; 13, 2, 26; 14, 22. Das ist aber ganz verkehrt im Detail, obwohl richtig im Grundgedanken, dass ὁ Σκαριώτης ein Gentile ist, weil es ein Patronymicum nicht sein kann, da Judas' Vater Sim'on hiess. Aus der Orthographie Σκαριώτης neben Ἰσκαριώτης folgt, dass das ι ein semitischer Vorschlag — ein Aleph prostheticum — vor einer unsemitischen, mit Doppelkonsonanz beginnenden Namensform ist.

---

[1] Das ergiebt sich aus den Versfragmenten des Bardesanes, wo diese Vokale nicht gezählt werden. Er verwendet ܐܝܠ einsilbig Ephr, Opp syr. II 557 ff.

[2] Sowenig jemanden zur חרפה machen hebräisch durch חֵרֵף ausgedrückt werden kann, ebensowenig kann zum ὀνειδισμός oder ὄνειδος machen im Griechischen durch ὀνειδίζειν ausgedrückt werden. Dafür müssten erst Beweise beigebracht werden, ehe man es auf die Autorität von D hin für das Original des Markus hält.

Weiter zeigt die Orthographie -ωτης, welche die Syrer genau ausdrücken, für die aber L und andre vielfach ωθης bieten, eine echt griechische Bildung der Gentilia wie Σικελιώτης, Ἰταλιώτης, Ἀμπρακιώτης, Ὑδριώτης, Ἠπειρώτης und er bleibt Σκαρι oder Ισκαρι eventuell Ξαρι als Wurzel übrig. Wer den Namen identifiziert, der erst löst das Rätsel. Statt das nun zu erkennen, nimmt D die Ableitungssilbe ωτης zur Wurzel, fasst Ισ als איש und kommt so zu ἀπὸ Καρυώτου. Darauf beruht dann sekundär die Orthographie Ισκαριωθης, das mit איש קריות, θ = ת verknüpft ist, was vollkommen ausgeschlossen ist, denn eine hebräische Pluralendung ôth ist mit einer griechischen Derivationssilbe konfundiert. Alle auf diese Erklärung gebauten Schlüsse, wie der, dass Judas aus Judäa stammt und nicht aus Galiläa, sind hinfällig. Das zur Charakteristik der gelehrten Anwandlungen des Codex D. Vgl. τὸ ἑξῆς P. 389 und die gradezu unglaubliche Keckheit, mit der D den Stammbaum des Lukas ausscheidet und durch den des Matthäus ersetzt. Es wird bei dem Satze bleiben: D ruht auf sehr alter Grundlage, aber er hat sie nach Bedürfnis modifiziert mit dem, was ihm Gelehrsamkeit schien.

Vs. 47—50 Syrsin lässt nicht einige (τινές) von den Dastehenden reden, sondern alle: Die Leute, welche dort standen. — Damit hängt die Frage zusammen ob Vs. 49 sein ܐܚܪ̈ܢܐ zu übersetzen ist: Andre aber sagen, oder ob es determiniert gedacht ist: Die Andern aber sagen, was dem Griechischen οἱ δὲ λοιποὶ entsprechen würde. Pesch, Philox und Hrs bringen durch ܫܪܟܐ = der Rest, ܗܢܘܢ ܕܫܪܟܐ = die des Restes, שיריתא = die übrigen das οἱ λοιποὶ scharf zum Ausdruck, so auch Ulfil þai andarai und der Memphite. Dagegen hat der Arm mit կէսք = Einige, Andere nicht οἱ λοιποὶ ausgedrückt, d. h. er hat den ihm vorliegenden auf syrischer Basis ruhenden alten Text nicht geändert. Danach ist denn von mir übersetzt: Andere sagen. — Die Entscheidung gewinnt man aus der Erwägung des Fortschrittes in der Darstellung. Die griechische Reihenfolge: Einige sagen, — einer läuft — der Rest sagt — ist hinkend. Welcher Rest? Der Rest von den Einigen, d. h. diese Einigen, abgerechnet den, der wohlwollend Ješu' tränkt? — Das geht doch nicht, also muss der Rest die gesamte Zuschauerschaft bezeichnen. Das οἱ λοιποὶ ist Gegensatz zu εἷς, und darum τινὲς verkehrt. So zeugt οἱ λοιποὶ Vs. 49 gegen das τινὲς der Griechen in Vs. 47 und für Syrsin mit: „Die welche da standen", aber in Syrsin wird man gegen Arm Vs. 49 übersetzen müssen: Die Andern aber sagen, so dass οἱ λοιποὶ zum Rechte kommt. Danach ist meine Übersetzung zu verbessern. Diese Auffassung ergiebt sich auch aus der von der syrischen Überlieferung (Syrsin, Pesch, Hrs) festgehaltenen und erst in Philox beseitigten Lesart ἄφετε (ܫܒܘܩܘ), die griechisch in Θ[f] 33. 157 statt ἄφες erhalten ist. Damit rundet sich die Darstellung: Alle dastehenden Leute verstehen Ješu's Eli falsch und sagen (denken), er ruft Elia, einer mitleidig tränkt ihn, die Andern mahnen nicht diesen, denn der hat sein Werk schon gethan, sondern sich untereinander: Lasset, wir wollen sehen. Der ganze Zug aber zeigt die Härte ihres Gemütes. Die Textform des Syrsin in Vs. 48 ist eine genauere Schilderung des Vorganges, in Pesch ist das dem Griechischen gleich gemacht. In Vs. 49 drückt Syrsin mit D. 1. 209. abcff^2hlq aus καὶ σώσει (oder σώζει) αὐτόν. Das lag auch dem Hrs דייחא = qui servabit und dem Memph ⲛⲧⲉϥⲛⲁϩⲙⲉϥ = ut liberet eum vor.

Endlich ist das und sein Geist stieg hinauf Vs. 50 von einschneidender Bedeutung für die Christologie der Urkirche. Es ist überall beseitigt. Da es von späterem Standpunkte aus nicht geschrieben werden konnte, so ist es original. Vgl. P. 16.

Dass auch ℵB neben CLUΓ 5. 48. 67. 115. 127 und einigen Mss. des Hieronymus bei Wordsworth (nicht aber, wie Tisch. meint, der Hrs und der Äthiope von Basel) in Vs. 49 zusetzen: ἄλλος δὲ λαβὼν λόγχην ἔνυξεν αὐτοῦ τὴν πλευρὰν καὶ ἐξῆλθεν ὕδωρ καὶ αἷμα — 50 ὁ δὲ Ἰ. πάλιν κράξας κτλ. ist den Verehrern dieser Zeugen sichtlich höchst unbequem, Westcott-Hort haben es daher in Klammern gesetzt als most probably an interpolation. Die Kritik hat Scrivener[3] P. 543 geübt.[1] Die alte Arbeit an diesem Vers 49 ist auch darin sichtbar, dass Origenes ihn vor Vs. 48 stellt und einige Minuskeln 59. 239. 253. 433 ihn ganz fortlassen.

Vs. 51. Da der Ausdruck „Angesicht der Thür" für Vorhang bei den spätern Syrern constant bleibt und von Barhebräus durch velum erklärt wird, so ist nicht an das superliminare des Hebräerevangeliums dabei zu denken. Aber erweitert sind die griechischen Texte doch, wenn sie statt des genügenden „von oben her" = ἄνωθεν noch die Ausmalung hinzu setzen: bis unten in zwei. Die Ergänzungen fallen in das Auge wenn man zu D den Text von BℵΔ stellt, wobei ℵ durch Streichung von ἀπὸ verfeinert ist:

D	καὶ	ἰδοὺ	τὸ	καταπέτασμα	τοῦ	ναοῦ	ἐσχίσθη	εἰς	δύο	μέρη.	ἀπὸ ἄνω-
B	κ.	ιδ.	τὸ	κατ.	τ.	ν.	εσχ.	ἀπ'	ἄνωθεν	ἕως	κάτω
ℵ	κ.	ιδ.	τὸ	κατ.	τ.	ν.	εσχ.	εἰς	δύο	ἄνωθεν	ἕως
Δ	κ.	ιδ.	τὸ	κατ.	τ.	ν.	εσχ.	εἰς	δύο	ἀπὸ	ἄνωθεν

D θεν ἕως κάτω.
B εἰς δύο.
ℵ κάτω.
Δ ἕως κάτω.

---

[1] Charakteristisch ist, dass Westc.-H. die fünf griechischen Minuskeln, die den Zusatz haben als „unimportant cursives" bezeichnet, während Scrivener 127 als an important copy bezeichnet.

Der Zusatz ἕως κάτω εἰς δύο zeigt sich in B rein, in den übrigen Formen verschieden eingefügt. Pesch, Philox, Hrs, Arm, Ulfil gehen mit ℵΔ, der Memph mit B. — Das ܡܢ ܕܥܠ ܪܝܫ des Syrsin für ἄνωθεν hat Joh 3, 3 seine Parallele und zugleich seine Differenz.

Vs. 52. Leiber der Gerechten. Der Ausdruck ist noch jüdisch, Matth 23, 29; 13, 17, 43; 9, 13[1], und wenn dafür alle andern Zeugen die Heiligen bieten, so ist das eine christlicher Ausdrucksweise entsprechende Änderung. Der Ausdruck οἱ ἅγιοι, die Heiligen ist in den Evangelien sonst gar nicht vorhanden. Er gehört der Apokalypse und den Briefen an. Unter diesen Umständen hat nur Syrsin den Urtext bewahrt, da Rückbildung aus τῶν ἁγίων ausgeschlossen ist. Die Thätigkeit einer dogmatisch redigierenden Hand liegt auch unweigerlich ferner in den Worten nach seiner Auferstehung, die eine mit Rücksicht auf 1 Kor 15, 20, 23 gemachte Glosse sind, welche im Interesse der Wiedergewinnung des ursprünglichen Sinnes zu streichen ist. Indem wir hier die Glosse erkennen und abschneiden, bewahren wir den Grundtext des Matthäus vor den Unzuträglichkeiten, die man bisher ihm selbst statt des Glossators zugeschrieben hat. Keim III, 445 hat sie zusammengefasst: „Die Vermittlung, welche der Schriftsteller selbst einführt [es sollte nun heissen, die Textform, wie sie durch den Glossator verunstaltet ist] macht die Sache noch schlimmer, indem die Toten dann vor der Zeit auferstanden sind, und drei Tage lang bis zur Auferstehung hier irgendwo ... sich gedulden müssen.“ Es bedarf das keiner weitern Begründung, wie man sich aber neuerdings damit abzufinden versteht, das will ich dem Leser nicht vorenthalten: „Da sie im verklärten Leibe auferstanden waren, ist gar nicht zu fragen, wo sie sich inzwischen aufgehalten.“ Freilich, wenn man nicht fragt, so giebt es keine Schwierigkeit. Vgl. P. 330!

Dass aber das μετὰ τὴν ἔγερσιν αὐτοῦ eine theologische Kautel ist, das braucht man nicht a priori zu dekretieren[2], da man es aus der Textgeschichte beweisen kann. Und zwar zunächst aus ℵ, der die Worte hat, aber so, dass sie die Konstruktion sprengen, die sofort in Ordnung ist, wenn man die Worte ausscheidet. Sein Text, der auch schon durch ἁγίων verunstaltet ist, und in dem ich die Glosse in eckige Klammern setze, lautet:

I καὶ πολλὰ σώματα τῶν κεκοιμημένων ἁγίων ἠγέρθησαν, καὶ ἐξελθόντες ἐκ τῶν μνημείων [μετὰ τὴν ἔγερσιν αὐτοῦ] εἰς τὴν ἁγίαν πόλιν,

---

[1] Er ist jüdisch so selbstverständlich, dass Keim ohne es zu merken III, 446 von Gerechten mit verklärten Leibern redet statt von Heiligen.

[2] Schon Stroth in Eichhorn Reprt IX, 123 und Lorenz Bauer Bibl. Theol. des N. T. I, 366 haben Vs. 52—53 für Interpolation erklärt.

ἐνεφανίσθησαν πολλοῖς d. h. und viele Leiber der entschlafenen Heiligen wurden erweckt, und aus den Gräbern in die heilige Stadt hinausgehend, erschienen sie Vielen. Dazu hat der Glossator sein Notabene gesetzt, wenn es aber dasteht, kann man nicht gut mehr ἐξελθόντες ἐκ τῶν μνημείων εἰς τὴν ἁγίαν πόλιν verbinden. Das Zusammengehörige wird durch die Worte μετὰ τὴν ἔγερσιν αὐτοῦ auseinandergerissen, die Glosse müsste entweder vor ἐξελθόντες oder nach πόλιν stehen, wodurch das Verkehrte der Glosse freilich in das hellste Licht gerückt wäre. Trotzdem bleibt das Gefüge in א hart, es wird glatter, aber wegen der Gleichartigkeit von ἐξελθόντες und ἦλθον nicht schöner, wenn man letzteres einsetzt und ἦλθον εἰς τὴν ἁγίαν πόλιν liest. Dann muss man aber auch καὶ ἐνεφανίσθησαν herstellen. Das ist die Textform des Hrs, der die Glosse nicht hat,

II Sein Text lautet:

וסגי פורין מן דקדישיא et multa corpora de sanctis,
דדמכו קמו· וכד נפקו מן qui requieverunt, resurrexerunt et procedentes
מקבורתא אתו למדינתא ex monumentis **venerunt** in urbem
קדישתא ואתחמו לסגי sanctam **et** visi sunt multis

Diesen Text — übrigens schon glossiert — hat D abcd, der ἦλθον und καὶ aufweist, und mit Einklammerung der Glosse lautet: καὶ ἐξελθόντες ἐκ τῶν μνημίων [μετὰ τὴν ἔγερσιν αὐτοῦ] ἦλθον εἰς τ. αγ. π. καὶ ἐφάνησαν πολλοῖς.· Daraus wird dann ἐξελθόντες ... ἦλθον umgebildet in ἐξελθόντες ... εἰςῆλθον und so entsteht die Textform in BΔ al.

III καὶ ἐξελθόντες ἐκ. τ. μνημ. [μετὰ τὴν ἔγερσιν αὐτοῦ] εἰσῆλθον εἰς τ. αγ. πολ. καὶ ἐφανίσθησαν (Δ ενεφανισθησαν mit א) πολλοῖς, und das liegt dem Ulfila und Arm zu Grunde.

Damit wenden wir uns zu Syrsin und Pesch, und konstatieren zunächst, dass Syrsin grammatisch in Unordnung ist, was sich in meiner Übersetzung sofort zeigt, wenn man das um der Lesbarkeit willen eingeschobne und in der Phrase „und kamen in die heilige Stadt“ weglässt. Er hat zwei Interpolationen erlitten, nämlich das kamen (ܘܐܬܘ) = ἦλθον[1] der Form II, und das μετὰ τὴν ἔγερσιν αὐτοῦ, und stand ursprünglich in Wahrheit genau auf dem Boden der Form I. Er lautet mit Einklammerung der Glossen:

ܘܦܓܪܐ ܣܓܝܐܐ ܕܙܕܝܩܐ et multa corpora justorum
ܐܝܠܝܢ ܕܫܟܝܒܝܢ ܩܡܘ eorum qui dormiverunt surrexerunt
ܘܢܦܩܘ ܡܢ ܒܝܬ ܩܒܘܪܐ et processerunt ex monumentis
[ܡܢ ܒܬܪ ܩܝܡܬܗ] [post resurrectionem ejus]

---

[1] Ich bemerke hier ausdrücklich, dass ἔρχομαι = ܐܬܐ, ἐξέρχομαι = ܢܦܩ und εἰσέρχομαι = ܥܠ ganz scharf im Syrischen geschieden werden.

ܐܬܘ] ܠܡܕܝܢܬ ܩܘܕܫܐ] [venerunt] in urbem sanctam
ܘܐܬܚܙܝܘ ܠܣܓܝܐܐ et visi sunt multis.

ℵ καὶ πολλὰ σώματα τῶν
κεκοιμηκότων ἁγίων (ursprüngl. δικαίων)
ἠγέρθησαν, καὶ ἐξελθόντες
ἐκ τῶν μνημείων [Hier die Glosse]
εἰς τὴν ἁγίαν πόλιν
ἐνεφανίσθησαν πολλοῖς.

Das deckt mit Auflösung der Participialkonstruktion in ein Verbum finitum genau den Text von ℵ, wie er daneben erscheint mit Weglassung der Glosse μετὰ τὴν ἐγ. αὐτ. Somit kommen wir durch die Kombinierung der Zeugnisse von ℵ, Syrsin und Hrs auf folgenden wirklichen Urtext von Vs. 52: καὶ τὰ μνημεῖα ἀνεῴχθησαν, καὶ πολλὰ σώματα τῶν κεκοιμηκότων δικαίων ἠγέρθησαν, καὶ ἐξελθόντες ἐκ τῶν μνημείων εἰς τὴν ἁγίαν πόλιν ἐνεφανίσθησαν πολλοῖς. Hierin haben wir ein echtes Stück urevangelischer judaistischer Überlieferung gewonnen, das schon Markus und Lukas haben fallen lassen. Im Matthäus ist dies Stück sachlich wegen 1 Cor 15, 20, 23 mit einem Notabene versehen und dann die zerbrochne Konstruktion durch ἦλθον Syrsin, Hrs, Dabc d eingerenkt, um schliesslich durch εἰσῆλθον BΔ al. Ulf, Pesch, Arm, Memph[1] völlig geglättet zu werden. In diesem Redaktionsprozesse nimmt Pesch nun noch eine besondere Stelle ein, indem sie ἐκ τῶν μνημείων weglässt und durch ein καὶ völlig sichert, dass die Erstandenen erst nach Ješu' Auferstehung in die Stadt hineingingen. Dies Hineingehn (εἰσῆλθον εἰς τὴν ἁγίαν πόλιν) zeigt, dass sie die Form III (BΔ) vor sich hatte. Ihr Text lautet: ܘܦܓܪܐ ܣܓܝܐܐ ܕܩܕܝܫܐ ܕܕܡܝܟܝܢ ܗܘܘ ܩܡܘ ܘܢܦܩܘ ܘܒܬܪ ܩܝܡܬܗ ܥܠܘ ܠܡܕܝܢܬܐ ܩܕܝܫܬܐ = et corpora multa sanctorum qui dormibant resurrexerunt et processerunt, **et** post resurrectionem ejus intraverunt in urbem sanctam, und so las schon der arabische Tatian in seiner Vorlage (P. 197 ed Ciasca), die Lesart ist also alt. Nach Barhebräus verstanden die Syrer diese Heiligen von kurz zuvor verstorbenen Christgläubigen, die nach Jerusalem giengen, dort drei Tage predigten und dann in ihre Gräber zurückkehrten. Andre wollten sie aber im himmlischen Jerusalem predigen lassen.

Der Leser hat nun die Textentwicklung vor Augen. Sie enthüllt ihm eine Form evangelischer Darstellung, die bald genug beseitigt ist, weil sie zu andern entwickelten Anschauungen ebenso wenig passt, wie die Verheissung des Paradieses an den Schächer.

Vs. 55—56. Man beobachte die Feinheit der Darstellung in

---

[1] Er giebt εἰσέρχεσθαι durch ϣⲉ ⲉϧⲟⲩⲛ wieder Matth 6, 6; 7, 13; 10, 5, 11.

Syrsin gegenüber den Griechen, die dieses Stück verdorben haben und über die verschiednen Marien sichtlich in Unklarheit sind. Nach Syrsin stehen dort viele Frauen, nämlich Neugierige, die sich auch das Schauspiel einer Kreuzigung nicht entgehen lassen. Solche Personen drängen sich vor. Das aber thun die FreundinnenJešu' nicht, sondern: „Und diejenigen, die Ješu' von Galiläa gefolgt waren und ihm dienten, schauten von Ferne zu.“ Diese werden von den Vielen deutlich und beziehungsvoll geschieden. — Statt dessen werfen die Griechen diese Unterscheidung über Bord, wenn sie sagen: Es waren dort viele von Fern zuschauende Frauen, die Ješu' von Galiläa gefolgt waren, zu denen auch Maria u. s. w. gehörte. Holsten (Form P. 140) hat den Anstoss der vielen dienenden Weiber bemerkt, den Markus weggeschafft habe. Nach Syrsin ist er aber nicht vorhanden. In Betreff der Marien aber sind die Griechen über die Mutter des Jacobus und Jose sichtlich unklar. Ihre Worte Μαρία ἡ τοῦ Ἰακώβου καὶ Ἰωσὴφ (B Ιωσῆ) μήτηρ sind seit Alters (Arm, Ulfil, Hieron) so verstanden, dass diese zwei Brüder und zwar Söhne eben der Mariam waren, aber das hat schon sprachlich sein Bedenken, es sollte dann ἡ τοῦ Ἰακώβου καὶ τοῦ Ἰωσῆ μήτηρ heissen, oder der Artikel sollte beidemale fehlen. Prüfen wir die Überlieferung hier und Mrk 15, 40, so stellt sich heraus, dass die alten Texte vier Frauen haben, wo die neuen nur drei kennen. Da über Maria Magdalena und über die Mutter der Zebedaiden kein Zweifel ist, die herkömmlich mit der Salome des Markus identifiziert wird, so handelt es sich um die Maria, die mit Jakobus und Josef in Verbindung steht. Hier sagt nun Syrsin:

Matth 27, 56 ܘܡܪܝܡ ܒܪܬ ܝܥܩܘܒ ܘܐܡܗ ܕܝܘܣܦ = Mariam filia Jacobi et mater Josefi.

Mrk 15, 40 ܡܪܝܡ ܒܪܬ ܝܥܩܘܒ ܙܥܘܪܐ ܐܡܗ ܕܝܘܣܦ = Mariam filia Jacobi parvi mater Josefi.

Nach Mrk wäre Maria, die Tochter Jakobs, die Mutter des Josef gewesen, und so könnte auch Matth gedeutet werden, aber nach Matth wäre eine Maria, die Tochter Jakobs, möglicher Weise auch von einer zweiten Maria, der Mutter des Josef, zu unterscheiden. So haben die Memphiten sowohl im Matth als im Mrk gelesen und verstanden, denn sie haben auch im Mrk das et, das im Syrsin fehlt. In Matth ist ihr Text ⲛⲉⲙ ⲙⲁⲣⲓⲁ ⲑⲁⲓⲁⲕⲱⲃⲟⲥ, ⲛⲉⲙ (M ⲟⲩⲟϩ) ⲑⲙⲁⲩ ⲛⲓⲱⲥⲏⲫ, ⲛⲉⲙ ⲑⲙⲁⲩ ⲛⲛⲉⲛϣⲏⲣⲓ ⲛⲍⲉⲃⲉⲇⲉⲟⲥ = cum Maria Jacobi, cum (M et) matre Josefi, cum matre filiorum Zebedaei, und um die mater Josefi ganz sicher von der Maria Jakobi zu scheiden, liest das Pariser Mss B sogar ⲛⲉⲙ ⲙⲁⲣⲓⲁ ⲑⲙⲁⲩ ⲛⲓⲱⲥⲏⲫ = cum Maria matre Josefi. Im Markus lesen die Memphiten ⲛⲉⲙ ⲙⲁⲣⲓⲁ ⲛⲧⲉ ⲓⲁⲕⲱⲃⲟⲥ ⲡⲓⲕⲟⲩϫⲓ ⲛⲉⲙ ⲑⲙⲁⲩ ⲛⲓⲱⲥⲏⲧⲟⲥ ⲛⲉⲙ ⲥⲁⲗⲱⲙⲏ = cum

Maria Jacobi parvi, cum matre Josetos, cum Salome. Das bedeutet nun für die Griechen, dass diese Übersetzer vor sich hatten Μαρία ἡ τοῦ Ἰακώβου wie ℵBDΔ im Matth lesen, während im Mrk ℵBΔ Μαρία ἡ Ἰακώβου τοῦ μικροῦ, was denselben Sinn giebt, überliefern, D aber Μαρία Ἰακώβου τοῦ μικροῦ ohne Artikel hat. Sodann folgt aus dem Ausdruck ܘܐܡܗ ܕܝܘܣܐ und ⲛⲉⲙ ⲑⲙⲁⲩ ⲛⲓⲱⲥⲏⲧⲟⲥ eine Vorlage καὶ ἡ Ἰωσ. μήτηρ oder καὶ Ἰωσῆ ἡ μήτηρ, da ἡ μήτηρ Ἰωσ. nicht nötig ist. Nun stellen wir zu diesen postulierten Vorlagen die Griechen, und wir finden im Matth:

im BΔ καὶ Ιωσῆ μήτηρ, in D καὶ Ἰωσηφ μήτηρ [1], in ℵ καὶ ἡ Μαρία ἡ Ἰωσήφ [2] —

im Mrk B καὶ ἡ Ἰώσητος μήτηρ, in ℵ καὶ Ἰωσῆ μήτηρ,

im D καὶ Ἰώσητος μήτηρ, in Δ καὶ Ιωσηβ. τοσ. μήτηρ [3].

Auf Grund des Syrsin und des Memphiten ergiebt sich daraus für Matth eine Textform καὶ Μαρία ἡ τοῦ Ἰακώβου καὶ Ιωσῆ ἡ μήτηρ, d. h. nach dem η von Ἰωσῆ ist ein ἡ ausgefallen in BΔ, umsomehr als im Mrk B καὶ ἡ Ἰώσητος μήτηρ und Δ analog überliefert [4]. Dann haben wir zwei Personen, Maria die Tochter des Jakobus, und eine andre nicht notwendig Maria genannte Frau, die die Mutter des Jose war. Auch der Hrs im Zusammenhange gelesen unterscheidet im Matth vier Frauen מריאם מגדליתא ומריאם אימה דיעקוב · ואימה דיוסיף ואימהון דבנוי זבדאי d. h. Mariam die Magdalerin, und Mariam die Mutter (nicht wie Syrsin die Tochter) des Ja'qob, und die Mutter des Josef und die Mutter der Söhne des Zabdai. In Betreff der Mariam, der Tochter des Jakobus, bleibt sich Syrsin auch Mrk 16, 1 Luk 24, 10 konsequent, denn auch da hat er so übersetzt, und das ist vom Standpunkt des Griechischen aus mindestens das Übliche [5]. Mrk 15, 47 schreibt Syrsin wieder Mariam die Tochter Ja'qobs, wo die Griechen Μαρία ἡ Ἰωσῆτος bieten, aber das giebt keinen Boden für eine Identifizierung dieser Frauen, da die Altlateiner bei Tischendorf im vollsten Schwanken sind und auf Interpolation oder Streichung schliessen lassen [6].

---

[1] Über das φ von Ιωσηφ hat Korrektor C τος geschrieben, das ein späterer durch Punkte wieder getilgt hat.

[2] ℵc macht daraus Μαρία ἡ Ἰωσηφ. μήτηρ, ihm erschien also die Lesart erster Hand falsch.

[3] Das Schlusszeichen in Ιωσηβ ist kein sicheres β oder φ, es ist überhaupt kein Buchstabe.

[4] Aus der Form Ιωσητος im Memphiten darf man auf Beziehungen zu der Traditionsreihe BDΔ schliessen.

[5] Blass Gramm. P. 155 sagt lakonisch Μαρία ἡ τοῦ Ἰακ. scil. μήτηρ, das bedürfte aber eines Beweises.

[6] Dort lesen Arm Maria Jacobi et Jose, D d ff² n q Maria Jacobi, c wie Arm

Unter diesen Umständen ist eine Entscheidung nicht zu treffen, aber wohl die Frage aufzuwerfen, woher diese Schwankungen stammen mögen. Eusebius (ad Marinum 262 bei Tisch. mitgeteilt) sagt, es waren vier Marien beim Leiden zugegen, aus unsrer Matthäusstelle gewinnt er drei, zu denen er nach Joh 19, 25 noch die Mutter Ješu' hinzufügt. Nun lehrt dagegen Hesychius Hierosolymitanus † 609 in der Catena Oxon 256 bei Tischendorf, es seien nur drei Marien gewesen, indem er die Mutter Ješu' mit Maria der Mutter Ja'qobs und Josefs identifiziert, worin ihm Chrysostomus vorangegangen ist. Ebenso sagt Severus von Antiochien, — einfach als der Patriarch zitiert, in den memphitischen Catenae in Evangelia ed. Lagarde P. 225, 10: „Maria Jacobi und Maria Jose ist in Wahrheit die Mutter des Herren selbst, weil sie den Jakobus und den Joseph wartete, als sie klein waren, im Hause Josephs". Man beachte, dass sie nur die Pflegemutter war! Damit ist der Weg gewiesen, denn die Gleichstellung der in eine Person zusammengezogenen Maria des Jakobus und des Jose Mutter mit der Mutter Ješu' ist Schluss aus Matth 13, 55, und dieser Stelle zu Liebe ist Μαρ.. ἡ τοῦ Ἰακώβου gegen den von Syrsin noch innegehaltenen Sprachgebrauch nicht als Tochter, sondern sprachwidrig als Mutter gedeutet. Syrsin ist durch solche Spekulationen noch nicht geändert, darum ist sein Text der älteste, ebenso aber seine Auffassung, die später nicht produziert worden wäre. Der Text des Syrsin ist denn auch in der Pesch beseitigt, die sich ganz dem Griechischen konformiert hat und darum drei Frauen aufzählt: 1. Maria Magdalene, 2. Mariam, Jakobs und Josefs Mutter, 3. die Mutter der Zebedaiden. Jene zweite Mariam, Jakobs und Josefs Mutter wurde dann, wie wir eben von Severus gelernt haben, in das Haus Josefs des Zimmermanns versetzt, aber das erhielt eine doppelte Wendung. Einmal wurde sie als Ješu' Mutter angesehen, die nachher seine Stiefbrüder, d. h. Josefs Söhne von einer andern Frau pflegte und erzog. Das im Texte des Severus gebrauchte ϣⲁⲛⲉϣ nutrire, ϣⲁⲛϣ der Milchbruder, kann nicht wörtlich gemeint sein, es muss aufziehen bedeuten. Andrerseits wurde sie als zweite Frau des Josef angesehen, der mit der Mutter Ješu' nicht mehr ehelich lebte, so dass sie gleichsam die Nachfolgerin der Maria in der Ehe mit Josef wurde. Diese zweite Wendung erfahren wir aus einem von Barhebräus zu Matth 27, 56 mitgeteilten Scholion des Jakob von Edessa † 710. Er sagt: Diese Maria ist das Weib des Josef, und Johannes [19, 25] nennt sie die Schwester der Mutter unseres Herrn, nach der Sitte, dass Schwägerinnen (ܟܢܘܬܐ) als Schwestern bezeichnet werden. Man sieht hier aus

Maria Jacobi et Joseph, g²gat Maria Jacobi et Maria Joseph. und Hrs gar Maria mater Jacobi et Jose.

dem Ausdrucke für Schwägerinnen, יבמה, und dem Ausdruck Weib des Josef, dass es sich um eine Leviratsehe handelt, die Josef der Zimmermann mit dieser zweiten Maria, als der kinderlosen Witwe eines Bruders von ihm, eingegangen ist. So kommen die beiden Marien in das Haus des Josef, und die Mutter Ješu' kann die Kinder der Nebenfrau erziehen, wie Severus sagt, die nun nicht mehr Brüder Ješu' von Mutterseite sind. Andrerseits konnten die Marien als Schwestern bezeichnet werden, denn das meint Jakob von Edessa, sei Sitte gewesen, und so hinderte nichts, diese zweite Maria, als ἡ τοῦ Κλεοπᾶ zu bezeichnen, mochte nun der Kleopas ihr Vater oder ihr erster Gatte gewesen sein. Die letztere Annahme ist die rezipierte, und wir lernen nun den verstorbenen Bruder Josefs des Zimmermanns als Kleopas kennen, denn so sagt bei Barhebräus weiter Philoxenus von Mabhog: „Johannes [19, 25] nennt die Schwester seiner Mutter die Maria des Kleopas, des Bruders des Josef, und das ist aus dem Fehlen der Verbindungspartikel καὶ zwischen den Worten ἡ ἀδελφὴ τῆς μητρὸς αὐτοῦ, Μαρία ἡ τοῦ Κλεοπᾶ klar. Demnach haben Josef und Kleopas als Brüder die Maria und Maria als Schwestern geheiratet, zwei Brüder zwei Schwestern. Diesen Ja'qob aber nennt Markus den Kleinen, um ihn vom Zebedaiden Jakobus zu unterscheiden, und er gehörte mit seinem Bruder Jose zu den zweiundsiebenzig Evangelisten [Luk 10, 1]". — Alles dies ist Kombination, dass zwei leibliche Schwestern denselben Namen führen, nimmt man in den Kauf, Reflexionen dieser Art aber haben die Textform in Matth 27, 56 in der Zeit nach der Herstellung der syrischen Urübersetzung, von der in Syrsin ein Abkömmling vorliegt beeinflusst. Da geht dann freilich der Textkritik durch blosses Vergleichen von Handschriften der Atem aus. — Der Umstand, dass wir sonst von Jose und seiner Mutter nichts hören, beweist für die Authentizität der Notiz. Ganz andere Kunde über die Ehen Josefs, des Zimmermanns, findet der Leser nach Epiphanius zu Luk 2 mitgeteilt.

Ein wesentliches Motiv dieser Überarbeitungen war sicher auch das Verlangen, Maria die Mutter, die Johannes unter dem Kreuze zeigt, auch bei den Synoptikern unter dem Kreuze zu finden. Die hier aufgezeigten phantastischen Kombinationen schienen das zu leisten. Wir aber fragen: Welche Mutter wird hingehen um der Kreuzigung eines Sohnes zuzuschauen? Wie wäre sie, auch wenn sie in Jerusalem gewesen wäre, dazu fähig gewesen? Und wo ist wahre psychologische Feinheit, bei Matthäus, der von der Mutter schweigt, oder bei Johannes, der ihr vom Kreuze ein Testament zukommen lässt? Und dies Testament gilt mehr dem Johannes als ihr, während doch die Synoptiker auch von Johannes unter dem Kreuze nichts wissen! Keim III, 426.

Vs. 58. Zur Gruppierung der Handschriften dient der Zusatz von σῶμα nach ἀποδοθῆναι. Er steht in DAСΓΔΠ al. Altlat. abcd Hieron, Arm, Ulf und so Pesch, Philox, — es fehlt in ℵBL und so in Syrsin und Hrs.

Vs. 59 in neue Leinwand, wofür sonst allgemein καθαρᾷ reine Leinwand überliefert ist. Syrsin steht, wie schon öfter, allein. Soll rein hier טהור, levitisch rein sein? Soll es nicht beschmutzt bedeuten?

Vs. 60 liegt eine Störung vor, sofern das ܢܩܝܪܐ = ausgehöhlte überflüssig zu sein scheint. In Pesch ist das Wort getilgt, das kein andrer Text bietet. Damit ist aber die Unechtheit nicht erwiesen, der Verfasser will betonen, dass es keine natürliche Höhle, sondern ein neues künstliches Grab war, wie er sich auch bei der Leinwand mit der reinen nicht begnügt, sondern neue sagt. Auf welcher Seite liegt hier die Änderung? Doch wohl bei den Griechen, die mit Grabhöhlen nichts mehr zu thun hatten. Syrsin ist auch in der Wahl des Wortes für Fels sorgsam, er setzt ܫܘܥܐ d. h. der gewachsene Fels, und Philox gebraucht dasselbe Wort, während Pesch das farblose ܟܐܦܐ für πέτρα mechanisch einstellt. — Das Wälzen des Steines hat Syrsin nicht ausgedrückt, sein Text wäre etwa καὶ ἐπιθεὶς statt προσκυλίσας gewesen. Nun sehe man die unmögliche Konstruktion der Griechen προσκυλίσας ἐπὶ τῇ θύρᾳ A, 242, 243 ad osteum abc Hieron, die freilich leicht in τῇ θύρᾳ mit ℵBD korrigiert ist, und frage sich woher das ἐπὶ stammt? Das kann doch nicht zugesetzt sein nachdem die glatte Konstruktion προσκυλίσας λίθον τῇ θύρᾳ schon vorhanden war! Zieht man nun die Pesch in Betracht, so hat sie zwei Verba statt des einen, und ihre Konfrontierung mit Syrsin ergiebt, dass sie durch Nachtragung des προσκυλίσας aus diesem umgearbeitet ist, und ihrerseits mit ihm das etwa dem ἐπιθεὶς entsprechende Verbum hat. Zugleich sieht man aus dem Zusatze von D in Luk 23, 53 ἐπέθηκε τῷ μνημείῳ λίθον, ὃν μόγις εἴκοσι ἐκύλιον, dass hier die Lust zu fabulieren einsetzt, damit der abzuwälzende Stein recht schwer wird[1], und die Folge solcher Betrachtung ist, dass in Pesch das Verbum auch schon im Matth in den Plural gesetzt worden: Sie wälzten, sie legten, und sie giengen fort. Der Text ist in Pesch ܘܥܓܠܘ ܟܐܦܐ ܪܒܬܐ ܐܪܡܝܘܗ ܥܠ ܬܪܥܐ ܕܒܝܬ ܩܒܘܪܐ ܘܐܙܠܘ = et volverunt saxum magnum, posuerunt super portam monumenti et abierunt, in Syrsin aber singularisch ohne den Zusatz ܘܐܪܡܝ ܟܐܦܐ ܪܒܬܐ ܥܠ ܬܪܥܐ ܕܒܝܬ ܩܒܘܪܐ ܘܐܙܠ =

[1] Der Gedanke ist auch im Altlat c. vorhanden, und der Sahide hat ebenfalls das Vorwälzen eines Steines, den zwanzig Männer nicht umdrehen konnten. Von griechischen Mss. mit dem Zusatz führt Tischendorf U. 13, 69. 124 al 15 an, also die Ferrargruppe! Wer denkt bei dieser Schilderung nicht an Genes 29, 10?

et posuit saxum magnum ad portam monumenti et abiit. Man sieht hier den Einsatz und die Umstellung des ܥܓܠܘ = volverunt, so dass Pesch indirekt den Text des Syrsin als den ältern bezeugt. Dieser Text ist so einfach als natürlich, denn die hebräischen Grabkammern hatten eine Thür, die in Zapfen hieng und drehbar war, man nannte sie גולל (golel), und um sie zu sichern lehnte man einen grössern Stein schräg dagegen, der דופק (dofeq) heisst.[1] Thür, θύρα ist nicht ein offnes Loch, das mit einem draufgewälzten, oder vorgerollten Steine verschlossen wird, es ist ein Thürflügel, der durch den angelehnten Stein festgestellt wird. Vergleicht man Mark 15, 46 in Syrsin und Pesch, so hat jener beide Verba ܥܓܠ volvit und ܐܘܬܒ posuit, in der Pesch ist das letztere aber beseitigt. Der Text lautet ܘܥܓܠ ܟܐܦܐ ܐܘܬܒ ܥܠ ܬܪܥܐ = volvit saxum, apposuit ad portam (monumenti), was in Pesch durch Weglassen des ܐܘܬܒ apposuit umgestaltet ist in: volvit saxum ad portam mon. So entsteht wegen des Fehlens das ܘ = und vor ܐܘܬܒ = posuit der Verdacht, dass ursprünglich auch im Mrk das ܥܓܠ volvit gar nicht vorhanden war, wie es im Matth des Syrsin nicht vorhanden ist. Der Dofeq oder die schräge Verschlussstütze scheint durch Drehen oder Wälzen fortbewegt zu sein, Math 28, 2 Mrk 16, 3 Luk 24, 2, worauf die Thür der Grabkammer sich öffnen liess, in deren Seitenwände die einzelnen Leichenlager als Schiebegräber (כוכין) oder als Troggräber eingetrieben waren, und zwar nicht in der Richtung der Wände, wie in den Katakomben, sondern im rechten Winkel zur Wand in den stehenden Felsen hineingearbeitet. In solchen Vorraum, von dem die Grabstätten ausgiengen, traten die Frauen ein, Luk 24, 2 und dort sass der Engel Mrk 16, 5.

Vs. 64. Das ܘܢܓܒܘܢܗ = und ihn auslesen ist eines von den wenigen Schreibversehen der Handschrift, es muss ܘܢܓܢܒܘܢܗ = und ihn stehlen heissen. — Da Syrsin, Pesch, Arm zusetzen „in der Nacht" = νυκτός, das in Philox und Hrs fehlt, so hat die ältere syrische Schicht dieses Wort gelesen. Es steht griechisch in FGLMUΓ und andern, die Masse mit אABD hat es nicht, es ist auch bei Ulf, Memph, Hieron (und Altlateinern) nicht vorhanden. An sich ist der Ausdruck natürlich, aber eben darum könnte er auch unechter Zusatz sein, also non liquet. Vgl. 28, 13.

---

[1] Die Bestattung endet mit der סתימת גולל, Schliessung des Golel, und dann beginnt die Trauerzeit, also mit dem Verschliessen des Golel Sanhedr 47[b], und der Dofeq ist der Stein, auf den der Golel gestützt ist שנשען עליו Ohol 2, 4. Auch Ephraem armen. verstand das genau, wenn er in einer Allegorisierung P. 243 sagt: Es wurde ein Stein gegen die Thür des Grabes gelegt վէմ ընդդէմ վիմի d. h. ein Stein gegen den Stein. Auf diesen Verschliessstein setzte sich der Engel.

Vs. 65 ihr habt Wache, nicht wie viele Neuere wollen: Ihr sollt von mir eine Wache erhalten. Das aber hängt zusammen mit der Stellung, die Pilatus im Prozesse einnahm. War er dort aktiv beteiligt, so sollte er hier auch eine bewaffnete Macht zum Schutze des Grabes stellen, hat er dort sich von jeder Beteiligung losgesagt, so muss er es auch hier thun, und das ist das Richtige. Das ergiebt der Schluss: Hütet es, so gut ihr könnt. Das Wort κουστώδια, in D durch φύλακας für Griechen interpretiert, ist von den Syrern, Syrsin, Phil und Hrs beibehalten, Pesch aber sagt dafür ܩܣܛܘܢܪ̈ܐ = quaestionarii, Folterknechte, Scharfrichter, die nur die römische Obrigkeit stellen konnte, und die daher 28, 14 dem Hegemon verantwortlich sind.[1] So stellt sich Pesch auf die Seite derer, die den Pilatus eine römische Wache bewilligen lassen. Diese Auffassung muss sehr alt sein, weil auf derselben 28, 14 ruht, ein Vers, der ganz ungehörig ist, wenn die Wächter von den Juden selbst gestellt werden, also diesen verantwortlich sind und nicht dem Pilatus. Die Erfindung in diesem Verse ist grotesk, das schwerste mögliche Disziplinarvergehen — Schlafen auf Posten — soll Pilatus auf Anraten der Hohenpriester ungestraft lassen! Streicht man den ganzen Vers, so entsteht keine Lücke: Einige von den Wächtern melden den Hohenpriestern das Geschehene, (man sollte daraus doch schliessen, dass sie von den Hohenpriestern angestellt sind,) — diese bestechen die Soldaten — aber heisst es wirklich Soldaten, στρατιῶται? — also die Soldaten, die Angabe über den Diebstahl der Jünger zu machen, und sie thun es, woraus sich das Gerede über den Leichendiebstahl bei den Juden erklärt. Der ganze Vs. 14 ist überflüssig und hat in der Entwicklung nichts zu thun. Aber heisst es wirklich Soldaten? στρατιῶται? Griechen, Lateiner und Memphiten drücken στρατιῶται aus, auch Hrs schreibt לרומיי d. h. die Römer, und das ist seine konstante Übersetzung von στρατιῶται, aber Pesch schreibt wieder ܠܩܣܛܘܢܪ̈ܐ den Quaestionarii, und Arm setzt 28, 12 wie 27, 65 զօրական (zôragan), was sie 27, 65; 28, 11 für custodia bieten. Sie drücken also nicht στρατιῶται sondern κουστωδία aus. Man kann sich hier nicht darauf hinausreden, dass զօրական (zôragan) bewaffnete Macht bedeutet und daher für στρατιῶται stehen könne, denn thatsächlich wird in den armenischen Evangelien für στρατιῶται nie zôragan geschrieben, sondern stets զինուորք (zinu-orch) Matth 8, 9; 27, 27; Mrk 15, 16 u. s. w. Auch die Ausrede, dass zweier Zeugen Mund — Pesch und Arm — gestopft wird durch die Masse der andern Zeugen ist unzulässig, denn diese beiden drücken die uralte

[1] Auch in der jüdischen Litteratur ist קוסטינר der Mann, der den Kopf abschneidet Levy s. v.

syrische Überlieferung aus, nach welcher in Vs. 11 und 12 dasselbe Wort stand und nicht gewechselt wurde, und die glücklicher Weise der Übermalung entgangen ist, nicht aber aus einem Originale mit echtem στρατιῶται Vs. 12 in eine verdorbne Lesart mit κουστωδία umgestaltet ist. Kurz die Lage der Sache ist: Pesch mit ihrem Quaestionarii, die sie, was sich schon graphisch begreifen lässt (ܩܘܣܛܘܢܪ̈ܐ — ܩܘܣܛܘܕܝܐ) für custodia des Syrsin einstellt, bleibt bei dieser Lesart 27, 65, 66; 28, 11, 12 und dasselbe thut Arm mit seinem zôragan. Daraus ist zu schliessen, dass auch Syrsin seinerseits an allen vier Stellen ܩܘܣܛܘܕܝܐ = custodia hatte, und 28, 12 nicht Soldaten las. Als weitere Stütze dafür dient der arabische Tatian, welcher 27, 65, 66 schreibt: Habt ihr nicht Wache (حرس), und: sie versiegelten den Stein mit der Wache (حرس), und 28, 11 bietet: es kamen Leute von diesen Wächtern, (الحراس), und Vs. 12: und sie gaben Geld nicht spärlich den Wächtern (الحراس).

Wenn dem gegenüber die Griechen 27, 65, 66 und weiter 28, 11 custodia (etliche Lateiner custodes) und dann 28, 12 Soldaten lesen, so erweist sich das als eine Korrektur, die von denen gemacht ist, welche Pilatus als Soldatenchef gebrauchten und Vs. 14 eingeschoben haben in Konsequenz ihrer Darstellung des Prozesses, durch welche Pilatus belastet wird. Noch Justin der Märtyrer weiss Dialog 108 nur, dass die Juden selbst predigten, dass sie „Ješu', einen galiläischen Windbeutel (πλάνος aus Matth 27, 63), selbst gekreuzigt haben, und behaupteten, seine Jünger hätten den Leichnam gestohlen". Den ἐσταυρωμένον ὑφ' ὑμῶν d. h. den von euch Juden Gekreuzigten erwähnt er auch Kap. 93. Die fehlende Lesart des Syrsin ist hier durch Pesch und Arm suppliert. Die oben P. 404 aufgezeigte Übermalung in Betreff des Pilatus reicht bis hierher, wie sie sich nach vorn bis 20, 18, 19 erstreckt. Das alles konnte aber erst bei dem Lichte gesehen werden, das uns Syrsin angezündet hat.

XXVIII, 1. Am Abend am Sabbath, da anbrach der Sonntag, ist die jüdische Tagesrechnung, dieser Sonntag begann Mitte April etwa Abends von sechs Uhr an. Daher ist τῇ ἐπιφωσκούσῃ nicht vom Tagesgrauen zu verstehen, sondern vom rechnerischen Tagesanbruch nach 6 Uhr Abends. Payne Sm. s. v. ܥܪܘܒܬܐ P. 4048 führt ܕܢܓܗ ܚܕ ܒܫܒܐ aus dem Katalog der Bibl. Vaticana II, 37 an, und übersetzt es ad vesperas diei dominicae, wozu sein Artikel über ܢܓܗ P. 2281 zu vergleichen, wo er Johannes Ephes 5, 15(?) bespricht.

Der Wortlaut des Syrsin geht zusammen mit Didascal App. 88, 20, die Pesch ist nach griechischem Texte revidiert, wie ܓܝܪ = γὰρ statt des ältern ܡܚܠܠ Vs. 2 zeigt. — Der Plural in ὀψὲ σαββάτων statt σαββάτου ist ohne Sinn. Syrsin, Pesch, Hrs, Arm und auch wohl Memph,

Hieron haben alle den Singular, erst Philox drückt den Plural aus. Dagegen könnte μία σαββάτων richtig sein, weil es hier Woche bedeutet. Allerdings schreiben Syrsin und Pesch hier und Mrk 16, 2, Joh 20, 1 ܚܕ ܒܫܒܐ und nicht ܒܫܒܬܐ, da ܚܕ ܒܫܒܐ technisch Sonntag[1] ist, wie man auch jüdisch חד בשבא, תרי בשבא u. s. w. sagt. Aber auch Luk 24, 1, Joh 20, 1 hat τῇ δὲ μιᾷ τῶν σαβ. und bestätigt die Matthäuslesart für Sonntag. Von diesem μία τῶν σαβ. aus mag sich die unmögliche Lesart ὀψὲ σαββάτων, herleiten. Ein Grieche schreibt Mrk 16, 9 πρώτῃ σαββάτου, weil ihm σάββατον wie שבתא die Woche bedeutet.

Vs. 3 sein Kleid wie Schnee, es fehlt weiss (λευκόν) wie bei den Altlateinern c $ff^1 g^{12}$ Rhedig und Hieron mit Recht, es ist eine den Parallelismus störende Glosse: Sein Aussehen wie ein Blitz, sein Kleid wie Schnee.

Vs. 6 wie er euch gesagt hat, femininisch ܠܟܝܢ, euch Frauen. Griechisch müsste καθὼς εἶπεν ὑμῖν stehen, aber kein Zeuge hat dies ὑμῖν! Da der Zusatz des ὑμῖν vom späteren Standpunkte unbegreiflich, die Streichung aber sehr natürlich ist, so ist es als echt anzusehen. Dass aber an dem Verse gefeilt ist, zeigt sein Schluss, denn zu: Sehet die Stätte, auf die er gelegt war, ὅπου ἔκειτο setzt Pesch noch hinzu ܡܪܢ, unser Herr = ὁ κύριος, womit sie sich an ACD al Hrs und Hieron anschliesst, während ℵB Syrsin, Arm, Memph, Philox den Zusatz nicht haben, der seinen Ursprung aus der kirchlichen Lektion namentlich in der syrischen Form „unser Herr" deutlich verrät. Eine weitere Spur der Überarbeitung liegt auch in Vs. 5, wenn wie der arabische Tatian so auch Philox, Ješu' ⁎ den Naṣräer ⋎ der gekreuzigt ist also τὸν Ἰ⁎τὸν Ναζωραῖον⋎τὸν ἐσταυρωμένον bietet, und zwar Philox unter Asteriscus, und durch die Randbemerkung daneben auf die Schwankung der Handschriften hinweist.

Der Schluss von Vs. 7 und der Rest des Kapitels ist in der Handschrift des Syrsin verloren.

---

1 Syrisch bedeutet ܚܕ ܒܫܒܬܐ die Sonntage im Plural. Payne-Sm. s. v., Barhebräus merkt an, dass die Griechen ܚܕ ܒܫܒܬܐ hier schreiben. In Mrk 16, 2 hat D σαββάτου überliefert. Das unmotivierte σάββατα im Plural Mrk 2, 23, 24; 3, 2 Luk 4, 16 erkennen Syrsin und Pesch nicht an. Aber Luk 4, 31 hat er es richtig und 13, 10 hat er ܒܫܒܬܐ, wo Pesch mit D i Sahid Memph den Singular zeigt. Der Plural in σάββατα Col. 2, 16, ist begründet, in I Cor 16, 2 in Pesch nicht vorhanden. Eingehend ist die Frage über σαββάτων oder σαββάτου zu Mrk 1, 21 behandelt.

Kolibri 360 GmbH
Ferdinand-Jühlke-Straße 7
99095 Erfurt, Deutschland
produktsicherheit@kolibri360.de